W0382095

Matemàtiques aplicades a les Ciències Socials I

1

Antonio Nevot Luna
Javier I. Soler Areta
Daniel Romero Barroso
David Usero Mainer
Marta Viadas Aliende

Revisió tècnica
Juanmi Ribera Puchades

McGraw Hill

MADRID · BUENOS AIRES · CARACAS · GUATEMALA · LISBOA · MÈXIC · NOVA YORK
PANAMÀ · SAN JUAN · BOGOTÀ · SÃO PAULO · AUCKLAND · HAMBURG · LONDRES
MILÀ · MONTREAL · NOVA DELHI · PARÍS · SAN FRANCISCO · SYDNEY · SINGAPUR
SAINT LOUIS · TÒQUIO · TORONTO

1. Nombres reals

2. Matemàtiques financeres
3. Polinomis, equacions i inequacions
4. Sistemes d'equacions i d'inequacions

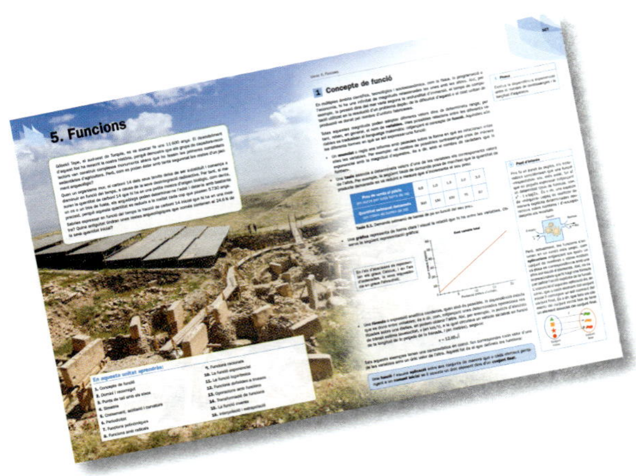
5. Funcions
Concepte de funció

6. Límits i continuïtat
7. Derivades

8. Estadística
9. Probabilitat i combinatòria

10. Distribucions de probabilitat
ANNEX

COM S'UTILITZA AQUEST LLIBRE

Entrada de la unitat

Títol de la unitat

Sumari amb els epígrafs de la unitat

Repte matemàtic

A l'inici de cada unitat es planteja una situació real o quotidiana a l'alumnat, que podrà resoldre al final d'aquesta. Cada repte ofereix, així, la possibilitat de conèixer diferents aplicacions de les matemàtiques en el món actual.

Epígrafs de continguts

Contextos reals que expliquen diverses aplicacions matemàtiques en el món actual.

Desenvolupament teòric visual, elaborat pas a pas.

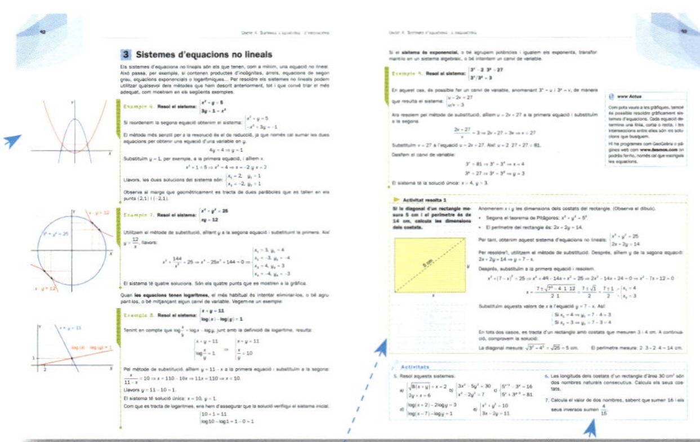

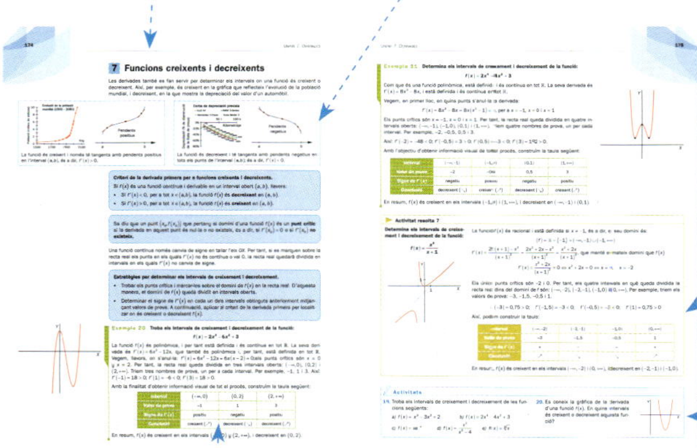

Activitats resoltes que recullen els continguts tractats durant un epígraf.

Activitats proposades

Exemples que acompanyen cada subepígraf.

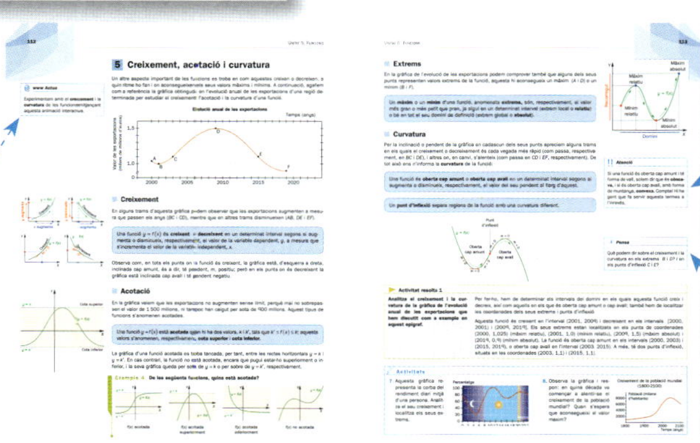

Actua

Activitats que proposen l'ús de mitjans tecnològics durant el procés d'aprenentatge.

Atenció!

Aclariments destinats a evitar errors o confusions habituals.

Pensa

Raonament matemàtic.

Navega en el teu entorn digital:
www.tusrecursosmh.com/practiquemmates

Pàgines finals

D'un cop d'ull! Resum dels continguts més importants de la unitat.

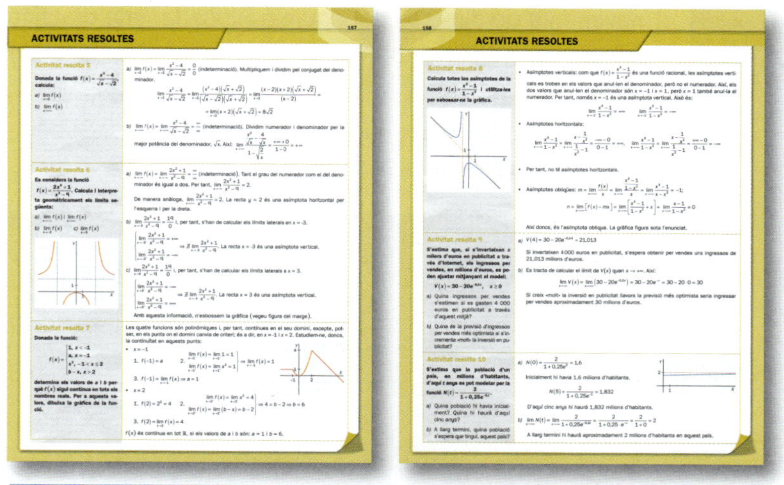

Activitats resoltes. Activitats solucionades pas a pas.

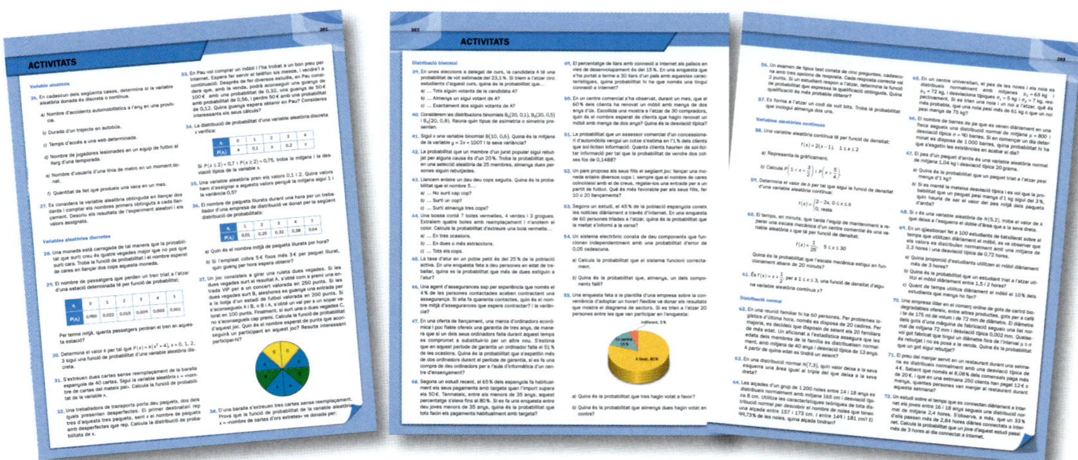

Activitats proposades. Tres pàgines d'activitats proposades, classificades per epígrafs.

Un món matemàtic. Activitats amb un grau major de dificultat.

Resol l'enigma. Solució matemàtica per al repte plantejat a l'inici de la unitat.

1. Nombres reals

En el nostre país, cada cop que s'emet o es rep una transferència, o cada cop que s'ingressa o es retira un import igual o superior a 3 000 €, l'entitat financera involucrada està obligada a informar el Banc d'Espanya, que remet al seu torn aquesta informació a l'Agència Estatal d'Administració Tributària (AEAT). Així, per evitar que aquests moviments de diner es notifiquin a Hisenda, una pràctica fraudulenta habitual consisteix a fraccionar les transaccions, enviant així el total en quantitats inferiors a tal import.

Ara que ja tens aquesta informació, observa en la taula les primeres xifres del nombre de transaccions fetes per dues empreses diferents. Sabem que una d'elles ha comès algun tipus de frau. Quina creus que ha estat?

Tingues en compte que... Els matemàtics Benford i Newcomb van descobrir que les xifres que comencen per 1 o 0 apareixen més vegades de les esperades...

Primera xifra	Empresa *A*
1	301
2	177
3	125
4	96
5	80
6	67
7	56
8	53
9	45

Primera xifra	Empresa *B*
1	1 273
2	760
3	399
4	366
5	316
6	268
7	231
8	204
9	183

En aquesta unitat aprendràs:

1. Dels nombres naturals als racionals
2. Dels nombres irracionals als reals
3. Intervals en la recta real
4. Valor absolut
5. Distància i entorn
6. Aproximacions
7. Errors i notació científica
8. Potències i radicals
9. Logaritmes

1 Dels nombres naturals als racionals

Des dels seus orígens la humanitat ha tingut la necessitat d'enumerar, comptar i mesurar; per aquest motiu es van crear els nombres. Es defineix el nombre com l'expressió d'una quantitat amb relació a la unitat.

En un primer moment es van crear els **nombres naturals** $\mathbb{N}=\{1,2,3,\ldots\}$, que permetien comptar i ordenar. Posteriorment, de la necessitat de mesurar certes magnituds sorgeixen el zero i els negatius dels nombres naturals i es creen, així, els **nombres enters** $\mathbb{Z}=\{\ldots,-3,-2,-1,0,1,2,3,\ldots\}$.

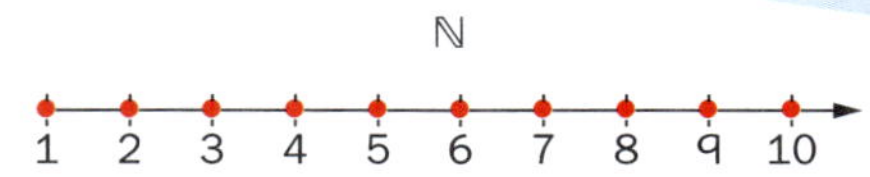

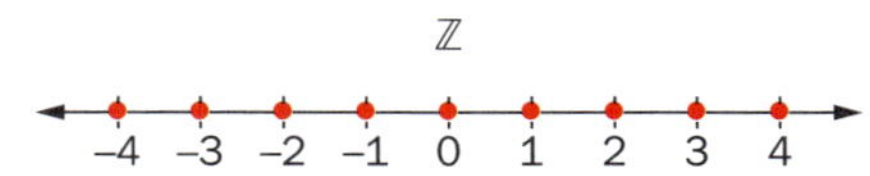

Els nombres racionals

Més tard, amb la necessitat de comparar quantitats i repartir-les, van sorgir les fraccions.

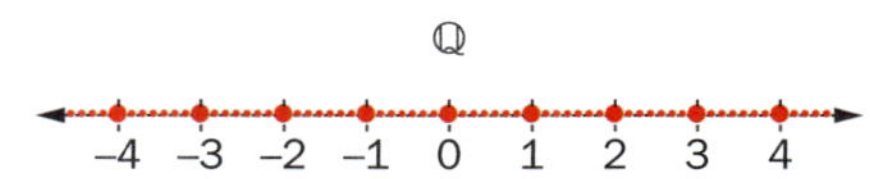

Els nombres que poden expressar-se com una fracció $\frac{a}{b}$, on a i b són nombres enters i $b \neq 0$, s'anomenen **nombres racionals,** i el seu conjunt es designa per $\mathbb{Q}$.

En efectuar la divisió de dos nombres enters el resultat és un nombre enter o decimal. Si és un nombre decimal, aquest pot ser exacte, periòdic pur o periòdic mixt. Així:

a) $\frac{9}{8}=1{,}125$ és un decimal exacte. *b)* $\frac{14}{9}=1{,}555\ldots=1{,}\hat{5}$ és un decimal periòdic pur.

c) $\frac{7}{6}=1{,}1666\ldots=1{,}1\hat{6}$ és un nombre decimal periòdic mixt.

Per expressar en forma de fracció un nombre decimal es poden donar els casos següents:

Decimal exacte, per exemple, 1,23. En aquest cas només cal multiplicar i dividir per potències de 10 segons el nombre de decimals que tingui el nombre:

$$1{,}23=1{,}23\cdot\frac{100}{100}=\frac{123}{100}$$

Decimal periòdic pur, per exemple, si $x=1{,}\hat{4}=1{,}444$. En aquest cas es multipliquen els dos membres de l'equació per potències de 10 en funció de les xifres que tingui el període. Com que en aquest exemple el període té una xifra, es multipliquen per 10. Així: $10x=14{,}44\ldots$

Aleshores es resten membre a membre les dues equacions i s'aïlla la x:

$$10x-x=14{,}44\ldots-1{,}444\ldots \Rightarrow 9x=13 \Rightarrow x=\frac{13}{9};\quad \text{Per tant } 1{,}\hat{4}=\frac{13}{9}$$

Decimal periòdic mixt, per exemple, si $x=2{,}6\widehat{28}=2{,}62828\ldots$ En aquest cas es multipliquen els dos membres de l'equació per potències de 10 en funció del nombre de xifres decimals no periòdiques que tingui el nombre. En aquest exemple, com que hi ha una xifra decimal no periòdica, es multipliquen els dos membres per 10. Així: $10x=26{,}2828\ldots$

A continuació, cada membre de l'equació es multiplica de nou per potències de 10 en funció del nombre de xifres que formin el període. En aquest cas, com que el període té dues xifres, els membres de l'equació es multipliquen per 100.

$1\,000x=2\,628{,}28\ldots$ Ara es resten membre a membre les dues equacions i s'aïlla la x:

$$1\,000x-10x=2\,628{,}28\ldots-26{,}2828\ldots \Rightarrow 990x=2\,602 \Rightarrow x=\frac{2\,602}{990}=\frac{1\,301}{495}$$

$$\text{Per tant: } 2{,}6\widehat{28}=\frac{1\,301}{495}$$

Activitats

1. Expressa la fracció d'aquests nombres:

a) 5,42 *b)* 3,825825... *c)* 1,34242....

2. Escriu tres nombres racionals compresos entre $\frac{3}{5}$ i $\frac{4}{5}$.

3. Calcula $2-1{,}9999\ldots$

4. Analitza si aquestes afirmacions són vertaderes o falses.

a) El quocient de dos nombres enters sempre és un nombre enter.

b) Tot nombre enter és racional.

2 Dels nombres irracionals als reals

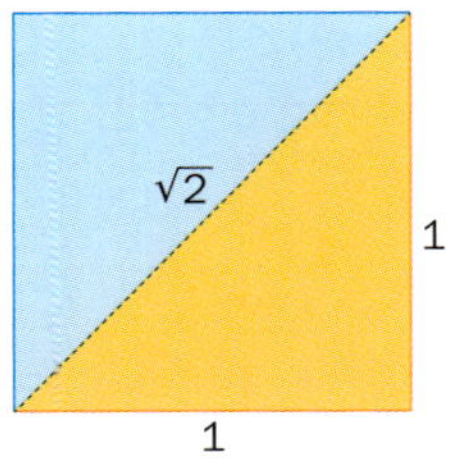

Els pitagòrics afirmaven que tot nombre era el quocient de dos enters, és a dir, un nombre racional. Però Hipàs, deixeble de Pitàgores, els va contradir en utilitzar el teorema del seu mestre per calcular la longitud de la diagonal d'un quadrat de costat u, ja que el resultat que va obtenir va ser $\sqrt{2}$, i aquest nombre no pot expressar-se com una fracció. En aquest moment va començar a parlar-se dels nombres irracionals i, posteriorment, dels reals.

Els nombres irracionals

Si $\sqrt{2}$ fos una fracció irreductible, podria expressar-se com el quocient de dos enters *a* i *b*, de manera que $\sqrt{2} = \frac{a}{b}$. En elevar al quadrat els dos membres de l'equació, resulta $2b^2 = a^2$. Com que $2b^2$ és parell, a^2 també hauria de ser-ho i, per tant, també *a*. És a dir, $a = 2k$. Aleshores $a^2 = 4k^2 = 2b^2$, cosa que implica que b^2 és parell, així com *b*. Però això és impossible perquè al principi hem suposat que $\frac{a}{b}$ és una fracció irreductible. En realitat, $\sqrt{2} = 1{,}414213562...$, és a dir, un nombre amb decimals infinits i no periòdics.

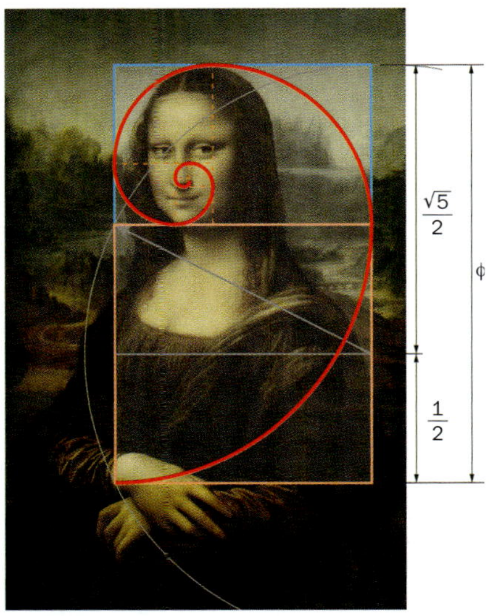

Els **nombres irracionals,** $\mathbb{I}$, són aquells que no poden expressar-se com el quocient de dos enters, i per tant tenen infinites xifres decimals no periòdiques.

Aquest nombre, $\sqrt{2}$, apareix en mesures o proporcions en pintura, en arquitectura o en els mateixos fulls de paper amb què treballem a diari. El nombre que ha rebut més atenció que $\sqrt{2}$ al llarg de la història és π, que tampoc es pot expressar com el quocient de dos nombres enters ($\pi = 3{,}141592654...$) i igualment apareix en la poesia o en la música.

Un altre nombre irracional molt conegut i utilitzat com a raó de bellesa i harmonia en obres artístiques és el nombre auri, que es designa per la lletra grega ϕ (phi). D'on sorgeix aquest nombre? S'anomena rectangle auri aquell en què, en dividir la longitud del costat major entre el costat menor, s'obté la mateixa proporció que si dividim la suma dels dos costats entre el costat major, és a dir, $\frac{a}{b} = \frac{a+b}{a}$. Si $a = x$ i $b = 1$, la solució positiva d'aquesta proporció és el nombre ϕ, i el seu valor és el següent:

$$\phi = \frac{1+\sqrt{5}}{2} = 1{,}610339887...$$

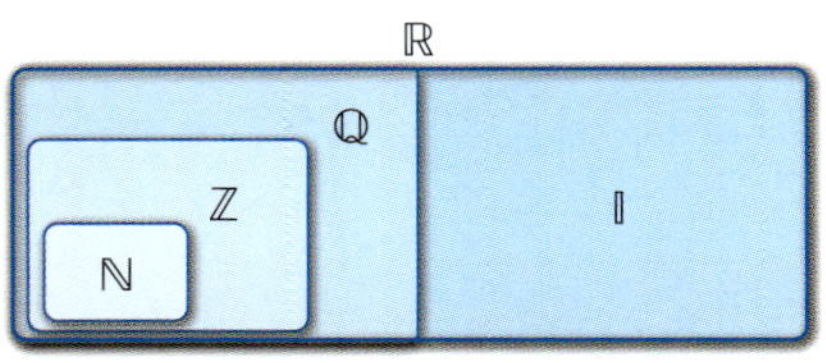

Els nombres reals

El conjunt dels nombres reals, $\mathbb{R}$, està format pels nombres racionals i els nombres irracionals $\mathbb{R} = \mathbb{Q} \cup \mathbb{I}$. Si sobre una recta s'assenyala un origen, *O*, i una unitat de mesura, a cada punt de la recta real li correspon un únic nombre real, i a cada nombre real li correspon un punt de la recta real. Els nombres reals omplen o completen la recta.

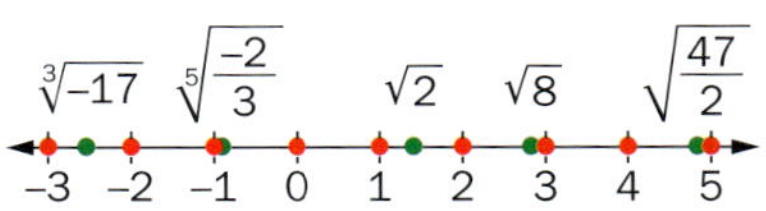

Punt d'interès

En representar sobre la recta real les arrels dels següents nombres s'obté una successió de segments coneguda amb el nom d'«espiral de Teodor» o «cargol de Pitàgores».

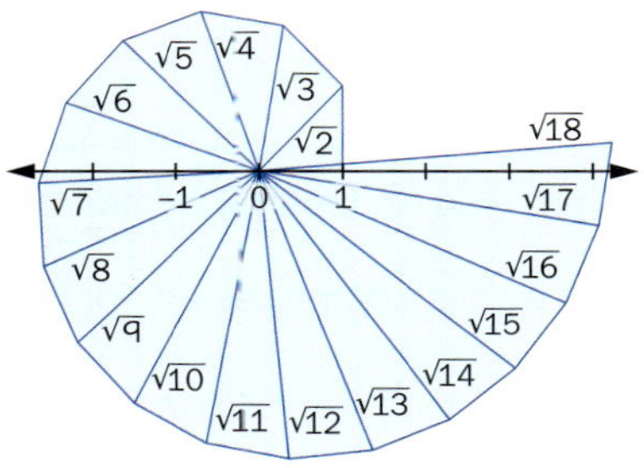

Exemple 1. Representa en la recta real els següents nombres irracionals: $\sqrt{2}$ i $\sqrt{3}$.

1. Utilitzem el teorema de Pitàgores per descompondre $\sqrt{2}$. Així: $\sqrt{2} = \sqrt{1^2 + 1^2}$.
2. Amb regla i compàs dibuixem un triangle rectangle amb un vèrtex en l'origen, de catets iguals a 1 i hipotenusa $\sqrt{2}$.
3. De manera similar, per representar $\sqrt{3}$, en primer lloc descomponem: $\sqrt{3} = \sqrt{1+2} = \sqrt{1^2 + \left(\sqrt{2}\right)^2}$. Després construïm un triangle rectangle amb el vèrtex en l'origen, catets 1 i $\sqrt{2}$ hipotenusa $\sqrt{3}$.

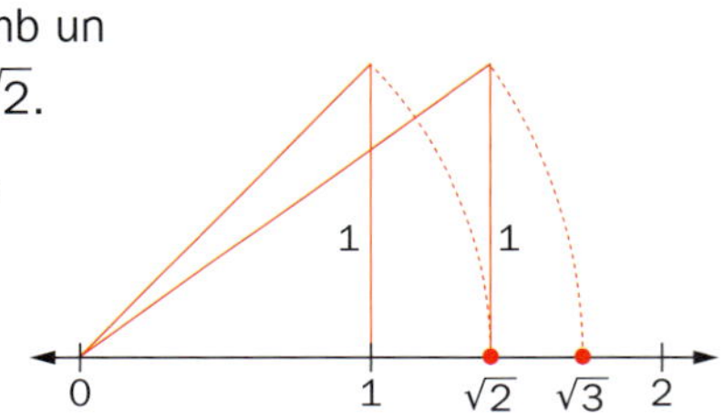

Ordre en els nombres reals

El conjunt dels nombres reals està ordenat i es compleix que, donats dos nombres reals diferents, a i b, sempre es verifica que $a < b$ o bé $a > b$.

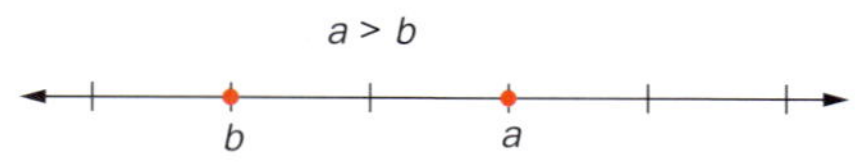

En realitat, tal ordenació queda reflectida en la representació gràfica dels nombres reals en comparar dos nombres. Les expressions $a < b$, $a \leq b$, $a > b$ i $a \geq b$ es coneixen amb el nom de **desigualtats.**

Propietats

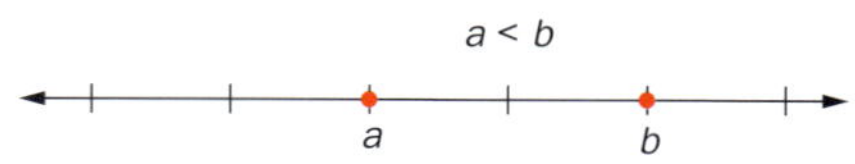

A continuació apareixen algunes propietats de les desigualtats amb les operacions aritmètiques. Siguin a, b, c i d nombres reals. Se'n compleixen les següents:

Transitiva:

Si $a \leq b$ i $b \leq c$, aleshores $a \leq c$.

Exemple: $1 \leq 3$ i $3 \leq 5$, aleshores $1 \leq 5$

Additiva:

Si $a \leq b$ i $c \leq d$, aleshores $a + c \leq b + d$.

Exemple: $3 \leq 6$ i $2 \leq 2$, aleshores $5 \leq 8$

Suma d'un nombre als dos membres d'una desigualtat:

Si se suma el mateix nombre a dos membres d'una desigualtat, aquesta no canvia de sentit.

Si $a \leq b$yy $k \in \mathbb{R}$, aleshores $a + k \leq b + k$

Multiplicativa:

- Si es multipliquen per un nombre positiu els dos membres d'una desigualtat, aquesta no canvia de sentit. És a dir: Si $a \leq b$ i $k > 0$, aleshores $k \cdot a \leq k \cdot b$.

  Exemple: Si $4 \leq 7$ i $2 > 0 \Rightarrow 2 \cdot 4 \leq 2 \cdot 7 \Rightarrow 8 \leq 14$

- Si es multipliquen per un nombre negatiu els dos membres d'una desigualtat, aquesta canvia de sentit. És a dir:

  Si $a \leq b$ i $k < 0$, aleshores $k \cdot a \geq k \cdot b$.

  Exemple: com que $2 \leq 9$ i $-2 < 0$ es dedueix $-2 \cdot 2 \geq -2 \cdot 9 \Rightarrow -4 \geq -18$

Densitat:

Si a i b són dos nombres reals tals que $a < b$, aleshores sempre existeix un nombre real c tal que $a < c < b$. Aquesta propietat dels nombres reals rep el nom de nombre de densitat.

El conjunt dels nombres naturals i el dels nombres enters no són densos, però el conjunt de nombres racionals sí que ho és. Per exemple, entre els nombres enters 3 i 4, òbviament, no hi ha cap enter. Tanmateix, entre els nombres racionals 3,67 i 3,68 hi ha infinits.

Inversió:

Quan s'inverteixen els termes d'una desigualtat $a \leq b$, aquesta canvia de sentit ($1/a \geq 1/b$).

Exemple: Si $3/5 < 2$, aleshores $5/3 > 1/2$

Activitats

5. Indica a quins conjunts numèrics $\mathbb{N}$, $\mathbb{Z}$, $\mathbb{Q}$ i $\mathbb{I}$ pertanyen aquests nombres:

a) $2/3$ *b)* $1,5$ *c)* -3 *d)* 1

e) π^{π} *f)* $-4,888...$ *g)* $\sqrt[4]{15}$ *h)* $\sqrt[3]{8}$

6. Escriu dos nombres racionals i dos irracionals que es trobin entre el 3 i el 4.

7. Vertader o fals? Raona.

a) En sumar nombres irracionals s'obté sempre un nombre irracional.

b) En multiplicar un nombre racional per un irracional s'obté un nombre irracional.

c) Tot nombre decimal es pot expressar com una fracció.

8. Dos corredors parteixen d'un punt P d'una pista circular (de radi 40 m) a una velocitat constant i igual. Un d'ells recorre la circumferència i l'altre va i torna pel seu diàmetre. Coincidiran en algun punt del seu recorregut?

9. Representa en la recta numèrica aquests nombres:

a) $5/6$ *b)* $7/4$ *c)* $\sqrt{5}$ *d)* $\sqrt{6}$

10. Siguin $a, b \in \mathbb{R}$ amb $a < 0$ i $b > 0$; quina relació hi ha entre $1/a$ i $1/b$? Posa'n diversos exemples amb nombres. Ara, siguin $a, b \in \mathbb{R}$ amb $a < b$; és sempre cert que $a^2 < b^2$? I $a^3 < b^3$? Busca'n exemples amb nombres per mostrar la teva afirmació.

11. Siguin $a, b \in \mathbb{R}$; quins valors de a i b no compleixen que $a^2 + b^2 > 0$?

3 Intervals en la recta real

Quan es pren com a referència un conjunt de nombres reals que es corresponen amb els punts d'una semirecta o segment de la recta real, es parla d'**intervals.** Cada interval ve determinat pels seus extrems, i es distingeixen els següents intervals donats dos nombres reals a i b, amb $a < b$:

Tipus			Interval	Desigualtat	Representació gràfica
Interval tancat	Fa referència a tots els nombres reals compresos entre *a* i *b*, inclosos aquests.		$[a,b]$	$a \leq x \leq b$	
Interval obert	Fa referència a tots els nombres reals compresos entre *a* i *b*, sense incloure aquests.		(a,b)	$a < x < b$	
Interval semiobert o semitancat	Són intervals tancats en un extrem i oberts en l'altre.		$[a,b)$	$a \leq x < b$	
			$(a,b]$	$a < x \leq b$	
Interval infinit o semirecta	Són intervals en què un dels dos extrems és infinit.	Semirecta oberta	$(a,+\infty)$	$a < x$	
		Semirecta tancada	$[a,+\infty)$	$a \leq x$	
		Semirecta tancada	$(-\infty,b]$	$x \leq b$	
		Semirecta oberta	$(-\infty,b)$	$x < b$	

Per referir-se al conjunt de tots els nombres reals, $\mathbb{R}$, sovint s'utilitza la notació en forma d'interval: $\mathbb{R} = (-\infty, \infty)$.

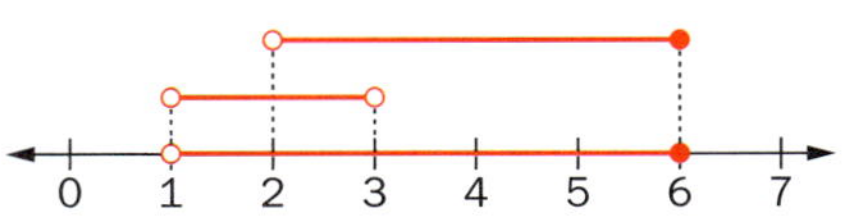

S'anomena **unió d'intervals** el conjunt de nombres reals que pertanyen a un dels dos intervals, o a ambdós intervals, i es representa pel símbol $\cup$. Per exemple, si $A = (1,3)$ i $B = (2,6]$, per tant $A \cup B = (1,6]$.

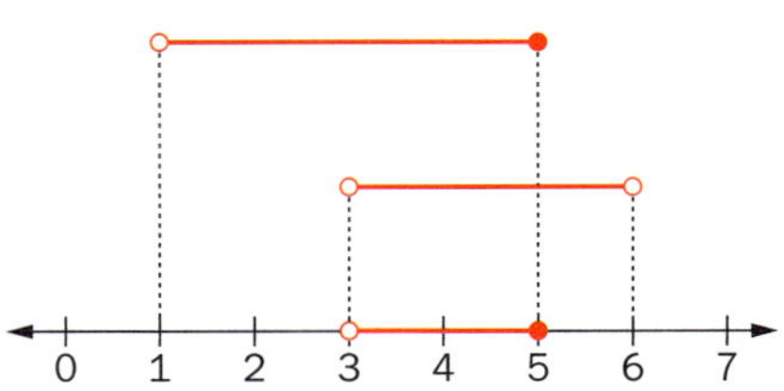

S'anomena **intersecció d'intervals** el conjunt dels nombres reals que pertanyen a la vegada a dos intervals. Es representa amb el símbol $\cap$. Per exemple, donats els conjunts $A = \{x \in \mathbb{R}, 1 < x \leq 5\}$ i $B = \{x \in \mathbb{R}, 3 < x < 6\}$, que expressats en forma d'intervals són $A = (1,5]$ i $B = (3,6)$, respectivament, aleshores $A \cap B = \{x \in \mathbb{R}, 3 < x \leq 5\}$. Expressat en forma d'interval seria així: $A \cap B = (3,5]$.

La intersecció de dos intervals que no tenen cap nombre en comú rep el nom d'intersecció buida, i es representa amb el símbol $\varnothing$.

Activitats

12. Copia i completa la taula.

Interval	Desigualtat	Representació gràfica
$x \in [-3,7)$	• • •	• • •
• • •	$\{x \in \mathbb{R}, x < 7\}$	• • •
• • •	• • •	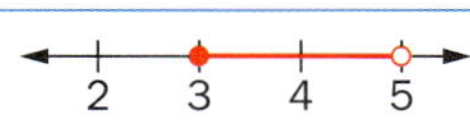
$x \in (-\infty,5]$	• • •	• • •
• • •	$\{x \in \mathbb{R}, 0 < x \leq 4\}$	• • •

4 Valor absolut

A vegades interessa considerar només les unitats que separen un nombre de l'origen, i no el seu signe. Per exemple, s'afirma que l'avió es troba a 100 m sobre el nivell del mar (origen, 0 m) i que la posició del submarí és de 100 m sota aquest nivell. En aquests casos parlem de valors absoluts.

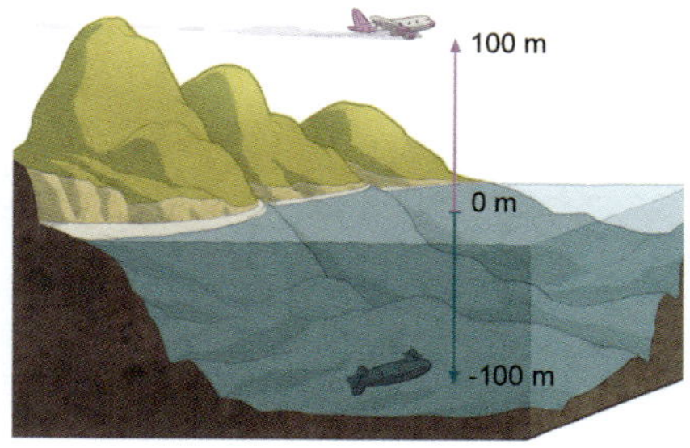

El **valor absolut** d'un nombre $a \in \mathbb{R}$ es representa per $|a|$ i es defineix així:

$$|a| = \begin{cases} -a \text{ si } a < 0 \\ a \text{ si } a \geq 0 \end{cases}$$

Si un nombre és negatiu, el seu valor absolut serà el seu oposat $(-a)$; així, $|-3| = -(-3) = 3$.

Al contrari, si el nombre és positiu, el seu valor absolut serà el mateix nombre: $|4| = 4$.

Propietats del valor absolut

El valor absolut compleix les següents propietats:

1. Si $|x| = a$, aleshores $x = a$, o bé $x = -a$.

Exemple 2. **Si $|x| = 3$, aleshores el nombre real és -3 o 3 perquè $|-3| = |3| = 3$.**

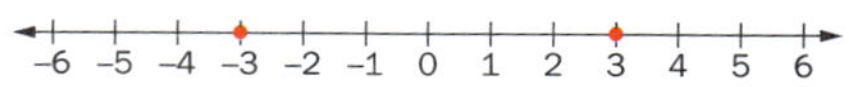

2. Si $|x| \leq a$, aleshores $-a \leq x \leq a$, o el que és equivalent, $x \in [-a, a]$.

Exemple 3. **Si $|x| \leq 3$, observem que, per exemple, els nombres -3, $-1{,}5$, -1, 0, 1, 2 o 3 tenen un valor absolut inferior o igual a 3. Per tant, verifiquen la desigualtat tots els nombres compresos entre -3 i 3, ambdós inclosos; és a dir, $-3 \leq x \leq 3$ o, el que és equivalent, $x \in [-3, 3]$.**

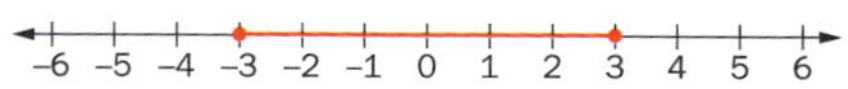

3. Si $|x| \geq a$, aleshores $x \geq a$, o bé $x \leq -a$.

Exemple 4. **La desigualtat $|x| \geq 3$ es compleix amb valors majors o iguals a 3, però també amb nombres negatius inferiors o iguals a -3. Per tant, $x \geq 3$ o $x \leq -3$, de forma equivalent, $x \in (-\infty - 3] \cup [3, \infty)$.**

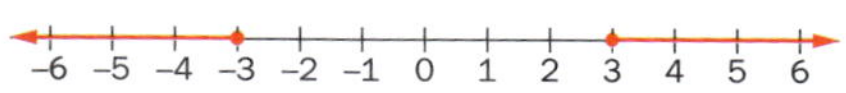

4. El valor absolut del producte (quocient) és el producte (quocient) dels valors absoluts.

$$|x \cdot y| = |x| \cdot |y| \qquad \left|\frac{x}{y}\right| = \frac{|x|}{|y|}$$

1 Pensa

Comprova la desigualtat triangular:

$$|a + b| \leq |a| + |b|$$

Activitat resolta 1

Descobreix per a quins valors de *x* es compleixen les següents desigualtats:

a) $|x + 3| < 5$

b) $|2x - 5| \geq 3$

a) Si $|x + 3| < 5$, aleshores, per la propietat 2, tenim:

$$-5 < x + 3 < 5 \rightarrow -5 - 3 < x < 5 - 3 \rightarrow -8 < x < 2; \text{ aleshores, } x \in (-8, 2$$

b) Per la propietat 3, $|2x - 5| \geq 3$ és equivalent a $2x - 5 \leq -3$ o $2x - 5 \geq 3$.

Resolem les dues desigualtats per separat:

$$\left.\begin{array}{l} 2x - 5 \leq -3 \;\rightarrow\; 2x \leq 2 \;\rightarrow\; x \leq 1 \\ 2x - 5 \geq 3 \;\rightarrow\; 2x \geq 8 \;\rightarrow\; x \geq 4 \end{array}\right\} \text{ Aleshores, } x \in (-\infty, 1] \cup [4, \infty)$$

Activitats

13. Calcula el valor de les següents operacions.

a) $\left|2 - \frac{8}{3}\right| - \left|1 - \frac{3}{2}\right|$ *b)* $|3 - |1 - 7|| - 2$ *c)* $|2 - \sqrt{6}| - |\sqrt{6} + 2|$

14. Resol aquesta desigualtat: $|2x - 1| < 2$

15. Quin és el valor de $|\sqrt{2} - \pi|$: $(\pi - \sqrt{2})$ o $(\sqrt{2} - \pi)$?

16. Si $a > 0$ i $b < 0$, troba el resultat de les expressions:

a) $|a| - b$ *b)* $|a \cdot b|$ *c)* $a \cdot b - |a \cdot b|$

5 Distància i entorn

El valor absolut pot aplicar-se a dos conceptes molt útils per treballar amb nombres. Aquests conceptes són la distància i l'entorn.

Distància entre nombres reals

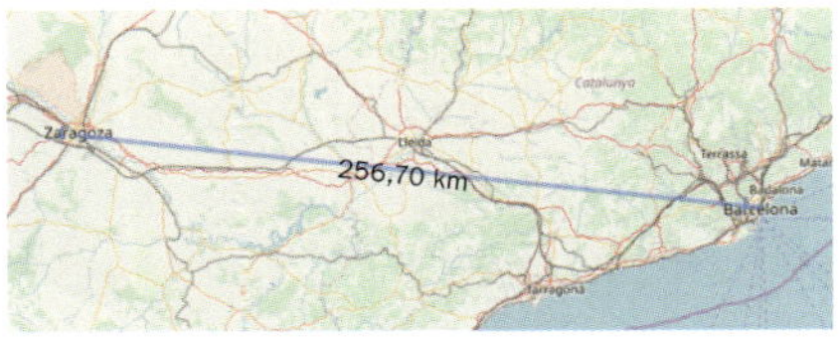

Dues ciutats, Barcelona i Saragossa, es troben a 257 km de distància en línia recta. La distància entre les dues ciutats és la mateixa, tant si el viatge comença a Barcelona com si comença a Saragossa. Es dedueix aleshores que la distància és la mesura de la separació existent entre dos punts, sent aquesta un nombre positiu. A més, la distància ha de ser la mateixa sense dependre de quin sigui el punt escollit com a origen i quin com a extrem.

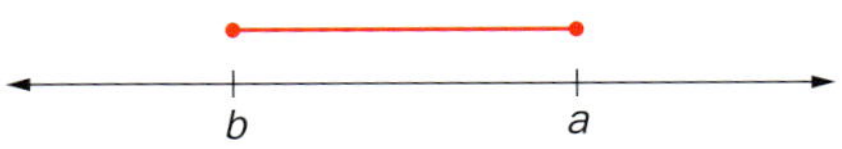

Donats dos nombres a, $b \in \mathbb{R}$, es defineix la **distància** entre ells com la seva diferència en valor absolut.

$$d(a,b) = |b - a|$$

És bastant intuïtiu definir la distància com una resta, ja que, per exemple, del 3 al 7 són 4. A més, una distancia és sempre positiva i igual entre dos punts. Així:

$$d(a,b) = |b - a| = |a - b| = d(b,a)$$

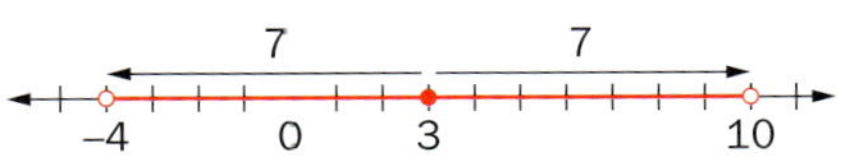

Exemple 5. Escriu tots els nombres reals la distància dels quals a 3 sigui menor que 7.

L'enunciat ens demana que busquem tots els nombres que compleixin $d(x,3) < 7$. Si apliquem la definició obtenim que $|x - 3| < 7$ i, per tant: $-7 < x - 3 < 7 \to -4 < x < 10$. Així, qualsevol nombre x comprès entre –4 i 10 es troba a una distància del nombre 3 inferior a 7, és a dir, $x \in (-4,10)$.

Entorn d'un punt

A vegades interessa utilitzar entorns de nombres reals que es troben a una distància determinada a l'entorn d'un nombre en concret. Aquest conjunt s'anomena entorn.

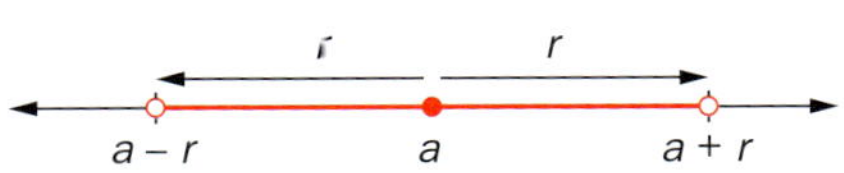

S'anomena **entorn** de centre a i radi r el conjunt de nombres reals x compresos entre $a - r$ i $a + r$, és a dir:

$$E_r(a) = \{x \in \mathbb{R}, a - r < x < a + r\} = (a - r, a + r)$$

Exemple 6. Escriu en forma d'interval l'entorn $E_3(4)$.

En aquest cas el centre de l'entorn és $a = 4$ i el radi és $r = 3$. Per tant, els extrems de l'interval seran $a - r = 4 - 3 = 1$ i $a + r = 4 + 3 = 7$. L'interval serà: $E_3(4) = (1,7)$.

Exemple 7. Escriu en forma d'entorn l'interval $(-2,6)$.

Ara tenim $a - r = -2$ i $a + r = 6$. Si sumem les dues equacions resulta $2a = 4 \to a = 2$, i aïllant una de les equacions, $r = 4$. Per tant, l'entorn és: $(-2,6) = E_4(2)$.

!! *Atenció*

Tot interval obert s'escriu com un entorn, i tot entorn és, en realitat, un interval.

Activitats

17. Quins nombres estan a una distància de 6 unitats del –3?

18. Busca tots els nombres reals que es trobin a una distància inferior a 3 unitats de –2.

19. Escriu tots els $\mathbb{R}$ la distància dels quals a 5 sigui major de 10.

20. Escriu en forma d'entorn tots els nombres la distància dels quals a –1 sigui menor de 8.

21. Expressa $E_4(-2)$ en termes de distància a un valor.

22. Escriu els següents intervals en forma d'entorns.

a) $(-2,2)$ *b)* $(-3,8)$ *c)* $(2,9/2)$

23. Escriu els següents entorns en forma d'intervals i representa'ls gràficament.

a) $E_2(6)$ *b)* $E_3(1/2)$ *c)* $E_{3/5}(4/5)$

6 Aproximacions

Quan tractem amb un nombre real amb infinits decimals acostuma a expressar-se com una aproximació d'aquest nombre. La necessitat de transmetre una informació clara i fàcil d'assimilar està per davant de l'exactitud de les dades. D'altres, en canvi, requereixen xifres d'una gran precisió.

Aproximació decimal

Per aproximar un nombre com $\sqrt{2}$ es poden fer moltes aproximacions, com ara:

$$1 < \sqrt{2} < 2, \text{ però també } 1{,}4 < \sqrt{2} < 1{,}5,\ 1{,}41 < \sqrt{2} < 1{,}42, \ldots$$

En tots aquests casos s'observa que a l'esquerra de $\sqrt{2}$ els nombres tenen les mateixes xifres que $\sqrt{2}$ fins a un cert ordre (1, 1, 4, 1, 41...). Aquestes aproximacions són sempre menors que el nombre al qual s'aproximen i s'anomenen **aproximacions per defecte.**

Una **aproximació per defecte** d'una quantitat és un altre nombre que coincideix amb aquesta en totes les xifres, fins a un cert ordre, i a partir d'aquí s'eliminen la resta de xifres.

Tanmateix, a la dreta de $\sqrt{2}$ els nombres que l'aproximen són majors que $\sqrt{2}$ (2, 1,5, 1,42, ...). Aquestes aproximacions s'anomenen **aproximacions per excés.**

Una **aproximació per excés** d'una quantitat és un nombre que coincideix amb aquesta en totes les xifres excepte l'última, que té una unitat més gran. A partir d'aquí, s'eliminen la resta de xifres.

Així, les aproximacions de $\sqrt{2}$ amb dos decimals són, per defecte, 1,41, i per excés, 1,42. A més dels decimals, també s'aproximen nombres grans. Així, per exemple, si la població d'una ciutat és de 315 663 habitants, s'acostuma a aproximar a 310 000 habitants per defecte i 320 000 habitants per excés.

Arrodoniment

Les aproximacions de $\sqrt{2}$ amb dos decimals no són equidistants. De fet, 1,41 està més a prop de $\sqrt{2}$ que 1,42. Per tant, 1,41 és la millor aproximació amb dues xifres decimals a $\sqrt{2}$. Aquesta operació, que consisteix a escollir l'aproximació que més s'apropa al nombre, s'anomena **arrodoniment.**

Arrodonir una quantitat a un cert ordre de magnitud consisteix a escollir l'aproximació decimal a la quantitat que quedi més a prop.

A la pràctica, l'arrodoniment s'aconsegueix comparant les dues aproximacions amb la quantitat que es vol aproximar. Si la primera xifra eliminada de la quantitat és **inferior a 5,** és a dir, 0,1,2,3 o 4, s'agafa l'**aproximació per defecte.** Si la primera xifra eliminada de la quantitat és més gran o igual a 5, és a dir, 5,6,7,8 o 9, s'escull l'**aproximació per excés.**

Exemple 8. Arrodoneix $\pi = 3{,}1415926\ldots$ a les mil·lèsimes.

L'aproximació per defecte a les mil·lèsimes és 3,141, i per excés, 3,142. Com que la primera xifra eliminada, el quart decimal, és un 5, aleshores 3,142 és l'arrodoniment a les mil·lèsimes.

Punt d'interès

L'escaquista espanyol Manuel Golmayo va compondre un poema per recordar les primeres xifres del nombre π:

Soy y seré a todos definible,
mi nombre tengo que daros,
cociente diametral siempre inmedible
soy de los redondos aros.

El nombre de lletres de cada paraula es correspon amb la xifra de π que ocupa aquesta posició:

3,1415...

www Actua

La calculadora pot fixar el nombre de decimals que es vol utilitzar a cada moment a través de l'opció FIX del menú de configuració.

Busca en el menú de la teva calculadora l'opció «Format de nombre», i a continuació tria «Fixar decimals» i escriu la quantitat de xifres decimals que desitges.

!! Atenció

En arrodonir s'escull sempre l'aproximació més propera a la quantitat exacta, és a dir, s'escull l'aproximació amb menys error.

Activitats

24. Aproxima el valor $\sqrt{23}$ a la dècima, a la mil·lèsima i a la deumil·lèsima.

25. Calcula utilitzant la calculadora i arrodoneix a tres xifres decimals.

a) $\sqrt{5} \cdot \pi$ *b)* $\sqrt[3]{3} \cdot \sqrt{2}$ *c)* $3\pi/5$ *d)* $\pi^{\sqrt{2}}$

7 Errors i notació científica

La impossibilitat d'obtenir totes les xifres decimals d'un nombre, com per exemple $\sqrt{2}$, fa necessari aproximar aquesta quantitat i estudiar l'error que es comet.

Errors

Quan tractem una aproximació *A* d'una quantitat exacta *E* sempre es comet un error. El valor de l'error es pot expressar de manera absoluta o relativa.

L'**error absolut** e_A és la diferència en valor absolut entre el valor exacte i l'aproximat.

$$e_A = |E - A|$$

Per exemple, si aproximem $\sqrt{2} = 1{,}41421356...$ per 1,41 es comet un error absolut $e_A = 0{,}00421356...$ De vegades l'error absolut no és suficient per saber si en prendre aproximació l'error que es comet és gran o petit. Si en comptar 10 € m'equivoco en 1 €, l'error és comparativament més gran que si en comptar 1 000 € m'equivoco també en 1 €. Ambdós exemples tenen un mateix error absolut d'1 €, però òbviament els errors són diferents. Per poder veure quan un error és gran o petit es defineix l'**error relatiu.**

L'**error relatiu** e_R d'una aproximació és el quocient entre l'error absolut i el valor exacte.

$$e_R = \frac{e_A}{E} = \frac{|E - A|}{E}$$

A vegades l'error relatiu s'expressa en percentatges. Per exemple, un error d'1 € per a una quantitat de 10 € és un error relatiu de 0,1 = 10 %. En el segon cas, un error d'1 € en una quantitat de 1 000 € és un error relatiu de 0,001 = 0,1 %, considerablement menor.

Notació científica

En l'àmbit científic és necessari expressar quantitats molt grans, com la massa de la Terra (5 983 000 000 000 000 000 000 000 kg), o extremament petites, com la massa d'un protó (0,000 000 000 000 000 000 000 001 672 621 898 kg). Per escriure aquestes quantitats cal recórrer a un tipus de notació especial per tal que faciliti operar amb elles. En notació científica, una quantitat *N* s'escriu:

$$N = a \cdot 10^n$$

- ***a*** s'anomena **mantissa** i és un nombre comprès entre $[1,10)$.
- ***n*** és l'**ordre de magnitud** i és un nombre enter.

La mantissa s'aproxima per arrodoniment a les xifres significatives necessàries i s'acompanya d'una potència de 10 que ens dona l'**ordre de magnitud** de la quantitat. Utilitzant notació científica, la massa de la Terra és de $5{,}983 \cdot 10^{24}$ kg, i la del protó, de $1{,}673 \cdot 10^{-27}$ kg.

Exemple 9. Escriu aquests nombres en notació científica:

a) **4 328 000** ***b)*** **–0,0000381**

a) Movem la coma des de les unitats fins a la posició corresponent per tal que la mantissa estigui escrita de forma adequada. En el primer dels casos, es mou la coma 6 llocs cap a l'esquerra i tenim: $4\,328\,000 = 4{,}328 \cdot 10^6$.

b) En aquest cas movem la coma 5 llocs cap a la dreta: $-0{,}0000381 = -3{,}81 \cdot 10^{-5}$.

www Actua

Per escriure una quantitat en notació científica en la calculadora s'utilitzen les tecles **x10ˣ** i **(–)**, o bé **ESP** segons el model de la calculadora.

Així, per escriure el nombre $5{,}342 \cdot 10^4$ cal teclejar:

5,342 **x10ˣ** **4**

I si l'exponent és negatiu, com en $1{,}865 \cdot 10^{-5}$, es teclejarà:

1,865 **x10ˣ** **(–)** **5**

Punt d'interès

Les potències de 10 s'acostumen a substituir per un prefix de la unitat. Aquests són els més habituals:

nano:	10^{-9}	giga:	10^9
micro:	10^{-6}	mega:	10^6
mili:	10^{-3}	kilo:	10^3
centi:	10^{-2}	hecto:	10^2
deci:	10^{-1}	deca:	10

Activitats

26. El pressupost de la reparació del meu mòbil era de 150 €. Finalment, el preu va acabar sent de 157 €. Quin error relatiu es va cometre en pressupostar-la?

27. Estan ben escrites en notació científica aquestes quantitats?

a) $23{,}09 \cdot 10^5$ *b)* $3{,}09 \cdot 10^{-4}$ *c)* $0{,}29 \cdot 10^7$

28. Escriu en notació científica utilitzant una mantissa amb tres xifres significatives:

a) Distància mitjana Terra-Lluna: 384 400 km

b) Longitud mitjana d'un virus: 0,0000000923 m

8 Potències i radicals

L'obertura del diafragma dels objectius de les càmeres fotogràfiques ve determinada per $\sqrt{2}$ i per les seves successives potències expressades en nombres amb dos decimals.

$$\sqrt{2}=1{,}41,\ \left(\sqrt{2}\right)^2=2,\ \left(\sqrt{2}\right)^3=2{,}83,\ \left(\sqrt{2}\right)^4=4,\ \left(\sqrt{2}\right)^5=5{,}66\ldots$$

Les potències i les arrels, a més de ser operacions inverses, guarden una relació intrínseca que permetrà treballar amb les arrels com si es tractés de potències.

Obertura de diafragma $f/2$ — Obertura de diafragma $f/22$

Potències

Una potència és una multiplicació repetida: $a^n = \underbrace{a\cdot a\cdot\ldots\cdot a}_{n \text{ vegades}}$. L'exponent de la potència, segons es dedueix de la definició, ha de ser un nombre natural, $n\in\mathbb{N}$.

La definició es generalitza, estenent l'exponent a nombres enters. Així, una potència amb exponent negatiu és: $a^{-n}=1/a^n$. I aquesta definició es completa agafant $a^0=1$.

Aleshores, si $a,b\in\mathbb{R}$ i $m,n\in\mathbb{Z}$, es compleixen les següents propietats:

1. El **producte de potències** amb la mateixa base és una altra potència amb la mateixa base, l'exponent de la qual és la suma dels exponents: $a^m\cdot a^n=a^{n+m}$.
2. El **quocient de potències** amb la mateixa base és una altra potència amb la mateixa base, l'exponent de la qual és la diferència d'exponents:
$$\frac{a^m}{a^n}=a^{m-n}$$
3. La **potència d'un producte** és igual a la potència de cada un dels seus factors:
$$(a\cdot b)^n=a^n\cdot b^n$$
4. La **potència d'un quocient** és igual al quocient de les potències dels seus termes:
$$\left(\frac{a}{b}\right)^n=\frac{a^n}{b^n}$$
5. La **potència d'una potència** és una altra potència amb la mateixa base, l'exponent de la qual és el producte dels exponents:
$$\left(a^n\right)^m=a^{n\cdot m}$$

@ www Actua

En la majoria de les calculadores, la tecla x^y et permet calcular potències. Per calcular 3^5, hauràs de prémer:

3 x^y 5

Per calcular arrels amb la teva calculadora tens la tecla $\sqrt[x]{y}$, que s'obté mitjançant la combinació SHIFT x^y. Per calcular $\sqrt[3]{8}$, hauràs de prémer:

3 SHIFT x^y 8

Radicals

S'anomena arrel enèsima d'un nombre real a, o arrel d'índex n i s'escriu $\sqrt[n]{a}$, un altre nombre real b que compleix:

$\sqrt[n]{a}=b \Leftrightarrow b^n=a$ On:
- a és el radicand, i és el nombre que s'extreu de l'arrel.
- b és l'arrel n-èsima del nombre a.
- $n\in\mathbb{N}$ és l'índex de l'arrel.

Es diferencien els següents casos:

Primer cas: l'arrel d'índex parell d'un nombre positiu té dos valors oposats.

$$\sqrt{36}=\pm 6,\text{ donat que } (-6)^2=36 \text{ i } 6^2=36$$
$$\sqrt[4]{16}=\pm 2,\text{ donat que } (-2)^4=16 \text{ i } 2^4=16$$

Segon cas: l'arrel d'índex imparell té el mateix signe que el radicand.

$$\sqrt[3]{64}=4,\text{ perquè } 4^3=64 \text{ i } \sqrt[5]{-32}=-2,\text{ perquè } (-2)^5=-32$$

Tercer cas: l'arrel d'índex parell d'un nombre negatiu no és un nombre real, és a dir, no existeix en el conjunt dels nombres reals.

$\sqrt{-4}$ no existeix perquè no hi ha cap nombre que elevat al quadrat doni -4.

Potències amb exponent racional

La propietat que permet obtenir radicals equivalents s'assembla molt a l'amplificació i la simplificació de fraccions. Això permet definir potències els exponents de les quals és una fracció. Així:

> Una **potència d'exponent racional** és una arrel l'índex de la qual és el denominador de l'exponent, i el radicand és la base de la potència elevada al numerador de l'exponent:
>
> $$a^{\frac{m}{n}} = \sqrt[n]{a^m}$$

!! Atenció

Habitualment se simplifica l'arrel quadrada amb una potència al quadrat:

$$\sqrt{3^2} = 3$$

Tanmateix, cal anar amb compte amb això. En general és fals que $\sqrt{x^2}$ sigui igual a x. Per a valors negatius no és veritat:

$$\sqrt{(-3)^2} = 3$$

La identitat que sí que és certa és:

$$\sqrt{x^2} = |x|$$

D'aquesta manera, $2^{\frac{1}{2}} = \sqrt{2}$ o $3^{\frac{3}{4}} = \sqrt[4]{27}$. Aquesta propietat és útil perquè permet transformar arrels en potències i operar amb aquestes arrels aplicant les propietats de les potències.

Propietats dels radicals

Les potencies amb exponent racional són útils perquè permeten transformar arrels en potències i operar amb elles.

1. L'**arrel d'un producte** és igual al producte de les arrels dels seus factors:

$$\sqrt[n]{a \cdot b} = \sqrt[n]{a} \cdot \sqrt[n]{b}$$

2. L'**arrel d'un quocient** és igual al quocient de les arrels dels seus termes:

$$\sqrt[n]{\frac{a}{b}} = \frac{\sqrt[n]{a}}{\sqrt[n]{b}}$$

3. L'**arrel d'una arrel** és igual a una arrel l'índex de la qual és igual al producte dels índexs:

$$\sqrt[n]{\sqrt[m]{a}} = \sqrt[n \cdot m]{a}$$

4. La **potència d'una arrel** és igual a l'arrel de la potència del seu radicand:

$$\left(\sqrt[n]{a}\right)^m = \sqrt[n]{a^m}$$

② Pensa

Si a està entre 0 i 1, aleshores a^2 serà major o menor que a? I com serà $\sqrt{a}$?

Exemple 10. Simplifica el càlcul d'aquestes arrels.

a) $\sqrt{\frac{36}{25}}$ **b)** $\sqrt{\sqrt[3]{64}}$

a) $\sqrt{\frac{36}{25}} = \sqrt{\frac{9 \cdot 4}{25}} = \frac{\sqrt{9} \cdot \sqrt{4}}{\sqrt{25}} = \frac{3 \cdot 2}{5} = \frac{6}{5}$. D'altra banda, $\sqrt{\frac{36}{25}} = \sqrt{\left(\frac{6}{5}\right)^2} = \frac{6}{5}$.

b) $\sqrt{\sqrt[3]{64}} = \sqrt[6]{64} = 2$. Si s'opera d'altra manera: $\sqrt{\sqrt[3]{64}} = \sqrt{4} = 2$.

Exemple 11. Calcula el valor d'aquestes potències expressant-les prèviament en forma radical.

a) $8^{-1/3}$ **b)** $-81^{3/4}$

a) $8^{-1/3} = \frac{1}{8^{1/3}} = \frac{1}{\sqrt[3]{8}} = \frac{1}{2}$

b) $-81^{3/4} = -\sqrt[4]{81^3} = -\left(\sqrt[4]{81}\right)^3 = -3^3 = -27$

Activitats

29. Calcula el valor de les següents expressions escrivint-les prèviament en forma d'arrel.

a) $27^{2/3}$ *b)* $25^{-1/2}$

c) $(-125)^{1/3}$ *d)* $0^{1/2}$

30. Simplifica els radicals tot aplicant-hi les propietats.

a) $\sqrt{\sqrt{9}}$ *b)* $\sqrt[3]{2\sqrt{2}}$

c) $\sqrt{\left(\sqrt[3]{3}\right)^6}$ *d)* $\sqrt{\sqrt[3]{a^4}}$

Operacions amb radicals

Per operar amb arrels sense haver de calcular el seu valor s'utilitzen les propietats dels radicals per obtenir expressions més simples. Les manipulacions més habituals són:

1. **Introducció de factors en una arrel.** Per introduir un factor dins d'una arrel s'eleva el factor a l'índex de l'arrel:

$$a \cdot \sqrt[n]{b} = \sqrt[n]{a^n \cdot b}$$

Per exemple: $3 \cdot \sqrt[4]{2} = \sqrt[4]{3^4 \cdot 2} = \sqrt[4]{162}$ es complirà sempre, perquè $3 = \sqrt[4]{3^4}$

2. **Extracció de factors d'una arrel.** Formalment és el procés invers de la introducció de factors.

Per exemple: $\sqrt[3]{3^6 x^4 y^2} = \sqrt[3]{3^6 x^3 x y^2} = \sqrt[3]{3^6 x^3}\,\sqrt[3]{xy^2} = 3^2 x\,\sqrt[3]{xy^2}$

Alguns dels factors del radicand s'han extret de l'arrel. Això es pot fer sempre que aquest factor estigui elevat a una potència major que l'índex de l'arrel.

3. **Reducció d'arrels a índex comú.** Per reduir arrels d'un mateix índex es calcula el m. c. m. dels índexs originals i aquest serà l'índex de les arrels ja transformades. El radicand s'eleva al quocient entre el m. c. m. dels índexs originals i l'índex de cada arrel transformada:

$\sqrt[n]{a}$ i $\sqrt[m]{b}$ es transformen a un índex comú p = m.c.m. (n, m), i es queden de la forma:

$$\sqrt[n]{a} = \sqrt[p]{a^{p/n}}$$

$$\sqrt[m]{b} = \sqrt[p]{b^{p/m}}$$

$$\sqrt{2} = 2^{1/2} = 2^{3/6} = \sqrt[6]{8} \text{ i } \sqrt[3]{3} = 3^{1/3} = 3^{2/6} = \sqrt[6]{9}\text{; i, per tant, } \sqrt[3]{3} > \sqrt{2}$$

4. **Suma i resta.** Habitualment no serà possible sumar i restar expressions radicals sense calcular-les explícitament. Sí que serà possible agrupar expressions en el cas que tinguin el mateix índex i el mateix radicand.

Per exemple: $2\sqrt{3} + 5\sqrt{3} - 3\sqrt{3} = (2+5-3)\sqrt{3} = 4\sqrt{3}$

De vegades es pot reduir extraient factors de les arrels.

Per exemple: $\sqrt[3]{24} + \sqrt[3]{3000} = \sqrt[3]{2^3 \cdot 3} + \sqrt[3]{2^3 \cdot 5^3 \cdot 3} = 2\sqrt[3]{3} + 2 \cdot 5\,\sqrt[3]{3} = 12\,\sqrt[3]{3}$

5. **Producte i quocient.** El producte i el quocient de les arrels requereixen que aquestes tinguin el mateix índex. En cas que no el tinguin, caldrà passar-les a índex comú. Per operar amb elles es poden passar a forma de potència i operar-hi, o aplicar les propietats dels radicals.

Per exemple: $\sqrt[3]{3} \cdot \sqrt{2} = 3^{1/3} \cdot 2^{1/2} = 3^{2/6} \cdot 2^{3/6} = \left(3^2 \cdot 2^3\right)^{1/6} = \sqrt[6]{72}$

!! *Atenció*

Tingues en compte que, si a és negatiu, aleshores $\sqrt[n]{a}$ només existirà si l'índex n és imparell.

!! *Atenció*

No és el mateix:

$\sqrt{a^2+b^2} \neq a+b$

$\sqrt{a^2-b^2} \neq a-b$

$\sqrt{a}+\sqrt{b} \neq \sqrt{a+b}$

$\sqrt{a}-\sqrt{b} \neq \sqrt{a-b}$

$(a+b)^2 \neq a^2+b^2$

Posa-ho a prova substituint nombres.

Exemple 12. Quina és més gran: $\sqrt[5]{7}$ o $\sqrt[7]{5}$?

Reduint a índex comú tenim que: $\sqrt[5]{7} = 7^{1/5} = 7^{7/35}$ i $\sqrt[7]{5} = 5^{1/7} = 5^{5/35}$.

Com que $7^7 > 5^5$, serà més gran $\sqrt[5]{7}$.

Exemple 13. Fes les següents operacions: ***a)*** $\sqrt{4x} + 2\sqrt{9x} + \sqrt{16x}$ ***b)*** $\sqrt[5]{2} \cdot \sqrt{2}$

a) S'extreuen els factors fora de l'arrel i s'agrupen:

$$\sqrt{4x} + 2\sqrt{9x} + \sqrt{16x} = 2\sqrt{x} + 2 \cdot 3\sqrt{x} + 4\sqrt{x} = 12\sqrt{x}$$

b) Es passen a índex comú i s'agrupen:

$$\sqrt[5]{2} \cdot \sqrt{2} = \sqrt[10]{2^2} \cdot \sqrt[10]{2^5} = \sqrt[10]{2^7}$$

Racionalització

Quan s'opera amb arrels és força freqüent que quedin expressions amb alguna arrel en el denominador. De vegades resulta interessant racionalitzar per fer manipulacions algebraiques, és a dir, obtenir una fracció equivalent que no tingui arrels en el denominador. En fer aquests càlculs es poden presentar les següents situacions:

1. **Arrel quadrada simple.** Si en el denominador hi ha una expressió que únicament té una arrel quadrada, només cal multiplicar numerador i denominador per la mateixa arrel:

   Per exemple: $\frac{a}{\sqrt{b}}=\frac{a\sqrt{b}}{\sqrt{b}\sqrt{b}}=\frac{a\sqrt{b}}{\sqrt{b^2}}=\frac{a\sqrt{b}}{b}$

2. **Expressió mixta.** Una expressió mixta és la suma d'un nombre enter i una arrel quadrada o de dues arrels quadrades diferents. En aquest cas es multiplica i es divideix per l'**expressió conjugada,** amb els mateixos sumands, però amb el signe d'entremig canviat. D'aquesta manera es fa ús de la identitat notable $(a+b)\cdot(a-b)=a^2-b^2$.

   Per exemple: $\frac{3}{1+\sqrt{2}}=\frac{3\cdot(1-\sqrt{2})}{(1+\sqrt{2})\cdot(1-\sqrt{2})}=\frac{3-3\sqrt{2}}{1-2}=3\sqrt{2}-3$

3. **Arrel *n*-èsima simple.** S'ha de multiplicar numerador i denominador per una arrel del mateix índex que la que tenim però el radicand sigui el de l'arrel original elevat a un nombre que s'obté restant l'índex de l'arrel menys l'exponent del radicand original.

   $\frac{k}{\sqrt[n]{a^m}}=\frac{k}{\sqrt[n]{a^m}}\cdot\frac{\sqrt[n]{a^{n-m}}}{\sqrt[n]{a^{n-m}}}=\frac{k\cdot\sqrt[n]{a^{n-m}}}{a}$ Per exemple: $\frac{2}{\sqrt[5]{3^2}}=\frac{2\cdot\sqrt[5]{3^3}}{\sqrt[5]{3^2}\cdot\sqrt[5]{3^3}}=\frac{2\cdot\sqrt[5]{3^3}}{\sqrt[5]{3^5}}=\frac{2\cdot\sqrt[5]{3^3}}{3}$

Activitat resolta 2

Resol cada cas:

a) Racionalitza: $\frac{5}{\sqrt{3}+2\sqrt{2}}$

b) Efectua:
$3\sqrt{\frac{1}{27}}-\frac{5}{6}\sqrt{27}+4\sqrt{75}-3\sqrt{\frac{1}{3}}$

c) Racionalitza: $\frac{2}{\sqrt[3]{(x-1)}}$

a) $\frac{5}{\sqrt{3}+2\sqrt{2}}=\frac{5(\sqrt{3}-2\sqrt{2})}{(\sqrt{3}+2\sqrt{2})(\sqrt{3}-2\sqrt{2})}=\frac{5\sqrt{3}-10\sqrt{2}}{3-8}=2\sqrt{2}-\sqrt{3}$

b) $3\sqrt{\frac{1}{27}}-\frac{5}{6}\sqrt{27}+4\sqrt{75}-3\sqrt{\frac{1}{3}}=3\sqrt{\frac{1}{3^2\cdot 3}}-\frac{5}{6}\sqrt{3^2\cdot 3}+4\sqrt{5^2\cdot 3}-3\sqrt{\frac{1}{3}}=$

$=\sqrt{\frac{1}{3}}-\frac{5}{2}\sqrt{3}+20\sqrt{3}-3\sqrt{\frac{1}{3}}=\frac{\sqrt{3}}{3}-\frac{5}{2}\sqrt{3}+20\sqrt{3}-3\frac{\sqrt{3}}{3}=\left(\frac{1}{3}-\frac{5}{2}+20-1\right)\sqrt{3}=\frac{101}{6}\sqrt{3}$

c) $\frac{2}{\sqrt[3]{(x-1)}}=\frac{2\sqrt[3]{(x-1)^2}}{\sqrt[3]{(x-1)}\ \sqrt[3]{(x-1)^2}}=\frac{2\sqrt[3]{(x-1}}{x-1}$

Activitats

31. Ordena de més gran a més petita: $\sqrt{3}, \sqrt[3]{4}, \sqrt[5]{5}$.

32. Racionalitza:

a) $\frac{1}{\sqrt{a}}$ *b)* $\frac{2}{\sqrt{3}+\sqrt{2}}$

c) $\frac{2}{1+\sqrt{a}}$ *d)* $\frac{\sqrt{2}}{\sqrt[3]{3}}$

e) $\frac{1}{\sqrt{5}-\sqrt{3}}$ *f)* $\frac{3}{\sqrt{x}-\sqrt{2}}$

33. Introdueix els factors en l'arrel.

a) $3\sqrt{2}$ *b)* $x\sqrt{3}$

c) $2\sqrt[3]{2x}$ *d)* $a\sqrt{\frac{b}{a}}$

34. Fes les següents operacions.

a) $\sqrt{12}+\sqrt{27}-\sqrt{75}$ *b)* $\sqrt[3]{81}-2\sqrt[3]{24}+\sqrt[3]{375}$

c) $\frac{\sqrt{2x}}{\sqrt[3]{2x}}$ *d)* $\sqrt{3x}\cdot\sqrt[3]{2x^2}\cdot\sqrt[4]{x}$

9 Logaritmes

La densitat d'una població a x kilòmetres del centre d'una gran ciutat ve donada per la funció $y = k \cdot 2^{-0,046x}$. Per calcular la distància del centre de la ciutat d'una població amb una densitat de 10 000 habitants per km^2, sent $k = 20\,000$ la densitat del centre de la ciutat, se substitueixen les dades i en resulta la següent equació:

$$10\,000 = 20\,000 \cdot 2^{-0,046x}\text{, o el que és equivalent: } 0,5 = 2^{-0,046x}$$

Doncs bé, per resoldre una equació com aquesta cal usar els logaritmes com a operació inversa de la potència. Els logaritmes tenen un gran nombre d'aplicacions, com per exemple en els càlculs de tipus d'interès, creixement de poblacions, arqueologia, radiologia, nivells acústics o sismologia.

S'anomena **logaritme** d'un nombre x en base a, i s'expressa per $\log_a x$, l'exponent al qual cal elevar la base a per obtenir x. És a dir,

$$\log_a x = y \iff a^y = x \quad \text{si} \quad a > 0, a \neq 1$$

Els logaritmes tenen sempre bases positives, i com que les potències de base positiva són sempre positives, no es poden calcular logaritmes negatius. Alguns logaritmes especialment fàcils de calcular són:

$\log_a 1 = 0$, perquè en qualsevol base $a^0 = 1$ $\qquad$ $\log_a a = 1$, perquè $a^1 = a$

Exemple 14. Calcula el valor d'aquestes expressions:

a) $\log_2 16$ $\qquad$ ***b)*** $\log_{1/2} 16$ $\qquad$ ***c)*** $\log_{\sqrt{5}} 5$

a) $\log_2 16 = y \iff 2^y = 16$; aleshores $y = 4$, perquè $2^4 = 16$. Per tant, $\log_2 16 = 4$.

b) $\log_{1/2} 16 = y \iff \left(\frac{1}{2}\right)^y = 16$; aleshores $y = -4$, perquè $\left(\frac{1}{2}\right)^{-4} = 2^4 = 16$. Per tant, $\log_{1/2} 16 = -4$.

c) $\log_{\sqrt{5}} 5 = y \iff \left(\sqrt{5}\right)^y = 5$; i com que $\left(\sqrt{5}\right)^2 = 5$, tenim que $\log_{\sqrt{5}} 5 = 2$.

Exemple 15. Troba el valor de x en cada una de les següents equacions:

a) $\log_8 x = \frac{1}{3}$ $\qquad$ ***b)*** $\log_{64} 16 = x$ $\qquad$ ***c)*** $\log_x 81 = 3$

a) $\log_8 x = \frac{1}{3}$ equivalent a $8^{1/3} = x$; per tant, $x = \sqrt[3]{8} = 2$.

b) $\log_{64} 16 = x$ significa que $64^x = 16$; aleshores, $\left(2^6\right)^x = 2^4 \Rightarrow 2^{6x} = 2^4 \Rightarrow 6x = 4 \Rightarrow x = \frac{2}{3}$.

c) $\log_x 81 = 3$ és equivalent a $x^3 = 81$; aleshores, $x = \sqrt[3]{81} = \sqrt[3]{3^3 \cdot 3} = 3\sqrt[3]{3}$.

En general, el càlcul de logaritmes es complex i requereix l'ús de la calculadora. Vegem els dos logaritmes que en funció de la seva base i el seu càlcul reben noms especials.

Quan la base és el nombre 10, el logaritme s'anomena **logaritme decimal,** i habitualment s'escriu $\log x$, en lloc de $\log_{10} x$.

$$\log x = y \iff 10^y = x$$

Algunes calculadores permeten trobar logaritmes decimals mitjançant la tecla **log**. Altres tenen la tecla **log[1]**. Així, $\log 2 = 0,3010299957... \approx 0,3010$.

El logaritme en base e s'anomena **logaritme natural o neperià,** en honor del matemàtic John Napier. Se simbolitza per $\ln x$.

$$\ln x = y \iff e^y = x$$

Les calculadores també permeten trobar logaritmes naturals mitjançant la tecla **ln**. Així, $\ln 2 = 0,69314718055... \approx 0,6931$.

!! Atenció

De la definició de logaritme es compleix sempre:

$$10^{\log(x)} = x$$
$$e^{\ln(x)} = x$$
$$a^{\log_a(x)} = x$$

Punt d'interès

Juntament amb el nombre π i el nombre ϕ, que s'han vist anteriorment, existeix un altre nombre irracional amb nom propi, el nombre:

$$e = 2,7182818284590...$$

Al contrari que els anteriors, el nombre e és relativament recent. Utilitzat per J. Napier com a base dels logaritmes naturals, va ser el matemàtic Euler qui li va donar el seu nom.

Aquest nombre es fa servir en infinitat d'aplicacions en ciència i enginyeria, però la seva primera aplicació pràctica va ser en economia, en l'estudi de l'interès compost.

Propietats dels logaritmes

En qualsevol base logarítmica es compleixen les següents propietats que es deriven directament de les corresponents propietats de les potències.

> **!! Atenció**
>
> No és el mateix:
>
> $\log(x+y) \neq \log x + \log y$
>
> $\log(x-y) \neq \log x - \log y$
>
> $\dfrac{\log x}{\log y} \neq \log x - \log y$

1. El logaritme d'un producte de dos nombres és igual a la suma dels logaritmes.

$$\log_a(x \cdot y) = \log_a x + \log_a y$$

En efecte, si anomenem $p = \log_a x$ i $q = \log_a y$, aleshores, per la definició, $x = a^p$ i $y = a^q$, i el seu producte $x \cdot y = a^p \cdot a^q = a^{p+q}$. Per tant, $\log_a(x \cdot y) = p + q = \log_a x + \log_a y$.

2. El logaritme d'un quocient de dos nombres és igual a la diferència dels logaritmes del numerador i del denominador.

$\log_a\left(\dfrac{x}{y}\right) = \log_a x - \log_a y$, i la demostració és anàloga a la del producte.

> **3 Pensa**
>
> Demostra la segona propietat dels logaritmes.
>
> $\log_a\left(\dfrac{x}{y}\right) = \log_a x - \log_a y$

3. El logaritme d'una potència és igual a l'exponent multiplicat pel logaritme de la base.

$$\log_a x^n = n \cdot \log_a x$$

En efecte, $\log_a x^n = \log_a \overbrace{x \cdot x \cdot \ldots \cdot x}^{n} = \overbrace{\log_a x + \log_a x + \ldots + \log_a x}^{n} = n \cdot \log_a x$.

Exemple 16. **Utilitza les propietats dels logaritmes per desenvolupar aquestes expressions.**

a) $\log_2(x^3 \cdot y^5)$ **b)** $\log_3\left(\dfrac{3x^2}{y^5}\right)$ **c)** $\ln\left(\dfrac{1}{x}\right)$ **d)** $\ln\sqrt{3xy}$

a) $\log_2(x^3 \cdot y^5) =^{(p1)} \log_2 x^3 + \log_2 y^5 =^{(p3)} 3\log_2 x + 5\log_2 y$

b) $\log_3\left(\dfrac{3x^2}{y^5}\right) =^{(p2)} \log_3 3x^2 - \log_3 y^5 =^{(p1)} \log_3 3 + \log_3 x^2 - \log_3 y^5 =^{(p3)} 1 + 2\log_3 x - 5\log_3 y$

c) $\ln\sqrt{3xy} = \ln(3xy)^{1/2} =^{(p3)} \dfrac{1}{2}\ln 3xy =^{(p1)} \dfrac{1}{2}(\ln 3 + \ln x + \ln y)$

Exemple 17. **Troba el valor de x que verifica: $\log x - \log 3 = 2\log 5$.**

Aplicant la propietat 2: $\log x - \log 3 = \log\dfrac{x}{3}$. Segons la propietat 3, $2\log 5 = \log 5^2$.

En conseqüència, $\log\dfrac{x}{3} = \log 25 \Rightarrow \dfrac{x}{3} = 25 \Rightarrow x = 75$.

Exemple 18. **Analitza si són vertaderes o falses les següents igualtats:**

a) $5\log x^3 = 15\log x$ **b)** $\log\dfrac{1}{x} = -\log x$ **c)** $\log(2x^2 - y) = 2\log x - \log y$

a) Aplicant la propietat 3, $5\log x^3 = 15\log x$. Per tant, és certa.

b) Per la propietat 2 i que $\log 1 = 0$, tenim que: $\log\dfrac{1}{x} = \log 1 - \log x = 0 - \log x = -\log x$. És certa.

c) El primer membre no es pot desenvolupar, i el segon:

$2\log x - \log y = \log x^2 - \log y = \log\dfrac{x^2}{y}$. Per tant, en general és falsa.

Exemple 19. **Si $\log x = 3{,}45$ i $\log y = 0{,}143$, calcula $\log(100x^2y^3)$.**

$\log(100x^2y^3) = \log 100 + 2\log x + 3\log y = 2 + 2 \cdot 3{,}45 + 3 \cdot 0{,}143 = 9{,}329$

Canvi de base logarítmica

Hem vist com calcular logaritmes decimals o neperians amb la calculadora, però cal saber com trobar logaritmes en qualsevol base. Suposem que volem calcular $\log_a x$.

Sigui $y = \log_a x$, o el que és equivalent, $a^y = x$.

Prenent logaritmes en base b en ambdós membres, tenim $\log_b a^y = \log_b x$.

Aplicant la **propietat 3,** s'obté $y \log_b a = \log_b x$.

Aïllant y i substituint-lo pel seu valor inicial, s'obté la fórmula de canvi de base que permet canviar d'una base a qualsevol a una altra base b.

$$\log_a x = \frac{\log_b x}{\log_b a}$$

Si es vol utilitzar la calculadora per calcular qualsevol logaritme en una base a mitjançant logaritmes decimals o neperians, les fórmules de canvi de base són les següents, tot i que també es pot utilitzar la tecla $\log_x y$:

$$\log_a x = \frac{\log x}{\log a} \qquad \log_a x = \frac{\ln x}{\ln a}$$

Exemple 20. Expressa en funció de log o ln i calcula els següents logaritmes:

***a)* $\log_2 100$** ***b)* $\log_3 e$**

a) $\log_2 100 = \dfrac{\log 100}{\log 2} = \dfrac{2}{0{,}3010} = 6{,}644$ *b)* $\log_3 e = \dfrac{\ln e}{\ln 3} = \dfrac{1}{1{,}0986} = 0{,}9102$

Ara ja coneixem totes les eines per resoldre l'exercici proposat a l'inici de l'epígraf.

Activitat resolta 3

La densitat d'una població a x quilòmetres del centre d'una gran ciutat ve donada per la funció $y = k \cdot 2^{-0{,}046x}$. Troba la distància al centre de la ciutat d'una població amb una densitat de 10 000 habitants per km², sent $k = 20\,000$ la densitat del centre de la ciutat.

Substituint les dades de l'enunciat en resulta l'equació:

$10\,000 = 20\,000 \cdot 2^{-0{,}046x}$, o el que és equivalent, $0{,}5 = 2^{-0{,}046x}$

Prenent per exemple logaritmes neperians en ambdós membres, tenim

$$\ln 0{,}5 = \ln 2^{-0{,}046x}$$

Aplicant la propietat 3 dels logaritmes i aïllant x, obtenim

$$\ln 0{,}5 = -0{,}046x \cdot \ln 2$$

$$x = \frac{\ln 0{,}5}{-0{,}046 \ln 2} = 21{,}7 \text{ km}$$

La distància d'aquesta població al centre de la ciutat és de 21,7 km.

Activitats

35. Calcula els següents logaritmes aplicant la definició.

a) $\log_4 64$ *b)* $\log_{\sqrt{3}} 3$ *c)* $\log_{1/2} 4$ *d)* $\log_{\sqrt{5}} \left(\dfrac{1}{5}\right)$

36. Calcula el valor de la x en cada cas:

a) $\log_x 4 = 8$ *b)* $\log_4 x = 5$ *c)* $\log_{\sqrt{2}} x = 4$ *d)* $\log_x \sqrt{2} = 4$

37. Calcula $\log_a b \cdot \log_b a$.

38. Aïlla la x en cada una de les equacions següents:

a) $2 = e^{5x}$ *b)* $3 = 2\ln x$ *c)* $-2\ln x = 5$

39. Sabent que $\log(2) = 0{,}301$ i que $\log(3) = 0{,}477$, calcula:

a) $\log(24)$ *b)* $\log(15)$

c) $\log(0{,}25)$ *d)* $\log_2(3)$

40. Aplicant logaritmes, calcula 7^{900}.

41. Un bacteri es duplica cada hora si té les condicions òptimes. Quantes hores hauran de passar perquè un bacteri inicial creï una colònia de mil milions de bacteris?

D'un cop d'ull!

Dels naturals als reals

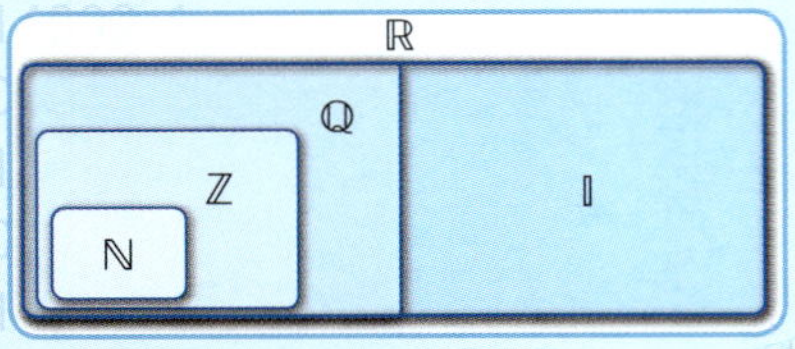

Nombres naturals $\mathbb{N}=\{1,2,3,4...\}$

Nombres enters $\mathbb{Z}=\{...-2,-1,0,1,2...\}$

Nombres racionals $\mathbb{Q}=\left\{\frac{a}{b}; a,b\in\mathbb{Z}, b\neq 0\right\}$

Nombres irracionals $\mathbb{I}$: nombres l'expressió decimal dels quals té un nombre infinit de xifres que no es repeteixen de forma periòdica.

Nombres reals $\mathbb{R}=\mathbb{Q}\cup\mathbb{I}$.

Valor absolut

$$|a|=\begin{cases}-a \text{ si } a<0\\ a \text{ si } a\geq 0\end{cases}$$

Distància

$$d(a,b)=|b-a|$$

Entorn

$$E_r(a)=\{x\in\mathbb{R}, a-r<x<a+r\}=(a-r,a+r)$$

Notació científica

$$N=a\cdot 10^n,\ n\in Z,\ a\in[1,10)$$

Intervals en la recta real

Tipus			Interval	Desigualtat	Representació gràfica
Interval tancat	Fa referència a tots els nombres reals compresos entre *a* i *b*, inclosos aquests.		$[a,b]$	$a\leq x\leq b$	a ●——● b
Interval obert	Fa referència a tots els nombres reals compresos entre *a* i *b*, sense incloure aquests.		(a,b)	$a<x<b$	a ○——○ b
Interval semiobert o semitancat	Són intervals tancats en un extrem i oberts en l'altre.		$[a,b)$	$a\leq x<b$	a ●——○ b
			$(a,b]$	$a<x\leq b$	a ○——● b
Interval infinit o semirecta	Són intervals en què un dels dos extrems és infinit	Semirecta oberta	$(a,+\infty)$	$a<x$	a ○——→ ∞
		Semirecta tancada	$[a,+\infty)$	$a\leq x$	a ●——→ ∞
		Semirecta tancada	$(-\infty,b]$	$x\leq b$	−∞ ←——● b
		Semirecta oberta	$(-\infty,b)$	$x<b$	−∞ ←——○ b

Radicals i potències

Arrel enèsima:

$$\sqrt[n]{a}=b\Leftrightarrow b^n=a$$

Potència d'exponent racional:

$$a^{\frac{m}{n}}=\sqrt[n]{a^m}$$

Propietats:

1. Arrel d'un producte: $\sqrt[n]{a\cdot b}=\sqrt[n]{a}\cdot\sqrt[n]{b}$
2. Arrel d'un quocient: $\sqrt[n]{a/b}=\sqrt[n]{a}/\sqrt[n]{b}$
3. Arrel d'una altra arrel: $\sqrt[n]{\sqrt[m]{a}}=\sqrt[n\cdot m]{a}$
4. Potència d'una arrel: $\left(\sqrt[n]{a}\right)^m=\sqrt[n]{a^m}$

Logaritmes

Logaritme: s'anomena logaritme d'un nombre x en base a, i s'expressa per $\log_a x$, l'exponent al qual cal elevar la base a per obtenir x. És a dir,

$$\log_a x=y \quad\Leftrightarrow\quad a^y=x \quad \text{si} \quad a>0, a\neq 1$$

Propietats:

1. Logaritme d'un producte: $\log_a(x\cdot y)=\log_a x+\log_a y$
2. Logaritme d'un quocient: $\log_a\left(\frac{x}{y}\right)=\log_a x-\log_a y$
3. Logaritme d'una potència: $\log_a x^n=n\cdot\log_a x$
4. Canvi de base: $\log_a x=\dfrac{\log_b x}{\log_b a}$

ACTIVITATS RESOLTES

Activitat resolta 4

Escriu dos nombres racionals i altres dos d'irracionals entre $\sqrt{2}$ i 3/2.

En primer lloc, busquem dos nombres racionals. El nombre $\sqrt{2}$ val 1,4142... Aleshores, ens valdria qualsevol nombre decimal exacte o periòdic entre ambdós, per exemple 1,42 i 1,45. Per trobar dos nombres irracionals utilitzem la suma d'un nombre racional més un d'irracional i obtenim així un nombre irracional.

La mitjana aritmètica de $\sqrt{2}$ i un altre nombre racional del conjunt serà un nombre irracional entre els dos. Per exemple:

$$\frac{\sqrt{2}+1{,}5}{2},\quad \frac{\sqrt{2}+1{,}45}{2}$$

Activitat resolta 5

Desenvolupa l'expressió $x+|x-1|$ aplicant la definició del valor absolut.

Segons la definició, $x+|x+1| = \begin{cases} x+x+1 & \text{si } x+1 \geq 0 \\ x-(x+1) & \text{si } x+1 < 0 \end{cases}$

Aleshores, agrupant-ho adequadament, queda: $x+|x+1| = \begin{cases} 2x+1 & \text{si } x \geq -1 \\ -1 & \text{si } x < -1 \end{cases}$

Activitat resolta 6

Representa en la recta real l'entorn $E_{2/3}(-1/3)$.

L'entorn de $(-1/3)$ radi $2/3$ és l'interval $(-1,1/3)$. Per representar-lo de forma exacta caldrà representar l'extrem 1/3, utilitzant el mètode habitual:

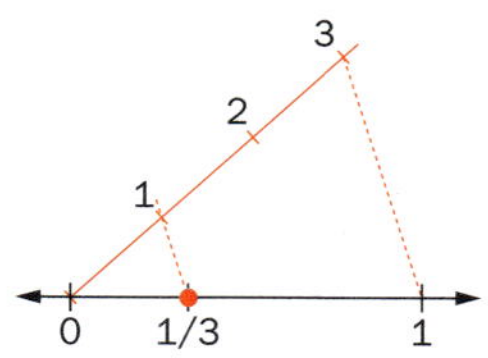

A continuació, representem l'interval obert $(-1,1/3)$

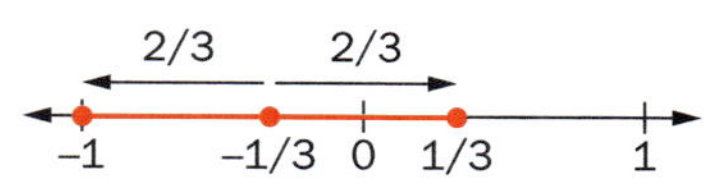

Activitat resolta 7

Escriu en forma d'interval els valors de x per als quals es pot calcular l'expressió $\sqrt{x(5-x)}$.

Per tal que $\sqrt{x(5-x)}$ pugui calcular-se, el radicant ha de ser positiu: $x(5-x) \geq 0$. Com que és el producte de dues expressions, en multiplicar-les s'obtindrà un nombre positiu si ambdues són negatives o ambdues són positives.

- Vegem si és possible que ambdues siguin positives. Els valors on x és negatiu i positiu són clars. Respecte a l'altra expressió: $5-x \geq 0$, implica que $5 \geq x$. Les dues expressions seran positives, i el seu producte també, si $x \in [0,5]$.
- Una altra possibilitat és que les dues expressions siguin negatives. Tanmateix, és fàcil adonar-se que això és impossible; per tal que x sigui negativa ha de ser menor que 0. I perquè $5-x$ sigui negatiu, x haurà de ser major que 5. Aquestes condicions no poden complir-se a la vegada.

Per tant, l'interval de valors demanat és $x \in [0,5]$.

Activitat resolta 8

Sense aproximar els radicals, calcula el valor de l'operació:

$$\left\| \sqrt{2}-\sqrt{3} \right| - 5\cdot\left|5-\sqrt{3}\right\|$$

Hem de desenvolupar l'expressió sense calcular explícitament les arrels. Primer hem de valorar cada valor absolut per poder substituir-lo per l'expressió adequada. En primer lloc, $\sqrt{2}-\sqrt{3}$ és negatiu, per tant el seu valor absolut serà $\sqrt{3}-\sqrt{2}$. L'expressió $5-\sqrt{3}$ és positiva: $\left\|\sqrt{2}-\sqrt{3}\right|-5\cdot\left|5-\sqrt{3}\right\| = \left|\sqrt{3}-\sqrt{2}-5\cdot\left(5-\sqrt{3}\right)\right|$

Si desenvolupem el parèntesi i l'agrupem, queda: $\left|6\sqrt{3}-\sqrt{2}-25\right|$

L'expressió és negativa perquè els termes negatius tenen un valor absolut major que el positiu. Aleshores: $\left|6\sqrt{3}-\sqrt{2}-25\right| = 25+\sqrt{2}-6\sqrt{3}$

Activitat resolta 9

Descobreix quins intervals de nombres compleixen la desigualtat: $|3-2x|<4$.

Separant el valor absolut es tenen dues condicions que s'han de complir alhora:

$$|3-2x|<4 \Rightarrow \begin{cases} 3-2x<4 \\ 3-2x>-4 \end{cases}$$

Aïllant de la primera desigualtat: $3-2x<4 \rightarrow 3-4<2x \rightarrow -1/2<x$

Aïllant en la segona desigualtat, tenim: $3-2x>-4 \rightarrow 3+4>2x \rightarrow 7/2>x$

Per tant, la solució és $-1/2<x<7/2$. En interval: $x \in (-1/2,7/2)$

ACTIVITATS RESOLTES

Activitat resolta 10

El nombre auri és un nombre irracional que val $\phi = \frac{1+\sqrt{5}}{2}$. Alícia ha pres com a aproximació 1,6. Quin és l'error absolut i l'error relatiu que comet? Dona'n una aproximació amb un error inferior a l'1 %.

El valor del nombre auri és $\phi = 1{,}61803...$ Si Alícia ha utilitzat com a aproximació 1,6, el seu error absolut és: $e_A = 1{,}61803 - 1{,}6 = 0{,}01803$.

I el seu error relatiu: $e_R = \frac{0{,}01803}{1{,}61803} = 0{,}0111$. Per tant, el seu error relatiu és d'1,11 %.

Si volem donar una aproximació amb un error inferior a l'1 %, només cal agafar una xifra decimal més. Com que la tercera xifra decimal és un 8, s'arrodoneix i l'aproximació és $\phi \approx 1{,}62$. L'error relatiu d'aquesta aproximació és del 0,122 %.

Activitat resolta 11

Fes les següents operacions en notació científica:

a) $(1{,}53 \cdot 10^3 + 2{,}82 \cdot 10^4) \cdot 9{,}34 \cdot 10^{-6}$

b) $\sqrt{(4{,}41 \cdot 10^5)^2 + (1{,}67 \cdot 10^5)^2}$

a) En el primer exercici cal seguir la jerarquia de les operacions, mantenint les xifres significatives: $1{,}53 \cdot 10^3 + 2{,}82 \cdot 10^4 = 0{,}153 \cdot 10^4 + 2{,}82 \cdot 10^4 = 2{,}97 \cdot 10^4$

A continuació, multipliquem: $2{,}97 \cdot 10^4 \cdot 9{,}34 \cdot 10^{-6} = 2{,}77 \cdot 10^{-1}$

b) En el segon exercici se segueix igualment la jerarquia d'operacions. Primer, les potències: $\sqrt{(4{,}41 \cdot 10^5)^2 + (1{,}67 \cdot 10^5)^2} = \sqrt{1{,}94 \cdot 10^{11} + 2{,}79 \cdot 10^{10}}$

A continuació, la suma, i finalment, l'arrel:

$$\sqrt{1{,}94 \cdot 10^{11} + 0{,}279 \cdot 10^{11}} = \sqrt{2{,}22 \cdot 10^{11}} = 4{,}71 \cdot 10^5$$

Activitat resolta 12

Racionalitza aquestes expressions:

a) $\frac{3}{\sqrt{5}-\sqrt{2}}$ *b)* $\frac{5}{\sqrt[4]{5}}$

a) $\frac{3(\sqrt{5}+\sqrt{2})}{(\sqrt{5}-\sqrt{2})\cdot(\sqrt{5}+\sqrt{2})} = \frac{3(\sqrt{5}+\sqrt{2})}{5-2} = \sqrt{5}+\sqrt{2}$

b) $\frac{5}{\sqrt[4]{5}} = \frac{5 \cdot \sqrt[4]{5^3}}{\sqrt[4]{5} \cdot \sqrt[4]{5^3}} = \frac{5 \cdot \sqrt[4]{5^3}}{\sqrt[4]{5^4}} = \sqrt[4]{5^3}$

Activitat resolta 13

Fes aquestes operacions i simplifica'n el resultat:

a) $\sqrt{18} - \sqrt{8} + \sqrt{50}$ *b)* $\sqrt{2} - \frac{1}{\sqrt{2}}$

a) Descomponem els radicands i n'extraiem els factors necessaris:

$$\sqrt{9 \cdot 2} - \sqrt{4 \cdot 2} + \sqrt{25 \cdot 2} = 3\sqrt{2} - 2\sqrt{2} + 5\sqrt{2} = 6\sqrt{2}$$

b) Es racionalitza l'expressió i s'agrupa: $\sqrt{2} - \frac{1}{\sqrt{2}} = \sqrt{2} - \frac{\sqrt{2}}{2} = \left(1 - \frac{1}{2}\right)\sqrt{2} = \frac{1}{2}\sqrt{2}$

Activitat resolta 14

Comprova que el nombre $\phi = \frac{1-\sqrt{5}}{2}$ compleix que el seu invers és igual al nombre menys 1.

Es demana comprovar que $1/\phi = \phi - 1$. Per fer-ho substituirem el seu valor i operarem segons s'indica: $\frac{1}{\phi} = \frac{2}{1+\sqrt{5}} = \frac{2(1-\sqrt{5})}{(1+\sqrt{5})(1-\sqrt{5})} = \frac{2(1-\sqrt{5})}{1-5} = \frac{2(1-\sqrt{5})}{-4} = \frac{\sqrt{5}-1}{2}$

D'altra banda: $\phi - 1 = \frac{1+\sqrt{5}}{2} - 1 = \frac{1+\sqrt{5}-2}{2} = \frac{\sqrt{5}-1}{2}$

Activitat resolta 15

Calcula aplicant la definició:

a) $\log_3(81)$ *b)* $\log_{\sqrt{3}}(81)$

a) $\log_3(81) = \log_3(3^4) = 4$

b) $\log_{\sqrt{3}}(81) = \log_{\sqrt{3}}(3^4) = \log_{\sqrt{3}}\left[\left((\sqrt{3})^2\right)^4\right] = 8$

Activitat resolta 16

Sabent que $\log_a(x) = 0{,}33$ i que $\log_a(y) = -3{,}5$, calcula els següents logaritmes:

a) $\log_a(x^4 y)$ *b)* $\log_a\left(\frac{\sqrt{x}}{y^2}\right)$

c) $\log_y(x)$

a) Cal aplicar les propietats dels logaritmes per desenvolupar l'expressió:

$$\log_a(x^4 y) = 4\log_a(x) + \log_a(y) = 4 \cdot 0{,}33 + (-3{,}5) = -2{,}18$$

b) $\log_a\left(\frac{\sqrt{x}}{y^2}\right) = \frac{1}{2}\log_a(x) - 2\log_a(y) = \frac{0{,}33}{2} + 7 = 7{,}165$

c) S'aplica la fórmula de canvi de base: $\log_y(x) = \frac{\log_a(x)}{\log_a(y)} = \frac{0{,}33}{-3{,}5} = -0{,}0943$

ACTIVITATS

Dels naturals als reals

42. Escriu els nombres irracionals i dos nombres racionals majors que 10.

43. Indica el menor dels conjunts numèrics als que pertanyen aquests nombres:

$\sqrt{5}$; 2; -3; 24/6; 2,45; $-1,33$; $2,3\widehat{45}$; $\pi^{\log_\pi(4)}$; 5/12; 0

44. Escriu dos nombres racionals i altres dos d'irracionals entre π y $\frac{22}{7}$.

45. Ordena de menor a major aquests nombres:

-3; 1; $\sqrt[3]{-25}$; $-16/3$; $-\sqrt{17}$; 0,21; $2,\hat{5}$; π

46. Escriu la forma decimal d'aquests nombres:

a) $\frac{7}{2}$ *b)* $\frac{5}{6}$ *c)* $\frac{4}{7}$ *d)* $\frac{13}{4}$ *e)* $\frac{29}{13}$ *f)* $\frac{89}{5}$

47. Calcula la fracció generatriu d'aquests nombres:

a) 4,56 *b)* $2,0\hat{5}$ *c)* $4,\widehat{78}$ *d)* $-2,6$ *e)* $-1,02\widehat{56}$ *f)* $0,\hat{9}$

48. Fes les següents operacions escrivint prèviament els nombres en forma de fracció:

a) $2,\hat{7}+3,\hat{4}-1,\hat{1}$

b) $1,2\hat{3}+4,572-2,5\widehat{67}$

c) $1,\hat{8}+0,\hat{1}$

d) $3,\widehat{45}\cdot 1,23\hat{4}-2,5$

49. Indica quines d'aquests fraccions són nombres decimals exactes i quines decimals periòdics:

a) $\frac{3}{5}$ *b)* $\frac{4}{3}$ *c)* $\frac{7}{8}$ *d)* $\frac{7}{75}$ *e)* $\frac{17}{40}$ *f)* $\frac{13}{7}$

50. Utilitza exemples per analitzar si aquestes afirmacions són vertaderes o falses:

a) Tots els nombres enters són racionals.

b) Tots els nombres decimals es poden representar en forma de fracció.

c) Tots els nombres naturals es poden escriure com una fracció.

d) Si se sumen dos nombres racionals, el resultat sempre és un altre nombre racional.

e) Si es multipliquen dos nombres enters, el resultat sempre és un nombre enter.

La recta real

51. Indica els nombres reals representats en cadascuna d'aquests figures:

a)

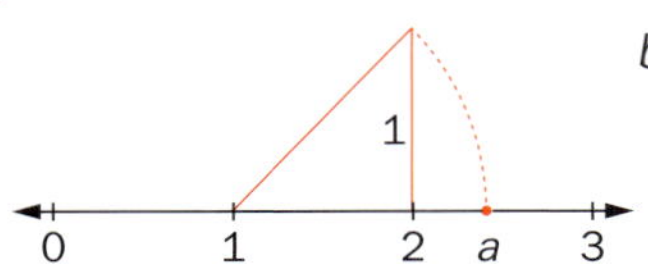

b)

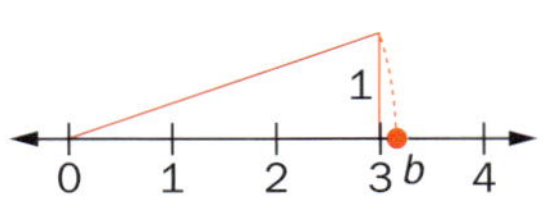

52. Representa aquests nombres a la recta real:

a) $\sqrt{17}$ *b)* $\sqrt{13}$ *c)* $\sqrt{18}$

53. Escriu en forma de desigualtat aquests enunciats:

a) Hi ha més de 40 llibres a la prestatgeria.

b) Hi ha menys de 30 persones en aquest local.

c) Els virus mesuren entre 0,6 i 1,2 m.

d) Prohibida l'entrada als menors d'edat.

54. Donats dos nombres reals positius *a* i *b* de manera que a < b, quines d'aquests desigualtats són certes?

a) $a+1<b+1$ *b)* $3a<3b$ *c)* $-2a<-2b$

d) $a^3<b^3$ *e)* $-a<-b$ *f)* $1/a<1/b$

Intervals

55. Digues quins d'aquests nombres pertanyen a l'interval $(1,6)$:

$\sqrt{21}$; 15/2; 5,67; π^2; $\sqrt[3]{50}$; $7-\sqrt{2}$; $2^{5/3}$; $\sqrt{5}-5$

56. Completa aquesta taula a la teva llibreta:

Desigualtat	Interval	Representació
$x<-3$	• • •	• • •
• • •	$x\in[-2,4)$	• • •
• • •	• • •	
$-5<x\le 3$	• • •	• • •
• • •	$x\in(4,\infty)$	• • •

57. Escriu en forma d'interval aquests entorns:

a) $E_4(2)$ *b)* $E_2(4)$ *c)* $E_{2/3}(1/6)$ *d)* $E_{1/6}(-4)$

58. Escriu en forma d'entorn aquests intervals:

a) $(-3,7)$ *b)* $(-1,7)$ *c)* $(3/2,2)$ *d)* $(-2/5,5/6)$

59. Escriu en forma d'interval aquestes desigualtats:

a) $x>3$ *b)* $-2<x\le 4$ *c)* $x<1$ *d)* $0\le x<5$

60. Escriu en forma d'interval els valors de *x* que compleixen cadascuna d'aquestes desigualtats:

a) $-2\le 3x<9$ *b)* $-7<x-5<6$ *c)* $0<2x-1\le 10$

61. Escriu en forma d'interval els valors de *x* pels que es poden calcular aquestes operacions:

a) $\sqrt{x}$ *b)* $\sqrt{x^2}$ *c)* $\sqrt{1-x}$ *d)* $\sqrt{9-x^2}$

62. Representa els intervals $(-2,6)$ i $[0,\infty)$ a la mateixa gràfica i assenyala la seva intersecció.

63. Expressa com a interval o com a unió d'intervals disjunts:

a) $(-1,3)\cup[0,4)$ *b)* $[1,6)\cup(3,7]$ *c)* $(-\infty,6)\cap(2,8)$

d) $[-3,0)\cup(-3,0]$ *e)* $E_2(3)\cup E_3(1)$ *f)* $E_2(3)\cap E_3(1)$

ACTIVITATS

Valor absolut i distància

64. Calcula el valor d'aquestes operacions:

a) $\left|3-\left|-5\right|\right|$ *b)* $\left|2-\left|1-8\right|\right|+1$

c) $\left|3-5\right|+\left|1-5\right|$ *d)* $\left|\sqrt{5}-\sqrt{2}\right|-\left|\sqrt{2}-\sqrt{5}\right|$

e) $\left|\frac{1}{2}-\frac{3}{5}\right|-\left|\frac{1}{4}-\frac{4}{5}\right|$ *f)* $\left|(-2)\cdot\left|4+(-3)\right|-5\right|$

65. Quina és la distància entre $\sqrt{10}$ i π: $\left(\pi-\sqrt{10}\right)$ o $\left(\sqrt{10}-\pi\right)$?

66. Descobreix quins intervals de nombres compleixen aquestes desigualtats:

a) $|3x|<4$ *b)* $|x+2|<2$ *c)* $|2x-3|<5$ *d)* $|-x|>6$

Aproximacions i errors

67. Aproxima les expressions a 2 xifres decimals:

a) $2{,}23\cdot 5{,}02$ *b)* $5{,}25:(3{,}12-3{,}03)$ *c)* $\sqrt{7}:\sqrt[3]{7}$

68. Fes servir una calculadora per operar i aproxima arrodonint el resultat a tres xifres decimals:

a) $\sqrt[3]{75^2}-3^{2{,}5}$ *b)* $\left(\frac{15}{3}\right)^{-2{,}6}-\left(\frac{3}{7}\right)^{2{,}4}$ *c)* $\left(\sqrt{3{,}4\cdot 10^3}\right)^{2{,}5}$ *d)* $e^{-0{,}3^2}$

69. Opera i arrodoneix el resultat a 3 xifres significatives:

a) $5{,}76:0{,}00238$ *b)* $5{,}43\cdot(21{,}6-12{,}7)$

c) $4{,}78:(78\,600+243)$ *d)* $\sqrt{5}\cdot\left(1+\sqrt{2}\right)$

70. Calcula l'error absolut i relatiu d'aquestes aproximacions:

a) $\frac{2\pi}{3}\approx 2{,}09$ *b)* $\frac{1+\sqrt{5}}{2}\approx 1{,}618$ *c)* $\pi^2\approx 10$

71. Calcula una aproximació al valor de 23/19 amb un error menor de l'1 %.

72. Brahmagupta (Índia, s. VII a.C.) va aproximar el valor de π per $\sqrt{10}$. Arquimedes (Grècia, s. III a.C.) va utilitzar l'aproximació $\pi\approx 245/78$. Per cadascuna de les aproximacions, quantes xifres decimals exactes tenen? Quin error absolut i relatiu tenen cadascuna?

73. Per construir un cub de 2 m^3 de volum, un escultor el fabrica prenent una aresta d'1,26 m. Quin error absolut ha comès? Quin error relatiu? Calcula l'error relatiu que comet en el volum del cub en comparació amb el que volia construir.

Notació científica

74. Escriu les següents quantitats en notació científica, utilitzant tres xifres significatives:

a) 125 083 000 *b)* 2 980,5 *c)* 0,0001568

d) 0,00001002 *e)* 2,983 *f)* 40 083 197

75. Expressa en notació científica i calcula:

a) $25\,000\,000^4\cdot 92^3$ *b)* $\sqrt{0{,}0005^2+0{,}0012^2}$

c) $\frac{500^5\cdot 0{,}0004^5}{400^2+378{,}5^2}$ *d)* $3^{\left(3^3\right)}$

76. Fes les operacions en notació científica.

a) $\left(9{,}21\cdot 10^5\right)^3$ *b)* $5{,}21\cdot 10^2+4{,}01\cdot 10^3-1{,}02\cdot 10^{-1}$

c) $6{,}02\cdot 10^{23}\cdot 2{,}45\cdot 10^{-12}$ *d)* $\frac{4{,}80\cdot 10^{-3}+2{,}33\cdot 10^{-4}}{1{,}04\cdot 10^{-5}}$

77. Recentment, un estudi ha revelat que al món hi ha en total $9{,}04\cdot 10^{13}$ \$ i la població mundial és de $7{,}35\cdot 10^9$ persones. Si repartíssim els diners equitativament, quants diners tocarien a cada persona?

Potències i radicals

78. Indica si aquestes igualtats són vertaderes o falses. Per les expressions errònies, busca un contraexemple i corregeix-les:

a) $\left(x^a\right)^b=x^{a+b}$ *b)* $(x\cdot y)^{a\cdot b}=x^a\cdot y^b$ *c)* $(x+y)^2=x^2+y^2$

d) $x^a\cdot x^b=x^{a\cdot b}$ *e)* $\sqrt{x\cdot y}=\sqrt{x}\cdot\sqrt{y}$ *f)* $\sqrt{x+y}=\sqrt{x}+\sqrt{y}$

79. Fent servir la calculadora, escriu amb tres xifres significatives els valors d'aquestes expressions: Després, ordena-les de menor a major:

a) $2{,}34^{\sqrt{2}}$ *b)* $\sqrt{3^5-5^3}$ *c)* $\left(\frac{2}{3}\right)^{\frac{3}{2}}$

d) $\sqrt[4]{4^{5{,}2}}$ *e)* $2^{\left(2^2\right)}$ *f)* $0{,}5^{\frac{2}{8}}-2^{\frac{-4}{3}}$

80. Expressa en forma de potència aquests radicals:

a) $\sqrt{2}$ *b)* $\sqrt[4]{3}$ *c)* $\sqrt[3]{5^2}$ *d)* $\sqrt[5]{7^{10}}$

81. Expressa en forma de radical aquestes potències:

a) $3^{1/3}$ *b)* $5^{2/3}$ *c)* $2^{-2/3}$ *d)* $5^{-3/5}$

e) $2^{1{,}5}$ *f)* $3^{1{,}\hat{4}}$ *g)* $5^{3{,}2\hat{5}}$ *h)* $2^{-2{,}45}$

82. Introdueix els factors dins de l'arrel:

a) $2\sqrt{3}$ *b)* $3x^2\sqrt{2x}$ *c)* $\frac{1}{2}\sqrt{2}$ *d)* $\frac{3}{\sqrt{2}}$

e) $\frac{a^2b}{c^3}\sqrt{\frac{c^2}{a^2b^3}}$ *f)* $3\sqrt[4]{3}$ *g)* $2x\sqrt[3]{\frac{2}{x^2}}$ *h)* $\frac{a^2}{b}\sqrt[3]{\frac{b}{a^2}}$

83. Extreu els factors possibles d'aquestes arrels:

a) $\sqrt{2^3\cdot 3^4\cdot 5^2}$ *b)* $\sqrt[3]{2^4\cdot 3^5}$ *c)* $\sqrt{a^5b^3c^6}$ *d)* $\sqrt[5]{a^7b^5c^{12}}$

e) $\sqrt{\frac{3^3\cdot 7^5}{2^7}}$ *f)* $\sqrt[4]{\frac{3^5}{2^3}}$ *g)* $\sqrt{\frac{x^3}{y^5}}$ *h)* $\sqrt[3]{\frac{x^8}{y^5}}$

84. Simplifica aquests radicals:

a) $\sqrt[5]{a^{10}b^5}$ *b)* $\sqrt[4]{16x^2}$ *c)* $\sqrt[6]{8x^3}$ *d)* $\left(\sqrt[6]{25x^4}\right)^3$

85. Fes aquestes operacions reduint a índex comú els radicals:

a) $\sqrt{3}\cdot\sqrt[3]{3}$ b) $\sqrt[3]{2}\cdot\sqrt[4]{2}\cdot\sqrt[6]{2}$ c) $\dfrac{\sqrt{3}}{\sqrt[3]{3}}$ d) $\dfrac{\sqrt[3]{a}\cdot\sqrt{a}}{\sqrt[4]{a^5}}$

86. Racionalitza aquestes expressions:

a) $\dfrac{3}{\sqrt{5}}$ b) $\dfrac{5}{\sqrt{x}}$ c) $\dfrac{2}{\sqrt{3}+1}$ d) $\dfrac{\sqrt{5}}{\sqrt{5}-2}$

e) $\dfrac{x}{x+\sqrt{x}}$ f) $\dfrac{3}{\sqrt{7}+\sqrt{3}}$ g) $\dfrac{\sqrt{5}+\sqrt{2}}{\sqrt{5}-\sqrt{2}}$ h) $\dfrac{4}{\sqrt[5]{2^3}}$

87. Fes aquestes operacions i simplifica'n el resultat:

a) $\sqrt{3}-\sqrt{12}+\sqrt{27}$ b) $\sqrt{125}+3\sqrt{45}-2\sqrt{20}$

c) $\dfrac{2}{3}\sqrt{27}-\dfrac{4}{5}\sqrt{75}+\dfrac{1}{2}\sqrt{48}$ d) $2\sqrt[3]{72}+\sqrt[3]{243}-\sqrt[3]{1125}$

88. Fes aquestes operacions, racionalitzant primer, i simplifica'n el resultat:

a) $\dfrac{2\sqrt{3}-\sqrt{2}}{\sqrt{2}}$ b) $\dfrac{4}{\sqrt{5}-1}$ c) $\dfrac{2\sqrt{3}-3\sqrt{2}}{\sqrt{6}}$ d) $\dfrac{3\sqrt{6}-2}{2\sqrt{3}-\sqrt{2}}$

89. es aquestes operacions i simplifica'n el resultat:

a) $\left(1+\sqrt{3}\right)^2$ b) $\dfrac{2}{1+\sqrt{2}}-\dfrac{2}{1-\sqrt{2}}$ c) $\sqrt{2}+1-\dfrac{1}{\sqrt{2}+1}$

90. Un vehicle va costar 30 000 € i es devalua de manera que, cada any, el seu preu al mercat és de 5/7 del preu de l'any anterior.

a) Quant costarà el vehicle 5 anys més tard?

b) Quants anys trigarà a valer menys de 1 500 €?

Logaritmes

91. Calcula aquests logaritmes aplicant la definició:

a) $\log_2(128)$ b) $\log_2\left(\sqrt{32}\right)$ c) $\log_4(2)$ d) $\log_{\sqrt{2}}(4)$

e) $\log_4\left(\sqrt[3]{2}\right)$ f) $\log_2(0{,}125)$ g) $\log_a\left(\dfrac{1}{a^2}\right)$ h) $\log_{\sqrt[3]{a}}\left(a^3\right)$

92. Aplicant la definició, calcula el valor de x en cada cas:

a) $\log_3 x = 6$ b) $\log_2 64 = x$ c) $\log_5 x = 4$ d) $\log_{10}(0{,}1) = x$

93. Aplicant la definició, calcula la base d'aquests logaritmes:

a) $\log_x 8 = 3$ b) $\log_x 2 = \dfrac{1}{2}$ c) $\log_x \dfrac{1}{16} = 4$ d) $\log_x 25 = \dfrac{-1}{2}$

94. Fent servir la calculadora, estudia aquestes expressions i dona el valor aproximat a 4 xifres decimals:

a) $\log 2$ b) $\log(48{,}7)$ c) $\log\left(\dfrac{5}{6}\right)$ d) $\log\left(\sqrt{50}\right)$

e) $\log\left(5\sqrt{50}\right)$ f) $\ln(87{,}7)$ g) $\log_{1{,}04}(2)$ h) $\log_5\left(2+\sqrt[3]{9}\right)$

95. Fent servir logaritmes, calcula el valor de x en cada cas:

a) $7^x = 4$ b) $2\cdot 3^x = 7$ c) $\dfrac{3^x}{23} = 5$ d) $\left(4^x\right)^2 = 7$

96. Últimament, el preu dels cotxes elèctrics ha anat disminuint un 5 % anual, de manera que ara costen la meitat del que costaven al principi. Quants anys fa que van sortir al mercat?

97. Si saps que $\log(2) = 0{,}301$ i $\log(3) = 0{,}477$ calcula el valor d'aquests logaritmes:

a) $\log(8)$ b) $\log(12)$ c) $\log(1{,}5)$ d) $\log(5)$

e) $\log_3(8)$ f) $\log(14{,}4)$ g) $\log_2(3)$ h) $\log_3(10)$

98. Si saps qu $\log_a(x) = 1{,}23$ i que $\log_a(y) = 0{,}854$, calcula aquests logaritmes:

a) $\log_a(xy)$ b) $\log_a\left(x^2y^3\right)$ c) $\log_a\left(\dfrac{x}{y}\right)$ d) $\log_a\left(\sqrt[3]{x}\right)$

e) $\log_a\left(ax^2\right)$ f) $\log_a\left(\dfrac{a}{x}\right)$ g) $\log_x(a)$ h) $\log_x(y)$

99. Aplicant les propietats dels logaritmes, calcula el valor de x en aquestes expressions:

a) $\log(x) = 3\log(2) + 2\log(5)$ b) $\log_3(x) = 2\log_3(5) - \log_3(4)$

100. Vertader o fals? Discuteix la veracitat o falsedat d'aquestes expressions per tots els valors de les variables pels que estigui definida l'expressió:

a) $\log\left(2^x\right) = x\cdot\log(2)$ b) $\log\left(\dfrac{x}{y}\right) = \dfrac{\log(x)}{\log(y)}$

c) $\log(x+y) = \log(x)+\log(y)$ d) $\log\left(\dfrac{1}{x}\right) = -\log(x)$

e) $\log(x)\cdot\log(y) = \log(x)+\log(y)$ f) $\log_x\left(x^x\right) = x$

101. Aplica logaritmes a aquestes expressions i desenvolupa correctament cada expressió:

a) $F = x\cdot y^a$ b) $F = 3\dfrac{x^5}{y^2}$ c) $F = \dfrac{3\sqrt{x}}{5\sqrt[3]{y^2}}$ d) $F = \dfrac{\sqrt[5]{x^3y}}{10\sqrt[3]{x^5y^2}}$

102. Agrupa aquestes expressions i escriu el valor de F en funció de la resta de variables:

a) $\ln F = 3\ln x + 2\ln y$ b) $\log F = 2 - \log x - 3\log y$

c) $\log F = \dfrac{1}{2} - \dfrac{2}{3}\log x + \log y$ d) $\log F = \log x - 3\log y$

103. S'estima que la població és de 7 mil milions de persones i creix un 2 % anual. Quants habitants hi haurà d'aquí a 30 anys?

104. V. Pareto, sociòleg, economista i enginyer, va observar que, a les societats, el nombre de persones N que tenen una renda major o igual que x segueix la llei de Pareto:

$$\log N = \log A - m\cdot\log x$$

on A i m són constants. Suposa que $A = 10\,000$ i $m = 2{,}3$ i que x es mesura en milions d'euros.

a) Calcula quants habitants tenen una renda superior a 2 milions d'euros.

b) Quants habitants tindran una renda superior a 10 milions d'euros?

Un món matemàtic

105. Calcula la suma $0,\widehat{7}+3,\widehat{2}$. Per fer-ho, utilitza l'expressió decimal i posteriorment escriu els nombres en forma de fracció. És cert que $3,\widehat{9}=4$?

106. Escriu dos intervals la intersecció dels quals sigui $(-1,4)$.

107. Per a quins valors de x es verifiquen aquestes igualtats?

a) $\sqrt{x^2}=x$ *b)* $\sqrt{x^2}=|x|$ *c)* $\sqrt[3]{x^3}=x$ *d)* $\sqrt[4]{x^4}=-x$

108. Racionalitza l'expressió $\dfrac{1}{\sqrt{2-\sqrt{2}}}$.

109. Demostra la veracitat d'aquestes expressions:

a) $\log_{1/a}(x)=-\log_a(x)$ *b)* $\log_{\sqrt{a}}(x)=2\log_a(x)$

110. Un embut ple d'aigua fins a una altura h cm triga a buidar-se una quantitat de temps donada per l'expressió:

$$t=0{,}03\left[12^{2,5}-(12-h)^{2,5}\right]\quad 0\leq h\leq 12$$

a) Quant trigarà a buidar-se l'embut si està ple fins a una altura de 5 cm? Dona el resultat amb una aproximació fins a les centenes. I si està ple fins a una altura de 10 cm?

b) Quant trigarà a buidar-se si s'omple fins a una altura de 12 cm?

111. El departament de comptabilitat d'una empresa està analitzant les despeses per comprovar si aquestes s'han desviat del que s'havia pressupostat més de 500 € o més del 5 %. Omple aquesta taula:

	Pressupost (p)	Despesa (g)	$\lvert a-b \rvert$	5 % (p)
Telefonia	3 547 €	3 789 €	…	…
Impostos	41 300 €	42 358 €	…	…
Assegurances	2 500 €	2 430 €	…	…
Salaris	120 700 €	123 360 €	…	…

a) Quina partida de despesa s'ha desviat més?

b) La prova del 5 % consisteix a comprovar quines partides de despesa s'han desviat més del 5 % del pressupost. Si la desviació és menor que el 5 % del pressupost, es diu que el pressupost ha superat la prova. Quines partides superen la prova? Quines no la superen?

112. Compara les xifres 1 000 amb $\log(1\,000)$. Fes el mateix amb 2 000, 5 000 i 150 000. Quina serà la part sencera de $\log(2\,453\,122)$? Elabora una regla general vàlida per obtenir la part sencera del logaritme decimal de qualsevol nombre.

113. El format DIN-A és un estàndard per a la mida dels fulls de paper. La família es forma a partir del DIN-A0, que té una superfície d'1 m², i a partir d'aquest format cada mida es defineix dividint l'anterior en dues parts.

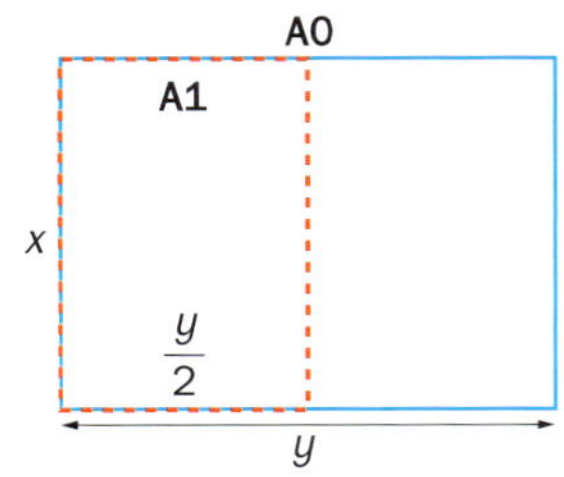

Les diferents mides són semblants entre elles, de manera que els seus costats són proporcionals: $\dfrac{y}{x}=\dfrac{x}{y/2}$.

Per raons pràctiques, les dimensions dels costats s'arrodoneixen al mil·límetre. Quines són les dimensions del DIN-A0? Aproxima-les al mil·límetre. Quin és l'error absolut comès a cada costat? Quin és l'error de l'àrea?

114. El psicòleg alemany H. Ebbinghaus va proposar la llei de l'oblit. Si suposem que un estudiant adquireix un nivell de coneixements P_0 d'una determinada assignatura, després de t mesos el nivell de coneixements P que tindrà ve donat per l'equació:

$$\log P=\log P_0-c\cdot\log(t+1)$$

On c és una constant que depèn del tipus de tasca, i el temps t es mesura en mesos. Un estudiant ha tret un 70 % en una examen de literatura. Si suposem que $c=0{,}3$:

a) Quina puntuació obtindrà d'aquí a 4 mesos?

b) Quina puntuació obtindrà d'aquí a dos anys?

c) Agrupa l'expressió de la llei de l'oblit i elimina logaritmes per obtenir una expressió algebraica per a P.

Resol l'enigma

Segons els teus càlculs, quina de les dues empreses que apareixen en l'entrada és la defraudadora? Abans de respondre, llegeix atentament el següent article.

La llei de Benford

David Usero

El 1881, el matemàtic S. Newcomb es va adonar que, en els llibres de taules de logaritmes que consultava a la biblioteca, les pàgines de les xifres que començaven per 1 eren gairebé il·legibles a causa de tant d'ús, mentre que les de les últimes xifres, com el 8 i el 9, estaven com noves. Posteriorment, el físic F. Benford va redescobrir un patró idèntic en utilitzar taules de dades de diferents fonts. Així, després d'examinar grans quantitats de dades d'orígens diferents, va proposar la llei de Benford, segons la qual, en una seqüència de N dades numèriques, el primer dígit serà la xifra d un nombre $P(d)$ de vegades, aproximadament, on:

$$P(d) = N \cdot \log_{10}\left(1+\frac{1}{d}\right)$$

La llei de Benford ens permet estimar el nombre aproximat de vegades que sortirà la primera xifra en una llista de dades.

Es tracta d'una llei contrària a la nostra intuïció, ja que si agafem una llista de nombres a l'atzar esperarem trobar cada una de les xifres la mateixa quantitat de vegades. Tanmateix, això no és així. En realitat, com que es comença comptant en l'1, en examinar per exemple les longituds de diferents trams de carreteres compresos entre dues cruïlles, alguns mesuraran 1, 2, 3 km, mentre que d'altres mesuraran 11 km, 12 km, etc.

En els vint primers nombres, l'1 apareix el primer en onze ocasions. Només quan s'arriba a 99 tots els nombres apareixen per igual. Però segur que hi ha molts més trams de carretera que mesuren poques desenes de quilòmetres que trams que s'apropen a la centena. Aquesta és l'essència de la llei de Benford.

Per tal de descobrir si una de les empreses ha pogut manipular les seves dades, utilitzarem la llei de Benford per estimar la quantitat de vegades que apareix cada xifra. Per veure si la desviació entre les dades i la llei és gran o no, calcularem el seu corresponent error relatiu. Habitualment, un error relatiu superior al 5% és indicatiu que alguna cosa no està bé. Com que l'empresa A ha fet un total de 1 000 transaccions, mentre que l'empresa B n'ha fet 4 000, completem la taula que apareixia en l'entrada de la unitat i afegim, per cada empresa, una columna amb el valor esperat segons la llei de Benford, a més de l'error relatiu entre el valor real i l'estimat:

Primera xifra	Empresa *A*			Empresa *B*		
	Valor real	Valor estimat	e_R	Valor real	Valor estimat	e_R
1	301	301,0	0,0001	1273	1204	0,0541
2	177	176,1	0,0051	760	704,4	0,0732
3	125	124,9	0,0005	399	499,8	0,2525
4	96	96,91	0,0095	366	387,6	0,0591
5	80	79,18	0,0102	316	316,7	0,0023
6	67	66,95	0,0008	268	267,8	0,0008
7	56	57,99	0,0356	231	232,0	0,0042
8	53	51,15	0,0349	204	204,6	0,0030
9	45	45,76	0,0168	183	183,0	0,0002

Un cop fetes les operacions, podem veure que les transaccions de l'empresa A s'ajusten força bé a la llei de Benford, mentre que les de l'empresa B no ho fan tant. El fet que les operacions de A s'ajustin bé a la llei no implica que no hi hagi trampes en les seves dades, però almenys el resultat d'aquesta prova és positiu.

En canvi, l'empresa B no compleix la llei, especialment en les transaccions amb la xifra 3, que són moltes menys de les degudes, tot i que també les de les xifres 1 i 2 són superiors a l'estimació. Segurament aquesta empresa ha estat repartint les transaccions d'uns 3 000 € en diverses fraccions, amb l'objectiu de no haver de declarar-les a Hisenda.

2. Matemàtiques financeres

L'IPC (Índex de Preus al Consum) és un nombre índex complex i ponderat que es calcula periòdicament, tenint en compte dotze grups de serveis o articles habituals al cistell de la compra.

La composició de l'IPC amb les respectives ponceracions corresponents a l'any 2017 es pot llegir en aquests gràfics de sectors:

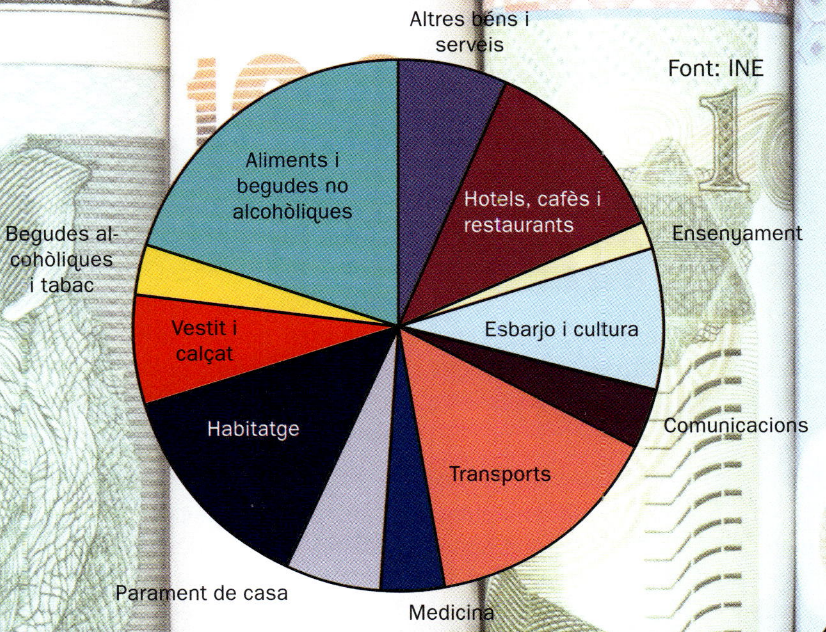

Amb aquestes dades, pots calcular l'IPC corresponent a l'any 2017?

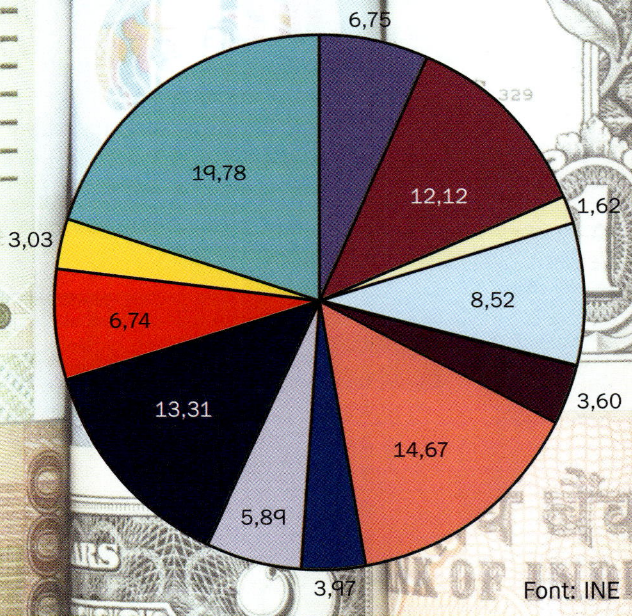

En aquesta unitat aprendràs:

1. Augments i disminucions percentuals
2. Progressions aritmètiques i geomètriques
3. Interès simple i compost
4. Períodes de capitalització
5. Comparació entre interès simple i compost
6. TAE i TIN
7. Anualitats de capitalització
8. Anualitats d'amortització
9. Taxes
10. Nombres índex

1 Augments i disminucions percentuals

Durant les primeres rebaixes de l'any, una botiga aplica un descompte del 30 % a una peça de roba que costa 60 €. Quan arriba el moment de les segones rebaixes, l'establiment torna a rebaixar-la un 20 %. Quant costa ara la peça de roba? Per resoldre aquest problema hi podem aplicar diferents mètodes. Per exemple:

Mètode 1:

1. Calculem el 30 % de 60 €:
   $$\frac{30}{100} \text{ de } 60\,€ = \frac{30 \cdot 60}{100} = 18\,€$$
2. Restem la rebaixa al preu inicial:
   $60 - 18 = 42\,€$. Després de les primeres rebaixes, la peça de roba costava 42 €.
3. Calculem el 20 % de 42 €:
   $$\frac{20}{100} \text{ de } 42\,€ = \frac{20 \cdot 42}{100} = 8{,}40\,€$$
4. Restem la rebaixa al preu:
   $42 - 8{,}40 = 33{,}60\,€$. Després de les segones rebaixes, el seu preu és de 33,60 €.

Tot i que aquest mètode és vàlid i útil, resulta molt llarg i, a més, és poc pràctic en algunes ocasions. Per tant, per facilitar la resolució de problemes amb augments i disminucions percentuals utilitzem l'**índex de variació,** *Iv*, que es defineix con el quocient entre el preu final i el preu inicial.

$$I_v = \frac{P_{\text{final}}}{P_{\text{inicial}}} \quad \text{o la seva expressió equivalent:} \quad P_{\text{final}} = I_v \cdot P_{\text{inicial}}$$

Pensa

Aplicar un descompte del 30 % i, posteriorment, un altre descompte del 20 % és el mateix que aplicar un únic descompte del 50 %?

	Índex de variació: I_v
Descompte del S (%)	$1 - \frac{S}{100}$
Augment del S (%)	$1 + \frac{S}{100}$

L'índex de variació d'un:

- **Descompte** sempre és menor que 1.
- **Augment** sempre és major que 1.

Si hi ha diferents augments i/o disminucions consecutius, l'índex de variació total es calcula multiplicant els índexs de variació corresponents als diferents augments o disminucions aplicats.

Ara podem calcular el preu de la peça de forma ràpida i senzilla, fent servir un altre mètode per la resolució.

Punt d'interès

Per què funciona $P_{\text{final}} = I_v \cdot P_{\text{inicial}}$?

En un augment del 30 %:

$$P_{\text{final}} = P_{\text{inicial}} + \frac{30}{100} \cdot P_{\text{inicial}}$$

$$P_{\text{final}} = \left(1 + \frac{30}{100}\right) \cdot P_{\text{inicial}}$$

En un descompte del 30 %:

$$P_{\text{final}} = P_{\text{inicial}} - \frac{30}{100} \cdot P_{\text{inicial}}$$

$$P_{\text{final}} = \left(1 - \frac{30}{100}\right) \cdot P_{\text{inicial}}$$

Mètode 2:

1. Calculem els índexs de variació de cada descompte:

Descompte del 30 %	$I_v = 1 - \frac{30}{100} = 0{,}7$
Descompte del 20 %	$I_v = 1 - \frac{20}{100} = 0{,}8$

2. Trobem l'índex de variació total multiplicant els índexs de variació anteriors: $I_v = 0{,}7 \cdot 0{,}8 = 0{,}56$
3. Apliquem:
   $P_{\text{final}} = I_v \cdot P_{\text{inicial}} \Rightarrow P_{\text{final}} = 0{,}56 \cdot 60 = 33{,}60$
   El preu final és 33,60 €.

També podem resoldre el problema invers. A continuació, n'exposem un exemple.

Exemple 1. El preu d'una peça de roba després de les segones rebaixes és de 33,60 €. Calcula el preu inicial si durant les primeres rebaixes li van aplicar un descompte del 30 % i, a les segones, d'un 20 %.

En primer lloc, calculem l'índex de variació total. En aquest cas, prenem la dada del mètode 2, ja que ho havíem calculat prèviament: $I_v = 0{,}56$. Després:

$$P_{\text{final}} = I_v \cdot P_{\text{inicial}} \Rightarrow 33{,}60 = 0{,}56 \cdot P_{\text{inicial}} \Rightarrow P_{\text{inicial}} = \frac{33{,}60}{0{,}56} = 60\,€.$$ El preu inicial era de 60 €.

Atenció

Un índex de variació de 0,56 indica que s'ha fet un descompte del 44 %.

Activitat resolta 1

A principis d'any, unes accions costaven 12,50 €. Uns mesos més tard van baixar un 20 %, i més endavant van tornar a pujar un 10 %, per acabar baixant a finals d'any un 25 %.

a) Quin ha estat l'índex de variació total?

b) Correspon a un augment o a una disminució percentual? Calcula el percentatge d'augment o disminució total.

c) Quin és el preu actual d'aquestes accions?

a) Calculem els índexs de variació de cada augment o disminució:

Descompte del 20 %	$I_v = 1 - \frac{20}{100} = 0,8$
Augment del 10 %	$I_v = 1 + \frac{10}{100} = 1,1$
Descompte del 25 %	$I_v = 1 - \frac{25}{100} = 0,75$

Per calcular l'índex de variació total multipliquem els índexs de variació que acabem d'obtenir:

$$I_v = 0,8 \cdot 1,1 \cdot 0,75 = 0,66$$

b) Com que $I_v = 0,66 < 1$, l'índex de variació total correspon a una disminució o descompte. A continuació, busquem quin és el percentatge de descompte.

$$1 - \frac{S}{100} = 0,66 \Rightarrow 1 - 0,66 = \frac{S}{100} \Rightarrow \frac{S}{100} = 0,34 \Rightarrow S = 0,34 \cdot 100 \Rightarrow S = 34$$

Per tant, el percentatge de descompte és del 34 %.

c) $P_{final} = I_v \cdot P_{inicial} \Rightarrow P_{final} = 0,66 \cdot 12,50 = 8,25$

Per tant, el preu actual de les accions és de 8,25 €.

Activitat resolta 2

Un centre comercial anuncia que, durant les rebaixes de gener, no cobrarà l'IVA dels seus productes. Si el preu d'un televisor, incloent el 21 % d'IVA, és de 2 395 €, quin serà el seu preu durant les rebaixes?

Calculem l'índex de variació: $I_v = 1 + \frac{21}{100} = 1,21$.

Trobem el preu sense IVA: $P_{final} = I_v \cdot P_{inicial} \Rightarrow 2\,395,8 = P_{inicial} \cdot 1,21 \Rightarrow P_{inicial} = \frac{2\,395,8}{1,21} = 1\,980$ €

El preu del televisor sense IVA és de 1 980 €.

Activitat resolta 3

Si a un producte li apliquem en primer lloc un augment de preu del 12 %, després un segon augment del 10 % i, en tercer lloc, un augment del 20 %, quin percentatge total d'augment hem fet?

Calculem el *Iv* total multiplicant els índexs de variació de cada augment:

$$I_v = \left(1 + \frac{12}{100}\right) \cdot \left(1 + \frac{10}{100}\right) \cdot \left(1 + \frac{20}{100}\right) = 1,12 \cdot 1,10 \cdot 1,2 = 1,4784$$

Busquem l'augment: $1 + \frac{S}{100} = 1,4784 \Rightarrow S = 47,84$

El preu del producte ha augmentat en un 47,84 %.

Activitats

1. Calcula l'índex de variació d'aquests augments o disminucions percentuals:

a) Augment del 27 %
b) Augment del 5 %
c) Augment del 2,8 %
d) Descompte del 27 %
e) Descompte del 5 %
f) Descompte del 2,8 %

2. A quin augment o disminució percentual corresponen els següents índexs de variació?

a) 1,7 *b)* 0,99 *c)* 0,02
d) 2,07 *e)* 1,023 *f)* 0,14

3. Uns bons que a principis d'any costaven 22,50 € han baixat un 6 %, després han pujat un 25 % i, al final, han baixat un 11 %.

a) Quin ha estat l'índex de variació total?

b) Correspon a un augment o a una disminució percentual? Calcula el percentatge d'augment o disminució total.

c) Quant costen les accions actualment?

4. Unes sabatilles esportives costen, després de les segones rebaixes, 59,40 €. Si a les primeres rebaixes els han aplicat un 12 % de descompte i, a les segones, un 25 %, quin era el seu preu inicial?

2 Progressions aritmètiques i geomètriques

Una successió de nombres reals és una aplicació que associa a cada nombre natural un nombre real, és a dir, $f: \mathbb{N} \rightarrow \mathbb{R}$, de manera que $f(1) = a_1, f(2) = a_2, f(3) = a_3, \ldots, f(n) = a_n \ldots$, cosa que és equivalent a: $a_1, a_2, a_3, \ldots, a_n \ldots$, on a_1 és el primer terme, a_2 el segon terme... i a_n el n-èsim terme o **terme general** de la successió.

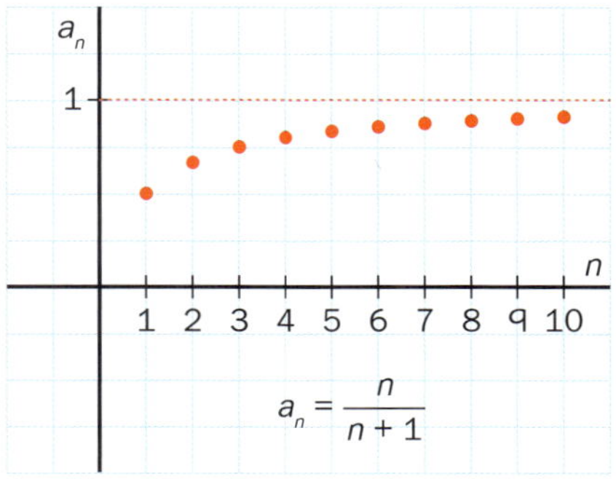

Una successió queda determinada per una propietat característica, pel seu terme general o per una llei de recurrència. Per exemple:

- La successió de nombres imparells és: 1, 3, 5, 7, ..., essent $a_n = 2n - 1$ el seu terme general.
- La successió de terme general $a_n = \frac{n}{n+1}$ està formada pels termes:

$$a_1 = \frac{1}{2};\ a_2 = \frac{2}{3};\ a_3 = \frac{3}{4};\ \ldots,\ a_{100} = \frac{100}{101};\ \ldots;\ a_{1000} = \frac{1\,000}{1\,001}\ldots$$

- La llei de recurrència: $a_1 = 2, a_{n+1} = 2 \cdot a_n$, dona lloc als següents termes de la successió:
- Les progressions aritmètiques i geomètriques són dos tipus de successions especials, i els seus termes generals s'obtenen així:

Progressió aritmètica: cada terme és igual a l'anterior més una determinada constant d.

$$a_1, a_2 = a_1 + d, a_3 = a_2 + d = a_1 + 2d, \ldots$$

$$a_n = a_1 + (n-1) \cdot d$$

Per exemple, la successió 2, 5, 8, 11,.. és aritmètica amb diferència $d = 3$. Per tant, $a_n = 2 + (n-1) \cdot 3 = 3n - 1$.

Progressió geomètrica: cada terme és igual a l'anterior multiplicant per una constant z.

$$a_1, a_2 = a_1 \cdot z, a_3 = a_2 \cdot z = a_1 \cdot z^2, \ldots$$

$$a_n = a_1 \cdot z^{n-1}$$

Per exemple, la successió 3, 6, 12, 24,... és geomètrica amb raó $z = 2$. Així, $a_n = 3 \cdot 2^{n-1}$.

Exemple 2. Donada la successió amb terme general $a_n = \frac{n-2}{n+3}$, calcula el terme que ocupa el vuitè i el dotzè lloc.

El terme que ocupa el vuitè lloc és: $a_8 = \frac{8-2}{8+3} = \frac{6}{11}$

El terme que ocupa el dotzè lloc és: $a_{12} = \frac{12-2}{12+3} = \frac{10}{15} = \frac{2}{3}$

Exemple 3. Calcula el terme general d'una progressió aritmètica amb $a_5 = 4$ y $a_7 = 10$.

A partir de les dades del problema, calculem a_1 i d. Llavors:

$a_7 = a_5 + 2d$, ja que, per passar de a_7 a a_5, s'ha de sumar dues vegades la diferència $10 = 4 + 2d \Rightarrow 6 = 2d \Rightarrow d = 3$.

$$a_5 = a_1 + 4d \Rightarrow 4 = a_1 + 4 \cdot 3 \Rightarrow 4 = a_1 + 12 \Rightarrow a_1 = -8$$

Substituïm a_1 i d; per tant: $a_n = a_1 + (n-1) \cdot d = -8 + (n-1) \cdot 3 \Rightarrow a_n = 3n - 11$.

2 Pensa

Demostra que la suma dels n primers termes d'una progressió aritmètica és: $S_n = \frac{a_1 + a_n}{2} \cdot n$, i d'una progressió geomètrica és: $S_n = \frac{a_n \cdot z - a_1}{z - 1}$.

Activitats

5. Suma els primers vint termes d'aquestes successions:

a) 3, 5, 7, 9, 11, 13, 15...

b) 4, 1, − 2, −5, −8, −11...

c) $5, \frac{11}{6}, 6, \frac{13}{2}, 7, \frac{15}{2}, 8\ldots$

d) $\frac{1}{3}, \frac{2}{3}, 1, \frac{4}{3}, \frac{5}{3}, 2\ldots$

6. La successió 4, 2, 0, −2, −4, −6..., és aritmètica? En cas afirmatiu, suma els seus primers 32 termes.

7. Suma les primers vint termes d'aquestes successions:

a) 3, 6, 12, 24, 48, 96...

b) 4, −12, 36, −108, 324...

c) $5, \frac{5}{2}, \frac{5}{4}, \frac{5}{8}, \frac{5}{16}\ldots$

d) $1, \frac{1}{3}, \frac{1}{9}, \frac{1}{27}\ldots$

8. La successió $4, 2, 1, \frac{1}{2}, \frac{1}{4}, \frac{1}{8}, \frac{1}{16}\ldots$ és geomètrica? En cas afirmatiu, suma els seus primers 32 termes.

3 Interès simple i compost

Si una persona diposita una quantitat de diners o capital en un banc durant un període de temps, el que realment està fent és prestar aquests diners al banc. Per aquest préstec, el banc paga al seu client un tant per cent del capital dipositat, és a dir, li abona uns interessos. De la mateixa manera, si una persona demana un préstec al banc i pacta amb ell un termini de temps per tornar-lo, és el banc el que cobra interessos al client. Així, el banc rebrà el capital que ha prestat més els interessos.

Punt d'interès

Motius pels quals existeix l'interès:

1. El propietari dels diners, quan els cedeix, perd l'oportunitat de fer inversions, compres, etc., és a dir, perd l'oportunitat d'utilitzar-los.
2. Quan prestem diners, ens arrisquem a no recuperar-los.
3. Els diners canvien de valor amb el pas del temps pel fenomen de la inflació i pel procés de devaluació. Amb 100 € es podrà adquirir una quantitat menor de béns d'aquí a un any que actualment.
4. Qui rep els diners sol obtenir beneficis quan els utilitza. Per tant, és lògic que el propietari d'aquests diners participi dels beneficis.

Taxa o tipus d'interès

El tipus o taxa d'interès determina la quantitat de diners que es paguen per un préstec, la rendibilitat d'un dipòsit, etc. S'expressa en percentatge, i és el valor que generen cent unitats monetàries invertides o prestades en una unitat de temps determinat.

$$\text{Tipus o taxa d'interès} = \frac{\text{Interessos}}{\text{Capital inicial}} \cdot 100\,\% = \frac{I}{C} \cdot 100\,\%$$

On C i I són:

- ***C*:** és el **capital inicial,** és a dir, la quantitat de diners que es dipositen en una entitat financera o que es demanen prestats.
- ***I*:** són els **interessos,** és a dir, els diners que s'obtenen quan es diposita un capital en una entitat financera o el que el client ha de pagar per la concessió del préstec.

Per exemple, una taxa d'interès del 30 % anual significa que, per cada 100 € que s'inverteixen, es generen 30 € d'interessos cada any, mentre que una taxa d'interès del 17 % semestral significa que, per cada 100 € invertits, es generen 17 € d'interessos cada semestre.

Exemple 4. Quina taxa d'interès anual és un 2,3 % mensual? Quina taxa d'interès trimestral és un 24 % anual? Quina taxa d'interès semestral és un 3 % mensual?

- Un 2,3 % mensual significa que, per cada 100 € invertits, obtinc 2,3 € al mes, és a dir, $2{,}3 \cdot 12 = 27{,}6$ € a l'any.

  Per tant, una taxa d'interès del 2,3 % mensual equival a una taxa del 27,6 % anual.
- Un 24 % anual significa que, per cada 100 € invertits, obtinc 24 € a l'any, és a dir, $\frac{24}{4} = 6$ € al trimestre.
- Una taxa d'interès del 24 % anual equival a una taxa del 6 % trimestral.
- Un 3 % mensual significa que, per cada 100 € invertits, obtindré 3 € al mes, de manera que, en un semestre, obtindré: $3 \cdot 6 = 18$ €.
- Una taxa d'interès del 3 % mensual equival a una taxa del 18 % semestral.

Exemple 5. Si quan invertim 1 200 € en un any obtenim uns interessos de 150 €, quina és la taxa d'interès?

$$\text{Tipus d'interès} = \frac{150}{1\,200} \cdot 100\,\% = 12{,}5\,\%$$

Obtenim un interès del 12,5 % anual.

Les taxes o tipus d'interès poden ser de dos tipus: tipus d'interès simple i tipus d'interès compost.

Interès simple

Un capital està subjecte a **interès simple** quan, en finalitzar el període pactat del dipòsit, el client retira els interessos generats i el capital es manté constant. Alguns conceptes importants són els següents:

- **Rèdit expressat en tant per cent, *R*:** guany que produeixen 100 € en un any. És una taxa d'interès anual.
- **Rèdit expressat en tant per u, *r*:** guany que produeix 1 € en un any. Verifica:

$$r = \frac{R}{100}$$

- **Muntant o capital final, *M*:** capital inicial més els interessos que ha produït.
- **Termini o temps, *t*:** interval de temps, generalment en anys, que dura l'operació financera.

Un capital C dipositat al rèdit $R\,(\%)$ durant un període de t anys genera uns interessos:

$$C \cdot \frac{R}{100} = C \cdot r$$

Per tant, si el capital es diposita durant t anys, produeix uns interessos proporcionals, perquè cada any els interessos que es generen són iguals. Per tant:

$$I = C \cdot \frac{R}{100} \cdot t = C \cdot r \cdot t$$

- Un cop passats aquests t anys, el client disposarà d'un muntant o capital final igual al capital inicial més els interessos que hagi produït aquest. És a dir:

$$M = C + I = C + C \cdot \frac{R}{100} \cdot t = C \cdot \left(1 + \frac{R}{100} \cdot t\right) = C \cdot (1 + r \cdot t)$$

Punt d'interès

Per memoritzar l'expressió $C \cdot r \cdot t$, pots fer servir una regla mnemotècnica: recordar la paraula «CARRETA».

Atenció

La taxa d'interès i el temps estan expressades amb les mateixes unitats.

Exemple 6. Troba els interessos que genera un capital de 5 000 € al 2,4 % d'interès simple anual en tres anys.

$$I = 5\,000 \cdot \frac{2{,}4}{100} \cdot 3 = 360$$

Un capital de 5 000 € al 2,4 % simple anual produeix, en tres anys, uns interessos de 360 €.

Exemple 7. En Manel necessita 4 253,24 € per redecorar la cuina i es dirigeix a dues entitats financeres per demanar un préstec de 4 000 €. La primera entitat financera li concedeix el préstec, però haurà de tornar 4 300 € al cap d'un any. La segona entitat financera també li concedeix el préstec, però li cobra un interès del 7 % anual. Quina és la millor opció per a en Manel?

Calculem quants diners hauria de tornar en Manel a la segona entitat financera.

Muntant o quantitat final que hauria de tornar: $4\,000 \cdot \left(1 + \frac{7}{100} \cdot 1\right) = 4\,280$ €

La millor opció per a en Manel és la que li ofereix la segona entitat financera, tot i que hi ha poca diferència.

Exemple 8. Un capital de 14 000 € al 10 % d'interès simple anual durant nou mesos. Quin interès genera?

Com que el temps s'ha d'expressar en anys, passem els nous mesos a anys mitjançant una proporció:

$$\left.\begin{array}{r} 12 \text{ mesos} \rightarrow 1 \text{ any} \\ 9 \text{ mesos} \rightarrow t \text{ anys} \end{array}\right\} \Rightarrow t = \frac{9}{12} \text{ anys}$$

$$I = 14\,000 \cdot \frac{10}{100} \cdot \frac{9}{12} = 1\,050$$

Per un capital de 14 000 € al 10 % d'interès simple anual durant nou mesos s'obtenen 1 050 €.

Interès compost

Un capital està subjecte a **interès compost** quan, en finalitzar el període de dipòsit, els interessos no es retiren, sinó que s'afegeixen al capital dipositat en un primer moment per produir nous interessos. Aquest procés s'anomena **capitalització,** i genera un interès més gran en cada període successiu d'aplicació.

Exemple 9. Si dipositem 50 000 € al 20 % d'interès compost anual, quin muntant o capital final obtindrem al cap de quatre anys? Quants interessos es produiran al cap de quatre anys?

Temps	Capital al principi de l'any	Interessos produïts durant aquest any	Capital al final d'aquest any
1er any	$C = 50\,000$	$I_1 = 50\,000 \cdot \frac{20}{100} = 10\,000$	$M_1 = 50\,000 + 10\,000 = 60\,000$
2n any	$M_1 = 60\,000$	$I_2 = 60\,000 \cdot \frac{20}{100} = 12\,000$	$M_2 = 60\,000 + 12\,000 = 72\,000$
3r any	$M_2 = 72\,000$	$I_3 = 72\,000 \cdot \frac{20}{100} = 14\,400$	$M_3 = 72\,000 + 14\,400 = 86\,400$
4t any	$M_3 = 86\,400$	$I_4 = 86\,400 \cdot \frac{20}{100} = 17\,280$	$M_4 = 86\,400 + 17\,280 = 103\,680$

Interessos: $I = M - C = 103\,680\,€ - 50\,000\,€ = 53\,680\,€$

Un capital de 50 000 € al 20 % d'interès compost anual invertit durant quatre anys produeix un muntant de 103 680 € i uns interessos de 53 680 €.

Un capital, C, al R (%) anual durant un any es converteix en $C \cdot \left(1 + \frac{R}{100}\right)$. És a dir, cada any, el capital es converteix en el capital que ja es tenia, multiplicat per $\left(1 + \frac{R}{100}\right)$. Un cop transcorreguts t anys, el capital inicial, C, es converteix en $C\left(1 + \frac{R}{100}\right)^t$. Per tant: $C \underset{\text{1r any}}{\rightarrow} C \cdot \left(1 + \frac{R}{100}\right)$

$$\underset{2.^{\text{o}}\text{ año}}{\rightarrow} C \cdot \left(1 + \frac{R}{100}\right) \cdot \left(1 + \frac{R}{100}\right) = C \cdot \left(1 + \frac{R}{100}\right)^2$$

$$\underset{3.^{\text{er}}\text{ año}}{\rightarrow} C \cdot \left(1 + \frac{R}{100}\right)^2 \cdot \left(1 + \frac{R}{100}\right) = C \cdot \left(1 + \frac{R}{100}\right)^3 \rightarrow \ldots$$

Així, al cap de t anys, tindrem un muntant o capital final i uns interessos:

$$M = C \cdot \left(1 + \frac{R}{100}\right)^t = C \cdot (1 + r)^t \qquad I = M - C$$

> **!! Atenció**
>
> No és aconsellable memoritzar la fórmula dels interessos, és millor aplicar l'expressió $I = M - C$.
>
> Per si la necessites, observa que:
>
> $I = M - C =$
>
> $C \cdot \left[\left(1 + \frac{R}{100}\right)^t - 1\right] = C \cdot \left((1 + r)^t - 1\right)$
>
> I aquí se substitueix M pel seu valor i es treu factor comú C.

Exemple 10. Resol l'Exemple 9 aplicant l'expressió que acabem de deduir.

$$M = C \cdot \left(1 + \frac{R}{100}\right)^t = 50\,000 \cdot \left(1 + \frac{20}{100}\right)^4 = 103\,680\,€$$

Activitats

9. ¿Quina taxa d'interès trimestral és un 18 % anual? A quina taxa d'interès bimensual correspon?

10. Si s'obtenen uns interessos de 60 € quan s'inverteixen 3 000 € en un any, quina taxa d'interès s'ha aplicat?

11. Quina quantitat s'ha de dipositar en un banc per obtenir un capital de 21 000 € al cap de cinc anys si el tipus d'interès simple anual és del 15 %?

12. Quants anys han de passar per obtenir 55 000 € si s'ha fet una inversió de 10 000 € a un 12 % d'interès simple anual?

13. A quina taxa d'interès anual simple s'han de dipositar 10 000 € per obtenir 55 000 € en un termini de dotze anys?

14. Calcula en quina quantitat es transformaran 5 000 € en tres anys al 2,4 % d'interès compost anual. Quants interessos produeixen?

4 Períodes de capitalització

L'interès es pot afegir al capital anualment, trimestralment, mensualment, etc. Aquest tipus de períodes es coneixen amb el nom de **període de capitalització.** Anomenem **freqüència de conversió** el nombre de vegades que es capitalitza durant un any.

Exemple 11. Si el període de capitalització és trimestral, en quant es transformen 4 000 € després de cinc anys al 2,4 % d'interès compost anual?

Un 2,4 % d'interès compost anual significa que, per cada 100 € invertits, rebrem 2,4 € a l'any. Com que en un any hi ha quatre trimestres, cada trimestre rebrem: $\frac{2,4}{4} = 0,6$ €.

$$4\,000 \underset{\text{1r trimestre}}{\longrightarrow} 4\,000 \cdot \left(1 + \frac{0,6}{100}\right) \underset{\text{2n trimestre}}{\longrightarrow} 4\,000 \cdot \left(1 + \frac{0,6}{100}\right)^2 \underset{\text{3r trimestre}}{\longrightarrow} 4\,000 \cdot \left(1 + \frac{0,6}{100}\right)^3$$

$$\underset{\text{4.º trimestre}}{\longrightarrow} 4\,000 \cdot \left(1 + \frac{0,6}{100}\right)^4 \underset{\text{5.º trimestre}}{\longrightarrow} \ldots$$

Com que en cinc anys hi ha $5 \cdot 4 = 20$ trimestres, després de 20 trimestres resulta:

$$4\,000 \cdot \left(1 + \frac{0,6}{100}\right)^{20} \simeq 4\,508,37$$

El capital o muntant final després de 20 trimestres serà, aproximadament, 4 508,37 €.

A partir de l'exemple deduïm la següent expressió, on t és el temps en anys i n la freqüència de conversió o les vegades que es capitalitza en un any.

$$M = C \cdot \left(1 + \frac{R}{100 \cdot n}\right)^{t \cdot n} = C \cdot \left(1 + \frac{r}{n}\right)^{t \cdot n}$$

Càlcul del valor actual o present

A vegades, sabem el muntant que volem aconseguir o que hem de pagar i volem determinar el capital que cal invertir en el moment present a una taxa d'interès determinada i durant un termini concret. Si la capitalització és anual, llavors: $M = C \cdot \left(1 + \frac{R}{100}\right)^t$

$$C = \frac{M}{\left(1 + \frac{R}{100}\right)^t} = \frac{M}{(1+r)^t} \qquad \text{(I)}$$

Si la capitalització no és anual: $M = C \cdot \left(1 + \frac{R}{100 \cdot n}\right)^{t \cdot n} = C \cdot \left(1 + \frac{r}{n}\right)^{t \cdot n}$

$$C = \frac{M}{\left(1 + \frac{R}{100 \cdot n}\right)^{t \cdot n}} = \frac{M}{\left(1 + \frac{r}{n}\right)^{t \cdot n}} \qquad \text{(II)}$$

Exemple 12. Quants diners hem de dipositar al banc si volem tenir un muntant de 20 000 € al cap de tres anys i la taxa d'interès compost anual és del 15 %, amb un període de capitalització semestral?

$$M = C \cdot \left(1 + \frac{R}{100 \cdot n}\right)^{t \cdot n} \underset{n=2}{\Rightarrow} 20\,000 = C \cdot \left(1 + \frac{15}{100 \cdot 2}\right)^{3 \cdot 2} \overset{\text{aïllo } C}{\Rightarrow} C = \frac{20\,000}{\left(1 + \frac{15}{100 \cdot 2}\right)^{3 \cdot 2}} \simeq 12\,959,23$$

Per obtenir 20 000 € al cap de tres anys a un 15 % d'interès compost anual, capitalitzable semestralment, avui hem de dipositar, aproximadament, 12 959,23 €.

Punt d'interès

La capitalització pot ser:

- **Mensual:** la freqüència de conversió és 12. Per tant, si capitalitzem cada mes, capitalitzem 12 vegades a l'any.
- **Bimensual:** la freqüència de conversió és 6; per tant, si capitalitzem cada dos mesos, capitalitzem 6 vegades a l'any.
- **Trimestral:** en aquest cas, la freqüència de conversió és 4, així que si capitalitzem cada 3 mesos, capitalitzem 4 vegades a l'any.
- **Semestral:** en aquest cas, la freqüència de conversió és 2. Com que capitalitzem cada sis mesos, capitalitzem 2 vegades a l'any.
- **Setmanal:** en aquest cas, la freqüència de conversió és 52. Com que capitalitzem cada setmana, vol dir que capitalitzem 52 vegades a l'any, perquè un any té 52 setmanes.
- **Diària:** en aquest cas, la freqüència de conversió és 365, així que si capitalitzem cada dia, capitalitzem 365 vegades a l'any

Atenció

Un any comercial són 360 dies, i un any natural, 365.

Atenció

Quan facis els càlculs, intenta aproximar només una vegada. Com més vegades aproximis, menys exacte serà el resultat.

Càlcul de la taxa d'interès

Si la capitalització és anual, per calcular la taxa d'interès o rèdit, un cop conegudes la resta de variables, aïllem R de l'expressió (I): $\frac{M}{C}=\left(1+\frac{R}{100}\right)^t \Rightarrow \sqrt[t]{\frac{M}{C}}=1+\frac{R}{100} \Rightarrow \frac{R}{100}=\sqrt[t]{\frac{M}{C}}-1$

$$R=\left(\sqrt[t]{\frac{M}{C}}-1\right)\cdot 100$$

Si la capitalització no és anual, aïllem el rèdit de l'expressió (II): $R=\left(\sqrt[t\cdot n]{\frac{M}{C}}-1\right)\cdot 100\cdot n$

On n és la freqüència de conversió.

3 Pensa

Dedueix la fórmula:

$$R=\left(\sqrt[t\cdot n]{\frac{M}{C}}-1\right)\cdot 100\cdot n$$

4 Pensa

Dedueix la fórmula:

$$t=\frac{\log\frac{M}{C}}{n\cdot\log\left(1+\frac{R}{100\cdot n}\right)}$$

Càlcul del temps

Per calcular el temps necessari per convertir un cert capital inicial en un muntant determinat a una taxa d'interès concreta hem de tenir en compte aquests factors:

Si la capitalització és anual, aïllem el termini o temps, t, en la següent expressió:

$$M=C\cdot\left(1+\frac{R}{100}\right)^t \Rightarrow \frac{M}{C}=\left(1+\frac{R}{100}\right)^t \overset{(*)}{\Rightarrow} \log\frac{M}{C}=\log\left(1+\frac{R}{100}\right)^t$$

$$\overset{(*)}{\Rightarrow}\log\frac{M}{C}=t\cdot\log\left(1+\frac{R}{100}\right)\Rightarrow t=\frac{\log\frac{M}{C}}{\log\left(1+\frac{R}{100}\right)}$$

Si la capitalització no és anual, hem d'aïllar el temps, t, de la següent expressió:

$$M=C\cdot\left(1+\frac{R}{100\cdot n}\right)^{t\cdot n}$$

$$t=\frac{\log\frac{M}{C}}{n\cdot\log\left(1+\frac{R}{100\cdot n}\right)}$$

Exemple 13. Calcula quants mesos trigaran 10 000 € a duplicar-se si la taxa d'interès és:

***a)* El 36 % d'interès compost anual.**

***b)* El 36 % d'interès compost anual amb període de capitalització mensual.**

a) $M=C\cdot\left(1+\frac{R}{100}\right)^t \Rightarrow 20\,000=10\,000\cdot\left(1+\frac{36}{100}\right)^t \Rightarrow 2=(1{,}36)^t \overset{(*)}{\Rightarrow}\log 2=\log(1{,}36)^t$

$$\overset{(*)}{\Rightarrow}\log 2=t\cdot\log(1{,}36)\Rightarrow t=\frac{\log 2}{\log(1{,}36)}=2{,}254249337 \text{ anys}\Rightarrow$$

$$\Rightarrow 2{,}254249337\cdot 12\approx 27{,}05 \text{ mesos}$$

Així, un capital de 10 000 € trigarà a duplicar-se, al 36 % d'interès compost anual, aproximadament 27,05 mesos.

b) Com que la capitalització és mensual, la freqüència de conversió, $n=12$.

$$M=C\cdot\left(1+\frac{R}{100\cdot n}\right)^{t\cdot n}\Rightarrow 20\,000=10\,000\left(1+\frac{36}{100\cdot 12}\right)^{t\cdot 12}\Rightarrow 2=(1{,}03)^{t\cdot 12}$$

$$\overset{(*)}{\Rightarrow}\log 2=\log(1{,}03)^{t\cdot 12}\overset{(*)}{\Rightarrow}\log 2=t\cdot 12\cdot\log(1{,}03)\Rightarrow t=\frac{\log 2}{12\cdot\log(1{,}03)}\approx 1{,}954147688 \text{ anys}$$

El temps són anys i ens demanen mesos. Llavors $1{,}954147688\cdot 12\approx 23{,}45$ mesos

Un capital de 10 000 € trigarà a duplicar-se, al 36 % d'interès compost anual amb període de capitalització mensual, aproximadament 23,45 mesos.

(*) Aplicant propietats dels logaritmes.

Activitats

15. En quant es transformen 12 000 € al cap de set anys al 14 % d'interès compost anual si el període de capitalització és trimestral? I si el període de capitalització fos mensual?

16. Quants diners hem de dipositar al banc si volem obtenir un muntant de 35 000 € al cap de set anys i la taxa d'interès compost anual és del 12,5 % amb un període de capitalització bimensual?

5 Comparació entre interès simple i compost

Per comparar l'interès simple i el compost plantegem aquest exemple:

Exemple 14. **Troba els interessos produïts i el muntant d'un capital de 50 000 € al 10 % d'interès anual durant cinc anys si:**

a) **L'interès és simple. Quins interessos produeix?**

b) **L'interès és compost. Quins han estat els interessos produïts?**

El capital final o muntant:

$$M = C \cdot \left(1 + \frac{R}{100} \cdot t\right) = 50\,000 \cdot \left(1 + \frac{10}{100} \cdot 5\right) = 75\,000\ €$$

Després trobem els interessos: $I = M - C = 75\,000 - 50\,000 = 25\,000$

També podem calcular l'interès simple mitjançant l'expressió:

$$I = C \cdot \frac{R}{100} \cdot t = 50\,000 \cdot \frac{10}{100} \cdot 5 = 25\,000\ €$$

c) Apliquem les fórmules de l'interès compost per calcular el muntant i els interessos:

Calculem el capital final o muntant:

$$M = C \cdot \left(1 + \frac{R}{100}\right)^t = 50\,000 \cdot \left(1 + \frac{10}{100}\right)^5 = 80\,525{,}50\ €$$

Després trobem els interessos: $I = M - C = 80\,525{,}50 - 50\,000 = 30\,525{,}50\ €$

En la següent taula mostrem una comparació detallada entre l'interès simple i l'interès compost.

Temps (en anys)	Capital que genera interessos		Interessos		Muntant al final de l'any	
	Simple	Compost	Simple	Compost	Simple	Compost
1	50 000	50 000	5 000	5 000	55 000	55 000
2	50 000	55 000	5 000	5 500	60 000	60 500
3	50 000	60 500	5 000	6 050	65 000	66 550
4	50 000	66 550	5 000	6 655	70 000	73 205
5	50 000	73 205	5 000	7 320,5	75 000	80 525,50
Interessos produïts en cinc anys			**25 000**	**30 525,50**		

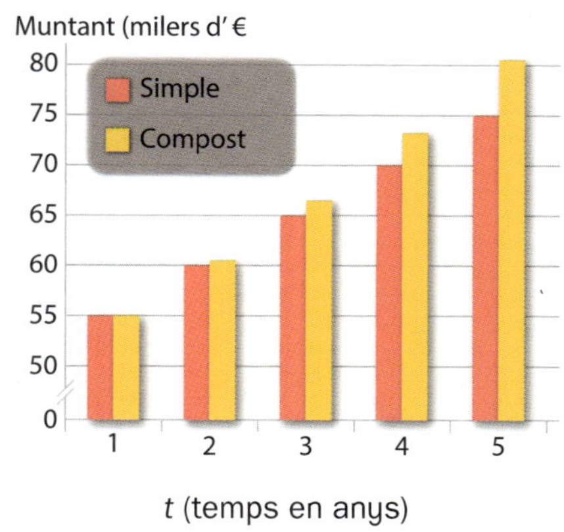

En la taula observem que el **muntant a interès simple,** en la sisena columna, **creix de forma aritmètica.** És a dir, cada terme s'obté de l'anterior, sumant-li els interessos, 5 000 €. També observem que els seus interessos, en la quarta columna, són iguals en cada període:

50 000 → + 5 000 → 55 000 → + 5 000 → 60 000 → + 5 000 → 65 000 → + 5 000 → 70 000 → + 5 000 → 75 000

A partir de les dades de la taula, també deduïm que el **muntant a interès compost**, en la setena columna, **creix de forma geomètrica**, cada terme s'obté de l'anterior, multiplicant-lo per $\left(1 + \frac{10}{100}\right) = 1{,}1$. En la cinquena columna també observem que els interessos produïts cada any són més elevats que els de l'any anterior:

50 000 → ·1,1 → 55 000 → ·1,1 → 60 500 → ·1,1 → 66 550 → ·1,1 → 73 205 → ·1,1 → 80 525,5

6 TAE i TIN

Una entitat bancària anuncia un nou compte d'estalvi al 8 % d'interès compost anual amb pagaments semestrals d'interessos i una TAE del 8,16 %. Quin missatge vol transmetre el banc? Què signifiquen les sigles TAE?

Per desxifrar l'anunci, hem de tenir en compte que el 8 % d'interès compost anual equival a un $\frac{8}{2} = 4$ % d d'interès compost semestral. Com que un any té dos semestres, es capitalitza dues vegades. Així, el capital dipositat en un any, C, es converteix en:

$$M = C \cdot (1 + 0{,}04)^2 = C \cdot 1{,}0816$$

És a dir, el 8 % d'interès compost anual amb pagaments semestrals equival a un 8,16 % de l'interès compost anual.

Quan dipositem una quantitat de diners en una entitat bancària o quan demanem un préstec, la informació sobre els interessos sol ser anual; tot i això, els períodes de capitalització solen ser menors que un any. **La TAE, Taxa Anual Equivalent o Taxa Anual Efectiva,** són els interessos produïts per 100 € en un any:

$$\text{TAE} = \left[\left(1 + \frac{r}{n}\right)^n - 1\right] \cdot 100$$

Com s'obté la fórmula de TAE? Si partim d'un R (%) d'interès compost anual que es capitalitza n vegades en un any, el capital obtingut quan finalitza un any $(t = 1)$ és:

$$M = C \cdot \left(1 + \frac{R}{100 \cdot n}\right)^{1 \cdot n} = C \cdot \left(1 + \frac{r}{n}\right)^{1 \cdot n}$$

Per tant, el muntant obtingut amb una TAE concreta al final de l'any és:

$$M = C \cdot \left(1 + \frac{\text{TAE}}{100}\right)$$

Quan s'igualen els dos muntants, resulta:

$$C \cdot \left(1 + \frac{r}{n}\right)^n = C \cdot \left(1 + \frac{\text{TAE}}{100}\right) \underset{\substack{\text{Simplificant} \\ C \neq 0}}{\Rightarrow} \left(1 + \frac{r}{n}\right)^n = \left(1 + \frac{\text{TAE}}{100}\right) \underset{\substack{\text{aïllant} \\ \text{TAE}}}{\Rightarrow}$$

$$\left(1 + \frac{r}{n}\right)^n - 1 = \frac{\text{TAE}}{100} \Rightarrow \text{TAE} = \left[\left(1 + \frac{r}{n}\right)^n - 1\right] \cdot 100$$

De fet, la TAE és una mica més complicada de calcular, perquè inclou tant els interessos com alguns pagaments fixos (comissions d'estudi, comissions d'obertura, despeses...). El Banc d'Espanya s'encarrega de fixar els conceptes que s'han de tenir en compte per calcular la TAE.

TIN són les sigles de **Tipus d'Interès Nominal,** l'interès acordat amb l'entitat financera a l'hora de fer una operació. Aquí, la capitalització no ha de ser anual. En l'exemple, el TIN seria 8 % d'interès compost anual amb pagaments semestrals d'interessos.

Activitats

17. Calcula la TAE corresponent a un préstec al 3,2 % d'interès compost anual amb pagaments mensuals d'interessos. Fes l'exercici utilitzant la fórmula i raonant.

18. Un banc ofereix un préstec al 6,42 % d'interès compost anual amb pagaments trimestrals d'interessos. Calcula la TAE d'aquest préstec financer.

7 Anualitats de capitalització

Quan una persona obre un pla de pensions, en realitat contracta un producte d'estalvi a llarg termini, que té la finalitat de generar uns diners dels quals podrà disposar després de la jubilació. El seu funcionament es basa en aportacions periòdiques o puntuals que fa el client, i que els gestors del pla inverteixen segons uns criteris de rendibilitat i risc establerts prèviament en la política d'inversió del pla. Quan passen els anys i arriba l'hora de rescatar el pla de pensions, el client obté els diners que ha dipositat durant aquests anys més la rendibilitat que han generat. Els pagaments o aportacions que fa un client durant períodes de temps establerts s'anomenen **anualitats de capitalització** ($\boldsymbol{a}$).

Anualitats amb períodes de capitalització anuals

En aquesta taula observem com es transforma cada anualitat de capitalització al llarg dels anys, suposant que hi hagi anualitats aportades al principi de cada any.

	Anys que està invertida l'anualitat	Muntant produït amb aquesta anualitat
1a anualitat	t anys	$a(1+r)^t$
2a anualitat	$t-1$ anys	$a(1+r)^{t-1}$
3a anualitat	$t-2$ anys	$a(1+r)^{t-2}$
...	...	...
Última anualitat	1 any	$a(1+r)^1 = a(1+r)$

!! Atenció

Recorda que $r = \dfrac{R}{100}$

En aquest cas, s'utilitza el tant per u, r, enlloc del rèdit, R, perquè les fórmules siguin més «petites».

Per calcular el capital acumulat, C, s'ha de sumar el capital aconseguit amb les t anualitats de capitalització. Llavors: $C = a\cdot(1+r)^t + a\cdot(1+r)^{t-1} + a\cdot(1+r)^{t-2} + \ldots + a\cdot(1+r)$

Si canviem l'ordre dels sumands, observem que es tracta d'una progressió geomètrica de t termes, el primer terme de la qual és $a(1+r)$, i la raó de la qual és $(1+r)$. Per tant:

Progressió geomètrica general			Suma de les t anualitats de capitalització	
Primer terme	a_1	$S_n = \dfrac{a_n\cdot z - a_1}{z-1}$	$\boldsymbol{a(1+r)}$	$C = \dfrac{a(1+r)\cdot\left[(1+r)^t - 1\right]}{r}$
Últim terme	a_n		$\boldsymbol{a(1+r)^t}$	
Nombre de termes	n		$\boldsymbol{t}$	
Raó	z		$\boldsymbol{(1+r)}$	
Suma dels n primers termes	S_n		**C = capital acumulat**	

Exemple 15. **L'Anna té 40 anys i ha decidit obrir un pla d'estalvi. El banc li ofereix un pla a un 4,2 % anual, de manera que decideix dipositar 300 € al principi de cada any.**

a) **Quin capital tindrà quan faci 65 anys?**

b) **Si vol obtenir 20 000 € als 65 anys, de quant seran les seves anualitats de capitalització?**

a) Apliquem la fórmula: $C = \dfrac{a\cdot(1+r)\cdot\left[(1+r)^t - 1\right]}{r}$; amb $r = \dfrac{4{,}2}{100}$, $t = 25$ i $a = 300$.

$$C = \frac{300\cdot(1+0{,}042)\cdot\left[(1+0{,}042)^{25} - 1\right]}{0{,}042} \approx 13\,374{,}84$$

Per tant, l'Anna obtindrà aproximadament 13 374,84 €.

b) $20\,000 = \dfrac{a\cdot(1+0{,}042)\cdot\left[(1+0{,}042)^{25} - 1\right]}{0{,}042} \Rightarrow a = \dfrac{20\,000\cdot 0{,}042}{(1+0{,}042)\left[(1+0{,}042)^{25} - 1\right]} \approx 448{,}60$

Per tant, l'Anna haurà d'aportar, aproximadament, 448,60 € al principi de cada any.

Anualitats de capitalització amb períodes inferiors d'un any

Si els períodes de capitalització són inferiors d'un any, s'ha de modificar la fórmula, tal com vam fer amb l'interès compost. Així, es capitalitza n vegades a l'any:

$$C = \frac{a\left(1+\frac{r}{n}\right)\cdot\left[\left(1+\frac{r}{n}\right)^{t\cdot n}-1\right]}{\frac{r}{n}}$$

Llavors es dedueixen les següents fórmules per a la capitalització:

	Capitalització anual	Capitalitzar n vegades a l'any
a = anualitat	$C = \frac{a(1+r)\cdot\left[(1+r)^t-1\right]}{r}$	$C = \frac{a\left(1+\frac{r}{n}\right)\cdot\left[\left(1+\frac{r}{n}\right)^{t\cdot n}-1\right]}{\frac{r}{n}}$
r = tant per u $= \frac{R}{100}$		
t = temps en anys		
C = capital final obtingut		

!! Atenció

Si capitalitzem n vegades a l'any:

- Un $r(\%)$ anual equival a un $\frac{r}{n}(\%)$.
- Si capitalitzem n vegades a l'any durant t anys, capitalitzem $t\cdot n$ vegades.

Exemple 16. L'Anna decideix dipositar 25 € al mes amb les mateixes condicions expressades en l'exemple 15.

***a)* Quin capital tindrà quan faci 65 anys?**

***b)* Si vol obtenir 20 000 €, de quant seran les mensualitats de capitalització?**

***c)* I si vol fer les aportacions cada trimestre?**

a) Les aportacions són mensuals; per tant, aporta 12 vegades a l'any, $n = 12$.

$$C = \frac{a\cdot\left(1+\frac{r}{n}\right)\cdot\left[\left(1+\frac{r}{n}\right)^{t\cdot n}-1\right]}{\frac{r}{n}} = \frac{25\cdot\left(1+\frac{0{,}042}{12}\right)\cdot\left[\left(1+\frac{0{,}042}{12}\right)^{25\cdot 12}-1\right]}{\frac{0{,}042}{12}} \simeq 13\,277{,}86$$

L'Anna tindrà, aproximadament, 13 277,86 € quan faci 65 anys.

b) Si les aportacions són mensuals, $n = 12$, per tant:

$$20\,000 = \frac{a\cdot\left(1+\frac{0{,}042}{12}\right)\cdot\left[\left(1+\frac{0{,}042}{12}\right)^{25\cdot 12}-1\right]}{\frac{0{,}042}{12}} \Rightarrow a = \frac{20\,000\cdot\frac{0{,}042}{12}}{\left(1+\frac{0{,}042}{12}\right)\cdot\left[\left(1+\frac{0{,}042}{12}\right)^{25\cdot 12}-1\right]} \simeq 37{,}66$$

De manera que l'Anna hauria d'aportar, aproximadament, 37,66 €

c) Si les aportacions són trimestrals, $n = 4$. Per tant:

$$20\,000 = \frac{a\cdot\left(1+\frac{0{,}042}{4}\right)\cdot\left[\left(1+\frac{0{,}042}{4}\right)^{25\cdot 4}-1\right]}{\frac{0{,}042}{4}} \Rightarrow a = \frac{20\,000\cdot\frac{0{,}042}{4}}{\left(1+\frac{0{,}042}{4}\right)\cdot\left[\left(1+\frac{0{,}042}{4}\right)^{25\cdot 4}-1\right]} \simeq 112{,}82$$

L'Anna hauria d'aportar, aproximadament, 112,82 € cada trimestre.

Punt d'interès

Si capitalitzem anualment, obtenim un capital final major. Per què no és el mateix aportar 300 € el dia 1 de gener que aportar 25 € cada mes?

Es generen els mateixos interessos amb els 25 € aportats l'1 de gener que amb els aportats l'1 de novembre?

La resposta a aquesta última pregunta és no, perquè, com abans es faci l'aportació, més interessos generarà el capital aportat.

Activitats

19. Per obtenir 60 000 € en deu anys, un banc ofereix un pla d'estalvi a un interès anual del 3,4 %. Quants euros s'han de dipositar al principi de cada any? I si volem fer aportacions mensuals?

20. Els avis d'en Raül li van obrir un compte d'estalvi quan va néixer i, des de llavors, cada mes li ingressen 5 € a un 6,3 % anual. Quin capital haurà estalviat quan faci 18 anys? I si decideixen invertir 15 € al trimestre? I amb 100 € a l'any?

8 Anualitats d'amortització

S'anomena **amortitzar** el fet de saldar un préstec mitjançant una sèrie de pagaments, generalment iguals, i que se solen fer en intervals equivalents. Normalment, cadascun d'aquests pagaments es fa al final de cada període (any, mes, trimestre...). Quan es demana un préstec a una entitat financera i aquesta el concedeix, s'han de tornar els diners prestats més els interessos. Un exemple d'anualitat d'amortització són les hipoteques.

Aquesta taula recull com s'han de calcular les anualitats d'amortització per saldar un préstec:

	Anys que està invertida l'anualitat	Muntant produït amb aquesta anualitat
1a anualitat	$t-1$ anys	$a(1+r)^{t-1}$
2a anualitat	$t-2$ anys	$a(1+r)^{t-2}$
3a anualitat	$t-3$ anys	$a(1+r)^{t-3}$
...	...	...
Última anualitat	0 anys	a

Per calcular el capital acumulat, C, s'ha de sumar el capital aconseguit amb les t anualitats:

$$C = a(1+r)^{t-1} + a(1+r)^{t-2} + a(1+r)^{t-3} + \ldots + a(1+r) + a$$

Si canviem l'ordre dels sumands, podem observar que es tracta d'una progressió geomètrica de t termes. El seu primer terme és a, i la raó, $(1+r)$. Per obtenir la fórmula cal seguir aquests passos:

Progressió geomètrica general			Suma de les t anualitats de capitalització	
Primer terme	a_1	$S_n = \frac{a_n \cdot z - a_1}{z-1}$	a	$C = a \cdot \frac{(1+r)^t - 1}{r}$
Últim terme	a_n		$a(1+r)^{t-1}$	
Nombre de termes	n		t	
Raó	z		$1+r$	
Suma dels n primers termes	S_n		C = capital acumulat	

$$S_n = \frac{a_n \cdot z - a_1}{z-1} \Rightarrow C_p = \frac{a \cdot (1+r)^{t-1} \cdot (1+r) - a}{1+r-1} = \frac{a \cdot (1+r)^t - a}{r} \underset{\text{traiem factor comú } a}{\Rightarrow} a \cdot \frac{(1+r)^t - 1}{r}$$

Amb el capital acumulat, s'ha de pagar la quantitat prestada, C_p, més els interessos generats per aquesta quantitat durant els t anys que ha durat el préstec, $C_p(1+r)^t$:

$$C_p(1+r)^t = a \cdot \frac{(1+r)^t - 1}{r} \underset{\text{aïllant } a}{\Rightarrow} a = \frac{C_p(1+r)^t \cdot r}{(1+r)^t - 1} \Rightarrow a = C_p \cdot \frac{(1+r)^t \cdot r}{(1+r)^t - 1}$$

Si els períodes d'amortització són inferiors a un any, s'ha de modificar la fórmula, tal com vam fer amb l'interès compost.

	Amortització anual	Amortitzem n vegades a l'any
a = aportacions	$a = C_p \cdot \frac{(1+r)^t \cdot r}{(1+r)^t - 1}$	$a = C_p \cdot \frac{\left(1+\frac{r}{n}\right)^{t \cdot n} \cdot \frac{r}{n}}{\left(1+\frac{r}{n}\right)^{t \cdot n} - 1}$
t = nombre d'anys		
r = tant per u		
C_p = capital prestat		

Quadre o taula d'amortització d'un préstec

Per calcular detalladament la situació d'un préstec en tots els períodes que comprèn s'utilitza un quadre o taula d'amortització. Aquesta taula reflecteix l'anualitat d'amortització o quota, els interessos pagats i el capital amortitzat amb aquesta quota, el capital total amortitzat i el capital pendent d'amortitzar.

Per fer el quadre o taula d'amortització hem de tenir en compte que cada modalitat d'amortització, és a dir, cada quota, salda els interessos produïts pel deute que té pendent el client, i la resta salda part del deute. Vegem com es construeix la taula a partir d'un exemple.

Exemple 17. Calcula la taula o quadre d'amortització d'un préstec de 15 000 € a retornar en un termini de 4 anys al 12 % d'interès compost anual.

- En la primera columna hi trobem els **períodes** d'amortització.
- En la segona columna hi reflectirem l'**anualitat d'amortització o quota:**

$$a = C_p \cdot \frac{(1+r)^t \cdot r}{(1+r)^t - 1} = 15\,000 \cdot \frac{(1+0{,}12)^4 \cdot 0{,}12}{(1+0{,}12)^4 - 1} \approx 4\,938{,}52$$

  Cada any pagarem, aproximadament, 4 938,52 €. Totes les quotes son iguals.

- Per completar la tercera columna calculen els **interessos** del capital que encara queda pendent d'amortitzar:

  Interessos de 15 000 al 12 % anual: $15\,000 \cdot 0{,}12 = 1\,800$ €.

  Interessos de 11 861,48 al 12 % anual: $11\,861{,}48 \cdot 0{,}12 = 1\,423{,}3776 \approx 1\,423{,}38$.

- Completem la quarta columna calculant el **capital que amortitzem** amb aquest pagament. Aquest capital serà el total de la quota menys els interessos que paguem en cada quota. Per tant:

  La primera quota: $4\,938{,}52 - 1\,800 = 3\,138{,}52$ €.

  La segona quota: $4\,938{,}52 - 1\,423{,}38 = 3\,515{,}14$ €.

- En la cinquena columna hi reflectirem el **capital que ja tenim amortitzat.**
- I en la sisena columna, el **capital que ens queda per amortitzar o capital viu.**
- Així, anem omplint la taula fila a fila, completant primer la quota del període, després el capital amortitzat en aquest període, el capital total amortitzat fins aquest moment i, finalment, el capital que ens queda per pagar, així com el deute que encara tenim pendent.

Període	Anualitat d'amortització o quota	Interessos pagats amb aquesta quota	Capital amortitzat amb aquesta quota	Capital total amortitzat	Capital total amortitzat
0					15 000
1	4 938,52	1 800	3 138,52	3 138,52	11 861,48
2	4 938,52	1 423,38	3 515,14	6 653,66	8 346,34
3	4 938,52	1 001,56	3 936.96	10 590,62	4 409,38
4	4 938,52	529,13	4 409,39	15 000,01	0

Activitats

21. Calcula quina quota anual s'ha de pagar per amortitzar un préstec de 90 000 € en quinze anys amb un interès pactat anual del 16 %.

22. Calcula la quota mensual que s'ha de pagar per amortitzar un préstec de 90 000 € en quinze anys al 16 % d'interès compost anual. I si la quota és trimestral? I si s'amortitza trimestralment?

23. La Laia ha demanat un préstec de 18 000 € al banc per comprar-se un cotxe. El banc l'hi ha concedit, amb un termini de devolució de cinc anys i un interès compost anual del 5,8 %. Calcula la taula d'amortització d'aquest préstec.

24. Calcula la taula d'amortització d'un préstec de 60 000 € que s'ha de retornar en tres anys al 7 % d'interès compost anual. Quins interessos es pagaran amb aquest préstec?

9 Taxes

Alguns exemples de taxes són las taxes de natalitat i la taxa de desocupació.

Taxa de natalitat

La **taxa de natalitat** és el nombre de persones nascudes vives per cada mil habitants en un any.

Exemple 18. La taxa de natalitat d'Espanya l'any 2017 va ser del 8,4 ‰, cosa que significa que durant 2017 a Espanya van néixer 8,4 nadons per cada mil habitants. Si sabem que el país en aquell moment tenia 46 659 302 habitants, quants nadons van néixer?

La quantitat de referència són 1 000 habitants, i tenim que:

$$\frac{8{,}4}{1\,000} = \frac{x}{46\,659\,302} \Rightarrow x = \frac{8{,}4 \cdot 46\,659\,302}{1\,000} \simeq 391\,938{,}14$$

Per tant, a Espanya, durant l'any 2017, van néixer 391 938 nadons.

Taxa d'atur o desocupació

Per definir aquest concepte primer hem de definir els conceptes de població activa i d'aturat.

- La **població activa** és la població que es troba en edat, condicions i disposició per treballar.
- Un **aturat** és un membre de la població activa que no té un lloc de treball.

La **taxa d'atur o desocupació** és el percentatge que expressa el nombre d'aturats respecte al total de la població activa.

$$\text{Taxa d'atur o desocupació} = \frac{\text{nombre d'aturats}}{\text{població activa}} \cdot 100\,\%$$

Així, si afirmem que la taxa d'atur o desocupació a Espanya durant 2017 va ser del 16,55 %, estem dient que 16,55 de cada 100 persones de la població activa estaven a l'atur l'any 2017.

Exemple 19. Si sabem que el 2017 a Espanya hi havia 3 766 700 aturats, quantes persones formaven part de la població activa del país aquell any?

Tenim que:

$$\frac{16{,}55}{100} = \frac{3\,766\,700}{x} \qquad x = \frac{3\,766\,700 \cdot 100}{16{,}55} \simeq 22\,759\,516{,}62$$

Aproximadament, 22 759 517 persones formaven part de la població activa espanyola l'any 2017.

Activitats

25. Observa la taula i calcula el nombre de nadons que van néixer a Suècia i a França durant 2017.

País	Taxa de natalitat l'any 2017	Habitants l'any 2017
Suècia	11,5 ‰	10 120 242
França	11,4 ‰	67 221 943

26. En un país amb 8 800 000 habitants neixen 182 341 nadons a l'any. Quina és la taxa de natalitat d'aquest país?

27. Observa la taula i calcula. Tingues en compte que les dades estan donades en milers.

	Total	Homes	Dones
Població activa	331	145,64	185,36
Nre. d'aturats	19,86	6,35	13,51

a) La taxa d'atur o desocupació del país.

b) La taxa de desocupació masculina.

c) La taxa de desocupació femenina.

10 Nombres índex

Els nombres índex mostren els canvis d'una a diverses magnituds entre dos períodes de temps, agafant-ne un com a referència. Aquests nombres es representen en taules de nombres índex. A continuació, mostrem com construir la taula de nombres índex a partir de la següent taula, que recull els preus de tres productes durant el període 2014-2018:

	2014	2015	2016	2017	2018
Producte 1	12,5	12	11	10,1	9
Producte 2	0,50	0,55	0,62	0,70	0,81
Producte 3	320	350	400	410	420

Com es fan les taules de nombres índex?

1r pas: s'agafen les dades anuals de referència, com 100. En aquest cas, s'agafen les dades de l'any 2014.

2n pas: per calcular la variació del preu del producte 1 l'any 2015 amb referència a l'any base, 2014, es fa aquest càlcul:

$$\frac{\text{Preu del producte 1 l'any 2015}}{\text{Preu del producte 1 l'any 2014}} \cdot 100 = \frac{12}{12{,}5} \cdot 100 = 96$$

Això vol dir que el producte 1 va baixar de preu durant l'any 2015 respecte a l'any 2014. En concret, va disminuir un 4 % (100 – 96 = 4).

	2014	2015	2016	2017	2018
Producte 1	100	96	88	80,8	72
Producte 2	100	110	124	140	162
Producte 3	100	109,375	125	128,125	131,25

3r pas: per calcular la variació del preu del producte 1 l'any 2016 amb referència a l'any base, 2014, es fa aquest càlcul:

$$\frac{\text{Preu del producte 1 l'any 2016}}{\text{Preu del producte 1 l'any 2014}} \cdot 100 = \frac{11}{12{,}5} \cdot 100 = 88$$

Això vol dir que el producte 1 va baixar de preu durant l'any 2016 respecte a l'any 2014. En concret, ho va fer un 12 % (100 – 88 = 12).

4t pas: per calcular la variació del preu del producte 2 l'any 2015 amb referència al que tenia l'any 2014, es fa aquest càlcul:

$$\frac{\text{Preu del producte 2 l'any 2015}}{\text{Preu del producte 2 l'any 2014}} \cdot 100 = \frac{0{,}55}{0{,}5} \cdot 100 = 110$$

Això vol dir que el producte 2 va augmentar de preu durant l'any 2015 respecte a l'any 2014. De fet, va pujar un 10 % (110 – 100 = 10).

S'anomena índex de la variable X en el període t respecte al període base el quocient:

$$\frac{\text{Valor de la variable } X \text{ en el període } t}{\text{Valor de la variable } X \text{ en el període base}} \cdot 100$$

- Un índex menor que 100 significa que la variable ha disminuït el seu valor des del període base fins al període t, essent 100 menys l'índex calculat el tant per cent que ha baixat de valor.
- Si l'índex és major que 100, això significa que la variable ha augmentat el seu valor des del període base fins al període t, essent l'índex calculat menys 100 el tant per cent que la variable ha augmentat de valor.

Tipus de nombres índex

Hi ha dos tipus de nombres índex: els simples i els complexos. Parlem de nombre índex simple si aquest es refereix a una sola magnitud, i de nombre índex complex o compost quan es refereix a diverses magnituds. Alhora, hi ha dos tipus de nombres índex complexos: els no ponderats i els ponderats.

- **Nombres índex no ponderats:** involucren mitjanes aritmètiques, mitjanes geomètriques, etc. de les diverses magnituds que intervenen en el seu càlcul.
- **Nombres índex ponderats:** en aquest cas, es pondera cadascuna de les magnituds amb un pes o valor diferent, depenent de la seva importància. L'IPC i l'IBEX, per exemple, són índexs compostos ponderats.

IBEX 35

És un índex compost ponderat que reflecteix l'evolució de les cotitzacions de les 35 empreses més importants de la borsa espanyola.

IPC

Anomenem IPC l'Índex de Preus de Consum. Aquest índex compost ponderat mesura l'evolució d'un grup de preus de productes i serveis (anomenats, sovint, «cistell familiar») consumits per la població d'una regió o d'un país. Aquests productes, relacionats amb l'alimentació, el transport, l'educació, la roba, l'esbarjo, etc, es consumeixen de manera habitual i suposen la despesa principal de les famílies. L'IPC mesura els canvis dels preus d'aquest cistell de productes i serveis. El càlcul actual s'elabora prenent com a període base gener de 2001.

Per calcular l'IPC, es calcula la variació anual o mensual dels preus dels 12 grups que hi ha en la taula del marge i, després, es calcula la mitjana ponderada de les seves 12 variacions.

Grup	Components	Ponderacions (%)
1	Aliments i begudes no alcohòliques	19,42
2	Begudes alcohòliques i tabac	2,98
3	Vestit i calçat	6,66
4	Habitatge	13,38
5	Parament	5,85
6	Medicina	3,95
7	Transports	14,74
8	Comunicacions	3,64
9	Esbarjo i cultura	8,60
10	Ensenyament	1,67
11	Hotels, cafès i restaurants	12,34
12	Altres	6,78

Els 12 grups del cistell familiar que formen l'IPC i les seves ponderacions per a l'any 2018.

Exemple 20. Calcula la variació de l'IPC durant el mes de juliol sabent que, aquest mes, les variacions percentuals dels 12 grups que formen aquest índex han estat:

Grup	1	2	3	4	5	6	7	8	9	10	11	12
Variació	0,5	1,2	0,9	0,2	−1,1	−0,4	1,1	0,7	1,2	0,2	0,6	−0,4

$$\frac{0{,}5\cdot 19{,}42+1{,}2\cdot 2{,}98+0{,}9\cdot 6{,}66+0{,}2\cdot 13{,}38-1{,}1\cdot 5{,}85-0{,}4\cdot 3{,}95+1{,}1\cdot 14{,}74+\ldots-0{,}4\cdot 6{,}78}{100}\approx$$

$\approx 0{,}4805$. Per tant, L'IPC ha pujat un 0,4805 % el mes de juliol.

Per mesurar la inflació, es fa servir l'IPC. Així, si l'IPC augmenta, això vol dir que durant aquest període de temps hi ha hagut inflació, és a dir, que el valor dels diners ha disminuït. Per tant, amb els mateixos diners ara es poden comprar menys béns i serveis.

Activitats

28. Construeix la taula de nombres índex a partir de la següent taula, que recull els preus, en euros, de quatre articles durant quatre anys consecutius. Pren com a base l'any 2015.

	2015	2016	2017	2018
Rentadora	199	210,04	220	240,12
Televisor	205,15	220,20	230,18	215,88
Portàtil	450	400	380	350
Planxa	34,99	30,99	33,99	29,99

29. Busca les tres empreses espanyoles amb la ponderació més alta en el càlcul de l'IBEX 35.

30. Calcula la variació percentual de l'IPC durant el mes de desembre sabent que, aquest mes, les variacions percentuals dels 12 grups que formen l'IPC han estat les que hi ha a la taula:

Grup	Valoració
1	1,9
2	1,3
3	0,4
4	−0,9
5	−0,8
6	−0,3
7	0,3
8	0,4
9	0,2
10	−0,7
11	0,4
12	−0,2

31. Busca informació sobre l'Índex de Desenvolupament Humà, IDH. Si ordenem els països en funció del seu Índex de Desenvolupament Humà, quin lloc ocupa Espanya? Quins països ocupen els tres primers llocs?

D'un cop d'ull!

Augments i disminucions percentuals

Índex de variació:

$I_v = \frac{P_{final}}{P_{inicial}}$ o el que és equivalent $P_{final} = I_v \cdot P_{inicial}$

L'índex de variació d'un:

- **Descompte** sempre és menor que 1.
- **Augment** sempre és major que 1.

Progressions aritmètiques i geomètriques

Progressió aritmètica:

$$a_n = a_1 + (n-1) \cdot d$$

La suma de los n primeros términos es:

$$S_n = \frac{(a_1 + a_n) \cdot n}{2}$$

Progresión geométrica:

$$a_n = a_1 \cdot z^{n-1}$$

La suma dels n primers termes és:

$$S_n = \frac{a_n \cdot z - a_1}{z - 1}$$

Interès simple i compost

Taxa o tipus d'interès:

$$\text{Taxa d'interès} = \frac{\text{Interessos}}{\text{Capital inicial}} \cdot 100\,\% = \frac{I}{C} \cdot 100\,\%$$

Interès simple:

$$I = C \cdot \frac{R}{100} \cdot t = C \cdot r \cdot t$$

$$M = C + I = C + C \cdot \frac{R}{100} \cdot t = C \cdot \left(1 + \frac{R}{100} \cdot t\right) = C \cdot (1 + r \cdot t)$$

Interès compost:

$$M = C \cdot \left(1 + \frac{R}{100}\right)^t = C \cdot (1+r)^t \qquad I = M - C$$

Períodes de capitalització:

$$M = C \cdot \left(1 + \frac{R}{100 \cdot n}\right)^{t \cdot n} = C \cdot \left(1 + \frac{r}{n}\right)^{t \cdot n}$$

Càlcul del valor actua:

Si la capitalització és anual:

$$C = \frac{M}{\left(1 + \frac{R}{100}\right)^t} = \frac{M}{(1+r)^t}$$

Si la capitalización no es anual:

$$C = \frac{M}{\left(1 + \frac{R}{100 \cdot n}\right)^{t \cdot n}} = \frac{M}{\left(1 + \frac{r}{n}\right)^{t \cdot n}}$$

Càlcul de la taxa d'interès:

Si la capitalització és anual:

$$R = \left(\sqrt[t]{\frac{M}{C}} - 1\right) \cdot 100$$

Si la capitalización no es anual:

$$R = \left(\sqrt[t \cdot n]{\frac{M}{C}} - 1\right) \cdot 100 \cdot n$$

Càlcul del temps:

Si la capitalització és anual:

$$t = \frac{\log \frac{M}{C}}{\log\left(1 + \frac{R}{100}\right)}$$

Si la capitalització no és anual:

$$t = \frac{\log \frac{M}{C}}{n \cdot \log\left(1 + \frac{R}{100 \cdot n}\right)}$$

TAE

$$TAE = \left[\left(1 + \frac{r}{n}\right)^n - 1\right] \cdot 100$$

Anualitats de capitalització

Capitalització anual:

$$C = \frac{a(1+r)\left[(1+r)^t - 1\right]}{r}$$

Capitalitzem n vegades a l'any:

$$C = \frac{a\left(1 + \frac{r}{n}\right)\left[\left(1 + \frac{r}{n}\right)^{t \cdot n} - 1\right]}{\frac{r}{n}}$$

Anualitats d'amortització

Amortització anual:

$$a = C_p \cdot \frac{(1+r)^t \cdot r}{(1+r)^t - 1}$$

Amortitzem n vegades a l'any:

$$a = C_P \cdot \frac{\left(1 + \frac{r}{n}\right)^{t \cdot n} \cdot \frac{r}{n}}{\left(1 + \frac{r}{n}\right)^{t \cdot n} - 1}$$

ACTIVITATS RESOLTES

Activitat resolta 4

Calcula l'índex de variació d'aquests augments o disminucions percentuals:

a) Augment del 6,1 %

b) Augment del 32 %

c) Descompte del 26,3 %

d) Disminució del 5,33 %

a) $I_v = 1 + \frac{6,1}{100} = 1 + 0,061 = 1,061$

b) $I_v = 1 + \frac{32}{100} = 1 + 0,32 = 1,32$

c) $I_v = 1 - \frac{26,3}{100} = 1 - 0,263 = 0,737$

d) $I_v = 1 - \frac{5,33}{100} = 1 - 0,0533 = 0,9467$

Activitat resolta 5

Durant la negociació de la compravenda d'un vehicle, el comprador aconsegueix un descompte del 15 %. En una segona trobada, aconsegueix un descompte posterior del 3 %, però assumeix el pagament de l'impost de matriculació, que suposa un augment en el preu del vehicle del 21 %. Si al final paga 9 976,45 €, quin era el preu inicial del cotxe?

- Calculem l'índex de variació total:

$$I_v = \left(1 - \frac{15}{100}\right) \cdot \left(1 - \frac{3}{100}\right) \cdot \left(1 + \frac{21}{100}\right) = 0,9974645$$

- Apliquem la fórmula: $P_{\text{final}} = I_v \cdot P_{\text{inicial}}$

$$9\,976,45 = 0,997645 \cdot P_{\text{inicial}} \Rightarrow P_{\text{inicial}} = \frac{9\,976,45}{0,997645} = 10\,000\text{ €}$$

El preu inicial del cotxe era de 10 000 €.

Activitat resolta 6

Si es fa un dipòsit de 20 000 € a un 25 % d'interès simple anual. Quants anys han de passar per obtenir 30 000 €?

$$M = C \cdot \left(1 + \frac{R}{100} \cdot t\right) \Rightarrow 30\,000 = 20\,000 \cdot \left(1 + \frac{25}{100} \cdot t\right) \Rightarrow \frac{30\,000}{20\,000} = 1 + \frac{25}{100} \cdot t \Rightarrow$$

$$\Rightarrow 1,5 = 1 + \frac{25}{100} \cdot t \Rightarrow \frac{25}{100} \cdot t = 0,5 \Rightarrow t = 2$$

Han de passar dos anys per obtenir 30 000 €.

Activitat resolta 7

Es dipositen 8 000 € a un interès del 2,9 % compost anual:

a) En quina quantitat es convertiran al cap de quatre anys?

b) Quants anys han d'estar dipositats per obtenir un muntant de 9 000 €?

c) Respon els apartats *a)* i *b)* suposant una capitalització semestral.

a) Tant per u: $r = \frac{R}{100} = \frac{2,9}{100} = 0,029$

$$M = C \cdot (1 + r)^t = 8\,000 \cdot (1 + 0,029)^4 = 8\,969,1541\ldots$$

Al cap de quatre anys es convertiran en 8 969,15 € aproximadament.

b) $M = C \cdot (1 + r)^t \Rightarrow 9\,000 = 8\,000 \cdot (1 + 0,029)^t \Rightarrow \frac{9\,000}{8\,000} = (1 + 0,029)^t \overset{\text{aplicant logaritmes}}{\Rightarrow}$

$$\log 1,125 = \log(1,029)^t \Rightarrow \log 1,125 = t \cdot \log(1,029) \Rightarrow t = \frac{\log 1,125}{\log 1,029} \approx 4,12$$

Per tant, han d'estar dipositats aproximadament 4,12 anys.

c) Si es capitalitza semestralment, es capitalitzarà dues vegades a l'any, perquè la freqüència de conversió és $n = 2$. Així:

$$M = C \cdot \left(1 + \frac{r}{n}\right)^{t \cdot n} = 8\,000 \cdot \left(1 + \frac{0,029}{2}\right)^{4 \cdot 2} \approx 8\,976,49$$

Es converteixen en aproximadament 8 976,49 €.

$$M = C\left(1 + \frac{r}{n}\right)^{t \cdot n} \Rightarrow 9\,000 = 8\,000 \cdot \left(1 + \frac{0,029}{2}\right)^{t \cdot 2} \Rightarrow \frac{9\,000}{8\,000} = (1,0145)^{t \cdot 2} \overset{\text{aplicando logaritmos}}{\Rightarrow}$$

$$\log 1,125 = \log(1,0145)^{t \cdot 2} \Rightarrow \log 1,125 = t \cdot 2 \cdot \log(1,0145) \Rightarrow t = \frac{\log 1,125}{2 \cdot \log 1,0145} \approx 4,09$$

Han d'estar dipositats aproximadament 4,09 anys.

ACTIVITATS RESOLTES

Activitat resolta 8

A quina taxa d'interès anual simple s'han de dipositar 20 000 € per obtenir 50 000 € en sis anys?

$$M = C\cdot\left(1+\frac{R}{100}\cdot t\right) \Rightarrow 50\,000 = 20\,000\cdot\left(1+\frac{R}{100}\cdot 6\right) \Rightarrow \frac{50\,000}{20\,000} = 1+\frac{R}{100}\cdot 6 \Rightarrow$$

$$\frac{R}{100}\cdot 6 = 1{,}5 \Rightarrow R = \frac{1{,}5\cdot 100}{6} = 25$$

Han de dipositar-se a un 25 % d'interès simple anual.

Activitat resolta 9

La Maria necessita 120 000 € per obrir el seu negoci. Si anualment estalvia 2 700 € i els diposita en un banc al 4,3 % compost anual, quant de temps trigarà a obtenir el capital que desitja?

$$C = \frac{a\cdot(1+r)\cdot\left[(1+r)^t-1\right]}{r} \Rightarrow 120\,000 = \frac{2700\cdot(1+0{,}043)\cdot\left[(1+0{,}043)^t-1\right]}{0{,}043}$$

$$\Rightarrow \frac{120\,000\cdot 0{,}043}{2\,700\cdot 1{,}043} = (1{,}043)^t - 1 \Rightarrow \frac{5\,160}{2\,816{,}1} = (1{,}043)^t - 1 \Rightarrow$$

$$1{,}043^t = \frac{5\,160}{2\,816{,}1}+1 \Rightarrow \log 1{,}043^t = \log\left(\frac{5\,160}{2\,816{,}1}+1\right) \Rightarrow t \approx 24{,}73$$

La Maria trigarà aproximadament 24,73 anys a obtenir el capital que necessita.

Activitat resolta 10

En Pere diposita 120 € al trimestre a la seva entitat bancària. Quants diners aconseguirà estalviar al cap de sis anys si el banc li ofereix un 5,2 % compost anual?

Estalvia trimestralment, és a dir, capitalitza quatre vegades a l'any. Així:

$$C = a\cdot\frac{\left(1+\frac{r}{n}\right)\cdot\left[\left(1+\frac{r}{n}\right)^{t\cdot n}-1\right]}{\frac{r}{n}} = 120\cdot\frac{\left(1+\frac{0{,}052}{4}\right)\cdot\left[\left(1+\frac{0{,}052}{4}\right)^{6\cdot 4}-1\right]}{\frac{0{,}052}{4}} =$$

$$= 120\cdot\frac{1{,}013\cdot\left[1{,}013^{24}-1\right]}{0{,}013} \approx 3\,398{,}17$$

Per tant, estalviarà aproximadament 3398,17 €.

$$\text{TAE} = \left[\left(1+\frac{r}{n}\right)^n - 1\right]\cdot 100 = \left[\left(1+\frac{0{,}052}{4}\right)^4 - 1\right]\cdot 100 = 5{,}30228\ldots$$

La TAE d'aquest producte financer és d'aproximadament un 5,30 %.

Activitat resolta 11

Una botiga de telefonia ofereix als clients un mòbil d'última generació per 750 € a pagar en 36 terminis mensuals amb un interès del 12 % compost anual.

a) Calcula la quota mensual i els interessos que s'han de pagar.

b) Quina és la TAE d'aquest producte?

a) Com els pagaments són mensuals, la freqüència de conversió és 12. Per tant:

$$a = C_p\cdot\frac{\left(1+\frac{r}{n}\right)^{t\cdot n}\cdot\frac{r}{n}}{\left(1+\frac{r}{n}\right)^{t\cdot n}-1} = 750\cdot\frac{\left(1+\frac{0{,}12}{12}\right)^{3\cdot 12}\cdot\frac{0{,}12}{12}}{\left(1+\frac{0{,}12}{12}\right)^{3\cdot 12}-1} = 750\cdot\frac{(1{,}01)^{36}\cdot 0{,}01}{(1{,}01)^{36}-1} \approx 24{,}91$$

Interessos = capital pagat – capital prestat

$$24{,}91\cdot 36 - 750 = 896{,}76 - 750 = 146{,}76$$

La quota que s'haurà de pagar seria d'aproximadament 24,91 €, amb uns interessos de 146,76 €.

b) $\text{TAE} = \left[\left(1+\frac{r}{n}\right)^n - 1\right]\cdot 100 = \left[\left(1+\frac{0{,}12}{12}\right)^{12} - 1\right]\cdot 100 = \left(1{,}01^{12}-1\right)\cdot 100 \approx 12{,}68$

La TAE d'aquest producte és d'aproximadament un 12,68 %.

ACTIVITATS

Índex de variació

32. Calcula l'índex de variació d'aquests augments o disminucions percentuals:

a) Augment del 7,01 % *b)* Augment del 16 %

c) Descompte del 15 % *d)* Augment del 150 %

e) Augment del 3,2 % *f)* Descompte de l'1,5 %

g) Descompte del 9,3 % *h)* Descompte del 21,4 %

i) Augment de l'11 % *j)* Descompte del 53 %

k) Descompte del 2,13 % *l)* Augment de l'1,11 %

33. Si el salari d'una persona augmenta de 1 600 a 1 850 €, quin ha estat l'índex de variació? I el percentatge d'augment?

34. Un producte passa de costar 59,50 € a 52,36 €. Quin ha estat l'índex de variació? I el percentatge de descompte?

35. En Lluís i la Maria reben el mateix salari. Però a en Lluís li apugen el sou un 12 % i després l'hi abaixen un 6 %. A la Maria li abaixen el sou un 6 % i després l'hi apugen un 12 %. Qui rep actualment un salari més alt?

36. A quin augment o disminució percentual corresponen els següents índexs de variació?

a) 1,14 *b)* 0,19 *c)* 0,025

d) 2,8 *e)* 1,013 *f)* 0,43

37. L'amo d'una botiga guanya un 30 % amb la venda dels seus productes, però comenta als familiars que a ells els deixa els articles a preu de cost, de manera que els fa un 30 % de descompte sobre el preu de venda. És veritat que ven a la família els productes al mateix preu que els va comprar?

Augments i disminucions percentuals

38. Si un producte costa 88,40 € després d'aplicar-li un augment del 22 %, quant costava abans de l'augment?

39. Si un producte costa 60,15 € després d'aplicar-li un descompte del 25 %, quant costava abans del descompte?

40. Una botiga en liquidació ha aplicat un 30 % de descompte a tots els productes en unes primeres rebaixes i, mes tard, realitza dos descomptes més del 10 %.

a) Quin descompte total està fent?

b) Quin preu tindrà ara una càmera fotogràfica que costava 422,56 € abans dels descomptes?

c) Si una tauleta costa 520,30 €, quin era el seu preu abans de les rebaixes?

41. Tots els articles d'un *outlet* tenen el mateix preu a 14,99 €. Si uns pantalons costava 24,99 €, un vestit 49,99 € i una samarreta 19,99 €, quin percentatge de descompte estan aplicant a cada peça?

42. Els premis de les loteries i les apostes organitzades per l'entitat pública empresarial Loteries i Apostes de l'Estat inferiors a 10 000 € estan exempts d'impostos, però tots els premis que superen aquest import han de pagar a Hisenda un 20 % de la quantitat del premi que supera aquest nombre. Quina serà la quantitat que rep el guanyador d'un dècim de la Grossa de Nadal premiat amb 400 000 €?

43. Una empresa rep factures de 1 200 euros mensuals després de contractar una oferta anual amb una companyia de llum i gas. Quan s'acaben els 12 mesos, l'import de les factures puja un 10 %, el segon any un 14 % i el tercer any, la companyia li aplica un altre augment d'un 11,4 %. En vista d'aquesta situació, decideixen canviar d'empresa de llum i gas i durant la negociació aconsegueixen un descompte respecte a l'import actual de les factures del 7,1 %.

a) Quant costen avui les factures mensuals de llum i gas d'aquesta empresa?

b) Calcula el percentatge d'augment o disminució total.

44. El Ministeri de Cultura va rebaixar l'IVA del cinema del 21 % al 10 % l'any 2018. Si una entrada costava 7 €, quant costa després de la baixada de l'impost?

45. En Dídac vol completar la seva col·lecció de llibres de països del món amb els sis exemplars que li manquen. Ha consultat diverses llibreries i pàgines web i s'ha trobat amb aquestes ofertes.

a) 3 × 2.

b) 2 × 1.

c) 2a unitat al 70 %.

d) 2a unitat al 50 %.

e) Tots els productes amb el 30 % de descompte.

Quina oferta és millor, si els llibres estan al mateix preu a tots cinc establiments? Ordena les ofertes de millor a pitjor.

Progresions

46. Escriu els sis primers termes de la progressió aritmètica que té 5 com a primer terme i la diferència de la qual és –2.

47. Escriu els deu primers termes de la progressió geomètrica que té $a_n = 128 \cdot \left(\frac{1}{2}\right)^n$ com a terme general.

48. Calcula la suma dels vint primers termes de la progressió geomètrica de raó 2 i primer terme 3.

49. Escriu els set primers termes de la progressió $a_n = -3^{n-2}$. Suma'n els primers quinze termes.

50. Troba el terme general d'aquestes progressions.

a) –1, –3, –5, –7, –9, –11… *b)* –3, 2, 7, 12, 17…

c) 8, 4, 2, 1, $\frac{1}{2}$… *d)* 2, 6, 18, 54, 162…

ACTIVITATS

Tipus o taxa d'interès

51. Quina taxa d'interès anual és un 2,5 % trimestral?

52. Quina taxa d'interès semestral és un 4,6 % trimestral?

53. Quina taxa d'interès trimestral és un 8 % bimensual?

54. Quina taxa d'interès anual és un 3,2 % semestral?

55. Si s'obtenen uns interessos de 120 € quan s'inverteixen 4 000 € en un any, quina taxa d'interès s'ha aplicat?

56. Si quan s'inverteixen durant un any 10 000 € s'obtenen uns interessos de 100 € mensuals, quina taxa d'interès s'ha aplicat?

Interès simple

57. Calcula el capital que s'obtindrà quan s'inverteixin 12 000 € al 3,1 % simple anual durant 4 anys.

58. Troba els interessos que rendeixen 11 000 € a l'1,9 % simple anual durant quatre anys. I durant set mesos?

59. Quina quantitat de diners ha de dipositar-se en el banc per a obtenir un capital de 21 000 € en onze anys si la taxa d'interès simple anual és del 5 %?

60. Quin capital ha de dipositar-se en una entitat financeraper a tenir 3 097,5 € en 6 mesos sent la taxa d'interès simple anual del 6,5 %?

61. Quants anys han de passar per obtenir 30 000 € si s'han invertit 10 000 € a un 10 % d'interès simple anual?

62. Quants mesos han de passar per obtenir 11 000 € si s'han invertit 10 000 € a un 7 % d'interès simple anual?

63. A quina taxa d'interès anual simple s'han de dipositar 16 000 € per obtenir 20 000 € en un termini de nou anys?

64. A quina taxa d'interès anual simple s'han de dipositar 5 000 € per obtenir 8 500 € en un termini de deu anys?

Interès compost

65. Calcula el capital que s'obtindrà en invertir 11 000 € al 3,1 % compost anual durant quatre anys.

66. Troba els interessos que produeixen 13 000 € a l'1,9 % compost anual durant sis anys. I durant catorze mesos?

67. Quants diners hem de dipositar al banc si volem obtenir un capital de 21 000 € al cap d'11 anys i la taxa d'interès compost anual és del 5 %?

68. Quants diners hem de dipositar al banc si volem obtenir un capital de 21 000 € al cap d'11 anys, la taxa d'interès compost anual és del 5 % i la capitalització és mensual?

69. Quants anys han de passar per obtenir 21 000 € si s'inverteixen 12 278,27 € a un 5 % d'interès compost anual?

70. Quants anys han de passar per obtenir 30 000 € si s'inverteixen 10 000 € a un 10 % d'interès compost anual? I si el període de capitalització és bimensual?

71. A quina taxa d'interès compost anual s'han de dipositar 10 000 € per obtenir 15 000 € en un termini de nou anys?

72. A quina taxa d'interès compost s'han de dipositar 12 278,27 € per obtenir 21 000 € en un termini d'onze anys?

73. En Marc vol invertir 12 000 € i es dirigeix a dues entitats financeres. La primera li ofereix un 3,1 % compost anual amb un període de capitalització trimestral, i la segona, un 2,9 % anual amb un període de capitalització mensual. Calcula el capital del qual disposarà amb cadascuna de les entitats financeres si hi inverteix els seus diners durant set anys. Quina opció és més avantatjosa?

74. Per obtenir 60 000 € al cap de deu anys, quina quantitat de diners s'han de dipositar en un banc si la taxa d'interès compost anual és del 5,4 % i la capitalització és bimensual?

75. Si es dipositen 10 000 € a un interès del 3,1 % compost anual.

a) Quina capital hi haurà al cap de sis anys?

b) Quants anys han d'estar dipositats per obtenir un muntant de 12 000 €?

c) c) Respon als apartats *a)* i *b)* suposant que la capitalització fos mensual.

76. Una persona vol invertir 3 000 € i visita tres entitats financeres. El primer banc li diu que si diposita els 3 000 € durant tres anys, quan finalitzi aquest termini li tornaran 3 280 €, el segon banc li ofereix un dipòsit al 3,1 % anual, i el tercer banc, un dipòsit al 2,9 % anual amb capitalització trimestral. Quina opció és millor?

77. Es dipositen 20 000 € en una entitat financera al 4,2 % anual amb un període de capitalització mensual. Després de tres anys, si el client vol cancel·lar el compte, l'entitat financera li descomptarà el 30 % dels interessos obtinguts fins al moment. Quin capital rebrà la persona que va fer el dipòsit si cancel·la el compte?

TAE

78. Calcula la TAE corresponent a una hipoteca a l'1,7 % anual amb un període de capitalització mensual.

79. Calcula la TAE corresponent a un pla d'estalvi al 5,2 % amb capitalització trimestral.

80. Un banc concedeix un préstec de 90 000 € al 3,9 % anual. En el moment de la formalització, cobra als seus clients unes despeses de 140 €.

a) Si només fan un pagament al cap d'un any, quina és la TAE?

b) I si tornen el préstec en mensualitats?

Per resoldre-ho, tingues en compte que el que realment reben amb el préstec són 89 860 €.

Anualitats de capitalització

81. Quan l'Izan va néixer, els seus avis van obrir un compte bancari al 3,5 % anual en la qual li van dipositar cada mes 10 € fins que va complir quinze anys. Quina capital té l'Izan en el seu compte?

82. D'aquí a dos anys, la Cèlia i en Xavier volen fer un viatge que costa 1 200 €. Quina mensualitat han d'invertir en un pla d'estalvi al 5,8 % d'interès anual per poder pagar el viatge?

83. Ingresso 150 € al mes en un pla de jubilació al 3,7 % d'interès compost anual. Quin capital tindrà una persona de 40 anys que es jubili als 60 anys? I si es jubila als 65 anys?

84. Calcula les aportacions trimestrals que han de realitzar-se en un pla de pensions al 5 % anual si a una persona li queden 30 anys per a jubilar-se i vol rebre 75 000 % en aquest moment.

85. La Maria necessita 120 000 € per obrir el seu negoci. Si anualment estalvia 2 700 € i els diposita en un banc al 4,7 % compost anual, quant de temps trigarà a obtenir el capital que vol?

Anualitats d'amortització

86. Calcula quina quota anual s'ha de pagar per amortitzar un préstec de 120 000 € en 30 anys i si l'interès pactat és del 9 % anual. I si l'amortitzem trimestralment? I mensualment?

87. Calcula la taula i el quadre d'amortització d'un préstec a tornar en 5 anys de 7 000 € al 4,6 % d'interès compost anual.

88. Si comprem un cotxe de 21 807 € en un termini de cinc anys, quina quota mensual s'ha de pagar, si l'interès és del 2,3 % anual?

89. Calcula la quota d'una hipoteca de 140 000 € al 2,1 % anual amb capitalització mensual a pagar durant 35 anys.

90. En Pau es dirigeix a dues entitats financeres per demanar un préstec hipotecari de 121 000 €. La primera li ofereix tornar-lo en 20 anys al 2,1 % anual, i la segona, en 30 anys a l'1,6 % anual. Amb quina de les dues ofertes pagaria menys interessos en Pau si prefereix tornar el préstec en diverses mensualitats? Calcula la TAE dels dos productes.

91. Calcula la taula o el quadre d'amortització d'un préstec de 10 000 € al 2,1 % anual a tornar en quatre anys.

92. Durant quant de temps s'ha d'amortitzar un préstec hipotecari de 60 000 € al 3 % d'interès compost anual amb uns estalvis anuals de 2 400 €?

93. Durant quants anys s'ha d'amortitzar un préstec hipotecari de 90 000 € al 2 % d'interès compost anual si la quota màxima anual que pot pagar el client és de 10 000 €?

94. Quan va néixer la Llúcia, els seus progenitors li van obrir un pla d'estalvi al 7% d'interès compost anual en el qual van ingressar 3 000 €. Al cap d'un any, van realitzar un altre ingrés de 2 500 €; i a l'any següent, 2 000 € més. Quan la Llúcia compleixi 18 anys li regalen el pla. Quants diners hi ha en ell?

95. Observa aquest fullet:

12 000 €

PER UTILITZAR COM VULGUIS!

SENSE TRÀMITS - SENSE PAPERASSA - SENSE ESPERES

QUOTA: 237,33 €

TERMINI: 60 MESOS

INTERÈS: 6,95 %

TAE: 7,85 %

CONTRACTA-HO ARA!

TIN: 6,75. Comissió d'obertura: 1,5 %. Quota mensual: 237,33 €, excepte l´última, que tindrà un valor de 237,45 €. L'import total que es deurà per un préstec de 12 000 € serà de 14 419,92 €.

a) Calcula la quota que s'haurà de pagar. Coincideix amb la que ofereix aquest anunci?

b) Calcula l'import total que s'ha de retornar. És correcte el que mostra el fullet?

96. Si neixen 214 533 nadons en un país amb 97 657 432 habitants, quina és la taxa de natalitat d'aquest país?

97. Calcula la taxa d'atur o desocupació d'un país que té 234 076 aturats i 14 044 566 persones amb edat per treballar.

98. Construeix la taula de nombres índex dels següents aliments prenent com a any de referència l'any 2015.

	2015	2016	2017
12 ous	1,42	1,55	1,59
Llet (1 litre)	0,90	0,91	0,96
Pa (250 g)	0,80	0,66	0,45

99. Calcula la variació de l'IPC durant el mes de juliol sabent que, aquest mes, les variacions percentuals dels 12 grups que formen l'IPC han estat:

Grup	1	2	3	4	5	6	7	8	9	10	11
Variació	0,3	–0,4	0,5	–0,1	–0,3	1,1	0,9	0,2	–0,6	0,7	0,3

Tingues en compte la taula dels 12 grups del cistell familiar que formen l'IPC i les seves ponderacions per a l'any 2018 (veure taula de la pàgina 47).

Un món matemàtic

Des de quan hi ha constància de l'existència de productes financers?

Alguns documents demostren que els sumeris, una antiga civilització que va sorgir a la regió de la Mesopotàmia als voltants de l'any 2100 aC, ja utilitzaven diversos tipus de contractes: factures, rebuts, pagarés, operacions de crèdit, interessos simples i compostos, escriptures de vendes, hipoteques...

En l'època dels sumeris, els agricultors feien transaccions comercials destinades a adquirir llavors per a les seves plantacions i materials per al cultiu. Després de la collita, els agricultors feien el pagament del que els havien prestat més uns interessos. La relació temps/interès es va anar ajustant, segons les necessitats de cada època. Actualment, les hipoteques, els préstecs, etc. solen amortitzar-se mitjançant mensualitats, cosa que sembla raonable, perquè el salari es rep a finals de cada mes.

HIPOTECA INVERSA

La hipoteca inversa és un producte financer mitjançant el qual els propietaris d'un habitatge reben un préstec oferint la seva casa com a garantia. El préstec es cobra en forma de renda vitalícia, és a dir, el contractant rep mensualment una quantitat de diners mentre viu. La quantitat de diners rebuda dependrà de l'edat, del sexe i del valor de l'habitatge. A més, el contractant no perd la propietat de l'habitatge i pot seguir residint-hi fins que mori. Quan arriba aquest moment, els seus hereus poden:

1. Quedar-se amb l'habitatge després de cancel·lar el crèdit hipotecari, tornant a l'entitat financera el que ha prestat més els interessos.
2. Renunciar a l'habitatge, que passa a ser propietat de l'entitat financera.

Moltes entitats financeres permeten que la renda vitalícia repercuteixi sobre tots dos cònjuges, és a dir, que aquesta no s'acabi fins que no morin tots dos cònjuges, i així el que encara és viu segueix cobrant-la. La persona que contracta una hipoteca inversa ha de ser major de 65 anys, acreditar un grau de discapacitat igual o superior al 33 % o trobar-se en situació de dependència (severa o greu).

Nota: segons l'INE, l'any 2017 l'esperança de vida d'un home és de 80,393774 anys.

Vegem-ne un exemple: la Llúcia, quan fa 66 anys, contracta una hipoteca inversa. Si la seva casa està taxada en 180 000 € i l'operació es fa a un 5 % anual, quina quantitat anual rebrà? I si prefereix rebre mensualitats, quina quantitat mensual li ingressarà el banc?

Nota: segons l'INE, l'any 2017 l'esperança de vida d'una dona és de 85,738 302 anys.

Tingues en compte que, en aquest cas, l'entitat financera serà la que pagui l'anualitat, a, durant el temps estimat que li queda de vida.

$$\text{Temps que pagarà l'anualitat} = \text{esperança de vida} - \text{edat actual} = \\ = 85{,}738302 - 66 = 19{,}738302$$

Anualment:

$$a = C_p \cdot \frac{(1+r)^t \cdot r}{(1+r)^t - 1} \Rightarrow a = 180\,000 \cdot \frac{(1+0{,}05)^{19{,}738\,302} \cdot 0{,}05}{(1+0{,}05)^{19{,}738\,302} - 1} \approx 14\,556{,}81$$

Mensualment:

$$a = C_p \cdot \frac{\left(1+\frac{r}{n}\right)^{t\cdot n} \cdot \frac{r}{n}}{\left(1+\frac{r}{n}\right)^{t\cdot n} - 1} \Rightarrow a = 180\,000 \cdot \frac{\left(1+\frac{0{,}05}{12}\right)^{19{,}738302\cdot 12} \cdot \frac{0{,}05}{12}}{\left(1+\frac{0{,}05}{12}\right)^{19{,}738302\cdot 12} - 1} \approx 1\,197{,}11$$

Solució: anualment rebria 14 556,81 €, i mensualment, 1 197,11 €.

Ara et toca a tu...

En Lluís decideix contractar una hipoteca inversa quan fa 65 anys. Quina mensualitat rebrà si l'operació es fa per un 5,6 % anual i el seu habitatge està valorat en 100 000 €? I si prefereix rebre els diners anualment, quina anualitat rebria?

Resol l'enigma

Per determinar l'IPC de 2017 hem de prendre com a base l'IPC de 2016 (= 100). Observa la variació percentual de cadascun dels grups que componen l'IPC des de desembre de 2016 fins a desembre de 2017:

Grups	Variació (%)
Aliments i begudes no alcohòliques	1,7
Begudes alcohòliques i tabac	1,7
Vestit i calçat	0,5
Habitatge	1,3
Parament	–0,5
Medicina	0,4

Grups	Variació (%)
Transports	1,9
Comunicacions	0,2
Esbarjo i cultura	–0,6
Ensenyament	0,7
Hotels, cafès i restaurants	1,9
Altres béns i serveis	0,7

1. Per obtenir la variació anual de l'índex de preus de consum corresponent a l'any 2017, es combinen les dades del diagrama de sectors amb les de la variació percentual de cadascun dels grups de la taula:

$$\text{Variació de l'IPC (2017)} = \frac{1{,}7 \cdot 197{,}711 + 1{,}7 \cdot 30{,}190 + 0{,}5 \cdot 67{,}342 + 1{,}3 \cdot 133{,}033}{1\,000} +$$

$$+ \frac{(-0{,}5) \cdot 58{,}765 + 0{,}4 \cdot 39{,}612 + 1{,}9 \cdot 146{,}693 + 0{,}2 \cdot 35{,}960 + (-0{,}6) \cdot 85{,}209 + 0{,}7 \cdot 16{,}793}{1\,000} +$$

$$+ \frac{1{,}9 \cdot 121{,}193 + 0{,}7 \cdot 67{,}499}{1\,000} = \frac{1\,104{,}5623}{1\,000} = 1{,}1045623\,\%$$

2. L'IPC de 2017 respecte a la base 2016 és:

$$100 \cdot (1 + 0{,}011045623) = 101{,}1045623 \simeq 101{,}105$$

3. Comparant les taules de les ponderacions dels grups que formen el cistell familiar de 2017 (en aquesta pàgina) amb les de 2018 (en l'epígraf 10 d'aquesta unitat), establim la variació percentual que ha experimentat la ponderació de cadascun dels grups entre aquests dos anys.

Grups IPC (2017)	Pond. 2017	Variació (%)	Grups IPC (2018)	Pond. 2018
Aliments i begudes no alcohòliques	19,78	–1,77	Aliments i begudes no alcohòliques	19,42
Begudes alcohòliques i tabac	3,03	–1,29	Begudes alcohòliques i tabac	2,98
Vestit i calçat	6,74	–1,1	Vestit i calçat	6,66
Habitatge	13,31	+0,58	Habitatge	13,38
Parament	5,89	–0,45	Parament	5,85
Medicina	3,97	–0,54	Medicina	3,95
Transports	14,67	+0,48	Transports	14,74
Comunicacions	3,60	+1,22	Comunicacions	3,64
Esbarjo i cultura	8,52	+0,93	Esbarjo i cultura	8,60
Ensenyament	1,62	–0,55	Ensenyament	1,67
Hotels, cafès i restaurants	12,12	+1,82	Hotels, cafès i restaurants	12,34
Altres béns i serveis	6,75	+0,45	Altres béns i serveis	6,78
TOTAL	**100,00**		**TOTAL**	**100,00**

3. Polinomis, equacions i inequacions

La Solange Grabenheimer i la Lucila Frend es van conèixer mentre estudiaven a l'escola d'educació secundària. La Sol era extravertida i divertida, mentre que la Lucila era el seu complement perfecte. Introvertida, racional i molt madura per la seva edat. Amb 21 anys van decidir anar-se'n a viure juntes, i tot passava amb normalitat a les seves vides, fins que la nit del 10 de gener del 2007 les dues amigues es van citar, en sortir de la feina, a l'aniversari d'una amiga.

Però la Sol mai no va aparèixer. Preocupada per l'absència de l'amiga, la Lucila va donar la veu d'alarma durant la festa. Així, va avisar al xicot de la Sol, i van anar plegats a l'apartament que totes dues compartien. En arribar-hi, van descobrir el cos de la Solange. Qui va poder fer una cosa així?

En aquesta unitat aprendràs:

1. Expressions algebraiques i polinomis
2. Factorització de polinomis
3. Expressions racionals
4. Binomi de Newton
5. Equacions
6. Equacions de primer i segon grau
7. Equacions polinòmiques de grau major que 2
8. Equacions racionals
9. Equacions amb radicals
10. Equacions logarítmiques
11. Equacions exponencials
12. Inequacions de primer grau
13. Inequacions de segon grau o superior
14. Inequacions racionals
15. Resolució de problemes

1 Expressions algebraiques i polinomis

Els sensors que porta incorporats el *Curiosity* recullen un gran nombre de dades durant el seu recorregut per la superfície de Mart. Les dades que registren aquests sensors són una col·lecció de punts que, més tard, els científics ajusten a una expressió algebraica per estudiar-les.

Una **expressió algebraica** és una combinació de variables i nombres que fa ús de les diferents operacions aritmètiques. Les expressions més simples són: monomis, binomis i polinomis.

- Un **monomi** és l'expressió algebraica més senzilla. Està format per un nombre que multiplica una o diverses variables. Exemples de monomis són $3x$ o la fórmula que expressa l'àrea d'un rectangle, $b \cdot h$.
- Un **binomi** és la suma o la resta de dos monomis. Un exemple de binomi és el perímetre d'un rectangle, $2b + 2h$.
- Un **polinomi** és la suma de diversos monomis. Si es fa servir una variable, la seva expressió és:

$$P(x) = a_n x^n + a_{n-1} x^{n-1} + \ldots + a_1 x + a_0$$

On x és la **variable** i els nombres reals $a_n, a_{n-1}, \ldots, a_1, a_0$ s'anomenen **coeficients.** El coeficient a_0, que no acompanya cap variable, s'anomena **terme independent,** i el coeficient a_n del terme de major exponent es denomina **coeficient principal.** El **grau d'un polinomi** és el major exponent que presenta la variable en el polinomi.

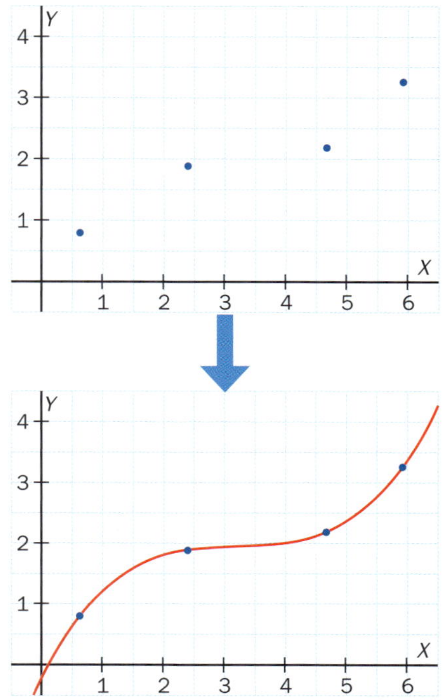

$P(x) = 0{,}06x^3 - 0{,}59x^2 + 1{,}93x - 0{,}16$

Exemple 1. En la funció de la figura, $P(x) = 0{,}06x^3 - 0{,}59x^2 + 1{,}93x - 0{,}16$, identifica'n els components:

Grau: 3

Terme independent: –0,16

Coeficient principal: 0,06

$$0{,}06x^3 - 0{,}59x^2 + 1{,}93x - 0{,}16$$

Coeficients: 0,06; –0,59; 1,93; –0,16

El grau d'un polinomi serà un nombre enter positiu o zero. Quan una expressió no té cap variable, es considera que és un polinomi de grau zero. Per exemple, un polinomi de grau zero és $Q(x) = 2$. Si l'exponent al qual està elevada la variable és negativa o fracció, l'expressió no és un polinomi. Així, $(3x^2 - x^{-2})$ no és un polinomi. Si apareixen diverses variables, el grau serà el valor més gran obtingut després de sumar els exponents de les variables de cada terme.

Els polinomis representen nombres reals. S'anomena **valor numèric** d'un polinomi el valor obtingut en substituir la variable x per un nombre real qualsevol.

Exemple 2. Calcula el valor numèric del polinomi $P(x) = 2x^3 - 4x + 3$ per a $x = 2$:

$$P(2) = 2 \cdot 2^3 - 4 \cdot 2 + 3 = 16 - 8 + 3 = 11$$

Arrel d'un polinomi

Un nombre real, k, és una arrel d'un polinomi, $P(x)$, si el valor numèric d'aquest polinomi és zero quan $x = k$, és a dir, si $P(k) = 0$.

El nombre d'arrels d'un polinomi és menor o igual que el seu grau. A més, **per tal que un nombre enter sigui arrel d'un polinomi, aquest nombre ha de ser divisor del seu terme independent.**

Exemple 3. Comprova que $x = -2$, $x = 0$ i $x = 1$ són arrels del polinomi $P(x) = x^3 + x^2 - 2x$.

$$P(-2) = (-2)^3 + (-2)^2 - 2 \cdot (-2) = -8 + 4 + 4 = 0$$

$$P(0) = 0 + 0 - 0 = 0$$

$$P(1) = 1 + 1 - 2 = 0$$

Operacions amb polinomis

Les operacions bàsiques amb polinomis són la suma, la diferència, el producte i la divisió.

- La **suma o la diferència de polinomis** és un altre polinomi que s'obté en sumar o restar els monomis semblants i deixar indicades la suma o la resta dels no semblants.

> ***Recorda***
>
> Dos monomis són semblants si tenen la mateixa part literal, és a dir, si presenten les mateixes variables amb els mateixos exponents.

Exemple 4. Donats els polinomis $P(x)=2x^2-4x+3$ i $Q(x)=3x^3-4x^2-x+2$, calcula'n la suma i la resta:

$$P(x)+Q(x)=3x^3+(2+(-4))x^2+(-4+(-1))x+3+2=3x^3-2x^2-5x+5$$

$$P(x)-Q(x)=-3x^3+(2-(-4))x^2+(-4-(-1))x+3-2=-3x^3+6x^2-3x+1$$

- El **producte de dos polinomis** és un altre polinomi que s'obté en multiplicar cada un dels monomis del primer polinomi per tots els monomis del segon. A continuació, se sumen els monomis semblants.

Exemple 5. Donats els polinomis $P(x)=2x^2-4x$ i $Q(x)=3x^3+2$, calcula'n el producte:

$$P(x)\cdot Q(x)=(2x^2-4x)\cdot(3x^3+2)=2x^2\cdot 3x^3+2x^2\cdot 2-4x\cdot 3x^3-4x\cdot 2=$$
$$=6x^5+4x^2-12x^4-8x=6x^5-12x^4+4x^2-8x$$

- La **divisió de dos polinomis** té com a resultat dos polinomis més: el **polinomi quocient** i el **polinomi residu.**

Exemple 6. Divideix el polinomi $P(x)=6x^3+x^2-2x+3$ entre $Q(x)=2x^2+x-1$.

Es comença dividint el primer terme del dividend, $6x^3$, entre el primer del divisor, $2x^2$:

$$\begin{array}{l|l} 6x^3+x^2-2x+3 & 2x^2+x-1 \\ \hline -(6x^3+3x^2-3x) & 3x \\ \quad -2x^2+x+3 & \end{array}$$

Divideix: $6x^3/2x^2=3x$

Multiplica: $3x\cdot(2x^2+x-1)$

Resultat de la resta

Es baixa el terme següent

$$\begin{array}{l|l} 6x^3+x^2-2x+3 & 2x^2+x-1 \\ \hline -(6x^3+3x^2-3x) & 3x-1 \\ \quad -2x^2+x+3 & \\ -(-2x^2-x+1) & \\ \quad 2x+2 & \end{array}$$

Divideix: $-2x^2/2x^2=-1$

Multiplica: $(-1)\cdot(2x^2+x-1)$

Es resta al dividend

Polinomi residu: $2x+2$ **Polinomi quocient : $3x-1$**

Com passa en qualsevol divisió, s'ha de complir la propietat fonamental de la divisió: el polinomi dividend ha de ser igual al polinomi divisor pel polinomi quocient més el residu: $6x^3+x^2-2x+3=(2x^2+x-1)\cdot(3x-1)+(2x+2)$.

Activitat resolta 1

Divideix $2x^2-5x-8$ entre $2x+3$ i comprova'n el resultat amb la propietat fonamental de la divisió.

En primer lloc, es fa la divisió:

$$\begin{array}{l|l} 2x^2-5x-8 & 2x+3 \\ \hline -(2x^2+3x) & x-4 \\ \quad -8x-8 & \\ -(-8x-12) & \\ \quad 4 & \end{array}$$

Ara es multiplica el divisor pel quocient i se li suma el residu:

$$(2x+3)\cdot(x-4)+4=2x^2-8x+3x-12+4=2x^2-5x-8, \text{ que és el dividend.}$$

Algoritme de Ruffini

L'algoritme o regla de Ruffini s'utilitza per dividir polinomis quan el divisor és un binomi de la forma $x-k$, on k és un nombre enter.

Per dividir el polinomi ax^3+bx^2+cx+d entre $(x-k)$, la regla de Ruffini segueix aquests passos:

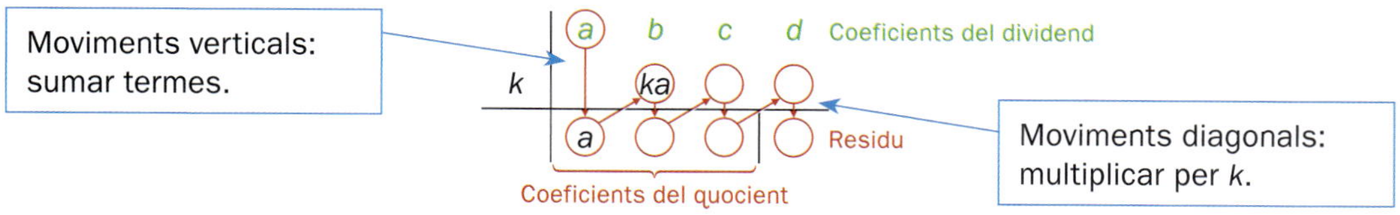

Exemple 7. Divideix el polinomi $P(x)=2x^3+3x^2+3$ entre $Q(x)=x+2$.

Canvia el signe per aplicar aquest algoritme!
Com que $x+2=0 \Rightarrow x=-2$

	2	3	0	3
−2		−4	2	−4
	2	−1	2	−1

Per tant, el quocient és $C(x)=2x^2-x+2$, i el residu, $R=-1$.

Es compleix que $2x^3+3x^2+3=(x+2)\cdot(2x^2-x+2)+(-1)$.

!! Atenció

Recorda completar amb zeros si falta algun dels monomis amb graus intermedis. Per exemple, aquí faltava el monomi de grau 1, x. Per això s'ha afegit un zero entre els tresos.

Identitats notables

Alguns productes es presenten amb tanta freqüència en el càlcul que resulta útil aprendre-se'n el resultat. S'anomenen identitats notables.

Si a i b són dos nombres reals o dos monomis:

1. Quadrat d'una suma: $(a+b)^2=a^2+2ab+b^2$
2. Quadrat d'una diferència: $(a-b)^2=a^2-2ab+b^2$
3. Producte d'una suma per la seva diferència: $(a+b)\cdot(a-b)=a^2-b^2$

Per aplicar aquestes fórmules s'hauran de substituir a i b pels seus valors:

Exemple 8. Aplica les identitats notables i calcula:

$$(2x+3)^2,\ (1-2x)^2 \text{ i } (3x-1)\cdot(3x+1)$$

$$(2x+3)^2=(2x)^2+2\cdot 2x\cdot 3+3^2=4x^2+12x+9$$

$$(1-2x)^2=1^2-2\cdot 1\cdot 2x+(2x)^2=1-4x+4x^2$$

$$(3x-1)\cdot(3x+1)=(3x)^2-1^2=9x^2-1$$

Demostracions visuals

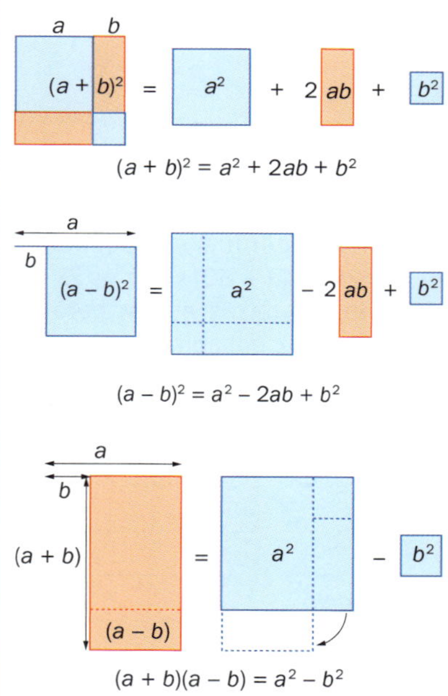

Activitats

1. Calcula el valor numèric del polinomi $P(x)=x^2-2x-3$ per a $x=-1$ i per a $x=3$. Podries trobar algun altre valor de x per al qual el valor numèric del polinomi sigui zero?

2. Donats els polinomis $P(x)=2x^3-x-4$ i $Q(x)=x^2+x+2$, calcula les operacions següents:

   a) $P(x)+Q(x)$ *b)* $P(x)-Q(x)$ *c)* $2P(x)+x\cdot Q(x)$

   d) $P(x)\cdot Q(x)$ *e)* $P(x):Q(x)$ *f)* $P(x):(x-2)$

3. Calcula les divisions següents utilitzant l'algoritme de Ruffini:

   a) $(3x^3-5x^2+3x-2):(x+3)$ *b)* $(5x^5+x^2-3):(x-1)$

4. Quant han de valer m i n perquè el polinomi $3x^4-x^3+mx^2+nx+1$ tingui com a arrel $x=1$ i deixi un residu igual a 23 en dividir-lo entre $(x-2)$?

5. Calcula els productes següents aplicant les identitats notables:

   a) $(3x-2)^2$ *b)* $(5x-2y)^2$ *c)* $(3x^2+2)\cdot(3x^2-2)$

2 Factorització de polinomis

El procés d'escriure un polinomi com un producte de binomis s'anomena **factorització.** Hi ha dos resultats importants que ajuden en la factorització:

Teorema del residu: si un polinomi $P(x)$ es divideix entre $(x-k)$, el seu residu és $P(k)$.

Exemple 9. Comprova que en dividir $P(x)=x^3+4x^2-x-2$ entre $x+2$ s'obté $P(-2)$.

Comencem calculant la divisió per Ruffini. Tot seguit, substituïm $x=-2$.

	1	4	−1	−2
−2		−2	−4	10
	1	2	−5	8

$$P(-2)=(-2)^3+4(-2)^2-(-2)-2=-8+16+2-2=8$$

Observa que el valor numèric coincideix amb el residu de la divisió.

Teorema del factor: un polinomi $P(x)$ té com a factor $(x-k)$ si, i només si, $P(k)=0$.

Factorització mitjançant divisió repetida

Factoritzar un polinomi consisteix a escriure'l com el producte de polinomis del menor grau possible.

Per factoritzar el polinomi, $P(x)=x^4+x^3-8x^2-12x$, cal seguir els passos següents:

1r: per buscar les arrels es necessita el terme independent. Si el polinomi no en té, es treu factor comú.

$$P(x)=x\cdot\left(x^3+x^2-8x-12\right)$$

2on: busquem les arrels enteres entre els divisors del terme independent mitjançant la regla de Ruffini. En provar-ho amb −1 es comprova que no surt. Es prova, llavors, amb −2:

	1	1	−8	−12
−1		−1	0	8
	1	0	−8	4

	1	1	−8	−12
−2		−2	2	12
	1	−1	−6	0

3er: el polinomi queda factoritzat com a $x^4+x^3-8x^2-12x=x\cdot(x+2)\cdot\left(x^2-x-6\right)$.

4rt: cal seguir extraient factors del quocient, provant amb els divisors del seu terme independent:

	1	−1	−6
−2		−2	6
	1	−3	0
3		3	
	1	0	

5è: la descomposició factorial serà igual al producte de tots els factors pel coeficient final: $x^4+x^3-8x^2-12x=1\cdot x\cdot(x+2)^2(x-3)$.

!! *Atenció*

És important treure factor comú als coeficients perquè els polinomis $P(x)=2x^2+4x+2$ i $Q(x)=x^2+2x+1$ tenen les mateixes arrels, però no són el mateix polinomi, ja que l'un és múltiple de l'altre. De fet, les seves factoritzacions són diferents: $P(x)=2\cdot(x+1)^2$ i $Q(x)=(x+1)^2$.

!! *Atenció*

En descompondre poden aparèixer factors sense arrels reals, com x^2+1. Aquests factors no es poden treure en la descomposició per Ruffini, sinó que es quedaran en el quocient.

Activitat resolta 2

Escriu un polinomi que tingui com a arrels $x=-2$, $x=3$ i $x=4$.

Perquè les arrels del polinomi siguin $x=-2$, $x=3$ i $x=4$, aquest polinomi ha de contenir, segons el teorema del factor, els factors $(x+2)$, $(x-3)$ i $(x-4)$. Per tant, el polinomi més simple que compleix la condició s'obté multiplicant aquests factors:

$$(x+2)\cdot(x-3)\cdot(x-4)=\left(x^2-x-6\right)\cdot(x-4)=x^3-5x^2-2x+24$$

El polinomi $x^3-5x^2-2x+24$ és una solució. Qualsevol múltiple d'aquest polinomi, obtingut en multiplicar-lo per un nombre o per un altre polinomi, també valdrà.

Zeros racionals d'un polinomi

Un polinomi no sempre tindrà totes les seves arrels senceres. A vegades podran tenir arrels racionals o, fins i tot, irracionals. Per trobar les arrels racionals es pot utilitzar el següent teorema:

> **Teorema dels zeros racionals:** si un polinomi $P(x) = a_n x^n + \ldots + a_1 x + a_0$ té tots els coeficients enters, cada una de les seves arrels racionals serà de la forma $\frac{a}{b}$, on a i b són nombres enters i primers entre ells. A més, a és un factor de a_0, i b un factor de a_n.

Aquest teorema permet fer una llista de tots els candidats a arrel, amb els quals serà possible provar en la divisió quan factoritzem.

Exemple 10. Factoritza el polinomi $2x^3 - 3x^2 - 8x - 3$.

Segons el teorema dels zeros racionals, cal provar $\pm\frac{1}{2}, \pm 1, \pm\frac{3}{2}, \pm 3$.

	2	−3	−8	−3
−1/2		−1	2	3
	2	−4	−6	0
−1		−2	6	
	2	−6	0	
3		6		
	2	0		

Per tant, la factorització és: $2x^3 - 3x^2 - 8x - 3 = 2 \cdot \left(x + \frac{1}{2}\right) \cdot (x+1) \cdot (x-3)$.

> ***Punt d'interès***
>
> La factorització de polinomis permet trobar el mínim comú múltiple (mcm) i el màxim comú divisor (mcd) de diversos polinomis.
>
> - El mcm s'obté multiplicant entre si tots els factors comuns i no comuns dels polinomis, elevats al seu major exponent.
> - El mcd s'obté multiplicant entre si tots els factors comuns i no comuns dels polinomis, elevats al seu menor exponent.

En factoritzar un polinomi, no sempre trobarem totes les seves arrels entre els nombres enters o racionals. De vegades ens trobarem amb arrels irracionals, com per exemple el polinomi $x^2 - 2 = (x - \sqrt{2}) \cdot (x + \sqrt{2})$. Per trobar aquestes arrels, s'hauran de fer servir altres tècniques, com ara fer servir les identitats notables o resoldre equacions. També podran aparèixer factors, com $x^2 + 1$, que no tenen arrels reals. En aquest cas, aquest factor es deixarà sense descompondre.

Activitat resolta 3

Factoritza el polinomi:

$$x^3 - 3x^2 + x + 2$$

Segons el teorema dels zeros racionals, els candidats són ±1, ±2.

	1	−3	1	2
2		2	−2	−2
	1	−1	−1	0

El quocient $x^2 - x - 1$ no té més arrels racionals. Per trobar altres arrels, provem a resoldre l'equació:

$$x^2 - x - 1 = 0 \rightarrow x = \frac{1 \pm \sqrt{5}}{2} \rightarrow \begin{cases} x \approx 1{,}618 \\ x \approx -0{,}618 \end{cases}$$

La factorització és: $x^3 - 3x^2 + x + 2 = (x-2) \cdot \left(x - \frac{1+\sqrt{5}}{2}\right) \cdot \left(x - \frac{1-\sqrt{5}}{2}\right)$.

Activitats

6. Factoritza els polinomis següents:

a) $x^3 + 3x^2 - 4x - 12$ *b)* $4x^3 + 4x^2 - x - 1$

c) $3x^3 + 2x^2 - 7x + 2$ *d)* $2x^4 + 9x^3 - 18x^2 - 71x - 30$

e) $x^3 + 4x^2 - 3x - 18$ *f)* $4x^4 - 25x^2 + 36$

g) $4x^3 - 7x + 3$ *h)* $20x^3 - 8x^2 - 5x + 2$

7. Quants factors pot tenir com a màxim un polinomi de grau 3? I de grau 4? I de grau *n*? Investiga en què consisteix el Teorema Fonamental de l'Àlgebra.

8. Calcula el valor de *m* per tal que el polinomi $x^3 + 3x^2 + mx - 12$ tingui com a arrel $x = 3$. Calcula'n la descomposició factorial.

3 Expressions racionals

El quocient de dues expressions polinòmiques es denomina **expressió racional.** Així, per exemple, són expressions racionals:

$$\frac{3x-1}{x^2-1} \qquad \frac{2}{x+3} \qquad \frac{x^2-x+1}{x+2}$$

A diferència del que passa amb els polinomis, les expressions racionals no sempre estaran definides per a qualsevol valor de la variable x. Així, quan el denominador de l'expressió s'anul·la, el quocient no està definit i, per tant, no es pot calcular.

> S'anomena **domini** d'una expressió algebraica el conjunt de nombres reals per als quals l'expressió està definida.

!! Atenció

Procura no equivocar-te intentant simplificar termes:

$$\cancel{\frac{x+2}{x} = \frac{\cancel{x}+2}{\cancel{x}} = 2}$$

Recorda que per simplificar fraccions,s'han d'eliminar factors comuns, no termes.

Exemple 11. Troba el domini de l'expressió: $\frac{3x-1}{x^2-1}$.

Hem d'igualar a zero i resoldre l'expressió que trobem al denominador:

$$x^2-1=0;\ x=\pm 1$$

Si substituïm en la nostra expressió aquests valors, l'expressió racional no pren cap valor, és a dir, no està definida. Per tant, els valors $x=\pm 1$ no pertanyen al domini. Per calcular aquest domini, factoritzem primer el denominador:

$$\frac{3x-1}{x^2-1}=\frac{3x-1}{(x-1)\cdot(x+1)}$$

El denominador serà 0 si $x = 1$ o $x = -1$

Per tant, el domini estarà format pels valors $\{x \in \mathbb{R} : x \neq 1, x \neq -1\}$.

Simplificació d'expressions racionals

Simplificar una fracció consistia a trobar una fracció equivalent a la inicial que fos irreductible. En el mateix sentit, les expressions algebraiques també es podran simplificar.

> Dues expressions racionales no nul·les són **equivalents** si:
>
> $$\frac{P(x)}{Q(x)}=\frac{R(x)}{S(x)} \Leftrightarrow P(x)\cdot S(x)=Q(x)\cdot R(x).$$

!! Atenció

Procura no equivocar-te en sumar fraccions: no es poden sumar si prèviament no tenen el mateix denominador.

$$\cancel{\frac{a}{b}+\frac{c}{d}=\frac{a+c}{b+d}}$$

Per **simplificar** expressions racionals, primer s'han de factoritzar el numerador i el denominador, i tot seguit es cancel·len els factors iguals.

Exemple 12. Simplifica l'expressió $\frac{x^2-1}{x^2-3x+2}$.

$$\frac{x^2-1}{x^2-3x+2}=\frac{\cancel{(x-1)}\cdot(x+1)}{\cancel{(x-1)}\cdot(x-2)}=\frac{x+1}{x-2}, \quad \{x\in\mathbb{R};\ x\neq 1,\ x\neq 2\}$$

L'operació inversa a la simplificació és l'**amplificació.** Per amplificar una expressió racional, n'hi ha prou amb multiplicar numerador i denominador pel mateix factor.

Activitat resolta 4

Passa a comú denominador:

$$\frac{2x}{x^2-3x+2} \qquad \frac{x+3}{x^2-x-2}$$

Factoritzem els denominadors: $x^2-3x+2=(x-1)\cdot(x-2)$, $x^2-x-2=(x-2)\cdot(x+1)$.

El denominador comú serà el mínim comú múltiple dels dos: $(x-1)\cdot(x+1)\cdot(x-2)$. Així:

$$\frac{2x}{x^2-3x+2}=\frac{2x(x+1)}{(x-1)\cdot(x-2)\cdot(x+1)} \qquad \frac{x+3}{x^2-x-2}=\frac{(x+3)\cdot(x-1)}{(x+1)\cdot(x-2)\cdot(x-1)}$$

Operacions amb expressions racionals

Per operar amb expressions racionals s'han de seguir els mateixos passos que amb les fraccions numèriques:

- **Per sumar o restar expressions racionals,** primer es passen a comú denominador i després se sumen o es resten els seus numeradors.

Exemple 13. Calcula $\frac{x-4}{x^2+3x+2}-\frac{3x}{x^2-2x-3}$.

$$\frac{x-4}{x^2+3x+2}-\frac{3x}{x^2-2x-3}=\frac{x-4}{(x+1)\cdot(x+2)}-\frac{3x}{(x-3)\cdot(x+1)}=$$

Es factoritzen els denominadors

mcm: $(x+1)\cdot(x+2)\cdot(x-3)$

$$=\frac{(x-4)\cdot(x-3)}{(x+1)\cdot(x+2)\cdot(x-3)}-\frac{3x\cdot(x+2)}{(x-3)\cdot(x+1)\cdot(x+2)}=$$

S'amplifiquen les fraccions

$$=\frac{(x^2-7x+12)-(3x^2+6x)}{(x+1)\cdot(x+2)\cdot(x-3)}=\frac{-2x^2-13x+12}{x^3-7x-6}$$

Es resten els numeradors

- **Per multiplicar expressions racionals** es multipliquen els numeradors i, tot seguit, es divideixen entre el producte dels denominadors.

  És aconsellable factoritzar els numeradors i els denominadors abans de fer la multiplicació, perquè així es pot simplificar l'expressió resultant amb més comoditat.

Exemple 14. Calcula $\frac{x-3}{x^2-4}\cdot\frac{x-2}{x^2-2x-3}$.

$$\frac{x-3}{x^2-4}\cdot\frac{x-2}{x^2-2x-3}=\frac{(x-3)}{(x+2)\cdot(x-2)}\cdot\frac{(x-2)}{(x-3)\cdot(x+1)}=$$

Es factoritzen les expressions

$$=\frac{\cancel{(x-3)}\cdot\cancel{(x-2)}}{(x+2)\cdot\cancel{(x-2)}\cdot\cancel{(x-3)}\cdot(x+1)}=$$

S'han multiplicat les fraccions

$$=\frac{1}{(x+2)\cdot(x+1)}$$

S'han cancel·lat els factors comuns

- **Per dividir expressions racionals,** s'inverteix el divisor i es realitza la multiplicació.

Exemple 15. Calcula $\frac{x-3}{x^2-9}:\frac{x^2-2x-3}{x^2+4x+3}$.

$$\frac{x-3}{x^2-9}:\frac{x^2-2x-3}{x^2+4x+3}=\frac{(x-3)}{(x+3)\cdot(x-3)}:\frac{(x+1)\cdot(x-3)}{(x+3)\cdot(x+1)}$$

Es factoritzen les expressions

S'inverteix el divisor

$$\frac{(x-3)}{(x+3)\cdot(x-3)}\cdot\frac{(x+3)\cdot(x+1)}{(x+1)\cdot(x-3)}=\frac{\cancel{(x-3)}\cdot\cancel{(x+3)}\cdot\cancel{(x+1)}}{\cancel{(x+3)}\cdot\cancel{(x-3)}\cdot\cancel{(x+1)}\cdot(x-3)}$$

S'han multiplicat les fraccions

$$=\frac{1}{(x-3)}$$

S'han cancel·lat els factors comuns

> ***Punt d'interès***
>
> La divisió d'expressions algebraiques també es pot fer multiplicant en creu: el numerador del dividend pel denominador del divisor, i tot dividit entre el producte del denominador del dividend pel numerador del divisor.

Activitats

9. Fes les operacions següents i simplifica'n el resultat:

a) $\frac{1}{x+3}+\frac{2}{x-3}-\frac{x}{x^2-9}$

b) $\frac{x+1}{x^2-5x+4}\cdot\frac{x-4}{x^2-1}$

c) $\frac{x^2}{x^2-x-2}:\frac{x^2-4}{x+1}$

d) $\left(\frac{2}{x-1}-\frac{2}{x+1}\right):\frac{2}{x^2-1}$

10. Calcula el domini de les expressions següents:

a) $\frac{2}{x+3}$ *b)* $\frac{x-3}{x^2-4}$ *c)* $\frac{5x-1}{x^2+x+1}$

11. Simplifica les expressions racionals següents:

a) $\frac{2x+2}{x+1}$ *b)* $\frac{x-2}{x^2-4}$ *c)* $\frac{x-2}{x^2-3x+2}$

4 Binomi de Newton

Newton va desenvolupar la fórmula que permet obtenir la potència d'un binomi de manera senzilla. Abans de veure la fórmula de Newton, convé recordar conceptes.

Factorial d'un nombre

S'anomena **factorial d'un nombre natural,** i es designa $n!$, el producte:

$$n! = n \cdot (n-1) \cdot (n-2) \cdot \ldots \cdot 2 \cdot 1$$

Així, $5! = 5 \cdot 4 \cdot 3 \cdot 2 \cdot 1 = 120$. A més, $1! = 1$ i, per conveni, es considera que $0! = 1$.

Nombres combinatoris

Un **nombre combinatori** s'escriu $\binom{m}{n}$, es llegeix m sobre n, sent m i n dos nombres naturals o 0, tals que $m \geq n$, i es defineix com a: $\binom{m}{n} = \dfrac{m!}{n!(m-n)!}$.

Les propietats principals dels nombres combinatoris són:

Propietat 1	Propietat 2	Propietat 3
$\binom{m}{0} = 1 \quad \binom{m}{m} = 1$	$\binom{m}{n} = \binom{m}{m-n}$	$\binom{m-1}{n-1} + \binom{m-1}{n} = \binom{m}{n}$

Exemple 16. Calcula el nombre combinatori $\binom{4}{2}$.

$$\binom{4}{2} = \frac{4!}{2! \cdot 2!} = \frac{4 \cdot 3 \cdot 2 \cdot 1}{2 \cdot 2} = 6$$

Fórmula del binomi de Newton

La fórmula que permet calcular la potència n d'un binomi es coneix amb el nom de **binomi de Newton:**

$$(a+b)^n = \binom{n}{0}a^n + \binom{n}{1}a^{n-1}b + \binom{n}{2}a^{n-2}b^2 + \ldots + \binom{n}{n-1}ab^{n-1} + \binom{n}{n}b^n$$

Per calcular els coeficients és més senzill fer servir el triangle de Pascal, si les potències són petites, i calcular els nombres combinatoris, si les potències són grans.

1 Pensa

Amb els nombres combinatoris s'obté el triangle de Pascal o de Tartaglia.

$$\binom{1}{0}\binom{1}{1}$$
$$\binom{2}{0}\binom{2}{1}\binom{2}{2}$$
$$\binom{3}{0}\binom{3}{1}\binom{3}{2}\binom{3}{3}$$
$$\binom{4}{0}\binom{4}{1}\binom{4}{2}\binom{4}{3}\binom{4}{4}$$

1 1
1 2 1
1 3 3 1
1 4 6 4 1

Observa que, segons s'indica en la propietat 3, cada nombre és la suma dels dos que té a sobre.

2 Pensa

Comprova les propietats dels nombres combinatoris en el triangle de Pascal.

Activitat resolta 5

Obtén el desenvolupament de $(a+b)^6$ i fes-lo servir per calcular $(2x-1)^6$.

Completant la sisena fila, resulta: 1, 6, 15, 20, 15, 6, 1. Per tant, el desenvolupament és:

$$(a+b)^6 = a^6 + 6a^5b + 15a^4b^2 + 20a^3b^3 + 15a^2b^4 + 6ab^5 + b^6$$

Quan es tracta d'aplicar la fórmula a una resta, cal vigilar amb els signes. Així, se substitueix a per $2x$, i b per (-1):

$$(2x-1)^6 = 64x^6 - 192x^5 + 240x^4 - 160x^3 + 60x^2 - 12x + 1$$

Activitats

12. Obtén els desenvolupaments corresponents a partir de la fórmula del binomi de Newton i fes-los servir per calcular la potència especificada:

a) $(x+y)^3$ *b)* $(\sqrt{x}-3)^4$ *c)* $(2x+3y)^4$ *d)* $(x^2+1)^2$

13. Calcula el nombre combinatori $\binom{7}{2}$. Quant valdrà el nombre simètric en el triangle $\binom{7}{5}$? Es compleix sempre, això?

5 Equacions

Molts problemes als que ens enfrontem es resolen quan plantegem una equació amb les dades que ens dona l'enunciat.

Una **equació** és una igualtat entre dues expressions algebraiques en què intervenen un o diversos valors desconeguts, anomenats **incògnites.**

Exemple 17. Un vehicle va ser adquirit per primer cop per 10 000 € i sabem que el valor dels cotxes disminueix un 15 % cada any des que surt del concessionari. Quants anys han de passar perquè l'automòbil tingui un valor inferior a 1 000 €?

Per resoldre aquest problema de la millor manera hem de plantejar una equació. En aquest cas, sabem que cada any el preu del vehicle passa a ser un 85 % del preu de l'any anterior. Per tant, després de x anys, tenim que:

$$10\,000 \cdot 0{,}85^x = 1\,000 \rightarrow 0{,}85^x = 0{,}1 \rightarrow x = \log_{0{,}85}(0{,}1) = 14{,}17 \text{ anys}$$

Per resoldre una equació hem de calcular tots els valors de la variable que verifiquen la igualtat. Aquests valors s'anomenen **solucions.** Les equacions són igualtats entre dues expressions algebraiques que poden ser compatibles i incompatibles entre si:

Equació incompatible

Una equació és incompatible quan les seves expressions no s'igualen per cap valor de la incògnita. Per exemple: $2x+3=2x-3$.

L'equació $2x+3=2x-3$ és **incompatible** perquè cap valor de la variable x podrà fer que el resultat en operar el membre de l'esquerra i la dreta sigui igual.

Equació compatible

Una equació és compatible quan les seves expressions valen el mateix per a algun valor de la incògnita. Poden ser: **compatibles determinades** i **compartibles indeterminades.**

Una equació és **compartible determinada** quan podem obtenir de manera explícita totes les equacions.

Per exemple: l'equació $x^2-2=x$ és **compatible perquè les seves solucions** són $x=-1$ i $x=2$.

Una equació és **compatible indeterminada** quan té infinites solucions. També es denomina **identitat.** No podem escriure les solucions de manera explícita.

Per exemple: l'equació $2(x-2)=2x-4$ és compatible perquè té infinites solucions.

Punt d'interès

Estratègies per resoldre problemes:

- Llegeix l'enunciat de manera comprensiva, de principi a final, diversos cops.
- Tria bé la incògnita o les incògnites.
- Respon: com es relacionen les dades del problema i les incògnites d'aquest?
- Expressa de manera algebraica les relacions.
- Resol l'equació resultant.
- Analitza amb cura els resultats obtinguts i comprova'n la validesa.

Per resoldre equacions es fan manipulacions mitjançant sumes i restes amb altres expressions algebraiques, o bé multiplicacions o divisions per un nombre que no sigui zero, de manera que s'obtingui una nova equació amb les mateixes solucions. Les equacions que tenen les **mateixes solucions** s'anomenen **equacions equivalents.** De vegades ens veurem forçats a fer manipulacions que donen lloc a altres equacions amb solucions que no es corresponen amb les de l'equació inicial. Vegem-ne alguns exemples:

Multiplicar per una expressió algebraica

Si multipliquem la identitat $x=3$ per $(x-1)$, s'obté una solució falsa:

$$x=3 \rightarrow x(x-1)=3(x-1)$$

$$x^2-4x+3=0 \rightarrow x=3, x=1$$

La solució extra $x=1$ no és vàlida perquè no és solució de l'equació inicial.

Dividir una expressió algebraica

Les solucions de $x^2=2x$ són $x=0$ i $x=2$. Com que x és en ambdós termes, es pot simplificar, i se n'obté una altra equació amb menys solucions:

$$x^2=2x \rightarrow \frac{x^2}{x}=\frac{2x}{x} \rightarrow x=2$$

Hem perdut la solució $x=0$ per haver dividit (o simplificat) entre x.

Elevar a una potència parella

Si en la identitat $x=3$ elevem al quadrat, l'equació resultant té una solució de més.

$$x=3 \rightarrow x^2=9 \rightarrow x=3, x=-3$$

La solució $x=-3$ n no ho és de l'equació inicial, i apareix per haver elevat al quadrat.

Activitats

14. Localitza l'error:

$$x=2 \xrightarrow{\text{per } x} x^2=2x \xrightarrow{\text{resta 4}} x^2-4=2x-4 \xrightarrow{\text{fact.}}$$
$$\xrightarrow{\text{fact.}} (x-2)(x+2)=2(x-2) \xrightarrow{\text{simplif.}} x+2=2 \rightarrow x=0$$

15. Indica si els valors indicats són solucions de les equacions:

a) $2^x=4;\ x=2;\ x=-2$ *b)* $\sqrt{x^2-7e^x+2}=4;\ x=-4$

16. D'aquestes parelles d'equacions, indica quines són equivalents i quines no:

a) $x=2;\ x^3=8$ *b)* $3^x=81;\ \log(2x+2)=1$

c) $2x-4=x+9;\ 5x+2=3x-1$

d) $x^3-4x^2+x\cdot 2^x=0;\ x^2-4x+2^x=0$

6 Equacions de primer i segon grau

Les equacions més simples són les que involucren polinomis. Aquest tipus d'equacions es classifiquen, segons el seu grau, en equacions de primer grau, segon grau, etc.

Equacions de primer grau

Qualsevol equació polinòmica de primer grau, en general, es pot manipular transposant termes, agrupant-los i aïllant finalment el valor de la incògnita:

$$ax + b = 0 \to ax = -b \to x = -b/a$$

Si l'equació té parèntesis o denominadors, caldrà operar adequadament fins a aconseguir aïllar la incògnita.

Exemple 18. Calcula quant triga una pedra a arribar al punt més alt de la seva trajectòria quan es llança cap amunt amb una velocitat de 20 m/s.

La velocitat a la qual es mou la pedra ve descrita per l'equació $v = v_0 - gt$, i se sap que en el punt més alt la seva velocitat serà, per un instant, 0. Si se substitueixen les dades conegudes en la fórmula, s'obté una equació de primer grau:

$$0 = 20 - 9{,}8 \cdot t \to 20 = 9{,}8 \cdot t \to t = 20/9{,}8 \approx 2{,}04 \text{ s}$$

La pedra trigarà uns 2 s a enlairar-se fins al punt més alt.

Exemple 19. Resol l'equació: $\frac{1}{3}\left(\frac{2x-4}{2} - \frac{x}{4}\right) = \frac{3}{2}\left(\frac{x-1}{2} + \frac{1}{3}\right)$

$$\frac{1}{3}\left(\frac{2x-4}{2} - \frac{x}{4}\right) = \frac{3}{2}\left(\frac{x-1}{2} + \frac{1}{3}\right) \xrightarrow{\text{distributiva}} \frac{2x-4}{6} - \frac{x}{12} = \frac{3x-3}{4} + \frac{3}{6}$$

Multiplicant els dos membres pel $\text{mcm}(6,4,12) = 12$:

$$12\left(\frac{2x-4}{6} - \frac{x}{12}\right) = 12\left(\frac{3x-3}{4} + \frac{3}{6}\right) \to 2(2x-4) - x = 3(3x-3) + 6$$

Es transposen termes, s'agrupen i, finalment, s'aïlla la incògnita:

$$4x - 8 - x = 9x - 9 + 6 \to 4x - x - 9x = -9 + 6 + 8 \to -6x = 5 \to x = -5/6$$

> **!! Atenció**
>
> La transposició de termes amaga, en realitat, operacions que es realitzen en totes dues bandes de l'equació. Així, per resoldre l'equació:
>
> $$ax + b = 0$$
>
> 1. Es resta b en tots dos membres:
>
> $$ax + \not{b} - \not{b} = 0 - b \to ax = -b$$
>
> 2. Es divideixen tots dos membres entre a:
>
> $$ax = -b \to \not{a}x/\not{a} = -b/a$$
>
> La solució és $x = -b/a$.

Equacions de segon grau

Amb totes les equacions de segon grau es pot operar fins a obtenir una equació del tipus $ax^2 + bx + c = 0$, amb a, b i c, coeficients, dels quals $a \neq 0$. Si falta algun dels coeficients b o c, l'equació s'anomena **incompleta** i es pot resoldre com es mostra a continuació:

Exemple 20. Resol l'equació $2x^2 - 3x = 0$.

Falta el terme independent. Traient factor comú a x, s'obté:

$$x \cdot (2x - 3) = 0 \to \begin{cases} x = 0 \\ 2x - 3 = 0 \to x = 3/2 \end{cases}$$

Exemple 21. Resol l'equació $x^2 - 9 = 0$.

Com que falta el terme de primer grau, s'aïlla la variable al quadrat:

$$x^2 - 9 = 0 \to x^2 = 9 \to x = \pm\sqrt{9} \to \begin{cases} x = 3 \\ x = -3 \end{cases}$$

En qualsevol cas, l'equació general es resol aplicant la fórmula $x = \frac{-b \pm \sqrt{b^2 - 4ac}}{2a}$.

Exemple 22. Resol l'equació $x^2 - 8x + 7 = 0$.

Com que és una equació completa, s'aplica la fórmula:

$$x = \frac{8 \pm \sqrt{(-8)^2 - 4 \cdot 1 \cdot 7}}{2 \cdot 1} = \frac{8 \pm 6}{2} \to \begin{cases} x = 7 \\ x = 1 \end{cases}$$

> **Punt d'interès**
>
> Vegem com deduir la fórmula per resoldre equacions de segon grau. Donada l'equació $ax^2 + bx + c = 0$:
>
> - Es resta c a totes dues bandes::
>
> $$ax^2 + bx = -c$$
>
> - Es multiplica per $4a$:
>
> $$4a^2x^2 + 4abx = -4ac$$
>
> - Se li suma b^2:
>
> $$4a^2x^2 + 4abx + b^2 = b^2 - 4ac$$
>
> - Se n'agrupen quadrats perfectes:
>
> $$(2ax + b)^2 = b^2 - 4ac$$
>
> - Se n'extreu l'arrel quadrada:
>
> $$2ax + b = \pm\sqrt{b^2 - 4ac}$$
>
> - S'aïlla la x:
>
> $$x = \frac{-b \pm \sqrt{b^2 - 4ac}}{2a}$$

Solucions de l'equació de segon grau

D'una equació de segon grau es podria esperar que tingués dues solucions reals, però no sempre és així. A vegades, una equació de segon grau pot tenir una única solució, i fins i tot pot no tenir-ne cap.

Les següents representacions gràfiques de polinomis de segon grau representen paràboles. Els punts de tall amb l'eix d'abscisses de cada paràbola só una solució d'una equació. Així, quan s'examinen totes les possibilitats, apareixen tres situacions:

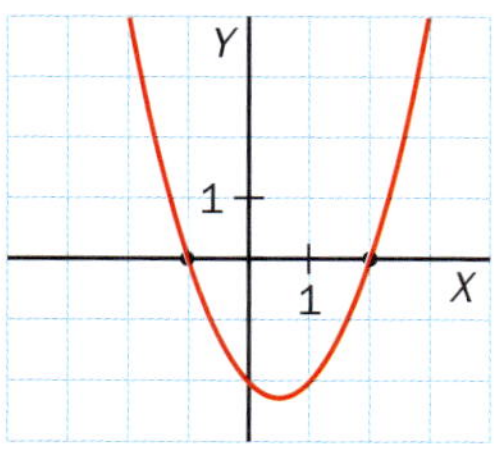	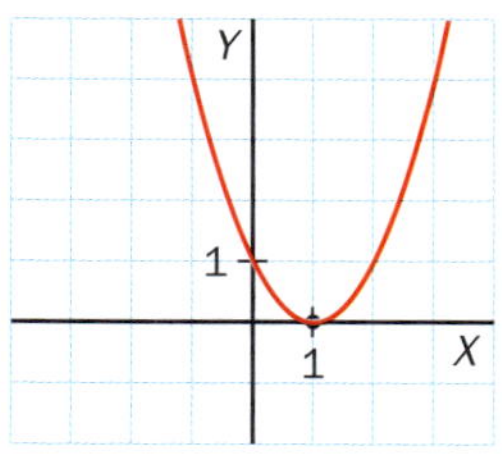	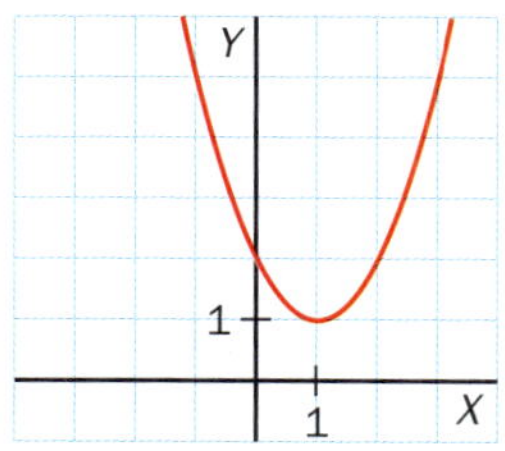
$x^2 - x - 2 = 0$ $x = \frac{1 \pm \sqrt{9}}{2} \rightarrow \begin{cases} x = -1 \\ x = 2 \end{cases}$ La paràbola talla el dos punts l'eix. **L'equació té dues solucions.**	$x^2 - 2x + 1 = 0$ $x = \frac{2 \pm \sqrt{0}}{2} \rightarrow x = 1$ La paràbola talla en un punt l'eix. **L'equació té una solució.**	$x^2 - 2x + 2 = 0$ $x = \frac{2 \pm \sqrt{-4}}{2}$ La paràbola no talla l'eix d'abscisses. **L'equació no té solució.**

Quan analitzem la resolució d'aquestes equacions de segon grau, es dedueix que l'existència d'una, dues o cap solució queda determinada pel radicand de l'arrel quadrada, és a dir, pel valor que pren l'expressió $b^2 - 4ac$. Aquest valor s'anomena **discriminant** i s'escriu Δ. En funció del seu valor, una equació $ax^2 + bx + c = 0$ tindrà un nombre diferent de solucions.

- Si $\Delta > 0$, l'equació té dues solucions diferents.
- Si $\Delta = 0$, quació té una única solució.
- Si $\Delta < 0$, l'equació no té solució.

Punt d'interès

Si una equació de segon grau té dues solucions, aquestes solucions han de satisfer dues propietats conegudes amb el nom de **relacions de Cardano-Vietta:**

- La suma de les solucions multiplicades pel coeficient a ha de ser igual al coeficient $(-b)$ de l'equació:

$$a(x_1 + x_2) = -b \rightarrow x_1 + x_2 = \frac{-b}{a}$$

- El producte de les solucions multiplicades pel coeficient a ha de ser igual al coeficient c:

$$a \cdot x_1 \cdot x_2 = c \rightarrow x_1 \cdot x_2 = \frac{c}{a}$$

L'equació $x^2 - 5x + 6 = 0$ té les solucions $x = 2$ i $x = 3$. Com que $a = 1$, si sumem les dues solucions ens dona 5, l'oposat del coeficient b. Si les multipliquem, ens dona 6, el coeficient c.

Exemple 23. Els costats d'un triangle rectangle són nombres parells consecutius. Calcula'n el valor.

Segons es mostra en la figura, anomenem $2x$ i $2x+2$ els catets i $2x+4$ la hipotenusa. Aplicant-hi el teorema de Pitàgores:

$$(2x+4)^2 = (2x)^2 + (2x+2)^2 \rightarrow 4x^2 + 16x + 16 = 4x^2 + 4x^2 + 8x + 4$$

$$4x^2 - 8x - 12 = 0 \rightarrow x^2 - 2x - 3 = 0 \rightarrow \begin{cases} x = 3 \\ x = -1 \end{cases}$$

Com que un catet de longitud (-2) no té sentit, la solució correcta per als dos costats del triangle és 6, 8 i 10.

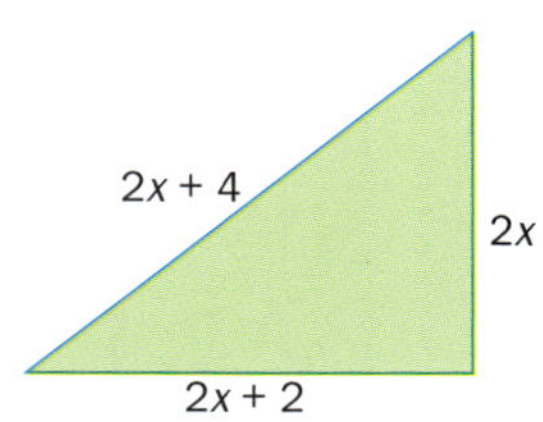

Activitats

17. Resol les equacions següents:

a) $2x + \frac{8}{7} = 0$

b) $\left(3x - \frac{x-2}{5}\right) \cdot (x+4) = 0$

c) $\frac{(x+1)}{3} - \frac{(3x+5)}{6} = 1$

d) $5 - \frac{(x+2)}{4} = x - \frac{1}{2}$

e) $3x^2 - 75 = 0$

f) $x^2 - 4x = x(2x+4)$

g) $x^2 = x + 1$

h) $3(x-2) - 2(5x+8) = 0$

18. Determina el valor de k perquè l'equació $x^2 + kx + 3 = 0$ tingui dues solucions.

19. Determina el valor de k perquè l'equació $x^2 + 2x + k = 0$ no tingui solució.

20. Calcula les dimensions d'un rectangle de diagonal 13 cm la base del qual és 7 cm més gran que la seva altura.

Punt d'interès

El mateix procediment es pot aplicar a equacions incompletes d'altres graus, sempre que es puguin escriure com una equació de segon grau per a alguna potència de la incògnita. Un exemple en són les equacions de sisè grau del tipus:

$$ax^6 + bx^3 + c = 0$$

Aquestes equacions es resolen fent el canvi de variable corresponent ($z = x^3$ en aquest cas), resolent l'equació de segon grau i desfent el canvi de variable.

7 Equacions polinòmiques de grau major que 2

A més de les equacions de primer i segon grau, a continuació s'estudiaran les equacions biquadrades i les d'ordre superior.

Equacions biquadrades

Les equacions biquadrades són equacions de quart grau sense termes de grau imparell que es poden escriure de la forma $ax^4 + bx^2 + c = 0$. Aquest tipus d'equacions es poden resoldre sense recórrer a la factorització, ja que una equació biquadrada es pot escriure com una equació de segon grau per al quadrat de la incògnita: $a(x^2)^2 + bx^2 + c = 0$. Si es fa el canvi de variable $z = x^2$, l'equació es pot resoldre en dos passos, primer per a z i després, desfent el canvi, per a x.

Exemple 24. Es vol construir un rectangle de 12 m² d'àrea i 5 m de diagonal. Quines dimensions tindrà el rectangle?

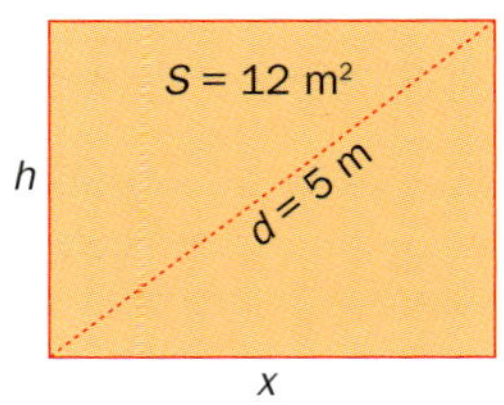

A partir de les dades del problema, si anomenem x a la base, obtenim que l'altura serà $12/x$. Aplicant el teorema de Pitàgores amb la diagonal i aïllant, s'obté l'equació biquadrada següent:

$$x^4 - 25x^2 + 144 = 0$$

Per resoldre aquesta equació fem un canvi $z = x^2$, amb la qual cosa resulta: $z^2 - 25z + 144 = 0$. Aplicant ara la fórmula per a les equacions de segon grau, s'obtenen les solucions:

$$z = \frac{25 \pm \sqrt{25^2 - 576}}{2} = \frac{25 \pm 7}{2} = \begin{cases} z = 16 \rightarrow x^2 = 16 \rightarrow \begin{cases} x = 4 \\ \cancel{x = -4} \end{cases} \\ z = 9 \rightarrow x^2 = 9 \rightarrow \begin{cases} x = 3 \\ \cancel{x = -3} \end{cases} \end{cases}$$

Per tant, el rectangle farà 4 m de llarg i 3 d'ample, o viceversa. Descartem les solucions negatives, ja que la mesura del costat d'un rectangle no pot ser negativa.

Equacions d'ordre superior

Per resoldre equacions polinòmiques de tercer i quart grau existeixen fórmules que donen les solucions, però són molt complicades. Si l'equació és de cinquè grau o major no existeix cap fórmula general que permeti calcular les solucions. Per aquestes equacions es recorre a altres tècniques. El mètode més utilitzat consisteix a **descompondre en factors el polinomi.** En fer-ho, s'aconsegueix reduir el grau de les equacions implicades, ja que es pot igualar a zero cada un dels factors resultants en la factorització.

Exemple 25. Volem construir una caixa que contingui un volum de 336 cm³ i les arestes de la qual siguin tres nombres enters consecutius. Quant mesuraran els costats?

El volum d'una caixa és el producte de les seves dimensions. Si una aresta val x, una altra serà $x+1$, i la tercera, $x+2$, de manera que el volum serà: $V = x(x+1)(x+2)$. Així, l'equació per resoldre és:

$$x(x+1)(x+2) = 336 \rightarrow x^3 + 3x^2 + 2x - 336 = 0$$

Procedim a resoldre l'equació factoritzant el polinomi per trobar-ne les arrels:

	1	3	2	−336
6		6	54	336
	1	9	56	0

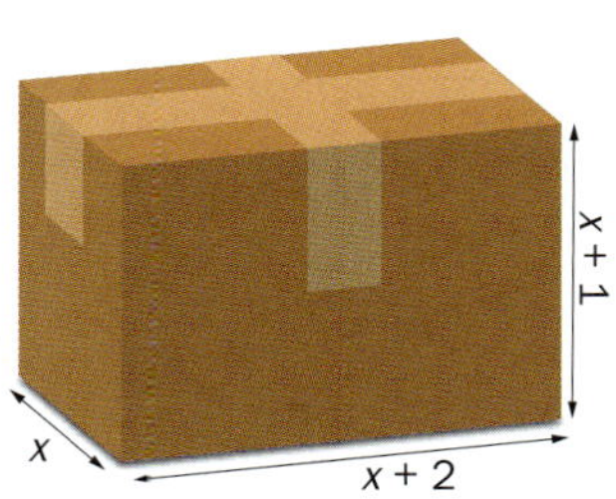

El discriminant del quocient $x^2 + 9x + 56$ és negatiu i no té més arrels reals. Per tant, l'única solució és $x = 6$, i les arestes de la caixa faran 6, 7 i 8 cm.

Si l'equació és incompleta, sense el terme independent, es recorre a **treure factor comú.** Amb això es redueix el grau dels factors i es resolen més fàcilment.

Exemple 26. Resol l'equació $x^3 - x^2 - 2x = 0$.

Extraient factor comú tenim:

$$x^3 - x^2 - 2x = 0 \rightarrow x\left(x^2 - x - 2\right) = 0 \rightarrow \begin{cases} x = 0 \\ x^2 - x - 2 = 0 \rightarrow \begin{cases} x = -1 \\ x = 2 \end{cases} \end{cases}$$

> **!! Atenció**
>
> Recorda que, si un producte és zero, $A \cdot B = 0$, algun dels seus factors serà zero: $A = 0$, o bé $B = 0$.

Un mètode general per resoldre equacions de grau major que 2 consisteix a utilitzar el mètode de Ruffini per buscar divisors exactes. El divisor $(x - k)$ es correspon amb la solució $x = k$.

Exemple 27. Resol l'equació $x^3 - x^2 - 8x + 12 = 0$.

Es prova de dividir per Ruffini. Com a candidats, es trien els divisors del terme independent: ±1, ±2, ±3, ±4, ±6 i ±12. Després de provar-ne diversos, veiem que amb el 2 resulta:

	1	−1	−8	12
2		2	2	−12
	1	1	−6	0

És a dir, el polinomi es pot factoritzar així: $x^3 - x^2 - 8x + 12 = (x - 2) \cdot \left(x^2 + x - 6\right)$.

$$(x - 2) \cdot \left(x^2 + x - 6\right) = 0 \rightarrow \begin{cases} x - 2 = 0 \rightarrow x = 2 \\ x^2 + x - 6 = 0 \rightarrow \begin{cases} x = 2 \\ x = -3 \end{cases} \end{cases}$$

En altres casos es pot recórrer a les **identitats notables** per obtenir la factorització.

Activitat resolta 6

Resol aquestes equacions:

a) $x^4 - 16 = 0$

b) $\left(x^2 - 16\right) \cdot \left(x^2 - 5x\right) = 0$

c) $3x^3 - 5x^2 - 6x + 8 = 0$

a) Com que és una equació biquadrada, es pot canviar $z = x^2$ i descompondre el resultat fent servir la identitat notable:

$$x^4 - 16 = 0 \rightarrow z^2 - 16 = 0 \rightarrow (z + 4)(z - 4) = 0 \rightarrow \begin{cases} z + 4 = 0 \rightarrow z = -4 \rightarrow \cancel{x^2 = -4}\ x \notin \mathbb{R} \\ z - 4 = 0 \rightarrow z = 4 \rightarrow x^2 = 4 \rightarrow x = \pm 2 \end{cases}$$

b) La mateixa equació ja està parcialment factoritzada. Cada factor es resol per separat:

$$\left(x^2 - 16\right) \cdot \left(x^2 - 5x\right) = 0 \rightarrow \begin{cases} x^2 - 16 = 0 \rightarrow x^2 = 16 \rightarrow x = \pm 4 \\ x^2 - 5x = 0 \rightarrow x(x - 5) = 0 \rightarrow \begin{cases} x = 0 \\ x - 5 = 0 \rightarrow x = 5 \end{cases} \end{cases}$$

c) Els candidats segons el teorema dels nombres racionals són els enters ±1, ±2, ±4, ±8 i els racionals ±1/3, ±2/3, ±4/3, ±8/3.

	3	−5	−6	8
1		3	−2	−8
	3	−2	−8	0
−4/3		−4	8	
	3	−6	0	
2		6		
	3	0		

Les solucions són $x = 1$, $x = 2$ i $x = -4/3$.

Activitats

21. Calcula el valor de k perquè l'equació $3x^3 - x^2 + kx + 4 = 0$ tingui com a solució $x = -2$. Per a aquest valor de k, troba les altres solucions.

22. Troba les solucions de l'equació $(x - 1)^4 - 5(x - 1)^2 + 4 = 0$ utilitzant prèviament el canvi de variable $y = x - 1$.

23. Resol les equacions següents:

a) $x^4 - 4x^2 + 3 = 0$

b) $2x^4 - 11x^2 + 5 = 0$

c) $\left(x^2 + 1\right)x^2 = 5\left(2x^2 - 4\right)$

d) $x^3 - 2x^2 + x = 0$

e) $(3x + 2)\left(x^2 - 4x\right)\left(x^2 - 9\right) = 0$

f) $x^3 - 4x^2 + x + 6 = 0$

8 Equacions racionals

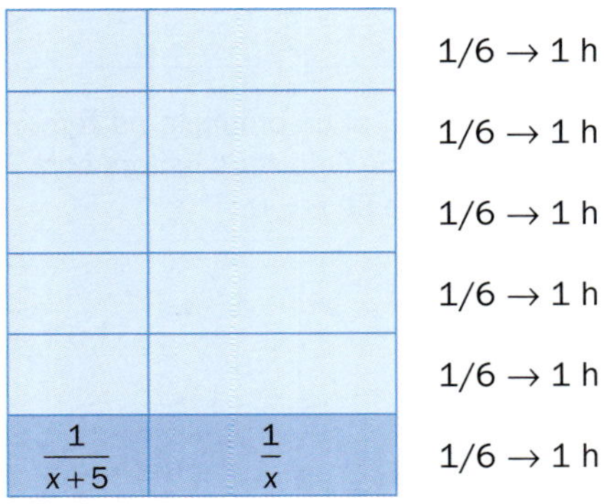

Entre un amic i tu feu un treball en 6 hores, és a dir que en una hora completeu 1/6 del treball. L'última vegada que vau treballar per separat, el teu amic va trigar 5 hores més que tu. Quant vas trigar, tu, a fer-lo? Si anomenes x el temps que trigues tu sol a completar la tasca, llavors, en una hora, hauràs completat $1/x$ de la feina total. El teu amic, en aquesta mateixa hora, haurà completat $1/(x+5)$ del treball, ja que va més lent. Quan treballeu junts, cadascun farà la seva part, i en una hora haureu completat 1/6 del total:

$$\frac{1}{x}+\frac{1}{x+5}=\frac{1}{6}$$

Les **equacions racionals** són equacions plantejades com a fraccions algebraiques, és a dir, com a quocients de polinomis, amb el del denominador no nul. El mètode general per resoldre aquest tipus d'equacions consisteix a eliminar denominadors multiplicant tota l'equació pel denominador comú.

Exemple 28. **Resol l'equació** $\frac{1}{x}+\frac{1}{x+5}=\frac{1}{6}$.

El denominador comú és $6x(x+5)$, i en multiplicar tota l'equació per ell, s'obté:

$$\frac{6\cancel{x}(x+5)}{\cancel{x}}+\frac{6x\cancel{(x+5)}}{\cancel{x+5}}=\frac{\cancel{6}x(x+5)}{\cancel{6}}\rightarrow 6x+30+6x=x^2+5x\rightarrow x^2-7x-30=0$$

L'equació té dues solucions, $x=10$ i $x=-3$.

Quan l'equació racional apareix com una igualtat entre dues fraccions algebraiques, com en una proporció, n'hi ha prou amb multiplicar en creu.

Exemple 29. **Resol l'equació** $\frac{x-1}{x+3}=\frac{3}{x+1}$.

Com que són dues fraccions, n'hi ha prou amb multiplicar en creu per eliminar els denominadors:

$$(x-1)(x+1)=3(x+3)\rightarrow x^2-1=3x+9\rightarrow x^2-3x-10=0\rightarrow\begin{cases}x=-2\\x=5\end{cases}$$

En resoldre equacions racionals, es multipliquen i simplifiquen les expressions algebraiques. Llavors, caldrà comprovar bé les solucions per assegurar-se que ho són de l'equació plantejada.

Activitat resolta 7

Resol l'equació:

$$\frac{20}{x^2-1}+\frac{1}{x-1}=\frac{30}{x^2+x-2}$$

Factoritzem els denominadors: $x^2-1=(x-1)(x+1)$ i $x^2+x-2=(x+2)(x-1)$.

El denominador comú és $(x-1)(x+1)(x+2)$. Multipliquem l'equació per aquest denominador:

$$\frac{20\cancel{(x-1)}\cancel{(x+1)}(x+2)}{\cancel{(x-1)}\cancel{(x+1)}}+\frac{\cancel{(x-1)}(x+1)(x+2)}{\cancel{x-1}}=\frac{30\cancel{(x-1)}(x+1)\cancel{(x+2)}}{\cancel{(x-1)}\cancel{(x+2)}}$$

Resolem l'equació resultant i comprovem les solucions obtingudes en l'equació inicial:

$$20(x+2)+(x+1)(x+2)=30(x+1)\rightarrow x^2-7x+12=0\rightarrow\begin{cases}x=3\rightarrow \text{és una solució vàlida}\\x=4\rightarrow \text{és una solució vàlida}\end{cases}$$

Activitats

24. Dues aixetes triguen dues hores a omplir un dipòsit d'aigua. Si s'omple fent servir només una de les aixetes, se sap que la segona triga tres hores més que la primera. Quant trigarà cada aixeta a omplir el dipòsit?

25. Resol les equacions següents:

a) $\frac{2x}{x-1}-\frac{x+1}{x-2}=1$

b) $\frac{x-2}{x}+\frac{1}{x-1}=1$

c) $\frac{3}{x^2-6x+8}+\frac{x-5}{x^2-5x+4}=\frac{1}{x-4}$

d) $\frac{1-x}{x+3}=\frac{2-x}{x+1}$

9 Equacions amb radicals

Les equacions amb radicals són aquelles en què la incògnita apareix dins d'una arrel. Per resoldre-les, cal eliminar aquesta arrel. Vegem-ne un exemple:

Exemple 30. Una aerolínia estima que el cost mensual dels seus avions és de $C = \sqrt{0{,}5x+2}$ milions d'euros, on x és el nombre de passatgers, en milers. Si durant el mes d'octubre el cost va ser de 2 milions d'euros, quants passatgers van volar amb aquesta aerolínia?

L'equació per resoldre és: $\sqrt{0{,}5x+2} = 2$.

Per solucionar-la, s'eleven al quadrat tots dos membres:

$$\left(\sqrt{0{,}5x+2}\right)^2 = 2^2 \rightarrow 0{,}5x+2=4 \rightarrow x=4$$

Per tant, durant el mes d'octubre amb aquesta aerolínia hi van viatjar 4 000 passatgers.

Les equacions amb radicals es resolen seguint els passos següents:
1. Aïllar l'arrel i deixar-la sola en un membre.
2. Elevar al quadrat tots dos membres de l'equació.
3. Resoldre l'equació resultant.
4. Comprovar-ne les solucions.

!! Atenció

Quan elevis al quadrat hauràs d'aplicar les identitats notables:

$$(a+b)^2 = a^2+2ab+b^2$$
$$(a-b)^2 = a^2-2ab+b^2$$

Observa els exemples següents:

Exemple 31. Resol l'equació $\sqrt{25-x^2} = x+1$.

S'eleven al quadrat tots dos membres: $\left(\sqrt{25-x^2}\right)^2 = (x+1)^2 \qquad 25-x^2 = x^2+2x+1$

$$2x^2+2x-24=0 \rightarrow \begin{cases} x=3 \rightarrow \sqrt{25-3^2} = 3+1 \rightarrow \text{SÍ} \\ x=-4 \rightarrow \sqrt{25-(-4)^2} = -3 \rightarrow \text{NO} \end{cases}$$

La solució $x=-4$ no és solució d'aquesta equació.

S'observa que, quan elevem al quadrat, es poden introduir «**solucions estranyes**». Per aquest motiu, caldrà comprovar la validesa de les solucions trobades.

Exemple 32. Resol l'equació $\sqrt{3x-2} - \sqrt{x-2} = 2$.

En aquest exemple hi ha dues arrels. Primer es deixa una arrel sola a l'esquerra, i s'eleva al quadrat:

$$\sqrt{3x-2} = 2+\sqrt{x-2} \rightarrow \left(\sqrt{3x-2}\right)^2 = \left(2+\sqrt{x-2}\right)^2 \rightarrow 3x-2 = 4+4\sqrt{x-2}+x-2$$
$$2x-4 = 4\sqrt{x-2}$$

Després d'agrupar, s'aïlla l'arrel de la dreta i es torna a elevar al quadrat:

$$(2x-4)^2 = \left(4\sqrt{x-2}\right)^2 \rightarrow 4x^2-16x+16 = 16(x-2) \rightarrow 4x^2-32x+48=0 \rightarrow \begin{cases} x=6 \\ x=2 \end{cases}$$

Finalment, cal comprovar les solucions obtingudes:

$$\begin{cases} x=6 \rightarrow \sqrt{3\cdot 6-2} - \sqrt{6-2} = 2 \rightarrow \sqrt{16}-\sqrt{4} = 2 \rightarrow x=6 \text{ és solució} \\ x=2 \rightarrow \sqrt{3\cdot 2-2} - \sqrt{2-2} = 2 \rightarrow \sqrt{4}-\sqrt{0} = 2 \rightarrow x=2 \text{ és solució} \end{cases}$$

Activitats

26. Resol les equacions següents:

a) $\sqrt{x+7}+5 = x$ *b)* $x+2 = -4\sqrt{x-1}$

c) $x-\sqrt{2x+3} = 6$ *d)* $\sqrt{5x+6}-2x = 3$

e) $\sqrt{x+4} = 1+\sqrt{x-3}$ *f)* $\sqrt{x+2}-\sqrt{x-6} = 2$

27. Quantes solucions té l'equació $x+3\sqrt{x-1} = -1$?

28. Resol les equacions següents:

a) $\sqrt{3x+\sqrt{x+1}} = 7$ *b)* $\sqrt[3]{x+1}+5 = x$

29. Troba un nombre tal que, si li restes 10 unitats, obtens una arrel quadrada d'aquest nombre més 10 unitats.

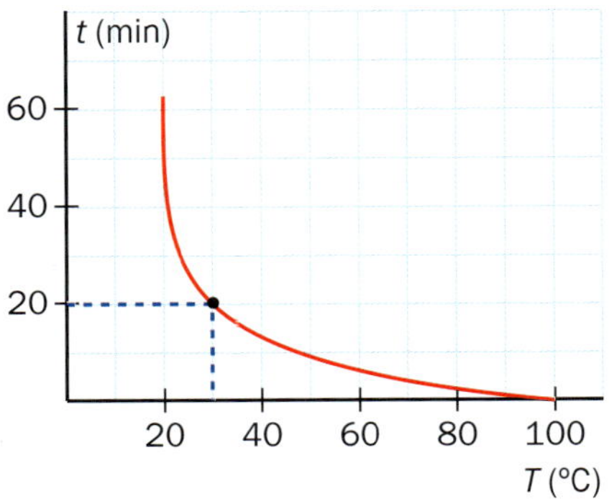

10 Equacions logarítmiques

Una equació logarítmica és una que té una incògnita i que apareix en la base o en l'argument d'un logaritme. Per resoldre aquest tipus d'equacions caldrà aplicar la definició de logaritme, així com les seves propietats.

Exemple 33. A l'hora d'aparcar el cotxe, el motor estava a una temperatura de 100 °C. Si l'exterior del vehicle està a 20 °C, el temps t en minuts que triga el motor a arribar a una certa temperatura T segueix la llei: $\ln\left(\frac{T-20}{80}\right) = -0{,}11t$. Quina serà la temperatura al cap de 20 minuts?

L'equació que volem resoldre és $\ln\left(\frac{T-20}{80}\right) = -2{,}2$. Aplicant la definició de logaritme:

$$\ln\left(\frac{T-20}{80}\right) = -2{,}2 \rightarrow \frac{T-20}{80} = e^{-2{,}2} \rightarrow T = 20 + 80e^{-2{,}2} = 28{,}9°$$

De vegades poden aparèixer solucions estranyes, no vàlides. Recorda que **no existeixen logaritmes amb bases negatives, ni logaritmes de nombres negatius o zero.**

En altres equacions, quan hi ha logaritmes en tots dos costats, caldrà fer servir les propietats dels logaritmes per arribar a una expressió amb un logaritme en cada membre tipus $\log(x) = \log(y)$. Llavors se n'igualen els arguments $x = y$:

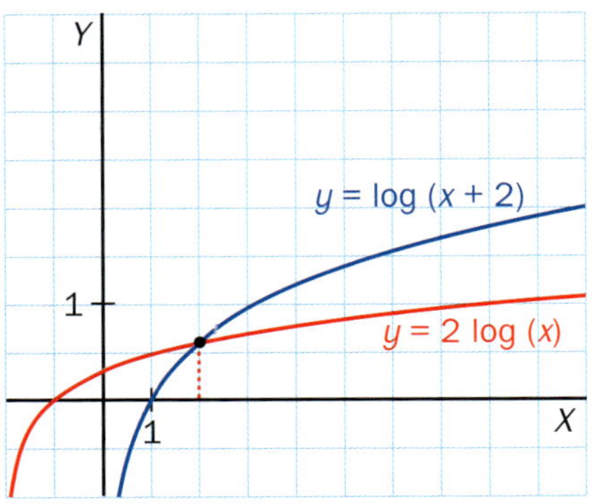

Exemple 34. Resol l'equació $2\log(x) = \log(x+2)$.

Aplicant les propietats dels logaritmes, podem introduir el factor 2 a dins i igualar els arguments:

$$2\log(x) = \log(x+2) \rightarrow \log(x^2) = \log(x+2) \rightarrow x^2 = x+2 \rightarrow \begin{cases} x = 2 \\ \cancel{x = -1} \end{cases}$$

En substituir l'equació $x = -1$, apareix $\log(-1)$, que no existeix, encara que sí que existeixi $\log(1)$.

Si els logaritmes de l'equació tinguessin base diferent, caldria aplicar les fórmules de canvis de base per resoldre les equacions:

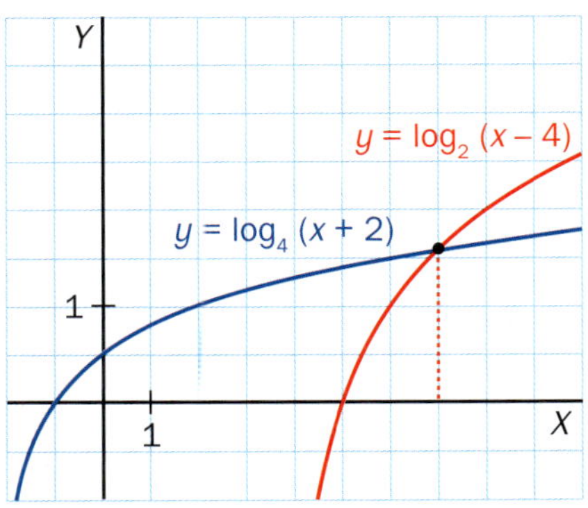

Exemple 35. Resol l'equació $\log_2(x-4) = \log_4(x+2)$.

Aplicant la fórmula del canvi de base, com que $\log_2(4) = 2$, resulta:

$$\log_2(x-4) = \frac{\log_2(x+2)}{\log_2(4)} \rightarrow 2\cdot\log_2(x-4) = \log_2(x+2) \rightarrow \log_2(x^2-8x+16) = \log_2(x+2)$$

I, igualant arguments: $x^2 - 9x + 14 = 0 \rightarrow \begin{cases} \cancel{x = 2} \\ x = 7 \end{cases}$

Estratègies per a la resolució d'equacions logarítmiques:

- Reescriu l'equació de partida de manera que després puguis igualar-ne els arguments:

$$\log(x) = \log(y) \Leftrightarrow x = y$$

- Reescriu una equació logarítmica en forma exponencial: $a^{\log_a(x)} = x$.

Activitats

30. El nivell d'intensitat d'un so es mesura en decibels (dB) i es calcula a partir de: $\beta = 10\cdot\log\left(I/I_0\right)$, on I és la intensitat del so i $I_0 = 10^{-12}\, W/m^2$ és la intensitat llindar d'audició. En parlar en veu alta, el so té una intensitat 500 vegades més gran que un xiuxiueig. Quina diferència, en dB, hi haurà entre els nivells d'intensitat dels dos sons?

31. Resol les equacions logarítmiques següents:

a) $\log(2x+4) = 2$ *b)* $\log(x+5) + \log(3x+5) = \log(18)$

c) $\log_3(x) + \log_9(x) = 3$ *d)* $\log_x(5) + \log_{1/x}(\sqrt{5}) = \log_x(\sqrt{x})$

e) $\log_2(x) = \log_8(x^2+2x)$ *f)* $\log(5-x) + 2\log(x) = \log(12)$

11 Equacions exponencials

Les equacions exponencials són aquelles en què la incògnita apareix com a exponent. Aquest tipus d'equacions apareixen en el càlcul d'interessos, el creixement de poblacions, els models de propagació d'epidèmies, les desintegracions nuclears, les distribucions de probabilitat...

Exemple 36. Se sap que la població mundial es duplica cada 50 anys. En l'actualitat som 7,5 milers de milions d'habitants. Quants anys trigarem a arribar a 1 bilió de persones si seguim a aquest ritme de creixement?

Per poder respondre a aquesta pregunta cal resoldre l'equació:

$$1000 = 7{,}5 \cdot 2^{t/50}$$

En la unitat 1 ja vam aprendre a resoldre aquest tipus d'equacions fent servir logaritmes. N'hi ha prou, per tant, d'utilitzar logaritmes a tots dos costats de l'equació, aplicar les propietats dels logaritmes i aïllar la incògnita per arribar a la solució:

$$\ln(1000) = \ln(7{,}5) + \frac{t}{50}\ln(2) \rightarrow t = \frac{50(\ln(1000) - \ln(7{,}5))}{\ln(2)} \approx 353 \text{ anys}$$

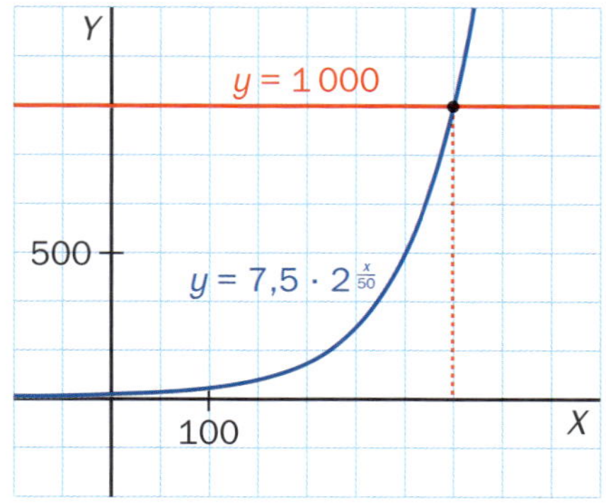

Hi ha altres mètodes de resoldre aquest tipus d'equacions. Per exemple, si es poden descompondre en potències de la mateixa base, s'igualen els exponents:

Exemple 37. Resol l'equació $9^x = 243$.

En aquest exemple, tots dos membres de l'equació són potències de 3: $(3^2)^x = 3^5$. Com que dues potències iguals amb la mateixa base han de tenir el mateix exponent, s'ha de complir que $2x = 5$ i, per tant, $x = 2{,}5$.

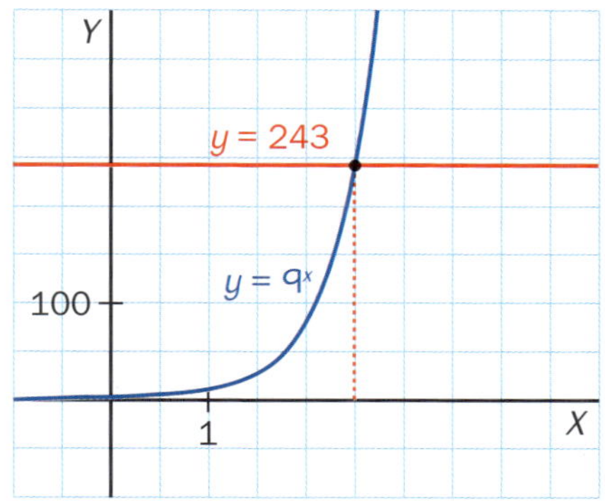

De vegades, un canvi de variable converteix l'equació en una equació algebraica:

Exemple 38. Resol l'equació $9^{x-1} + 3^x = 4$.

Si es descompon la primera potència com a potències de 3, s'obté que $9^{x-1} = 3^{2x}/9$, i llavors és possible fer el canvi de variable $z = 3^x$, que transforma l'equació original en una equació algebraica:

$$\frac{3^{2x}}{9} + 3^x = 4 \xrightarrow{z=3^x} \frac{z^2}{9} + z = 4 \rightarrow z^2 + 9z - 36 = 0 \rightarrow \begin{cases} \cancel{z = -12} & \text{No vàlida.} \\ z = 3 \rightarrow 3^x = 3 \rightarrow x = 1 \end{cases}$$

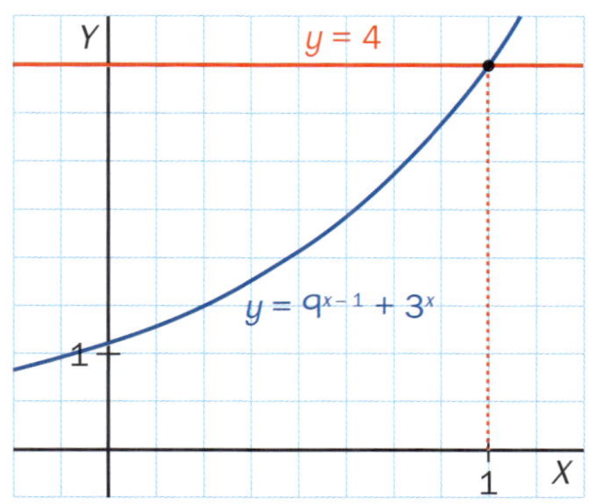

Estratègies per resoldre equacions exponencials:

- Reescriu l'equació com a potències amb la mateixa base en tots dos membres, de manera que puguis igualar-ne els exponents.

$$a^x = a^y \Leftrightarrow x = y$$

- Reescriu una equació exponencial a partir de logaritmes i aplica la definició:

$$\log_a(a^x) = x$$

Activitats

32. Els beneficis d'una empresa creixen de manera exponencial. Tanmateix, si en un moment donat l'empresa té uns recursos limitats o s'enfronta a un competidor potent, aquests beneficis s'ajusten a l'equació $N = \frac{200}{1 + e^{-t}}$ (milions d'euros), on el temps es mesura en anys. Quant temps haurà de passar perquè els beneficis arribin a 198 milions d'euros?

33. Resol les equacions exponencials següents:

a) $3^x = 12$ *b)* $3^{2x-5} = 27$

c) $5^{x^2-x} = 25$ *d)* $2^{x-1} + 3 \cdot 2^x - 2^{x+1} = 24$

e) $2 \cdot 3^{1-x} + 3^{x-1} = 3^x$ *f)* $9^{x-2} + 3^{x+1} = 90$

g) $2^{2x-1} + 2^x = 40$ *h)* $2^x - 4^{x+2} - 2^{-2} = -1$

12 Inequacions de primer grau

Una inequació és una desigualtat entre expressions algebraiques que fa ús d'un d'aquests signes: $>, \geq, <, \leq$.

Actualment, les inequacions es fan servir en camps molt diversos. Així passa, per exemple, en el món dels negocis, on tenen un paper fonamental en el càlcul de costos, ingressos o beneficis.

Exemple 39. Una plataforma de televisió *on-line* ofereix dos tipus de subscripcions: un paquet d'accés total, que val 20 € al mes independentment de quants usuaris estiguin connectats alhora, i un segon paquet per 8 € fixos més 4 € per cada dispositiu extra que accedeixi a la plataforma. Quin tipus de subscripció serà més interessant? Escriu la inequació corresponent.

Si anomenem x el nombre de dispositius que s'hi connectaran, $x-1$ seran els dispositius addicionals que hi connectem. La despesa mensual serà de $8+4(x-1)$. Per saber amb quants dispositius serà més rendible la primera que la segona opció cal resoldre la inequació:

$$20 < 8+4(x-1)$$

La solució d'una inequació estarà formada per tots els valors que verifiquen aquella desigualtat. Per resoldre-la hi ha que operar aïllant la x mitjançant **inequacions equivalents,** és a dir, inequacions que tinguin la mateixa solució, però sempre respectant les propietats de les desigualtats.

!! *Atenció*

En dividir o multiplicar per un nombre negatiu en una inequació, el signe de la desigualtat canvia de sentit.

$$-x > 3 \rightarrow x < -3$$

Inequacions de primer grau

Les inequacions de primer grau es resolen aïllant la incògnita com es fa en les equacions de primer grau, però vigilant quan es tenen coeficients negatius. Recorda que, si $a < b$, llavors $-a > -b$. Les solucions d'una inequació es donen en forma d'interval i se solen representar gràficament.

Exemple 40. En el cas de l'Exemple 39, quants dispositius caldrà connectar perquè la tarifa de 20 € sigui més barata?

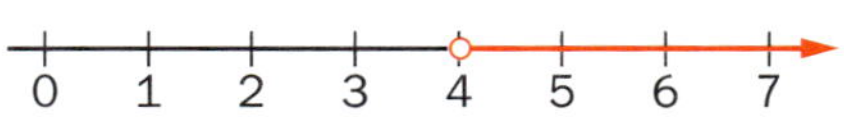

El problema es redueix a resoldre la inequació $20 < 8+4(x-1)$.

$$20 < 8+4(x-1) \rightarrow 20 < 8+4x-4 \rightarrow 20 < 4+4x \rightarrow 20-4 < \cancel{4}+4x-\cancel{4} \rightarrow \frac{16}{4} < \frac{\cancel{4}x}{\cancel{4}} \rightarrow x > 4$$

Per tant, caldrà connectar més de quatre dispositius perquè la tarifa de 20 € surti més rendible.

Exemple 41. Resol la inequació $3x-5 \leq 5x+3$.

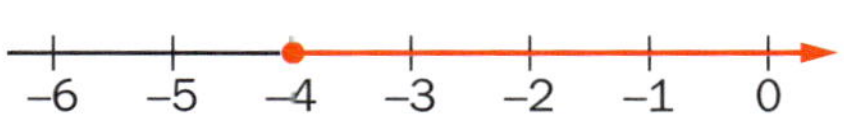

Fem les operacions necessàries per passar totes les incògnites a un costat de la inequació i, tot seguit, aïllem. Es fa com en el cas anterior

$$3x-5 \leq 5x+3 \rightarrow 3x-5x \leq 3+5 \rightarrow -2x \leq 8 \rightarrow x \geq -4$$

La solució és l'interval $x \in [-4, \infty)$.

Activitats

34. Resol les inequacions de primer grau següents:

a) $2x-3 > 4x+5$

b) $2(x-3) \leq x+3(x+4)$

c) $\frac{x-1}{3} + \frac{x+3}{2} < 2(x+1)$

d) $\frac{2(x+1)}{3} - \frac{5(x-3)}{4} \geq \frac{x}{2}$

35. En una botiga de caramels compres gominoles a pes, que surten a 10 €/kg. La balança que fan servir per pesar té un segell de certificació que garanteix una precisió de 5 grams. Segons la balança, has comprat 300 g de gominoles, que t'han valgut 3 €. Quant t'han cobrat de més o de menys?

13 Inequacions de segon grau o superior

Per resoldre inequacions amb una incògnita de grau superior a 1 cal operar com si es tractés d'una equació i, després, determinar els intervals solució.

1. Resoldre l'equació: $x^2 - 3x - 4 < 0$. Arrels: $x = -1$ i $x = 4$.
2. Representar-ne gràficament els intervals.
3. Estudiar els signes en cada zona de la recta real fent una taula, donant valors a x en cada interval. Agafem $x = -2$ per a la primera regió; $x = 2$ per a la segona, i $x = 5$ per a la tercera. Convé organitzar la informació en una taula:

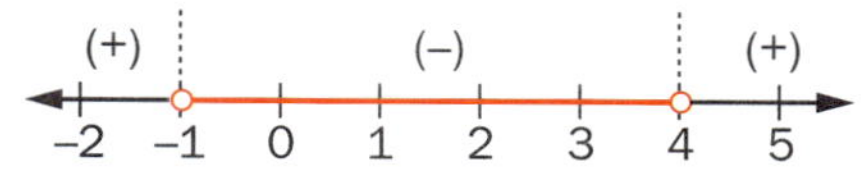

Interval	Valor de x	Valor del polinomi	Conclusió
$(-\infty,-1)$	$x=-2$	$(-2)^2-3\cdot(-2)-4=6$	(+)
$(-1,4)$	$x=2$	$2^2-3\cdot 2-4=-6$	(–)
$(4,\infty)$	$x=5$	$5^2-3\cdot 5-4=6$	(+)

4. Comprovar si les solucions de l'equació pertanyen a les solucions de la inequació. En l'exemple, ni $x = -1$ ni $x = 4$ pertanyen a la solució. Per tant, la solució a la inequació $x^2 - 3x - 4 < 0$ són tots els $x \in (-1,4)$.

Punt d'interès

Si es demana estudiar una inequació i en cap membre hi apareix un zero, cal portar tots els termes a un mateix costat i estudiar-la segons s'explica en el text:

$$x^2 + 2x \leq 3 \rightarrow x^2 + 2x - 3 \leq 0$$

Exemple 42. Resol la inequació $x^2 + 2x - 3 \leq 0$.

Les arrels del polinomi són les solucions de l'equació:

$$x^2 + 2x - 3 = 0 \rightarrow \begin{cases} x = 1 \\ x = -3 \end{cases}$$

Les solucions divideixen la recta real en tres regions: $(-\infty,-3)$, $(-3,1)$ i $(1,\infty)$. En cada una d'aquestes regions, el polinomi tindrà el mateix signe. Triem un valor de cada regió.

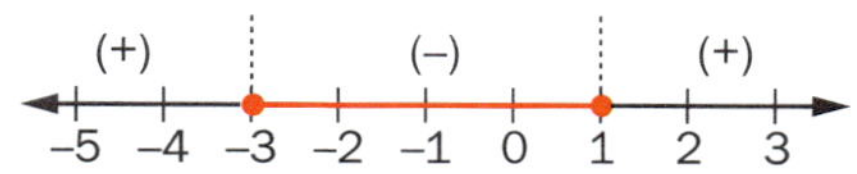

Interval	Valor de x	Valor del polinomi	Conclusió
$(-\infty,-3)$	$x=-4$	$(-4)^2+2\cdot(-4)-3=5$	(+)
$(-3,1)$	$x=0$	$(0)^2+2\cdot(0)-3=-3$	(–)
$(1,\infty)$	$x=2$	$(2)^2+2\cdot(2)-3=5$	(+)

Com que busquem on el polinomi és més petit o igual que zero, l'interval és el $x \in [-3,1]$.

No sempre que el polinomi s'anul·li per a un valor de x canviarà de signe. Per això cal substituir un valor de cada una de les regions.

Exemple 43. Resol la inequació $x^3 - 2x^2 + x > 0$.

El primer que cal fer és resoldre l'equació:

$$x^3 - 2x^2 + x = 0 \rightarrow x(x^2 - 2x + 1) = 0 \rightarrow \begin{cases} x = 0 \\ x^2 - 2x + 1 = 0 \rightarrow x = 1 \end{cases}$$

La recta real es divideix en: $(-\infty,0)$, $(0,1)$ i $(1,\infty)$. Triem un valor de cada regió:

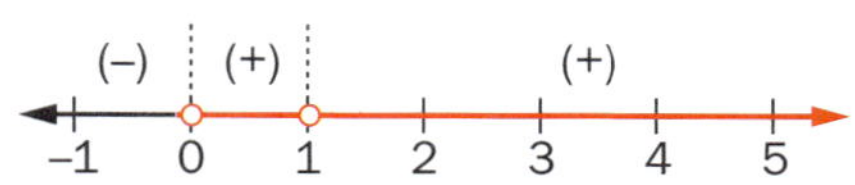

Interval	Valor de x	Valor del polinomi	Conclusió
$(-\infty,0)$	$x=-1$	$(-1)^3-2\cdot(-1)^2+(-1)=-4$	(–)
$(0,1)$	$x=0{,}5$	$(0{,}5)^3-2\cdot(0{,}5)^2+0{,}5=0{,}125$	(+)
$(1,\infty)$	$x=2$	$(2)^3-2\cdot(2)^2+2=2$	(+)

I, com que busquem on el polinomi pren valors estrictament més grans que 0, la solució és la unió de les dues regions $x \in (0,1) \cup (1,\infty)$.

Activitats

36. Resol les inequacions següents:

a) $(3x-2)\cdot(x-1) < 0$ *b)* $x^2 + 3x - 4 \leq 0$

37. La inequació $x^2 + x + 1 > 0$ té una solució inusual. Calcula-la.

14 Inequacions racionals

Quan la inequació es presenta com un quocient, s'opera de manera semblant a la de les inequacions polinòmiques, però cal anar amb compte amb els valors de la incògnita per als quals el denominador s'anul·la. En aquests valors, el quocient no estarà definit, i per tant no pertanyeran mai a la solució.

Per resoldre una inequació racional s'ha de començar escrivint la inequació en forma general, amb l'expressió racional a l'esquerra i el zero a la dreta.

Exemple 44. Resol la inequació $\dfrac{x+2}{x-1} \geq 0$.

El numerador s'anul·la en $x = -2$, , i el denominador en $x = 1$. Per tant, la recta real queda separada en tres intervals: $(-\infty,-2)$, $(-2,1)$ i $(1,\infty)$. Procedim a estudiar els signes en cada interval com vam fer amb les inequacions polinòmiques:

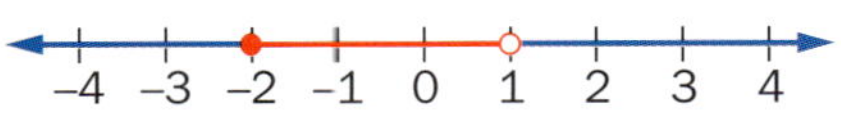

Interval	Valor de *x*	Valor del polinomi	Conclusió
$(-\infty,-2)$	$x=-3$	$\dfrac{-3+2}{-3-1}=\dfrac{-1}{-4}$	(+)
$(-2,1)$	$x=0$	$\dfrac{0+2}{0-1}=\dfrac{2}{-1}$	(−)
$(1,\infty)$	$x=2$	$\dfrac{2+2}{2-1}=\dfrac{4}{1}$	(+)

Com que la desigualtat és més gran o igual, cal incloure en la solució el valor $x=-2$, que anul·la el numerador. Per a $x = 1$, el quocient no està definit. La solució és $x \in (-\infty,-2] \cup (1,\infty)$.

Exemple 45. Resol la inequació $\dfrac{x+1}{2x-2} \leq \dfrac{1}{4}$.

Es passa tot a l'esquerra i s'agrupen els termes per poder fer servir el mètode anterior:

$$\frac{x+1}{2x-2} \leq \frac{1}{4} \rightarrow \frac{x+1}{2(x-1)} - \frac{1}{4} \leq 0 \rightarrow \frac{2(x+1)}{4(x-1)} - \frac{(x-1)}{4(x-1)} \leq 0 \rightarrow \frac{x+3}{4(x-1)} \leq 0$$

El quocient s'anul·la per a $x = -3$ i, a més, no està definit en $x = 1$. Per tant, separem la recta real en tres regions: $(-\infty,-3)$, $(-3,1)$ i $(1,\infty)$, i triem un valor de cada una:

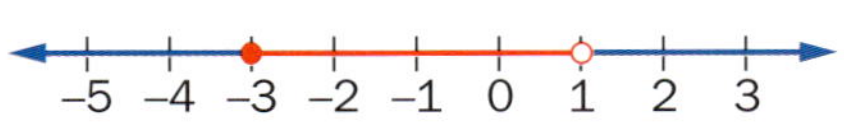

Interval	Valor de *x*	Valor del polinomi	Conclusió
$(-\infty,-3)$	$x=-4$	$\dfrac{-4+3}{4(-4-1)}=\dfrac{-1}{-20}$	(+)
$(-3,1)$	$x=0$	$\dfrac{0+3}{4(0-1)}=\dfrac{3}{-4}$	(−)
$(1,\infty)$	$x=2$	$\dfrac{2+3}{4(2-1)}=\dfrac{5}{4}$	(+)

La solució està formada per l'interval on el quocient és negatiu, juntament amb el punt $x=-3$. El punt $x = 1$ no forma part de la solució, ja que el quocient no està definit en aquest interval. Per tant, la solució correspon a l'interval $x \in [-3,1)$.

Activitats

38. Resol les inequacions racionals següents:

a) $\dfrac{x+2}{x-3} < 0$ *b)* $\dfrac{x^2-5x+6}{x+1} \leq 0$ *c)* $\dfrac{x^2-4}{x^2-6x+9} > 0$

d) $\dfrac{x-4}{4-x^2} > 0$ *e)* $\dfrac{4-x}{x^2-6x+9} > \dfrac{4}{9}$ *f)* $\dfrac{x}{x+1} \leq \dfrac{x+2}{x}$

39. El benefici estimat d'un nou producte que sortirà al mercat segueix la llei $B = 30t/(t^2+1)$ (en milers d'euros), on t és el temps transcorregut en mesos des del llançament del producte. El departament de producció afirma que el cost de fabricació és de 1 000 € al mes. Calcula quan el cost de producció del producte serà més alt que els seus beneficis.

15 Resolució de problemes

Hi ha moltes situacions en l'àrea de l'economia, les finances, la sociologia i moltes altres de l'àmbit social o científic que es poden convertir en expressions algebraiques. Alguns exemples són els càlculs de l'interès, la dinàmica de poblacions i les trajectòries dels planetes. Aquest és el motiu pel qual l'àlgebra és tan útil, perquè permet trobar una solució a un problema determinat, obtenir informació o fer prediccions sobre el que s'està modelant.

Per fer un model que ens ajudi en una situació determinada, convé seguir uns passos que ens permetin a escriure algebraicament situacions descrites en paraules:

1r pas. Identificar la variable. Sol ser la quantitat que volem trobar. S'identifica amb una lectura detallada del problema. Introdueix notació algebraica i posa-li nom. De vegades hi pot haver més d'una variable.

2on pas. Transformar les paraules en expressions algebraiques. Llegeix cada oració del problema i expressa totes les quantitats en termes de la variable anterior. Fer un dibuix o una taula pot ajudar.

3er pas. Formular el model. Busca la dada o la relació entre totes les quantitats del pas anterior, de manera que puguis escriure una equació o inequació amb aquesta relació.

4rt pas. Resoldre i comprovar. Resol l'equació o inequació, comprova'n la validesa i interpreta la solució en el context del problema. Expressa finalment la solució amb una oració que respongui a la pregunta plantejada al problema.

Exemple 46. **S'han invertit 5 000 € a principis d'any en dos dipòsits. Un d'ells ha donat un 5 % d'interès, i l'altre, un 4 %. Si quan acaba l'any s'han obtingut 232 € d'interès en total, quina quantitat es va invertir en cada dipòsit?**

Identificar la variable — Ens demanen quina quantitat s'ha invertit en cada dipòsit; per tant, anomenem x la quantitat invertida al 5 %.

Transformar paraules en àlgebra — Com que es van invertir 5 000 €, la quantitat invertida al 4 % serà $5\,000 - x$. Escrivim la resta de les quantitats en llenguatge algebraic:

Paraules	Àlgebra
Quantitat invertida al 5 %	x
Quantitat invertida al 4 %	$5\,000 - x$
Quantitat guanyada al 5 %	$0{,}05x$
Quantitat guanyada al 4 %	$0{,}04\,(5\,000 - x)$

Formular el model — A final d'any s'han guanyat 232 € en total. L'equació és:

$$\underbrace{0{,}05x}_{\text{Guanyat al 5 \%}} + \underbrace{0{,}04(5\,000 - x)}_{\text{Guanyat al 4 \%}} = \underbrace{232}_{\text{Total guanyat}}$$

Resoldre i comprovar — Es resol l'equació pel mètode habitual:

$$0{,}05x + 0{,}04(5\,000 - x) = 232 \rightarrow 0{,}01x = 32 \rightarrow x = 3\,200\text{ €}$$

El resultat té sentit, es guanyen 160 € en el primer i 72 € en el segon. Per tant, s'han invertit 3 200 € al 5 % d'interès, i 1 800 € al 4 %.

Activitats

40. Una projecció a futurs d'una empresa financera preveu un creixement mitjà dels salaris del 3% anual fins a l'any 2030, i un augment dels beneficis en la venda de l'1 % anual. Si l'empresa té un cost salarial de 3 milions d'euros i un benefici en vendes de 4 milions d'euros, quant trigaran a igualar-se les dues quantitats?

41. Un parc temàtic ofereix dos tipus d'entrades: l'entrada A, que val 50 € l'entrada i 0,20 € cada atracció en la qual es pugi, i l'entrada B, que val 20 € i 0,80 € cada atracció. De quantes atraccions haurem de gaudir perquè sigui més rendible l'entrada A?

D'un cop d'ull!

Regla de Ruffini

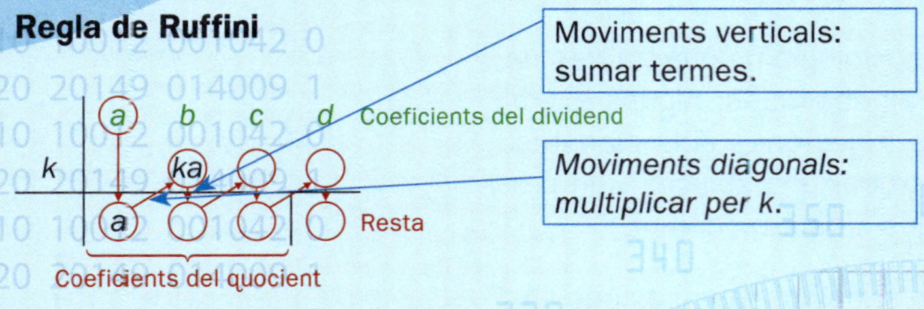

Identitats notables

$$(a+b)^2 = a^2 + 2ab + b^2$$

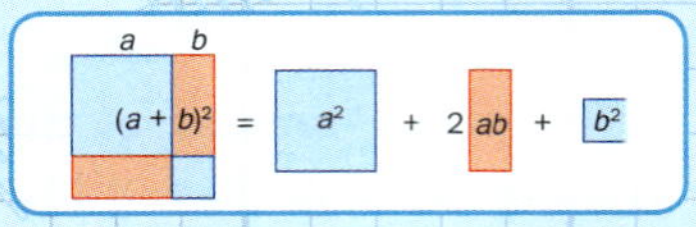

$$(a-b)^2 = a^2 - 2ab + b^2$$

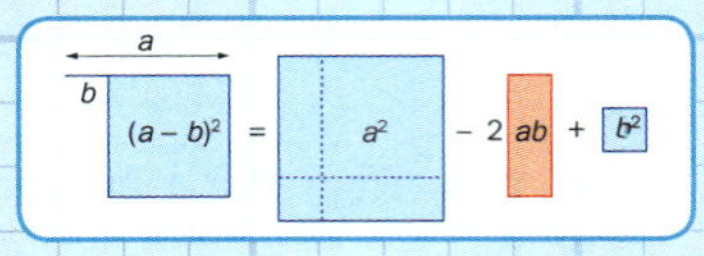

$$(a+b)\cdot(a-b) = a^2 - b^2$$

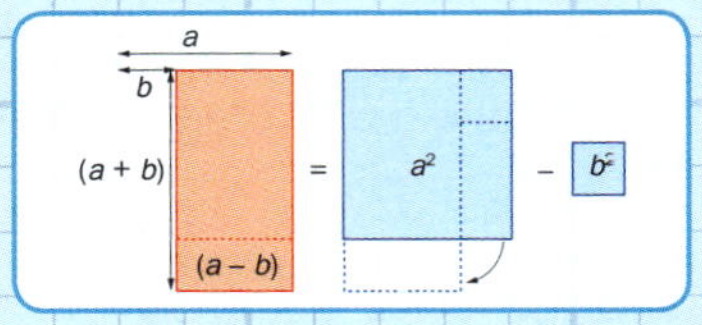

Zeros racionals

Teorema dels zeros racionals: si un polinomi $P(x) = a_n x^n + \ldots + a_1 x + a_0$ té tots els coeficients enters, cada una de les seves arrels racionals serà de la forma $\frac{a}{b}$, amb a i b enters i primers entre ells. A més, a és un factor de a_0, i b és un factor de a_n.

Expressions racionals

Dues expressions racionals són **equivalents** si:

$$\frac{P(x)}{Q(x)} = \frac{R(x)}{S(x)} \Leftrightarrow P(x)\cdot S(x) = Q(x)\cdot R(x)$$

Operacions amb expressions racionals

- Per **sumar** o **restar expressions racionals,** primer es passen a comú denominador, i després se sumen o es resten els seus numeradors.
- Per **multiplicar expressions racionals,** es multipliquen els numeradors i es divideixen entre el producte dels seus denominadors.
- Per **dividir expressions racionals,** s'inverteix el divisor i es multipliquen.

Factorial d'un nombre

Rep el nom de factorial d'un nombre el producte d'aquest nombre per tots els seus naturals anteriors:

$$n! = n\cdot(n-1)\cdot(n-2)\cdot\ldots\cdot 2\cdot 1$$

Nombres combinatoris

El nombre combinatori m sobre n, sent m i n dos nombres sencers positius o 0, val:

$$\binom{m}{n} = \frac{m!}{n!(m-n)!}$$

Propietats dels nombres combinatoris

$$\binom{m}{0} = 1 \quad \binom{m}{m} = 1 \quad \binom{m}{n} = \binom{m}{m-n} \quad \binom{m-1}{n-1} + \binom{m-1}{n} = \binom{m}{n}$$

Binomi de Newton

La fórmula que permet calcular la potència n d'un binomi es coneix amb el nom de binomi de Newton:

$$(a+b)^n = \binom{n}{0}a^n + \binom{n}{1}a^{n-1}b + \binom{n}{2}a^{n-2}b^2 + \ldots + \binom{n}{n-1}ab^{n-1} + \binom{n}{n}b^n$$

Equacions

Equacions polinòmiques

- **Biquadrades:** $ax^4 + bx^2 + c = 0$. Es redueix a una equació de segon grau fent el canvi $z = x^2$.
- **Equacions generals** de grau major que 3: es descompon en factors el polinomi.

Equacions racionals

- Eliminar els denominadors multiplicant pel mcm.
- Resoldre l'equació polinòmica resultant.
- Comprovar la validesa de les solucions.

Equacions radicals

- Aïllar l'arrel i deixar-la isolada en un membre.
- Elevar al quadrat tots dos membres.
- Resoldre l'equació resultant.
- Comprovar la validesa de les solucions.

Expressions exponencials i logarítmiques

- Reescriure l'equació de partida agrupant exponents o logaritmes, per després poder-los treure:

$$a^x = a^y \Leftrightarrow x = y$$

$$\log(x) = \log(y) \Leftrightarrow x = y$$

- Reescriure l'equació logarítmica en forma exponencial o a l'inrevés, aplicant la definició de logaritme:

$$\log_a(a^x) = x \qquad a^{\log_a(x)} = x$$

Inequacions

- **De primer grau:** aïlla la incògnita com es fa en les equacions i ves amb compte amb els coeficients negatius de la incògnita. Expressa la solució en forma d'interval.
- **Polinòmiques i racionals:**
  - Escriure tots els termes a l'esquerra, i a la dreta deixar-hi un 0.
  - Trobar tots els zeros de les expressions de la inequació.
  - Separar els intervals en la recta real.
  - Substituir un representant de cada interval per conèixer el signe de la inequació.

ACTIVITATS RESOLTES

Activitat resolta 8

Divideix, fent servir el mètode de Ruffini, el polinomi:

$$2x^3 - 3x^2 + x - 5 \text{ entre } x - 2$$

Col·loquem els coeficients del dividend i el terme independent del divisor, i procedim amb el mètode:

	2	−3	1	−5
2		4	2	6
	2	1	3	1

Per tant, el quocient és el polinomi $2x^2 + x + 3$, i el residu és 1.

Activitat resolta 9

Utilitza la fórmula del binomi de Newton i escriu el desenvolupament de $(2x-3)^5$.

Segons la fórmula del binomi: $(a+b)^5 = a^5 + 5a^4b + 10a^3b^2 + 10a^2b^3 + 5ab^4 + b^5$.

Ara se substitueix $a = 2x$ i $b = -3$:

$$(2x-3)^5 = 32x^5 - 240x^4 + 720x^3 - 1080x^2 + 810x - 243$$

Activitat resolta 10

Resol l'equació:

$$\frac{(2x+4)^2}{5} - \frac{x+3}{2} = \frac{2x+1}{5}$$

Multipliquem l'equació pel denominador comú, 10: $2(2x+4)^2 - 5(x+3) = 2(2x+1)$.

Traiem parèntesis fent servir les identitats notables i la propietat distributiva:

$$8x^2 + 32x + 32 - 5x - 15 = 4x + 2$$

Es transposen els termes, es passa tot a l'esquerra i s'agrupa: $8x^2 + 23x + 15 = 0$.

Resolem aplicant la fórmula: $x = \dfrac{-23 \pm \sqrt{529 - 480}}{16} = \dfrac{-23 \pm 7}{16} = \begin{cases} x = -1 \\ x = \dfrac{-15}{8} \end{cases}$

Activitat resolta 11

Determina el valor que ha de tenir *k* perquè l'equació $x^2 + kx + 1 = 0$ no tingui solució.

L'equació no tindrà solució si el discriminant és negatiu $(b^2 - 4 \cdot a \cdot c < 0)$, o sigui, si $k^2 - 4 < 0$. La gràfica de la paràbola $x^2 - 4$ val zero per a $x = 2$ i $x = -2$, i és negativa entre aquests dos valors. Per tant, $k^2 - 4$ serà negatiu per a $k \in (-2, 2)$ i, per aquest motiu, l'equació inicial no tindrà solució.

Activitat resolta 12

Resol les equacions:

a) $(x^2 - 5) \cdot (x^2 - 5x) \cdot x = 0$

b) $2x^4 - 3x^2 - 9 = 0$

a) L'equació està formada per tres factors. Les solucions seran els valors que anul·lin cada un dels factors: $(x^2 - 5) \cdot (x^2 - 5x) \cdot x = 0 \to \begin{cases} x^2 - 5 = 0 \to x = \pm\sqrt{5} \\ x^2 - 5x = 0 \to \begin{cases} x = 0 \\ x = 5 \end{cases} \\ x = 0 \end{cases}$

b) Per resoldre l'equació biquadrada fem el canvi de variable $z = x^2$, que transforma l'equació inicial en una altra de segon grau:

$$2z^2 - 3z - 9 = 0 \to z = \frac{3 \pm \sqrt{9 + 72}}{4} = \frac{3 \pm 9}{4} = \begin{cases} z = 3 \\ z = \dfrac{-3}{2} \end{cases}$$

La solució $z = \dfrac{-3}{2}$ no es correspon amb cap valor real de x, mentre que la solució positiva es correspon amb les solucions $x = \sqrt{3}$ i $x = -\sqrt{3}$.

Activitat resolta 13

Resol l'equació:

$$(x^2 - 1)^2 - 2(x^2 - 1) - 4 = 0$$

És possible fer el canvi de variable $z = x^2 - 1$, i d'aquesta manera, l'equació es converteix en una de segon grau: $z^2 - 2z - 4 = 0 \to z = \dfrac{2 \pm \sqrt{4 + 16}}{2} = \begin{cases} z = 1 + \sqrt{5} \\ z = 1 - \sqrt{5} \end{cases}$

Si es desfà el canvi de variable:

$$x^2 - 1 = 1 + \sqrt{5} \to x^2 = 2 + \sqrt{5} \to x = \pm\sqrt{2 + \sqrt{5}} \approx \pm 2{,}058$$

$$x^2 - 1 = 1 - \sqrt{5} \to \cancel{x^2 = 2 - \sqrt{5}} \; x \notin \mathbb{R}$$

ACTIVITATS RESOLTES

Activitat resolta 14

Resol les equacions:

a) $2x^3 - 7x^2 - 5x + 4 = 0$

b) $\dfrac{3x-1}{x+2} - \dfrac{x}{x+1} = \dfrac{7}{12}$

a) En aquest cas cal factoritzar el polinomi utilitzant el mètode de Ruffini. Per fer-ho, s'han de provar els candidats racionals: ±1, ±2, ±4 i ±1/2.

	2	−7	−5	4
−1		−2	9	−4
	2	−9	4	0
4		8	−4	
	2	−1	0	
1/2		1		
	2	0		

Les arrels del polinomi, i solucions de l'equació, resulten ser: $x = -1$, $x = 4$ i $x = 1/2$.

b) El denominador comú és $12(x+1)(x+2)$. Si multipliquem tota l'equació per aquest denominador, obtenim l'equació següent: $12(x+1)(3x-1) - 12(x+2)x = 7(x+2)(x+1)$.

Ara s'operen els parèntesis i s'agrupen, de manera que s'obté l'equació:

$$17x^2 - 21x - 26 = 0 \rightarrow \begin{cases} x = 2 \\ x = \dfrac{-13}{17} \end{cases}$$

Activitat resolta 15

Resol l'equació:

a) $\sqrt{x-1} + \sqrt{x+4} = 5$

b) $\log(2x-3) - \log(3x-1) = -\log(2)$

a) És una equació radical amb dues arrels. Seguim els passos per resoldre-la: s'aïlla una arrel i s'eleva al quadrat. Així: $\sqrt{x-1} = 5 - \sqrt{x+4} \rightarrow \left(\sqrt{x-1}\right)^2 = \left(5 - \sqrt{x+4}\right)^2$.

$$x - 1 = 25 + x + 4 - 10\sqrt{x+4} \rightarrow 10\sqrt{x+4} = 30 \rightarrow \sqrt{x+4} = 3$$

Com que continua tenint una arrel, es torna a elevar al quadrat: $x + 4 = 9 \rightarrow x = 5$.

Hem de comprovar si la solució obtinguda és vàlida. Substituïm en l'equació del principi: $\sqrt{5-1} + \sqrt{5+4} = 5 \rightarrow 2 + 3 = 5$; com que compleix l'equació, afirmem que $x = 5$ és solució.

b) Aplicant les propietats dels logaritmes, podem agrupar:

$$\log\left(\frac{2x-3}{3x-1}\right) = \log\left(\frac{1}{2}\right) \rightarrow \frac{2x-3}{3x-1} = \frac{1}{2} \rightarrow 4x - 6 = 3x - 1 \rightarrow x = 5$$

Activitat resolta 16

Resol la inequació:

$$\frac{x^2 - 2x - 8}{x + 1} \le 0$$

Comencem calculant les arrels dels polinomis del numerador i del denominador:

$$x^2 - 2x - 8 = 0 \rightarrow \begin{cases} x = 4 \\ x = -2 \end{cases}$$

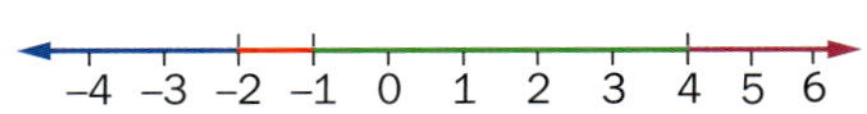

$$x + 1 = 0 \rightarrow x = -1$$

Aquestes arrels divideixen la recta real en quatre regions: $(-\infty, -2)$, $(-2, -1)$, $(-1, 4)$ i $(4, \infty)$.

Agafem un valor de cada interval i el substituïm en la inequació:

Interval	Valor de *x*	Valor de l'expressió	Conclusió
$(-\infty, -2)$	$x = -3$	$\frac{(-3)^2 - 2(-3) - 8}{-3+1} = \frac{7}{-2}$	(−)
$(-2, -1)$	$x = -1{,}5$	$\frac{(-1{,}5)^2 - 2(-1{,}5) - 8}{-1{,}5+1} = \frac{-2{,}75}{-0{,}5}$	(+)
$(-1, 4)$	$x = 0$	$\frac{0^2 - 0 - 8}{0+1} = \frac{-8}{1}$	(−)
$(4, \infty)$	$x = 5$	$\frac{5^2 - 10 - 8}{5+1} = \frac{7}{6}$	(+)

A més, sabem que l'expressió val zero en $x = -2$ i en $x = 4$. Per tant, la solució és la unió dels intervals: $(-\infty, -2] \cup (-1, 4]$.

ACTIVITATS

Expressions algebraiques i polinomis

42. Calcula el valor numèric dels polinomis donats per als valors de les variables que s'indiquen:

a) $x^2 - 3x + 2$ per a $x = -2$ *b)* $\dfrac{x^2 + x - 2}{\ln(x+2)}$ per a $x = -1$

c) $\sqrt{x^2 + 2^x}$ per a $x = -4$ *d)* $x^2 + 2y^3$ per a $x = 2$ i $y = -2$

43. Donats els polinomis $P(x) = 2x^3 + x^2 - 2x + 1$ i $Q(x) = x^4 + 3$, calcula les operacions següents:

a) $P(x) + Q(x)$ *b)* $P(x) - Q(x)$ *c)* $P(x) \cdot Q(x)$

44. Fes les operacions amb polinomis següents:

a) $3(x-2)^2 - (x+3)(x+2)$

b) $(y+2)(y^2-1) - 6(y+3)(y+1)^2$

c) $\left(\dfrac{2}{5}m - \dfrac{1}{2}\right) \cdot \left(\dfrac{3}{5}m + \dfrac{1}{2}\right) - m^2$

d) $(4x^2 - 3x + 2)^2$

45. Fes les divisions següents i indica'n el quocient i el residu:

a) $(3x^4 - 2x^3 + 4x^2 - 3x + 1) : (x^2 + 2x - 2)$

b) $(6x^4 + 7x^3 - 11x^2 - 1) : (2x^2 + 3x - 2)$

c) $(3x^5 - 6x^4 + 3x^3 - 2x^2 + x - 4) : (x^2 + x - 2)$

d) $(2x^4 + x^3 - 4x^2 + 2x + 1) : \left(x + \dfrac{1}{2}\right)$

46. Fes les divisions següents utilitzant la regla de Ruffini i indica'n el quocient i el residu:

a) $(2x^3 + 5x^2 - 3x + 1) : (x + 1)$

b) $(3x^4 - 2x^3 + 5x^2 + 2x + 1) : (x + 3)$

c) $(3x^5 - 6x^4 + 3x^3 - 2x^2 + x - 4) : (x - 2)$

d) $(2x^4 + x^3 - 4x^2 + 2x + 1) : \left(x + \dfrac{1}{2}\right)$

47. En les divisions de l'exercici anterior, comprova la seva correcció amb la propietat fonamental de la divisió: «*el dividend és igual al divisor pel quocient més el residu*».

48. Calcula aplicant identitats notables:

a) $(2x + x^2)^2$ *b)* $(3x^2 - y)^2$ *c)* $(x^3 - 8) \cdot (x^3 + 8)$

49. El perímetre d'un rectangle fa 50 cm i la seva alçada mesura x. Calcula l'expressió algebraica de la seva àrea.

50. D'un cartró de 2 dm de llarg i 3 d'ample es tallen quatre quadrats dels vèrtexs per formar una caixa. Obtén l'expressió algebraica del volum de la caixa en funció del costat del quadrat tallat.

51. Escriu l'expressió algebraica de l'àrea de la regió pintada de la figura.

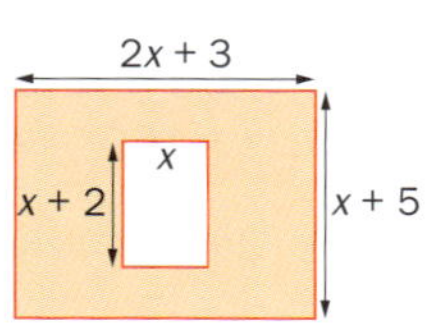

Factorització

52. Determina el valor de a perquè:

a) $(x^2 + ax + 4)$ sigui divisible entre $(x + 3)$.

b) La divisió $(x^4 + ax^2 - 5x + 6) : (x + 3)$ tingui residu 4.

c) En dividir $(x^4 - 3x^3 + ax^2 - 5x + 6) : (x - 2)$, el residu sigui -2.

53. Determina els valors de a i b perquè el polinomi $2x^4 - 3x^3 + ax^2 - 2x + b$ sigui divisible entre $(2x^2 - 5x + 3)$.

54. Quins valors de a fan que el polinomi $x^2 - 3x + a$ tingui arrels enteres? Hi ha diverses solucions possibles. Troba'n com a mínim dues de diferents. Existeix alguna regla general?

55. Escriu un polinomi que tingui com a arrels $x = 3$, $x = 2$ i $x = -4$. En pots escriure un altre amb el coeficient del terme dominant igual a 3?

56. Calcula els valors de a i b perquè el polinomi $3x^3 - 2x^2 + ax + b$ tingui com a arrels $x = 2$ i $x = -3$. Després calcula'n la tercera arrel.

57. El polinomi $x^{100} - 1$ és divisible entre $x - 1$? Utilitza el teorema del residu per descobrir-ho.

58. Un polinomi té un terme independent de 5. Pot tenir com a arrel $x = 0$?

59. Factoritza els polinomis següents:

a) $x^3 + 6x^2 + 3x - 10$ *b)* $x^3 - x^2 - 8x + 12$

c) $x^3 + 10x^2 + 7x - 18$ *d)* $x^3 - x^2 - 14x + 24$

e) $x^4 + 4x^3 - 7x^2 - 22x + 24$ *f)* $x^4 - 25x^2 + 144$

60. Aplica el teorema dels zeros racionals per factoritzar els polinomis següents:

a) $2x^3 - 5x^2 - 9x + 18$ *b)* $6x^3 - x^2 - 2x$

c) $4x^3 + 16x^2 - x - 4$ *d)* $-12x^3 + 20x^2 + 23x + 5$

61. Els polinomis següents tenen arrels irracionals. Factoritza'ls per Ruffini i troba-les:

a) $x^3 - 3x^2 - 8x + 24$ *b)* $x^3 - 2x^2 - 4x + 3$

c) $x^3 + x^2 - 8x - 6$ *d)* $x^4 + 3x^3 - x^2 - 9x - 6$

62. Els polinomis següents tenen factors irreductibles. Troba'n la descomposició en factors:

a) $x^3 + 2x^2 + 2x + 4$ *b)* $x^3 - 2x^2 - 2x - 3$

c) $x^3 - 4x^2 + 7x - 6$ *d)* $x^4 - 1$

63. Escriu l'expressió algebraica per a l'àrea d'una corona circular de radis r i $r + 2$. Escriu-ne l'expressió factoritzada.

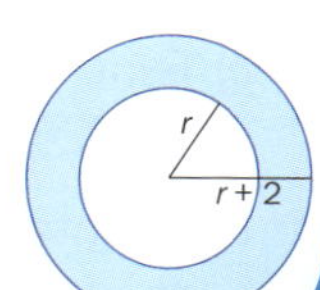

ACTIVITATS

Expressions racionals

64. Calcula el domini de les expressions racionals següents:

a) $\frac{3x+2}{x^3-7x+6}$ *b)* $\frac{x}{x^2-3x}$ *c)* $\frac{3x+1}{x^2+1}$

65. Simplifica les expressions racionals següents:

a) $\frac{x+1}{x^2-1}$ *b)* $\frac{2x^2+4x}{2x}$ *c)* $\frac{x^3-3x+2}{x^3-2x^2-5x+6}$

d) $\frac{(2-x)^2-4}{x}$ *e)* $\frac{\left(\frac{1}{3+x}-\frac{1}{3}\right)}{x}$ *f)* $\frac{\left(\frac{x}{2}-1\right)}{x-2}$

66. Fes les operacions següents:

a) $4-\frac{x+2}{x-3}$ *b)* $\frac{1}{x}-\frac{2}{x^2}+3$

c) $\frac{1}{x+2}-\frac{3x}{x^2-4}$ *d)* $\frac{3x+2}{x^2-4x+3}+\frac{3}{x^2-5x+6}$

67. Fes les operacions següents i simplifica'n el resultat tant com sigui possible:

a) $\frac{x^2}{x+3}\cdot\frac{x^2+2x-3}{x^2-x}$ *b)* $\frac{x-1}{3x+6}\cdot\frac{x+2}{x-3}\cdot\frac{3x}{x^2-x}$

c) $\frac{x^2-5x+6}{x^2+x-6}:\frac{x-3}{x}$ *d)* $\frac{4x+8}{x^2-4}:\left(\frac{1}{x-2}-\frac{1}{x+2}\right)$

Binomi de Newton

68. Calcula els nombres combinatoris següents

a) $\binom{5}{2}$ *b)* $\binom{7}{4}$ *c)* $\binom{10}{5}$ *d)* $\binom{12}{3}$

69. Comprova que $\binom{3}{2}+\binom{3}{3}=\binom{4}{3}$. És vàlida la igualtat $\binom{m}{n-1}+\binom{m}{n}=\binom{m+1}{n}$?

70. Aplicant el desenvolupament del binomi de Newton corresponent, desenvolupa les expressions següents:

a) $(x+3)^3$ *b)* $(2x+3)^4$

c) $(3+\sqrt{3})^4$ *d)* $(2x+\sqrt[3]{x})^6$

71. Quin és el coeficient del terme de grau 3, x^3, en el desenvolupament de $(2x+4)^5$?

72. Després de quatre anys, un capital de 1 200 € invertit en un interès compost x es multiplica per $(1+x)^4$:

a) Escriu el capital final de la inversió.

b) Utilitzant el binomi de Newton, desenvolupa l'expressió.

c) Fent ús de la calculadora, avalua l'expressió per a $x=1\,\%$ $(x=0{,}01)$, $x=2\,\%$ $(x=0{,}02)$ y $x=10\,\%$ $(x=0{,}1)$.

d) Quants termes del polinomi necessites per obtenir l'aproximació de les centèsimes?

Equacions. Solució i interpretació gràfica

73. Són equivalents les equacions següents?

a) $x-3=0$ i $x^2-9=0$

b) $x+1=0$ i $x^2+x=0$

c) $x+1=4$ i $x^2-6x+9=0$

74. Indica si $x=-2$ és solució de les equacions següents:

a) $\log(x^2+2)=1$ *b)* $x^2-5x-14=0$

c) $\sqrt{-x+6}-x=4$ *d)* $2^{-x}+\cos(\pi x)=5$

75. Escriu dues equacions diferents que tinguin com a solució $x=3$.

76. Escriu dues equacions que tinguin com a solucions $x=-3$, $x=0$ i $x=2$.

Equacions polinòmiques

77. Resol les equacions següents:

a) $\frac{x+2}{3}-\frac{x}{2}=1-\frac{2x+3}{6}$

b) $(x+2)^2=(2x-1)(x+1)-x^2$

c) $\frac{x-1}{\sqrt{3}}=\frac{\sqrt{3}}{x+1}$ *d)* $(x+4)(x-4)=20$

78. Resol les equacions biquadrades següents:

a) $x^4-169x^2+3600=0$ *b)* $x^4+x^2=4x^2-2$

c) $4x^4-37x^2+9=0$ *d)* $x^6-9x^3+8=0$

79. Resol les equacions següents traient factor comú:

a) $x^4-5x^3+4x^2=0$

b) $x(x^2-1)+2(x^2-1)=0$

c) $(x-3)(x^2+1)+(x-3)^2=(1-x)(x-3)$

d) $x^3+2x^2-x-2=0$

80. Resol les equacions següents aplicant les identitats notables:

a) $x^2-1=0$ *b)* $(x^2-3)(x^2-4)=0$

c) $x^2-8x+16=0$ *d)* $(x^2-4x+4)(x^2+6x+9)=0$

81. Resol les equacions següents factoritzant pel mètode de Ruffini:

a) $x^3-7x+6=0$ *b)* $x^3-3x^2-x+3=0$

c) $x^4-x^3-7x^2+x+6=0$ *d)* $2x^4-5x^3+5x-2=0$

82. Un objecte es llança verticalment cap amunt a una velocitat de 100 m/s. L'equació de la seva trajectòria ve donada per: $h(t)=100t-4{,}9t^2$.

a) Quant trigarà l'objecte a arribar a una altura de 400 m?

b) Quant temps trigarà a caure a terra?

83. Segons estudis antropomètrics estadístics, l'estatura d'una persona (E) està relacionada amb la mida del seu fèmur (F) mitjançant l'expressió:

$$\text{Dones: } E = 1{,}94 \cdot F + 72{,}84$$

$$\text{Homes: } E = 1{,}88 \cdot F + 81{,}31$$

a) Quant mesurarà el fèmur d'una dona de 170 cm d'estatura?

b)) Quant mesurarà el fèmur d'un home de la mateixa estatura?

84. Una bola de billar té un volum de 76,6 cm^3. Calcula'n el radi.

85. Quant ha de valer b perquè l'equació $2x^2 + bx + 4{,}5 = 0$ tingui exactament una solució? Per a quins valors de b no hi ha solució?

86. Donada l'equació $x^2 + (m+2)x + (n-1) = 0$, se sap que la suma de les solucions és -6, i el seu producte, 8. Calcula els valors de m i n. Calcula, així mateix, les solucions de l'equació.

87. El $x(\%)$ de x és 16. Quant val x?

88. L'Andrea té més diners que el Carles. Si l'Andrea donés al Carles 20 €, tots dos tindrien els mateixos diners, i si el Carles donés a l'Andrea 22 €, ella tindria el doble de diners que ell. Quants diners té cadascun?

89. Amb una fulla de paper de forma quadrada de 20 cm de costat es tallen uns quadrats dels vèrtexs per formar una caixa que resulta tenir 576 cm^3. Quina és l'altura de la caixa?

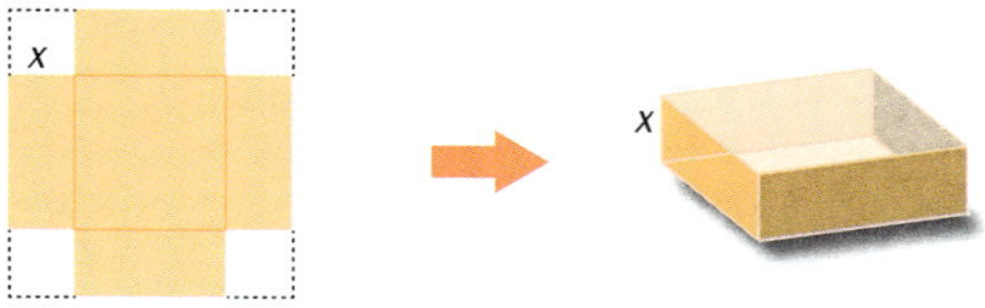

90. Els costats d'un triangle rectangle són tres múltiples de 3 consecutius. Quant mesuren aquests costats?

Equacions racionals i radicals

91. Resol les equacions racionals següents. Converteix-les en equacions polinòmiques. No t'oblidis de comprovar-ne les solucions.

a) $\dfrac{1}{x} - \dfrac{5}{x^2} + \dfrac{6}{x^3} = 0$ *b)* $\dfrac{x}{x+1} + \dfrac{x+1}{x} = \dfrac{8x+1}{x^2+x}$

c) $x^3 - \dfrac{1}{x^3} = \dfrac{15624}{125}$ *d)* $\dfrac{x-1}{x} + \dfrac{x-3}{x-4} = \dfrac{2x-3}{x-1}$

92. Resol les equacions radicals següents. No t'oblidis de comprovar-ne les solucions:

a) $\sqrt{x-1} = 13$ *b)* $\sqrt{7x-3} = 2x-3$

c) $x + \sqrt{10x-4} = 10$ *d)* $\sqrt{x-5} + \sqrt{3x+7} = 10$

93. La resta dels inversos de dos nombres consecutius és 1/30. Quant valen aquests dos nombres?

94. Un compartiment estanc té una aixeta que l'omple en sis hores, mentre que una altra triga vuit hores a omplir-lo. A més, té un desguàs que el buida en quatre hores. Quant trigarà l'estanc a omplir-se si s'obren totes dues aixetes i el desguàs alhora?

Equacions exponencials i logarítmiques

95. Resol les equacions exponencials següents:

a) $2^{3x+1} = 2\sqrt[3]{2}$ *b)* $4^x + 4^{x+1} = 80$

c) $2^{2x+1} - 5 \cdot 2^x + 2 = 0$ *d)* $3^{x+1} - 3^x + 3^{x-1} = 21$

e) $5^x - \dfrac{1}{5^{x-2}} = 24$ *f)* $9^x - 28 \cdot 3^{x-1} + 3 = 0$

96. Resol les equacions logarítmiques següents. No t'oblidis de comprovar la validesa de les solucions.

a) $2\log(x-1) = 1 + \log\left(x + \dfrac{1}{10}\right)$

b) $3\log(x) + 2 = 2(3 - \log(x))$

c) $\log(x+3) - \log(2) = 2\log(x)$

d) $\log_{27}(x) + \log_9(x) + \log_3(x) = 7$

e) $\log(2) + \log(11 - x^2) = 2\log(5-x)$

f) $\log(2) + \log(4^{x-2} + 9) = 1 + \log(2^{x-2} + 1)$

97. Una població de bacteris es duplica cada dotze hores. Si inicialment la colònia tenia 120 individus, quant trigarà a tenir-ne més de 12 milions?

Inequacions

98. Resol les inequacions següents i representa'n el resultat:

a) $3x + 7 \le 2x + 8$ *b)* $x - 3(x+1) > 4x + 5$

c) $\dfrac{3x-2}{2} < 2x + 3$ *d)* $\dfrac{x+3}{5} - \dfrac{2x-1}{3} \le \dfrac{x-1}{15} + 2$

e) $(x-3)^2 > (x+2)^2$ *f)* $\dfrac{2x^2-1}{2} \ge (x-1)^2$

99. Resol les inequacions següents i representa'n el resultat:

a) $(x+2)(x-3) \le 0$ *b)* $x^2 + 3x - 4 < 0$

c) $x(x-5) > 6$ *d)* $x(x+3)(x-2) \ge 0$

100. Resol les inequacions següents representa'n el resultat:

a) $\dfrac{x-1}{x} < 0$ *b)* $\dfrac{x-2}{x+3} < 0$

c) $\dfrac{x^2-3x+2}{x+1} > 0$ *d)* $\dfrac{1}{x} + \dfrac{5}{x^2} + \dfrac{6}{x^3} \ge 0$

101. Un cotxe es desplaça en línia recta a una velocitat que oscil·la entre 60 i 90 km/h. Entre quines distàncies des del punt de partida es trobarà al cap de deu hores?

102. Es mesura el costat d'un quadrat i el seu valor resulta ser de 13 cm, amb un possible error de ±0,2 cm. Determina l'interval de valors de la seva àrea.

Un món matemàtic

103. Calcula el menor nombre enter k per al qual l'equació $x(kx-8)-3x^2+6=0$ no té arrels reals.

104. Resol l'equació
$x+\sqrt{x^2+\sqrt{x^3+1}}=0.$

105. Resol l'equació
$2\cdot 2^2\cdot 2^3\cdot \ldots \cdot 2^x=4^{68}.$

106. Resol l'equació
$\log_2\left(\log_3\left(\log(x)\right)\right)=1.$

107. Resol l'equació
$\sqrt[3]{x^2+2x}=\sqrt{x+2}.$

108. Troba l'equació d'un polinomi de segon grau $P(x)=ax^2+bx+c$ que prengui els valors $P(-1)=9$, $P(1)=1$ i $P(2)=6$.

109. Compres un sac de patates que val 0,5 € el quilo. Els sacs tenen 2,5 kg, amb una precisió de ±100 g. Quin és el rang del preu que has de pagar?

110. S'inverteixen 2 000 € a un interès variable durant 3 anys. Si l'interès variarà entre l'1 % i el 3 %, quants diners es tindran al final?

111. Uns estudis sobre psicologia han mostrat que, per una prova de 40 preguntes, el nombre de respostes correctes obtingudes segueix la llei:

$$N=40\left(1-e^{-0.12n}\right)$$

on n és el nombre de vegades que s'intenta la prova. Quants intents caldran per obtenir 30 encerts?

112. El departament de màrqueting observa que, quan un producte es ven a un preu p, el nombre d'unitats venudes d'aquest producte segueix l'equació $N=12000-150p$.

a) Escriu l'equació per al total guanyat per la venda de les N unitats.

b) Troba el preu màxim que es pot posar al producte segons aquest model si N ha de ser positiu.

c) Calcula el preu del producte si es volen guanyar 236 250 €.

113. Una empresa que fabrica cotxes té uns costos fixos de 3,5 milions d'euros l'any. A més, els costos de producció de x unitats és de $C=1+0{,}01x$ milions d'euros. Si el preu de cada vehicle al mercat és de 20 000 euros:

a) Quants cotxes haurà de vendre l'empresa per cobrir únicament els costos de producció?

b) Quants cotxes haurà de vendre per cobrir el total de costos?

c) Si ven més de 500 vehicles, a quant pugen els seus beneficis?

114. L'efectivitat dels anuncis emesos per la televisió depèn de les vegades que el veu una persona. Una empresa de publicitat estima que, si es mesura l'efectivitat en una escala de 0 a 10, aquest valor és:

$$E=\frac{n}{3}\left(2-\frac{n}{30}\right)$$

on n és el nombre de vegades que un telespectador veu l'anunci. L'anunci deixa de ser efectiu quan la seva efectivitat és menor que 5,1.

a) Quantes vegades s'ha de visualitzar un anunci perquè la seva efectivitat valgui 10?

b) Per a quin interval de visualitzacions és efectiu l'anunci?

Resol l'enigma

CASTAÑO

DEL CRIM IMPERFECTE... AL CRIM PERFECTE

Les matemàtiques ajuden a resoldre casos policials

Després de trobar el cos de la Solange, la policia va prosseguir amb la seva investigació...

Així, van descartar el robatori, ja que a la casa no faltava res, i van descartar també el delicte sexual, perquè el cos de la Solange no mostrava indicis d'aquest tipus d'agressió.

Els policies van corroborar, a més, la coartada de la Lucila, perquè la noia havia sortit de casa a les 7:30, tal com va confirmar el seu cap en afirmar que ella es trobava al seu lloc de treball a les 8:39. Així mateix, els agents van comprovar que la Lucila va trucar a la seva amiga al mòbil i al fix diversos cops...

Tanmateix, el cas va fer un gir de 180° quan el pèrit policial va fixar l'hora del crim entre la 1 i les 7 del matí, mentre la Lucila encara era a casa.

Totes les mirades es van centrar aleshores en la noia... Com va aconseguir la policia aquesta dada? Vegem: la temperatura d'un cos, *T* (en °C), pot modelar-se en funció del temps *t* (en minuts) mitjançant la llei de refredament de Newton:

$$T(t) = 30 + Me^{-kt}$$

On *m* i *k* són dues constants per determinar, i 30°C és la temperatura ambient. Gràcies a aquesta fórmula és possible certificar l'hora d'una mort.

Tanmateix, mentre totes les mirades se centraven en la Lucila, el metge de la divisió d'homicidis va fixar la mort entre les 7 i les 10... Malgrat que es van buscar proves per afinar aquesta troballa, s'havien perdut les dades que fixaven inicialment l'hora de la mort entre la 1 i les 7 del matí. La policia va demanar, així, als forenses, l'anàlisi d'un líquid present en tots els cadàvers: el líquid vitri, que permet ubicar la data i el rang horari d'un decés.

Per desgràcia, el líquid s'havia contaminat, i la seva anàlisi ja no oferia dades vàlides per inculpar la Lucila de l'assassinat de la seva amiga.

Com a resultat de tot plegat, la Lucila va sortir del judici absolta de tots els càrrecs.

4. Sistemes d'equacions i d'inequacions

En Marc i la Nora han comprat una casa als afores que està situada a més de 10 km de distància de l'escola dels seus fills. Perquè les noves circumstàncies afectin com menys millor els seus compromisos laborals, decideixen repartir-se els trajectes setmanals per portar els fills a l'escola. Així, acorden que, com a molt, faran nou viatges entre tots dos. L'horari laboral d'en Marc és més flexible i, a més, la seva feina queda més a prop de l'escola. Per tant, ell farà, com a mínim, cinc viatges. La feina de la Nora està més lluny de l'escola, però ella es compromet a fer, com a mínim, dos viatges per setmana. No obstant això, tots dos acorden que el pare faci, com a mínim, tres viatges més que la mare. Quan sap la situació d'en Marc i la Nora, l'avi es compromet a portar els nets un dia fix a la setmana per completar, així, un total de deu viatges setmanals, i també els comenta que, si cal, pot fer algun altre viatge.

Com s'haurien de distribuir els viatges setmanals el pare i la mare per portar els fills a l'escola? Creus que l'assignació del nombre de viatges a cadascun d'ells és única perquè es compleixin les condicions acordades? Creus que l'avi hauria de fer més d'un viatge per setmana?

En aquesta unitat aprendràs:

1. Sistemes de dues equacions lineals
2. Sistemes de tres equacions lineals
3. Sistemes d'equacions no lineals
4. Sistemes d'inequacions
5. Plantejament i resolució de problemes

1 Sistemes de dues equacions lineals

Busca dos nombres la suma dels quals sigui dotze... Segur que pots trobar moltes parelles de nombres que compleixin aquesta condició, com, per exemple: $10+2$; $-3+15$; $1{,}8+10{,}2$... De fet, l'equació que resol aquest problema és una **equació lineal amb dues incògnites** de la forma $x+y=12$, que té infinites solucions. Per obtenir-ne cadascuna, n'hi ha prou amb aïllar una de les incògnites en funció de l'altra. Per exemple, $y=12-x$. Llavors, si s'anomena $x=\lambda$, resulta: $y=12-\lambda$. Les infinites solucions d'aquesta equació són els parells de nombres reals de la forma $(\lambda, 12-\lambda)$, amb $\lambda \in \mathbb{R}$. Si es dibuixa en un pla de coordenades cada parella de nombres solució, tots els punts apareixeran alineats formant una recta com la del marge.

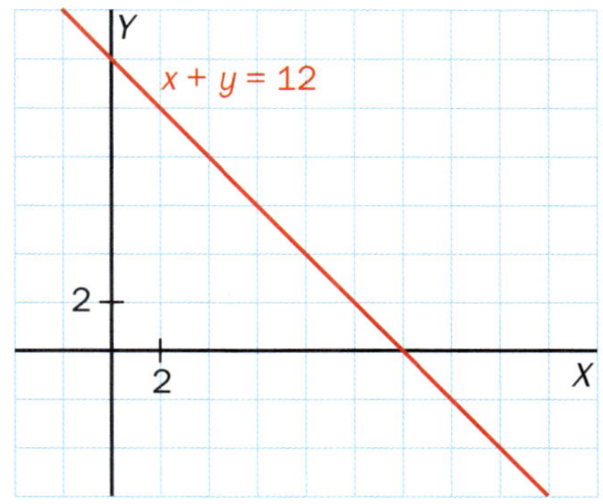

Una **equació lineal amb dues incògnites** és una expressió algebraica de la forma

$ax+by=c$, on a, b i c són nombres reals i x i y són les incògnites.

Una equació lineal amb dues incògnites representa una recta en el pla.

!! Atenció

En una equació lineal a i b no poden ser nuls simultàniament.

I què passa si s'hi afegeix a més, com a condició, que els nombres cercats es diferenciïn en quatre unitats ($x-y=4$)? El que passa és que ara s'haurà de buscar una parella de nombres que compleixin, alhora, les dues equacions. És a dir, s'obté un sistema de dues equacions lineals amb dues incògnites:

$$\begin{cases} x+y=12 \\ x-y=4 \end{cases} \text{ que té per única solució } x=8,\ y=4$$

És a dir, l'única parella que compleix ambdues condicions és $(8,4)$.

Un **sistema de dues equacions lineals amb dues incògnites** x i y presenta generalment aquesta forma:

$\begin{cases} ax+by=c \\ a'x+b'y=c' \end{cases}$ on a, b, a' i b' s'anomenen **coeficients,** mentre que c i c' són els **termes independents.**

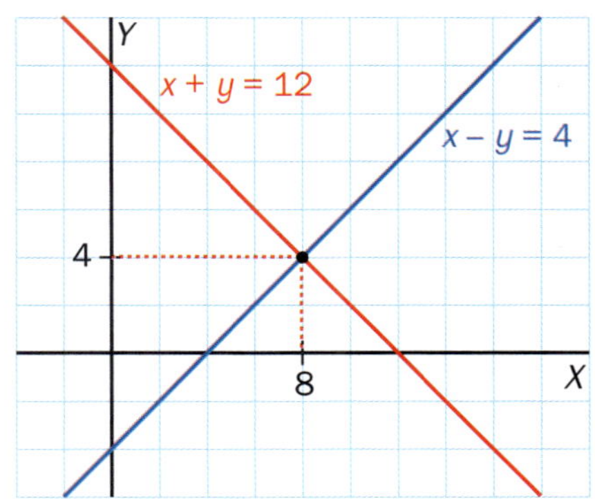

Un sistema de dues equacions lineals amb dues incògnites representa dues rectes en el pla. En el gràfic del marge hi ha les dues rectes i el punt d'intersecció entre elles, que, alhora, és la solució del sistema de les dues equacions lineals amb dues incògnites.

Exemple 1. **Una empresa ha dissenyat un nou model de sabatilles de *running*, i les seves característiques més destacades són el color i l'amortiment. La fabricació comporta uns costos fixos de 200 000 €, i uns costos variables de 20 € per cada parell. El preu de venda d'un parell d'aquestes sabatilles és de 70 €. Quants parells haurà de vendre per estar en equilibri, és a dir, per no tenir ni pèrdues ni guanys?**

Sigui x el nombre de sabatilles fabricades. El cost total en euros de fabricar x parells de sabatilles és: $C = 200\,000 + 20x$. Mentre que els ingressos en euros per la venda de x parells de sabatilles són: $I = 70x$. El punt d'equilibri s'assoleix quan els ingressos coincideixen amb els costos, és a dir, quan $C = I$. Per tant, el punt buscat serà la solució d'aquest sistema:

$$\begin{cases} C = 200\,000 + 20x \\ C = 70x \end{cases}$$

O, el que és equivalent, el valor que resol l'equació:

$$200\,000 + 20x = 70x \Rightarrow 50x = 200\,000 \Rightarrow x = 4\,000$$

L'empresa haurà de vendre 4 000 parells de sabatilles de *running* perquè els ingressos i els costos estiguin equilibrats amb un valor de 280 000 € i, per tant, no es produeixin guanys ni pèrdues. Si venen més de 4 000 parells de sabatilles hi haurà guanys, mentre que si en venen menys, hi haurà pèrdues.

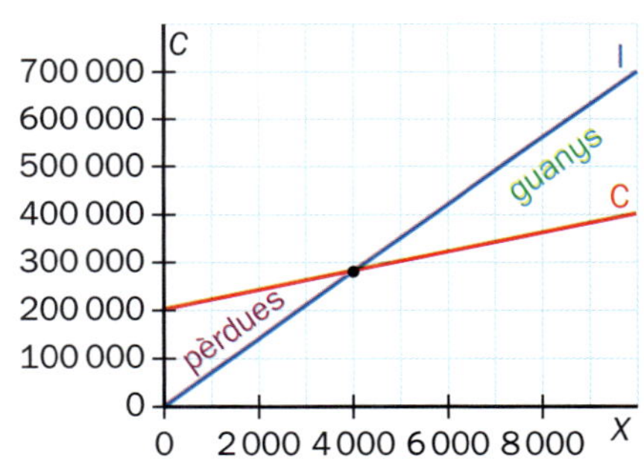

Mètodes de resolució

Per resoldre sistemes de dues equacions amb dues incògnites es poden utilitzar els **mètodes de substitució, d'igualació** o **de reducció.** Amb aquests mètodes, aconseguim reduir el sistema de dues equacions amb dues incògnites a una única equació amb una incògnita.

Mètode de substitució:

Amb el mètode de substitució escollim una de les equacions i aïllem una de les incògnites. A continuació, substituïm la incògnita aïllada a l'equació no escollida i obtenim, així, una equació amb una incògnita, que haurem de resoldre.

Resol aquest sistema pel mètode de substitució:

$$\begin{cases} 4x+5y=2 \\ 3x-y=11 \end{cases}$$

Aïllem y de la 2a equació (ja que és la incògnita que té el coeficient més senzill) i tenim:

$$y=3x-11$$

Després, substituïm la 1a equació i resolem:

$$4x+5(3x-11)=2 \Rightarrow 4x+15x-55=2 \Rightarrow$$

$$\Rightarrow 19x=57 \Rightarrow x=\frac{59}{17}=3$$

Tot seguit, substituïm $x=3$ en l'equació on hem aïllat y: $y=3x-11$; $y=3\cdot 3-11=-2$.

La solució del sistema és: $x=3$, $y=-2$.

Mètode d'igualació:

Amb el mètode d'igualació aïllem la mateixa incògnita de totes dues equacions i, després, igualem les expressions obtingudes, i obtenim una equació amb una incògnita.

Resol aquest sistema pel mètode d'igualació:

$$\begin{cases} x+6y=-2 \\ 3x+5y=7 \end{cases}$$

Aïllem x: $\begin{cases} x=-2-6y \\ x=\dfrac{7-5y}{3} \end{cases}$

Llavors, igualem i resolem: $-2-6y=\dfrac{7-5y}{3} \Rightarrow$

$$\Rightarrow -6-18y=7-5y \Rightarrow -13y=13 \Rightarrow y=\frac{13}{-13}=-1$$

Ara substituïm $y=-1$ en qualsevol de les dues equacions on hem aïllat x; per exemple:

$$x=-2-6y \text{ y } x=-2-6\cdot(-1)=4$$

La solució del sistema és: $x=4$, $y=-1$.

Mètode de reducció:

Amb el mètode de reducció hem de trobar nombres que, quan els multipliquem pels coeficients de cadascuna de les equacions i en sumem les equacions obtingudes, eliminem una de les incògnites. Els nombres pels quals multipliquem cada equació s'han de triar de manera que els coeficients de la mateixa incògnita en cadascuna de les equacions siguin oposats.

Resol aquest sistema pel mètode de reducció:

$$\begin{cases} 2x+3y=-4 \\ 5x-2y=3 \end{cases}$$

Si triem eliminar la incògnita y, multipliquem per 2 la primera equació $(2E_1)$ i multipliquem per 3 la segona equació $(3E_2)$. Així, obtenim un sistema equivalent on els coeficients de la variable y són nombres oposats.

Quan sumem aquestes dues equacions, obtenim una equació amb una sola variable.

$$\begin{cases} 2x+3y=-4 \xrightarrow{2E_1} \\ 5x-2y=3 \xrightarrow{3E_2} \end{cases} \begin{cases} 4x+6y=-8 \\ + \\ 15x-6y=9 \\ \hline 19x=1 \end{cases}$$

Llavors, $x=\dfrac{1}{19}$. A continuació, substituïm $x=\dfrac{1}{19}$ en una de les equacions originals i aïllem y:

$$2\cdot\frac{1}{19}+3y=-4 \Rightarrow 3y=-4-\frac{2}{19} \Rightarrow 3y=-\frac{78}{19} \Rightarrow y=-\frac{26}{19}$$

La solució és: $x=\dfrac{1}{19}$, $y=-\dfrac{26}{19}$.

Classificació segons el nombre de solucions

Segons el nombre de solucions que tinguin els sistemes d'equacions, aquests es poden classificar en els següents casos:

Sistemes incompatibles (SI): són els que no tenen solució.

Sistemes compatibles (SC): són els que tenen solució, i poden ser de dos tipus:

- **Sistemes compatibles determinats (SCD),** si només tenen una solució.
- **Sistemes compatibles indeterminats (SCI),** si tenen infinites solucions.

Quan representem gràficament un sistema de dues equacions amb dues incògnites obtenim dues rectes en el pla, que poden donar lloc a aquestes situacions:

Si les rectes són **paral·leles** i, per tant, no tenen cap punt en comú, el sistema no té solució i és un **(SI).**

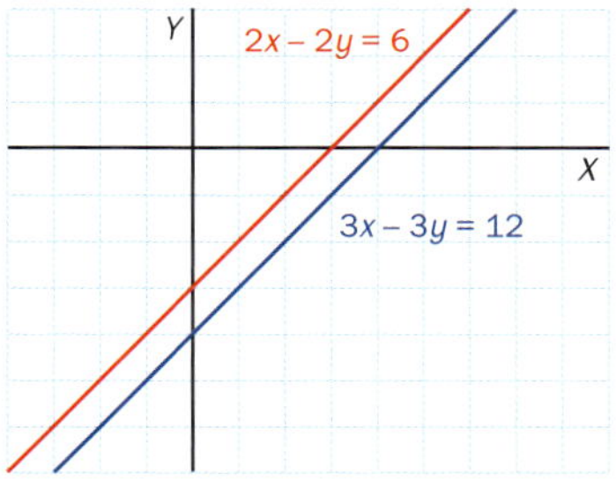

Resol analíticament i gràficament aquest sistema:

$$\begin{cases} 3x-3y=12 \\ 2x-2y=6 \end{cases}$$

Multipliquem la primera equació per 2, i la segona per (-3). Així:

$$\begin{cases} 6x-6y=24 \\ -6x+6y=-18 \end{cases}$$

Si sumem ambdues equacions en resulta $0=6$.

El sistema no té solució i les dues rectes són paral·leles.

Si les rectes es tallen en un punt, són **secants** i tenen una única solució. El sistema és un **(SCD).**

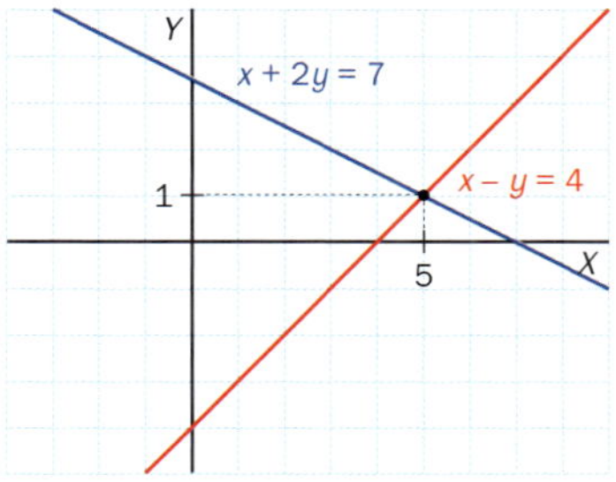

Resol analíticament i gràficament aquest sistema:

$$\begin{cases} x-y=4 \\ x+2y=7 \end{cases}$$

Aïllem x de la primera equació i substituïm en la segona, de manera que en resulta:

$$x=4+y \Rightarrow 4+y+2y=7 \Rightarrow$$
$$\Rightarrow 3y=3 \Rightarrow y=1$$

Per tant $x=4+1=5$. El sistema té una única solució: $x=5$, $y=1$. Per tant, es tracta de dues rectes secants que es tallen en el punt $(5,1)$.

Si les dues rectes són la mateixa, diem que són **coincidents.** El sistema té infinites solucions i és un **(SCI).**

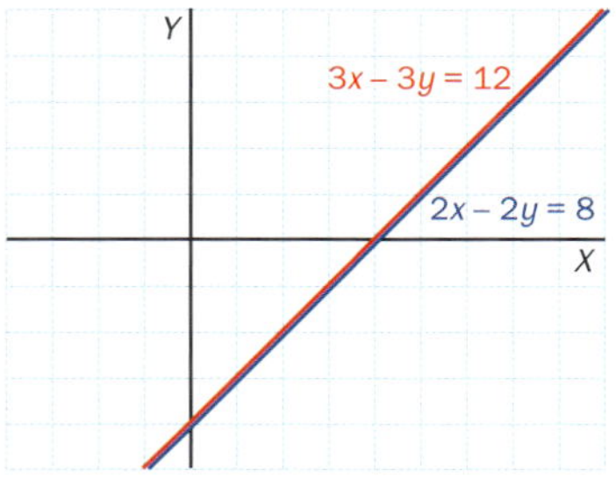

Resol analíticament i gràficament aquest sistema:

$$\begin{cases} 3x-3y=12 \\ 2x-2y=8 \end{cases}$$

Multipliquem la primera equació per 2 i la segona per (-3). Així:

$$\begin{cases} 6x-6y=24 \\ -6x+6y=-24 \end{cases}$$

Les dues equacions són iguals i n'hi ha prou amb resoldre una sola de les dues incògnites. Llavors podem fer $x=\lambda$ a la primera equació. Així:

$$3\lambda-3y=12 \Rightarrow -3y=12-3\lambda \Rightarrow y=-4+\lambda$$

El sistema té infinites solucions de la forma:

$$x=\lambda;\ y=-4+\lambda;\ \lambda \in \mathbb{R}$$

Les dues rectes tenen infinits punts en comú i són coincidents.

Activitats

1. Resol el sistema *a)* per substitució, el *b)* per igualació i el *c)* i el *d)* per reducció, i comprova'n les solucions.

a) $\begin{cases} 2x+3y=6 \\ -5x+2y=-2 \end{cases}$ *b)* $\begin{cases} -x+5y=6 \\ 2x+4y=10 \end{cases}$

c) $\begin{cases} -x+5y=6 \\ 2x+4y=10 \end{cases}$ *d)* $\begin{cases} 2x+3y=6 \\ -5x+2y=-2 \end{cases}$

2. Resol aquests sistemes analíticament i gràficament. Classifica'ls segons el nombre de solucions:

a) $\begin{cases} 2x+3y=6 \\ -5x+2y=-2 \end{cases}$ *b)* $\begin{cases} 2x-3y=6 \\ 2(x-2)+y=7y-2x+8 \end{cases}$

c) $\begin{cases} \dfrac{2x+3}{4}-\dfrac{y-2}{5}=1 \\ 10x-4y=-3 \end{cases}$ *d)* $\begin{cases} \dfrac{3}{2}x-y=4 \\ \dfrac{1}{2}x+\dfrac{3}{4}y=10 \end{cases}$

2 Sistemes de tres equacions lineals

Quan el nombre d'equacions és superior a dues, els mètodes anteriors poden no ser útils. En funció del tipus de sistema que hàgim de resoldre, procedirem d'una manera o d'una altra.

!! Atenció

Dos sistemes són equivalents si tenen la mateixa solució.

Sistemes escalonats

Diem que un sistema de tres equacions i tres incògnites està **escalonat** per files si, en la primera equació, el coeficient de x és diferent de zero; en la segona equació, el coeficient de x és zero i el coeficient de y és diferent de zero; i en la tercera equació, els coeficients de x i y són nuls, però el coeficient de z és diferent de zero.

Punt d'interès

En els sistemes amb el mateix nombre d'equacions que d'incògnites, els sistemes escalonats s'anomenen triangulars.

Exemple 2. **Resol aquest sistema escalonat:** $\begin{cases} \mathbf{3x - 2y + z = 4} \\ \mathbf{5y + 3z = 1} \\ \mathbf{3z = 6} \end{cases}$

De l'última equació del sistema, n'obtenim el valor de: $z = \frac{6}{3} = 2$.

Substituint el valor de z a la segona equació, obtenim el valor de y.

$$5y + 3z = 1 \Rightarrow 5y = 1 - 3z \Rightarrow 5y = 1 - 6 \Rightarrow 5y = -5 \Rightarrow y = -1$$

I, finalment, substituint els valors de z i y en la primera equació, obtenim el valor de x:

$3x - 2(-1) + 2 = 4 \Rightarrow 3x = 0 \Rightarrow x = 0$. Així, la solució del sistema és: $x = 0$, $y = -1$, $z = 2$.

Mètode de Gauss

Punt d'interès

En tots els sistemes podem comprovar si la solució obtinguda és correcta: només s'ha de substituir al sistema inicial i comprovar que verifica totes les equacions.

El **mètode de Gauss,** atribuït al matemàtic C. F. Gauss, consisteix a transformar un sistema qualsevol en un sistema equivalent escalonat perquè la seva resolució sigui més senzilla. Les operacions permeses per transformar un sistema en un altre d'equivalent són:

- Intercanviar dues equacions.
- Multiplicar una equació per un nombre diferent de zero.
- Substituir una equació per una combinació lineal d'aquella equació i d'altres del sistema.

Per aconseguir eliminar les incògnites, utilitzem el terme que conté la incògnita d'una de les equacions com a referència. Aquest terme s'anomena **pivot,** perquè amb aquest es fan totes les operacions. Tot i que no és imprescindible, sí que aconsellem que el coeficient sigui 1. Per aconseguir-ho, podem intercanviar equacions o bé dividir-les per algun nombre.

Exemple 3. **Resol aquest sistema d'equacions:** $\begin{cases} \mathbf{x + y + z = 7} \\ \mathbf{2x - y + z = 5} \\ \mathbf{x - y + 2z = 6} \end{cases}$

Per arribar a un sistema escalonat, de manera que la primera equació tingui les tres incògnites (x, y, z), la segona dues (y, z), i la tercera, només una, z, comencem prenent com a pivot el terme x de la primera equació. Els passos que hem de seguir fins a eliminar la x a les equacions són aquests:

1r pas: eliminem la x de la 2a i la 3a equacions. Per fer-ho, restem les equacions: $E_2 - 2E_1$ i $E_3 - E_1$.

2n pas: eliminem la y de la 3a equació. Per fer-ho, fem l'operació $3E_3 - 2E_2$.

$$\begin{cases} x + y + z = 7 \\ 2x - y + z = 5 \\ x - y + 2z = 6 \end{cases} \xrightarrow[E_3 - E_1]{E_2 - 2E_1} \begin{cases} x + y + z = 7 \\ -3y - z = -9 \\ -2y + z = -1 \end{cases} \xrightarrow{3E_3 - 2E_2} \begin{cases} x + y + z = 7 \\ -3y - z = -9 \\ 5z = 15 \end{cases}$$

3r pas: aquest últim és un **sistema triangular.** Per tant, és fàcil obtenir les solucions aïllant i substituint els valors de les incògnites de baix cap a dalt:

$$\begin{cases} x + y + z = 7 \\ -3y - z = -9 \\ z = 3 \end{cases} \Rightarrow \begin{cases} x + y + 3 = 7 \\ -3y - 3 = -9 \\ z = 3 \end{cases} \Rightarrow \begin{cases} x + y + z = 7 \\ y = 2 \\ z = 3 \end{cases} \Rightarrow \begin{cases} x + 2 + 3 = 7 \\ y = 2 \\ z = 3 \end{cases} \Rightarrow \begin{cases} x = 2 \\ y = 2 \\ z = 3 \end{cases}$$

Aquest sistema és **compatible determinat** perquè té una única solució, $x = 2$, $y = 2$ i $z = 3$.

Exemple 4. Resol el sistema: $\begin{cases} \mathbf{x+y+z=3} \\ \mathbf{2x+y-3z=4} \\ \mathbf{4x+3y-z=5} \end{cases}$

1er: utilitzem el primer terme de la E_1 com a pivot i eliminem la variable x en les altres dues equacions:

2on: utilitzem la y com a pivot per eliminar-la de la tercera equació:

$$\begin{cases} x+y+\ z=3 \\ 2x+y-3z=4 \xrightarrow{E_2-2E_1} \\ 4x+3y-z=5 \xrightarrow{E_3-4E_1} \end{cases} \begin{cases} x+y+z=3 \\ -y-5z=-2 \\ -y-5z=-7 \xrightarrow{E_3-E_2} \end{cases} \begin{cases} x+y+z=3 \\ -y-5z=-2 \\ 0=-5 \end{cases}$$

En l'última equació hem eliminat totes les incògnites i ens ha quedat una identitat falsa, $0=-5$. Això vol dir que el **sistema és incompatible,** no té solució.

Si quan resolem un sistema pel mètode de Gauss ens queda una equació del tipus $0=k\ (k\neq 0)$, el sistema és **incompatible.**

Exemple 5. Resol el sistema: $\begin{cases} \mathbf{x+3y+2z=2} \\ \mathbf{2x-y+z=4} \\ \mathbf{4x+5y+5z=8} \end{cases}$

$$\begin{cases} x+3y+2z=2 \\ 2x-y+z=4 \xrightarrow{E_2-2E_1} \\ 4x+5y+5z=8 \xrightarrow{E_3-4E_1} \end{cases} \begin{cases} x+3y+2z=2 \\ -7y-3z=0 \\ -7y-3z=0 \xrightarrow{E_3-E_2} \end{cases} \begin{cases} x+3y+2z=2 \\ -7y-3z=0 \\ 0=0 \end{cases}$$

L'última equació no aporta informació. Com que només tenim dues equacions i tres incògnites, el sistema tindrà infinites solucions. Diem que és **compatible indeterminat.** Per poder expressar les solucions, hem d'escriure-les en funció d'un paràmetre. Per exemple, assignem a la incògnita z el valor d'un paràmetre: $z=\lambda\ (\lambda\in\mathbb{R})$. D'aquesta manera podem seguir resolent el sistema, substituint de baix cap a dalt:

$$\begin{cases} x+3y+2\lambda=2 \\ -7y-3\lambda=0 \\ z=\lambda \end{cases} \rightarrow \begin{cases} x+3y+2\lambda=2 \\ y=\dfrac{-3\lambda}{7} \\ z=\lambda \end{cases} \rightarrow \begin{cases} x=2-\dfrac{5\lambda}{7} \\ y=\dfrac{-3\lambda}{7} \\ z=\lambda \end{cases} \lambda\in\mathbb{R}$$

Per cada valor de λ obtenim una solució. Per exemple, si $\lambda=0$, llavors $x=2$, $y=0$, $z=0$. Si $\lambda=7$, llavors $x=-3$, $y=-3$, $z=7$. I així amb els infinits valors que pot prendre λ.

Si, quan resolem un sistema pel mètode de Gauss, s'anul·len una o diverses equacions, el sistema serà **compatible indeterminat.** En aquest cas, per cada equació anul·lada assignarem un paràmetre a una variable i obtindrem el valor de la resta de les variables en funció d'aquest o aquests paràmetres. Així obtindrem una **solució paramètrica.**

Activitats

3. Resol aquests sistemes lineals pel mètode de Gauss.

a) $\begin{cases} x-3y+z=-4 \\ 3x+2y-2z=-11 \\ 2x+y+2z=-1 \end{cases}$ *b)* $\begin{cases} 2x+y-z=5 \\ 3x+2y+2z=5 \\ -x+3y-z=3 \end{cases}$

4. El compte de la compra de tres quilograms de taronges, dos de peres i un de pomes puja 7,2 €. Calcula el preu en € de cadascuna d'aquestes fruites sabent que si la compra hagués estat d'un quilogram de cada fruita el compte pujaria 3,7 €, i que dos quilograms de peres costen igual que tres de taronges.

3 Sistemes d'equacions no lineals

Els sistemes d'equacions no lineals són els que tenen, com a mínim, una equació no lineal. Això passa, per exemple, si contenen productes d'incògnites, arrels, equacions de segon grau, equacions exponencials o logarítmiques... Per resoldre els sistemes no lineals podem utilitzar qualsevol dels mètodes que hem descrit anteriorment, tot i que convé triar-ne el més adequat, com mostrem en els següents exemples.

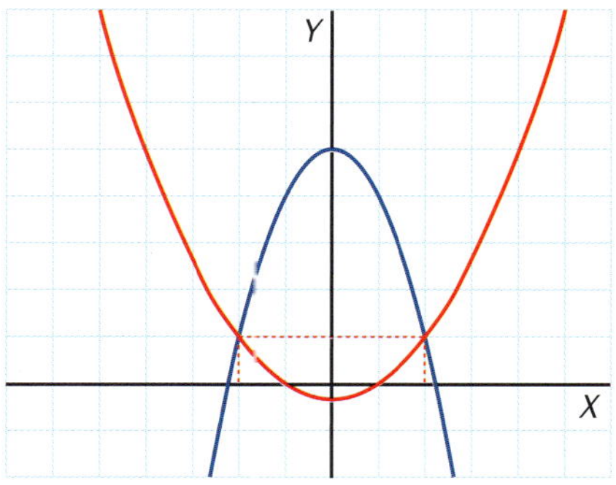

Exemple 6. Resol el sistema: $\begin{cases} \mathbf{x^2 + y = 5} \\ \mathbf{3y + 1 = x^2} \end{cases}$

Si reordenem la segona equació obtenim el sistema: $\begin{cases} x^2 + y = 5 \\ -x^2 + 3y = -1 \end{cases}$

El mètode més senzill per a la resolució és el de reducció, ja que només cal sumar les dues equacions per obtenir una equació d'una variable en y.

$$4y = 4 \Rightarrow y = 1$$

Substituïm $y = 1$, per exemple, en la primera equació, i aïllem x.

$$x^2 + 1 = 5 \Rightarrow x^2 = 4 \Rightarrow x = -2 \text{ y } x = 2$$

Llavors, les dues solucions del sistema són: $\begin{cases} x_1 = 2, \quad y_1 = 1 \\ x_2 = -2, \; y_2 = 1 \end{cases}$

Observa en el marge que geomètricament es tracta de dues paràboles que es tallen en els punts $(2,1)$ i $(-2,1)$.

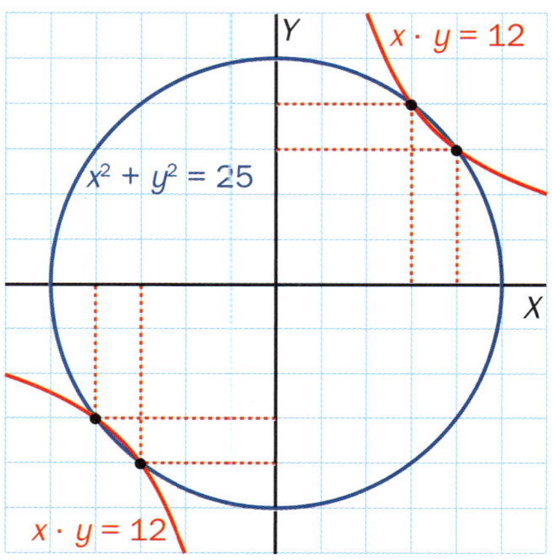

Exemple 7. Resol el sistema: $\begin{cases} \mathbf{x^2 + y^2 = 25} \\ \mathbf{xy = 12} \end{cases}$

Utilitzem el mètode de substitució, aïllant y en la segona equació i substituint la primera. Així, $y = \dfrac{12}{x}$; llavors:

$$x^2 + \frac{144}{x^2} = 25 \Rightarrow x^4 - 25x^2 + 144 = 0 \Rightarrow \begin{cases} x_1 = 3, \; y_1 = 4 \\ x_2 = -3, \; y_2 = -4 \\ x_3 = 4, \; y_3 = 3 \\ x_4 = -4, \; y_4 = -3 \end{cases}$$

El sistema té quatre solucions. Són els quatre punts que es mostren en la gràfica.

Quan **les equacions tenen logaritmes,** el més habitual és intentar eliminar-los, o bé agrupant-los, o bé mitjançant algun canvi de variable. Vegem-ne un exemple:

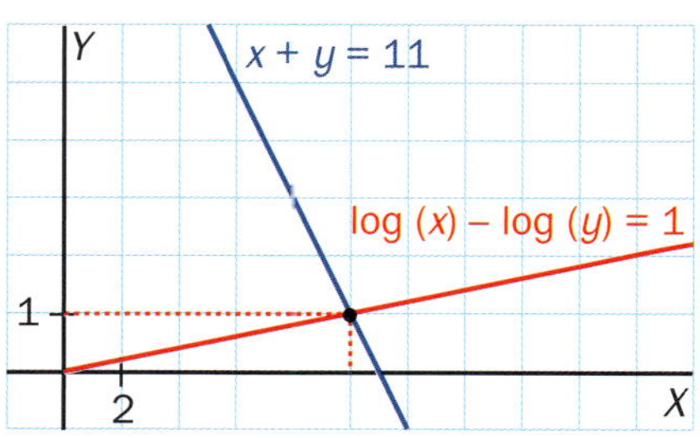

Exemple 8. Resol el sistema: $\begin{cases} \mathbf{x + y = 11} \\ \mathbf{\log(x) - \log(y) = 1} \end{cases}$

Tenint en compte que $\log\dfrac{x}{y} = \log x - \log y$, junt amb la definició de logaritme, resulta:

$$\begin{cases} x + y = 11 \\ \log\dfrac{x}{y} = 1 \end{cases} \Rightarrow \begin{cases} x + y = 11 \\ \dfrac{x}{y} = 10 \end{cases}$$

Pel mètode de substitució, aïllem $y = 11 - x$ en la primera equació i substituïm en la segona: $\dfrac{x}{11 - x} = 10 \Rightarrow x = 110 - 10x \Rightarrow 11x = 110 \Rightarrow x = 10$.

Llavors, $y = 11 - 10 = 1$.

El sistema té solució única: $x = 10$, $y = 1$.

Com que es tracta de logaritmes, ens hem d'assegurar que la solució verifiqui el sistema inicial.

$$\begin{cases} 10 + 1 = 11 \\ \log 10 - \log 1 = 1 - 0 = 1 \end{cases}$$

Si el **sistema és exponencial,** o bé agrupem potències i igualem els exponents, transformant-lo en un sistema algebraic, o bé intentem un canvi de variable.

Exemple 9. Resol el sistema: $\begin{cases} 3^x - 2\cdot 3^y = 27 \\ 3^x/3^y = 3 \end{cases}$

En aquest cas és possible fer un canvi de variable, anomenant $3^x = u$ i $3^y = v$, de manera que resulta el sistema: $\begin{cases} u - 2v = 27 \\ u/v = 3 \end{cases}$

Ara resolem pel mètode de substitució, aïllem $u = 2v + 27$ en la primera equació i substituïm en la segona.

$$\frac{2v+27}{v} = 3 \Rightarrow 2v + 27 = 3v \Rightarrow v = 27$$

Substituïm $v = 27$ en l'equació $u = 2v + 27$. Així: $u = 2\cdot 27 + 27 = 81$.

Desfem el canvi de variable:

$$3^x = 81 \Rightarrow 3^x = 3^4 \Rightarrow x = 4$$

$$3^y = 27 \Rightarrow 3^y = 3^3 \Rightarrow y = 3$$

El sistema té la solució única: $x = 4$, $y = 3$.

> **www Actua**
>
> Com pots veure en les gràfiques, també és possible resoldre gràficament sistemes d'equacions. Cada equació determina una línia, corba o recta, i les interseccions entre elles són les solucions que busquem.
>
> Hi ha programes com GeoGebra o pàgines web com **www.desmos.com** on podràs fer-ho, només cal que hi escriguis les equacions.

Activitat resolta 1

Si la diagonal d'un rectangle mesura 5 cm i el perímetre és de 14 cm, calcula les dimensions dels costats.

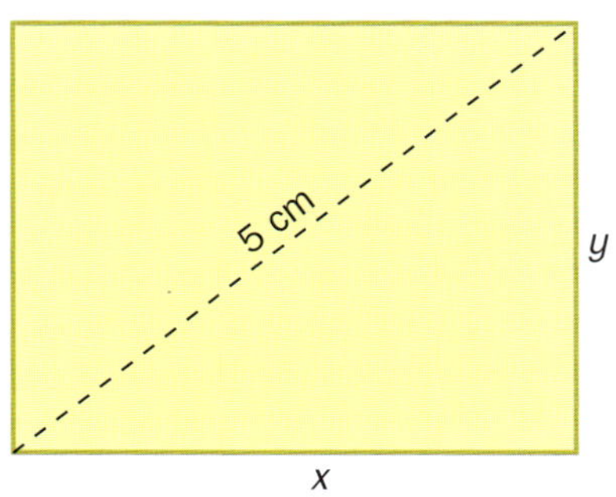

Anomenem x i y les dimensions dels costats del rectangle, (observa el dibuix).

- Segons el teorema de Pitàgores: $x^2 + y^2 = 5^2$.
- El perímetre del rectangle és: $2x + 2y = 14$.

Per tant, obtenim aquest sistema d'equacions no lineals: $\begin{cases} x^2 + y^2 = 25 \\ 2x + 2y = 14 \end{cases}$

Per resoldre'l, utilitzem el mètode de substitució. Després, aïllem y de la segona equació: $2x + 2y = 14 \Rightarrow y = 7 - x$.

Després, substituïm en la primera equació i resolem.

$$x^2 + (7-x)^2 = 25 \Rightarrow x^2 + 49 - 14x + x^2 = 25 \Rightarrow 2x^2 - 14x + 24 = 0 \Rightarrow x^2 - 7x + 12 = 0$$

$$x = \frac{7 \pm \sqrt{7^2 - 4\cdot 1\cdot 12}}{2\cdot 1} = \frac{7 \pm \sqrt{1}}{2} = \frac{7 \pm 1}{2} \begin{cases} x_1 = 4 \\ x_2 = 3 \end{cases}$$

Substituïm aquests valors de x en l'equació $y = 7 - x$. Així:

$$\begin{cases} \text{Si } x_1 = 4 \Rightarrow y_1 = 7 - 4 = 3 \\ \text{Si } x_2 = 3 \Rightarrow y_2 = 7 - 3 = 4 \end{cases}$$

En tots dos casos, es tracta d'un rectangle amb costats que mesuren 3 i 4 cm. A continuació, comprovem la solució:

La diagonal mesura: $\sqrt{3^2 + 4^2} = \sqrt{25} = 5$ cm. El perímetre mesura: $2\cdot 3 + 2\cdot 4 = 14$ cm.

Activitats

5. Resol aquests sistemes:

a) $\begin{cases} \sqrt{8(x+y)} + x = 2 \\ 2y + x = 6 \end{cases}$ *b)* $\begin{cases} 3x^2 - 5y^2 = 30 \\ x^2 - 2y^2 = 7 \end{cases}$ *c)* $\begin{cases} 5^{x+1} - 3^y = 16 \\ 5^x + 3^{y+2} = 81 \end{cases}$

d) $\begin{cases} \log(x+2) - 2\log y = 3 \\ \log(x-7) - \log y = 1 \end{cases}$ *e)* $\begin{cases} x^2 + y^2 = 10 \\ 3x - 2y = 11 \end{cases}$

6. Les longituds dels costats d'un rectangle d'àrea 30 cm² són dos nombres naturals consecutius. Calcula els seus costats.

7. Calcula el valor de dos nombres, sabent que sumen 16 i els seus inversos sumen $\frac{4}{15}$.

4 Sistemes d'inequacions

Els sistemes d'inequacions amb una i dues incògnites apareixen en diverses situacions de la vida, sobretot en l'àmbit econòmic. Per exemple, quan una empresa que disposa d'un nombre de treballadors estudia com pot assignar els llocs de treball de la manera més eficaç. Per altra banda, cal indicar que, en el cas de les inequacions, utilitzem la seva representació gràfica per obtenir les solucions.

Sistema d'inequacions amb una incògnita

Les solucions d'un sistema d'inequacions amb una incògnita són el conjunt de valors que verifiquen simultàniament cadascuna de les inequacions. Per tant, n'hi ha prou amb resoldre cada inequació per separat i, després, trobar la intersecció dels intervals que són solució de cadascuna.

Exemple 10. UUn estudiant té una beca de 800 € mensuals per pagar els estudis. Ha de repartir aquest import entre despeses obligatòries, com els àpats al menjador i la compra del material escolar, i una altra part que li permeti gaudir de moments d'oci, com ara anar al cinema, fer servir el mòbil, etc. Sap que, entre el menjador i el material, gasta com a mínim 500 € al mes, mentre que dedica com a mínim 150 € mensuals a l'oci. Quants diners podrà dedicar a l'oci?

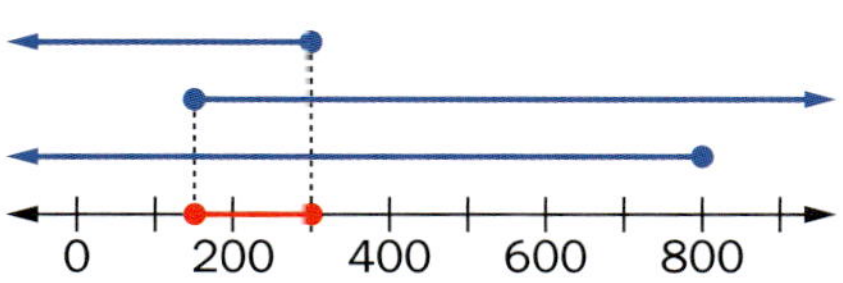

Aquest problema planteja diversos condicionants alhora, i cadascun hem d'expressar-lo en forma d'inequació. Així, si anomenem x les despeses per a l'oci, llavors les despeses obligatòries seran $800 - x$. Està clar que $x \leq 800$. A més, segons planteja el problema, $x \geq 150$ i $800 - x \geq 500$. Aquestes inequacions formen el següent sistema de tres inequacions lineals amb una incògnita: $\begin{cases} x \leq 800 \\ x \geq 150 \\ 800 - x \geq 500 \end{cases}$

Resolem cada inequació per separat:

$$x \leq 800 \Rightarrow x \in (-\infty, 800] \qquad x \geq 150 \Rightarrow x \in [150, +\infty)$$

$$800 - x \geq 500 \Rightarrow -x \geq -300 \Rightarrow x \leq 300 \Rightarrow x \in (-\infty, 300]$$

Si representem gràficament en el marge els intervals que són solució de cadascuna de les inequacions, llavors la seva intersecció és l'interval solució $[150, 300]$, és a dir, l'estudiant es podrà gastar en oci entre 150 i 300 €.

Exemple 11. Resol aquest sistema: $\begin{cases} \boldsymbol{x^2 - 5x + 6 \geq 0} \\ \boldsymbol{5x - 9 < 1 + 2(x + 1)} \end{cases}$

Comencem resolent la inequació de segon grau $x^2 - 5x + 6 \geq 0$.

$x^2 - 5x + 6 = 0$, per $x = 2$ y $x = 3$. Per tant, les solucions divideixen la recta real en els intervals $(-\infty, 2)$, $(2, 3)$ y $(3, +\infty)$, i estudiarem el signe de $x^2 - 5x + 6$ en cadascun.

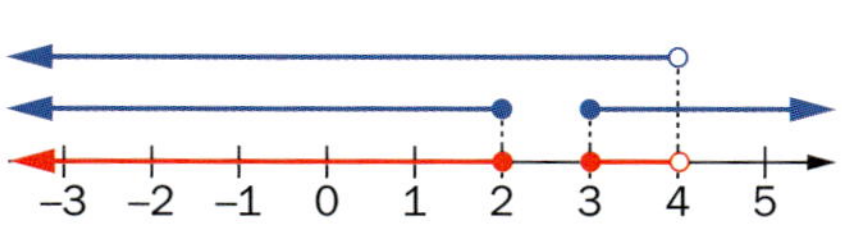

$(-\infty\ ,\ 2] \cup [3\ ,\ 4)$

Regió	$(-\infty, 2)$	$(2, 3)$	$(3, +\infty)$
Valor de prova	$x = 0$	$x = 2{,}5$	$x = 9$
Valor del polinomi	$0^2 - 5 \cdot 0 + 6 = 6$	$2{,}5^2 - 5 \cdot 2{,}5 + 6 = -0{,}25$	$9^2 - 5 \cdot 9 + 6 = 42$
Signe	+	–	+

Per tant, la solució d'aquesta inequació és: $x \in (-\infty, 2] \cup [3, +\infty)$.

Ara resolem la segona inequació: $5x - 9 < 1 + 2(x + 1)$.

$$5x - 9 < 1 + 2(x + 1) \Rightarrow 5x - 9 < 1 + 2x + 2 \Rightarrow 3x < 12 \Rightarrow x < 4, \quad x \in (-\infty, 4)$$

En el marge hi ha els dos intervals solució de cadascuna de les inequacions i, per tant, la solució del sistema és la intersecció d'aquests intervals. Per tant:

$$x \in (-\infty, 2] \cup [3, 4)$$

Sistemes d'inequacions lineals amb dues incògnites

La solució d'un sistema d'inequacions lineals amb dues incògnites és el conjunt de punts del pla (x, y) que verifiquen totes les inequacions. Com que la solució d'una inequació lineal amb dues variables és un semiplà, llavors la solució del sistema serà la intersecció de tots els semiplans solució.

Exemple 12. Un estudiant, per pagar-se els estudis, treballa els caps de setmana a la cafeteria del seu pare, que li paga 10 €/hora, i a més, cuida els fills dels seus cosins per 7 €/hora. Com que vol sortir amb els amics, descansar i estudiar, no pot dedicar més de 15 hores en total a treballar. Però necessita guanyar més de 120 € per cobrir les seves despeses setmanals. Com haurà de repartir les hores de feina?

Aquest estudiant es planteja repartir les hores de feina de dues maneres: cuidant els nens un nombre d'hores, que anomenarem x, i treballant a la cafeteria, i aquestes hores les anomenarem y.

- Perquè totes dues incògnites tinguin sentin, han de complir: $x \geq 0$ i $y \geq 0$.
- Com que no pot treballar més de 15 hores, llavors: $x + y \leq 15$.
- A més, vol guanyar més de 120 €, per tant: $10x + 7y \geq 120$.

Per tant, tenim el següent sistema de quatre inequacions lineals amb dues incògnites:

$$\begin{cases} x \geq 0 \\ y \geq 0 \\ x + y \leq 15 \\ 10x + 7y \geq 120 \end{cases}$$

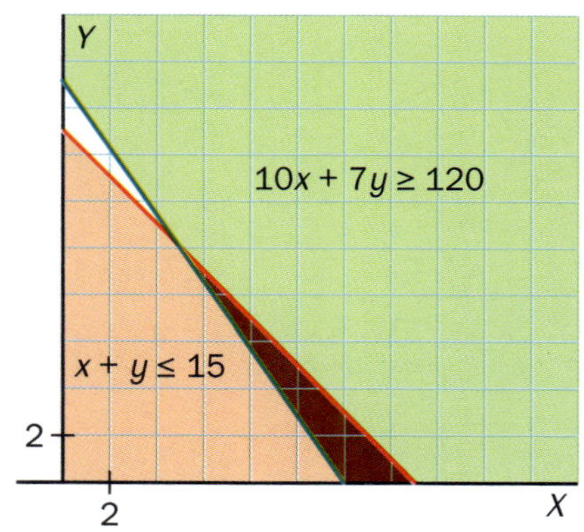

Per resoldre aquest sistema, resolem cada inequació per separat i representem la solució de cada inequació. Recordem que la solució d'una inequació lineal amb dues incògnites és un semiplà i, per tant, la solució del sistema serà la intersecció de tots els semiplans.

$x \geq 0$, solució: semiplà a la dreta de l'eix *OY*.

$y \geq 0$, solució: semiplà per sobre de l'eix *OX*.

$x + y \leq 15$: com que, per exemple, el punt $(0,0)$ verifica la inequació $(0 + 0 \leq 15)$, el semiplà solució es mostra en vermell.

$10x + 7y \geq 120$: com que, per exemple, el punt $(0,0)$ no verifica la inequació $(0 + 0 \not\geq 120)$, el semiplà solució s'ha marcat en verd.

La solució és la intersecció dels quatre semiplans, la zona marró del dibuix del marge. Qualsevol punt d'aquesta zona complirà les quatre condicions del problema, és a dir, verificarà les quatre inequacions del sistema. Per exemple, el punt $x = 13$, $y = 1$ pertany a la intersecció. Així, cuidar els nens 13 hores i treballar 1 hora al bar és una solució.

> En la pràctica, el conjunt solució d'un sistema d'inequacions lineals s'anomena regió factible, perquè representa el conjunt de valors factibles o possibles que verifiquen totes les inequacions i, per tant, el problema.

Activitats

8. Resol aquests sistemes amb una incògnita:

a) $\begin{cases} 2x - 3 \leq 3x + 1 \\ 2(3 - x) \leq x \end{cases}$ *b)* $\begin{cases} x^2 - x - 6 \leq 0 \\ \dfrac{x+2}{3x-1} \geq 0 \end{cases}$ *c)* $\begin{cases} x < 0 \\ 2x + 6 > 5x + 3 \\ x^2 > 4 \end{cases}$

9. Representa la solució d'aquests sistemes d'inequacions amb dues incògnites.

a) $\begin{cases} x + y < 4 \\ 2x - y \leq 5 \end{cases}$ *b)* $\begin{cases} 2x + y > 3 \\ x + 2y < 5 \end{cases}$ *c)* $\begin{cases} x - 4 < 5 \\ 2x + 3 \geq 9 \\ -2 < y < 6 \end{cases}$

5 Plantejament i resolució de problemes

Els problemes amb sistemes d'equacions i inequacions sorgeixen, de manera pràctica, en moltes branques de les ciències socials. Tot seguit estudiarem alguns exemples de l'àrea econòmica, que comprèn situacions molt diverses.

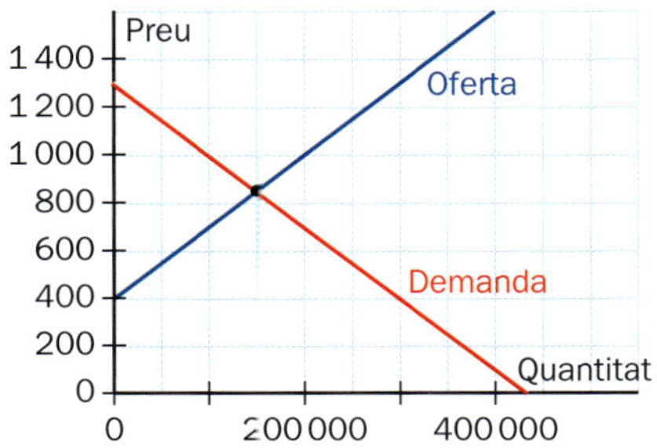

Exemple 13. Aviat se celebraran els propers Jocs Olímpics, i tots els fabricants i els venedors de televisors saben per experiència que, a causa d'aquest esdeveniment, s'incrementa considerablement la demanda d'aquests productes. Una marca determinada estima que el seu model de 55" tindrà les següents funcions de demanda i oferta:

$$p = 1\,300 - 0{,}003x \qquad \text{Demanda}$$
$$p = 400 + 0{,}003x \qquad \text{Oferta}$$

On *p* és el preu en euros i *x* el nombre de televisors. A quin preu s'aconseguirà igualar l'oferta i la demanda, és a dir, s'aconseguirà el punt d'equilibri? Quin és el nombre de televisors que correspon a aquest preu?

Per trobar el preu del punt d'equilibri hem de resoldre el següent sistema:

$$\begin{cases} p = 1300 - 0{,}003x \\ p = 400 + 0{,}003x \end{cases}$$

Utilitzem el mètode d'igualació i resolem l'equació en x.

$$1\,300 - 0{,}003x = 400 + 0{,}003x \Rightarrow 900 = 0{,}006x \Rightarrow x = \frac{900}{0{,}006} = 150\,000$$

Substituïm aquest valor, per exemple, en la primera equació. Així:

$$p = 1\,300 - 0{,}003 \cdot 150\,000 = 900$$

Per un preu del televisor de 900 euros aconseguirem que l'oferta iguali a la demanda, és a dir, que el mercat estigui equilibrat. El nombre de televisors corresponent a aquest punt d'equilibri serà 150 000.

Exemple 14. Els salaris d'una mare, un pare i una filla pugen a 5 850 € mensuals. Si sabem que el salari del pare és igual que la meitat del salari de la mare més el de la filla, i que la mare guanya el triple que la filla, quin és el salari de cadascun dels membres d'aquesta família?

Siguin x, y, z, els salaris de la mare, el pare i la filla, respectivament.

- La suma dels salaris de tots tres és 5 850 €: $x + y + z = 5\,850$.
- El salari del pare és igual que la meitat del salari de la mare més el de la filla: $y = \frac{x}{2} + z$.
- La mare guanya el triple que la seva filla: $x = 3z$.

Per tant, tenim aquest sistema de tres equacions lineals amb tres incògnites, que resoldrem amb el mètode de Gauss:

$$\begin{cases} x + y + z = 5\,850 \\ y = \frac{1}{2}x + z \\ x = 3z \end{cases} \xrightarrow{2E_2} \begin{cases} x + y + z = 5\,850 \\ 2y = x + 2z \\ x - 3z = 0 \end{cases} \Rightarrow \begin{cases} x + y + z = 5\,850 \\ -x + 2y - 2z = 0 \\ x - 3z = 0 \end{cases} \begin{matrix} \\ \xrightarrow{E_2+E_1} \\ \xrightarrow{E_3-E_1} \end{matrix}$$

$$\begin{cases} x + y + z = 5\,850 \\ 3y - z = 5\,850 \\ -y - 4z = -5\,850 \end{cases} \xrightarrow{3E_3+E_2} \begin{cases} x + y + z = 5\,850 \\ 3y - z = 5\,850 \\ -13z = -11\,700 \end{cases}$$ De l'última equació: $z = \frac{-11\,700}{-13} = 900$.

Substituïm $z = 900$ en la segona equació: $3y - 900 = 5\,850 \Rightarrow y = \frac{6\,750}{3} = 2\,250$.

Finalment, substituïm els valors de z i y en la primera equació:

$$x + 2 \cdot 250 + 900 = 5\,850 \Rightarrow x = 2\,700$$

El salari de la mare és de 2 700 €, el del pare de 2 250 € i el de la filla, de 900 €.

Exemple 15. En una gelateria, una persona va pagar 12,20 € per tres cucurutxos, una terrina i dos granissats. El dia següent, a la mateixa gelateria, li van cobrar 10,8 € per dos cucurutxos, dues terrines i un granissat. Avui, li han cobrat 11 € per quatre cucurutxos i tres granissats. Creus que hi ha motius per pensar que algun d'aquests dies li han cobrat malament?

Incògnites	Condicions	Equacions
x = preu en € d'un cucurutxo	3 cucurutxos, una terrina i 2 granissats costen 12,2 €.	$3x+y+2z=12{,}2$
y = preu en € d'una terrina	2 cucurutxos, 2 terrines i 1 granissat costen 10,8 €.	$2x+2y+z=10{,}8$
z = preu en € d'un granissat	4 cucurutxos i 3 granissats costen 11 €.	$4x+3z=11$

$$\begin{cases}3x+y+2z=12{,}2\\2x+2y+z=10{,}8\\4x+3z=11\end{cases}\xrightarrow{2E_1-E_2}\begin{cases}3x+y+2z=12{,}2\\4x+3z=13{,}6\\4x+3z=10\end{cases}\xrightarrow{E_3+E_2}\begin{cases}3x+y+2z=12{,}2\\4x+3z=13{,}6\\0=8{,}6\end{cases}$$

És un sistema incompatible i, per tant, no té solució. Llavors, efectivament, algun d'aquests dies no li han cobrat l'import correcte.

Exemple 16. Disposem de 10 000 € per invertir en dos productes, A i B. Invertirem com a mínim 2 000 € en cadascun. La quantitat invertida en el producte A ha de ser, com a mínim, el doble que la invertida en el producte B. Troba el sistema d'inequacions i dibuixa la solució que descrigui les diverses inversions que es poden fer seguint aquests criteris.

Si anomenem x i y les quantitats, en euros, invertides en els productes A i B, respectivament, llavors: $\begin{cases}x+y\le 10\,000\\x\ge 2\,000\\y\ge 2\,000\\x\ge 2y\end{cases}$.

Resolem cada inequació per separat:

- $x+y\le 10\,000$. Representem la recta: $x+y=10\,000$. Escollim el punt $(0,0)$; per tant, $0+0\le 10\,000$. Per tant, el punt $(0,0)$ verifica la inequació, i la solució és el semiplà que el conté.
- $x\ge 2\,000$. Representa el semiplà a la dreta de la recta $x=2\,000$.
- $y\ge 2\,000$. Representa el semiplà superior en la recta $y=2\,000$.
- $x\ge 2y$. Representem la recta $x=2y$. No podem escollir el punt $(0,0)$, perquè està inclòs en la recta. Triem, per exemple, el punt $(10,2)$; per tant, $10\ge 4$. Per tant, el semiplà que conté el punt $(10,2)$ verifica la inequació i és solució.

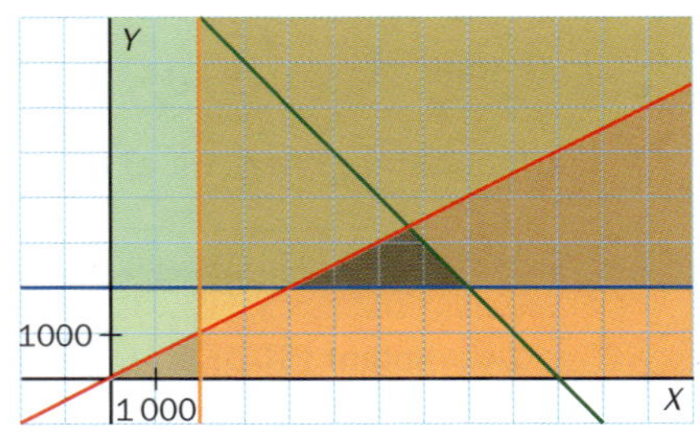

La intersecció de totes les solucions és el triangle verd fosc de la figura. Qualsevol parell de valors de x i y del triangle és la solució. Per exemple, el punt $(6000, 2500)$ és una solució, entre les infinites solucions que hi ha. És a dir, una solució seria invertir 6 000 € en el producte A i 2 500 € en el producte B.

Activitats

10. Un sociòleg investiga l'evolució del nombre d'habitants entre els anys 2014 i 2018 a dues poblacions A i B, i estima que venen donades per les dues funcions lineals:

$$N=20{,}1t+76{,}5$$

$$N=35{,}6t+30$$

On N és el nombre de milers d'habitants i $t=0$ correspon a l'any 2014. S'ha aconseguit l'equilibri poblacional en algun any d'aquest període? Explica la variació de la població durant aquests anys, i ajuda't amb la seva representació gràfica.

11. Una persona decideix invertir els seus estalvis durant un any en dos fons d'inversió A i B. El primer li dona un interès anual del 3 % i el segon, del 5 %. El gestor li suggereix invertir com a mínim el doble en el fons B que en l'A. Si els interessos bruts anuals per la seva inversió no superen els 900 euros, formula un sistema d'inequacions lineals que et permeti obtenir la regió factible.

12. Troba tots els nombres enters positius de manera que la suma del triple del primer més el doble del segon sigui menor que 9. Dibuixa la regió i escriu totes les possibles solucions.

D'un cop d'ull!

Sistemes de dues equacions lineals amb dues incògnites

Un **sistema de dues equacions lineals amb dues incògnites *x* i *y*** presenta generalment aquesta forma:

Coeficients $a, a', b, b' \in \mathbb{R}$

$$\begin{cases} ax + by = c \\ a'x + b'y = c' \end{cases}$$

Terme independent $c, c' \in \mathbb{R}$

Incògnites: x, y

Mètodes de resolució de sistemes d'equacions:

- **Substitució:** escollim una de les equacions i aïllem una de les incògnites. A continuació, substituïm la incògnita aïllada en l'equació no escollida i obtenim, així, una equació amb una incògnita, que haurem de resoldre.
- **Igualació:** aïllem la mateixa incògnita de totes dues equacions i, després, igualem les expressions obtingudes i obtenim una equació amb una incògnita. Consisteix a aïllar la mateixa incògnita de totes dues equacions i després igualar les expressions obtingudes.
- **Reducció:** hem de trobar nombres que, quan els multipliquem pels coeficients de cadascuna de les equacions i en sumem les equacions obtingudes, eliminin una de les incògnites. Els nombres pels quals multipliquem cada equació s'han de triar de manera que els coeficients de la mateixa incògnita en cadascuna de les equacions siguin oposats.

Classificació segons el nombre de solucions:

Sistema compatible (amb solució)		**Sistema incompatible (SI)** (sense solució)
Determinat (SCD) (una solució)	**Indeterminat (SCI)** (infinites solucions)	
Les rectes són secants	Les rectes són coincidents	Les rectes són paral·leles

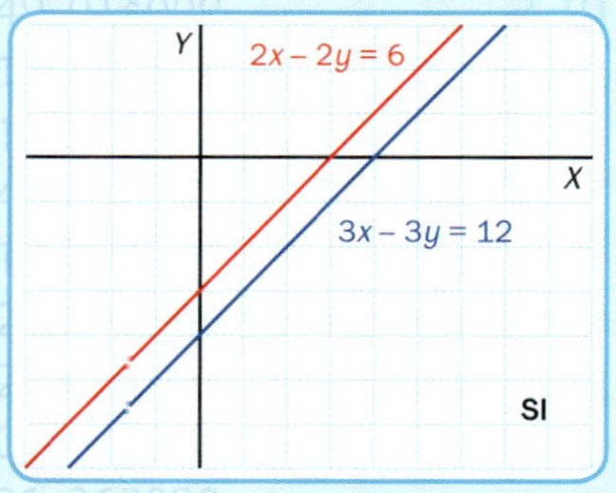

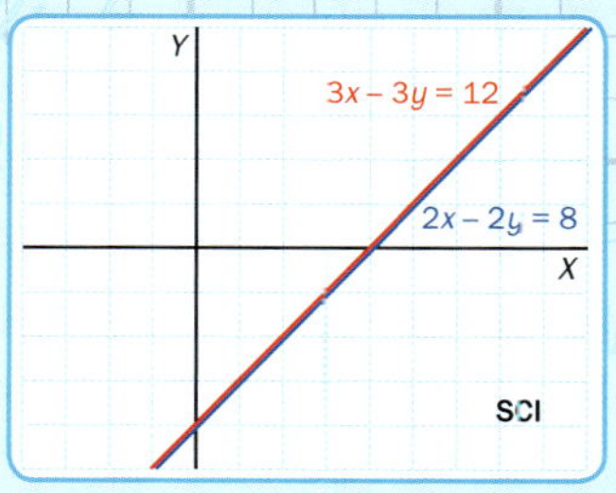

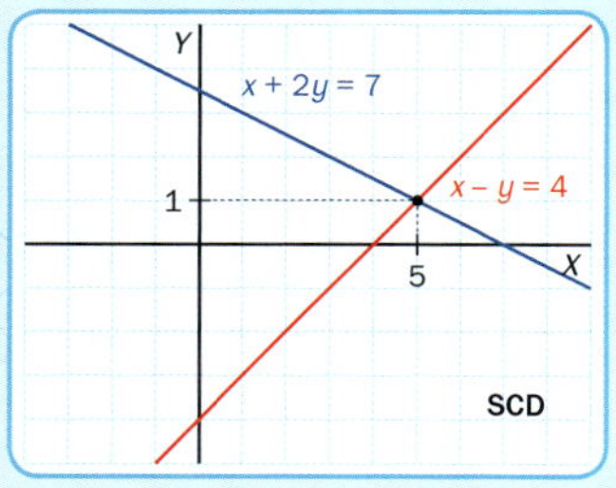

Sistemes de tres equacions lineals

Sistema escalonat: diem que un sistema de tres equacions i tres incògnites està **escalonat** per files si, en la primera equació, el coeficient de x és diferent de zero; en la segona equació, el coeficient de x és zero i el coeficient de y és diferent de zero; i en la tercera equació, els coeficients de x i y són nuls, però el coeficient de z és diferent de zero.

Incògnites: x, y, z

Coeficients $a, b, c, b', c', c'' \in \mathbb{R}$

$$\begin{cases} ax + by + cz = d \\ b'y + c'z = d' \\ c''z = d'' \end{cases}$$

Terme independent $d, d', d'' \in \mathbb{R}$

Mètode de Gauss: consisteix a transformar un sistema qualsevol en un sistema equivalent escalonat perquè la seva resolució sigui més senzilla. Les operacions permeses per transformar un sistema en un altre d'equivalent són:

- Intercanviar dues equacions.
- Multiplicar una equació per un nombre diferent de zero.
- Substituir una equació per una combinació lineal d'aquella equació i d'altres del sistema.

Sistemes d'equacions no lineals

Són els que tenen, com a mínim, una equació no lineal. Això passa, per exemple, si contenen productes d'incògnites, arrels, equacions de segon grau, equacions exponencials o logarítmiques... Per resoldre els sistemes no lineals podem utilitzar qualsevol dels mètodes que hem descrit anteriorment, tot i que convé triar-ne el més adequat.

Sistemes d'inequacions

Sistema d'inequacions amb una incògnita: les solucions d'un sistema d'inequacions amb una incògnita són el conjunt de valors que verifiquem simultàniament cadascuna de les inequacions. Per tant, n'hi ha prou amb resoldre cada inequació per separat i, després, trobar la intersecció dels intervals que són solució de cadascuna.

Sistemes d'inequacions lineals amb dues incògnites: la solució d'un sistema d'inequacions lineals amb dues incògnites és el conjunt de punts del pla (x, y) que verifiquen totes les inequacions. Com que la solució d'una inequació lineal amb dues variables és un semiplà, llavors la solució del sistema serà la intersecció de tots els semiplans i s'anomena **regió factible.**

ACTIVITATS RESOLTES

Activitat resolta 2

Classifica i resol, utilitzant el mètode de Gauss:

a) $\begin{cases} 2x-3y+z=-5 \\ 3x+2y+3z=5 \\ -2x+y-2z=-1 \end{cases}$

b) $\begin{cases} x-y=-1 \\ x+2y+3z=-2 \\ 2x+y+3z=-3 \end{cases}$

a) $$\begin{cases} 2x-3y+z=-5 \\ 3x+2y+3z=5 \\ -2x+y-2z=-1 \end{cases} \xrightarrow[E_3+2E_1]{E_2-3E_1} \begin{cases} 2x-3y+z=-5 \\ -3x+11y=20 \\ 2x-5y=-11 \end{cases} \xrightarrow{2E_2+3E_3} \begin{cases} 2x-3y+z=-5 \\ -3x+11y=20 \\ 7y=7 \end{cases}$$

Tenim un sistema escalonat o triangular, que resolem de baix cap a dalt:

- $7y=7 \Rightarrow y=1$
- $-3x+11y=20 \Rightarrow 11y-20=3x \Rightarrow 3x=11-20=-9 \Rightarrow x=\dfrac{-9}{3}=-3$
- $2x-3y+z=-1 \Rightarrow z=-5-2x+3y=-5+6+3=4$

La solució del sistema és: $x=-3$, $y=1$, $z=4$; per tant, el sistema és compatible determinat.

b) $$\begin{cases} x-y=-1 \\ x+2y+3z=-2 \\ 2x+y+3z=-3 \end{cases} \xrightarrow{E_3-E_2} \begin{cases} x-y=-1 \\ x+2y+3z=-2 \\ x-y=-1 \end{cases}$$

La primera equació i la tercera són iguals, així que per treure'n una només cal escriure $y=\lambda$, $\lambda \in \mathbb{R}$:

$$\begin{cases} x-y=-1 \\ x+2y+3z=-2 \\ y=\lambda \end{cases} \Leftrightarrow \begin{cases} x=-1+y \\ x+2y+3z=-2 \\ y=\lambda \end{cases} \Leftrightarrow \begin{cases} x=-1+\lambda \\ 3z=-2-x-2y \\ y=\lambda \end{cases} \Leftrightarrow \begin{cases} x=\lambda-1 \\ 3z=-2-(\lambda-1)-2\lambda \\ y=\lambda \end{cases}$$

Calculem el valor de z a E_2: $3z=-2-\lambda+1-2\lambda=-1-3\lambda \Rightarrow z=\dfrac{-1-3\lambda}{3}$.

La solució és $x=\lambda-1$, $y=\lambda$, $z=\dfrac{-1-3\lambda}{3}$, $\lambda \in \mathbb{R}$; per tant, el sistema és compatible indeterminat.

Activitat resolta 3

Resol:

$\begin{cases} \mathbf{2\ln x-\ln y=0} \\ \mathbf{3x-2y=-1} \end{cases}$

$$\begin{cases} 2\ln x-\ln y=0 \\ 3x-2y=1 \end{cases} \overset{(1)}{\rightarrow} \begin{cases} \ln x^2-\ln y=0 \\ 3x-2y=1 \end{cases} \overset{(2)}{\rightarrow} \begin{cases} \ln \dfrac{x^2}{y}=\ln 1 \\ 3x-2y=1 \end{cases} \overset{(3)}{\rightarrow}$$

(1): Logaritme d'una potència.
(2): Logaritme d'un quocient.
(3): Igualtat de logaritmes.

$$\begin{cases} \dfrac{x^2}{y}=1 \\ 3x-2y=1 \end{cases} \Rightarrow \begin{cases} x^2=y \\ 3x-2y=1 \end{cases} \Rightarrow \begin{cases} x^2=y \\ 3x-2x^2=1 \end{cases}$$

$$2x^2-3x+1=0 \Rightarrow x=\frac{-b\pm\sqrt{b^2-4\cdot a\cdot c}}{2\cdot a}=\frac{3\pm\sqrt{(-3)^2-4\cdot 2\cdot 1}}{2\cdot 2}=\frac{3\pm\sqrt{1}}{4}=\frac{3\pm 1}{4} \Rightarrow \begin{cases} x_1=1 \\ x_2=\dfrac{1}{2} \end{cases}$$

Calculem el valor de y: si $x_1=1 \Rightarrow y_1=x^2=1^2=1$; si $x_2=\dfrac{1}{2} \Rightarrow y_2=x^2=\left(\dfrac{1}{2}\right)=\dfrac{1}{4}$.

El sistema té dues solucions: $x_1=1$, $y_1=1$; $x_2=\dfrac{1}{2}$, $y_2=\dfrac{1}{4}$.

Comprovem les dues solucions obtingudes:

Si $x_1=1$ e $y_1=1 \Rightarrow \begin{cases} 2\ln 1-\ln 1=2\cdot 0-0=0 \\ 3\cdot 1-2\cdot 1=1 \end{cases}$ Si $x_2=\dfrac{1}{2}$ e $y_2=\dfrac{1}{4} \Rightarrow \begin{cases} 2\ln\dfrac{1}{2}-\ln\dfrac{1}{4}=0 \\ 3\cdot\dfrac{1}{2}-2\cdot\dfrac{1}{4}=1 \end{cases}$

ACTIVITATS RESOLTES

Activitat resolta 4

Resol:

$$\begin{cases} x^2 + 3x \geq 0 \\ \dfrac{x+5}{x-1} \leq 0 \end{cases}$$

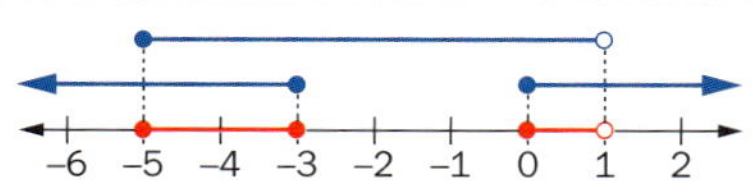

Resolem cada inequació per separat:

1a inequació: per resoldre $x^2 + 3x \geq 0$, resolem primer: $x^2 + 3x = 0$.

$$x^2 + 3x = 0 \Rightarrow x(x+3) = 0; \text{ llavors obtenim } x = \begin{cases} -3 \\ 0 \end{cases}$$

Les solucions divideixen la recta real en tres regions: $(-\infty,-3)$, $(-3,0)$ y $(0,\infty)$. Estudiem el signe de $x^2 + 3x = 0$ en cadascuna d'aquestes regions:

Regió	$(-\infty,-3)$	$(-3,0)$	$(0,\infty)$
Valor de x	$x=-4$	$x=-1$	$x=2$
Valor del polinomi	$(-4)^2+3\cdot(-4)=4$	$(-1)^2+3\cdot(-1)=-2$	$(2)^2+3\cdot(2)=10$
Signe	+	−	+

Per tant, la solució d'aquesta inequació és: $x \in (-\infty,-3] \cup [0,\infty)$.

2a inequació: el quocient s'anul·la en $x=-5$, i no existeix si $x=1$. Aquests dos valors divideixen la recta real en tres regions: $(-\infty,-5)$, $(-5,1)$, $(1,\infty)$. Estudiem el signe de $\dfrac{x+5}{x-1}$ en cadascuna d'aquestes regions

Regió	$(-\infty,-5)$	$(-5,1)$	$(1,\infty)$
Valor de x	$x=-6$	$x=0$	$x=2$
Valor del polinomi	$\dfrac{(-6+5)}{(-6-1)}=\dfrac{-1}{-7}=\dfrac{1}{7}$	$\dfrac{(0+5)}{(0-1)}=\dfrac{5}{-1}=-5$	$\dfrac{(2+5)}{(2-1)}=\dfrac{7}{1}=7$
Signe	+	−	+

En $x=-5$ la fracció algebraica val 0, i a $x=1$ no existeix, ja que el denominador es fa zero. La solució de la inequació és: $x \in [-5,1)$. Representem totes dues solucions.

La solució del sistema serà la intersecció: $x \in [-5,-3] \cup [0,1)$.

Activitat resolta 5

Una persona té 2 000 € per invertir en dos tipus de fons. Inverteix en el primer, com a mínim, 300 €, mentre que en el segon hi invertirà, com a mínim, el triple del que inverteixi en el primer.

Planteja el sistema d'inequacions corresponent i dibuixa'n la solució.

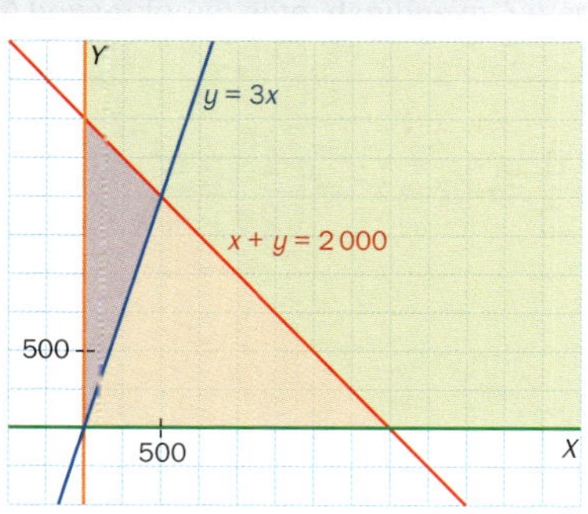

x és la quantitat en euros que s'inverteix en el primer tipus, i y la quantitat en euros invertida en el segon tipus de fons. Totes dues incògnites compliran: $x \geq 0$ e $y \geq 0$. Per tant, si vol invertir 2 000 €: $x + y \leq 2\,000$. En el segon fons s'inverteix, com a mínim, el triple del que s'ha invertit en el primer; per tant $y \geq 3x$. Quan unim aquestes dues inequacions, en resulta un sistema de quatre inequacions amb dues incògnites:

$$\begin{cases} x \geq 0 \\ y \geq 0 \\ x + y \leq 2\,000 \\ y \geq 3x \end{cases}$$

La solució del sistema és la intersecció de totes les solucions.

$x \geq 0$, solució: semiplà a la dreta de l'eix OY.

$y \geq 0$, solució: semiplà per sobre de l'eix OX.

$x + y \leq 2\,000$: **1er** Representem la recta: $x + y = 2\,000$.

2on Escollim un punt d'un dels semiplans en els quals la recta divideix el pla. Per exemple, el punt $(0,0)$, ja que $0+0 \leq 2\,000$; veiem que aquest punt sí que compleix la inequació; per tant, el semiplà solució és el semiplà que conté el punt $(0,0)$.

$y \geq 3x$: 1er Representem la recta $y = 3x$.

3er Escollim un punt d'un dels semiplans en els quals aquesta recta divideix el pla; per exemple, el $(100,0)$. Com que $0 \ngeq 300$, aquest punt no compleix la inequació; per tant, el semiplà solució és l'altre semiplà, que no conté el punt $(100,0)$.

La solució o regió factible estarà formada, per tant, pels punts que estan en la intersecció dels quatre semiplans (la zona morada del dibuix del marge). Qualsevol punt d'aquesta regió complirà les quatre condicions del problema, és a dir, verificarà les quatre inequacions del sistema.

ACTIVITATS

Sistemes de dues equacions lineals amb dues incògnites

13. Resol analíticament i gràficament aquests sistemes d'equacions. Després, classifica'ls segons el nombre de solucions que té cadascún:

a) $\begin{cases} 2x+3y=4 \\ 3x-y=17 \end{cases}$ *b)* $\begin{cases} 2x-3(y+4)=3(x-2)-1 \\ y=\dfrac{2-x}{3} \end{cases}$

c) $\begin{cases} -3x+4y=5 \\ 5x+2y=9 \end{cases}$ *d)* $\begin{cases} 2-(x+3)=\dfrac{y}{2}+3 \\ y+2x=-8 \end{cases}$

14. Resol i classifica cada sistema segons el nombre de solucions que té:

a) $\begin{cases} \dfrac{3(y+2x)}{4}=\dfrac{4x+y-5}{3} \\ \dfrac{1}{3}(x+y-1)-\dfrac{1}{6}(x-y-1)=\dfrac{y-1}{6} \end{cases}$

b) $\begin{cases} \dfrac{x+2y}{3}-\dfrac{x+2}{2}=1 \\ y-2=\dfrac{1}{4}(4+x) \end{cases}$ *c)* $\begin{cases} \dfrac{3}{x}=\dfrac{4}{3}-\dfrac{y+3}{2x} \\ \dfrac{2}{3}(x+3)-\dfrac{3+y}{4}=\dfrac{3}{2} \end{cases}$

15. Escriu un sistema de dues equacions lineals amb dues incògnites que tingui com a solució:

a) $x=1$, $y=-2$ *b)* $x=-3$, $y=2$

c) Que no tingui solució. *d)* Que tingui infinites solucions.

e) Que tingui dues solucions.

Sistemes de tres equacions lineals amb tres incògnites

16. Resol aquests sistemes:

a) $\begin{cases} 3x+2y-z=8 \\ 2x-3y=-4 \\ 3y=6 \end{cases}$ *b)* $\begin{cases} 2x-y-z=-3 \\ -3x=3 \\ 2x+z=-4 \end{cases}$

c) $\begin{cases} 2x=5 \\ x+y=-1 \\ x-y+2z=0 \end{cases}$ *d)* $\begin{cases} 3y=1 \\ 2x+3y-z=2 \\ 3y+z=-3 \end{cases}$

17. Resol utilitzant el mètode de Gauss:

a) $\begin{cases} x+y+z=4 \\ 2x+y-z=7 \\ x+2y-z=0 \end{cases}$ *b)* $\begin{cases} 2x+y+z=3 \\ x+2y+z=4 \\ x+y+2z=5 \end{cases}$

c) $\begin{cases} 2x+y-z=2 \\ 3x-2y+z=2 \\ x-3y+2z=0 \end{cases}$ *d)* $\begin{cases} x+2y+3z=4 \\ -x+3y-z=-2 \\ 2x+4y+6z=0 \end{cases}$

18. Resol utilitzant el mètode de Gauss:

a) $\begin{cases} 2x-2y+3z=-3 \\ 3x-3y+2z=-2 \\ x+3y-2z=6 \end{cases}$ *b)* $\begin{cases} 2x-2y+3z=-3 \\ 3x-3y+2z=-2 \\ -x+y+z=-1 \end{cases}$

c) $\begin{cases} x+2z=-5 \\ x+y=3 \\ y+z=-1 \\ x+y+z=0 \end{cases}$ *d)* $\begin{cases} x+y+z+t=5 \\ x-y+z-t=1 \\ x+y-z-t=-5 \\ x+y+z-t=-1 \end{cases}$

19. Escriu un sistema de tres equacions lineals amb tres incògnites que tingui com a solució:

a) $x=1$, $y=-2$, $z=3$.

b) Que no tingui solució.

20. Afegeix una equació al sistema $\begin{cases} x+y+z=6 \\ 2x+y-z=1 \end{cases}$ perquè sigui:

a) Compatible determinat. *b)* Compatible indeterminat.

c) Incompatible

21. Calcula el valor de m en el sistema:

$\begin{cases} x+y+z=2 \\ x-y+z=4 \\ 3x+2y+3z=m \end{cases}$ perquè sigui:

a) Incompatible. *b)* Compatible indeterminat.

22. Calcula el valor de m en el sistema:

$\begin{cases} 2x-y+z=0 \\ x+2y+2z=-2 \\ mx+y-z=4 \end{cases}$ perquè sigui:

a) Incompatible. *b)* Compatible determinat.

Sistemes d'equacions no lineals

23. Resol:

a) $\begin{cases} 3^x-2^{y+2}=49 \\ 3^{x-2}-2^{y-2}=7 \end{cases}$ *b)* $\begin{cases} 2^x+4\cdot 2^y=2^4 \\ x+y=4 \end{cases}$

c) $\begin{cases} 3^{x+1}+2^{y-1}=83 \\ 9^x-4^y=713 \end{cases}$ *d)* $\begin{cases} \log_2 x+\log_2 y=1 \\ \log_2 x^2-\log_2 y^3=27 \end{cases}$

e) $\begin{cases} 3^{x-1}=9^y \\ \ln x+\ln y=0 \end{cases}$ *f)* $\begin{cases} \log_3 x+\log_3 y=5 \\ 2x+y=45 \end{cases}$

24. Resol:

a) $\begin{cases} 3x^2-2y^2=-6 \\ 2x^2+y^2=17 \end{cases}$ *b)* $\begin{cases} 3x^2-2y^2=-6 \\ 2y-x=4 \end{cases}$

c) $\begin{cases} \sqrt{2x}+\sqrt{y}=6 \\ x+y-5=7 \end{cases}$ *d)* $\begin{cases} 2y-x=5 \\ x^4+4yx^2-7x^3-6x^2=0 \end{cases}$

e) $\begin{cases} \sqrt{2x}+y=1 \\ x+3y=-1 \end{cases}$ *f)* $\begin{cases} x+xy+y=-1 \\ xy=2 \end{cases}$

25. Escriu un sistema de dues equacions lineals amb dues incògnites que tingui dues solucions.

ACTIVITATS

Sistemes d'inequacions amb una incògnita

26. Resol i representa la solució:

a) $\begin{cases} x+3<2x+5 \\ x+3(5-2x)\geq 6+4x \end{cases}$ *b)* $\begin{cases} 2x-3>3-2x \\ x-3(x+2)<1 \end{cases}$

c) $\begin{cases} 3x-2<2x-6 \\ 3-2x<3x+4 \end{cases}$ *d)* $\begin{cases} (x-1)^2>(x+3)^2 \\ 2x+3\leq 3x+5 \end{cases}$

27. Resol i representa la solució:

a) $\begin{cases} x^2-2x>0 \\ -x^2+6x-5\leq 0 \end{cases}$ *b)* $\begin{cases} \dfrac{x}{x+3}\leq 0 \\ 6(x-3)-4(2x+1)<-2x+1 \end{cases}$

c) $\begin{cases} \dfrac{x-2}{x}\geq 0 \\ x^2-x\leq 0 \end{cases}$ *d)* $\begin{cases} x+2(x-3)>7-3(2-x) \\ x^2<9 \end{cases}$

28. Troba un sistema d'inequacions amb una incògnita que tingui com a solució:

a) $x\in[-2,3)$ *b)* $x\in(-\infty,-1]$

c) Que no tingui solució. *d)* Que tingui com a solució $x=4$.

29. Si en un sistema d'inequacions una de les inequacions que el formen és $x^2+4x+3>0$, busca una altra inequació perquè la solució del sistema sigui $x\in(-\infty,-3)$.

30. Hi ha algun sistema de dues inequacions, una de les quals sigui $2x-3<x-2$, que tingui com a solució $x\in(2,7)$?

Sistemes d'inequacions lineals amb dues incògnites

31. Dibuixa la regió solució d'aquests sistemes d'inequacions:

a) $\begin{cases} 2x+3y<6 \\ -x+y\geq 2 \end{cases}$ *b)* $\begin{cases} 2y\leq x \\ 3y<4 \end{cases}$ *c)* $\begin{cases} x\leq 3 \\ 2x+y>4 \end{cases}$ *d)* $\begin{cases} 2<x\leq 4 \\ -1\leq y<3 \end{cases}$

e) $\begin{cases} x\geq 0 \\ y\geq 0 \\ x+2y\leq 8 \end{cases}$ *f)* $\begin{cases} y-2x\leq -3 \\ 2x>y \\ y\leq -2 \end{cases}$ *g)* $\begin{cases} -1\leq x<3 \\ y<x+1 \\ y>2x-4 \end{cases}$

h) $\begin{cases} 3x+y<9 \\ x-y>-1 \\ y\geq 1 \end{cases}$ *i)* $\begin{cases} y-\dfrac{x}{2}<1 \\ -2<x<5 \\ y<2 \end{cases}$ *j)* $\begin{cases} y\geq 3x+2 \\ x\geq 2 \\ y>2x+2 \end{cases}$

32. Troba un sistema d'inequacions lineals amb dues incògnites que no tingui solució.

33. Escriu els sistemes d'inequacions lineals amb dues incògnites que defineixen les regions A i B:

a) Regió A: *b)* Regió B:

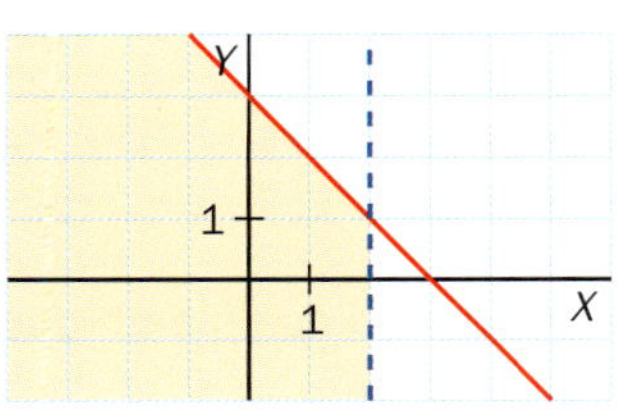

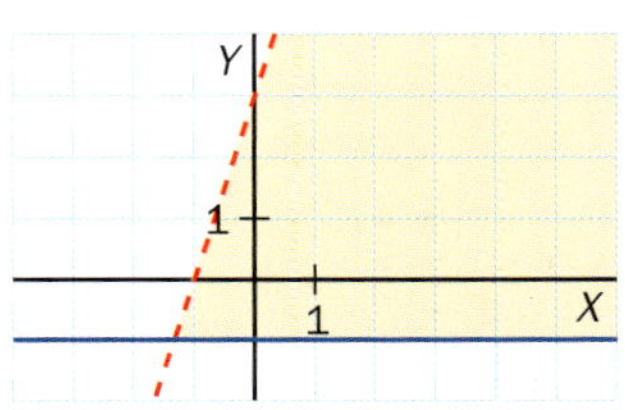

Problemes de sistemes d'equacions

34. Els treballadors d'un taller artesanal elaboren collarets i polseres de bijuteria. Triguen dues hores per elaborar un collaret, i una hora per fer una polsera. Disposen de material suficient per fabricar, com a molt, 50 articles (entre collarets i polseres), i no poden dedicar més de 80 hores a elaborar-los. Representa gràficament les possibilitats de producció del taller.

35. Tres amics, abans d'una partida de dards, acorden que, quan un perdi, entregarà a cadascun dels altres dos jugadors la mateixa quantitat de diners que tingui el receptor en aquell moment. Cadascun d'ells ha perdut una partida i, al final del joc, cadascun d'ells té 32 €. Quants diners tenia cada jugador al principi del joc?

36. L'Andrea té més diners que en Carles. Si l'Andrea li donés 20 € a en Carles, tots dos tindrien els mateixos diners. I si en Carles li donés 22 € a l'Andrea, ella tindria el doble de diners que en Carles. Quants diners tenen cadascun d'ells?

37. Una entrada a un museu costa 3 € per als nens i 8 € per als adults. Si un grup de 30 turistes paga 120 € per les entrades, quants nens i adults hi ha al grup?

38. La diagonal d'un rectangle mesura 26 cm, i l'àrea, 240 cm^2. Calcula'n les dimensions.

39. La suma de dos nombres és 45, i el quocient val 4. Calcula aquests nombres.

40. Troba dos nombres que, quan els divideixis entre ells, donin com a resultat un 7 al quocient i un 3 a la resta. A més, el triple del nombre menor més quatre ha de ser la meitat del nombre major.

41. El producte de dos nombres és 3, i la suma dels seus quadrats és 10. De quins nombres es tracta?

42. A en Joan li falten 1,5 € per comprar el diari, però si tingués el doble de diners dels que disposa, li sobrarien 3 €. Quant costa el diari?

43. Una gelateria ofereix als clients dos tipus de gelats: uns a 2,5 € i uns altres a 3,5 €. Si un dia venen 130 gelats i obtenen un benefici de 355 €, quants gelats de cada tipus han venut?

44. Un grup d'amics organitza una trobada en un restaurant i tots trien el mateix menú. Quan demanen el compte, han de pagar un total de 96 €. Dos amics han oblidat la cartera; per tant, la resta d'amics paguen 16 € per persona. Quants amics eren? Quant costava el menú?

45. Fa quatre anys, l'edat d'un pare era quatre vegades la de la seva filla. Actualment, l'edat del pare és el triple que la de la filla més dos anys. Quina és l'edat actual de cadascun d'ells?

46. Dos germans es porten tres anys. D'aquí a deu anys, les edats de tots dos sumaran 35. Quants anys tenen ara?

47. Una empresa de missatgeria obté 5 € per cada enviament que fa correctament, i perd 9 € si l'enviament és defectuós. Si un dia fa 2 000 enviaments i ingressa 7 200 €, quants enviaments correctes i defectuosos ha fet?

48. A un casament hi assisteixen 144 persones. Entre els convidats hi ha el doble de dones que d'homes, i el triple de nens que d'homes i dones junts. Quantes dones, nens i homes assisteixen a la celebració?

49. La Lluïsa i en Joan decideixen invertir 15 000 € cadascun. La Lluïsa inverteix una quantitat A al 2 %, una quantitat B al 5 % i una quantitat C al 3 %. En Joan decideix invertir les mateixes quantitats que la Lluïsa. Així, inverteix la mateixa quantitat A, però a un 3 %, la quantitat B al 4 % i la quantitat C al 3 %. Descobreix el valor de les quantitats A, B i C, sabent que la Lluïsa ha obtingut uns interessos de 440 € i en Joan de 490 €.

50. Un agricultor té 480 hectàrees, a les que hi pot plantar blat, gira-sols o pèsols. El cost per la producció de cadascun d'aquests cultius és de 170 € per cada hectàrea de blat, 260 € per cada hectàrea de gira-sols i 280 € per cada hectàrea de pèsols. Sap que plantarà el doble de blat que de gira-sols i pèsols junts. A més, té un pressupost de 97 000 € per pagar els costos dels cultius. Quantes hectàrees de cada tipus plantarà?

51. Una fàbrica de televisors produeix 350 unitats al dia. La fàbrica aprovisiona tres botigues, que compren tota la seva producció. Un dia, l'establiment B va comprar tantes unitats com les botigues A i C juntes, i la botiga C va comprar un 25 % menys que la A. Descobreix quants televisors va comprar cadascun dels establiments aquell dia.

52. Un comerciant compra 50 kg de llenties, 35 kg de cigrons i 40 kg de mongetes, que li costen 246 €. Aconsegueix un descompte del 10 % a les llenties i del 5 % als cigrons, de manera que al final paga 235,65 €. Si sabem que les mongetes costen el doble que les llenties, quin era el preu inicial de cada aliment?

53. Tenim 3 aliments: A, B i C. L'aliment A conté 2 g de ferro, 3 g de sucre i 6 g de proteïnes. L'aliment B conté 0,3 g de ferro, 4 g de sucre i 9 g de proteïnes. I l'aliment C conté 1,2 g de ferro, 2 g de sucre i 5 g de proteïnes. Quants aliments de cada tipus hem de menjar per ingerir 13,6 g de ferro, 35 g de sucre i 76 g de proteïnes?

Problemes d'inequacions amb una i dues incògnites

54. Calcula tots els nombres enters on el seu producte pel nombre anterior sigui major que 110 i el seu producte pel nombre següent sigui inferior a 182.

55. A un grup de més de 55 turistes li ofereixen anar a veure una obra de teatre o a un museu. Al principi, els que volen anar al teatre són el triple dels que volen anar al museu, però com que no hi ha entrades per a tots, cinc persones canvien d'opció i van al museu, de manera que els que van al teatre són menys del doble dels que van al museu. Quants turistes hi ha al grup?

56. L'Anna té la meitat d'anys que la Paula, i d'aquí a 10 anys, la suma de les seves edats serà superior a 45 anys. Calcula l'edat de l'Anna i de la Paula.

57. En Lluís té 300 € de pressupost per renovar el seu vestuari, i el seu amic Carles disposa de 360 €. En Lluís compra tres pantalons i quatre samarretes en una botiga on els pantalons costen 40 € més que les samarretes, i encara li sobra alguna cosa del pressupost, però en Carles no té prou diners per comprar quatre pantalons i tres samarretes. Quant costa cada peça de roba?

58. En una classe de 25 alumnes menys del 30 % han aprovat un examen. El següent examen l'aproven 3 alumnes més, de manera que el percentatge d'aprovats és superior al 30 %. Quants alumnes han aprovat el primer examen si la meitat dels aprovats van treure un notable?

59. Un grup editorial publica anualment un màxim de quaranta llibres. Com a mínim deu dels llibres són de matemàtiques, però com a mínim es publiquen tants llibres de matemàtiques com d'altres àrees. Planteja un sistema d'inequacions que permeti trobar, amb aquestes dades, quin és el possible nombre de llibres de matemàtiques i d'altres àrees que pot publicar aquesta editorial. Després, dibuixa el conjunt solució o regió factible.

60. Troba tots els parells de nombres enters positius de manera que la suma del triple del primer més el doble del segon sigui menor que 9. Dibuixa la solució i escriu algunes de les possibles solucions.

61. En una botiga de roba esportiva tenen aquesta oferta: malles a 25 € i samarretes a 15 € si et quedes més de 8 peces de roba, i el nombre de malles és superior al de samarretes. La Marta té 200 € i decideix aprofitar la promoció. Calcula les possibilitats de compra que té i quant costa cadascuna d'aquestes possibilitats.

62. En una perruqueria necessiten com a mínim cinc persones, però no tenen pressupost per contractar-ne més de nou. Com a mínim tres dels contractes han de ser fixos, però els contractes fixos no poden superar en quatre els contractes eventuals. Quines són les diverses opcions de contractació que té la perruqueria?

63. Un centre cívic segueix aquest criteri per formar grups: han d'estar compostos per un nombre de membres entre 15 i 25 i hi ha d'haver un mínim de 8 noies, tot i que el seu nombre no pot superar la meitat del nombre de nois. Indica de quantes maneres diferents poden formar-se els grups en aquest centre.

64. La primera fase d'una oposició és un test de 50 preguntes. Per aprovar el test, has de respondre com a mínim 30 preguntes i obtenir com a mínim 70 punts. Si sabem que cada encert val 2 punts i que cada error es penalitza amb 0,5 punts, troba la representació gràfica que conté totes les possibilitats per aprovar el test. Quin és el major nombre de respostes incorrectes que poden donar-se, i quin seria el nombre de respostes correctes necessari per aprovar el test en aquest cas?

Un món matemàtic

65. Tres importants *influencers* amb els noms ficticis Xen, Yosa i Zico, que superen el milió de seguidors cadascun, treballen bàsicament amb determinades empreses que es dediquen a vendre ballarines, sabatilles esportives i tecnologia... Entre ells, Zico té el doble se seguidors que els altres dos junts. Per altra banda, la meitat dels seguidors de Xen més el triple dels de Yosa coincideix amb les tres quartes parts dels seguidors de Zico. Si el nombre mitjà de seguidors de tots tres *influencers* és de sis milions, descobreix quants seguidors té cadascú.

66. El cost, en euros, de fabricar x unitats d'un producte ve donat per $C = 3{,}5x + 250$, mentre que els ingressos, en euros, per la venda de x unitats és $I = 4{,}5x$.

a) Troba el punt d'equilibri, és a dir, on els costos coincideixen amb els ingressos. Quantes unitats s'han de fabricar per obtenir guanys?

b) Dibuixa les funcions de costos i ingressos, i marca les regions on es produeixen pèrdues o guanys.

67. Una mesura orientativa de l'obesitat d'una persona es determina mitjançant l'Índex de Massa Corporal (IMC), que s'obté dividint el pes (en quilograms) pel quadrat de l'alçada (en metres). És a dir:

$$IMC = \frac{Pes}{Alçada} \qquad \text{kg/m}^2$$

L'índex de massa corporal del 80 % de les dones i dels homes entre 16 i 35 anys es pot modelar en funció de l'edat, x, i el sexe, mitjançant les expressions:

$$IMC = 0{,}28x + 14{,}52 \qquad \text{(dones)}$$

$$IMC = 0{,}33x + 13{,}72 \qquad \text{(homes)}$$

a) Calcula, segons aquest model, els índexs de massa corporal de les dones i dels homes de 16, 18 i 25 anys.

b) Dibuixa en aquest interval d'edats les dues rectes dels IMC. A partir de quina edat és superior el dels homes?

68. Les funcions d'oferta i demanda de *hoverboards* en una empresa de comerç electrònic venen donades per:

$$p = 500 - 0{,}38x \qquad \text{Demanda}$$

$$p = 80 + 0{,}12x \qquad \text{Oferta}$$

On p és el preu en euros i x el nombre d'unitats de *hoverboards*.

a) A quin preu s'aconsegueix igualar l'oferta i la demanda, és a dir, el punt d'equilibri?

b) Dibuixa les funcions d'oferta i demanda i marca les regions on hi ha excés d'oferta o de demanda.

Resol l'enigma

Com s'haurien de distribuir els viatges setmanals el pare i la mare per portar els fills a l'escola? Consideres que l'assignació de viatges a cadascun és l'única perquè es compleixin les condicions acordades? Creus que l'avi hauria de fer més d'un viatge per setmana?

Anomenarem x i y el nombre de viatges setmanals que fan la mare i el pare, respectivament. Tingues en compte que les expressions «com a molt» o «com a mínim» ens fan pensar que es tracta d'inequacions amb les dues variables, x i y. Així:

Entre tots dos faran, com a molt, nou viatges setmanals $\rightarrow x + y \leq 9$.

El pare decideix fer, com a mínim, cinc viatges setmanals $\rightarrow y \geq 5$.

La mare ha de fer, com a mínim, dos viatges setmanals $\rightarrow x \geq 2$.

Acorden que el pare faci, com a mínim, tres viatges més que la mare $\rightarrow y \geq x + 3$.

Per tant, tenim el següent sistema d'inequacions, en el qual els valors de x i y han de ser enters i majors o iguals a zero perquè l'enunciat tingui sentit:

$$\left.\begin{array}{r} x + y \leq 9 \\ y \geq 5 \\ x \geq 2 \\ y \geq x + 3 \end{array}\right\}$$

Representem gràficament aquest sistema.

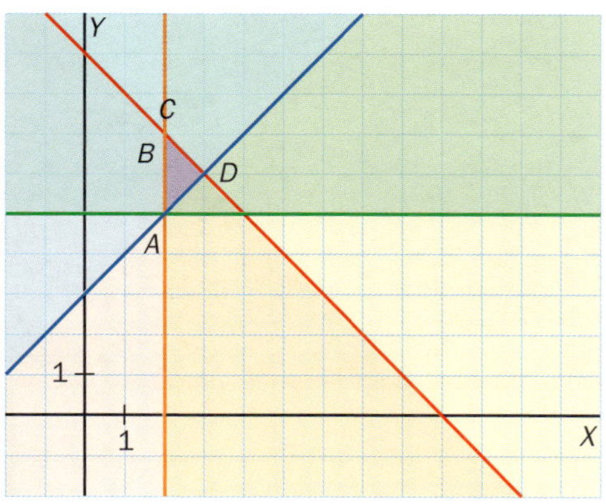

Com que les solucions han de ser enteres, en la regió factible de la figura hi ha quatre possibles solucions als punts $A(2, 5)$, $B(2, 6)$, $C(2, 7)$ i $D(3, 6)$.

Així:

Per tant, hi ha 4 possibles solucions per a la distribució de viatges setmanals:

Mare (x)	2	2	2	3
Pare (y)	5	6	7	6
Avi	3	2	1	1

Pel que fa a l'avi, hi ha dues solucions en les quals hauria de fer més d'un viatge setmanal.

5. Funcions

Göbekli Tepe, al sud-oest de Turquia, es va aixecar fa uns 11 600 anys. El descobriment d'aquest lloc ha reescrit la nostra història, perquè demostra que els grups de caçadors-recollectors van construir complexos monuments abans que ho fessin les primeres comunitats sedentàries d'agricultors. Però, com es poden datar amb tanta seguretat les restes d'un jaciment arqueològic?

Quan un organisme mor, el carboni 14 dels seus teixits deixa de ser substituït i comença a disminuir en funció del temps, a causa de la seva desintegració radioactiva. Per tant, si mesuren la quantitat de carboni 14 que hi ha en una petita mostra d'origen biològic, com dents, un os o un tros de fusta, els arqueòlegs poden determinar-ne l'edat i datar-la amb bastanta precisió, perquè aquesta quantitat es redueix a la meitat cada cop que passen 5 730 anys.

Sabries expressar en funció del temps la fracció de carboni 14 inicial que hi ha en una mostra? Quina antiguitat tindran unes restes arqueològiques que només contenen el 24,6 % de la seva quantitat inicial?

En aquesta unitat aprendràs:

1. Concepte de funció
2. Domini i recorregut
3. Punts de tall amb els eixos
4. Simetria
5. Creixement, acotació i curvatura
6. Periodicitat
7. Funcions polinòmiques
8. Funcions amb radicals
9. Funcions racionals
10. La funció exponencial
11. La funció logarítmica
12. Funcions definides a trossos
13. Operacions amb funcions
14. Transformació de funcions
15. La funció inversa
16. Interpolació i extrapolació

1 Concepte de funció

En múltiples àmbits científics, tecnològics i socioeconòmics, com la física, la programació o l'economia, hi ha una infinitat de magnituds relacionades les unes amb les altres. Així, per exemple, la pressió dins del mar varia segons la profunditat d'immersió, el temps de computació utilitzat en la resolució d'un problema depèn de la dificultat d'aquest o el cost unitari de producció ve donat pel nombre d'unitats fabricades.

Totes aquestes magnituds poden adoptar diferents valors dins de determinats rangs; per tant, reben, en general, el nom de **variables.** I les possibles relacions entre les diferents variables es tradueixen al llenguatge matemàtic mitjançant el concepte de **funció.** Aquestes són les diferents formes en què se sol expressar una funció:

- Un **enunciat** o regla ens informa amb paraules sobre la forma en què es relacionen entre elles les variables. Per exemple: «el nombre de possibles contrasenyes creix de manera exponencial amb la magnitud d'aquestes, és a dir, amb el nombre de caràcters que la formen».
- Una **taula** associa a determinats valors d'una de les variables els corresponents valors de l'altra. Per exemple, la següent taula de demanda posa de manifest que la quantitat de producte demanada es va reduint a mesura que s'incrementa el seu preu:

Preu de venda al públic (en euros per cada barra de pa)	0,5	1,0	1,5	2,0	3,0
Quantitat setmanal demanada (en milers de barres de pa)	300	150	100	75	50

Taula 5.1. Demanda setmanal de barres de pa en funció del seu preu.

- Una **gràfica** representa de forma clara i visual la relació que hi ha entre les variables. Observa la següent representació gràfica:

En l'eix d'abscisses es representen els graus Celsius, i en l'eix d'ordenades, la seva equivalència en graus Fahrenheit.

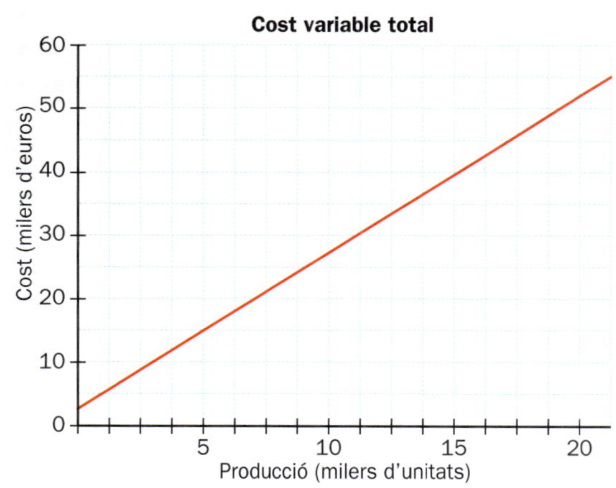

- Una **fórmula** o expressió analítica condensa, quan això és possible, la dependència exacta que es dona entre variables; és a dir, com, mitjançant unes determinades operacions realitzades sobre una d'elles, en podem obtenir l'altra. Així, per exemple, la policia d'atestats de trànsit estima la velocitat, v (en km/h), a la qual circulava un vehicle sinistrat en funció de la longitud de la petjada de la frenada, l (en metres), segons:

$$v = 12{,}85\sqrt{l}$$

Tots aquests exemples tenen una característica en comú: fan correspondre cada valor d'una de les variables amb un únic valor de l'altra. Aquest fet és el que defineix les funcions:

> Una **funció** f es una **aplicació** entre dos conjunts de manera que a cada element pertanyent a un **conjunt inicial** se li associa un únic element dins d'un **conjunt final.**

1 Pensa

Explica la dependència exponencial entre el nombre de contrasenyes i la longitud d'aquestes.

Punt d'interès

Fins fa un parell de segles, els matemàtics consideraven que una funció «respectable» era, més aviat, tot el que es pogués expressar mitjançant un determinat tipus de fórmula, com x^2+1 o $\log 2x$. És a dir, una espècie de «màquina» capaç de realitzar de manera explícita determinades operacions sobre nombres i d'«escopir» després els resultats.

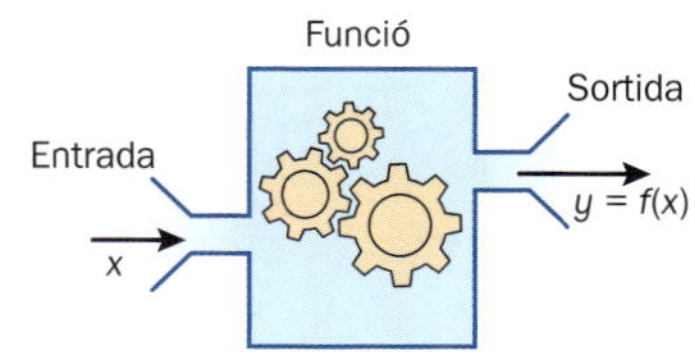

Però, actualment, les funcions s'entenen en un sentit més ampli, com **aplicacions** mitjançant les quals un conjunt de nombres o altres entitats es posa en correspondència amb una altra col·lecció d'elements. Així, no és imprescindible que hi hagi una fórmula per definir l'acció explícita de la funció. L'essencial d'aquesta aplicació és, en canvi, que a cada element del conjunt inicial li correspon un sol element del conjunt final. És a dir, que tots els elements del conjunt inicial han de tenir un element associat del conjunt final.

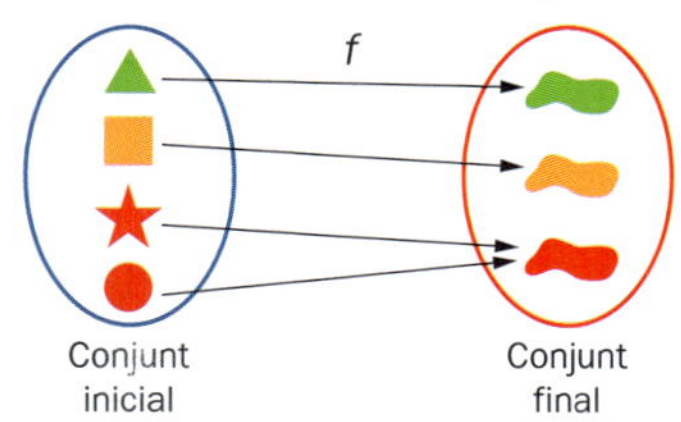

2 Domini i recorregut

Si tomamos com a referència les dades recollides en la Taula 5.1, s'observa que el conjunt inicial està format pels valors de la variable «preu unitari de venda», que és on la funció ha estat «definida»; i, per altra banda, el conjunt final ve donat pels valors de la variable «quantitat setmanal demanada» corresponent a cadascun d'aquests preus, pels quals són les seves respectives «imatges».

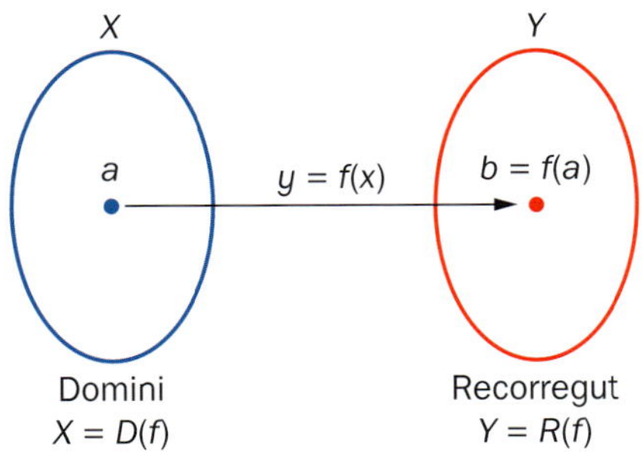

> El conjunt inicial X és el **domini de definició** de la funció, $D(f)$, i els seus elements reben el nom de **variable independent,** x.
>
> El conjunt final Y és el **recorregut** o **imatge** de la funció, $R(f)$, i els seus elements reben el nom de **variable dependent,** y, perquè el seu valor depèn del valor que pren x:
>
> $$x \in X \xrightarrow{f} y = f(x) \in Y$$

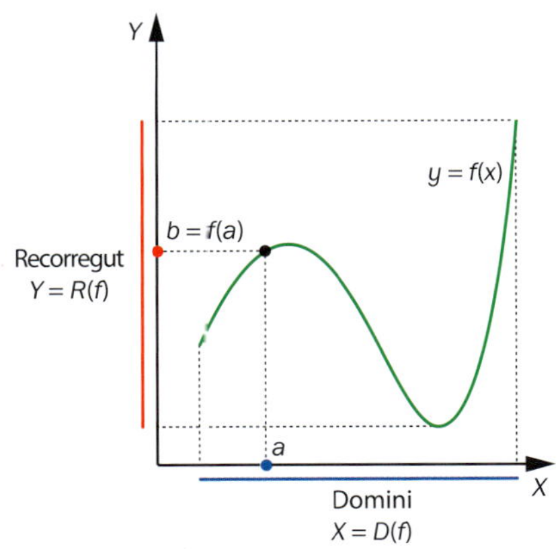

Diversos valors diferents de la variable independent podrien tenir la mateixa imatge en el recorregut, és a dir, podrien compartir un valor idèntic de la variable dependent, però no al revés.

Les funcions estudiades fins ara comparteixen, a més, una altra característica: els seus elements són nombres reals; és a dir, són **funcions reals de la variable real** que fan correspondre, dins del seu domini, cada nombre real amb un únic element real del recorregut:

$$x \in X \subset \mathbb{R} \xrightarrow{f} y = f(x) \in Y \subset \mathbb{R}$$

En aquestes funcions, el domini i el recorregut, aquest últim obtingut com a imatge del domini, no han de coincidir necessàriament amb el conjunt dels nombres reals. El domini pot veure's restringit a un subconjunt de $\mathbb{R}$ en un determinat **context,** tant per la pròpia naturalesa del problema en el qual sorgeix la funció com per limitació expressa de qui la proposa.

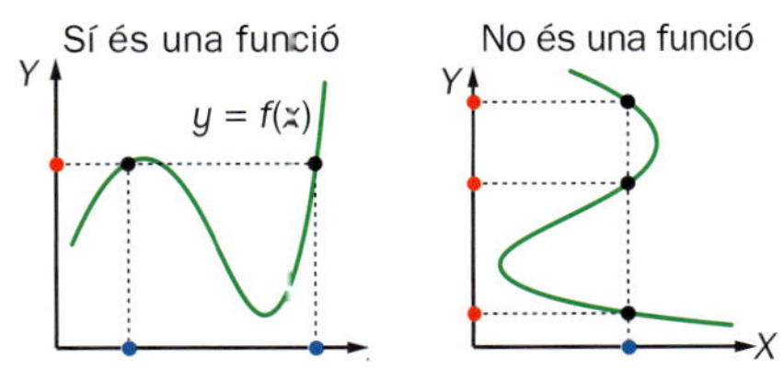

Per altra banda, a vegades no és possible fer determinades operacions sobre qualsevol nombre real, cosa que provoca que algunes funcions reals, a causa de la seva **expressió analítica,** tinguin com a domini un determinat subconjunt de $\mathbb{R}$. Vegem quin domini posseeixen els principals tipus de funcions:

- **Polinomis.** Les expressions polinòmiques es troben definides per tots els nombres reals.

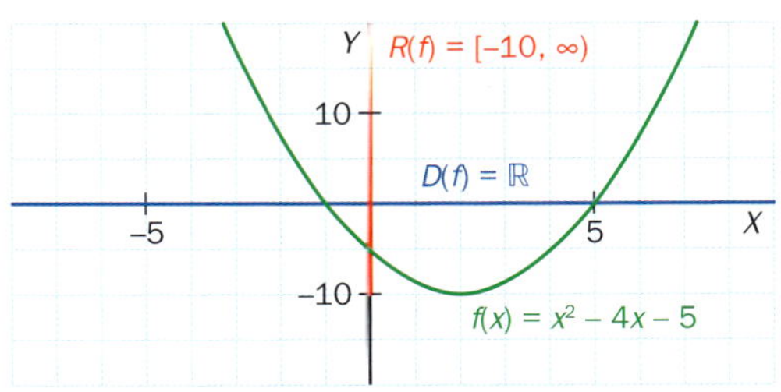

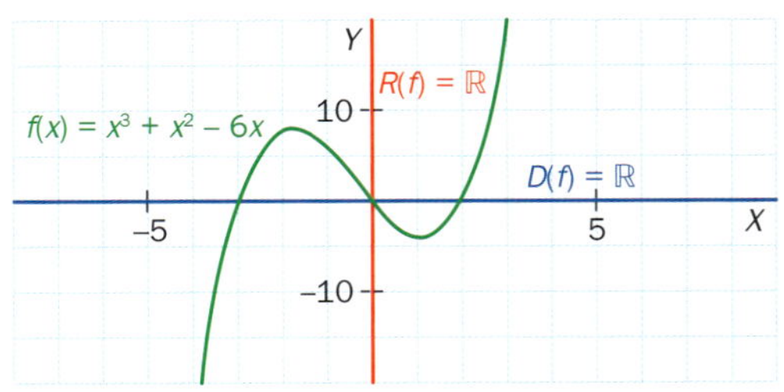

- **Arrels.** Dins dels nombres reals, les arrels d'índex parell no estan definides quan el radicand és negatiu; les d'índex imparell, tanmateix, sí que ho estan.

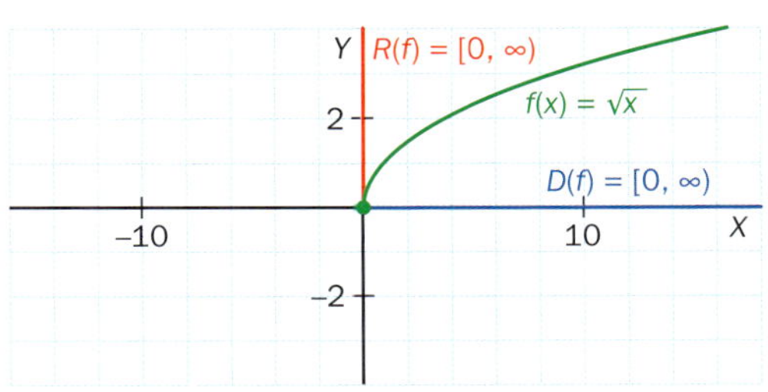

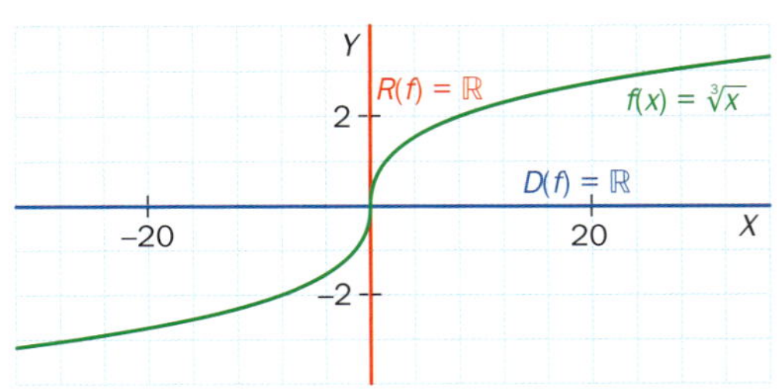

> **2 Pensa**
>
> En cadascun dels exemples de funcions que hem presentat fins ara, identifica-hi la variable dependent i la independent, així com els seus respectius dominis de definició i recorreguts.

- **Exponencials i logaritmes.** L'exponencial està definida per qualsevol nombre real; en canvi, el logaritme només es defineix per arguments estrictament positius.

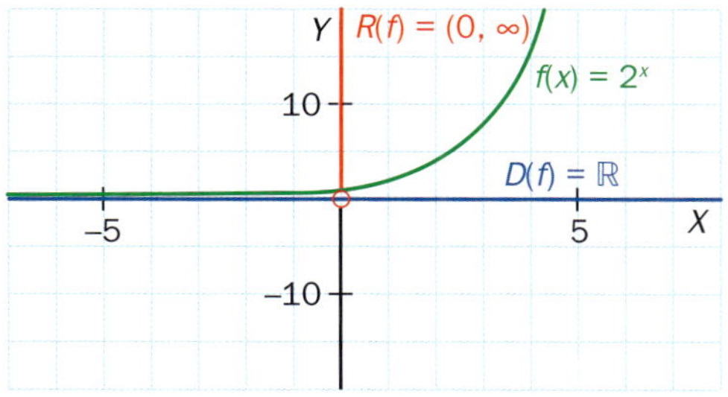

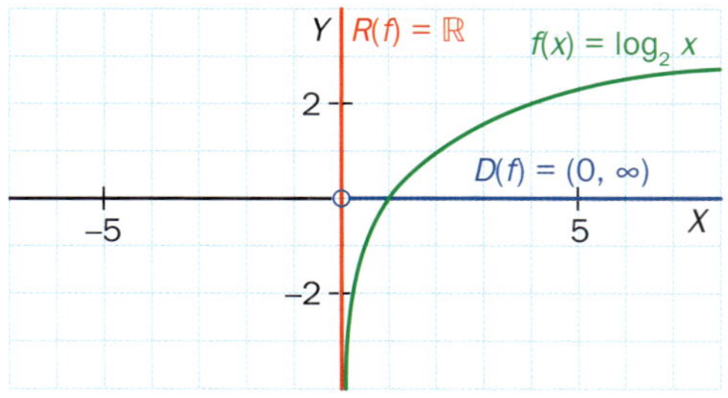

- **Fraccions.** Una expressió racional o, en general, que conté la variable independent en un denominador no es troba definida pels valors que l'anul·len.

Exemple 1. Determina el domini d'aquestes funcions senzilles:

a) $f(x)=\sqrt{x+2}$ ***b)*** $f(x)=\log(1-x)$ ***c)*** $f(x)=\dfrac{1}{x^2-9}$

a) L'arrel quadrada només està definida per radicands nuls o positius:

$$x+2\geq 0\Rightarrow x\geq -2\Rightarrow D(f)=[-2,\infty)$$

b) El logaritme exigeix arguments estrictament positius:

$$1-x>0\Rightarrow x<1\Rightarrow D(f)=(-\infty,1)$$

c) En aquesta funció racional, excloem del domini els valors que anul·len el denominador:

$$x^2-9=0\Rightarrow x=\pm 3\Rightarrow D(f)=\mathbb{R}-\{\pm 3\}$$

@ www Actua

Comprovem el **domini** i el **recorregut** d'algunes funcions amb aquesta animació interactiva.

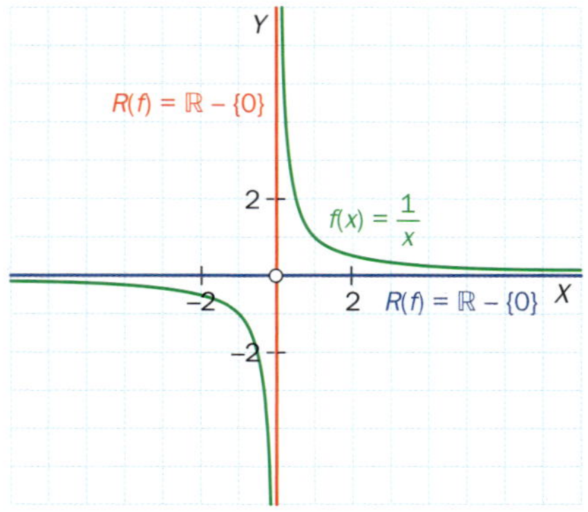

!! Atenció

Quan estudiïs el domini, recorda que no sempre és possible fer qualsevol operació matemàtica. Això provoca que, a vegades, la «maquinària» d'una funció s'«encalli»: **dividir per zero,** trobar **arrels reals parells de nombres negatius** o obtenir el **logaritme d'un argument nul o negatiu** són tres operacions que no estan permeses.

Activitats

1. Observa aquestes gràfiques i determina el domini i el recorregut de les funcions corresponents:

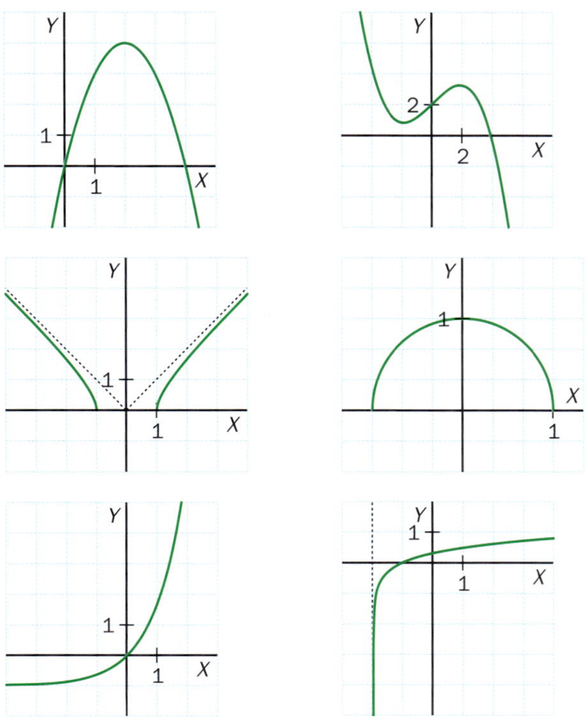

2. Troba el domini de les següents funcions:

a) $f(x)=x^4-5x^2+3$

b) $f(x)=\sqrt[4]{x^2-x-2}$

c) $f(x)=\sqrt[5]{x^2-1}$

d) $f(x)=e^{2x}$

e) $f(x)=\log(4-x^2)$

f) $f(x)=\dfrac{2x}{x^2+5}$

g) $f(x)=\dfrac{1}{\sqrt{x-1}}$

h) $f(x)=e^{1/x}$

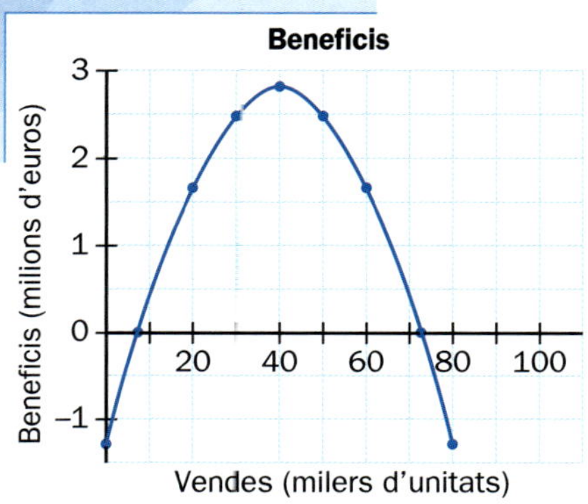

3 Punts de tall amb els eixos

Quan es representa gràficament una funció, aquesta pot creuar-se amb els eixos de coordenades. Aquests punts de tall o intersecció poden aportar informació molt valuosa. Per exemple, en la gràfica del marge hi ha representats els beneficis que una determinada empresa ha obtingut per la venda d'un dels seus productes. Quan la funció talla l'eix d'abscisses, el benefici és nul, cosa que implica passar de pèrdues (benefici negatiu) a guanys (benefici positiu), o viceversa. L'únic punt de tall amb l'eix vertical, o d'ordenades, ens informa sobre les pèrdues sofertes en cas de no vendre res.

Per tant, els punts de tall de la funció $y = f(x)$ amb els eixos poden ser:

El punt de tall de la funció $y = f(x)$ amb l'eix d'ordenades *OY*: si existeix, és únic i indica el valor de la variable dependent o ordenada, *y*, en l'origen, és a dir, és de la forma $(0, f(0))$; per tant, es troba calculant el valor de la funció en $x = 0$.

Els **punts de tall de la funció $y = f(x)$ amb l'eix d'abscisses *OX*** es caracteritzen perquè en ells el valor de la variable dependent o ordenada, *y*, és nul. És a dir, aquests punts són de la forma $(x_i, 0)$, i per trobar-los n'hi ha prou amb resoldre l'equació $f(x) = 0$.

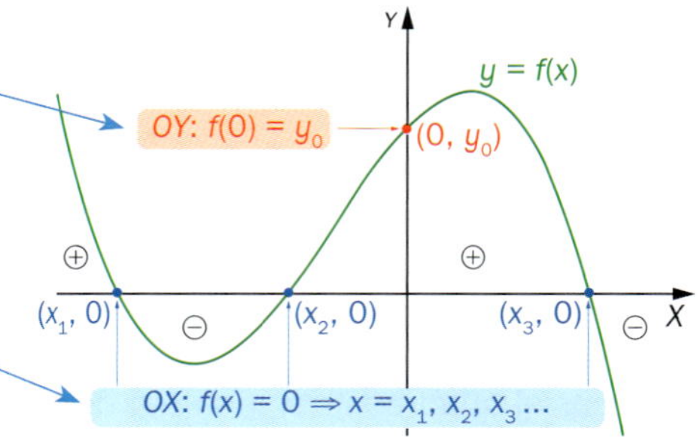

En els punts de tall amb l'eix d'abscisses, **la funció $f(x)$ canvia de signe** (de positiva a negativa, o viceversa), sempre que aquesta es pugui dibuixar amb un sol traç, no arribi en ells a un valor màxim o mínim i, naturalment, no es tracti de la funció $f(x) = 0$.

Exemple 2. Localitza els punts de tall amb els eixos d'aquestes funcions:

a) $f(x) = -x^3 + 2x^2 + 5x - 6$ ***b)*** $f(x) = \log_2(8 - x)$

- Per trobar els punts de tall amb l'eix *OX*, resolem l'equació $f(x) = 0$.
- Per trobar el punt de tall amb l'eix *OY*, avaluem la funció en $x = 0$

a)

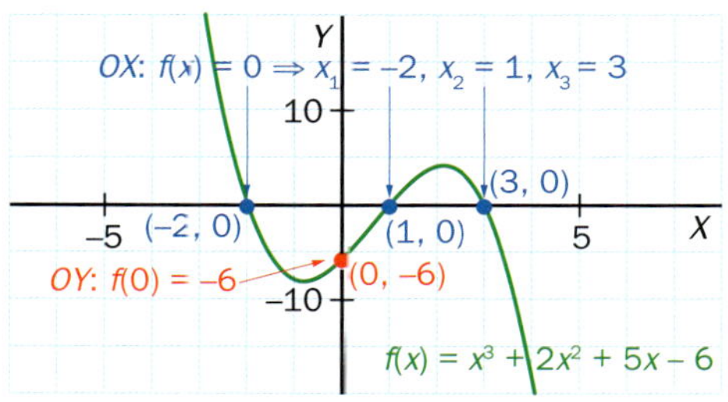

b)

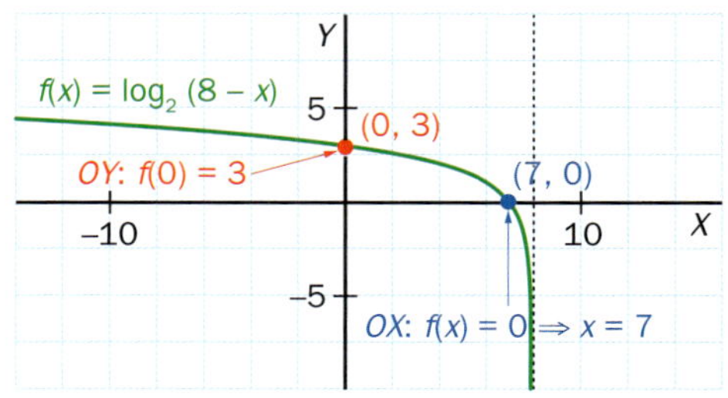

Activitats

3. Localitza els punts de tall amb els eixos de les següents funcions:

a) $f(x) = 5x + 3$ *b)* $f(x) = x^2 + 2$ *c)* $f(x) = x^4 - 5x^2 + 4$

d) $f(x) = \sqrt{x^2 - 1}$ *e)* $f(x) = e^x$ *f)* $f(x) = \log x$

g) $f(x) = x^3 - 3x^2 - 6x + 8$ *h)* $f(x) = \dfrac{x^2 - 4}{x + 5}$

4. A vegades no és possible resoldre de manera exacta una determinada equació $f(x) = 0$. Però si la funció $f(x)$ pot dibuixar-se de forma contínua en un interval $[a,b]$ on el seu valor canvia de signe, està clar que en algun punt x_0 del seu interior aquesta ha de creuar l'eix *OX* i anul·lar-se (teorema de Bolzano). Per tant, fent aquest interval suficientment petit només dividint-lo una i una altra vegada per la meitat, podem trobar l'arrel de l'equació amb la precisió que vulguem. Això s'anomena mètode de la bisecció.

Tenint això en compte, resol de manera aproximada l'equació $x = e^{-x}$. Per fer-ho, parteix de la funció $f(x) = x - e^{-x}$ en l'interval $[0,1]$ i obtén la seva arrel amb un error d'aproximació d'una centèsima.

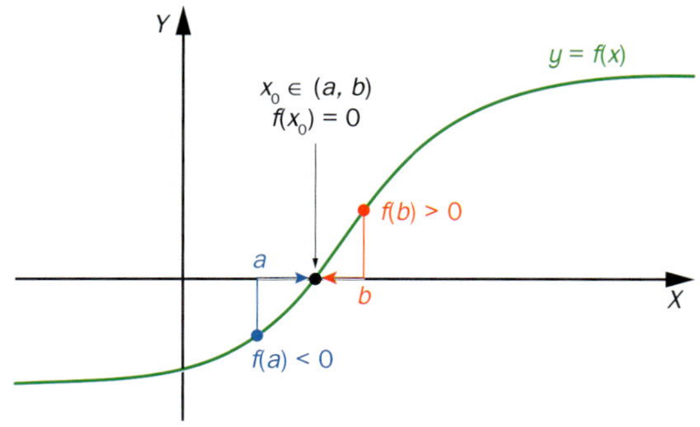

4 Simetria

Les funcions poden ser simètriques respecte a l'eix d'ordenades i respecte a l'origen:

Una funció es **simètrica respecte a l'eix d'ordenades,** *OY*, quan es verifica que:

$$\mathbf{f(-x) = -f(x)} \quad \text{per tot} \quad x \in D(f)$$

En aquest cas, s'anomena **funció parella:**

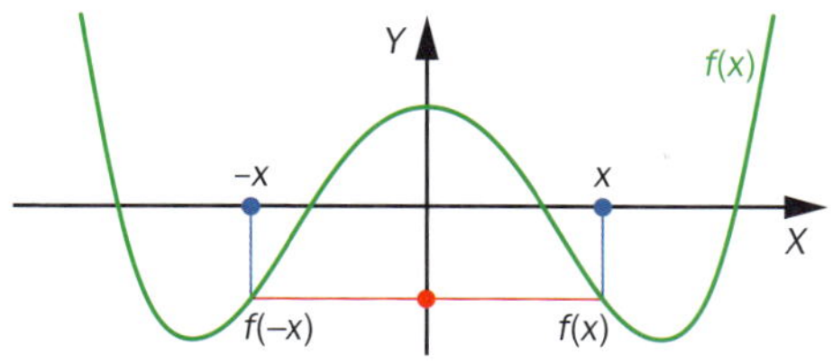

Funció parella: $f(x) = f(-x)$

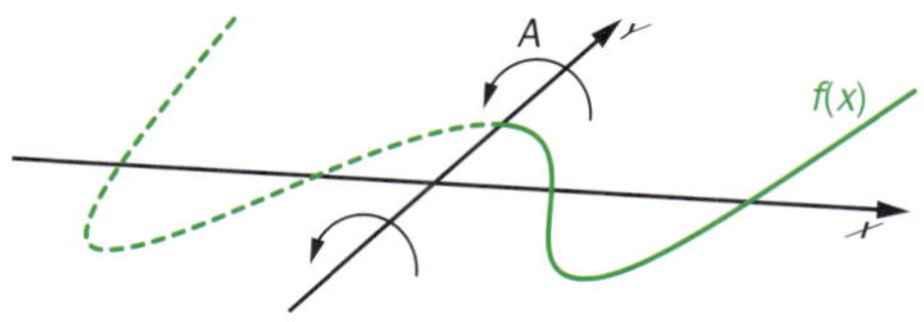

La transformació *A* consisteix a plegar la gràfica de la funció $f(x)$ al llarg de l'eix *OY*, canviant *x* per *−x*. Si quan realitzem aquest únic plec la meitat esquerra de la gràfica s'obté a partir de la meitat dreta, es tracta d'una funció parella.

Una funció es **simètrica respecte a l'origen,** *O*, quan es verifica que:

$$\mathbf{f(-x) = f(x)} \quad \text{per tot} \quad x \in D(f)$$

En aquest cas, s'anomena **funció imparella:**

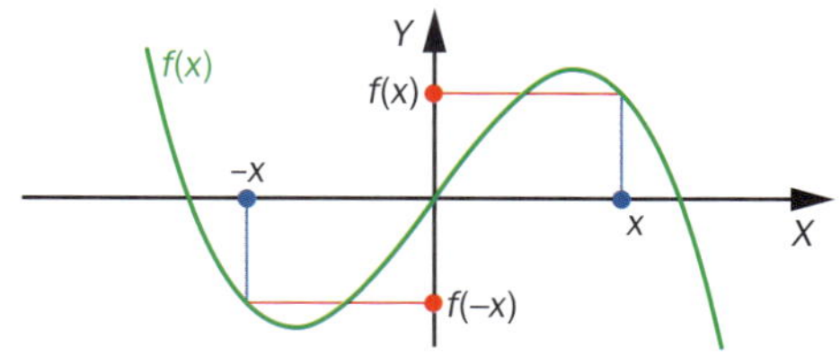

Funció imparella: $f(x) = -f(-x)$

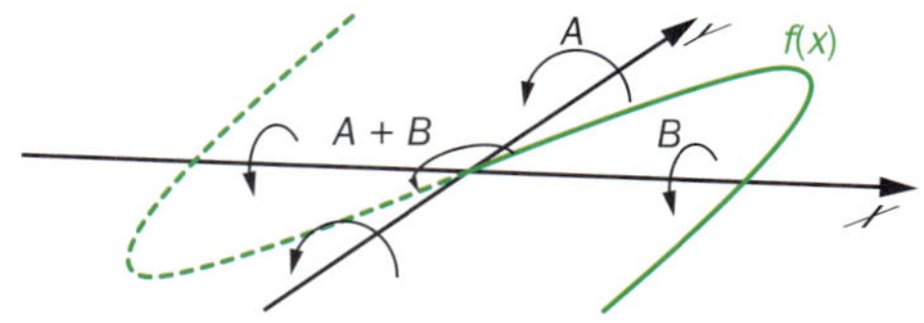

La transformació *B* consisteix a plegar la gràfica de la funció $f(x)$ al llarg de l'eix *OX*, canviant *y* per *−y*. Si la meitat esquerra de la gràfica s'obté a partir de la meitat dreta després de realitzar de forma successiva ambdós plecs, *A* i *B*, aquesta és imparella.

Exemple 3. Comprova si aquestes funcions tenen alguna simetria:

a) $f(x) = x^4 - 3x^2$ **b)** $f(x) = 2x^3 - 5x$ **c)** $f(x) = \sqrt{x^2+1}$

d) $f(x) = \dfrac{x}{x^2-4}$ **e)** $f(x) = x^3 + x^2$

Per fer-ho, n'hi ha prou amb inspeccionar el valor de $f(-x)$ i comparar-lo amb el de $f(x)$:

a) $f(-x) = (-x)^4 - 3(-x)^2 = x^4 - 3x^2 = f(x) \Rightarrow$ funció parella

b) $f(-x) = 2(-x)^3 - 5(-x) = -2x^3 + 5x = -(2x^3 - 5x) = -f(x) \Rightarrow$ funció imparella

c) $f(-x) = \sqrt{(-x)^2+1} = \sqrt{x^2+1} = f(x) \Rightarrow$ funció parella

d) $f(-x) = \dfrac{(-x)}{(-x)^2-4} = \dfrac{-x}{x^2-4} = -\dfrac{x}{x^2-4} = -f(x) \Rightarrow$ funció imparella

e) $f(-x) = (-x)^3 + (-x)^2 = -x^3 + x^2$, que no coincideix amb $f(x) = x^3 + x^2$ ni amb $-f(x) = -x^3 - x^2$; per tant, aquesta funció no és parella ni imparella.

@ www Actua

Gaudeix de les **simetries** que hi ha a la natura.

Activitats

5. Al marge hi ha un parell d'estalvis de pantalla dissenyats de manera digital. Algunes de les seves línies es podrien reproduir mitjançant les gràfiques de determinades funcions. Identifiques les simetries que hi ha? Quina simetria diries que domina en cadascuna de les imatges?

6. Estudia la simetria de les següents funcions:

a) $f(x) = 3x^2 + 2$ *b)* $f(x) = 5x^3 - 4x$ *c)* $f(x) = x^2 - 3x$

d) $f(x) = \sqrt{x^4 - 1}$ *e)* $f(x) = e^{-x^2}$ *f)* $f(x) = \dfrac{x^2+1}{x}$

5 Creixement, acotació i curvatura

@ www Actua

Experimentem amb el **creixement** i la **curvatura** de les funcions mitjançant aquesta animació interactiva.

Un altre aspecte important de les funcions es troba en com aquestes creixen o decreixen, a quin ritme ho fan i on aconsegueixen els seus valors màxims i mínims. A continuació, agafem com a referència la gràfica obtinguda en l'evolució anual de les exportacions d'una regió determinada per estudiar el creixement, l'acotació i la curvatura d'una funció.

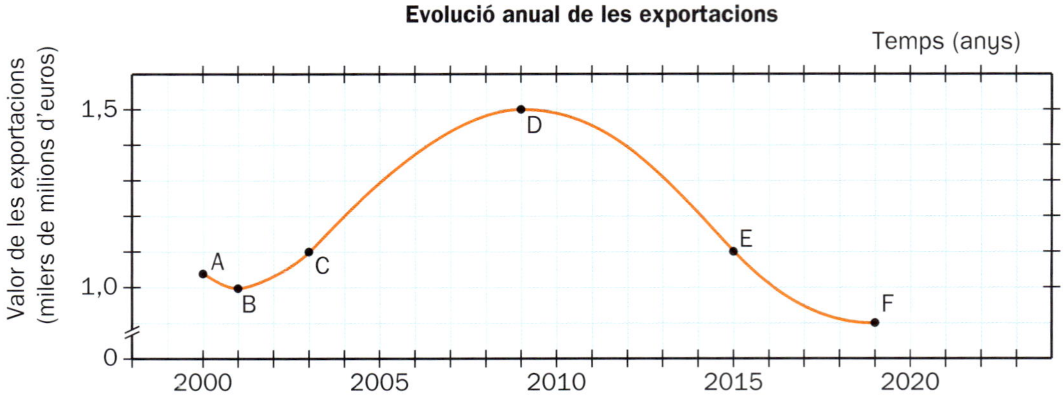

Creixement

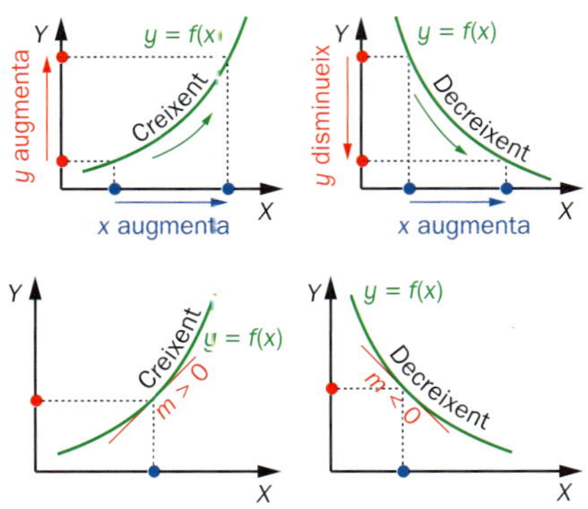

En alguns trams d'aquesta gràfica podem observar que les exportacions augmenten a mesura que passen els anys (*BC* i *CD*), mentre que en altres trams disminueixen (*AB*, *DE* i *EF*).

Una funció $y = f(x)$ és **creixent** o **decreixent** en un determinat interval segons si augmenta o disminueix, respectivament, el valor de la variable dependent, y, a mesura que s'incrementa el valor de la variable independent, x.

Observa com, en tots els punts on la funció és creixent, la gràfica està, d'esquerra a dreta, inclinada cap amunt, és a dir, té pendent, m, positiu; però en els punts on és decreixent la gràfica està inclinada cap avall i té pendent negatiu.

Acotació

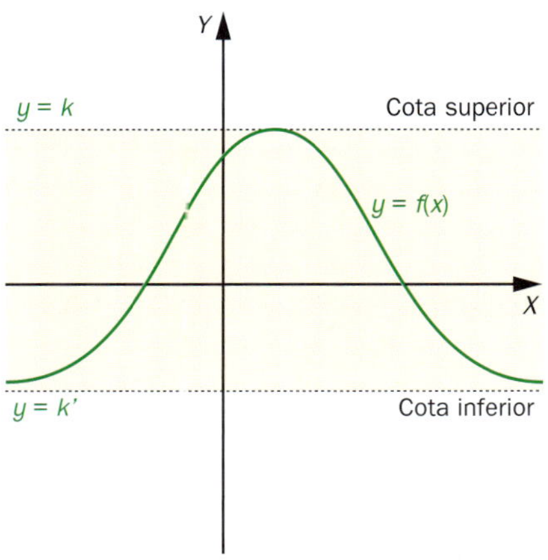

En la gràfica veiem que les exportacions no augmenten sense límit, perquè mai no sobrepassen el valor de 1 500 milions, ni tampoc han caigut per sota de 900 milions. Aquest tipus de funcions s'anomenen acotades.

Una funció $y = f(x)$ està **acotada** quan hi ha dos valors, k i k', tals que $k' \leq f(x) \leq k$; aquests valors s'anomenen, respectivament, **cota superior** i **cota inferior.**

La gràfica d'una funció acotada es troba tancada, per tant, entre les rectes horitzontals $y = k$ i $y = k'$. En cas contrari, la funció no està acotada, encara que pugui estar-ho superiorment o inferior, i la seva gràfica queda per sota de $y = k$ o per sobre de $y = k'$, respectivament.

Exemple 4. **De les següents funcions, quina està acotada?**

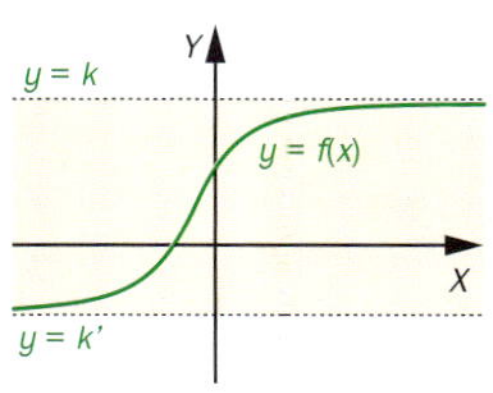

$f(x)$ acotada

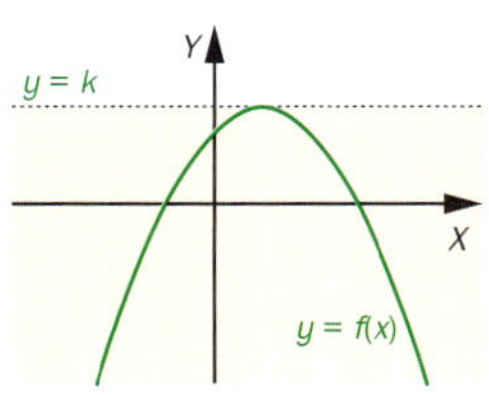

$f(x)$ acotada superiorment

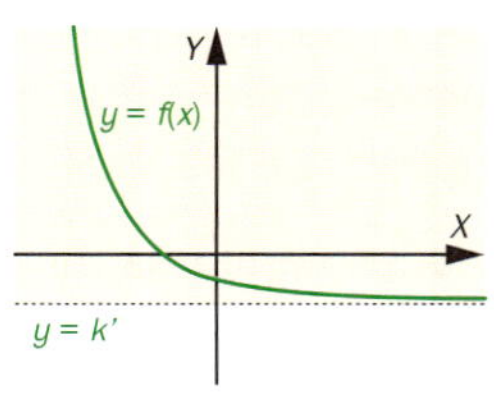

$f(x)$ acotada inferiorment

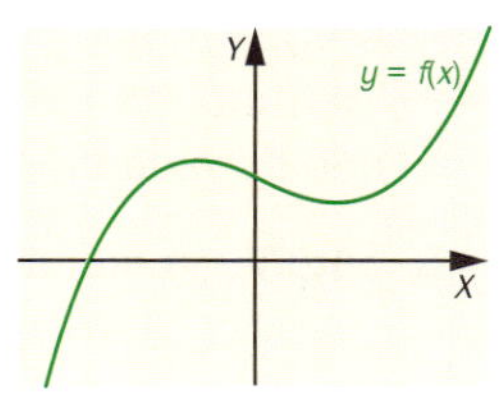

$f(x)$ no acotada

Extrems

En la gràfica de l'evolució de les exportacions podem comprovar també que alguns dels seus punts representen valors extrems de la funció, aquesta hi aconsegueix un màxim (*A* i *D*) o un mínim (*B* i *F*).

Un **màxim** o un **mínim** d'una funció, anomenats **extrems,** són, respectivament, el valor més gran o més petit que pren, ja sigui en un determinat interval (extrem local o **relatiu**) o bé en tot el seu domini de definició (extrem global o **absolut**).

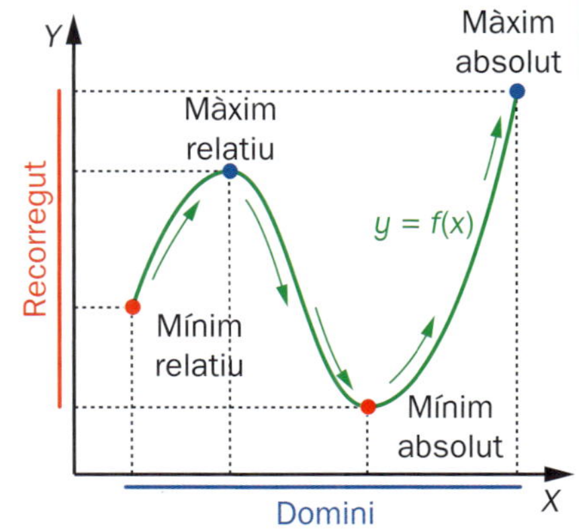

Curvatura

Per la inclinació o pendent de la gràfica en cadascun dels seus punts apreciem alguns trams en els quals el creixement o decreixement és cada vegada més ràpid (com passa, respectivament, en *BC* i *DE*), i altres on, en canvi, s'alenteix (com passa en *CD* i *EF*, respectivament). De tot això ens n'informa la **curvatura** de la funció:

Una funció és **oberta cap amunt** o **oberta cap avall** en un determinat interval segons si augmenta o disminueix, respectivament, el valor del seu pendent al llarg d'aquest.

Un **punt d'inflexió** separa regions de la funció amb una curvatura diferent.

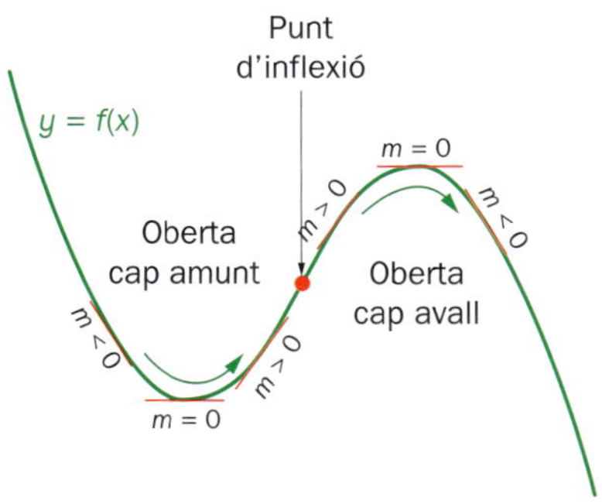

!! *Atenció*

Si una funció és oberta cap amunt i té forma de vall, solem dir que és **còncava,** i si és oberta cap avall, amb forma de muntanya, **convexa.** Compte! Hi ha gent que fa servir aquests termes a l'inrevés.

3 *Pensa*

Què podem dir sobre el creixement i la curvatura en els extrems *B* i *D*? I en els punts d'inflexió *C* i *E*?

Activitat resolta 1

Analitza el creixement i la curvatura de la gràfica de l'evolució anual de les exportacions que hem discutit com a exemple en aquest epígraf.

Per fer-ho, hem de determinar els intervals del domini en els quals aquesta funció creix i decreix, així com aquells en els que és oberta cap amunt o cap avall; també hem de localitzar les coordenades dels seus extrems i punts d'inflexió.

Aquesta funció és creixent en l'interval (2001, 2009) i decreixent en els intervals [2000, 2001) i (2009, 2019]. Els seus extrems estan localitzats en els punts de coordenades (2000, 1,025) (màxim relatiu), (2001, 1,0) (mínim relatiu), (2009, 1,5) (màxim absolut) i (2019, 0,9) (mínim absolut). La funció és oberta cap amunt en els intervals (2000, 2003) i (2015, 2019), o oberta cap avall en l'interval (2003, 2015). A més, té dos punts d'inflexió, situats en les coordenades (2003, 1,1) i (2015, 1,1).

Activitats

7. Aquesta gràfica representa la corba del rendiment diari mitjà d'una persona. Analitza el seu creixement i localitza els seus extrems.

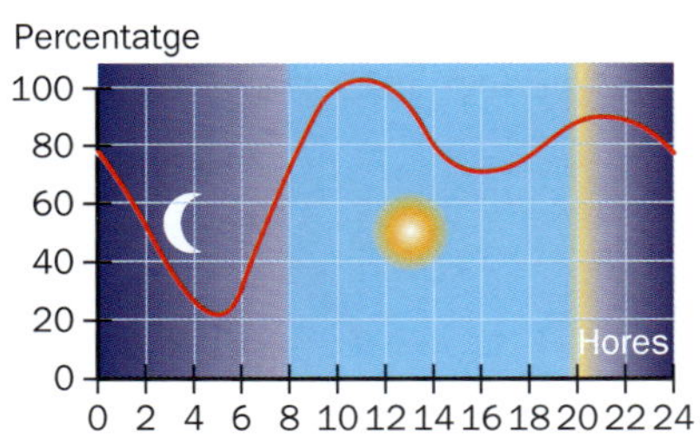

8. Observa la gràfica i respon: en quina dècada va començar a alentir-se el creixement de la població mundial? Quan s'espera que aconsegueixi el valor maxim?

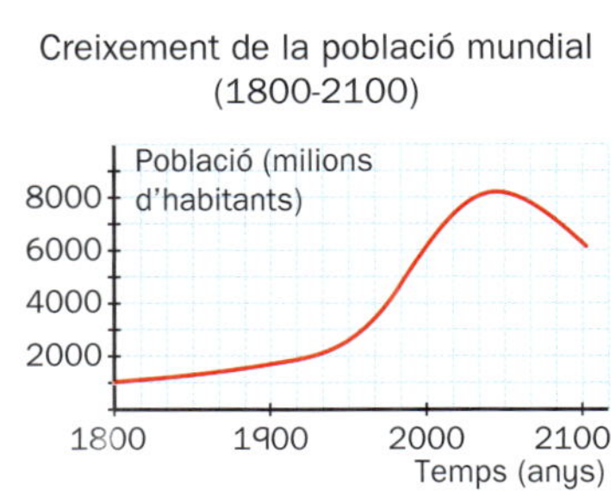

6 Periodicitat

Els cicles econòmics o la gestió de l'inventari són fenòmens que es repeteixen a mesura que passa el temps en un cicle ben definit. Tots aquests processos són periòdics i poden tractar-se mitjançant funcions periòdiques, la gràfica de les quals es reprodueix a si mateixa una i una altra vegada, a cada determinat interval de la variable independent.

Cicle econòmic

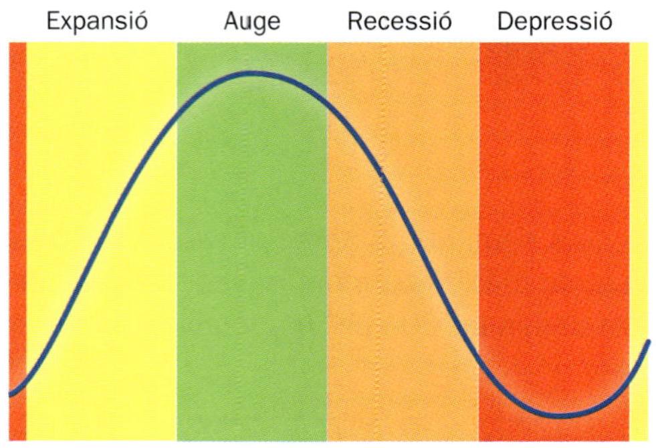

Gestió d'inventari

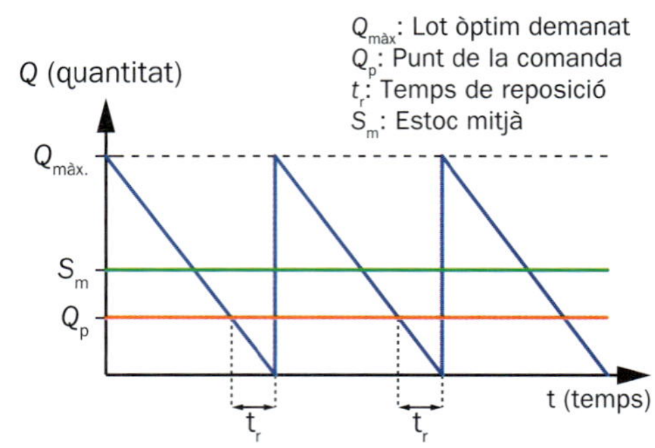

Una **funció és periòdica,** de període $T > 0$, si la seva gràfica es repeteix quan ens desplacem una longitud T al llarg de l'eix d'abscisses OX:

$$f(x) = f(x+T) = f(x+2T) = \ldots = f(x+nT), \text{ amb } n \in \mathbb{Z}$$

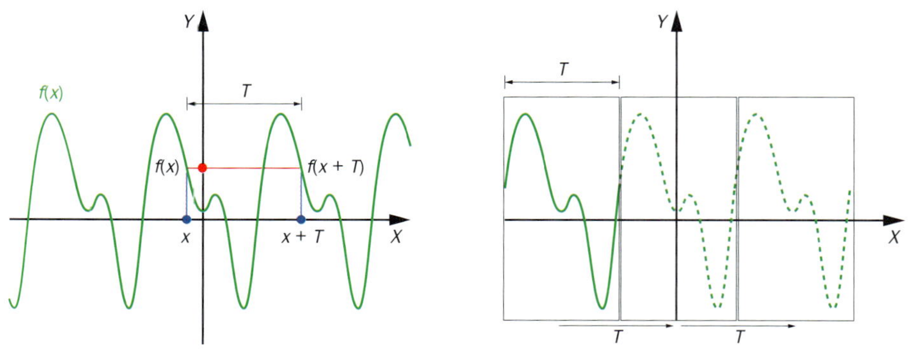

Per tant, un cop coneguda la forma que té la funció en qualsevol interval de longitud T, és possible construir-ne la resta només desplaçant la seva gràfica, cap a la dreta i cap a l'esquerra, un nombre enter de vegades el seu període, T al llarg de tot el seu domini.

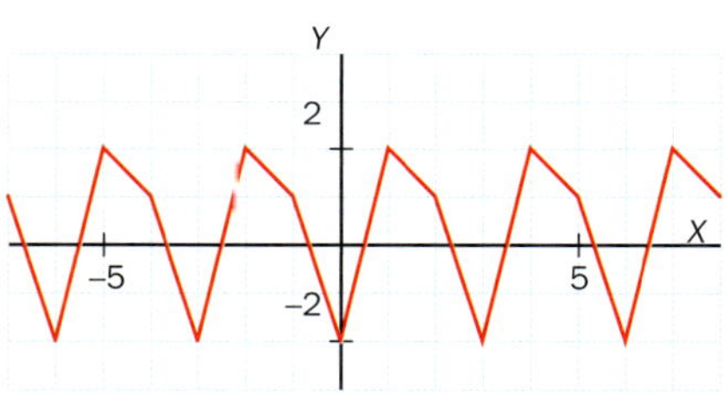

Exemple 5. Comprova que la gràfica del marge correspon a una funció periòdica i troba el seu període.

Si observem el valor que pren la funció en un punt qualsevol, comprovem que, efectivament, la gràfica es repeteix en intervals de tres unitats; per exemple: $f(-4) = f(-1) = f(2) = f(5) = 1$. Es tracta, doncs, d'una funció periòdica el període de la qual és $T = 3$.

Activitats

9. Comprova la periodicitat de la funció que hi ha en la gràfica inferior i determina el seu període.

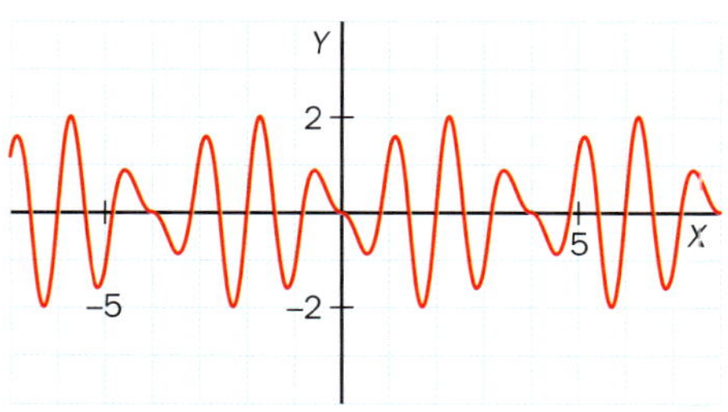

10. En la gràfica pots observar les fluctuacions periòdiques de l'estat d'ànim entre la mania i la depressió que pateixen persones amb diferents trastorns. Quin d'aquests desordres té un període més gran?

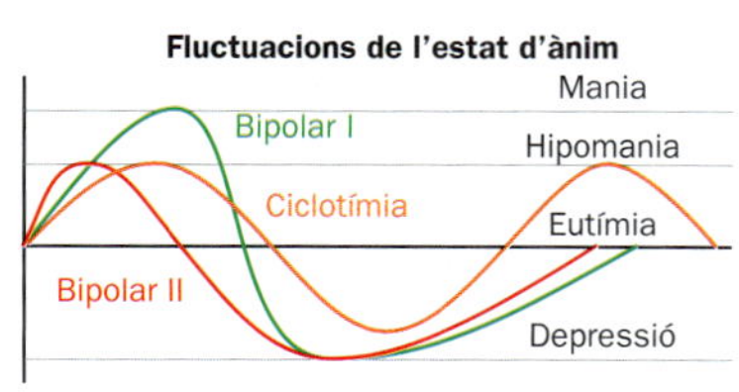

7 Funcions polinòmiques

Una **funció polinòmica** de grau n és aquella en què la fórmula o expressió analítica ve donada per un polinomi d'aquest grau; per exemple, $f(x) = 5$ és una funció polinòmica de grau 0 o funció constant, $g(x) = 3x - 2$ ho és de grau 1, i $h(x) = 5x^2 + 2x - 1$, de grau 2.

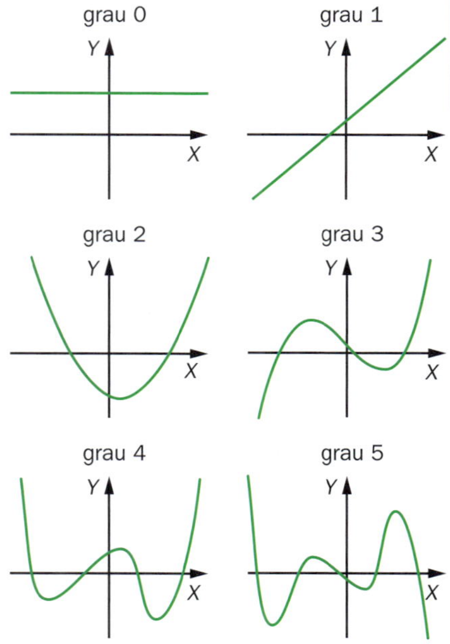

Les principals característiques de les funcions polinòmiques són:

- El seu domini és $\mathbb{R}$; en el cas de tenir grau imparell, el seu recorregut també és $\mathbb{R}$.
- Totes tenen un punt de tall amb l'eix OY i, com a màxim, n punts de tall amb l'eix OX.
- Com que les funcions de grau imparell tenen com a recorregut tota la recta real, aquestes han de tallar l'eix OX en, com a mínim, un punt.
- En canvi, les de grau parell estan acotades inferior o superiorment, ja que tenen un mínim o un màxim absoluts, respectivament; a més, en aquest cas podrien no existir punts de tall amb l'eix OX.

Funcions polinòmiques de primer grau

Si una determinada magnitud varia en funció d'una altra, normalment les variacions iguals a la variable independent provoquen la mateixa variació a la variable dependent. Podem observar aquest comportament en molts fenòmens; per exemple, els models més senzills d'oferta i demanda segueixen aquest tipus de dependència, que s'expressa amb una funció polinòmica de primer grau, la gràfica de la qual és una línia recta.

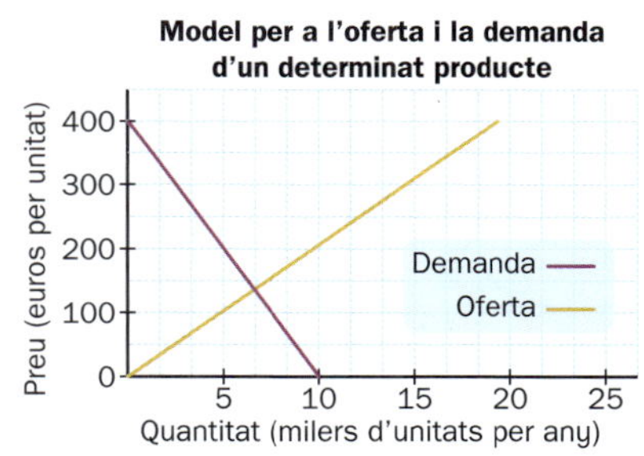

En aquest senzill model per a l'oferta i la demanda, cada augment de 5 000 unitats a la quantitat demandada està associat a una disminució de 200 euros en el preu unitari del producte; mentre que el mateix augment en la quantitat oferta es correspon amb un encariment de 100 euros en el preu unitari.

> Les **funcions polinòmiques de primer grau** s'anomenen funcions **lineals** si passen per l'origen de coordenades, o **afins** si no hi passen. Són de la forma $f(x) = mx + n$, amb $m \neq 0$, i la seva gràfica és una **recta** amb **pendent** m i **ordenada en l'origen** n.

El **pendent** de la recta ve donat per l'expressió: $m = \dfrac{\Delta y}{\Delta x}$, on Δy i Δx on, són, respectivament, les variacions o increments de la variable dependent i independent, proporcionals entre elles. Segons el valor de m, quan es recorre la gràfica d'esquerra a dreta segons el sentit positiu de l'eix OX:

- Si $m > 0$, la funció és **creixent** i la seva gràfica és una recta inclinada cap amunt.
- Si $m < 0$, la funció es **decreixent** i la seva gràfica és una recta inclinada cap avall.

Si $m = 0$, es tracta, en realitat, d'una funció polinòmica de grau 0, és a dir, de la funció **constant** $f(x) = n$, la gràfica de la qual és una recta horitzontal d'altura n.

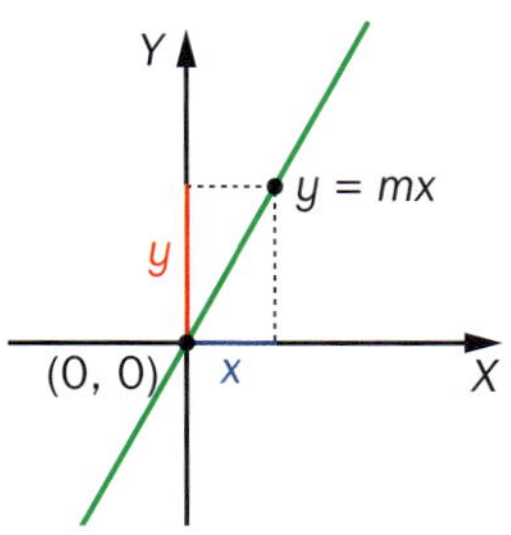

Funció lineal

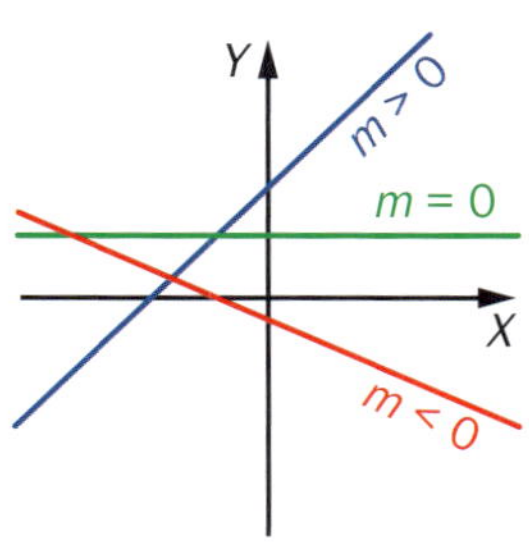

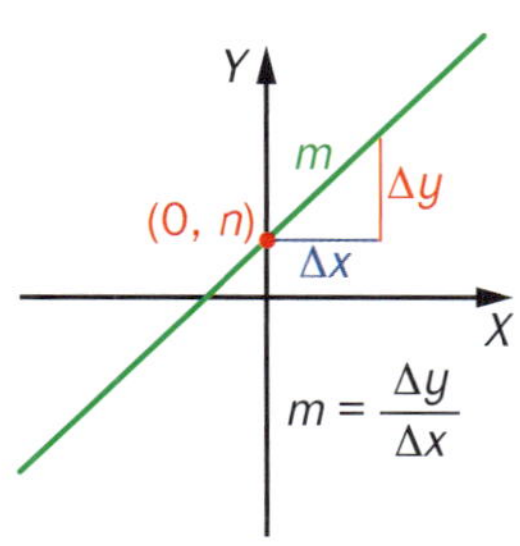

Funció afí

Exemple 6. Representa gràficament aquestes funcions polinòmiques de primer grau:

a) $f(x) = 4x$ ***b)*** $f(x) = -2x - 1$ ***c)*** $f(x) = \dfrac{1}{2}x + 2$

Per representar una recta, en primer lloc hem de fixar-nos en el valor del pendent i en si aquest és positiu —com en les funcions *(a)* i *(c)*—, o negatiu —com a la funció *(b)*—, per conèixer la seva inclinació. Després agafem dos punts qualssevol; per exemple, els punts de tall amb els eixos. Si la recta passa per l'origen —com passa amb *(a)*—, llavors haurem d'agafar algun altre punt.

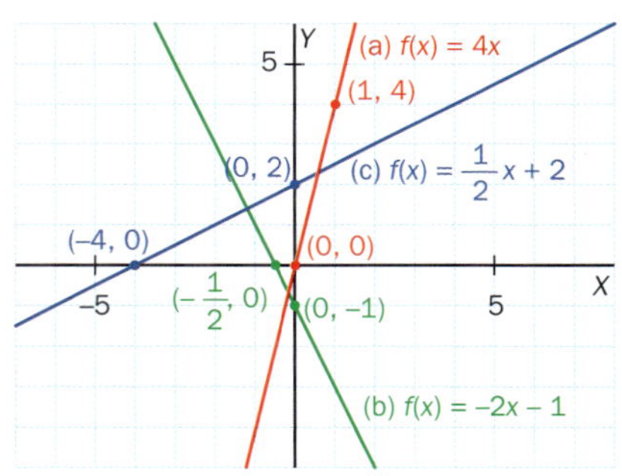

Funcions polinòmiques de segon grau

A vegades, la variable dependent varia amb el quadrat de la variable independent. Per exemple, en la gràfica del marge observem que els beneficis obtinguts per la venda d'un producte depenen del quadrat de la quantitat venuda. En aquests casos, la gràfica de la funció és una paràbola.

Model per als beneficis totals d'una empresa per la venda d'un producte

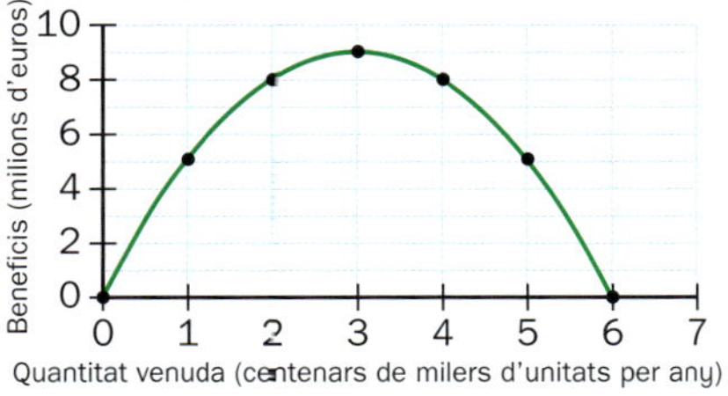

> Les **funcions polinòmiques de segon grau** o **quadràtiques** són de la forma $f(x) = ax^2 + bx + c$, amb $a \neq 0$, i la seva representació gràfica és una **paràbola.**

Les característiques principals de les funcions polinòmiques de segon grau són aquestes:

La paràbola és **oberta cap amunt** si $a > 0$, i **oberta cap avall** si $a < 0$.

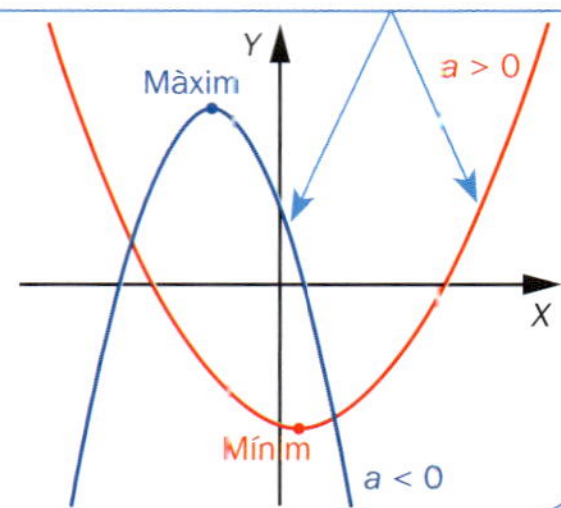

Té un **eix vertical de simetria** que passa pel vèrtex, i dues **branques laterals.**

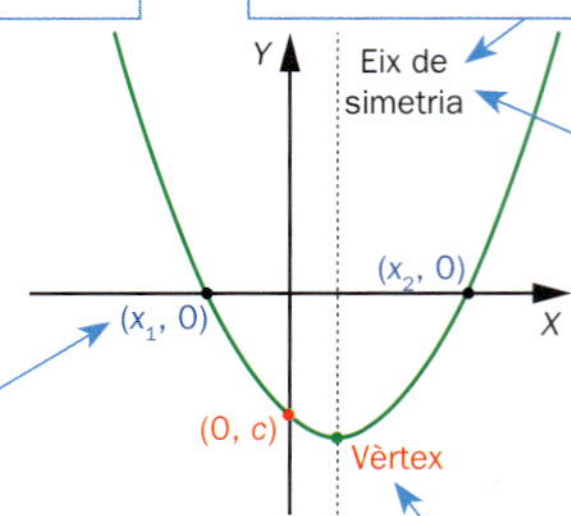

Si $b = 0$, l'eix de simetria de la paràbola coincideix amb l'eix OY.

Tenen, com a molt, dos **punts de tall** amb l'eix d'abscisses OX:

$$x_1 = \frac{-b + \sqrt{b^2 - 4ac}}{2a} \quad \text{i} \quad x_2 = \frac{-b - \sqrt{b^2 - 4ac}}{2a}$$

El seu **vèrtex** és el **mínim** absolut (si $a > 0$) o el **màxim** absolut (si $a < 0$) de la funció, i està situat en un punt d'abscisses:

$$x_v = \frac{-b}{2a}$$

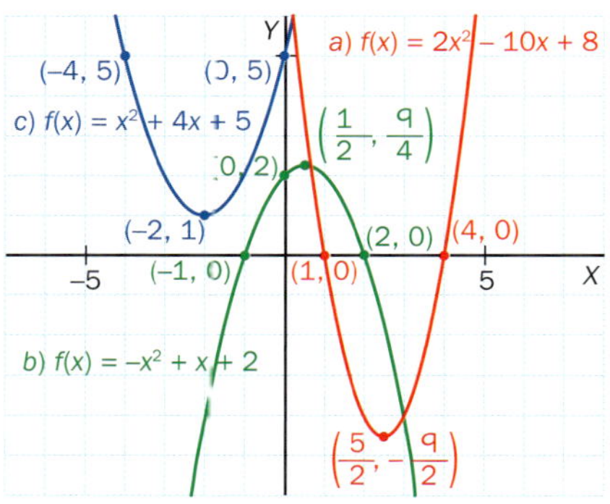

Exemple 7. Representa gràficament aquestes funcions polinòmiques de segon grau:

a) $f(x) = 2x^2 - 10x + 8$ **b)** $f(x) = -x^2 + x + 2$ **c)** $f(x) = x^2 + 4x + 5$

En el cas d'una paràbola, observem abans si el coeficient a és positiu (*a* i *c*) o negatiu (*b*) per determinar-ne la curvatura. Després trobem el vèrtex i els punts de tall amb els eixos. Si la paràbola no talla l'eix OX (*c*), o bé ho fa en el vèrtex, agafa altres punts escollits de manera estratègica.

Activitat resolta 2

Obtén l'expressió algebraica de:

a) La funció polinòmica de grau 1 els punts de tall de la qual amb els eixos de coordenades són $(0, -1)$ i $(2, 0)$.

b) La funció polinòmica de grau 2 els punts de tall de la qual amb els eixos de coordenades són $(0, 8)$, $(-4, 0)$ i $(3, 0)$.

a) Com que el punt de tall d'aquesta recta amb l'eix OY és $(0, -1)$, tenim que $f(x) = mx - 1$.

Si, a més, talla l'eix OX en el punt $(2, 0)$, es verifica que $0 = 2m - 1$, d'on $m = 1/2$.

Així doncs, es tracta de la recta la funció de la qual és:

$$f(x) = \frac{1}{2}x - 1$$

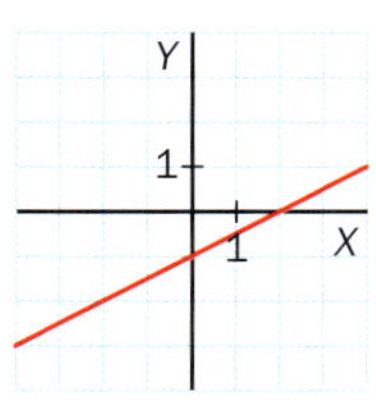

b) Els punts de tall d'aquesta paràbola amb l'eix OX són $(-4, 0)$ i $(3, 0)$, de manera que la funció pot expressar-se com $f(x) = a(x + 4)(x - 3)$.

Així mateix, talla l'eix OY en el punt $(0, 8)$, per la qual cosa $8 = -12a \Rightarrow a = -2/3$.

Per tant, la paràbola té per funció:

$$f(x) = -\frac{2}{3}(x + 4)(x - 3) = -\frac{2}{3}(x^2 + x - 12)$$

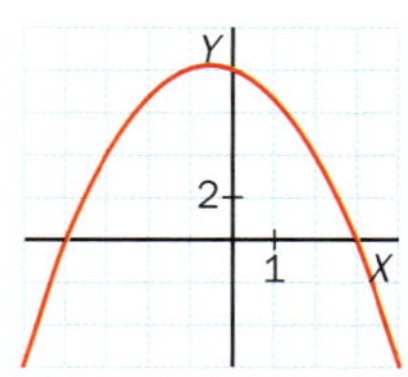

Activitats

11. Representa aquestes funcions polinòmiques de primer grau:

a) $f(x) = -3x$ *b)* $f(x) = 2x + 3$ *c)* $f(x) = 2 - 4x$

12. Representa aquestes funcions polinòmiques de segon grau:

a) $f(x) = x^2 + 5x + 4$ *b)* $f(x) = -x^2 - 2x$ *c)* $f(x) = -x^2 + 2x - 3$

8 Funcions amb radicals

Molt sovint, una variable pot dependre d'una altra a través d'una arrel, ja sigui quadrada, cúbica o d'algun altre índex. Per exemple, la llei de l'inventari en logística estableix que l'inventari de seguretat que una empresa sempre ha de tenir per respondre a la demanda augmenta amb l'arrel quadrada del nombre de magatzems en què es distribueixen les existències

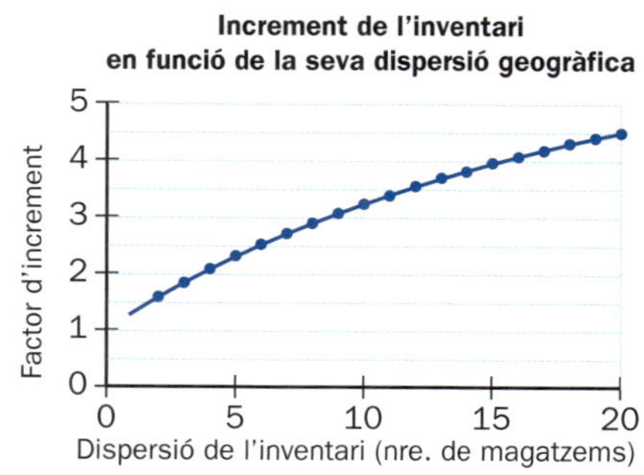

Les **funcions amb radicals** són aquelles en les quals l'expressió algebraica inclou la variable independent a l'interior d'una **arrel d'índex *n*:** $\boldsymbol{f(x)=\sqrt[n]{g(x)}}$.

Un cop determinat el domini $D(g)$ del radicand $g(x)$, llavors:

- Si *n* és **parell,** $f(x)$ està definida per aquells valors del domini de $g(x)$ que fan que el radicand sigui positiu o nul: $D(f)=\{x\in D(g)|g(x)\geq 0\}$; en aquest cas, a més, ens quedem amb el valor positiu de l'arrel per garantir la unicitat de les imatges.
- Si *n* és **imparell,** $f(x)$ està definida on ho estigui $g(x)$: $D(f)=D(g)$.

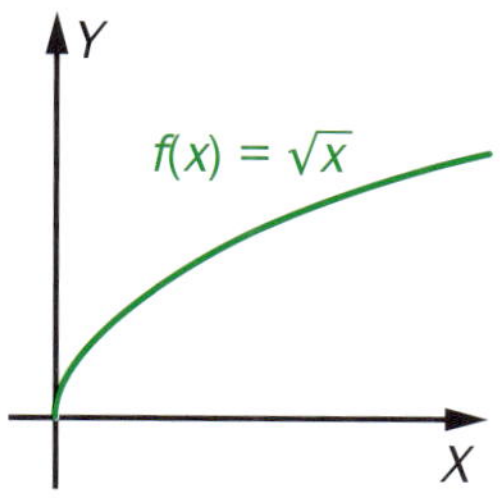

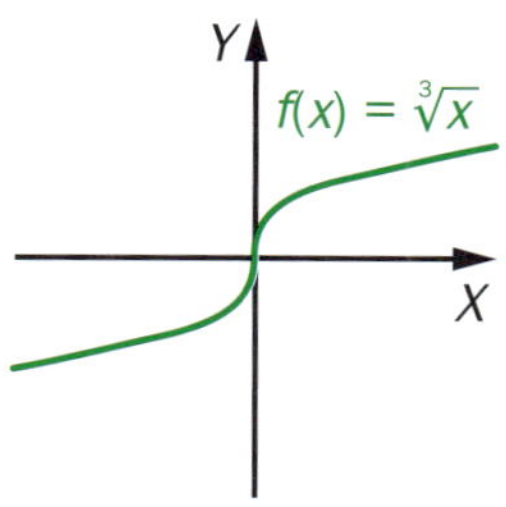

Exemple 8. Fes la representació gràfica d'algunes funcions amb arrels:

a) $\boldsymbol{f(x)=\sqrt{2x+6}}$ ***b)*** $\boldsymbol{f(x)=\sqrt[3]{x-2}}$ ***c)*** $\boldsymbol{f(x)=\sqrt{x^2-4}}$ ***d)*** $\boldsymbol{f(x)=\sqrt{x^2+1}}$

Per representar aquestes funcions, localitzem els punts de tall i avaluem alguns altres punts dels seus respectius dominis:

a) $2x+6\geq 0\Rightarrow x\geq -3\Rightarrow D(f)=[-3,\infty)$

x	–3	–5/2	–1	0	3/2	5
y	0	1	2	$\sqrt{6}$	3	4

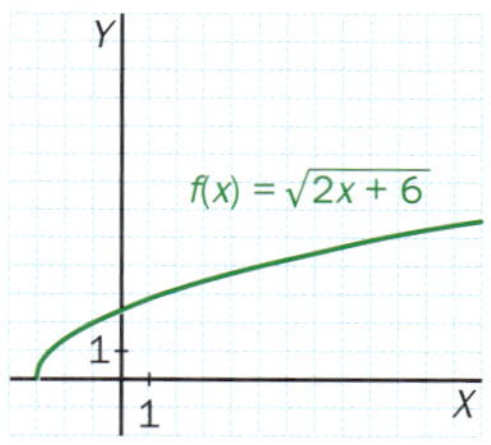

b) $D(f)=\mathbb{R}$

x	–6	0	1	2	3	10
y	–2	$-\sqrt[3]{2}$	–1	0	1	2

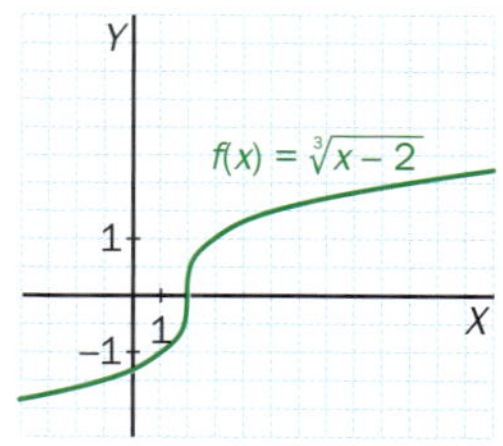

c) $x^2-4\geq 0\Rightarrow x^2\geq 4\Rightarrow x\leq -2$ o $x\geq 2\Rightarrow$
$\Rightarrow D(f)=(-\infty,-2]\cup[2,\infty)$

x	±2	±3	±4	±5	±6
y	..0	$\sqrt{5}$	$2\sqrt{3}$	$\sqrt{21}$	$4\sqrt{2}$

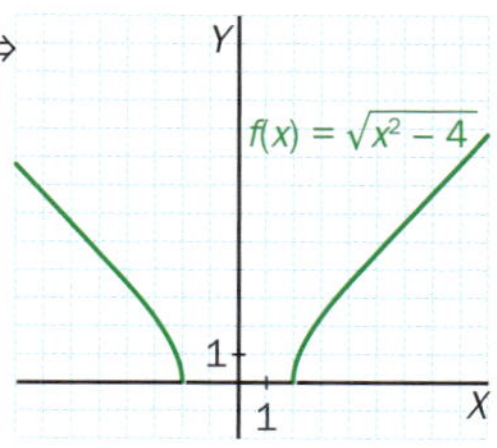

d) $x^2+1\geq 0\,\forall x\Rightarrow D(f)=\mathbb{R}$

x	0	±1	±2	±4	±5
y	..1	$\sqrt{2}$	$\sqrt{5}$	$\sqrt{17}$	$\sqrt{26}$

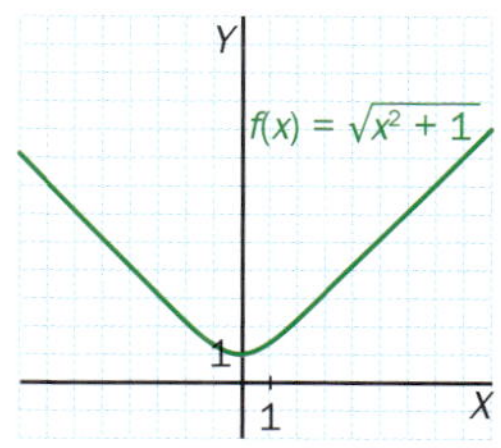

Activitats

13. Determina el domini de les següents funcions amb radicals i representa-les gràficament. N'hi ha cap que tingui algun tipus de simetria?

a) $f(x)=\sqrt{4-2x}$ *b)* $f(x)=-\sqrt[3]{x+5}$

c) $f(x)=\sqrt{9-x^2}$ *d)* $f(x)=\sqrt{x^2+3}$

14. En una mateixa gràfica, representa aquestes funcions amb radicals dintre de l'interval $[0,2]$ i estudia el seu comportament. Quina és la més gran? I la més petita?

a) $f(x)=\sqrt{x}$ *b)* $f(x)=\sqrt[3]{x}$

c) $f(x)=\sqrt[5]{x}$ *d)* $f(x)=\sqrt[10]{x}$

9 Funcions racionals

Si agafem dos punts qualssevol com, per exemple, $P(x)=x-2$ i $Q(x)=x^2-1$, és possible construir la funció que resulta del seu quocient o raó:

$$f(x)=\frac{P(x)}{Q(x)}=\frac{x-2}{x^2-1}$$

Aquesta funció està ben definida en tota la recta real, excepte en $x = \pm 1$, perquè aquests valors anul·len el denominador: $D(f)=\mathbb{R}-\{\pm 1\}$.

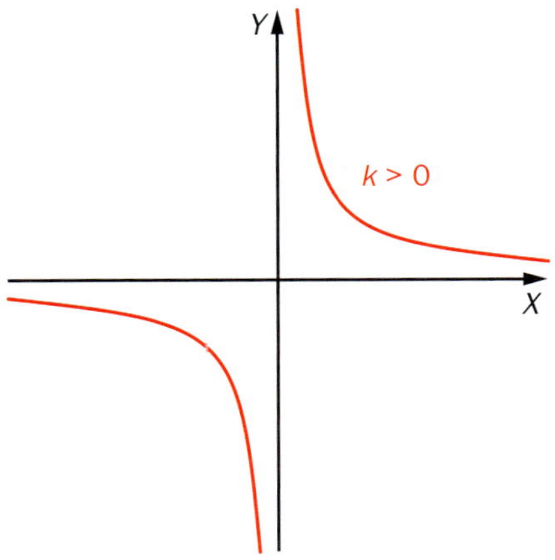

Una **funció racional** es defineix a partir del quocient entre dos polinomis, $P(x)$ i $Q(x)$, on el grau de $Q(x)$ és més gran que zero: $\boldsymbol{f(x)=\frac{P(x)}{Q(x)}}$.

El domini d'una funció racional està format per tots els nombres reals que no anul·lin el denominador: $D(f)=\{x|Q(x)\neq 0\}$.

Funció de proporcionalitat inversa

La funció racional més senzilla és $f(x) = k/x$, on k és un nombre qualsevol diferent de zero. Aquesta funció estableix una relació inversament proporcional entre les variables x i $y = f(x)$, de manera que el seu producte es manté constant: $x \cdot y = k$. Així, quan dupliquem, per exemple, el valor de la variable independent x, es redueix a la meitat el de la variable dependent y.

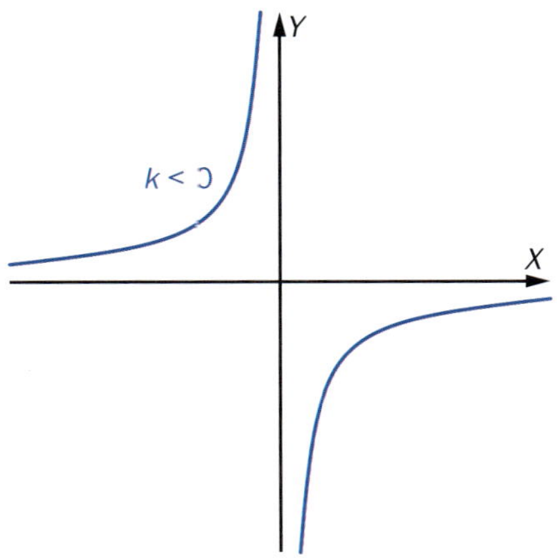

La **funció de proporcionalitat inversa** és la funció racional $\boldsymbol{f(x)=\frac{k}{x}}$, amb $k \neq 0$.

La seva gràfica és una **hipèrbola equilàtera,** els eixos de la qual són els eixos de coordenades.

Les característiques de la funció de proporcionalitat inversa són aquestes:

- El seu domini és tota la recta real menys el valor $x = 0$: $D(f)=\mathbb{R}-\{0\}$.
- Té simetria respecte a l'origen de coordenades, o sigui, és una funció imparella.
- La funció és decreixent si $k > 0$, i les branques se situen en el primer i el tercer quadrants.
- La funció és creixent si $k < 0$, i les branques se situen en el segon i el quart quadrants.
- No té punts de tall amb els eixos, encara que la gràfica s'hi aproxima tant com vulguem en prolongar-la indefinidament: a l'eix *OX* quan x tendeix cap a $x = \pm\infty$, , i a l'eix *OY* quan ens apropem a $x = 0$, tant per l'esquerra com per la dreta.

Exemple 9. Representa la funció $\boldsymbol{f(x)=-\frac{5}{x}}$.

Com que $k = -5 < 0$, la funció és creixent i les seves branques són en el segon i el quart quadrants. Representem la funció amb l'ajuda d'una taula de valors.

x	± 1	± 2	± 3	± 4	± 5
y	± 5	$\pm 5/2$	$\pm 5/3$	$\pm 5/4$	± 1

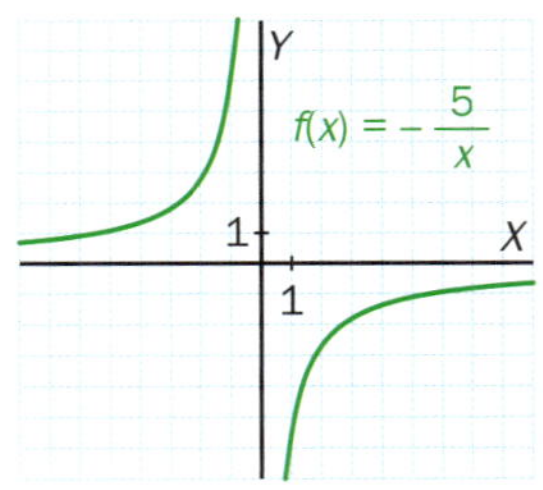

Activitats

15. Representa aquestes funcions racionals i comprova en cadascuna que el producte $x \cdot y$ es manté constant:

a) $f(x)=-\frac{2}{x}$ b) $f(x)=\frac{1}{4x}$ c) $f(x)=\frac{2}{3x}$ d) $f(x)=-\frac{3}{5x}$

16. En la gràfica del marge pots observar el comportament d'un impost regressiu, segons el qual el percentatge pagat sobre els ingressos totals disminueix a mesura que aquests augmenten. Justifica si aquest comportament s'ajusta a una funció de proporcionalitat inversa i, en cas afirmatiu, troba la constant de proporcionalitat inversa.

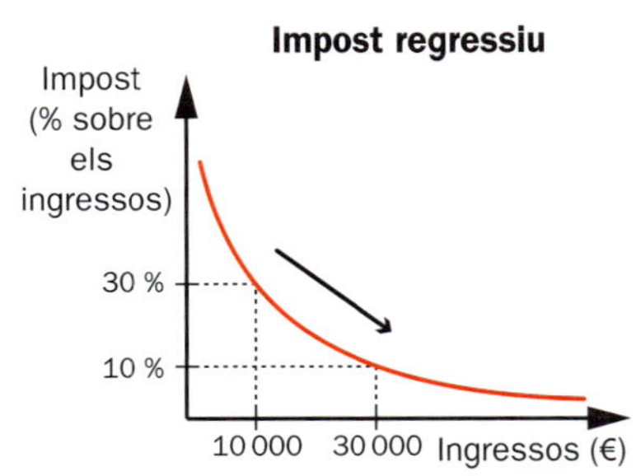

10 La funció exponencial

Ens trobarem amb la funció exponencial en molts contextos econòmics o demogràfics en els que sorgeix de manera natural un procés de creixement o decreixement. Per exemple, l'interès compost: si dipositem un capital inicial de 1 000 euros a una taxa d'interès anual del 8 %, quan acabi el primer any tindrem $1\,000 + 1\,000 \cdot 0{,}08 = 1\,000 \cdot (1 + 0{,}08) = 1\,000 \cdot 1{,}08$; després del segon any, haurem obtingut $1\,000 \cdot 1{,}08 \cdot 1{,}08 = 1\,000 \cdot 1{,}08^2$; i així successivament, de manera que, passats n anys, el capital generat arribarà a:

$$1\,000 \cdot \overbrace{1{,}08 \cdot 1{,}08 \cdot \ldots \cdot 1{,}08}^{n \text{ vegades}} = 1\,000 \cdot 1{,}08^n$$

Segons la funció exponencial creixent, la gràfica de la qual es mostra en la imatge.

Interès compost
Acumulació d'interessos generats en un període de 100 anys per un capital inicial de 1 000 € a una taxa d'interès anual del 8 %

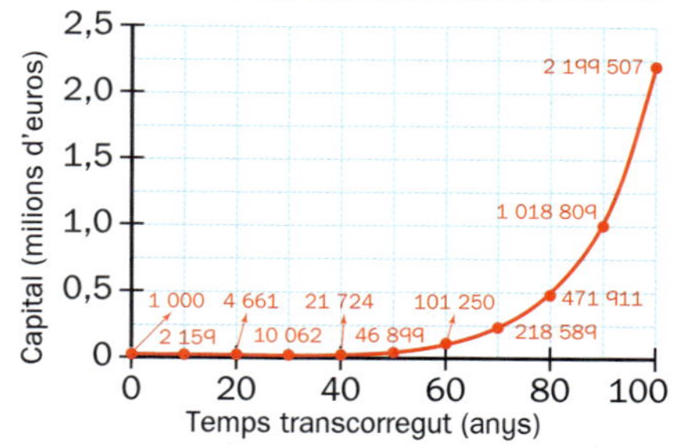

> Una **funció exponencial** és de la forma $f(x) = b^x$, amb $b > 0$ i $b \neq 1$.

Les característiques de les funcions exponencials són les següents:

- El seu domini és tota la recta real: $D(f) = \mathbb{R}$; el seu recorregut només és positiu: $R(f) = (0, \infty)$.
- Si $b > 1$, és una funció exponencial creixent, i el seu creixement és més ràpid com major sigui b; a més, és el tipus de funció amb creixement més ràpid.
- Si $0 < b < 1$, és una funció exponencial decreixent.
- El punt de tall amb l'eix OY és el $(0, 1)$, ja que $b^0 = 1$; totes elles passen, a més, pel punt $(1, b)$, ja que $b^1 = b$.
- No té punts de tall amb l'eix OX, però la seva gràfica s'aproxima a ell tant com vulguem en prolongar-la indefinidament cap a $x = -\infty$, si és una exponencial creixent $(b > 1)$, o cap a $x = +\infty$, si és una exponencial decreixent $(0 < b < 1)$.
- La funció exponencial varia en cadascun dels seus punts a un ritme diferent, ja que el pendent canvia; però la variació relativa, o raó de canvi, experimentada per la funció en intervals iguals es manté constant.

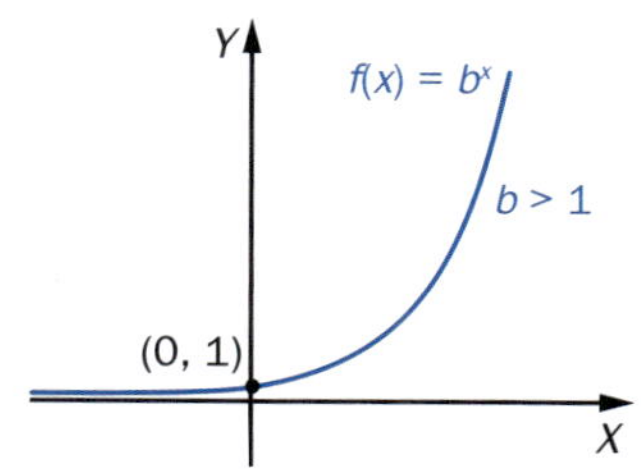

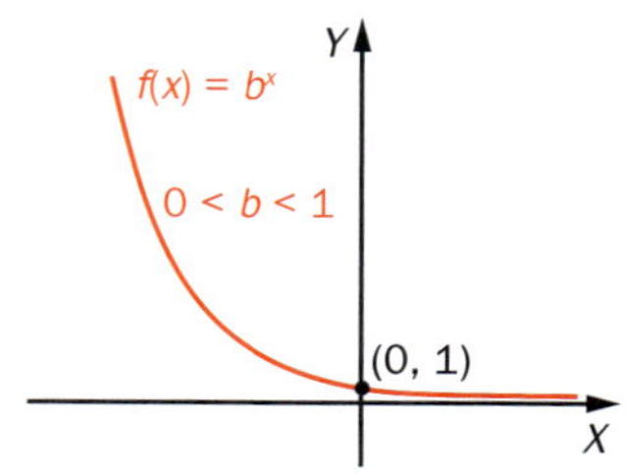

4 Pensa

Justifica aquesta última propietat de la funció exponencial.

Exemple 10. Representa la funció $f(x) = 10^x$.

Donat que $b > 1$, es tracta d'una funció exponencial creixent. En representem la gràfica a partir del punt de tall amb l'eix OY i d'alguns altres punts del seu domini.

x	-1	$-1/2$	0	$1/2$	1
y	$1/10$	$\sqrt{10}/10$	1	$\sqrt{10}$	10

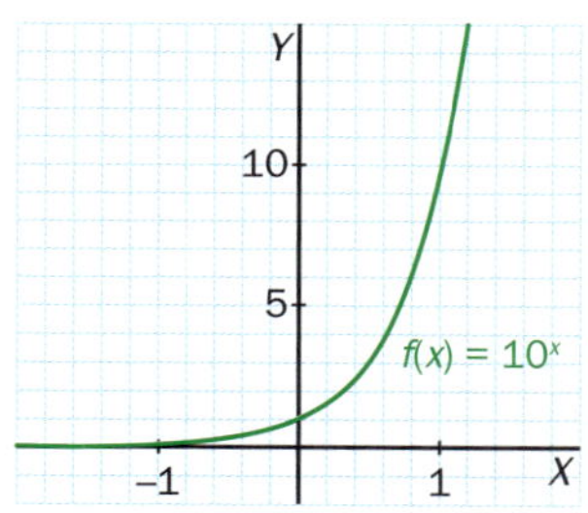

Exemple 11. Representa la funció $f(x) = (1/10)^x$.

Donat que $0 < b < 1$, es tracta d'una funció exponencial decreixent. En representem la seva gràfica a partir del punt de tall amb l'eix OY i d'alguns altres punts del seu domini.

x	-1	$-1/2$	0	$1/2$	1
y	10	$\sqrt{10}$	1	$\sqrt{10}/10$	$1/10$

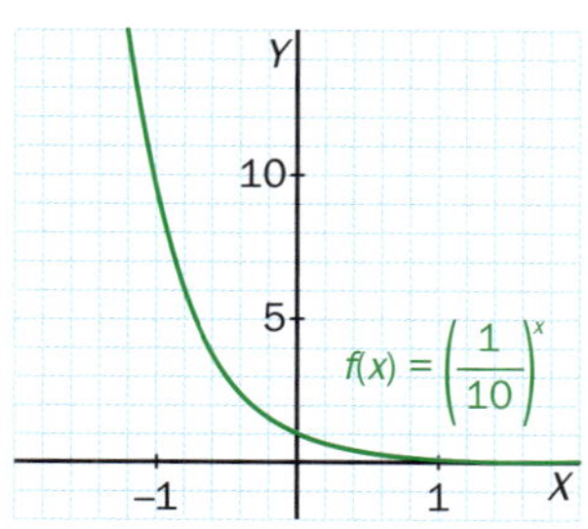

Activitats

17. Representa les següents funcions exponencials:

a) $f(x) = (3/2)^x$ *b)* $f(x) = (2/3)^x$ *c)* $f(x) = 2^{-x}$ *d)* $f(x) = (1/2)^{-x}$

18. La gràfica de la dreta mostra el nombre d'equips que queden en joc en una determinada competició a mesura que s'enfronten per parelles i el guanyador de cada partit passa a la ronda següent. Raona si aquest procés d'eliminació és una funció exponencial decreixent i troba la base, b, d'aquesta. Si al principi de la competició hi ha 64 equips, quantes rondes caldran fins que només quedi un equip com a guanyador?

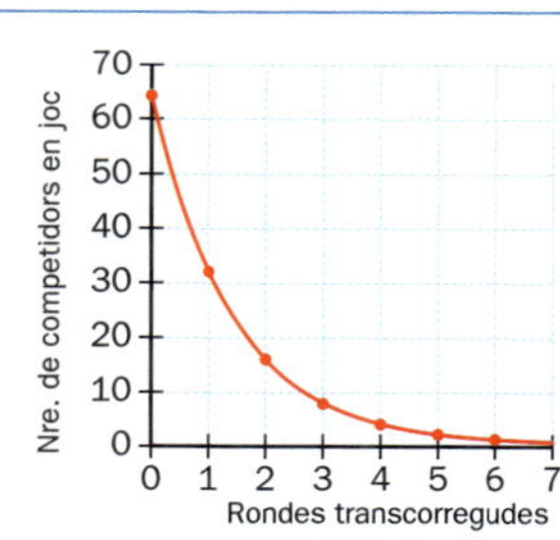

11 La funció logarítmica

> **!! Atenció**
>
> No oblidis el concepte de logaritme:
>
> $\log_b a = c \Leftrightarrow b^c = a$
>
> A més, si no s'especifica la base, b, del logaritme, és que es tracta del **logaritme neperià** o **natural,** la base de la qual és el nombre $e = 2{,}718281...$
>
> $\log x = y \Leftrightarrow e^y = x$

Algunes magnituds varien en un rang molt ampli de valors, i a vegades ho fan, a més, de forma molt ràpida. Això en dificulta la representació gràfica i l'estudi de les funcions associades a aquestes variables. Una manera de «domesticar» el seu comportament i de convertir l'anàlisi en una cosa més manejable consisteix a agafar logaritmes.

Per exemple, per quantificar l'energia alliberada per la vibració del sòl i, amb això, avaluar els seus efectes destructius sobre la població i les infraestructures, fem servir la famosa escala de Richter. En ella, la magnitud d'un terratrèmol és proporcional al logaritme de l'energia alliberada per aquest:

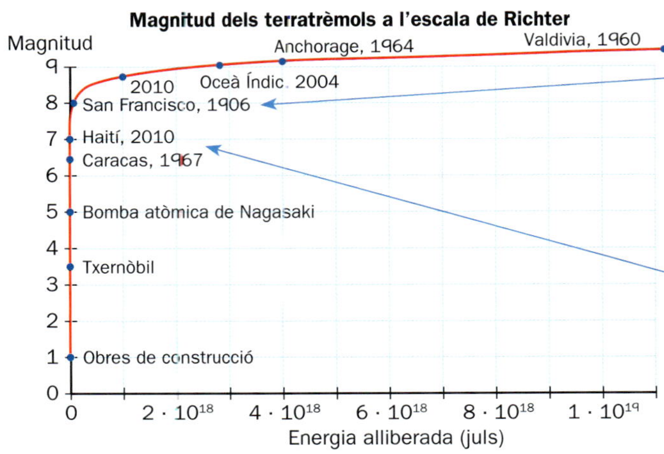

> Una **funció logarítmica** té la forma $\mathbf{f(x) = \log_b x}$, amb $b > 0$ i $b \neq 1$.

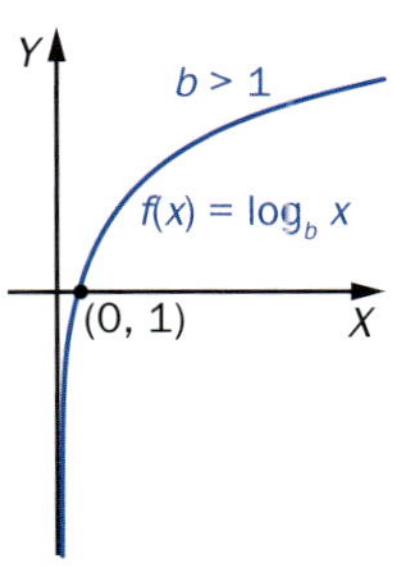

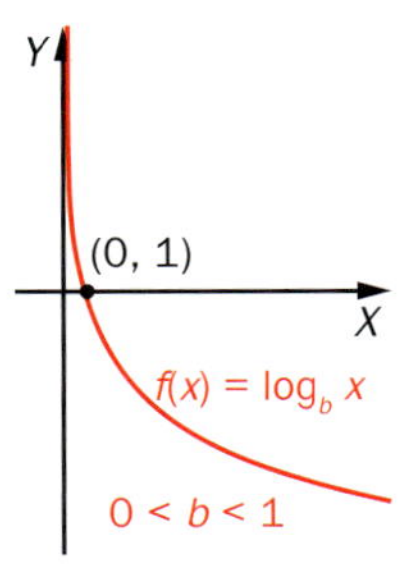

Les característiques d'una funció logarítmica són:

- Només està definida per arguments estrictament positius: $D(f) = (0, \infty)$; el seu recorregut, en canvi, és tota la recta real: $R(f) = \mathbb{R}$.
- Si $b > 1$, és una funció exponencial creixent, i el seu creixement és més lent com major sigui b; de fet, es tracta del tipus de funció amb creixement més lent.
- Si $0 < b < 1$, és una funció logarítmica decreixent.
- El seu punt de tall amb l'eix OX és el $(1, 0)$, ja que $\log_b 1 = 0$; totes passen, a més, pel punt $(b, 1)$, ja que $\log_b b = 1$.
- No té punts de tall amb l'eix OY, tot i que la seva gràfica s'hi aproxima tant com vulguem en prolongar-la indefinidament quan ens apropem a $x = 0$, bé cap a $-\infty$ —si és creixent $(b > 1)$—, o bé cap a $+\infty$ —si és decreixent $(0 < b < 1)$—.

Exemple 12. Fes la representació gràfica de la funció logarítmica $\mathbf{f(x) = \log_{5/2} x}$.

Com que $b > 1$, és una funció logarítmica creixent. Tracem la gràfica a partir del punt de tall amb l'eix OX i d'alguns altres punts del seu domini.

x	4/25	2/5	1	5/2	25/4
y	−2	−1	0	1	2

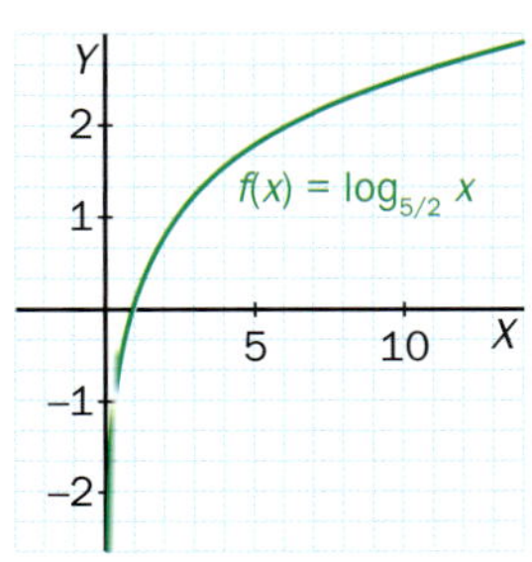

Activitats

19. Representa les següents funcions logarítmiques:

a) $f(x) = \log_{1/2} x$ *b)* $f(x) = \log_{3/2} x$

c) $f(x) = \log_2 (-x)$ *d)* $f(x) = \log_2 (1/x)$

20. Busca informació sobre situacions en les quals convé utilitzar escales logarítmiques, i defineix-les, en cada cas, mitjançant la funció logarítmica adequada.

12 Funcions definides a trossos

A vegades, les funcions tenen un aspecte una mica especial, molt diferent del que presenten les que hem estudiat fins ara. Per exemple:

Tarifes per a enviaments

Paquet blau

Nacional	TARIFA
Fins a 1 kg	6,00 €
Més de 1 kg – fins a 2 kg	6,60 €
Més de 2 kg – fins a 5 kg	7,60 €
Més de 5 kg – fins a 10 kg	8,70 €
Més de 10 kg – fins a 15 kg	11,45 €
Més de 15 kg – fins a 20 kg	13,80 €
Extensió de la tarifa per a enviaments amb pes volumètric superior a 20 kg. Per cada kg **extra.**	1,15 €

Les despeses associades a l'enviament d'un paquet solen variar en funció de l'interval de pes i/o volum en què aquest es troba, i poden ser fixes en alguns casos i variables en d'altres.

Fiscalitat

Taula de trams IRPF 2018

BASE IMPOSABLE		RETENCIÓ
Des de	Fins	
0,00 €	12.450,00 €	19,00 %
12.450,00 €	20.200,00 €	24,00 %
20.200,00 €	35.200,00 €	30,00 %
35.200,00 €	60.000,00 €	37,00 %
60.000,00 €	Des d'ara	45,00 %

L'impost sobre la renda consta de diferents trams impositius en els quals s'apliquen diferents retencions depenent de la corresponent base imposable.

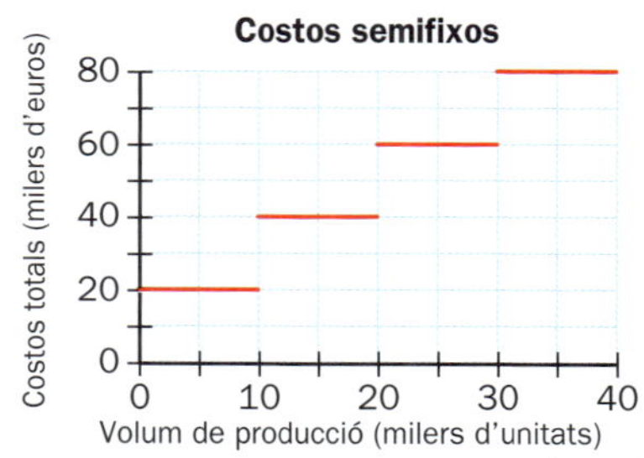

A vegades, els costos de fabricació només es veuen afectats per grans increments de la producció, i es mantenen constants al llarg de determinats intervals d'aquesta.

Ara estem tractant amb funcions definides a trossos, que són aquelles en les que el valor de la funció s'obté de diferent manera segons l'interval de la variable independent que considerem.

Una **funció definida a trossos** té diferents fórmules o expressions algebraiques per a distints intervals de la variable independent.

Per obtenir la gràfica d'una funció definida a trossos hem de representar tots els seus trams segons la funció present en cadascun; d'ells; així mateix, hem d'estar amatents al valor que adopta la funció en els extrems de cada interval.

5 *Pensa*

En el primer exemple, escriu l'expressió de les despeses d'enviament, en euros, en funció del pes, en quilograms, i fes-ne la representació gràfica.

Exemple 13. Representa aquesta funció definida a trossos:

$$\boldsymbol{f(x)=\begin{cases}-3 & \text{si} \quad x<-2\\ 2x+2 & \text{si} \quad -2\le x<0\\ x^2-4x & \text{si} \quad x\ge 0\end{cases}}$$

El primer tros, definit per $x < -2$, és la funció constant $y = -3$, és a dir, una recta horitzontal d'alçada -3.

El segon tros, definit per $-2 \le x < 0$, consisteix en la recta $y = 2x + 2$, de pendent $m = 2$, els punts de tall de la qual amb els eixos són (0, 2) (al qual no arriba) i (–1, 0).

El tercer tros, definit per $x \ge 0$, és una paràbola oberta cap amunt, amb (0,0) i (4,0) com a punts de tall amb els eixos i vèrtex situat a (2, –4).

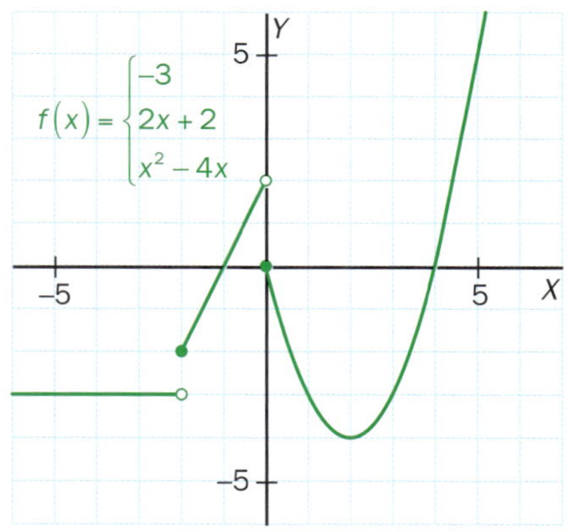

Funció valor absolut

El **valor absolut** d'un nombre real, $|a|$, coincideix amb aquest nombre si és positiu o nul, o bé amb el seu oposat, $-a$, si és negatiu; així doncs, consisteix a fer l'operació:

$$|a|=\begin{cases}-a & \text{si} \quad x<0\\ a & \text{si} \quad x\ge 0\end{cases}$$

Per tant, agafar el valor absolut d'un nombre real qualsevol x pot considerar-se com una funció definida a trossos, ja que l'operació només exigeix canviar el signe del seu argument quan aquest és negatiu:

$$\boldsymbol{f(x)=|x|=\begin{cases}-x & \text{si} \quad x<0\\ x & \text{si} \quad x\ge 0\end{cases}}$$

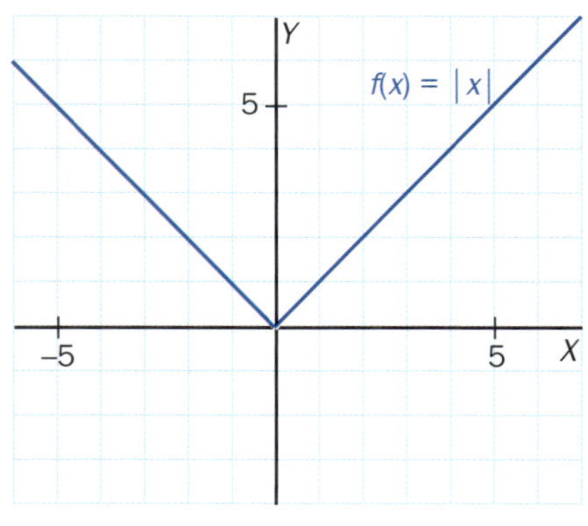

La gràfica consisteix en un parell de rectes que passen per l'origen de coordenades: una de pendent negatiu, $y = -x$, abans de $x = 0$, i una altra de pendent positiu, $y = x$, després.

Funció part sencera

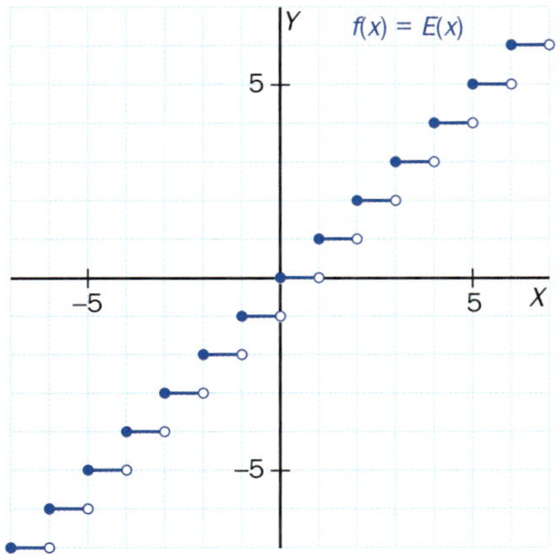

La **part sencera** d'un nombre real, $\boldsymbol{E(a)}$, és el més gran **nombre enter** menor o igual que aquell; per exemple, $E(4{,}8) = 4$, $E(2) = 2$ i $E(-3{,}6) = -4$. Així doncs, podem definir una funció definida a trossos que assigni a cada nombre real x la seva part sencera:

$$f(x) = E(x) = \begin{cases} \dots \\ -2 & \text{si} \quad -2 \le x < -1 \\ -1 & \text{si} \quad -1 \le x < 0 \\ 0 & \text{si} \quad 0 \le x < 1 \\ 1 & \text{si} \quad 1 \le x < 2 \\ 2 & \text{si} \quad 2 \le x < 3 \\ \dots \end{cases} \quad \Leftrightarrow \boldsymbol{f(x) = E(x) = n} \ \textbf{si } \boldsymbol{x \in [n, n+1)}, \ \textbf{amb } \boldsymbol{n \in \mathbb{Z}}$$

Funció part decimal

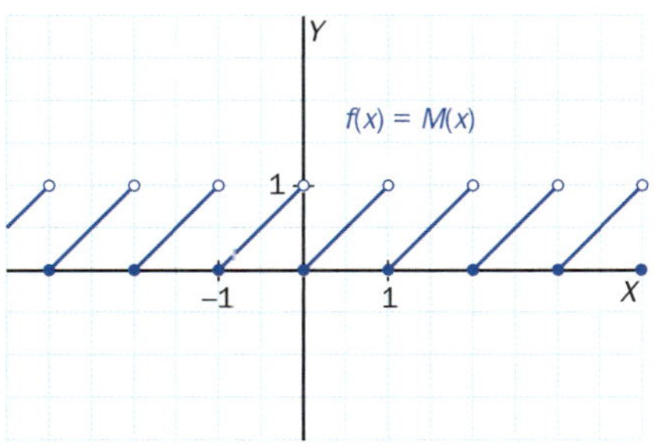

Qualsevol nombre pot ser expressat com la suma d'una part sencera, donada per l'enter immediatament menor que aquest, i una part fraccionària; per exemple, $2{,}25 = 2 + 0{,}25$ i $-2{,}75 = -3 + 0{,}25$.

Definim així la funció **part decimal** o **mantissa,** $\boldsymbol{M(x)}$**,** com la que associa cada nombre real amb la corresponent part fraccionària, segons l'expressió:

$$\boldsymbol{f(x) = M(x) = x - E(x)}$$

Donat que l'hem construït a partir de la funció part sencera, la funció part decimal és, con aquella, una funció definida a trossos. A més, com podem comprovar en la gràfica, es tracta d'una funció periòdica amb període $T = 1$, ja que la part decimal es repeteix per cada interval d'una unitat entera.

Activitat resolta 3

Representa les funcions:

a) $f(x) = |x - 1|$

b) $g(x) = |x + 1|$

a) $f(x) = |x - 1|$ es pot considerar que és, a trossos, la següent funció:

$$f(x) = |x - 1| = \begin{cases} -x + 1 & \text{si} \quad x < 1 \\ x - 1 & \text{si} \quad x \ge 1 \end{cases}$$

la gràfica de la qual està composta per la recta $y = -x + 1$, quan $x < 1$, i per la recta $y = x - 1$, quan $x \ge 1$.

b) De forma anàloga, $g(x) = |x + 1| = \begin{cases} -x - 1 & \text{si} \quad x < -1 \\ x + 1 & \text{si} \quad x \ge -1 \end{cases}$

la gràfica de la qual consisteix en la recta $y = -x - 1$, quan $x < -1$, i per la recta $y = x + 1$, quan ≥ -1.

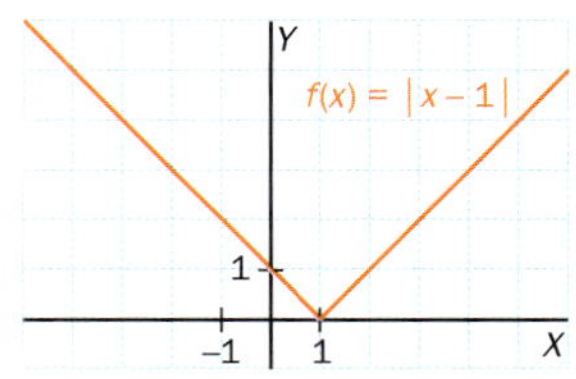

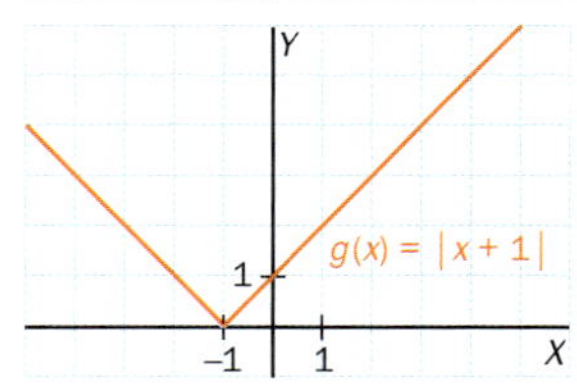

Activitats

21. Representa les següents funcions definides a trossos:

a) $f(x) = \begin{cases} 9 - x^2 & \text{si} \quad x < 0 \\ -1 & \text{si} \quad 0 \le x < 2 \\ 5 - x & \text{si} \quad x \ge 2 \end{cases}$

b) $f(x) = \begin{cases} 2 - x & \text{si} \quad x \le -1 \\ -x^2 + 3x - 2 & \text{si} \quad -1 < x \le 3 \\ \sqrt{x - 3} & \text{si} \quad x > 3 \end{cases}$

22. Representa la funció $f(x) = |2x - 6|$, tenint en compte que és, en realitat, la funció definida a trossos:

$$f(x) = |2x - 6| = \begin{cases} -(2x - 6) = -2x + 6 & \text{si} \quad x < 3 \\ 2x - 6 & \text{si} \quad x \ge 3 \end{cases}$$

23. L'estacionament regulat de vehicles dins del casc històric d'una determinada població té una tarifa de 50 cèntims per la primera mitja hora més 25 cèntims per cada mitja hora addicional o fracció d'aquesta. Expressa com una funció definida a trossos el cost total de l'estacionament segons el temps transcorregut i fes-ne la representació gràfica.

13 Operacions amb funcions

Amb les funcions també és possible fer determinades operacions i obtenir així noves funcions amb les quals descriure molts altres fenòmens.

Suma, diferència, producte i quocient

A partir de les funcions $f(x)$ i $g(x)$, amb dominis $D(f)$ i $D(g)$, podem definir les funcions:

- **Suma o diferència:** $(f \pm g)(x) = f(x) \pm g(x)$ amb $x \in D(f) \cap D(g)$
- **Producte:** $(f \cdot g)(x) = f(x) \cdot g(x)$ amb $x \in D(f) \cap D(g)$
- **Quocient:** $(f/g)(x) = f(x)/g(x)$ amb $x \in D(f) \cap D(g) - \{x | g(x) = 0\}$

Exemple 14. **Amb les funcions $f(x) = \sqrt{x+2}$ i $g(x) = x^2 - 1$, els dominis de les quals són $D(f) = [-2, \infty)$ i $D(g) = \mathbb{R}$, respectivament, defineix les funcions suma, diferència, producte i quocient:**

1. $(f+g)(x) = f(x) + g(x) = \sqrt{x+2} + x^2 - 1$
2. $(f \cdot g)(x) = f(x) \cdot g(x) = \sqrt{x+2} \cdot (x^2 - 1)$
3. $(f-g)(x) = f(x) - g(x) = \sqrt{x+2} - x^2 + 1$
4. $\left(\dfrac{f}{g}\right)(x) = \dfrac{f(x)}{g(x)} = \dfrac{\sqrt{x+2}}{x^2 - 1}$

Les tres primeres tenen com a domini $D(f) \cap D(g) = [-2, \infty) \cap \mathbb{R} = [-2, \infty)$; per la funció quocient, excloem els valors que anul·len el seu denominador; per tant, el seu domini resulta ser $[-2, \infty) - \{\pm 1\}$.

> **!! Atenció**
>
> El domini de les funcions suma, diferència i producte, $f \pm g$ i $f \cdot g$, està format pel conjunt de valors que pertanyen a la **intersecció dels dominis de *f* i *g*.**
>
> Pel domini de la **funció quocient,** f/g, de la intersecció dels dominis de f i g en queden **exclosos els valors que anul·len el denominador.**

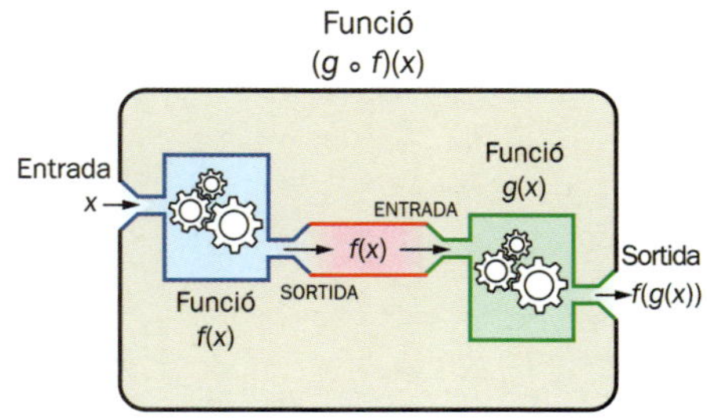

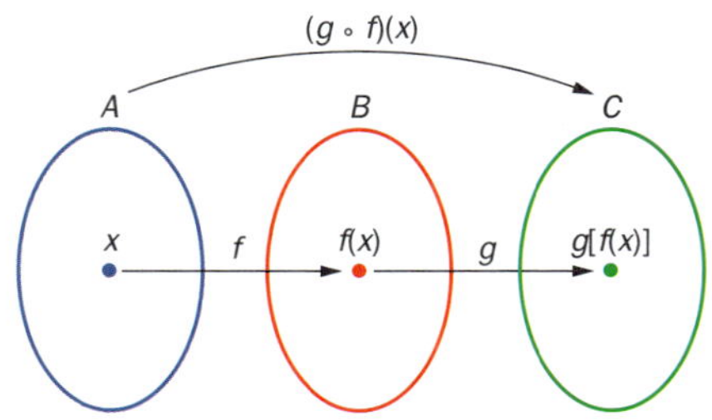

Composició de funcions

Quan parlem de la composició de funcions ens referim a introduir una funció com a variable «independent» d'una altra funció; o, el que és el mateix, fer que una funció f actuï primer sobre una variable x, per donar com a resultat $f(x)$, i que després una altra funció g operi sobre aquest valor a través de $g[f(x)]$:

La funció **f composta amb g** és aquella funció $g \circ f$ que transforma x en $g[f(x)]$, segons l'expressió $(g \circ f)(x) = g[f(x)]$, on $x \in D(f)$ i $f(x) \in D(g)$.

Exemple 15. **Amb les funcions de l'Exemple 15, fes les composicions $g \circ f$ i $f \circ g$:**

$$(g \circ f)(x) = g[f(x)] = \left(\sqrt{x+2}\right)^2 - 1 = x + 1; \quad (f \circ g)(x) = f[g(x)] = \sqrt{(x^2 - 1) + 2} = \sqrt{x^2 + 1}$$

El domini de $g \circ f$ està format pels valors del domini de $f(x)$ que fan que el valor de $f(x)$ caigui dins del domini de $g(x)$:

$$D(f) = [-2, \infty) \text{ y } R(f) = [0, \infty); \text{ com } (g) = \mathbb{R} \Rightarrow D(g \circ f) = [-2, \infty)$$

El domini de $f \circ g$ està format pels valors del domini de $g(x)$ que fan que el valor de $g(x)$ caigui dins del domini de $f(x)$:

$$D(g) = \mathbb{R} \text{ y } R(g) = [-1, \infty); \text{ com } D(f) = [-2, \infty) \Rightarrow D(f \circ g) = \mathbb{R}$$

> **!! Atenció**
>
> La composició de funcions no és, en general, una operació commutativa:
>
> $$g \circ f \neq f \circ g$$
>
> Per tant, has d'anar molt en compte amb l'ordre en què la fas...

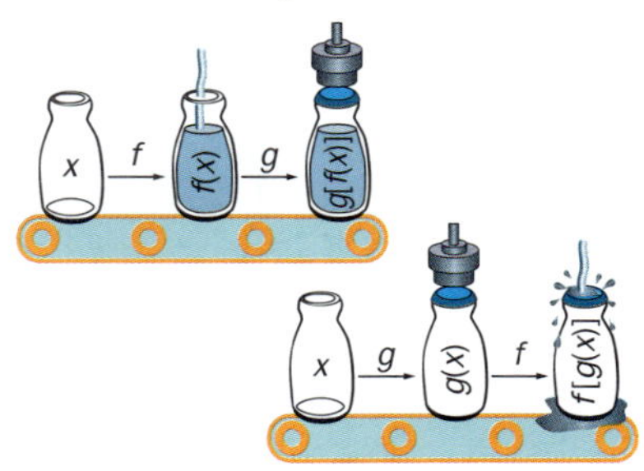

Activitats

24. Amb les funcions $f(x) = x^2 - 4$ i $g(x) = \sqrt{1-x}$, fes les següents operacions i troba els dominis de les funcions que obtinguis com a resultat:

a) $f + g$ *b)* $f - g$ *c)* $f \cdot g$ *d)* $\dfrac{f}{g}$

e) $\dfrac{g}{f}$ *f)* g^2 *g)* $f \circ g$ *h)* $g \circ f$

25. Com i amb quines operacions expressaries aquestes funcions?

a) El benefici, B, a partir del cost, C, i els ingressos, I, en la fabricació i la venda de x unitats d'un producte.

b) La velocitat de connexió a una xarxa, v, en funció del temps, t, a partir de la velocitat en funció del nombre d'equips connectats, n, i d'aquest en funció del temps.

14 Transformació de funcions

A partir de les funcions elementals que hem vist fins ara, podem construir-ne moltes d'altres només amb petites transformacions, com ara traslladar, reflectir o deformar la gràfica de la funció. Aquestes transformacions permeten obtenir una altra funció relacionada amb la primera, que pot ajudar a resoldre problemes similars.

Translacions

La **translació vertical** de $f(x)$ en y_0 unitats cap amunt (si $y_0 > 0$) o cap avall (si $y_0 < 0$) consisteix a afegir la quantitat y_0 al valor de la funció perquè aquesta augmenti o disminueixi, respectivament, en aquella quantitat, obtenint així la nova funció $f(x) + y_0$.

La gràfica de la funció $f(x) + y_0$, és la de $f(x)$ **traslladada verticalment** y_0 unitats:

Cap **amunt,** si y_0 és **positiu:**

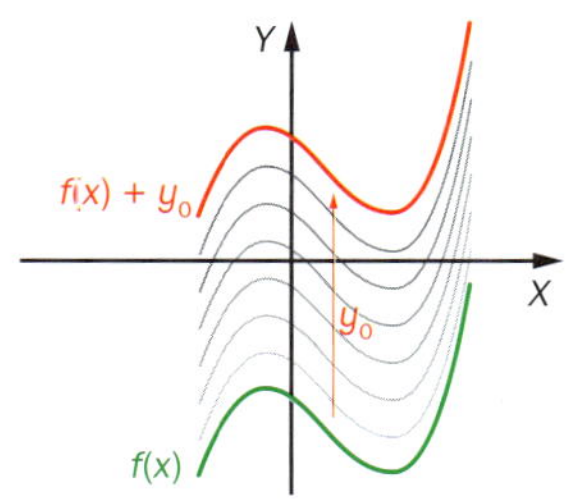

Cap **avall,** si y_0 és **negatiu:**

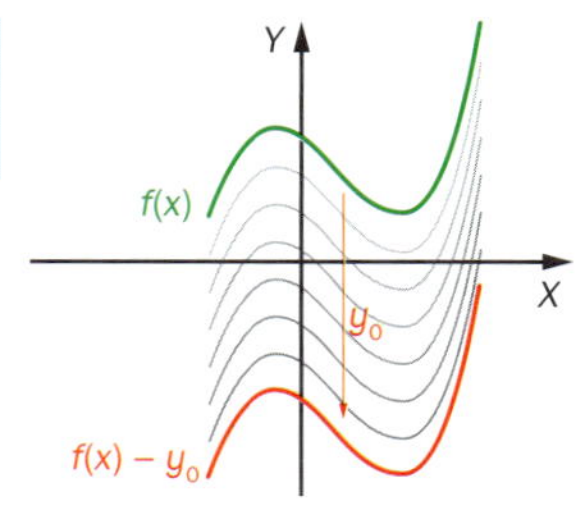

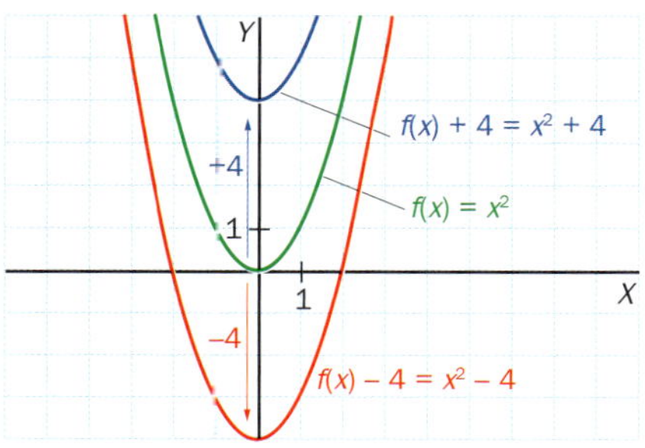

Exemple 16. Trasllada la gràfica de la funció $f(x) = x^2$ quatre unitats cap amunt o cap avall.

Transformem aquesta funció en $f(x)+4 = x^2+4$ o $f(x)-4 = x^2-4$, respectivament.

La **translació horitzontal** de $f(x)$ en x_0 unitats cap a la dreta (si $x_0 > 0$) o cap a l'esquerra (si $x_0 < 0$) equival a desplaçar la variable independent x la mateixa quantitat, però en sentit contrari; és a dir, a traslladar-la $-x_0$ unitats. Construïm així la nova funció $f(x - x_0)$.

La gràfica de la funció $f(x - x_0)$ es la de $f(x)$ **traslladada horitzontalment** x_0 unitats:

Cap a la **dreta,** si x_0 és **positiu:**

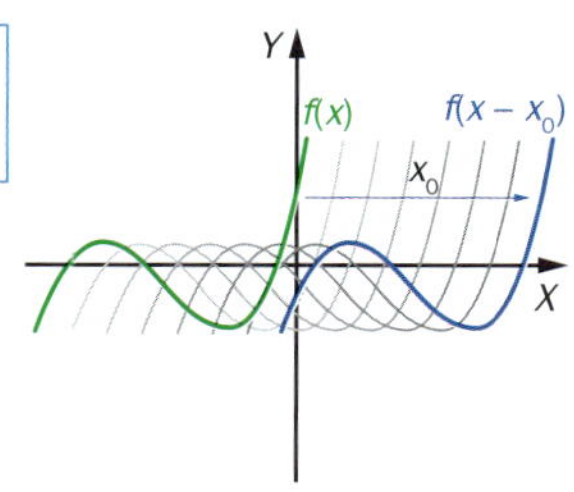

Cap a l'**esquerra,** si x_0 és **negatiu:**

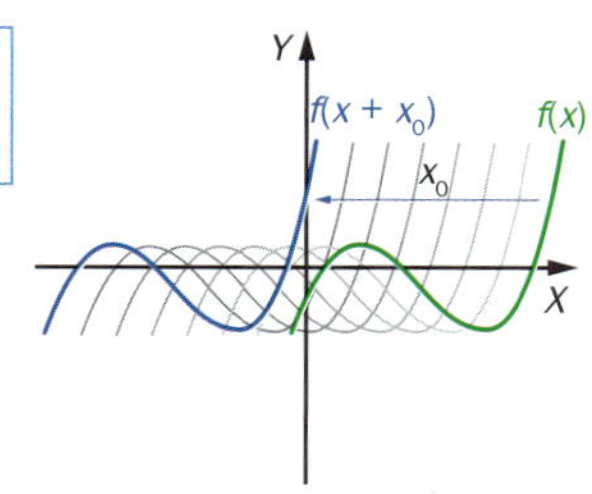

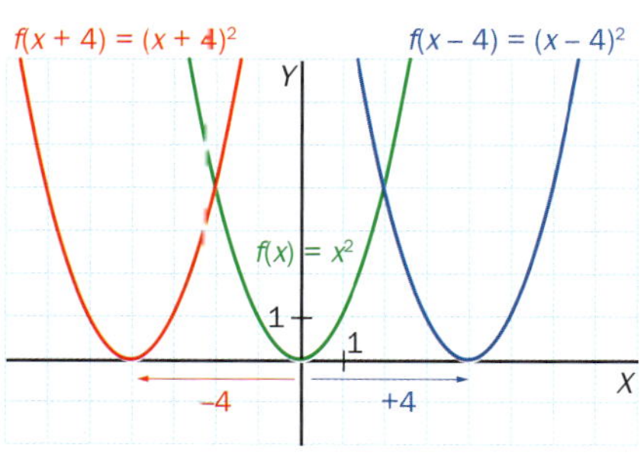

Exemple 17. Trasllada la gràfica de la funció $f(x) = x^2$ quatre unitats cap a la dreta o cap a l'esquerra.

Farem, respectivament:

$$f(x-4) = (x-4)^2 = x^2 - 8x + 16 \qquad \text{o} \qquad f(x+4) = (x+4)^2 = x^2 + 8x + 16$$

Activitat resolta 4

Obtén la gràfica corresponent en desplaçar cinc unitats cap a la dreta i tres cap amunt la hipèrbola equilàtera de la funció de proporcionalitat inversa: $f(x) = 1/x$.

Obtenim la gràfica de la funció:

$$f(x-5)+3 = \frac{1}{x-5} + 3 = \frac{3x-14}{x-5}$$

Comprovem que es tracta d'una altra hipèrbola equilàtera amb els eixos centrats en el punt (5,3).

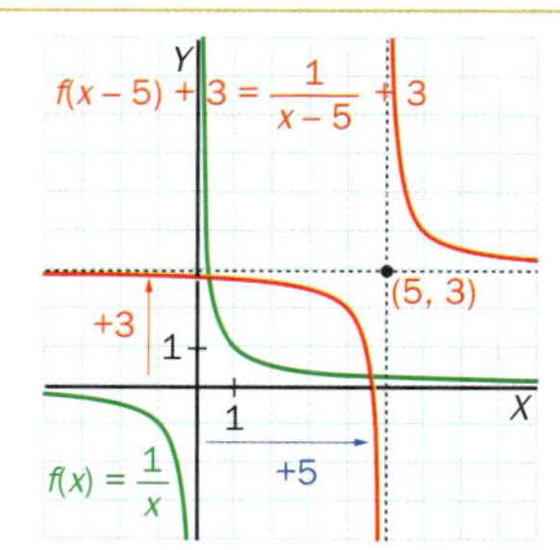

Simetries

Reflectir la gràfica de la funció $f(x)$ respecte a l'eix *OX* consisteix a girar-la verticalment canviant el signe de la variable dependent; així, quan y passa a ser $-y$, transformem la funció $f(x)$ en $-f(x)$.

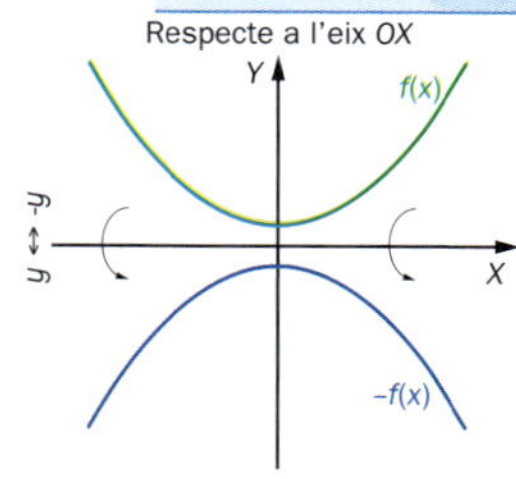

> La gràfica de la funció $-f(x)$ és la gràfica **simètrica** de $f(x)$ respecte a l'eix ***OX***.

Reflectir la gràfica de la funció $f(x)$ respecte a l'eix *OY* consisteix a girar-la horitzontalment canviant el signe de la variable independent; així, quan x passa a ser $-x$, transformem la funció $f(x)$ en $f(-x)$.

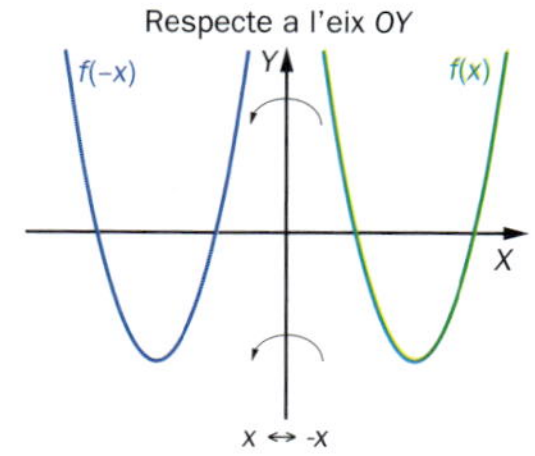

> La gràfica de la funció $f(-x)$ és la gràfica **simètrica** de $f(x)$ respecte a l'eix ***OY***.

Exemple 18. Determina la gràfica simètrica de $f(x)=\log x$ respecte a l'eix *OY* i la gràfica simètrica de $f(x)=e^x$ respecte a l'eix *OY*.

La gràfica simètrica de $f(x)=\log x$ respecte a l'eix *OX* és $-f(x)=-\log x$.

La gràfica simètrica de $f(x)=\log x$ respecte a l'eix *OY* és $f(-x)=e^{-x}$.

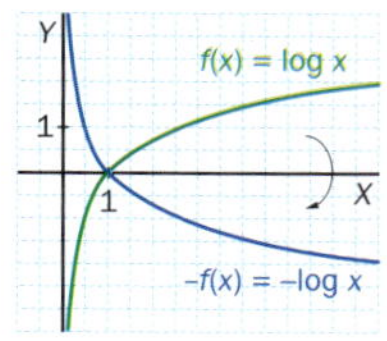

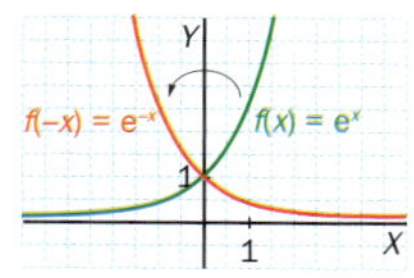

Dilatacions i contraccions

Multiplicar una funció $f(x)$ per un factor $a>1$ incrementa en un factor el seu valor, cosa que equival a dilatar o estirar la seva gràfica verticalment en aquest factor. En canvi, dividir-la entre aquest mateix nombre redueix el seu valor entre *a*, és a dir, la contreu verticalment.

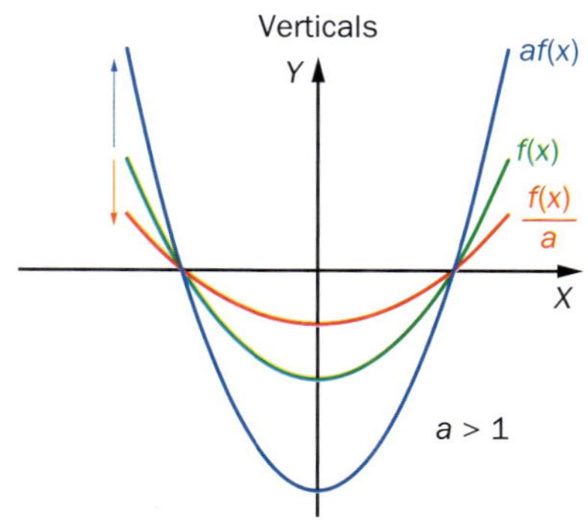

> - La gràfica de $a\cdot f(x)$ s'obté en **dilatar** en un factor *a* en **direcció vertical** la gràfica de $f(x)$.
> - La gràfica de $\dfrac{f(x)}{a}$ s'obté en **contreure** en un factor *a* en **direcció vertical** la gràfica de $f(x)$.

Multiplicar la variable independent per un nombre $b>1$ estira l'escala de l'eix *OX* en aquest factor; com a resultat, la gràfica de la funció $f(x)$ queda encongida respecte a l'eix horitzontal. En canvi, si dividim la variable x entre aquest nombre, l'escala de l'eix *OX* es contreu, i ara la gràfica de la funció queda estirada respecte a l'eix horitzontal.

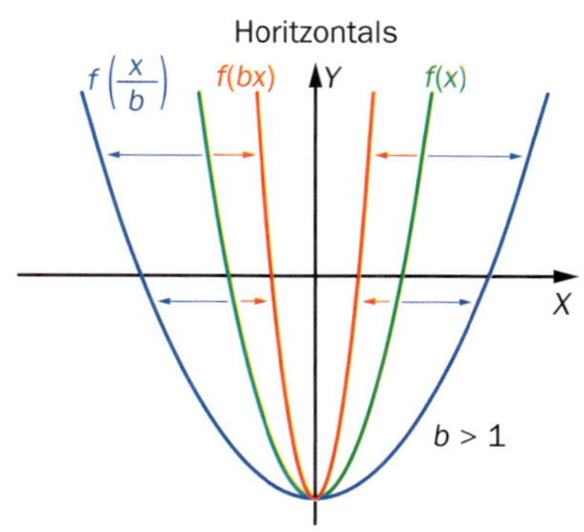

> - La gràfica de $f(bx)$ s'obté en **contreure** en un factor *b* en **direcció horitzontal** la gràfica de $f(x)$.
> - La gràfica de $f\left(\dfrac{x}{b}\right)$ s'obté en **dilatar** en un factor *b* en **direcció horitzontal** la gràfica de $f(x)$.

Exemple 19. Dilata o contrau verticalment en un factor 2 la gràfica de la funció $f(x)=x^3-x$, i horitzontalment en un factor 4 la gràfica de la funció $f(x)=\sqrt{x}$.

Dilatar o contraure verticalment en un factor 2 la gràfica de la funció $f(x)=x^3-x$ dona com a resultat les gràfiques de les funcions $2f(x)=2(x^3-x)$ o $\dfrac{1}{2}f(x)=\dfrac{1}{2}(x^3-x)$.

Contraure o dilatar horitzontalment en un factor 4 la gràfica de la funció $f(x)=\sqrt{x}$ dona com a resultat les gràfiques de les funcions $f(4x)=\sqrt{4x}=2\sqrt{x}$ o $f\left(\dfrac{x}{4}\right)=\sqrt{\dfrac{x}{4}}=\dfrac{1}{2}\sqrt{x}$.

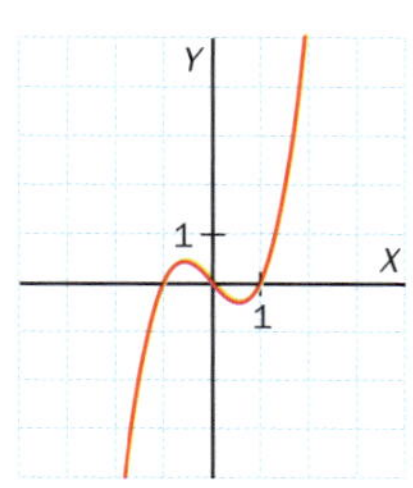

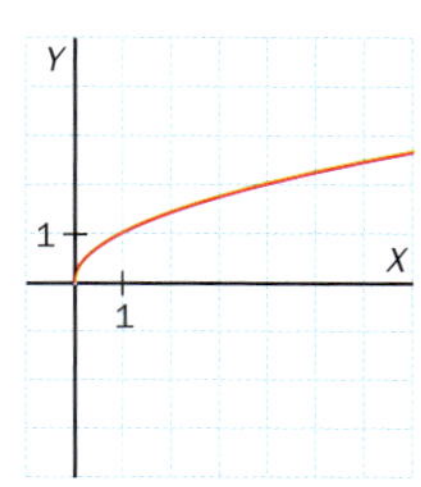

Activitats

26. Fes aquestes translacions i representa'n les gràfiques:

a) $f(x)=2x-5$ dues unitats cap amunt i tres cap a la dreta.

b) $f(x)=e^x$ mitja unitat cap avall i una cap a l'esquerra.

c) $f(x)=\log x$ una unitat cap avall i dues cap a la dreta.

27. Fes aquestes translacions i representa'n les gràfiques:

a) La simètrica de $f(x)=\sqrt{x+1}$ respecte a l'eix *OX*.

b) La simètrica de $f(x)=x^2+x-2$ respecte a l'eix *OY*.

c) $f(x)=x^3-x$ contret verticalment en un factor tres.

15 La funció inversa

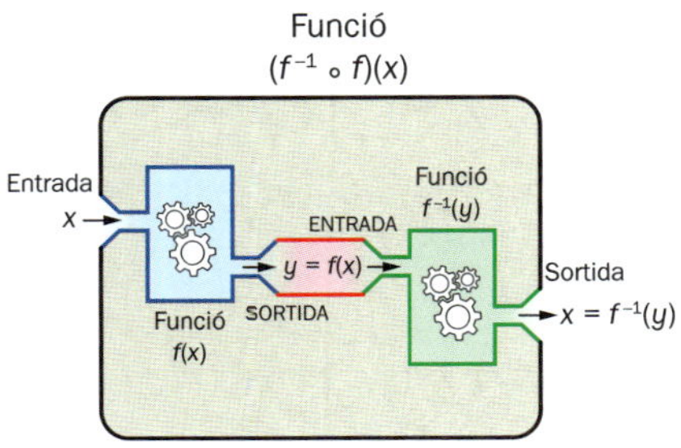

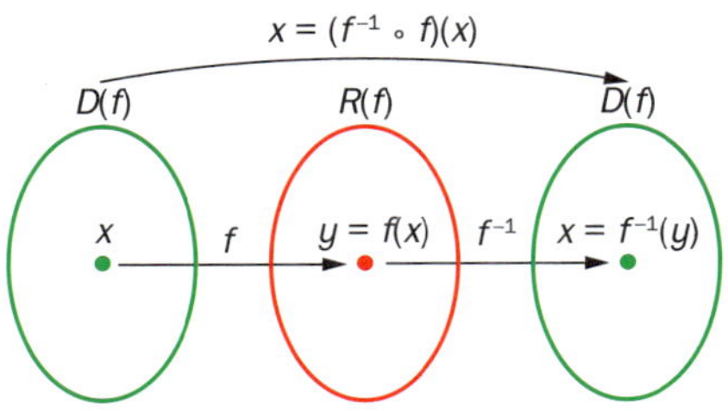

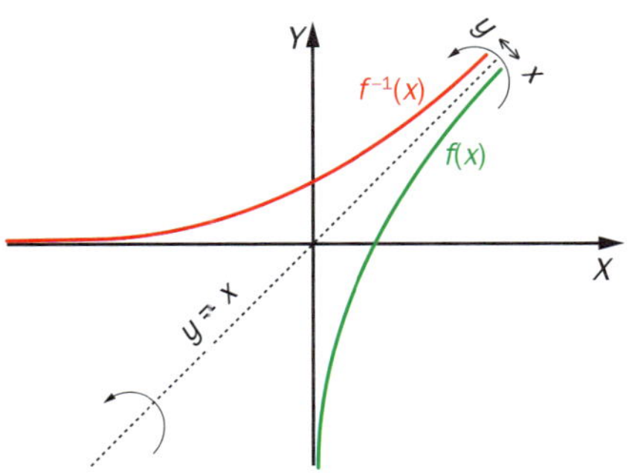

Les gràfiques de dues funcions inverses són simètriques respecte de la recta $y = x$.

!! Atenció

No confonguis la **funció inversa** d'una funció, que expressem així:

$$f^{-1}(x)$$

amb el **valor invers** d'una funció, que denotem així:

$$[f(x)]^{-1} = \frac{1}{f(x)}$$

Amb la notació f^{-1} sempre ens referim a la funció inversa, mai al seu valor invers.

Quan enviem un correu electrònic, el seu contingut és xifrat, per seguretat, mitjançant un algoritme d'encriptació; quan la informació arriba al destinatari, un altre algoritme descodifica el missatge per tornar-lo a l'estat llegible inicial. Aquest segon algoritme efectua el procés invers del que ha fet el primer i desfà el que aquest havia fet, de manera que l'actuació consecutiva de tots dos deixa invariable el document original.

Això és, precisament, el que fa la funció inversa, f^{-1}, d'una funció, f: actuar sobre els valors $y = f(x)$ de la seva imatge per tornar als valors originals del domini de f mitjançant $x = f^{-1}(y)$. El domini de la funció inversa és, per tant, el recorregut de la funció original; en conseqüència, per poder definir la funció inversa, a cada valor del recorregut de f li ha de correspondre un únic valor en el seu domini.

La **funció inversa, f^{-1},** d'una funció f és aquella per la qual es compleix que: si $y = f(x)$ per cada valor x del seu domini, llavors $x = f^{-1}(y)$.

Això implica que l'acció conjunta d'ambdues funcions sobre la variable x deixa inalterat el valor d'aquesta; és a dir, la seva composició és la funció identitat, $I(x) = x$:

$$\boldsymbol{(f^{-1} \circ f)(x) = f^{-1}[f(x)] = x}, \text{ o bien } \boldsymbol{(f \circ f^{-1})(x) = f[f^{-1}(x)] = x}$$

En la funció inversa, f^{-1}, les variables x i y han intercanviat els papers, cosa que equival a girar la gràfica de f respecte a la bisectriu del primer quadrant. Per tant, les gràfiques d'una funció i la seva inversa són simètriques respecte a la recta $y = x$.

Per obtenir la funció inversa de manera analítica, aïllem de l'expressió $y = f(x)$ la variable x, la deixem en funció de la variable y, segons $x = f^{-1}(y)$; després reanomenem les variables per escriure-ho de la forma habitual, $y = f^{-1}(x)$.

Exemple 20. Troba analíticament i gràficament les inverses de les funcions següents i comprova, en cada cas, que de la composició d'una funció amb la seva inversa, en qualsevol ordre, en resulta sempre la funció identitat:

a) $\boldsymbol{f(x) = 2x + 1}$ ***b)*** $\boldsymbol{f(x) = x^2 (x \geq 0)}$ ***c)*** $\boldsymbol{f(x) = e^x}$

a) $f(x) = 2x + 1 \xrightarrow[\text{2n Reanomenem } x \leftrightarrow y:\ y = \frac{x-1}{2}]{\text{1r Aïllem } x:\ y = 2x+1 \Rightarrow x = \frac{y-1}{2}} f^{-1}(x) = \dfrac{x-1}{2}$

$$(f^{-1} \circ f)(x) = f^{-1}[f(x)] = \frac{(2x+1)-1}{2} = x,$$

$$(f \circ f^{-1})(x) = f[f^{-1}(x)] = 2\left(\frac{x-1}{2}\right) + 1 = x$$

b) $f(x) = x^2$ (amb $x \geq 0$) $\xrightarrow[\text{2n Reanomenem } x \leftrightarrow y:\ y = \sqrt{x}]{\text{1r Aïllem } x:\ y = x^2 \Rightarrow x = \sqrt{y}} f^{-1}(x) = \sqrt{x}$

$$(f^{-1} \circ f)(x) = f^{-1}[f(x)] = \sqrt{(x^2)} = x, \ (f \circ f^{-1})(x) = f[f^{-1}(x)] = (\sqrt{x})^2 = x$$

c) $f(x) = e^x \xrightarrow[\text{2n Reanomenem } x \leftrightarrow y:\ y = \log x]{\text{1r Aïllem } x:\ y = e^x \Rightarrow x = \log y} f^{-1}(x) = \log x$

$$(f^{-1} \circ f)(x) = f^{-1}[f(x)] = \log(e^x) = x, \ (f \circ f^{-1})(x) = f[f^{-1}(x)] = e^{(\log x)} = x$$

a)
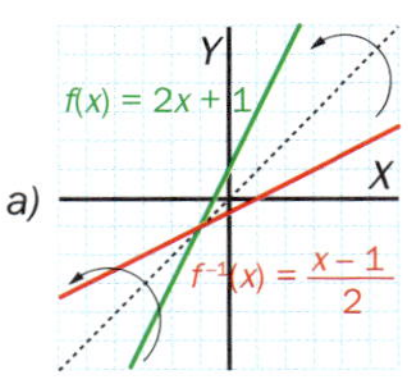

b)
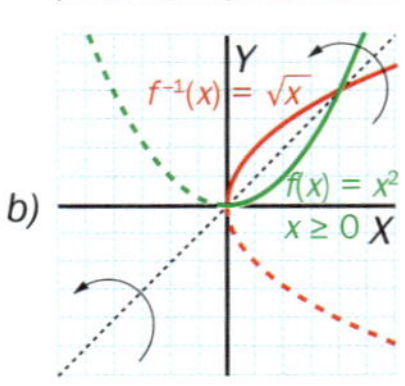

c)
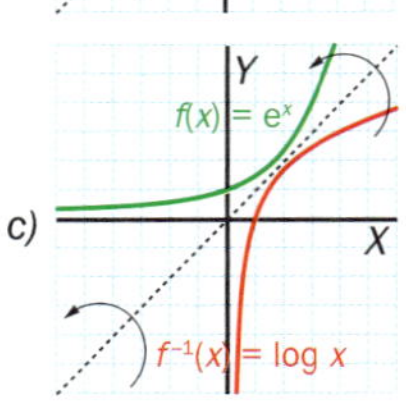

Activitats

28. Per cadascuna d'aquestes funcions, obtén la seva inversa i comprova que $(f \circ f^{-1})(x) = (f^{-1} \circ f)(x) = x$:

a) $f(x) = 5 - 3x$

b) $f(x) = x^2 - 1 (x \geq 0)$

c) $f(x) = 2x^3$

d) $f(x) = \sqrt{2x + 1}$

e) $f(x) = \sqrt[3]{x + 2}$

f) $f(x) = \dfrac{2}{3x}$

g) $f(x) = \dfrac{1}{x - 1}$

h) $f(x) = \dfrac{1}{x^2}$

i) $f(x) = e^{5-x}$

j) $f(x) = \log(3x + 4)$

16 Interpolació i extrapolació

Quan una funció ve donada per una taula que conté les dades reals recopilades en un estudi i volem conèixer el valor d'aquella per valors de la variable independent que no són en la taula, utilitzem les tècniques d'interpolació o extrapolació.

La **interpolació** i **l'extrapolació** consisteixen a obtenir el valor d'una funció, l'expressió algebraica de la qual desconeixem, per un valor no tabulat de la variable independent que es trobi dins o fora, respectivament, de l'interval de valors tabulats.

Per fer-ho, trobem primer la **funció d'interpolació,** és a dir, la que passa o que millor s'ajusta als punts coneguts; així, quan ja tenim aquesta funció, podem calcular el seu valor en qualsevol altre punt. En els casos més senzills, serà possible interpolar amb funcions polinòmiques de primer o segon grau. Vegem com fer-ho.

!! Atenció

Les dades estimades per interpolació o extrapolació són sempre aproximades. Per tant, no posseeixen la fiabilitat que tenen els valors que mesurem realment.

En concret, els valors extrapolats són menys fiables com més ens allunyem de l'interval dels valors tabulats. Per tant, no convé fer l'extrapolació gaire lluny dels extrems d'aquest interval.

Interpolació i extrapolació lineal

Si els punts tabulats són al llarg d'una **recta,** la funció d'interpolació és un **polinomi de primer grau.** En aquest cas, la interpolació o extrapolació és **lineal.**

Exemple 21. A les tres últimes eleccions d'un municipi determinat, una formació política ha obtingut els resultats que figuren en la taula del marge. Quin hauria estat el resultat si, després d'una moció de censura, l'última convocatòria electoral s'hagués avançat dos anys? Quin resultat s'espera que obtingui a les properes eleccions?

Any	2008	2012	2016
Vots (%)	12	10	8

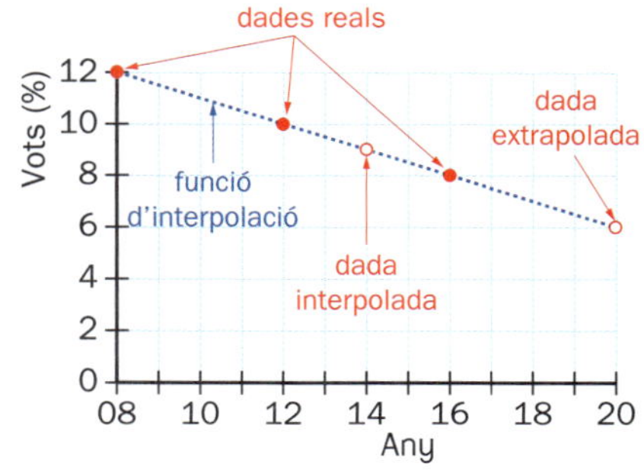

Observem que cada quatre anys el percentatge de vots disminueix la mateixa quantitat, el 2 %. Per tant, les dades estan alineades i podem trobar una funció d'interpolació polinòmica de primer grau a partir de l'equació de la recta que passa per aquestes:

$$y = mx + n \text{ passa per } \begin{cases} (12{,}10) \Rightarrow 10 = 12m + n \\ (16{,}8) \Rightarrow 8 = 16m + n \end{cases} \Rightarrow \begin{cases} m = -0{,}5 \\ n = 16 \end{cases} \Rightarrow \begin{matrix} f(x) = -0{,}5x + 16 \\ f(14) = 9, \quad f(20) = 6 \end{matrix}$$

Per tant, si les últimes eleccions s'haguessin avançat al 2014, el resultat hauria estat del 9 % (valor interpolat), i, el 2020, s'estima que obtindran el 6 % (valor extrapolat).

Interpolació i extrapolació quadràtica

Si els punts tabulats són al llarg d'una **paràbola,** la funció d'interpolació és un **polinomi de segon grau.** En aquest cas, la interpolació o extrapolació és **quadràtica.**

Exemple 22. La taula del marge resumeix els costos de producció d'una determinada empresa. Quins seran els costos de producció de 25 000 unitats? I de 35 000?

Producció (milers d'unitats)	10	20	30
Costos (milers d'euros)	8	6	5

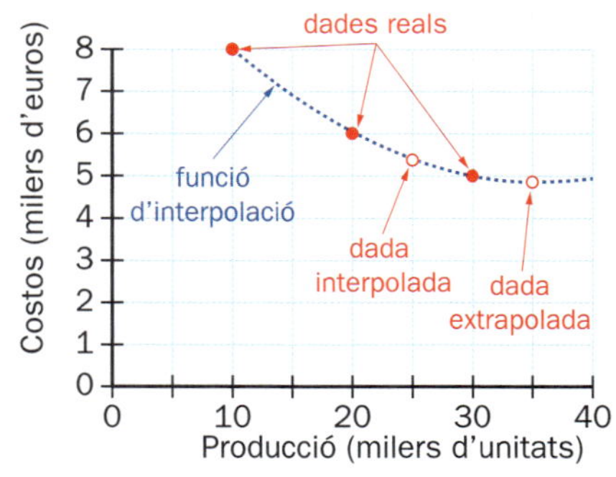

Com que els costos no varien proporcionalment al volum de producció, les dades no estaran alineades. Trobem una funció d'interpolació polinòmica de segon grau a partir de l'equació de la paràbola que passa per aquestes:

$$\begin{matrix} y = ax^2 + bx + c \\ \text{passa per} \end{matrix} \begin{cases} (10{,}8) \Rightarrow 8 = 100a + 10b + c \\ (20{,}6) \Rightarrow 6 = 400a + 20b + c \\ (30{,}5) \Rightarrow 5 = 900a + 30b + c \end{cases} \Rightarrow \begin{cases} a = 0{,}005 \\ b = -0{,}35 \\ c = 11 \end{cases} \Rightarrow \begin{matrix} f(x) = 0{,}005x^2 - 0{,}35x + 11 \\ f(25) = 5{,}375, \quad f(35) = 4{,}875 \end{matrix}$$

Per tant, per a 25 000 unitats podem estimar uns costos de producció de 5 375 euros (valor interpolat), i per a 35 000 unitats, de 4 875 euros (valor extrapolat).

Activitats

29. Estima el nombre d'habitants que tenia la localitat a què es refereix la taula el 2012 i el 2016. Quina població tindrà el 2020? I el 2022?

Any	2010	2014	2018
Població	123	97	71

30. Aquesta taula expressa el consum de combustible d'un determinat vehicle en funció de la velocitat a la qual circula. Quin serà el consum a 100 km/h? I a 140 km/h?

Velocitat (km/h)	50	90	120
Consum de combustible (L/100 km)	3,0	4,0	5,8

D'un cop d'ull!

La funció i les seves característiques

Concepte de funció, domini i recorregut

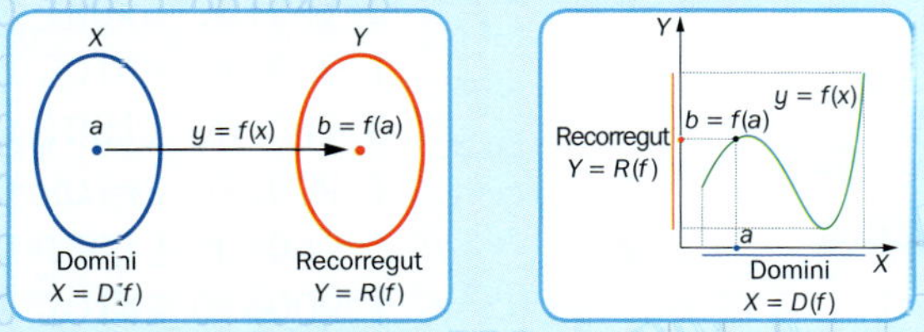

Punts de tall amb els eixos

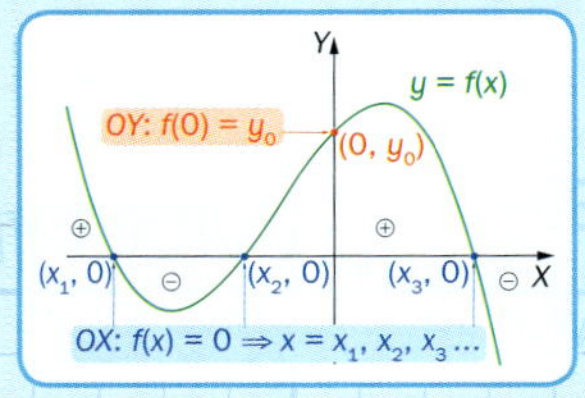

Extrems, creixement i curvatura

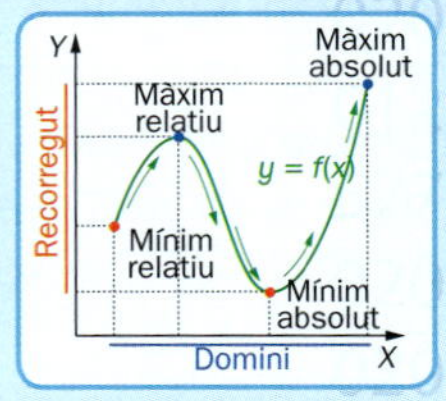

Simetria

Respecte a l'eix *OY*

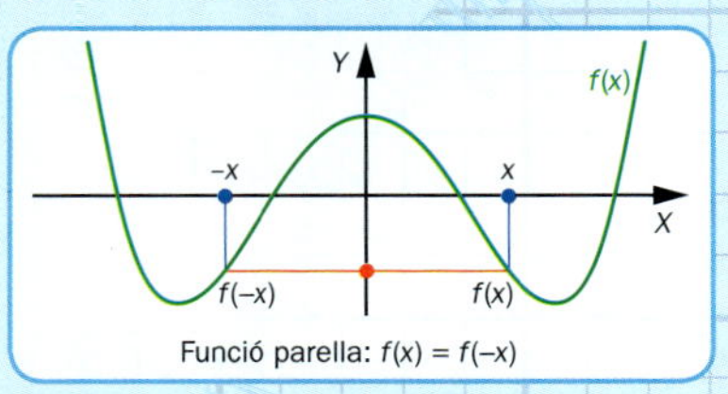

Respecte a l'origen

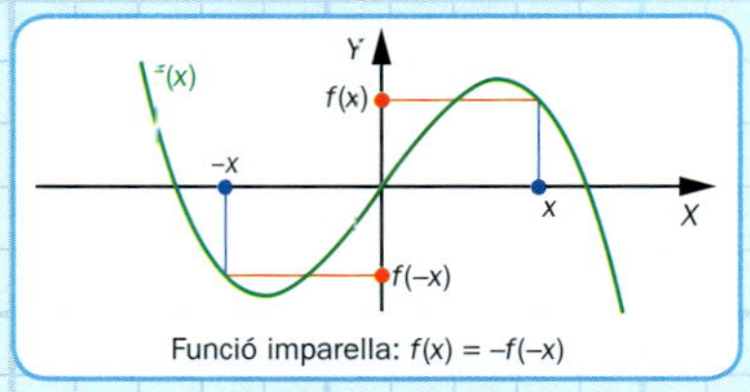

Acotació

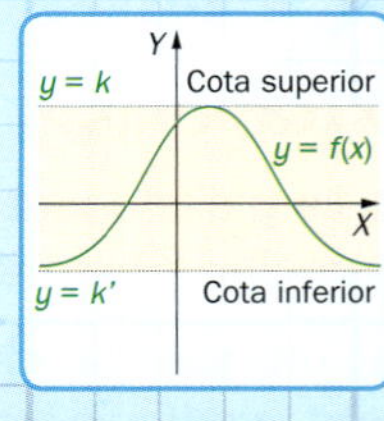

Periodicitat

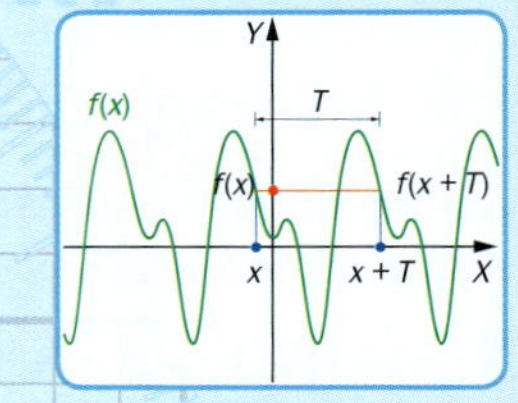

Funcions elementales

Polinòmiques de primer grau: rectes $f(x) = mx + n$

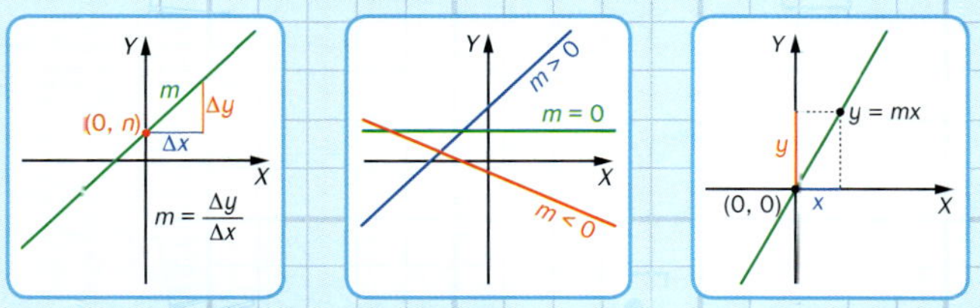

Interpolació i extrapolació lineal

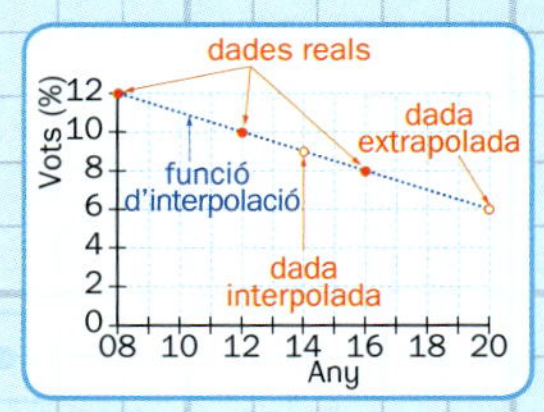

Amb radicals

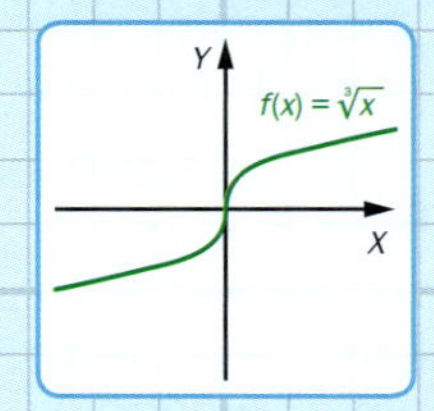

Racionals

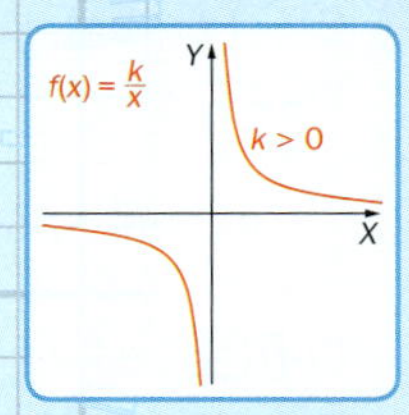

Polinòmiques de segon grau: paràboles $f(x) = ax^2 + bx + c$

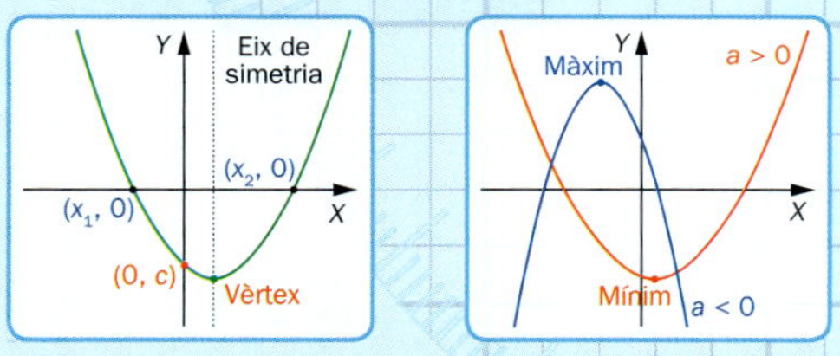

Interpolació i extrapolació quadràtica

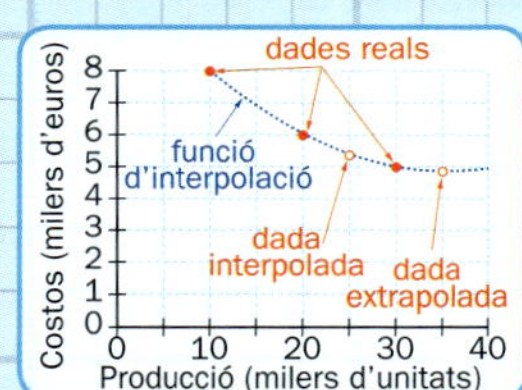

Exponencials

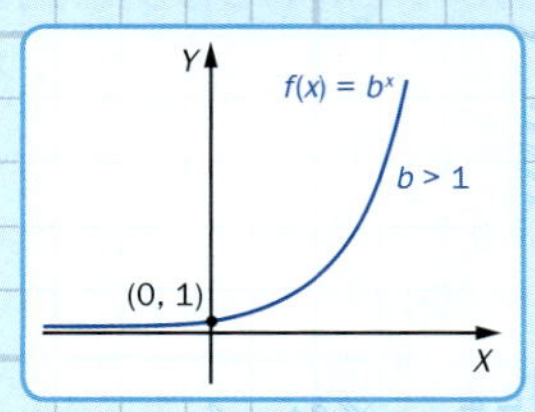

Logarítmiques

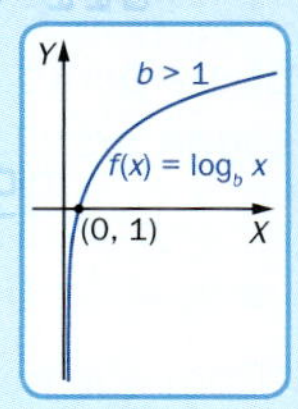

Operacions i transformacions

Operacions algebraiques

$$(f \pm g)(x) = f(x) \pm g(x)$$

$$(f \cdot g)(x) = f(x) \cdot g(x)$$

$$\left(\frac{f}{g}\right)(x) = \frac{f(x)}{g(x)} \quad g(x) \neq 0$$

Composició de funcions

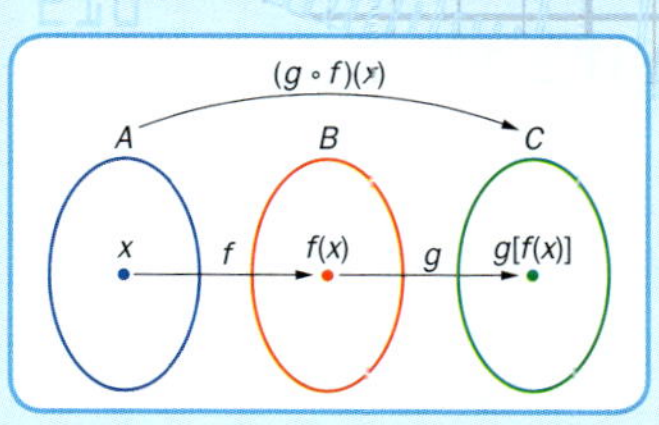

Translacions

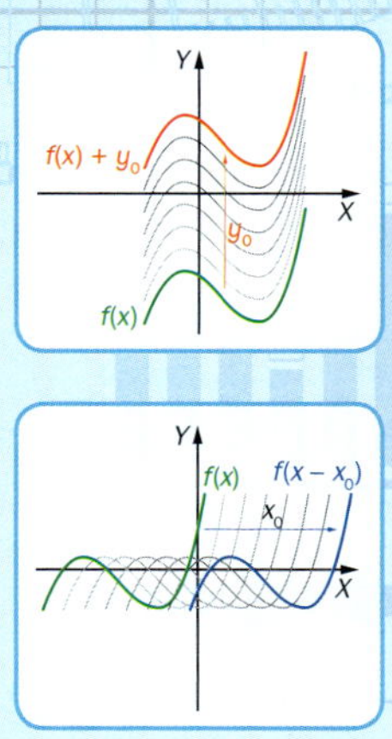

Simetries

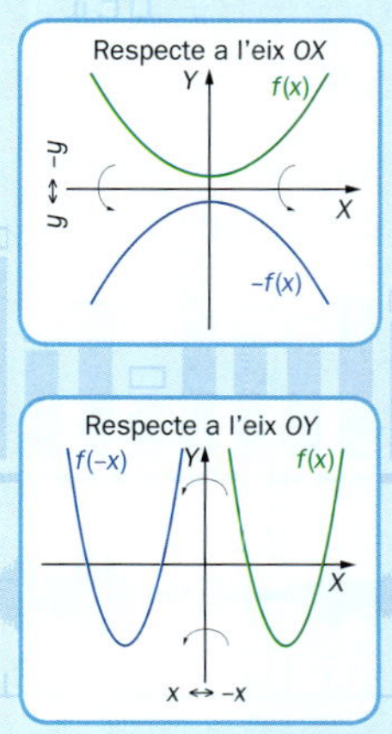

Dilatacions i contraccions

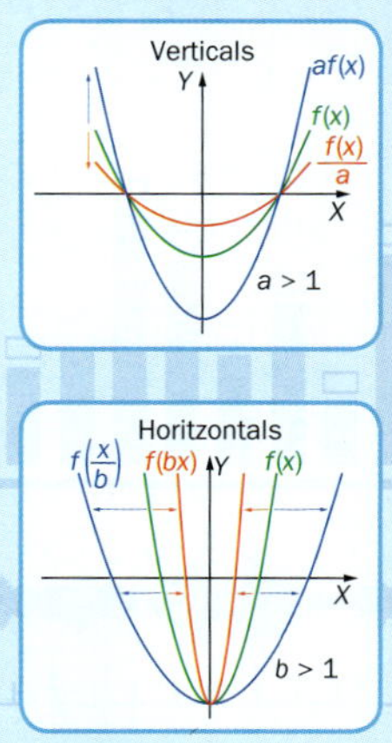

Funció inversa

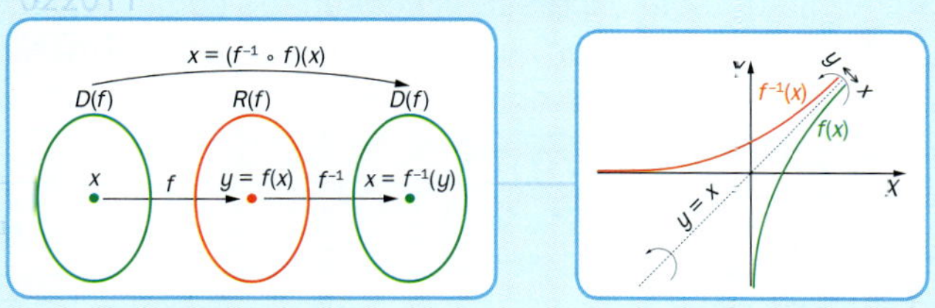

ACTIVITATS RESOLTES

Activitat resolta 5

Estudia el domini, els punts de tall amb els eixos i la simetria d'aquestes funcions:

a) $f(x) = \dfrac{x^2 - 1}{\sqrt{4 - x^2}}$

b) $f(x) = (x^3 - 2x)e^{-x^2}$

a) L'arrel quadrada només està definida per radicands nuls o positius:

$$4 - x^2 \geq 0 \Rightarrow x \in [-2, 2]$$

Per altra banda, com que estan exclosos els valors que anul·len el denominador, és a dir, $x = \pm 2$, hem de: $D(f) = (-2, 2)$.

Els seus punts de tall amb els eixos de coordenades són:

$$OX: f(x) = 0 \Rightarrow x^2 - 1 = 0 \Rightarrow x = \pm 1 \Rightarrow (-1, 0) \text{ i } (+1, 0)$$

$$OY: f(0) = -\frac{1}{2} \Rightarrow \left(0, -\frac{1}{2}\right)$$

Per veure si té alguna simetria, inspeccionem el valor de $f(-x)$ i el comparem amb el de $f(x)$:

$$f(-x) = \frac{(-x)^2 - 1}{\sqrt{4 - (-x)^2}} = \frac{x^2 - 1}{\sqrt{4 - x^2}} = f(x) \Rightarrow \text{funció parell}$$

b) Com a producte i composició de funcions que no presenten problemes de domini, aquesta funció està definida per qualsevol valor de x, així que $D(f) = \mathbb{R}$. Els seus punts de tall amb els eixos de coordenades són:

$$OX: f(x) = 0 \Rightarrow (x^3 - 2x)e^{-x^2} = 0 \Rightarrow x^3 - 2x = 0, \text{ ja que } e^{-x^2} \neq 0 \ \forall \ x \in \mathbb{R}$$

$$x(x^2 - 2) = 0 \Rightarrow x_1 = 0, x_{2,3} = \pm\sqrt{2} \Rightarrow (0, 0), (\pm\sqrt{2}, 0)$$

$$OY: f(0) = 0 \Rightarrow (0, 0)$$

Pel que fa a la simetria, comprovem que:

$$f(-x) = \left[(-x)^3 - 2(-x)\right]e^{-(-x)^2} = (-x^3 + 2x)e^{-x^2} = -(x^3 - 2x)e^{-x^2} = -f(x) \Rightarrow \text{funció imparella}$$

Activitat resolta 6

Analitza el creixement i la curvatura d'una funció $f(x)$ a partir de la informació continguda en la seva gràfica i dels punts localitzats en ella. Es tracta d'una funció acotada?

La funció $f(x)$ té un mínim relatiu en $x = -4$, un màxim relatiu en $x = -1$ i un mínim absolut en $x = 6$.

És una funció decreixent en $(-\infty, -4) \cup (-1, 6)$ i creixent en $(-4, -1) \cup (6, \infty)$.

Els seus punts d'inflexió es troben en $x = -5/2$ i $x = 3$.

La funció és oberta cap amunt en $(-\infty, -5/2) \cup (3, \infty)$ i oberta cap avall en l'interval $(-5/2, 3)$.

Està acotada inferiorment pel valor $k = -5$, però no superiorment i, per tant, no és una funció acotada.

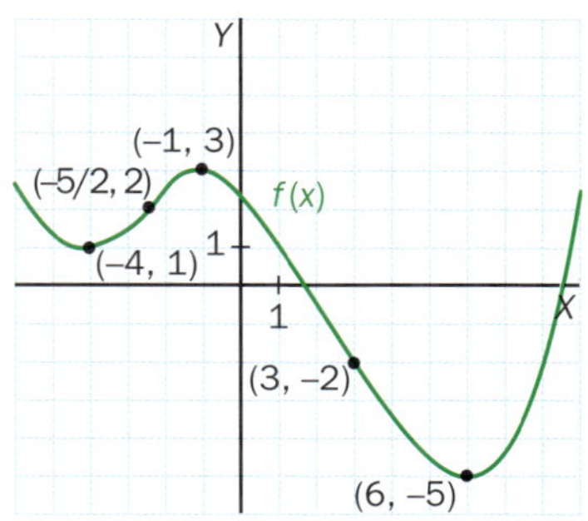

Activitat resolta 7

Troba l'expressió analítica de cadascuna d'aquestes funcions polinòmiques de primer i segon grau i fes-ne la representació gràfica:

a) La recta que passa pels punts $(1, -2)$ i $(3, 4)$.

b) La paràbola que passa pels punts $(-1, 5)$, $(0, 7)$ i $(1, 11)$.

a) Resolem el sistema que resulta quan substituïm els punts pels quals passa la recta en l'equació $y = mx + n$:

$$\begin{cases} (1, -2) \Rightarrow -2 = m + n \\ (3, 4) \Rightarrow 4 = 3m + n \end{cases} \Rightarrow m = 3, n = -5$$

Així doncs, l'expressió analítica d'aquesta funció és $f(x) = 3x - 5$.

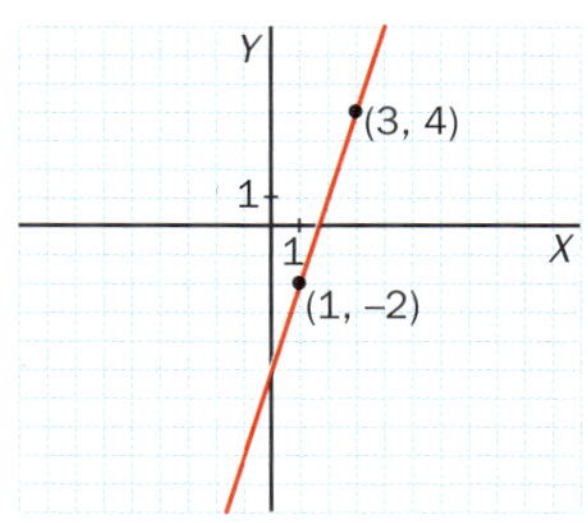

b) Resolem el sistema que obtenim quan substituïm els punts pels quals passa la paràbola en l'equació $y = ax^2 + bx + c$:

$$\begin{cases} (-1, 5) \Rightarrow 5 = a - b + c \\ (0, 7) \Rightarrow 7 = c \\ (1, 11) \Rightarrow 11 = a + b + c \end{cases} \Rightarrow a = 1, b = 3, c = 7$$

Per tant, es tracta de la funció $f(x) = x^2 + 3x + 7$.

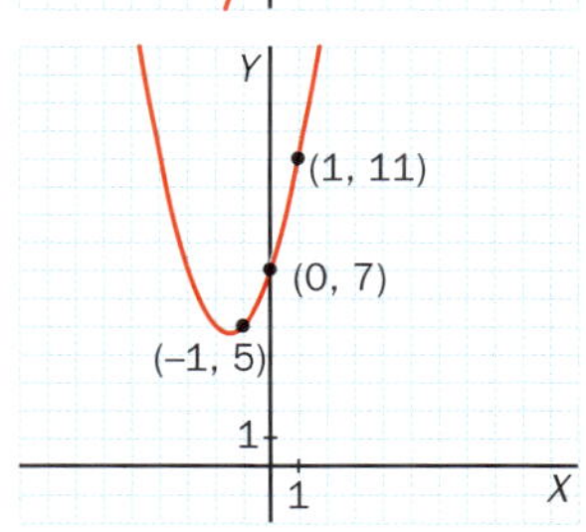

ACTIVITATS RESOLTES

Activitat resolta 8

Esbossa la gràfica d'aquesta funció:

$$f(x)=\frac{1}{x^2}$$

Trobem els punts de tall amb els eixos i avaluem alguns punts dins del seu domini:

$$D(f)=\mathbb{R}-\{0\}$$

$$OX: f(x)\neq 0\ \forall x\in\mathbb{R}\Rightarrow \text{No talla l'eix } OX$$

$$OY: \nexists f(0)\Rightarrow \text{No talla l'eix } OY$$

x	−3	−2	−1	−1/2	1/2	1	2	3
y	1/9	1/4	1	4	4	1	1/4	1/9

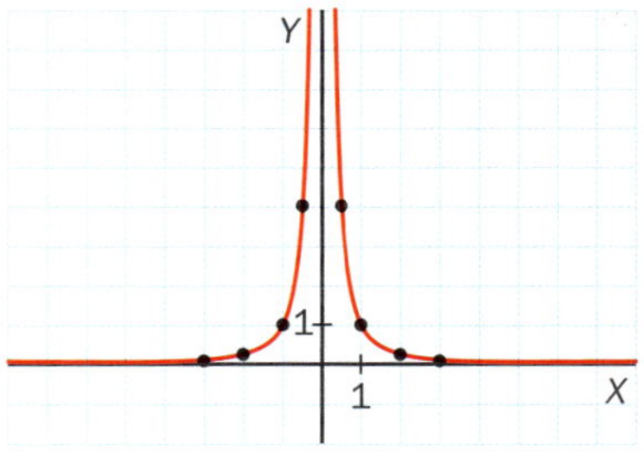

Activitat resolta 9

Amb les funcions $f(x)=\sqrt{1-x^2}$, $g(x)=e^{1/x}$ i $h(x)=2x+1$, realitza les següents operacions i troba els dominis de les funcions resultants:

a) $g\cdot h$ *b)* g/f *c)* g^{-1}

Inspeccionem primer els dominis de les funcions originals:

$$D(f)=[-1,1],\ D(g)=\mathbb{R}-\{0\} \text{ i } D(h)=\mathbb{R}.$$

a) $(g\cdot h)(x)=e^{1/x}\cdot \sin x,\quad D(g\cdot h)=D(g)\cap D(h)=\mathbb{R}-\{0\}$

b) $(g/f)(x)=\dfrac{e^{1/x}}{\sqrt{1-x^2}},\quad D(g/f)=D(g)\cap D(f)-\{\pm 1\}=(-1,1)-\{0\}$

c) $g(x)=e^{1/x}\xrightarrow[2.^{\circ}:\ y=\frac{1}{\log x}]{1.^{\circ}:\ y=e^{1/x}\Rightarrow\frac{1}{x}=\log y\Rightarrow x=\frac{1}{\log y}\Rightarrow} g^{-1}(x)=\dfrac{1}{\log x}$

$$D(g^{-1})=D(\log x)-\{1\}=(0,\infty)-\{1\}$$

Activitat resolta 10

Una funció homogràfica és una funció racional de la forma:

$$f(x)=\frac{ax+b}{cx+d}$$

Demostra que aquesta funció s'obté quan es desplaça una funció de proporcionalitat inversa del tipus *k/x*.

Tenint això en compte, representa la funció:

$$g(x)=\frac{2x+5}{x+3}$$

En efecte, si desplacem la funció de proporcionalitat inversa x_0 unitats en direcció horitzontal i y_0 unitats en direcció vertical, tenim que:

$$f(x)=\frac{k}{x-x_0}+y_0=\frac{k+y_0(x-x_0)}{x-x_0}=\frac{\overbrace{y_0}^{a}x+\overbrace{(k-x_0y_0)}^{b}}{\underbrace{x}_{c=1}\underbrace{-x_0}_{d}}=\frac{ax+b}{cx+d}$$

Per tant, la gràfica de la funció $g(x)$ serà una hipèrbola equilàtera amb els eixos centrats en un punt diferent de l'origen. Això ho veiem quan dividim el numerador pel denominador:

$$g(x)=\frac{2x+5}{x+3}=\frac{-1}{x+3}+2$$

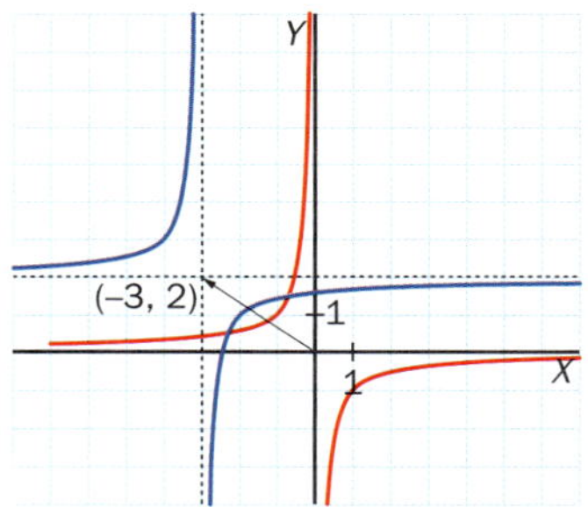

Per tant, la gràfica de $g(x)$ és la de la hipèrbola equilàtera $y=-1/x$ desplaçada horitzontalment tres unitats cap a l'esquerra i verticalment dues unitats cap amunt; és a dir, amb els eixos centrats en el punt (– 3,2).

Activitat resolta 11

Determina mitjançant quines funcions i a través de quines transformacions s'obté aquesta funció:

$$f(x)=\frac{1}{2}x^2-x-\frac{3}{2}$$

Extraient, en primer lloc, el factor comú:

$$f(x)=\frac{1}{2}x^2-x-\frac{3}{2}=\overbrace{\frac{1}{2}}^{\text{compressió vertical en un factor 2}}\cdot(x^2-2x-3)$$

veiem que aquesta funció resulta d'una compressió vertical de la paràbola $y=x^2-2x-3$ un factor 2. Si en l'expressió (x^2-2x-3) hi completem ara el quadrat del binomi, tenim:

$$x^2-2x-3=\overbrace{(x^2-2x+1)-1}^{\text{completem el quadrat}}-3=\overbrace{(x-1)^2-4}^{\text{translació al punt }(1,-4)}$$

per tant, la paràbola $y=x^2-2x-3$ és el resultat de traslladar la paràbola $y=x^2$ cap al punt $(1,-4)$. Així doncs, la funció donada s'obté de $y=x^2$ mitjançant les següents transformacions:

$$x^2\xrightarrow{\text{translació al punt }(1,-4)}x^2-2x-3\xrightarrow{\text{compressió vertical en un factor 2}}\frac{1}{2}x^2-x-\frac{3}{2}$$

ACTIVITATS

La funció i les seves característiques

31. Justifica quines d'aquestes gràfiques pertanyen a una funció:

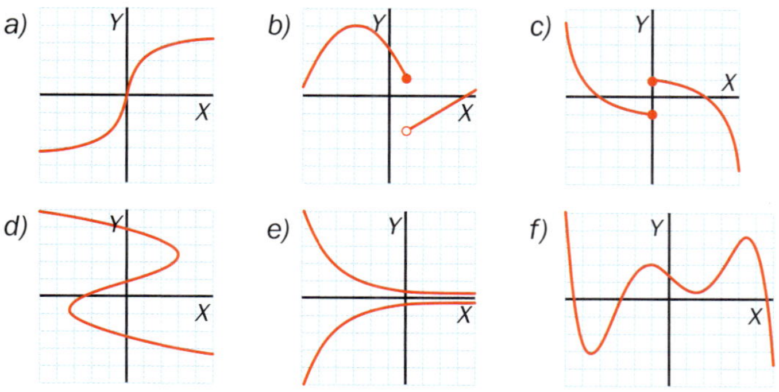

32. Escriu una expressió analítica per a aquestes funcions:

a) El cost de la trucada és directament proporcional a la seva durada.

b) La quantitat demandada d'un producte és inversament proporcional al preu d'aquest.

c) El consum de combustible en un vehicle augmenta amb el quadrat de la velocitat a la qual circula.

d) La sensació provocada per la percepció d'un estímul físic depèn de l'arrel cúbica de la seva intensitat.

33. Quin domini i quin recorregut tenen aquestes funcions?

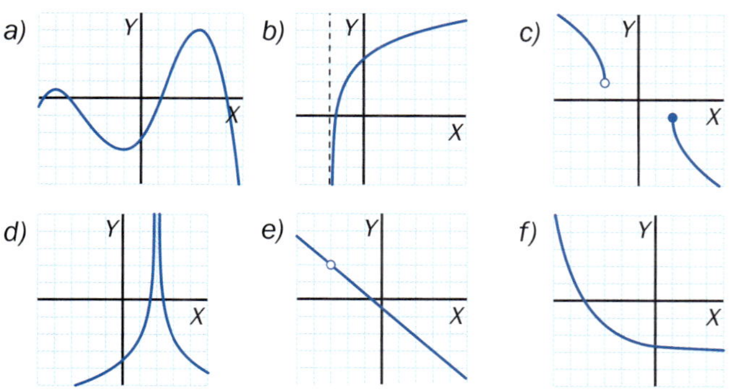

34. Obtén el domini de les següents funcions:

a) $f(x)=\dfrac{x}{x+2}-\dfrac{1}{x-1}$ *b)* $f(x)=\dfrac{x^2-1}{x+1}$

c) $f(x)=\dfrac{x-2}{x^2+4}$ *d)* $f(x)=\dfrac{x+5}{x^2-5x+6}$

e) $f(x)=\sqrt{2x+6}+\sqrt{6-2x}$ *f)* $f(x)=\sqrt{(2-3x)(4x-5)}$

g) $f(x)=\sqrt{-x^2-2x+3}$ *h)* $f(x)=\sqrt[3]{2x-5}$

i) $f(x)=\dfrac{\sqrt{-x^2+2x+15}}{x^2-4}$ *j)* $f(x)=\sqrt{\dfrac{x^2-1}{x}}$

k) $f(x)=\sqrt{\dfrac{x+2}{x-3}}$ *l)* $f(x)=\dfrac{5}{\sqrt{(x-3)(2-x)}}$

m) $f(x)=\sqrt{\dfrac{x+1}{x^2-4}}$ *n)* $f(x)=\sqrt{\dfrac{x+1}{-x^2+5x-6}}$

35. Troba el domini d'aquestes funcions:

a) $f(x)=xe^{-x^2}$ *b)* $f(x)=\sqrt{x}e^{\frac{1}{x}}$

c) $f(x)=\dfrac{x}{e^x-1}$ *d)* $f(x)=\log\dfrac{2x+6}{5-x}$

e) $f(x)=\dfrac{1}{\log(3x+4)}$ *f)* $f(x)=\dfrac{\log(x+1)}{\sqrt{1-x}}$

g) $f(x)=\sqrt{|x|}$ *h)* $f(x)=\dfrac{x}{|x|}$

36. Determina el domini de les següents funcions:

a) $f(x)=\begin{cases}\sqrt{x-1} & \text{si } x<0\\ \dfrac{1}{x+1} & \text{si } x\geq 0\end{cases}$ *b)* $f(x)=\begin{cases}\dfrac{1}{x+1} & \text{si } x<0\\ \sqrt{x-1} & \text{si } x\geq 0\end{cases}$

c) $f(x)=\begin{cases}\dfrac{1}{x+1} & \text{si } x<1\\ \sqrt{x-1} & \text{si } x\geq 1\end{cases}$ *d)* $f(x)=\begin{cases}\dfrac{1}{x+1} & \text{si } x\leq -1\\ \sqrt{x-1} & \text{si } x>-1\end{cases}$

37. Troba els punts de tall amb els eixos de cadascuna d'aquestes funcions:

a) $f(x)=\dfrac{5-4x}{2}$ *b)* $f(x)=x^2+4x+3$

c) $f(x)=-x^3-2x^2+x+2$ *d)* $f(x)=\dfrac{3x-2}{5-x}$

e) $f(x)=\dfrac{x}{1-x}+1$ *f)* $f(x)=\sqrt{4x^2-3}$

g) $f(x)=1-3^{2-x}$ *h)* $f(x)=\log_2\dfrac{2x-1}{x-8}$

i) $f(x)=\sqrt{|x|}$ *j)* $f(x)=\dfrac{x}{|x|}$

38. Observa les següents gràfiques i determina si les funcions que representen tenen o no alguna simetria:

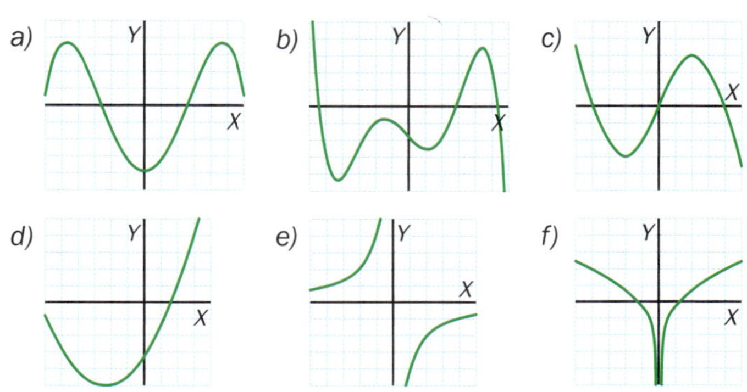

39. Determina la simetria d'aquestes funcions:

a) $f(x)=\sqrt[3]{x}$ *b)* $f(x)=\dfrac{1}{x^2}$ *c)* $f(x)=e^{-x^2}$

ACTIVITATS

40. Comprova si aquestes funcions tenen alguna simetria:

a) $f(x) = x^4 - 3x^2 + 6$ *b)* $f(x) = 3x - 2x^3$

c) $f(x) = -x^2 + 7x - 3$ *d)* $f(x) = \dfrac{-x}{x^3 - 5x}$

e) $f(x) = \dfrac{x^2 - 3}{2x}$ *f)* $f(x) = \dfrac{1 - x}{1 + x}$

g) $f(x) = \sqrt{1 - x^2}$ *h)* $f(x) = \sqrt[3]{x^2}$

i) $f(x) = xe^{-x^2}$ *j)* $f(x) = xe^{|x|}$

k) $f(x) = \log(x^2 + 1)$ *l)* $f(x) = \dfrac{|x|}{x}$

41. Analitza el creixement, la curvatura i l'acotació de la funció $f(x)$ a partir de la seva representació gràfica. Hi observes alguna simetria?

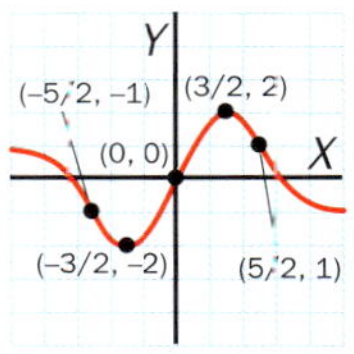

42. Són periòdiques les següents funcions? En cas afirmatiu, quin n'és el seu període?

a)

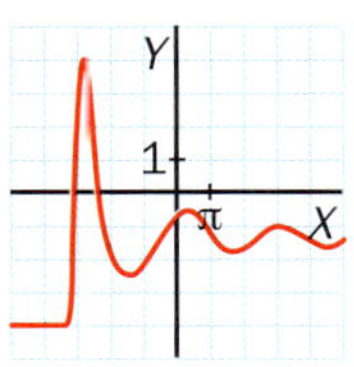

b)

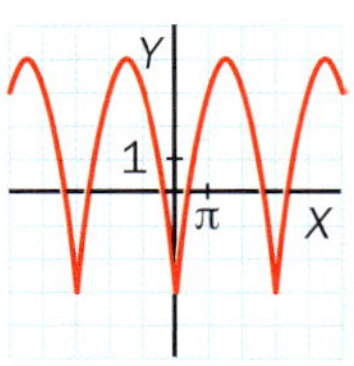

43. Esbossa la gràfica de la funció logística o sigmoide, definida per la expressió:

$$f(x) = \frac{1}{1 + e^{-x}}$$

Quin és el seu domini? I el seu recorregut? Posseix alguna simetria?

Funcions elementals

44. Obtén l'expressió analítica d'aquestes funcions polinòmiques de primer i segon grau:

a) La recta que passa pels punts $(2, -3)$ i $(-4, 1)$.

b) La recta de pendent $m = -4$ que passa pel punt $(-1, 5)$.

c) La paràbola els punts de tall de la qual amb els eixos són $(-2, 0)$, $(3, 0)$ i $(0, 6)$.

d) La paràbola que talla l'eix *OY* en $(0, -2)$ i amb el vèrtex en el punt $(1, -1)$.

45. Troba la funció d'interpolació polinòmica de primer grau que passa pels punts $(-2, 0)$ i $(1, 5)$. Calcula el seu valor a $x = 3$ mitjançant una extrapolació lineal.

46. Obtén la funció d'interpolació polinòmica de segon grau que passa pels punts $(0, 1)$, $(1, -3)$ i $(4, 5)$. Troba el seu valor a $x = 2$ mitjançant una interpolació quadràtica.

47. Considerant els punts de tall amb els eixos i les seves propietats generals, esbossa la gràfica d'aquestes quatre funcions polinòmiques:

a) $f(x) = x^3 - x$ *b)* $f(x) = -x^3 + 2x^2 + 3x$

c) $f(x) = -x^4 + 5x^2 - 4$ *d)* $f(x) = x^4 - 13x^2 + 36$

48. Esbossa la gràfica de les següents funcions, trobant els seus punts de tall amb els eixos i avaluant alguns altres punts dels seus corresponents dominis. Tenen alguna simetria?

a) $f(x) = \dfrac{1}{x^2 - 1}$ *b)* $f(x) = \dfrac{x}{x^2 - 1}$ *c)* $f(x) = \dfrac{1}{\sqrt{x}}$

d) $f(x) = \dfrac{1}{\sqrt[3]{x}}$ *e)* $f(x) = \dfrac{1}{1 + 2^{-x}}$ *f)* $f(x) = \log x^2$

49. Representa les funcions exponencials de cada apartat sobre uns mateixos eixos de coordenades. Com es comporten segons el valor de la base?

a) $f(x) = 2^x$ $g(x) = 4^x$ $h(x) = 8^x$

b) $f(x) = \left(\dfrac{1}{2}\right)^x$ $g(x) = \left(\dfrac{1}{4}\right)^x$ $h(x) = \left(\dfrac{1}{8}\right)^x$

50. Representa les funcions logarítmiques de cada apartat sobre uns mateixos eixos de coordenades. Com es comporten segons el valor de la base?

a) $f(x) = \log_2 x$ $g(x) = \log_4 x$ $h(x) = \log_8 x$

b) $f(x) = \log_{\frac{1}{2}} x$ $g(x) = \log_{\frac{1}{4}} x$ $h(x) = \log_{\frac{1}{8}} x$

51. Representa aquestes funcions definides a trossos:

a) $f(x) = \begin{cases} 1 - x & \text{si } x < 1 \\ 2x - 1 & \text{si } x \geq 1 \end{cases}$ *b)* $f(x) = \begin{cases} 2 & \text{si } x < -1 \\ x + 1 & \text{si } -1 \leq x < 1 \\ -2 & \text{si } x \geq 1 \end{cases}$

c) $f(x) = \begin{cases} \dfrac{1}{x} & \text{si } x < 0 \\ \sqrt{x} & \text{si } x \geq 0 \end{cases}$ *d)* $f(x) = \begin{cases} -x - 1 & \text{si } x \leq -1 \\ 1 - x^2 & \text{si } -1 < x \leq 1 \\ x - 1 & \text{si } x > 1 \end{cases}$

e) $f(x) = \begin{cases} x^2 - 4 & \text{si } x \leq 0 \\ \log x & \text{si } x > 0 \end{cases}$ *f)* $f(x) = \begin{cases} e^{-x} & \text{si } x < 0 \\ 0 & \text{si } x = 0 \\ -e^{x} & \text{si } x > 0 \end{cases}$

52. Expressa aquestes funcions com a funcions definides a trossos i representa'n la gràfica:

a) $f(x) = |2x + 1| - |2x - 1|$ *b)* $f(x) = |x - 1| + |2 - x|$

c) $f(x) = |x^2 + x - 6|$ *d)* $f(x) = 4|x| - x^2$

e) $f(x) = \sqrt{|x - 2|}$ *f)* $f(x) = |x|e^{-x^2}$

g) $f(x) = |x|e^{-x^2}$ *h)* $f(x) = \log|x + 3|$

53. La funció signe, $f(x) = \text{signe}(x)$, fa correspondre cada nombre real x amb el seu signe: positiu $(+1)$, negatiu (-1) nul (0), en el cas del nombre zero.

a) Quin són el domini i el recorregut de la funció signe?

b) Escriu aquesta funció com una funció definida a trossos i dibuixa la seva gràfica. Té alguna simetria?

c) Busca una forma d'expressar la funció signe a partir de la funció valor absolut.

54. Les funcions part sencera assignen a cada nombre real x el nombre enter més pròxim, cosa que pot fer-se de diferents maneres:

- La funció sostre, $f(x) = \lceil x \rceil$, ho fa per excés, prenent el menor nombre enter major o igual que x.
- La funció sòl, $f(x) = \lfloor x \rfloor$, ho fa per defecte, prenent el major nombre enter menor o igual que x.
- La funció part sencera per truncament, $f(x) = [x]$, elimina del nombre x la seva part decimal.
- La funció arrodoniment, $f(x) = \text{arrod}(x)$, assigna al nombre x l'enter més pròxim que s'obté per arrodoniment.

a) Quin domini i quin recorregut tenen totes aquestes funcions?

b) Escriu-les com a funcions definides a trossos i representa les seves gràfiques. Quina d'aquestes funcions coincideix amb la definida en l'epígraf 13 de la unitat?

c) Observa les gràfiques obtingudes per les funcions sostre i sòl: podries expressar la funció $f(x) = [x]$ a partir d'aquestes? Raona la teva resposta.

Operacions i transformacions

55. Considera les funcions:

$$f(x) = \frac{1}{x+1} \qquad g(x) = \frac{x-1}{2x}$$

Fes les operacions que es demanen tot seguit i troba els dominis de les funcions resultants:

a) $f+g$ *b)* $g-f$ *c)* $f \cdot g$ *d)* f/g *e)* g/f *f)* $f \circ g$ *g)* $g \circ f$

56. Donades les funcions $f(x) = x+1$ i $g(x) = x^2 - 1$, defineix les funcions f/g i g/f. Obtén els seus respectius dominis i representa-les gràficament.

57. Donades les funcions $f(x) = 3-2x$ i $g(x) = \sqrt{5-x}$, comprova que $f \circ g \neq g \circ f$. Quin és el domini de les funcions obtingudes?

58. Amb les funcions $f(x) = \sqrt{x+1}$ i $g(x) = \dfrac{1}{1-x^2}$, defineix $f \circ g$ i $g \circ f$. Quin domini tenen les funcions resultants?

59. A partir de les funcions $f(x) = 2x^2 - 3x + 1$ i $g(x) = 5$, troba $f \circ g$ i $g \circ f$.

60. Donades les funcions $f(x) = 4x+5$, $g(x) = \sqrt{2x}$ i $h(x) = e^{-x^2}$, fes l'operació $h \circ g \circ f = h\left[g\left[f(x)\right]\right]$.

61. Expressa les següents funcions com a composició d'altres més senzilles:

a) $f(x) = (3x-4)^2$ *b)* $f(x) = \dfrac{1}{x^2+3}$

c) $f(x) = \sqrt{2x-1}$ *d)* $f(x) = e^{x^2+1}$

e) $f(x) = e^{\sqrt{x+2}}$ *f)* $f(x) = e^{2x} - e^x + 1$

g) $f(x) = \log(3x^2 + 2x - 5)$ *h)* $f(x) = |x^2 - 9|$

62. A partir de les funcions:

$$f(x) = 5 - x \qquad g(x) = \sqrt{x-2} \qquad h(x) = \frac{1}{x+3}$$

construeix les següents funcions:

a) $(2h - f) \cdot g$ *b)* $f - (g^2/h)$ *c)* $g^2 + f \cdot h$

d) f/g *e)* $h \cdot (f \circ g)$ *f)* $(f/h) \circ g$

63. Troba, quan sigui possible, les inverses d'aquestes funcions i comprova que $f \circ f^{-1} = f^{-1} \circ f = x$:

a) $f(x) = \dfrac{2x-1}{3}$ *b)* $f(x) = -3x^2 + 4$

c) $f(x) = 2x^3 - 5$ *d)* $f(x) = \sqrt{1-2x} + 3$

e) $f(x) = \sqrt[3]{2x-5}$ *f)* $f(x) = |x-2|$

g) $f(x) = \dfrac{1}{x+2}$ *h)* $f(x) = \dfrac{x-1}{x}$

i) $f(x) = 5e^{\frac{x-3}{2}} + 4$ *j)* $f(x) = \dfrac{4}{3}\log(5-2x)$

64. Representa gràficament les següents funcions racionals a partir de la funció de proporcionalitat inversa de la qual poden obtenir-se per desplaçaments:

a) $f(x) = \dfrac{-2}{x-3} - 4$ *b)* $f(x) = \dfrac{3x+4}{x-1}$

c) $f(x) = 5 + \dfrac{3}{x+2}$ *d)* $f(x) = \dfrac{2x+1}{x+3}$

65. Mitjançant transformacions, representa les funcions:

a) $f(x) = -x^2 + 1$ a partir de $g(x) = x^2$

b) $f(x) = \sqrt{2x-4}$ a partir de $g(x) = \sqrt{x}$

c) $f(x) = e^{-x} - 1$ a partir de $g(x) = e^x$

d) $f(x) = \dfrac{1}{2}\log(x-1)$ a partir de $g(x) = \log x$

66. Determina las funcions a partir de les quals es poden obtenir aquestes altres, així com les transformacions necessàries per fer-ho en cada cas:

a) $f(x) = 2x + 3$ *b)* $f(x) = -4x^2 - 16x - 28$

c) $f(x) = 6\sqrt{4-2x} - 7$ *d)* $f(x) = 1 + \dfrac{e^{6-2x}}{10}$

e) $f(x) = -5\log(3x-2)$ *f)* $f(x) = 2\left|\dfrac{x}{4} + 1\right|$

Un món matemàtic

67. Aquesta taula mostra les tarifes d'un servei de reprografia:

Nombre de fotocòpies	Menys de 50	Entre 50 i 200	Entre 200 i 500	A partir de 500
Preu por fotocopia	0,10 €	0,08 €	0,06 €	0,04 €

Expressa el cost segons el nombre de fotocòpies fetes com una funció definida a trossos i representa'n la seva gràfica.

68. Si fas servir una determinada targeta de crèdit per les teves compres obtens 3 punts, que pots canviar per diners per a altres compres, per cada 20 euros d'import.

a) Expressa els punts que acumules segons la despesa feta com una funció definida a trossos i representa-la.

b) Considera les funcions part sencera definides en l'activitat 54. Pots fer-ne servir alguna per expressar de manera analítica aquesta funció?

69. En la següent taula hi ha el valor a la borsa de les accions d'una empresa en tres moments diferents d'un dia determinat. A quin preu podrien vendre's a les 13.00 hores?

Temps (hores)	10:00	11:00	12:00
Cotització (euros)	43,50	45,90	48,30

70. Aquesta taula recopila el nombre de camps de patates que han estat afectats per una plaga de pugó en una determinada regió segons les setmanes que han passat des de la seva aparició. Si la plaga no es combat de manera eficaç, quants camps de patates estaran afectats al cap de vuit setmanes?

Setmanes passades	2	4	6
Nombre de cultius afectats	3	12	27

71. Aquesta taula mostra el volum de vendes anual d'una empresa en funció del que inverteix en publicitat cada any. Quin volum de vendes es pot esperar amb una inversió de 9 milions d'euros? I amb una de 10? Representa totes les dades i la funció d'interpolació polinòmica de segon grau que s'hi ajusta. Quina estratègia publicitària li recomanaries a l'empresa?

Inversió en publicitat (milions d'euros)	4	6	8
Volum de vendes (milions d'euros)	200	240	260

72. En les primeres fases de l'aparició d'un determinat virus informàtic, el nombre d'ordenadors afectats, que al principi era d'una dotzena, es duplica cada mig segon.

a) Expressa el nombre d'equips infectats, N, en funció del temps transcorregut, t, en segons, mitjançant una llei exponencial creixent.

b) Quant trigarà a infectar un milió d'equips?

73. Un model de mercat determina que la quantitat, en milers d'unitats, oferta, O, i demanada, D, d'un determinat producte depenen del preu de venda, p, en euros, segons:

$$O(p) = 3p + 100 \qquad D(p) = 200 - 2p$$

a) Representa aquestes funcions i troba el punt d'equilibri entre l'oferta i la demanda; és a dir, el preu de venda pel qual ambdues quantitats s'igualen.

b) Estudia si hi haurà escassetat o excés de producte amb un preu de venda de 15 euros. I amb un de 25 euros?

74. Una empresa ha estimat que el cost total de producció, C, en euros, de n unitats d'un dels seus productes és:

$$C(n) = 20n + 50\,000$$

a) Construeix la funció cost unitari, $C_u(n)$, definida com el cost per cada unitat fabricada, i representa-la en un marge de producció comprès entre 1 000 i 100 000 unitats.

b) A quin valor diries que s'aproxima el cost unitari a mesura que augmenta la producció? Com interpretes el comportament d'aquesta funció?

75. Per recuperar una espècie en perill d'extinció se n'introdueixen 5 parelles en una reserva natural. Estudis previs indiquen que la seva població, P, evolucionarà amb el temps, t, en anys, segons la funció:

$$P(t) = \frac{400t^2}{2t^2 + 100} + 10$$

a) Representa gràficament l'evolució de la població durant els primers 20 anys.

b) Quant temps caldrà perquè arribi, com a mínim, a 100 exemplars?

76. Moltes vegades veuràs als mitjans de comunicació representacions gràfiques que poden portar-nos a una interpretació errònia, perquè estan mal elaborades, o bé perquè han estat manipulades de manera tendenciosa. Però, fins i tot si estan ben fetes, la forma de representar la gràfica d'una funció por provocar entre la població lectures molt diferents a partir de les mateixes dades. Busca a Internet exemples reals sobre els errors més freqüents comesos en les representacions gràfiques de funcions, així com els «trucs» que solen utilitzar-se per presentar una gràfica afavorint una determinada interpretació de les dades.

Resol l'enigma

Cronometrar el passat

A finals de la dècada de 1940, el físic Willard Libby va revolucionar la investigació en història, antropologia i arqueologia quan va idear una tècnica de datació per radiocarboni, o carboni 14.

Aquest mètode permet datar, amb una precisió bastant precisa, qualsevol resta d'origen biològic que tingui una antiguitat de fins 55 000 anys. I això gràcies al fet que la desintegració d'un isòtop radioactiu es regeix segons una funció exponencial decreixent. Vegem com fer-ho.

El procés de desintegració radioactiva es produeix de manera que, cada vegada que transcorre un determinat interval de temps, anomenat període de *semidesintegració* o *semivida*, la fracció d'isòtops que encara queden sense desintegrar es redueix a la meitat:

$$1, \frac{1}{2}, \frac{1}{4}, \frac{1}{8}, \frac{1}{16}, \ldots,$$

Per tant, després de n semivides, la fracció, f, de carboni 14 sense desintegrar serà:

$$f(n) = 1 \cdot \overbrace{\frac{1}{2} \cdot \frac{1}{2} \cdot \ldots \cdot \frac{1}{2}}^{n\text{ vegades}} = \left(\frac{1}{2}\right)^n$$

És a dir, la desintegració segueix una funció exponencial decreixent:

$$f(n) = 2^{-n}$$

llavors, $\left(\frac{1}{2}\right)^n = \left(2^{-1}\right)^n = 2^{-n}$.

Com que la semivida del carboni 14 és de 5 730 anys, el nombre de semivides que han passat en funció del temps com t, és:

$$n(t) = \frac{t}{5730}$$

Per tant, la fracció de carboni 14 que encara queda a la mostra en funció del temps, $f(t)$, resulta de la composició de funcions $f\left[n(t)\right]$:

$$f(t) = 2^{-\frac{t}{5730}}$$

I la seva funció inversa, $f^{-1}(t)$, ens diu l'antiguitat de les restes arqueològiques a partir de la fracció de carboni 14 present a la mostra:

$$t(f) = -5730 \log_2 f$$

Per tant, el percentatge de carboni 14 inicial que encara contenen les restes és del 24,6 %, o sigui, si $f = 0{,}246$, la seva antiguitat serà:

$$t(0{,}246) = -5730 \log_2 0{,}246 = -5730 \frac{\log 0{,}246}{\log 2} \simeq 11\,600 \text{ anys}$$

Com veus, a Indiana Jones no li aniria gens malament saber alguna cosa sobre les funcions.

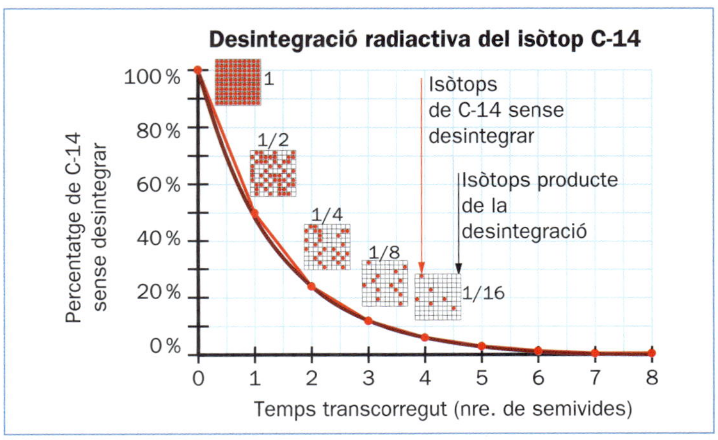

6. Límits i continuïtat

Quan una jove com la Tianna Bartoletta decideix preparar-se com a atleta professional de salt de longitud i arribar a ser campiona del món en aquesta modalitat d'atletisme, el primer que ha d'aprendre és a executar correctament la tècnica que permet fer grans salts. Aquesta tècnica es compon de tres fases: carrera, enlairament o impuls, i aterratge, i el seu aprenentatge requereix molt de treball i esforç. D'acord amb l'experiència, s'estima que l'aprenentatge d'aquestes tècniques permet aconseguir diferents marques en salt de longitud en funció dels dies d'entrenament... Significa això que, si la Tianna repeteix el seu entrenament diari durant tota la seva carrera professional, serà capaç de millorar les seves marques al mateix ritme que quan va començar a entrenar?

En aquesta unitat aprendràs:

1. La idea intuïtiva de límit
2. Límits laterals
3. Límits infinits
4. Càlcul de límits en un punt
5. Límits en l'infinit
6. Càlcul de límits en l'infinit
7. Asímptotes
8. Continuïtat

1 Idea intuïtiva de límit

En aquesta unitat estudiarem el concepte de **límit,** una de les idees centrals del càlcul. A la pràctica, els límits apareixen en situacions molt diverses. Així passa, per exemple, en l'enginyeria, en estudiar el funcionament d'una màquina; en l'economia, en considerar el comportament a llarg termini del cost de producció o dels tipus d'interès; en la biologia, en estudiar el creixement de les plantes o dels bacteris amb el pas del temps; en la medicina, en estudiar la propagació d'una malaltia o la permanència de cert medicament en el cos d'un pacient al llarg dels dies; en la sociologia, en parlar de prospeccions demogràfiques, o en la psicologia, en considerar el procés d'aprenentatge.

El **límit** consisteix a estudiar el comportament d'una funció $f(x)$ quan la variable x s'aproxima o s'apropa a un nombre a, que pot pertànyer o no al domini de $f(x)$.

És possible deduir de manera intuïtiva el límit d'una funció en un punt partint d'una taula de valors o una gràfica.

A partir d'una taula de valors

Tot seguit es mostren alguns exemples sobre com deduir de manera intuïtiva el límit d'una funció construint taules de valors en un valor donat.

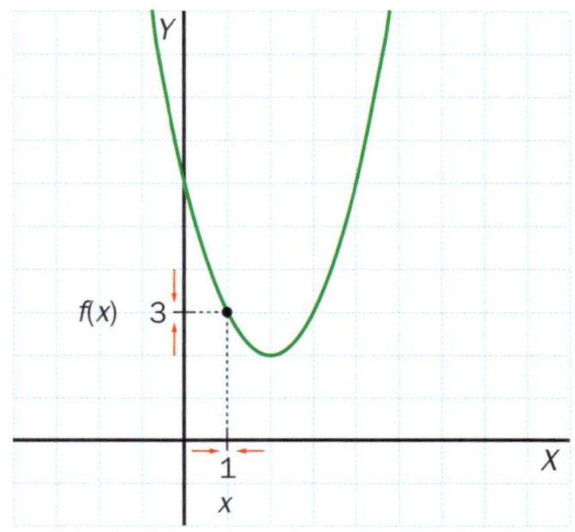

Exemple 1. Investiga el comportament de la funció $f(x) = x^2 - 4x + 6$ quan x s'aproxima a 1, construint una taula de valors en les proximitats de $x = 1$.

Per fer-ho, construirem una taula de valors de x en les proximitats de 1 (però no en $x = 1$). En concret, triem cinc valors menors que 1 i uns altres cinc majors que 1.

x	0,8	0,9	0,95	0,99	0,999	$\to 1 \leftarrow$	1,001	1,005	1,05	1,1	1,2
$f(x)$	3,44	3,21	3,1025	3,0201	3,002 001	$\to 3 \leftarrow$	2,998 001	2,990 025	2,9025	2,81	2,64

En la taula, observem que, quan x s'aproxima a 1, tant per a valors menors com majors, la funció $f(x)$ s'aproxima a 3. Afinant una mica més podem dir que, si x està prou pròxim a 1, aleshores $f(x)$ s'apropa a 3. En termes matemàtics direm que el límit de la funció $f(x) = x^2 - 4x + 6$ quan x tendeix a 1 és igual a 3, i ho escriurem: $\lim\limits_{x \to 1}(x^2 - 4x + 6) = 3$.

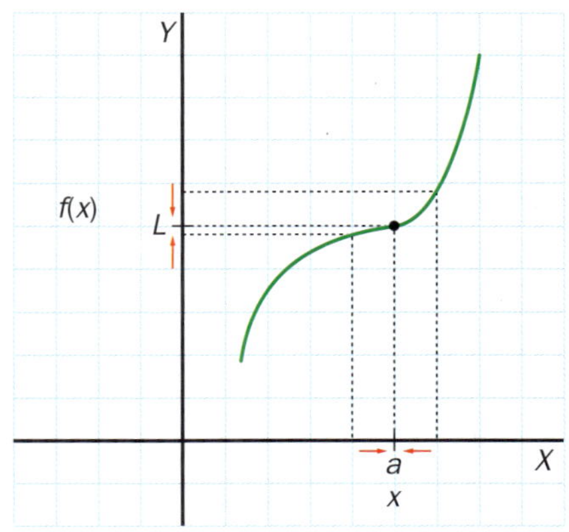

El **límit** d'una funció $f(x)$, quan x està prou pròxim a a és igual a L i s'expressa així:

$$\lim_{x \to a} f(x) = L$$

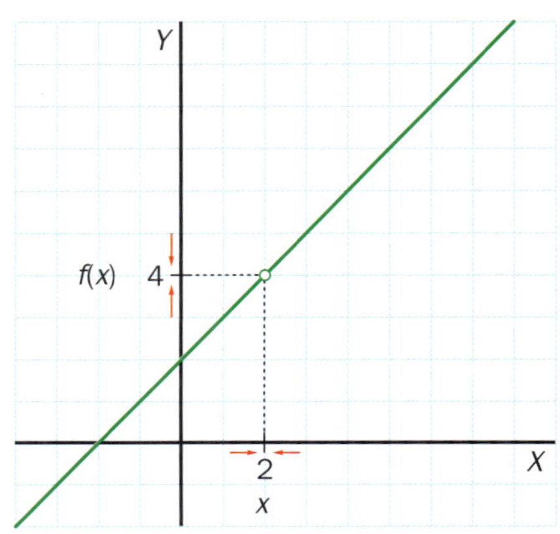

Exemple 2. Utilitza una taula de valors per estimar el següent límit: $\lim\limits_{x \to 2} \dfrac{x^2 - 4}{x - 2}$

La funció $f(x) = \dfrac{x^2 - 4}{x - 2}$ no està definida en $x = 2$. Així que triarem, per exemple, deu valors pròxims al 2, cinc menors i cinc majors, i observarem la tendència següent:

x	1,8	1,95	1,99	1,999	1,9999	$\to 2 \leftarrow$	2,0001	2,001	2,01	2,05	2,2
$f(x)$	3,8	3,95	3,99	3,999	3,9999	$\to 4 \leftarrow$	4,0001	4,001	4,01	4,02	4,2

Observem en la taula que, quan x tendeix a 2, tant per a valors menors com majors, la funció $f(x)$ tendeix a 4, i escrivim:

$$\lim_{x \to 2} \frac{x^2 - 4}{x - 2} = 4$$

A partir de la gràfica

Ara utilitzarem la gràfica d'una funció per deduir, també de manera intuïtiva, el límit d'una funció en un punt. Vegem-ne dos exemples:

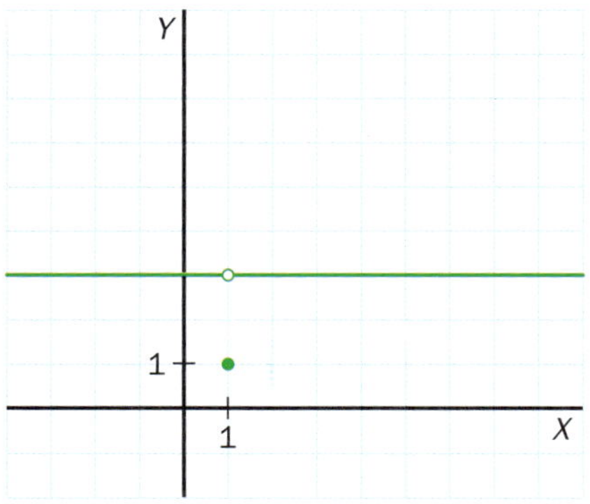

Exemple 3. Dibuixa la gràfica de la funció $f(x)=\begin{cases}3, & x\neq 1\\ 1, & x=1\end{cases}$ i utilitza-la per estimar $\lim\limits_{x\to 1} f(x)$.

En el marge figura la gràfica de $f(x)$. Com pots comprovar, es tracta d'una recta per a tots els valors $x \neq 1$, és a dir, per a qualsevol valor de x excepte l'1, on presenta un «forat», ja que $f(1)=1$.

Quan ens aproximem a 1, tant per a valors menors com majors que 1, la funció $f(x)$ tendeix a 3, és a dir:

$$\lim_{x\to 1} f(x)=3$$

Per estimar el límit de $f(x)$ quan $x\to 1$ ens interessa saber com es comporta la funció en les proximitats de $x=1$, si bé no influeix en res el fet que la funció estigui definida com a $f(1)=1$.

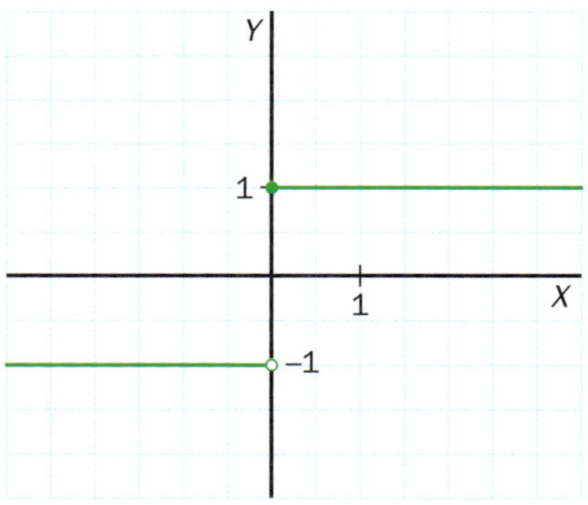

Exemple 4. Dibuixa la gràfica de la funció $f(x)=\begin{cases}-1, & x<0\\ 1, & x\geq 0\end{cases}$ i utilitza-la per provar que $\lim\limits_{x\to 0} f(x)$ no existeix.

En la gràfica del marge pots observar que, quan x s'aproxima a 0 per l'esquerra (valors menors que 0), la funció $f(x)$ tendeix a −1; per la seva banda, quan x s'aproxima a 0 per la dreta (valors majors que el 0), la funció $f(x)$ tendeix a 1. Per tant, **com que tendeix a valors diferents, direm que $\lim\limits_{x\to 0} f(x)$ no existeix.** Observa, a més, que la gràfica de $f(x)$ presenta un salt en $x=0$ d'un valor de 2 unitats.

Activitat resolta 1

Un hotel en temporada alta considera que la seva capacitat és màxima quan s'ocupa el 90 % de les seves habitacions. En tal cas, els costos (en milers d'euros) venen donats, en funció del percentatge d'ocupació x, per:

$$C(x)=\frac{5x^2-440x-900}{x^2-89x-90}$$

$$0\leq x\leq 100$$

Construeix una taula de valors per estimar els costos de l'hotel quan la seva ocupació s'aproxima al 90 %.

Ens demanen que estimem el següent límit $\lim\limits_{x\to 90}\dfrac{5x^2-440x-900}{x^2-89x-90}$

Elaborem una taula de valors en les proximitats de 90.

x	50	85	89	89,9	→ 90 ←	90,1	91	95	100
$f(x)$	5,098	5,058	5,056	5,055	→ 5,055 ←	5,055	5,054	5,052	5,050

En la taula, veiem que el nostre límit s'aproxima al valor 5,055, i per tant:

$$\lim_{x\to 90}\frac{5x^2-440x-900}{x^2-89x-90}=5{,}055$$

En apropar-nos a la capacitat màxima d'ocupació, el cost resulta, aproximadament, 5 055 euros. Pots comprovar-ho també amb la gràfica.

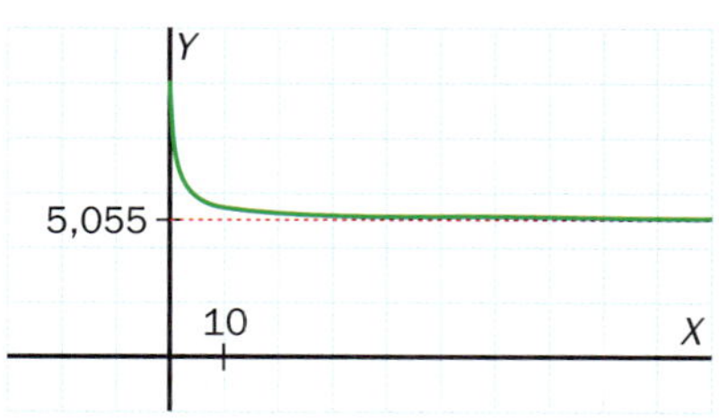

Activitats

1. Utilitza una taula de valors per estimar aquests límits.

a) $\lim\limits_{x\to 3}\dfrac{x^2-9}{x-3}$ b) $\lim\limits_{x\to 1}\dfrac{x-1}{x^2-1}$ c) $\lim\limits_{x\to 4}\dfrac{\sqrt{x}-2}{x-4}$

2. Dibuixa les gràfiques de les funcions següents i fes-les servir per esbrinar si existeix el límit en els punts indicats.

a) $f(x)=\begin{cases}2x, & x\neq 2\\ 1, & x=2\end{cases}$ en $x=2$ b) $g(x)=\begin{cases}x+1, & x\leq 0\\ -x+2, & x>0\end{cases}$ en $x=0$

2 Límits laterals

Fins ara, hem estudiat com calcular de manera intuïtiva el límit de la funció $f(x)$ quan x tendeix a a, aproximant-nos amb valors menors i majors que a. Ara és el moment de precisar aquestes aproximacions mitjançant els límits laterals.

Exemple 5. Donada la funció $f(x)=\begin{cases}1-x, & x<1\\ x^2-1, & x\geq 1\end{cases}$, dibuixa la seva gràfica i utilitza-la per estimar els límits laterals en $x=1$.

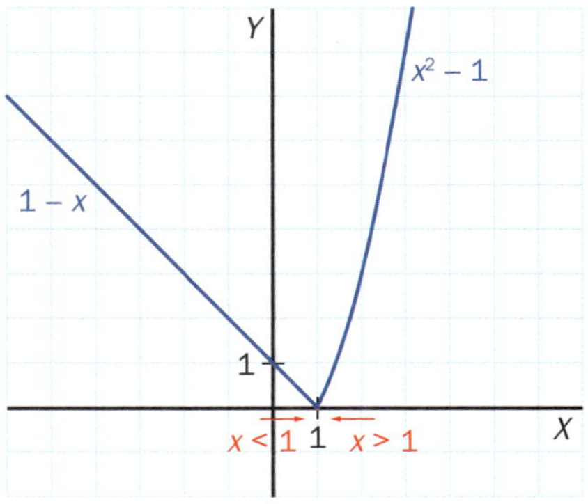

Si observem la gràfica de $f(x)$ quan ens apropem a 1 per l'esquerra (valors menors que 1), la funció $f(x)$ tendeix a 0. De manera similar, en apropar-nos a 1 per la dreta (valors majors que 1), la funció $f(x)$ també tendeix a 0.

El símbol «1^-» significa que només prenem valors de x menors que 1, mentre que el símbol «1^+» significa que només prenem valors x majors que 1. Escrivim aleshores: $\lim\limits_{x\to 1^-} f(x)=0$ i $\lim\limits_{x\to 1^+} f(x)=0$, i els anomenem, respectivament, límit per l'esquerra i límit per la dreta.

Com que els límits per l'esquerra i per la dreta existeixen i són iguals, diem que la funció té límit en aquest punt. Així doncs, escrivim:

$$\lim_{x\to 1} f(x)=0$$

Si la funció $f(x)$ s'aproxima a L quan x s'aproxima a a per l'esquerra $(x<a)$, es parla de **límit lateral per l'esquerra,** i s'escriu: $\lim\limits_{x\to a^-} f(x)=L$.

Si la funció $f(x)$ s'aproxima a L quan x s'aproxima a a per la dreta $(x>a)$, es parla de **límit lateral per la dreta,** i s'escriu: $\lim\limits_{x\to a^+} f(x)=L$.

Exemple 6. Donada la funció $f(x)=\begin{cases}x+2, & \text{si } x\leq 2\\ -x+3, & \text{si } x>2\end{cases}$, calcula els límits laterals en $x=2$.

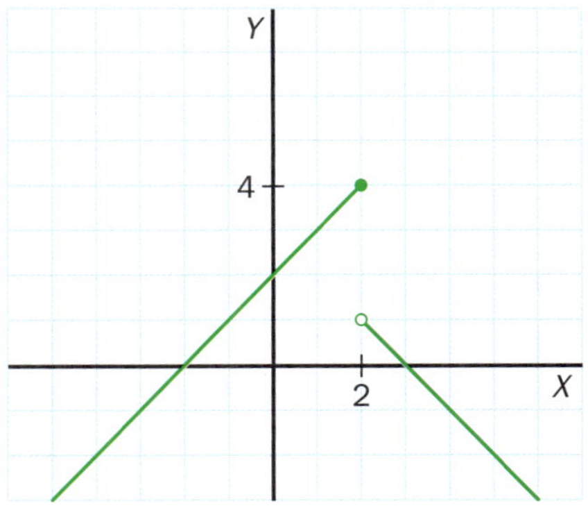

El límit lateral per l'esquerra en $x=2$ només considera valors de $x<2$ i la funció està allà definida com $f(x)=x+2$. Per tant, $\lim\limits_{x\to 2^-} f(x)=\lim\limits_{x\to 2^-}(x+2)=4$.

De manera similar, el límit lateral per la dreta en $x=2$ només considera valors de $x>2$, on la funció està definida com $f(x)=-x+3$. Aleshores:

$$\lim_{x\to 2^+} f(x)=\lim_{x\to 2^+}(-x+3)=1$$

Com que els dos límits laterals són diferents, sembla raonable dir que no existeix el límit en aquest punt. És a dir, $\nexists \lim\limits_{x\to 2} f(x)$.

Exemple 7. Calcula els límits laterals en $x=2$ i $x=4$ si $f(x)=\begin{cases}2x-5, & \text{si } x\leq 2\\ -1, & \text{si } 2<x<4\\ 10-x, & \text{si } x\geq 4\end{cases}$

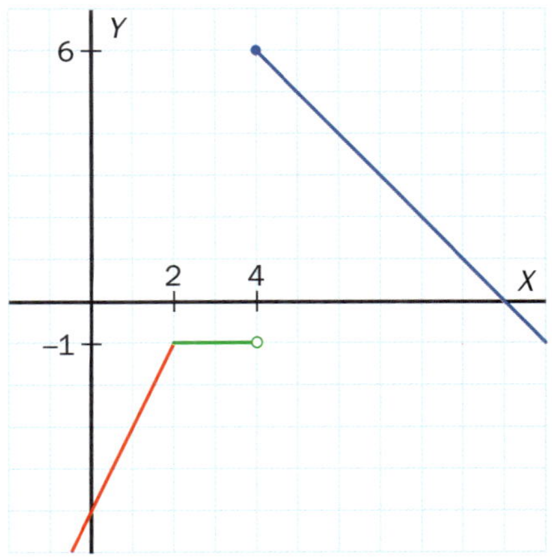

Calculem els límits laterals per a $x=2$:

$$\lim_{x\to 2^-} f(x)=\lim_{x\to 2^-}(2x-5)=-1 \text{ i } \lim_{x\to 2^+} f(x)=\lim_{x\to 2^+}(-1)=-1$$

Calculem els límits laterals per a $x=4$:

$$\lim_{x\to 4^-} f(x)=\lim_{x\to 4^-}(-1)=-1 \text{ i } \lim_{x\to 4^+} f(x)=\lim_{x\to 4^+}(10-x)=6$$

Per tant, $\lim\limits_{x\to 2} f(x)=-1$ i $\lim\limits_{x\to 4} f(x)$ no existeix.

Existència de límit

1. El límit d'una funció, si existeix, és únic.
2. El límit d'una funció existeix si, i només si, existeixen els límits laterals i són iguals.

$$\lim_{x \to a} f(x) = L \Leftrightarrow \lim_{x \to a^-} f(x) = L \text{ y } \lim_{x \to a^+} f(x) = L$$

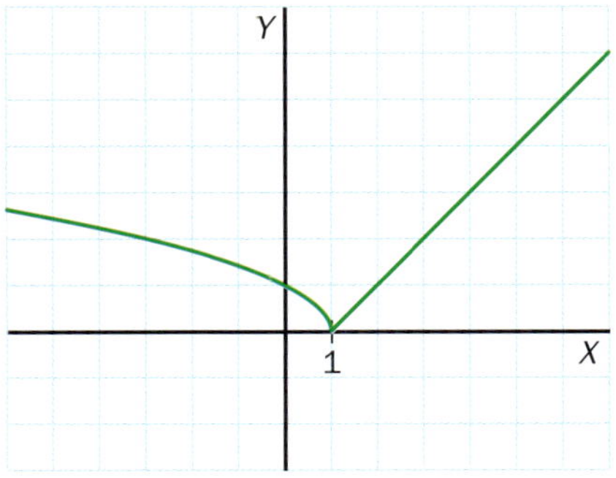

Exemple 8. Analitza l'existència del límit en $x = 1$ de la funció.

$$f(x) = \begin{cases} \sqrt{1 - x}, \text{ si } x < 1 \\ x - 1, \text{ si } x \geq 1 \end{cases}$$

Calculem els límits laterals: $\lim\limits_{x \to 1^-} f(x) = \lim\limits_{x \to 1^-} \sqrt{1 - x} = 0$ i $\lim\limits_{x \to 1^+} f(x) = \lim\limits_{x \to 1^+} (x - 1) = 0$.

Com que els límits laterals existeixen i són iguals, aleshores existeix el límit i coincideix amb l'obtingut en els límits laterals: $\lim\limits_{x \to 1} f(x) = 0$.

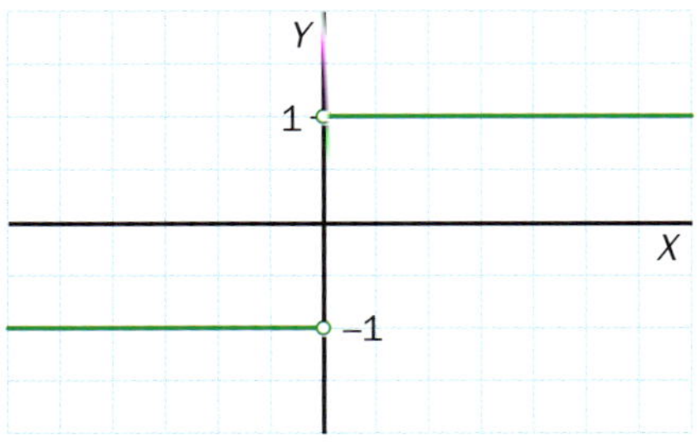

Exemple 9. Prova que no existeix $\lim\limits_{x \to 0} \frac{|x|}{x}$

La funció $f(x) = \frac{|x|}{x}$ no está definida en $x = 0$, és a dir, $\text{Dom} f(x) = \mathbb{R} - \{0\}$.

Com que $|x| = -x$, si $x < 0$, i $|x| = x$, si $x > 0$, llavors $f(x) = \begin{cases} -1, \text{ si } x < 0 \\ 1, \text{ si } x > 0 \end{cases}$

Per tant, els límits laterals són: $\lim\limits_{x \to 0^-} f(x) = \lim\limits_{x \to 0^-} -1 = -1$ i $\lim\limits_{x \to 0^+} f(x) = \lim\limits_{x \to 0^+} 1 = 1$.

I com que $\lim\limits_{x \to 0^-} f(x) = -1 \neq \lim\limits_{x \to 0^+} f(x) = 1$, és a dir, com que no coincideixen, aleshores $\nexists \lim\limits_{x \to 0} f(x)$.

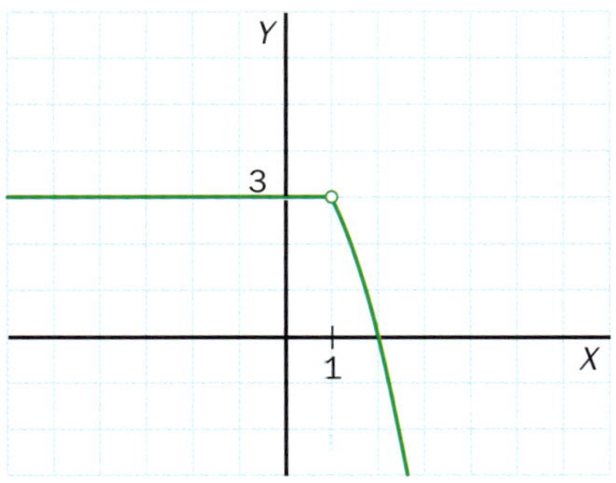

Exemple 10. Prova que, malgrat no estar definida en $x = 1$, sí té límit en aquest punt la funció $f(x) = \begin{cases} 3, \text{ si } x < 1 \\ 4 - x^2, \text{ si } x > 1 \end{cases}$

Efectivament, $f(1)$ no està definit. Vegem com es comporten els límits laterals:

$$\lim_{x \to 1^-} f(x) = \lim_{x \to 1^-} 3 = 3 \quad \text{i} \quad \lim_{x \to 1^+} f(x) = \lim_{x \to 1^+} (4 - x^2) = 3$$

Com que els límits laterals existeixen i són iguals, aleshores: $\lim\limits_{x \to 1} f(x) = 3$.

Activitat resolta 2

Des de la gràfica de la funció $f(x)$, determina els límits laterals i l'existència de límit en els punts $x = -3$, $x = -1$, $x = 1$ i $x = 2$.

- $x = -3$: $\lim\limits_{x \to -3^-} f(x) = 1$ i $\lim\limits_{x \to -3^+} f(x) = 1$; per tant, $\lim\limits_{x \to -3} f(x) = 1$
- $x = -1$: $\lim\limits_{x \to -1^-} f(x) = -1$ i $\lim\limits_{x \to -1^+} f(x) = -1$; per tant, $\lim\limits_{x \to -1} f(x) = -1$
- $x = 1$: $\lim\limits_{x \to 1^-} f(x) = 1$ i $\lim\limits_{x \to 1^+} f(x) = 2$; per tant, $\lim\limits_{x \to 1} f(x)$ no existeix
- $x = 2$: $\lim\limits_{x \to 2^-} f(x) = 0$ i $\lim\limits_{x \to 2^+} f(x) = 0$; per tant, $\lim\limits_{x \to 2} f(x) = 0$

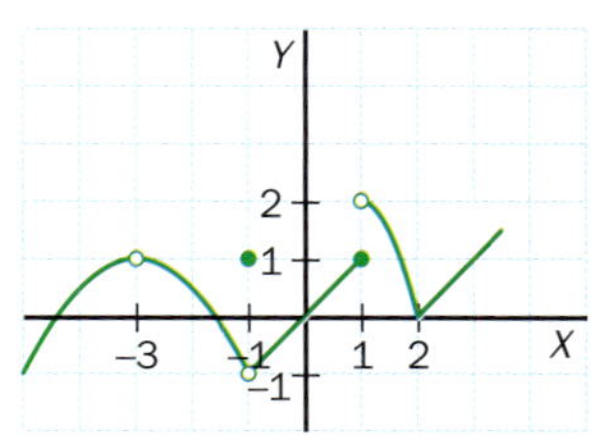

Activitats

3. Estudia si existeix el límit en x = 2 de la funció:

$$f(x) = \begin{cases} 4 - x, \text{ si } x \leq 2 \\ x^2 - 2, \text{ si } x > 2 \end{cases}$$

4. Estudia si existeix el límit en x = 0 de la funció:

$$f(x) = \begin{cases} -x + 2, \text{ si } x < 0 \\ 1, \text{ si } x \geq 0 \end{cases}$$

5. Donada la funció $f(x) = \begin{cases} 2, \text{ si } x < -1 \\ 3, \text{ si } x = -1 \\ x^2, \text{ si } -1 < x < 2 \\ 6 - x, \text{ si } x \geq 2 \end{cases}$

dibuixa-la i estudia l'existència de límit en els punts $x = -1$ i $x = 2$.

3 Límits infinits

Utilitzem el símbol infinit «∞», precedit d'un signe + o −, per expressar quan el creixement o decreixement és il·limitat, o bé per indicar el resultat de tal creixement o decreixement.

S'anomenen **límits infinits** aquells en els quals la funció $f(x)$ tendeix a $-\infty$ o $+\infty$ quan la variable x tendeix a un nombre a, és a dir,

$$\lim_{x\to a} f(x) = -\infty \quad \text{o} \quad \lim_{x\to a} f(x) = +\infty$$

i es llegeix «el límit de $f(x)$ quan x tendeix a a és $-\infty$ o $+\infty$».

Vegem a continuació com estimar límits a partir de taules de valors i de gràfiques:

A partir d'una taula de valors

Exemple 11. Utilitza una taula de valors per estimar $\lim_{x\to 1} \frac{1}{x-1}$

Utilitzem deu valors pròxims a $x = 1$, cinc menors que 1 i uns altres cinc majors que 1.

x	0,8	0,9	0,95	0,99	0,999	$\to 1 \leftarrow$	1,001	1,005	1,05	1,1	1,3
$f(x)$	−5	−10	−20	−100	−1 000	$\to ? \leftarrow$	1 000	200	20	10	3,33

Quan x s'aproxima a 1 per l'esquerra, $f(x)$, disminueix indefinidament i diem que tendeix a $-\infty$. Per tant, escrivim:

$$\lim_{x\to 1^-} \frac{1}{x-1} = -\infty$$

Tanmateix, quan x s'aproxima a 1 per la dreta, $f(x)$ creix indefinidament i podem dir que tendeix a $+\infty$, i per tant escrivim:

$$\lim_{x\to 1^+} \frac{1}{x-1} = +\infty$$

I en conseqüència, com que no coincideixen, $\lim_{x\to 1} \frac{1}{x-1}$ no existeix.

Quan x s'aproxima a 1 per l'esquerra, la funció $f(x) = \frac{-2}{x-1}$ tendeix a a $+\infty$, però quan x tendeix a 1 per la dreta, aleshores la funció $f(x) = \frac{-2}{x-1}$ tendeix a $-\infty$. Així:

$$\lim_{x\to 1^-} \frac{-2}{x-1} = +\infty \text{ i } \lim_{x\to 1^+} \frac{-2}{x-1} = -\infty$$

Com que els límits laterals no coincideixen, $\lim_{x\to 1} \frac{-2}{x-1}$ no existeix.

A partir de la gràfica

Exemple 12. Utilitza les gràfiques per estimar els següents límits.

a) $\lim_{x\to 0} \frac{1}{x^2}$

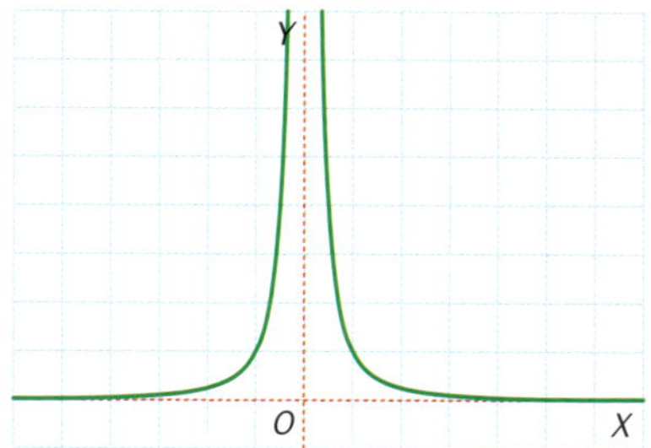

Tant quan x s'aproxima a 0 per l'esquerra com quan ho fa per la dreta, la funció $f(x) = \frac{1}{x^2}$ tendeix a augmentar indefinidament, i per tant: $\lim_{x\to 0} \frac{1}{x^2} = +\infty$.

b) $\lim_{x\to 0^+} \ln x$

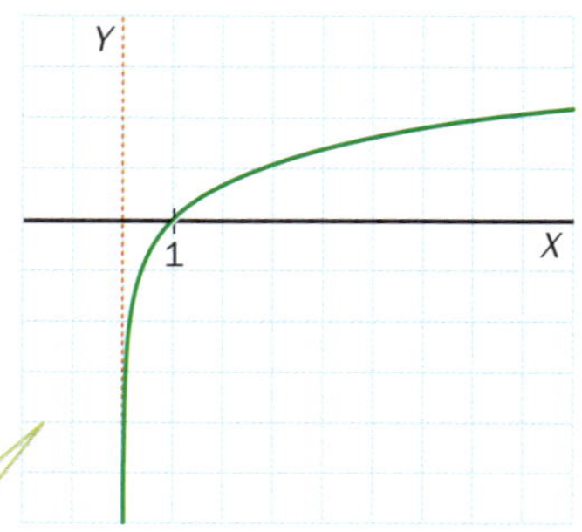

Quan x s'aproxima a 0 per la dreta, la funció $f(x) = \ln x$ disminueix indefinidament i tendeix a $-\infty$.
$\lim_{x\to 0^+} \ln x = -\infty$.

c) $\lim_{x\to 1} \frac{-2}{x-1}$

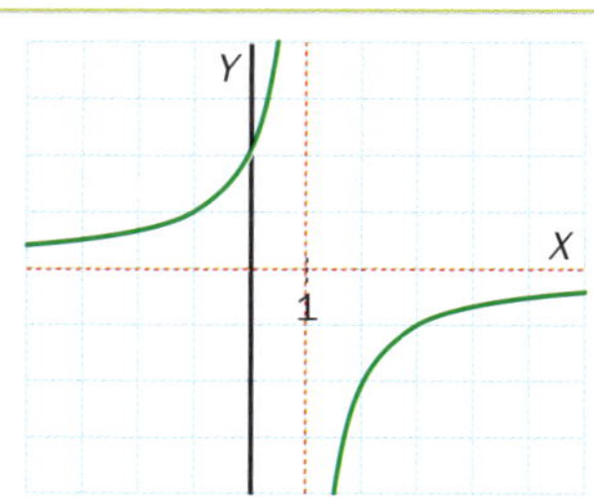

4 Càlcul de límits en un punt

Fins ara hem deduït els límits de funcions en un punt de forma aproximada mitjançant taules o gràfiques. Tanmateix, cal conèixer propietats i tècniques que permetin calcular-los d'una manera més precisa.

Propietats dels límits

Les propietats següents permeten calcular amb més facilitat els límits d'una varietat àmplia de funcions algebraiques.

Si $f(x)$ i $g(x)$ són dues funcions tals que $\lim\limits_{x\to a} f(x) = L$ i $\lim\limits_{x\to a} g(x) = M$, sent L i M finits, aleshores:

1. El límit de la suma de límits és la suma dels límits.
$$\lim_{x\to a}\left[f(x)+g(x)\right]=L+M$$
2. El límit de la diferència és la diferència dels límits.
$$\lim_{x\to a}\left[f(x)-g(x)\right]=L-M$$
3. El límit d'una constant per una funció és la constant pel límit de la funció.
$$\lim_{x\to a} kf(x)=k\cdot\lim_{x\to a} f(x)=kL,\ \forall k\in\mathbb{R}$$
4. El límit del producte és el producte dels límits.
$$\lim_{x\to a}\left[f(x)\cdot g(x)\right]=L\cdot M$$
5. El límit del quocient és el quocient dels límits, sempre que el límit del denominador no sigui nul.
$$\lim_{x\to a}\frac{f(x)}{g(x)}=\frac{L}{M},\ \text{si } M\neq 0$$
6. El límit d'una potència és la potència del límit.
$$\lim_{x\to a} f(x)^n = L^n,\ \text{on } n \text{ és un enter positiu}$$
7. El límit d'una arrel és l'arrel del límit.
$$\lim_{x\to a}\sqrt[n]{f(x)}=\sqrt[n]{L},\ \text{on } n \text{ és un enter positiu, i si és parell, llavors } L>0$$
8. El límit d'un logaritme és el logaritme del límit.
$$\lim_{x\to a}\left(\log_b f(x)\right)=\log_b\left(\lim_{x\to a} f(x)\right)=\log_b L,\ \text{si } L>0$$
9. El límit d'una exponencial és igual a la base elevada al límit de l'exponent.
$$\lim_{x\to a} b^{f(x)}=b^{\lim\limits_{x\to a} f(x)}=b^L,\ \text{si } b>0$$
10. El límit d'una funció elevada a una altra funció és igual al límit de la base elevat al límit de l'exponent.
$$\lim_{x\to a}\left[f(x)\right]^{g(x)}=\left(\lim_{x\to a} f(x)\right)^{\lim\limits_{x\to a} g(x)}=L^M$$

Exemple 13. **Utilitza les propietats anteriors per calcular aquests límits:**

a) $\lim\limits_{x\to 2}\left(3x^2+5x-2\right)$ ***b)*** $\lim\limits_{x\to 3}\dfrac{x^2+3x}{x-2}$ ***c)*** $\lim\limits_{x\to 1}\left(x^2+3\right)^5$ ***d)*** $\lim\limits_{x\to -1}\sqrt{5x+5}$

a) $\lim\limits_{x\to 2}\left(3x^2+5x-2\right)=\lim\limits_{x\to 2}3x^2+\lim\limits_{x\to 2}5x-\lim\limits_{x\to 2}2=3\lim\limits_{x\to 2}x^2+5\lim\limits_{x\to 2}x-\lim\limits_{x\to 2}2=3\cdot 2^2+5\cdot 2-2=20$

b) $\lim\limits_{x\to 3}\dfrac{x^2+3x}{x-2}=\dfrac{\lim\limits_{x\to 3}\left(x^2+3x\right)}{\lim\limits_{x\to 3}(x-2)}=\dfrac{\lim\limits_{x\to 3}x^2+\lim\limits_{x\to 3}3x}{\lim\limits_{x\to 3}x-\lim 2}=\dfrac{\lim\limits_{x\to 3}x^2+3\lim\limits_{x\to 3}x}{\lim\limits_{x\to 3}x-\lim\limits_{x\to 3}2}=\dfrac{3^2+3\cdot 3}{3-2}=\dfrac{18}{1}=18$

c) $\lim\limits_{x\to 1}\left(x^2+3\right)^5=\left[\lim\limits_{x\to 1}\left(x^2+3\right)\right]^5=\left[\lim\limits_{x\to 1}x^2+\lim\limits_{x\to 1}3\right]^5=(1+3)^5=1024$

d) $\lim\limits_{x\to -1}\sqrt{5x+5}=\sqrt{\lim\limits_{x\to -1}(5x+5)}=\sqrt{\lim\limits_{x\to -1}5x+\lim\limits_{x\to -1}5}=\sqrt{5\lim\limits_{x\to -1}x+\lim\limits_{x\to -1}5}=\sqrt{-5+5}=0$

Exemple 14. **Utilitza les propietats dels límits i calcula:**

a) $\lim\limits_{x\to 2}e^x$ ***b)*** $\lim\limits_{x\to 2}\left(\ln(3-x)\right)$ ***c)*** $\lim\limits_{x\to 0}\left(5x^2+3\right)^{2x}$

a) $\lim\limits_{x\to 2}e^x=e^{\lim\limits_{x\to 2}x}=e^2$

b) $\lim\limits_{x\to 2}\left(\ln(3-x)\right)=\ln\left(\lim\limits_{x\to 2}(3-x)\right)=\ln\left(\lim\limits_{x\to 2}3-\lim\limits_{x\to 2}x\right)=\ln(3-2)=\ln 1=0$

c) $\lim\limits_{x\to 0}\left(5x^2+3\right)^{2x}=\left[\lim\limits_{x\to 0}\left(5x^2+3\right)\right]^{\lim\limits_{x\to 0}(2x)}=\left[5\lim\limits_{x\to 0}x^2+\lim\limits_{x\to 0}3\right]^{2\lim\limits_{x\to 0}x}=3^0=1$

Funcions polinòmiques i racionals

Quan es treballa amb funcions polinòmiques o racionals és possible utilitzar les propietats dels límits que permeten la substitució directa. Així, si $P(x)$ y $Q(x)$ són dos polinomis:

$$\lim_{x\to a} P(x) = P(a) \qquad \lim_{x\to a} \frac{P(x)}{Q(x)} = \frac{P(a)}{Q(a)}, \text{ si } Q(a) \neq 0$$

Exemple 15. Calcula: ***a)*** $\lim_{x\to 1}(5x^2 - 7x + 2)$ ***b)*** $\lim_{x\to 5} \frac{x+5}{x-3}$

a) $\lim_{x\to 1}(5x^2 - 7x + 2) = 5\cdot 1^2 - 7\cdot 1 + 2 = 0$ *b)* $\lim_{x\to 5} \frac{x+5}{x-3} = \frac{5+5}{5-3} = \frac{10}{2} = 5$

En intentar calcular el límit d'algunes funcions racionals, pot passar que la substitució directa no sigui possible, com ha passat per exemple en els exemples 11 i 12, que s'han resolt gràcies a una taula de valors i una gràfica.

En altres casos no es pot assegurar quin és el valor del límit, ni tan sols la seva existència, donant lloc al que s'anomena una **indeterminació.** En tal cas, identificar la indeterminació és el pas inicial per seguir el procediment adequat per resoldre el límit i, posteriorment, concloure si aquest existeix o no.

Tot seguit s'analitzen tres casos que poden tenir lloc en calcular els límits de funcions racionals quan no és vàlid el mètode de substitució directa. Aquests casos s'acompanyen d'exemples, il·lustrats alhora per ambdues gràfiques al marge, de manera que puguin observar-se els resultats algebraics obtinguts.

Cas 1: Si $P(a) = k \neq 0$ y $Q(a) = 0$, s'arriba a un **límit de la forma $\frac{k}{0}$,** el valor de la qual s'ha obtingut, fins ara, a partir d'una taula o mitjançant la gràfica de la funció. En ambdues situacions s'ha recorregut als límits laterals per determinar el seu valor, que és $-\infty$ o $+\infty$.

Exemple 16. Calcula aquests límits: ***a)*** $\lim_{x\to 2} \frac{x+1}{x-2}$ ***b)*** $\lim_{x\to 1} \frac{2}{(x-1)^2}$

a) Si substituïm $x = 2$, la funció no està definida, ja que resulta $\frac{3}{0}$.

Quan x tendeix a 2 per l'esquerra, el numerador tendeix a 3 i el denominador a 0 (amb valors negatius). Per tant, el quocient es fa cada cop més gran en negatiu, és a dir, tendeix a $-\infty$.

$$\lim_{x\to 2^-} \frac{x+1}{x-2} = -\infty$$

Si x tendeix a 2 per l'esquerra, el numerador tendeix a 3 i el denominador a 0 (amb valors negatius). Per tant, el quocient es fa cada cop més gran i tendeix a $+\infty$.

$\lim_{x\to 2^+} \frac{x+1}{x-2} = +\infty$. En conseqüència, diem que $\lim_{x\to 2} \frac{x+1}{x-2}$ no existeix (observa la gràfica).

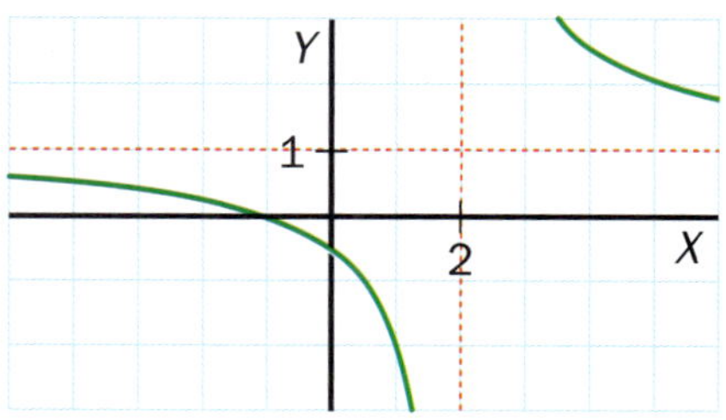

b) Si substituïm $x = 1$, resulta $\frac{2}{0}$ i per tant la funció no està definida. Recorrem aleshores a calcular els límits laterals. Tant si ens apropem a 1 per l'esquerra com si ho fem per la dreta, el numerador tendeix a 2 i el denominador a 0 (amb valors positius, perquè està elevat al quadrat). Per tant, el quocient cada cop és més gran i tendeix a $+\infty$. Així:

$$\left\{\begin{array}{l} \lim_{x\to 1^-} \frac{2}{(x-1)^2} = +\infty \\ \lim_{x\to 1^+} \frac{2}{(x-1)^2} = +\infty \end{array}\right. \Rightarrow \lim_{x\to 1} \frac{2}{(x-1)^2} = +\infty.$$ Pots consultar la gràfica en el marge.

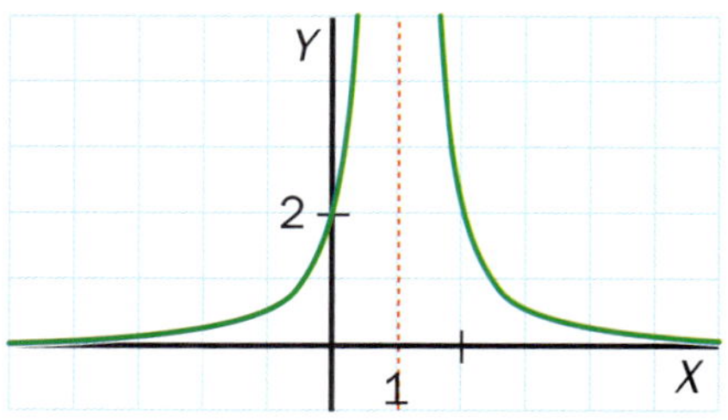

Indeterminació $«\frac{0}{0}»$

Cas 2: Si $P(a)=0$ y $Q(a)=0$, dona lloc a la **indeterminació del tipus** $«\frac{0}{0}»$. Per resoldre aquesta indeterminació, es descomponen en factors tant el numerador com el denominador, de manera que en calcular de nou el límit resulti una substitució directa o s'obtingui el cas 1.

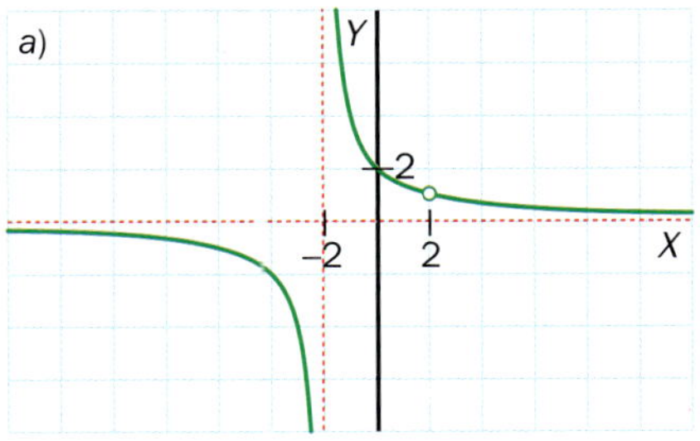

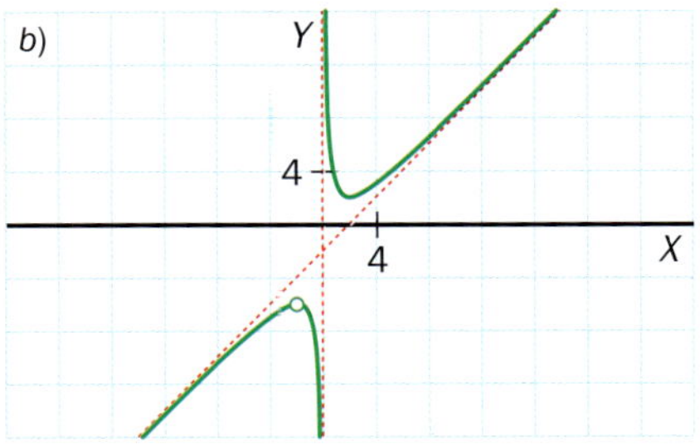

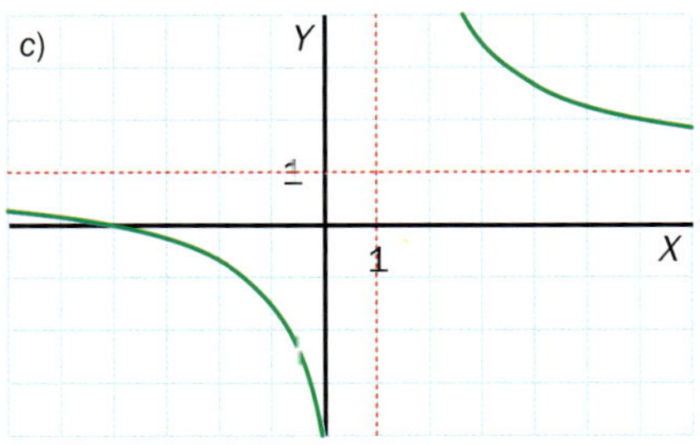

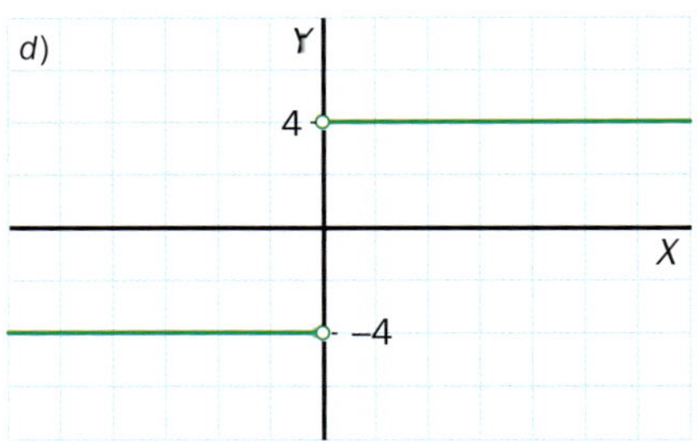

Exemple 17. Calcula els següents límits:

a) $\lim\limits_{x\to 2}\frac{x-2}{x^2-4}$ *b)* $\lim\limits_{x\to -2}\frac{x^3+8}{x^2+2x}$ *c)* $\lim\limits_{x\to 1}\frac{x^2+3x-4}{x^2-2x+1}$ *d)* $\lim\limits_{x\to 0}\frac{|4x|}{x}$

a) En substituir $x=2$, la funció no està definida, donant lloc a la indeterminació $«\frac{0}{0}»$.

Aleshores, descomponent en factors el numerador i el denominador, i simplificant, calculem el límit per substitució directa. Així:

$$\lim_{x\to 2}\frac{x-2}{x^2-4}=\lim_{x\to 2}\frac{x-2}{(x-2)(x+2)}=\lim_{x\to 2}\frac{1}{x+2}=\frac{1}{4}$$

b) En substituir $x=2$, resulta la indeterminació $«\frac{0}{0}»$. Procedim de manera anàloga:

$$\lim_{x\to -2}\frac{x^3+8}{x^2+2x}=\lim_{x\to -2}\frac{(x+2)(x^2-2x+4)}{x(x+2)}=\lim_{x\to -2}\frac{x^2-2x+4}{x}=\frac{12}{-2}=-6$$

c) En substituir $x=1$, s'obté la indeterminació $«\frac{0}{0}»$. Aleshores:

$$\lim_{x\to 1}\frac{x^2+3x-4}{x^2-2x+1}=\lim_{x\to 1}\frac{(x-1)(x+4)}{(x-1)^2}=\lim_{x\to 1}\frac{x+4}{x-1}$$

Ara, substituïm de nou $x=1$ i obtenim $\frac{5}{0}$. Per tant, calculem els límits laterals:

$$\left\{\begin{array}{l}\lim\limits_{x\to 1^-}\frac{x+4}{x-1}=-\infty\\ \lim\limits_{x\to 1^+}\frac{x+4}{x-1}=+\infty\end{array}\right. \Rightarrow \nexists\lim_{x\to 1}\frac{x+4}{x-1};\text{ és a dir, }\lim_{x\to 1}\frac{x^2+3x-4}{x^2-2x+1}\text{ no existeix.}$$

d) Malgrat que es tracta d'una indeterminació del tipus $«\frac{0}{0}»$. com que és una funció amb valor absolut, procedim a descompondre-la en una funció a trossos de la següent manera:

$$f(x)=\frac{|4x|}{x}=\left\{\begin{array}{l}\frac{-4x}{x}=-4,\text{ si } x<0\\ \frac{4x}{x}=4,\text{ si } x>0\end{array}\right.$$

$$\lim_{x\to 0^-}\frac{|4x|}{x}=\lim_{x\to 0^-}(-4)=-4 \text{ i } \lim_{x\to 0^+}\frac{|4x|}{x}=\lim_{x\to 0^+}4=4;\text{ per tant, }\nexists\lim_{x\to 0}\frac{|4x|}{x}.$$

Indeterminació $«\infty-\infty»$

Cas 3: La diferència de dues funcions racionals pot donar lloc a una **indeterminació del tipus** $«\infty-\infty»$**.** Per resoldre-la, només cal fer operacions fins que en resulti una única funció racional.

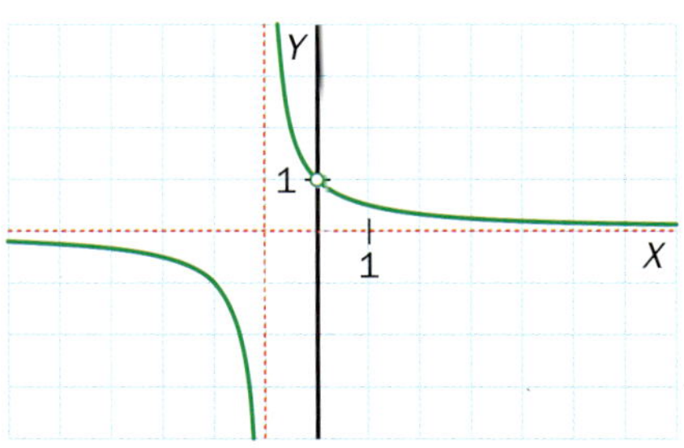

Exemple 18. Calcula: $\lim\limits_{x\to 0}\left(\frac{1}{x}-\frac{1}{x^2+x}\right)$

En substituir $x=0$, resulta la indeterminació $«\infty-\infty»$. Fem aleshores les operacions:

$$\lim_{x\to 0}\left(\frac{1}{x}-\frac{1}{x^2+x}\right)=\lim_{x\to 0}\left(\frac{x+1-1}{x^2+x}\right)=\lim_{x\to 0}\frac{x}{x^2+x}\ \left(\text{indeterminació } «\frac{0}{0}»\right)$$

$$\lim_{x\to 0}\frac{x}{x^2+x}=\lim_{x\to 0}\frac{x}{x(x+1)}=\lim_{x\to 0}\frac{1}{x+1}=1$$

Funcions amb radicals

En resoldre límits de funcions amb radicals es poden presentar les mateixes situacions que en l'apartat anterior. Tanmateix, en aquest cas, per resoldre la indeterminació del tipus «$\frac{0}{0}$», la tècnica consisteix a multiplicar numerador i denominador per l'expressió conjugada que contingui radicals. Posteriorment, se simplifiquen els factors comuns i se substitueix directament.

Indeterminacions amb suma, producte i quocient.

«$\infty - \infty$» «$0 \cdot \infty$»

«$\frac{0}{0}$» «$\frac{\infty}{\infty}$»

Exemple 19. Calcula els següents límits de funcions amb radicals:

a) $\lim\limits_{x \to -2} \sqrt{x^3 - 5x + 2}$ **b)** $\lim\limits_{x \to 2} \frac{x^2 - 3x}{\sqrt{2x} - 1}$ **c)** $\lim\limits_{x \to 1} \frac{x - 1}{\sqrt{x} - 1}$ **d)** $\lim\limits_{x \to 2} \frac{\sqrt{x+2} - 2}{x - 2}$

a) $\lim\limits_{x \to -2} \sqrt{x^3 - 5x + 2} = \sqrt{-8 + 10 + 2} = \sqrt{4} = 2$ *b)* $\lim\limits_{x \to 2} \frac{x^2 - 3x}{\sqrt{2x} - 1} = \frac{4 - 6}{\sqrt{4} - 1} = -2$

c) Tant el numerador com el denominador tendeixen a 0 quan x tendeix a 1. Es tracta d'una indeterminació del tipus «$\frac{0}{0}$». Una tècnica per resoldre-ho consisteix a multiplicar i dividir pel conjugat de la part que contingui alguna arrel. Recorda que l'expressió conjugada de $\sqrt{x} - 1$ és $\sqrt{x} + 1$. Per tant:

$$\lim_{x \to 1} \frac{x - 1}{\sqrt{x} - 1} = \lim_{x \to 1} \frac{(x-1) \cdot (\sqrt{x} + 1)}{(\sqrt{x} - 1) \cdot (\sqrt{x} + 1)} = \lim_{x \to 1} \frac{(x-1) \cdot (\sqrt{x} + 1)}{x - 1} = \lim_{x \to 1} (\sqrt{x} + 1) = 2$$

d) També és una indeterminació del tipus «$\frac{0}{0}$». Així doncs:

$$\lim_{x \to 2} \frac{\sqrt{x+2} - 2}{x - 2} = \lim_{x \to 2} \frac{(\sqrt{x+2} - 2) \cdot (\sqrt{x+2} + 2)}{(x-2) \cdot (\sqrt{x+2} + 2)} = \lim_{x \to 2} \frac{(x-2)}{(x-2) \cdot (\sqrt{x+2} + 2)} = \lim_{x \to 2} \frac{1}{\sqrt{x+2} + 2} = \frac{1}{4}$$

Punt d'interès

Expressions determinades amb suma, producte i quocient:

$a \pm \infty = \infty$ $a \cdot \infty = \infty$ $\infty \cdot \infty = \infty$

$\frac{a}{\infty} = 0$ $\frac{\infty}{a} = \infty$ $\frac{\infty}{0} = \infty$

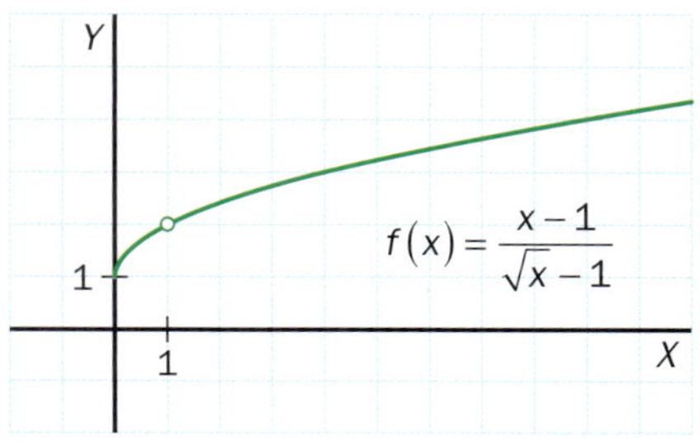

Activitat resolta 3

El cost estimat, en milions d'euros, d'eliminar el percentatge *p* de residus contaminants en una zona del litoral mediterrani ve donat per:

$$C(p) = \frac{20p}{100 - p}, \quad 0 \le 0 < 100$$

a) Quin és el cost d'eliminar el 60 % dels residus? I el 80 %?

b) Calcula $\lim\limits_{p \to 100^-} C(p)$ i analitza el resultat.

a) $C(60) = 30$. El cost d'eliminar el 60 % dels residus és de 30 milions d'euros.

$C(80) = 80$. El cost d'eliminar el 80 % dels residus és de 80 milions d'euros.

b) $\lim\limits_{p \to 100^-} \frac{20p}{100 - p}$ és de la forma $\frac{2\,000}{0}$. Però quan p s'acosta a 100 per l'esquerra $(x < 100)$, el denominador és positiu, i per tant el quocient tendeix $+\infty$. És a dir:

$$\lim_{p \to 100^-} \frac{20p}{100 - p} = +\infty$$

A mesura que ens apropem a l'eliminació del 100 % dels residus contaminants, els costos estimats creixen de forma il·limitada.

Activitats

6. Utilitza una taula de valors per estimar:

a) $\lim\limits_{x \to 2} \frac{x}{x - 2}$ *b)* $\lim\limits_{x \to -1} \frac{x}{x + 1}$ *c)* $\lim\limits_{x \to 2^+} \ln(x - 2)$

7. Troba el valor del límit de les següents funcions:

a) $\lim\limits_{x \to -1} \frac{x^3 - x - 2}{x^3 - x}$ *b)* $\lim\limits_{x \to 0} \frac{(x+2)^3 - 8}{x}$ *c)* $\lim\limits_{x \to -2} \frac{4 - x^2}{x + 2}$

8. Calcula aquests límits, indicant en cada cas si es tracta d'una indeterminació i el procediment per resoldre-la.

a) $\lim\limits_{x \to -4} \frac{x + 4}{x^2 - 16}$ *b)* $\lim\limits_{x \to 3^+} \frac{x - 3}{|x - 3|}$

c) $\lim\limits_{x \to -1} \frac{x^3 + 1}{x + 1}$ *d)* $\lim\limits_{x \to 0} \frac{\sqrt{x+2} - \sqrt{2}}{x}$

5 Límits de l'infinit

De vegades pot ser interessant descobrir com es comporta una determinada funció «a llarg termini». Això passa, per exemple, quan es vol saber com es veurà afectat el cost de fabricació d'un producte si el seu nivell de producció augmenta indefinidament, o el comportament de poblacions de persones, plantes o animals després d'un temps indefinit.

Quan es vol estudiar aquest tipus de funcions per indicar com es comporta una funció «a llarg termini», es pot dir que la variable x tendeix a $+\infty$ o, simplement, que tendeix a ∞.

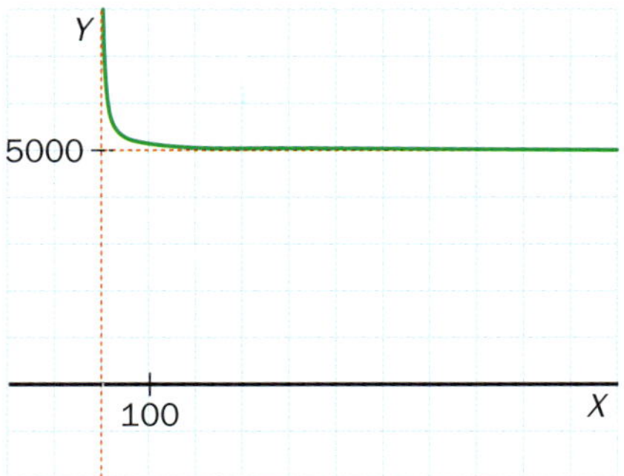

Exemple 20. El preu d'un cotxe disminueix amb el temps a causa de l'aparició de nous models amb millors prestacions. Coneixent aquesta dada, s'estima que, x mesos després de sortir al mercat, el preu en euros del vehicle ve donat per la funció:

$$p(x) = \frac{5\,000x + 40\,000}{x+2}, \qquad x \geq 0$$

a) Quin és el seu preu inicial? I al cap d'un any?

b) Quant haurà disminuït el seu preu al cap de cinc anys?

c) Suposant que es tracta del cotxe d'un col·leccionista, quin serà el seu preu a llarg termini? Quin nombre d'anys transcorreguts podria considerar-se prou gran?

a) El preu inicial de l'automòbil és $p(0) = 20\,000$ €, mentre que al cap d'un any serà aproximadament $p(12) = 7\,100$ €.

b) Al cap de cinc anys, el seu preu estimat serà, aproximadament, $p(60) = 5\,500$ €. Per tant, haurà disminuït 14 500 €.

c) Al cap de 10 anys, el seu valor estimat seria, aproximadament, de 5 200 €; al cap de 20 anys, de 5 100 €, i al cap de 50 anys, pràcticament de 5 000 €. Per tant, direm que a llarg termini el seu preu tendeix a 5 000 €.

$$\lim_{x \to +\infty} \frac{5\,000x + 40\,000}{x+2} = 5\,000$$

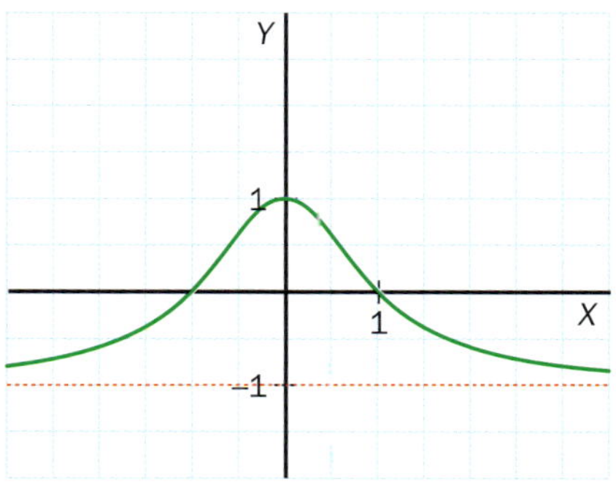

Exemple 21. Investiga el comportament de la funció $f(x) = \dfrac{1 - x^2}{1 + x^2}$ quan x tendeix a a $+\infty$ i a $-\infty$ mitjançant la construcció d'una taula de valors.

Triem quatre valors grans positius i uns altres quatre negatius per construir la taula de valors.

$-\infty \leftarrow x$	−1 000	−500	−100	−10	10	100	500	1 000	$x \to +\infty$
$-1 \leftarrow f(x)$	−0,99999	−0,9999	−0,9998	−0,9802	−0,9802	−0,9998	−0,9999	−0,999998	$f(x) \to -1$

Dels resultats de la taula intuïm que $f(x)$ tendeix a −1, tant per a valors grans positius com negatius, i escrivim:

$$\lim_{x \to +\infty} f(x) = -1 \quad \text{i} \quad \lim_{x \to -\infty} f(x) = -1$$

En el marge pots observar aquests resultats en la gràfica de $f(x)$.

Si, quan x pren valors positius molt grans ($x \to +\infty$), $f(x)$ tendeix a un nombre L, s'escriu: $\lim_{x \to +\infty} f(x) = L$.

I si, quan x pren valors negatius molt grans ($x \to -\infty$), $f(x)$ tendeix a un nombre M, s'escriu: $\lim_{x \to -\infty} f(x) = M$.

Aquests s'anomenen **límits infinits** i es llegeixen així: «el límit quan x tendeix a $+\infty$ o $-\infty$ és L o M».

6 Càlcul de límits en l'infinit

La majoria de les propietats estudiades per a límits finits són vàlides per a límits en l'infinit, excepte en aquelles situacions que donin lloc a indeterminacions.

Funcions polinòmiques

Sigui $P(x) = a_n x^n + a_{n-1}x^{n-1} + \ldots + a_1 x + a_0$. Aleshores, quan x creix indefinidament $(x \to +\infty)$ o decreix indefinidament $(x \to -\infty)$, el polinomi $P(x)$ també creix o decreix indefinidament, sent el terme de major grau $a_n x^n$, el que marca aquesta tendència, en créixer o decréixer molt més de pressa que la resta dels termes del polinomi.

Exemple 22. Calcula aquests límits infinits:

a) $\lim\limits_{x\to+\infty}\left(5x^2 - 7x + 2\right)$ ***b)*** $\lim\limits_{x\to+\infty}\left(-7x^3 + 3x + 1\right)$ ***c)*** $\lim\limits_{x\to-\infty}\left(6x^4 + 5x^3 - 6\right)$ ***d)*** $\lim\limits_{x\to-\infty}\left(5x^3 + 4x^2 - 8x - 1\right)$

a) $\lim\limits_{x\to+\infty}\left(5x^2 - 7x + 2\right) = \lim\limits_{x\to+\infty}\left(5x^2 + \ldots\right) = +\infty$ *b)* $\lim\limits_{x\to+\infty}\left(-7x^3 + 3x + 1\right) = \lim\limits_{x\to+\infty}\left(-7x^3 + \ldots\right) = -\infty$

c) $\lim\limits_{x\to-\infty}\left(6x^4 + 5x^3 - 6\right) = \lim\limits_{x\to-\infty}\left(6x^4 + \ldots\right) = +\infty$ *d)* $\lim\limits_{x\to-\infty}\left(5x^3 + 4x^2 - 8x - 1\right) = \lim\limits_{x\to-\infty}\left(5x^3 + \ldots\right) = -\infty$

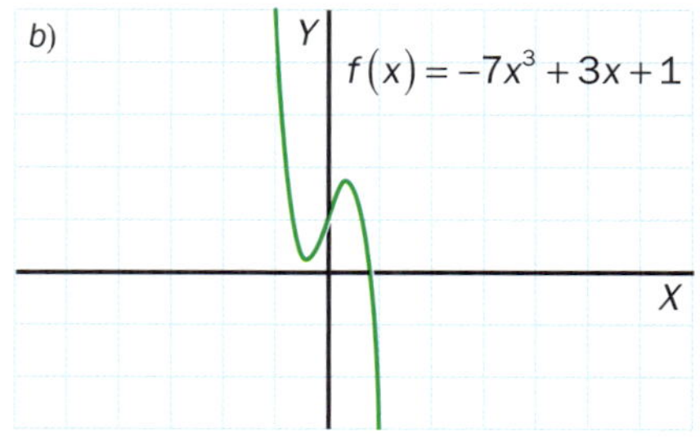

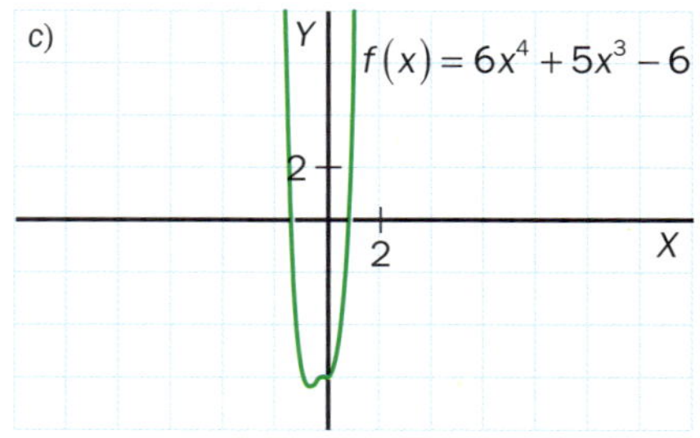

Funcions racionals

Quan es treballa amb funcions racionals, poden donar-se els següents **tres casos:**

Cas 1: Sigui la funció $f(x) = \dfrac{k}{x^n}$, on n és un nombre enter positiu. Aleshores, quan $x \to \infty$, s'obté un resultat del tipus «$\dfrac{k}{\infty}$», de tal manera que, en dividir una constant entre un nombre que cada cop es fa més gran, el resultat és cada cop més petit, i es pot afirmar que tendeix a 0.

$$\lim_{x\to\pm\infty} \frac{k}{x^n} = \pm\frac{k}{\infty} = 0$$

Punt d'interès

Expressió determinada

«$\dfrac{k}{\infty} = 0$»

Exemple 23. Comprova, amb l'ajut d'una taula de valors, que $\lim\limits_{x\to-\infty} \dfrac{2}{x^2} = 0$ y $\lim\limits_{x\to+\infty} \dfrac{2}{x^2} = 0$.

$-\infty \leftarrow x$	−10 000	−1 000	−100	100	1 000	10 000	$x \to +\infty$
$0 \leftarrow f(x)$	0,00000002	0,000002	0,0002	0,0002	0,000002	0,00000002	$f(x) \to 0$

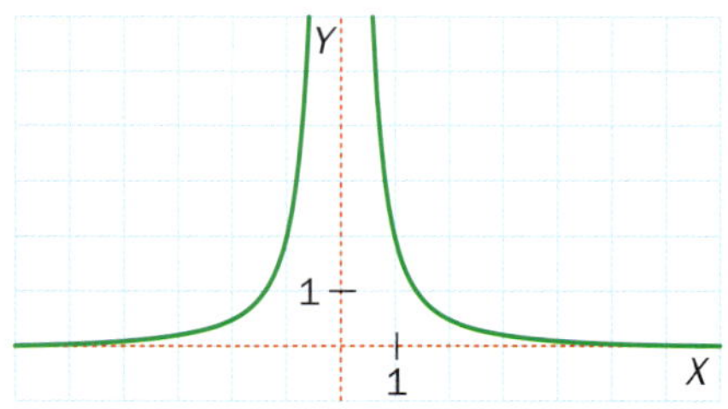

Cas 2: El límit d'una funció racional $f(x) = \dfrac{P(x)}{Q(x)}$ dona lloc a una **indeterminació del tipus «$\dfrac{\infty}{\infty}$».** Per resoldre-la, només cal dividir el numerador i el denominador per la potència del major grau del denominador. En el marge es mostra un quadre-resum.

Indeterminació «$\dfrac{\infty}{\infty}$»

Exemple 24. Calcula els següents límits de funcions racionals:

a) $\lim\limits_{x\to+\infty} \dfrac{x^2 - 7x + 5}{2x^2 - 3}$ ***b)*** $\lim\limits_{x\to+\infty} \dfrac{3x + 2}{x^2 - 5x + 1}$

a) $\lim\limits_{x\to+\infty} \dfrac{x^2 - 7x + 5}{2x^2 - 3} = \dfrac{\infty}{\infty}$ (indeterminació)

Aleshores, $\lim\limits_{x\to+\infty} \dfrac{x^2 - 7x + 5}{2x^2 - 3} = \lim\limits_{x\to+\infty} \dfrac{1 - \frac{7}{x} + \frac{5}{x^2}}{2 - \frac{3}{x^2}} = \dfrac{1 - 0 + 0}{2 - 0} = \dfrac{1}{2}$

b) $\lim\limits_{x\to+\infty} \dfrac{3x + 2}{x^2 - 5x + 1} = \dfrac{\infty}{\infty}$ (indeterminació)

Aleshores, $\lim\limits_{x\to+\infty} \dfrac{3x + 2}{x^2 - 5x + 1} = \lim\limits_{x\to+\infty} \dfrac{\frac{3}{x} + \frac{2}{x^2}}{1 - \frac{5}{x} + \frac{1}{x^2}} = \dfrac{0 + 0}{1 - 0 + 0} = 0$

Si $P(x) = a_n x^n + a_{n-1}x^{n-1} + \ldots + a_0$ i $Q(x) = b_m x^m + b_{m-1}x^{m-1} + b_0$, aleshores:

$$\lim_{x\to\pm\infty} \frac{P(x)}{Q(x)} = \begin{cases} +\infty \text{ o } -\infty, & \text{si } n > m \\ \dfrac{a_n}{b_m}, & \text{si } n = m \\ 0, & \text{si } n < m \end{cases}$$

Indeterminació «∞ − ∞»

Cas 3: El límit d'una diferència de funcions racionals, quan $x \to \infty$, pot donar lloc a una **indeterminació del tipus «∞ − ∞».** Per resoldre-la, només cal fer operacions fins a convertir-la en un dels dos tipus anteriors.

Exemple 25. **Calcula** $\lim_{x\to+\infty}\left(\frac{x^2+5x}{x-3}-\frac{2x^2-1}{x+2}\right)$.

$$\lim_{x\to+\infty}\left(\frac{x^2+5x}{x-3}-\frac{2x^2-1}{x+2}\right)=\infty-\infty \text{ (indeterminació)}$$

Fem operacions per escriure-la com una única facció algebraica:

$$\lim_{x\to+\infty}\left(\frac{x^2+5x}{x-3}-\frac{2x^2-1}{x+2}\right)=\lim_{x\to+\infty}\frac{-x^3+13x^2+11x-3}{x^2-x-6}=-\infty$$

El resultat és $-\infty$, perquè el numerador té major grau que el denominador i, a més, el quocient de signes dels coeficients de les dues potències de major grau del numerador $\left(-x^3\right)$ i del denominador $\left(x^2\right)$ és negatiu.

Funcions amb radicals

El límit en l'infinit de les funcions amb radicals es pot resoldre utilitzant les propietats dels límits o de les funcions polinòmiques i racionals, tret que doni lloc a una **indeterminació del tipus «∞ − ∞».**

Exemple 26. **Calcula els següents límits de funcions amb radicals:**

a) $\lim_{x\to+\infty}\sqrt{3x^3-5x^2+9}$ **b)** $\lim_{x\to+\infty}\frac{\sqrt{x^2-3}}{4x-1}$ **c)** $\lim_{x\to+\infty}\left(\sqrt{x^2+1}-\sqrt{x^2-x}\right)$

a) $\lim_{x\to+\infty}\sqrt{3x^3-5x^2+9}=\lim_{x\to+\infty}\sqrt{3x^3-\ldots}=+\infty$

b) $\lim_{x\to+\infty}\frac{\sqrt{x^2-3}}{4x-1}=\frac{\infty}{\infty}$ (indeterminació).

Per resoldre-la, dividim el denominador per x i el numerador per $\sqrt{x^2}$. Per tant:

$$\lim_{x\to+\infty}\frac{\sqrt{x^2-3}}{4x-1}=\lim_{x\to+\infty}\frac{\sqrt{1-\frac{3}{x^2}}}{4-\frac{1}{x}}=\frac{\sqrt{1-0}}{4-0}=\frac{1}{4}$$

També podríem adonar-nos que el numerador i el denominador tenen el mateix grau.

c) $\lim_{x\to+\infty}\left(\sqrt{x^2+1}-\sqrt{x^2-x}\right)=\infty-\infty$ (indeterminació). Per resoldre-la s'ha de multiplicar i dividir pel conjugat de l'expressió amb radicals i fer les operacions:

$$\lim_{x\to+\infty}\left(\sqrt{x^2+1}-\sqrt{x^2-x}\right)=\lim_{x\to+\infty}\frac{\left(\sqrt{x^2+1}-\sqrt{x^2-x}\right)\cdot\left(\sqrt{x^2+1}+\sqrt{x^2-x}\right)}{\left(\sqrt{x^2+1}+\sqrt{x^2-x}\right)}=$$

$$=\lim_{x\to+\infty}\frac{(x^2+1)-\left(x^2-x\right)}{\left(\sqrt{x^2+1}+\sqrt{x^2-x}\right)}=\lim_{x\to+\infty}\frac{1+x}{\left(\sqrt{x^2+1}+\sqrt{x^2-x}\right)}$$

Ara tenim una indeterminació del tipus «$\frac{\infty}{\infty}$», i per tant dividim per la major potència del denominador, que és $\sqrt{x^2}$. Així:

$$\lim_{x\to+\infty}\frac{x+1}{\left(\sqrt{x^2+1}+\sqrt{x^2-x}\right)}=\lim_{x\to+\infty}\frac{1+\frac{1}{x}}{\left(\sqrt{1+\frac{1}{x^2}}+\sqrt{1-\frac{1}{x}}\right)}=\frac{1+0}{\sqrt{1+0}+\sqrt{1+0}}=\frac{1}{2}$$

c)

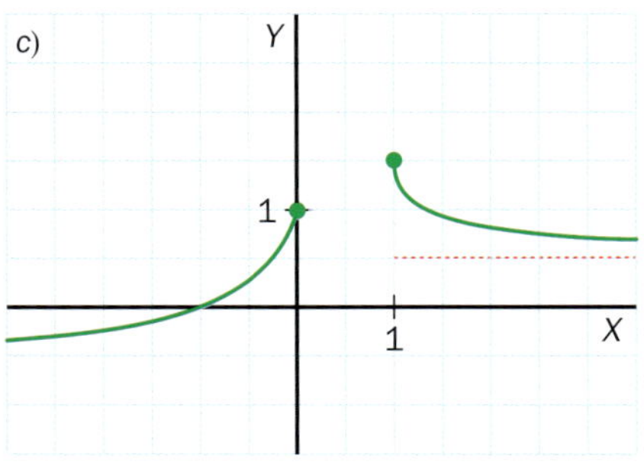

Funcions exponencials i logarítmiques

Per trobar el límit de les funcions exponencials i logarítmiques quan $x \to \infty$, convé, en alguns casos, recordar la seva gràfica corresponent, i en d'altres substituir directament. De tota manera, cal anar molt amb compte amb les possibles indeterminacions. En el marge figura una taula d'expressions determinades per a les potències, així com totes les indeterminacions possibles, si bé en aquest curs només se'n resoldrà una.

Exemple 27. Calcula aquests límits de funcions exponencials i logarítmiques:

a) $\lim\limits_{x\to+\infty} e^x$ ***b)*** $\lim\limits_{x\to-\infty} e^x$ ***c)*** $\lim\limits_{x\to+\infty} \left(\frac{1}{2}\right)^x$ ***d)*** $\lim\limits_{x\to-\infty} \left(\frac{1}{2}\right)^x$

e) $\lim\limits_{x\to+\infty} \left(\frac{x+1}{3x-1}\right)^x$ ***f)*** $\lim\limits_{x\to-\infty} \left(\frac{x+1}{3x-1}\right)^x$ ***g)*** $\lim\limits_{x\to+\infty} \ln x$

El resultat dels quatre primers apartats pots comprovar-lo en les gràfiques del marge i també realitzant càlculs amb potències elevades.

a) Com que $e > 1$, a mesura que es fa més gran l'exponent, e^x tendeix a $+\infty$. Així: $\lim\limits_{x\to+\infty} e^x = e^{+\infty} = +\infty$.

b) En aquest cas, l'exponent tendeix a $-\infty$, i per tant e^x cada cop es fa més petit i tendeix a 0.

$$\lim_{x\to-\infty} e^x = e^{-\infty} = \frac{1}{e^{+\infty}} = \frac{1}{+\infty} = 0$$

c) La base de la funció exponencial és $\frac{1}{2}$, que està comprès entre 0 i 1, de tal manera que, a mesura que l'exponent creix (tendeix a $+\infty$), $\left(\frac{1}{2}\right)$ es fa més petit i tendeix a 0. Així, doncs:

$$\lim_{x\to+\infty} \left(\frac{1}{2}\right)^x = \left(\frac{1}{2}\right)^{+\infty} = 0$$

De manera similar podem resoldre els tres pròxims apartats.

d) $\lim\limits_{x\to-\infty} \left(\frac{1}{2}\right)^x = \left(\frac{1}{2}\right)^{-\infty} = 2^{+\infty} = +\infty$ *e)* $\lim\limits_{x\to+\infty} \left(\frac{x+1}{3x-1}\right)^x = \left(\frac{1}{3}\right)^{+\infty} = 0$

f) $\lim\limits_{x\to-\infty} \left(\frac{x+1}{3x-1}\right)^x = \left(\frac{1}{3}\right)^{-\infty} = 3^{+\infty} = +\infty$

g) La funció logaritme neperià, quan x tendeix a $+\infty$, també creix i tendeix a $+\infty$. Per tant: $\lim\limits_{x\to+\infty} \ln x = \ln(+\infty) = +\infty$

Indeterminacions amb potències

«0^0» «∞^0» «1^∞»

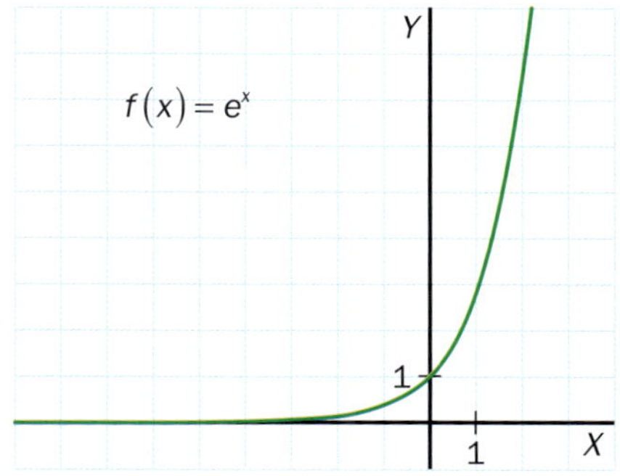

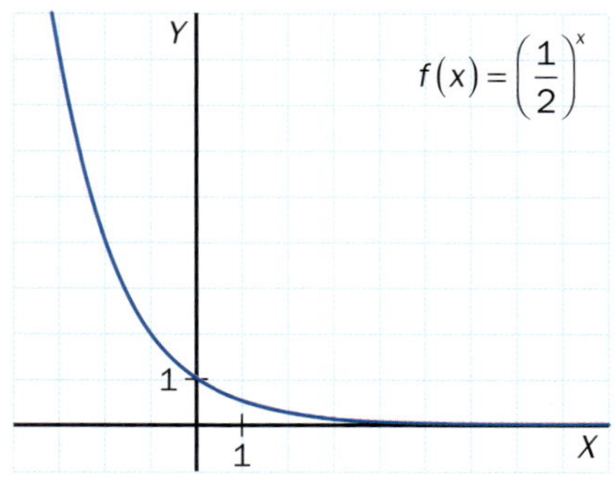

Punt d'interès

Expressions determinades amb potències:

$a^{+\infty} = +\infty$, si $a > 1$

$a^{-\infty} = 0$, si $a > 1$

$a^{+\infty} = 0$, si $0 < a < 1$

$a^{-\infty} = +\infty$, si $0 < a < 1$

$(+\infty)^{+\infty} = +\infty$ $(0)^{+\infty} = 0$

Activitats

9. Calcula aquests límits, indicant en cada cas si es tracta d'una indeterminació i el procediment per resoldre-la:

a) $\lim\limits_{x\to+\infty} \frac{x^3+5x}{2x^3-x^2-1}$ *b)* $\lim\limits_{x\to+\infty} \frac{x^4+3x}{x^3-5x+2}$ *c)* $\lim\limits_{x\to+\infty} \left(x-\sqrt{x}\right)$

d) $\lim\limits_{x\to+\infty} \frac{\sqrt{2x^2+1}}{5x-2}$ *e)* $\lim\limits_{x\to+\infty} \frac{\sqrt[3]{x^2+x}}{x+1}$ *f)* $\lim\limits_{x\to+\infty} \left(\frac{x^3}{4x^2-1} - \frac{x^2}{2x+1}\right)$

10. Un comerciant determina que els ingressos (en euros) obtinguts per la venda d'un producte de moda depenen del seu preu i venen donats per la funció: $I(p) = 4\,000pe^{-0{,}05p}$.

a) Quins ingressos obté quan el preu del producte és de 50 €? I quan és de 100 €? Què hi observes?

b) Li resulta beneficiós incrementar el preu gaire més? Per què?

11. Observa la gràfica de la funció $f(x)$ que apareix dibuixada i calcula:

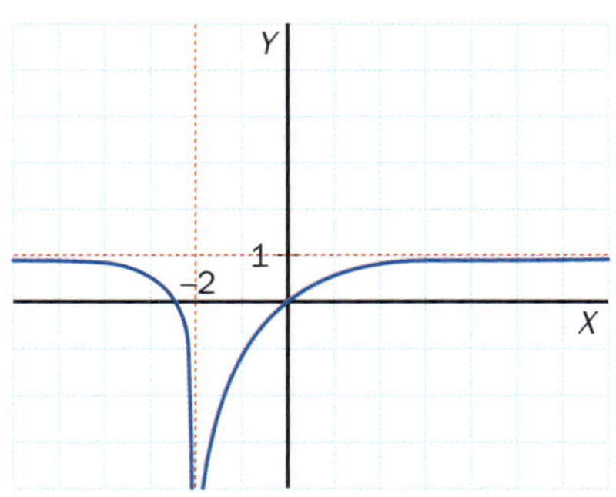

$\lim\limits_{x\to-2^-} f(x)$

$\lim\limits_{x\to-2^+} f(x)$

$\lim\limits_{x\to-\infty} f(x)$

$\lim\limits_{x\to+\infty} f(x)$

12. Calcula els límits laterals en $x = 2$ de la funció $f(x) = \frac{|x-2|}{x-2}$.

7 Asímptotes

Donada una corba, les asímptotes són rectes a les quals s'aproxima la curva tant com es vulgui en l'infinit. Permeten, d'altra banda, donar una interpretació geomètrica d'alguns límits en dibuixar la gràfica certes funcions. A continuació s'estudien tres tipus d'asímptotes: verticals, horitzontals i obliqües.

Asímptotes verticals

Una interpretació geomètrica dels límits infinits son les asímptotes verticals.

@ www Actua

Observa com canvien les asímptotes vertical, horitzontal i oblíqua d'una funció.

Una recta $x = a$ és una **asímptota vertical** de la corba $y = f(x)$ si es verifica que almenys un dels límits laterals de $f(x)$ quan x tendeix a a és $-\infty$ o $+\infty$. És a dir:

$$\lim_{x\to a^-} f(x) = -\infty(o+\infty) \quad \text{o} \quad \lim_{x\to a^+} f(x) = -\infty(o+\infty)$$

Les asímptotes verticals són de gran utilitat per representar gràficament una funció. Habitualment el seu traçat és discontinu.

Convé tenir en compte que la gràfica d'una funció mai pot tallar una asímptota vertical ja que no està definida en aquest punt.

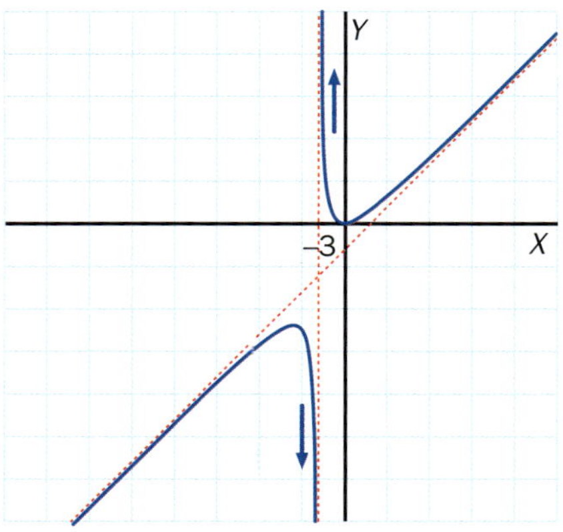

Exemple 28. Troba les asímptotes verticals de la corba $f(x) = \dfrac{x^2}{x+3}$ i esbossa la seva gràfica.

El denominador de la funció s'anul·la en $x = -3$, i no ho fa el numerador. Així que $x = -3$ és una asímptota vertical de la corba. En efecte, quan ens apropem a -3 per l'esquerra, el denominador és infinitament petit i negatiu.

Així, $f(x)$ disminueix indefinidament i tendeix a $-\infty$.

$$\lim_{x\to -3^-} \frac{x^2}{x+3} = -\infty$$

Però quan ens apropem a -3 per la dreta, el denominador és infinitament petit i positiu. Per tant, $f(x)$ augmenta indefinidament i tendeix a $+\infty$.

$$\lim_{x\to -3^+} \frac{x^2}{x+3} = +\infty$$

En el marge està representada la corba, en què l'asímptota $x = -3$ figura en traç discontinu i, a més, s'«enganxa» a la corba cap a $-\infty$ a l'esquerra de $x = -3$, que també s'«enganxa» cap a $+\infty$ a la dreta.

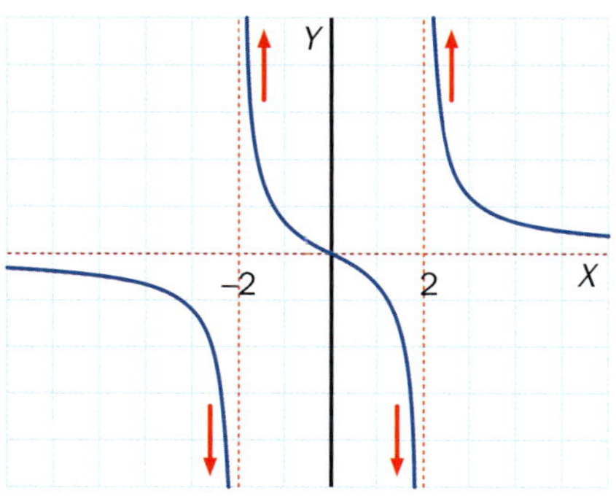

Exemple 29. Troba les asímptotes verticals de la corba $f(x) = \dfrac{2x}{x^2-4}$ i esbossa la seva gràfica.

Les rectes $x = -2$ i $x = 2$ són asímptotes verticals de la corba, ja que per a aquests valors s'anul·la el denominador i no s'anul·la el numerador. Vegem com es comporten els límits laterals en aquests punts. Si ens apropem per l'esquerra a $x = -2$, el numerador és negatiu i el denominador és petit i positiu. Per tant, el quocient tendeix a $-\infty$. Per la seva banda, si ens apropem per la dreta a $x = -2$, el numerador continua sent negatiu, però el denominador és petit i negatiu i, en conseqüència, el quocient tendeix a $+\infty$. Això és:

$$\lim_{x\to -2^-} \frac{2x}{x^2-4} = -\infty \text{ i } \lim_{x\to -2^+} \frac{2x}{x^2-4} = +\infty$$

De manera anàloga, s'arriba a que $\lim_{x\to 2^-} \dfrac{2x}{x^2-4} = -\infty$ i $\lim_{x\to 2^+} \dfrac{2x}{x^2-4} = +\infty$.

Les asímptotes, dibuixades en traç discontinu, i la informació dels límits laterals figuren en la gràfica del marge.

Asímptotes horitzontals

En realitat, $\lim_{x\to+\infty} f(x)=b$ significa que, quan x pren valors positius molt grans, la funció $f(x)$ s'aproxima a la recta $y=b$. De manera anàloga, $\lim_{x\to-\infty} f(x)=b$ significa que, quan x pren valors negatius molt grans, la funció $f(x)$ s'aproxima a la recta $y=b$.

La recta $y=b$ és una **asímptota horitzontal** de la corba $f(x)$ si $f(x)$ si $\lim_{x\to-\infty} f(x)=b$.

La recta $y=b$ és una **asímptota horitzontal** per la dreta de la corba $f(x)$ si $\lim_{x\to+\infty} f(x)=b$.

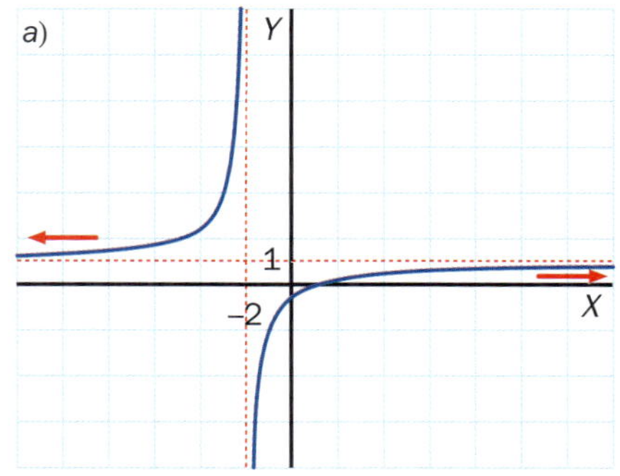

Exemple 30. **Troba les asímptotes horitzontals d'aquestes funcions:**

$$a)\ f(x)=\frac{x-1}{x+2} \qquad b)\ f(x)=\frac{2x^2+1}{x^2+x}$$

a) Calculem els límits en l'infinit: $\lim_{x\to+\infty}\frac{x-1}{x+2}=1$ i $\lim_{x\to-\infty}\frac{x-1}{x+2}=1$. Com que ambdós valors coincideixen, tenim en $y=1$ una asímptota horitzontal.

b) $\lim_{x\to+\infty}\frac{2x^2+1}{x^2+x}=2$ i $\lim_{x\to-\infty}\frac{2x^2+1}{x^2+x}=2$, per tant $y=2$ és una asímptota horitzontal.

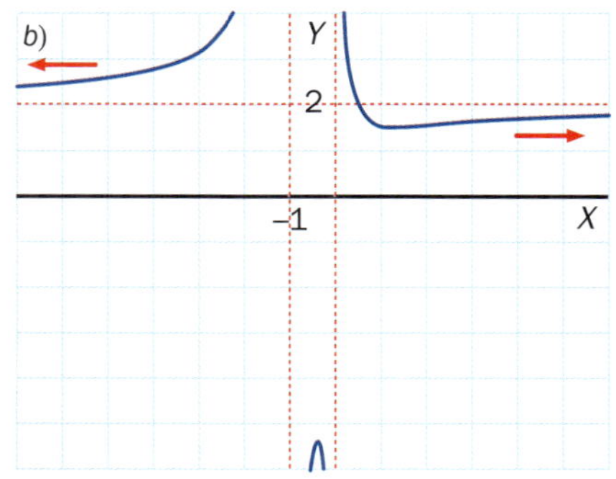

Asímptotes obliqües

L'**asímptota obliqua** d'una funció $f(x)$ és una recta d'equació $y=mx+n$, amb pendent $m\neq 0$ a la qual la gràfica de la funció s'aproxima tant com es vulgui quan x tendeix a $-\infty$ o $+\infty$. Els valors de m i n s'obtenen mitjançant els següents límits, si existeixen i són finits:

$$m=\lim_{x\to\infty}\frac{f(x)}{x} \qquad n=\lim_{x\to\infty}\left[f(x)-mx\right]$$

Els límits anteriors proporcionen una asímptota obliqua a la dreta. De manera anàloga, els límits quan x tendeix a$-\infty$ ens permeten calcular l'asímptota obliqua per l'esquerra.

Exemple 31. **Troba totes les asímptotes de la funció $f(x)=\frac{x^2}{x+2}$.**

- **Asímptotes verticals:** el denominador s'anul·la en $x=-2$, i no ho fa el numerador. Per tant, la recta $x=-2$ és una asímptota vertical de la corba.

$$\lim_{x\to-2^-}\frac{x^2}{x+2}=-\infty \text{ i } \lim_{x\to-2^+}\frac{x^2}{x+2}=+\infty \text{ (observa la gràfica)}$$

- **Asímptotes horitzontals:** $\lim_{x\to-\infty}\frac{x^2}{x+2}=-\infty$ i $\lim_{x\to+\infty}\frac{x^2}{x+2}=+\infty$. La funció no té asímptotes horitzontals. Tanmateix, aquests límits faciliten informació sobre el comportament de la gràfica.

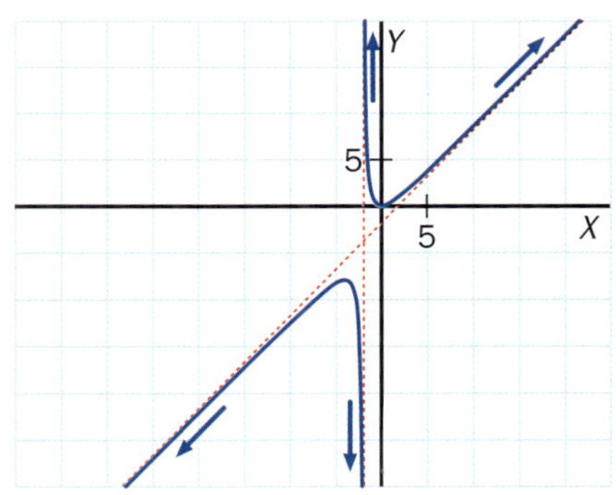

- **Asímptotes obliqües:** calculem $m=\lim_{x\to\infty}\frac{f(x)}{x}=\lim_{x\to\infty}\frac{\frac{x^2}{x+2}}{x}=\lim_{x\to\infty}\frac{x^2}{x^2+2x}=1$.

$$n=\lim_{x\to\infty}\left[f(x)-mx\right]=\lim_{x\to\infty}\left[\frac{x^2}{x+2}-x\right]=\infty-\infty;\quad \lim_{x\to\infty}\left(\frac{x^2-x^2-2x}{x+2}\right)=\lim_{x\to\infty}\frac{-2x}{x+2}=-2$$

Comprova que, quan $x\to-\infty$, els resultats són iguals, i per tant $y=x-2$ és una asímptota obliqua d'aquesta corba per ambdós costats.

Activitats

13. Calcula les asímptotes verticals i esbossa la gràfica d'aquestes funcions:

a) $f(x)=\frac{1}{x+4}$ *b)* $g(x)=\frac{x}{x^2-1}$ *c)* $h(x)=\frac{x^3-1}{1-x^2}$

14. Troba totes les asímptotes de les següents funcions:

a) $f(x)=\frac{x^2-2x+1}{2x+3}$ *b)* $f(x)=\frac{x^2+x-2}{x^2-1}$ *c)* $f(x)=\frac{x^3}{(x+2)^2}$

8 Continuïtat

S'acostuma a dir, de manera informal, que una funció $f(x)$ és contínua si es pot dibuixar la seva gràfica sense alçar el llapis del paper, és a dir, si no hi ha interrupcions en el seu traçat.

A la vida ordinària, nombrosos fenòmens es comporten de manera contínua, com el creixement d'un arbre o el moviment d'una pilota després de llançar-la. Tanmateix, també hi ha models discontinus, com el de gestió d'inventaris que apareix en aquest exemple.

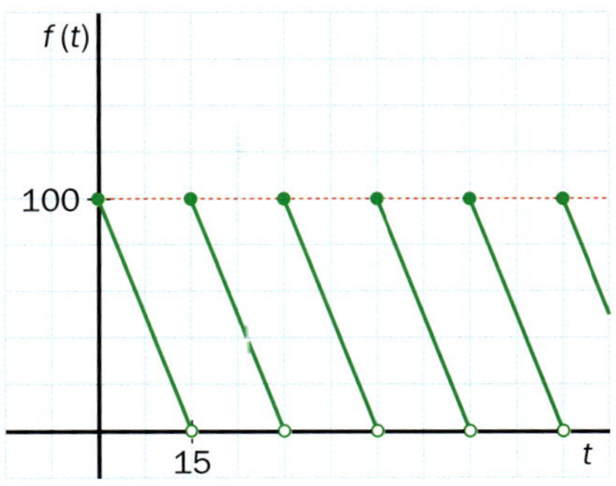

Exemple 32. La figura del marge representa un model de gestió d'inventari d'una empresa de patinets elèctrics en què la demanda es produeix de forma contínua i uniforme, de tal manera que, amb un estoc de 100 patinets, es pot satisfer la demanda durant períodes de 15 dies, fent cada cop una comanda, que el proveïdor li subministra immediatament. Analitza què passa amb els límits laterals en els temps $t = 15$ dies, $t = 30$ dies...

La funció $f(t)$ no es contínua en el temps, ja que per a $t = 15$ i $t = 30$ es produeix un salt de 100 patinets. Les existències van disminuint fins a esgotar-se cada 15 dies, i després es produeix l'arribada d'una nova comanda d'unes altres 100 unitats. Així, els límits laterals per a $t = 15$ són:

$$\lim_{t\to 15^-} f(t) = 0 \qquad \text{i} \qquad \lim_{t\to 15^+} f(t) = 100$$

Cada 15 dies es repeteix aquesta situació i, per tant, per a $n \in \mathbb{N}$, passa el mateix:

$$\lim_{t\to (15n)^-} f(t) = 0 \qquad \text{i} \qquad \lim_{t\to (15n)^+} f(t) = 100$$

En els exemples que apareixen tot seguit podem observar la continuïtat d'una funció:

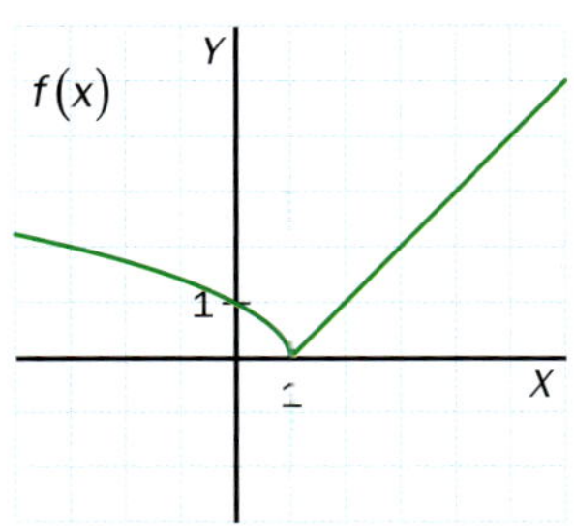

$f(x)$ és una funció contínua en tots els seus punts.

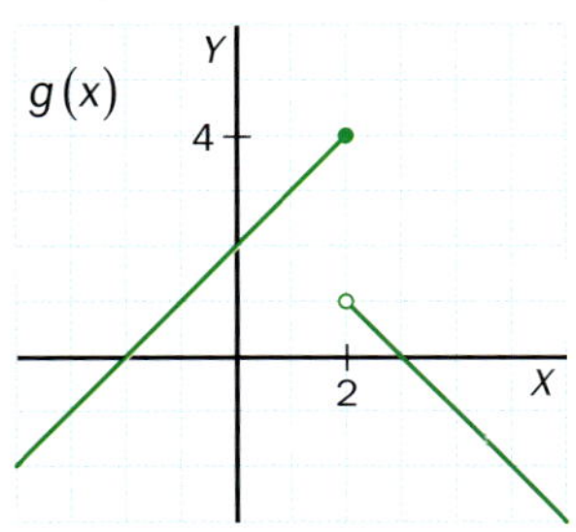

$g(x)$ no és contínua en $x = 2$, els límits laterals són diferents i es produeix un salt de valor 3.

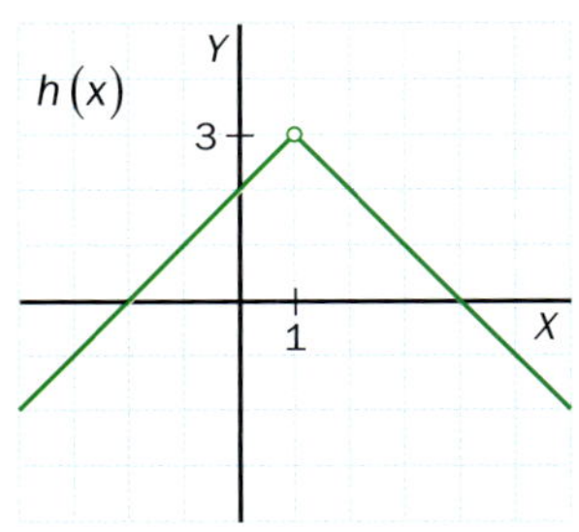

$h(x)$ no és contínua en $x = 1$ perquè no està definida (hi ha un forat), tot i que sí que té límit en aquest punt.

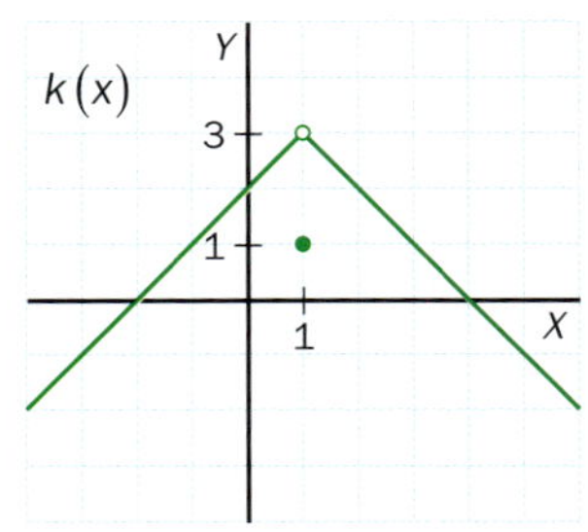

$k(x)$ no és contínua en $x = 1$ malgrat estar definida i tenir límit en aquest punt, ja que ambdós valors no coincideixen.

De manera intuïtiva, diem que una funció $f(x)$ és contínua en $x = a$ si no presenta un «forat» o un «salt» en tal punt.

Una funció és **contínua** en un punt $x = a$ si verifica que:

1. $f(a)$ està definida.
2. $\lim_{x\to a} f(x)$ existeix.
3. $\lim_{x\to a} f(x) = f(a)$.

Si una funció $f(x)$ no és contínua en un punt $x = a$, es diu que és **discontínua.**

Exemple 33. Estudia la continuïtat en $x = 2$ de les següents funcions:

a) $f(x) = \begin{cases} 2, \text{ si } x < 2 \\ x, \text{ si } x > 2 \end{cases}$ **b)** $f(x) = \begin{cases} 1, \text{ si } x < 2 \\ x, \text{ si } x \geq 2 \end{cases}$ **c)** $f(x) = \begin{cases} x, \text{ si } x \neq 2 \\ 1, \text{ si } x = 2 \end{cases}$

a) $f(2)$ no existeix, i per tant la funció no és contínua en $x = 2$. Tanmateix, si que té límit en $x = 2$, doncs:

$$\lim_{x \to 2^-} f(x) = \lim_{x \to 2^-} 2 = 2 \text{ i } \lim_{x \to 2^+} f(x) = \lim_{x \to 2^+} x = 2$$

b) Comprovem si verifica les següents condicions:

$$1.\ f(2) = 2 \quad 2.\ \lim_{x \to 2^-} f(x) = \lim_{x \to 2^-} 1 = 1 \text{ i } \lim_{x \to 2^+} f(x) = \lim_{x \to 2^+} x = 2$$

Per tant, no existeix $\lim_{x \to 2} f(x)$ i, en conseqüència, $f(x)$ no és contínua en $x = 2$.

c) Comprovem si verifica les següents condicions:

$$1.\ f(2) = 1 \qquad 2.\ \lim_{x \to 2} f(x) = \lim_{x \to 2} x = 2 \qquad 3.\ \lim_{x \to 2} f(x) = 2 \neq f(2) = 1$$

Està definida i té límit en $x = 2$, però ambdós valors no són iguals. Per tant, no es contínua en $x = 2$.

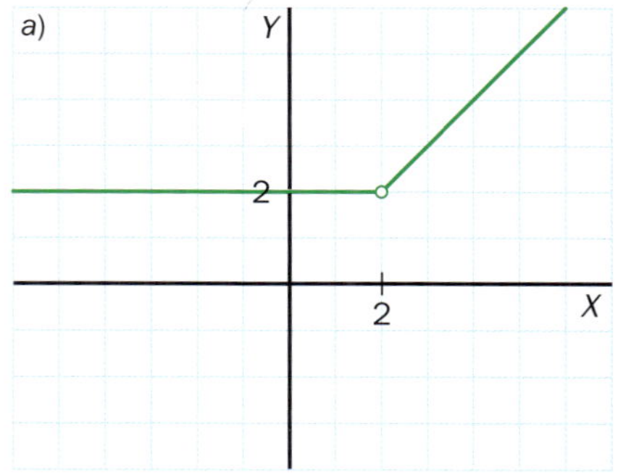

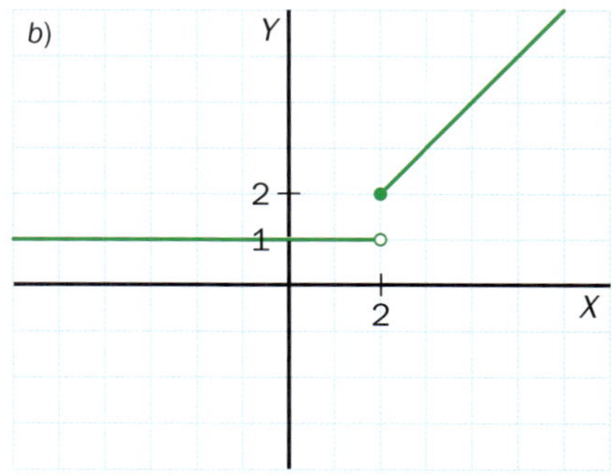

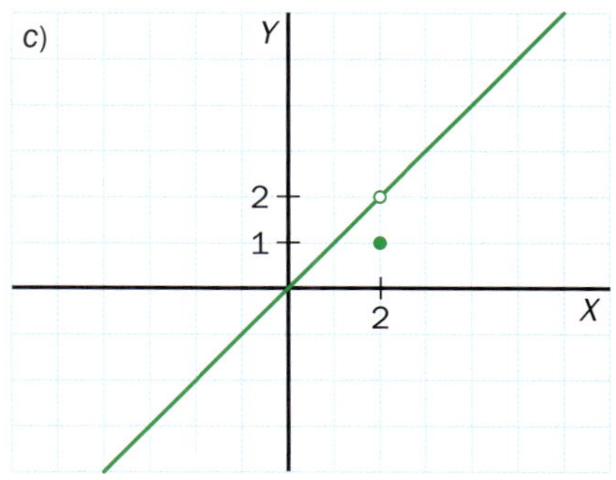

Exemple 34. Determina el valor de a perquè sigui contínua en $x = 2$ la funció:

$$f(x) = \begin{cases} ax^2 - 2x, \text{ si } x < 2 \\ x + 6, \text{ si } x \geq 2 \end{cases}$$

Perquè $f(x)$ sigui contínua en $x = 2$ ha de verificar les tres condicions següents:

1. $f(2) = 2 + 6 = 8$

2. $\left. \begin{array}{l} \lim_{x \to 2^-} f(x) = \lim_{x \to 2^-} (ax^2 - 2x) = 4a - 4 \\ \lim_{x \to 2^+} f(x) = \lim_{x \to 2^+} (x + 6) = 8 \end{array} \right\} \Rightarrow 4a - 4 = 8 \Rightarrow a = 3$

3. $f(2) = \lim_{x \to 2} f(x) = 8$

Per tant, per a $a = 3$, la funció $f(x)$ és contínua en $x = 2$.

Activitat resolta 4

Donada la funció:

$$f(x) = \begin{cases} (x+2)^2, \text{ si } x < -1 \\ 1, \text{ si } -1 \leq x \leq 0 \\ (kx - 1)^2, \text{ si } x > 0 \end{cases}$$

Estudia la continuïtat de $f(x)$ en $x = -1$. Determina el valor de k perquè $f(x)$ sigui contínua en $x = 0$.

- Perquè $f(x)$ sigui contínua en $x = -1$, ha de verificar:

  1. $f(-1) = 1$

  2. $\left. \begin{array}{l} \lim_{x \to -1^-} f(x) = \lim_{x \to -1^-} (x+2)^2 = 1 \\ \lim_{x \to -1^+} f(x) = \lim_{x \to -1^+} 1 = 1 \end{array} \right\} \Rightarrow \lim_{x \to -1} f(x) = 1$

  3. $f(-1) = \lim_{x \to -1} f(x) = 1$

  Per tant, la funció és contínua en $x = -1$

- Perquè $f(x)$ sigui contínua en $x = 0$, ha de complir:

  1. $f(0) = 1$

  2. $\left. \begin{array}{l} \lim_{x \to 0^-} f(x) = \lim_{x \to 0^-} 1 = 1 \\ \lim_{x \to 0^+} f(x) = \lim_{x \to 0^+} (kx - 1)^2 = 1 \end{array} \right\} \Rightarrow \lim_{x \to 0} f(x) = 1$

  3. $f(0) = \lim_{x \to 0} f(x) = 1, \ \forall k \in \mathbb{R}$

  La funció és contínua en $x = 0$ per a qualsevol valor real de k.

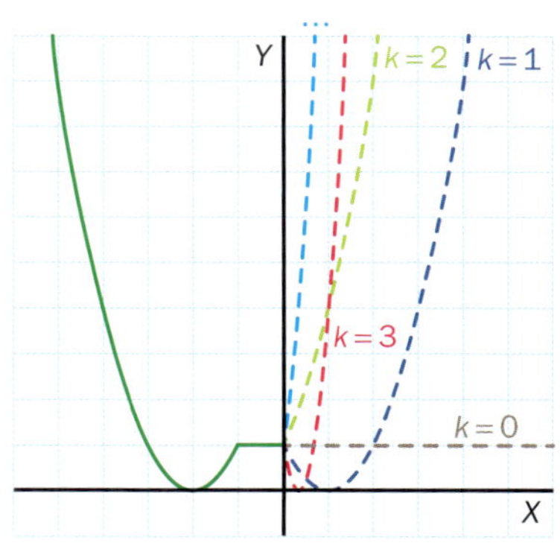

Tipus de discontinuïtat

Una funció $f(x)$ pot presentar una **discontinuïtat evitable en un punt $x = a$, o inevitable de salt finit o infinit.**

Discontinuïtat evitable

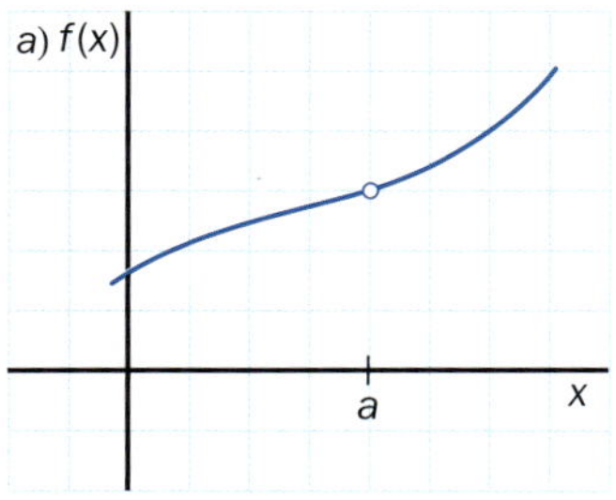

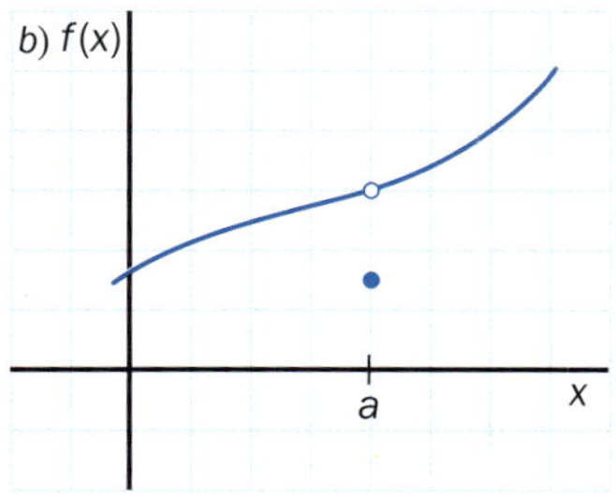

Una funció $f(x)$ presenta una **discontinuïtat evitable en un punt $x = a$** si es pot fer contínua la funció mitjançant alguna d'aquestes manipulacions:

a) Si la funció no estava definida en $x = a$, és possible definir-la com $f(a) = \lim_{x\to a} f(x)$.

b) Si la funció estava definida i $f(a) \neq \lim_{x\to a} f(x)$, aleshores es canvia la seva definició de manera que $f(a) = \lim_{x\to a} f(x)$.

Discontinuïtat inevitable

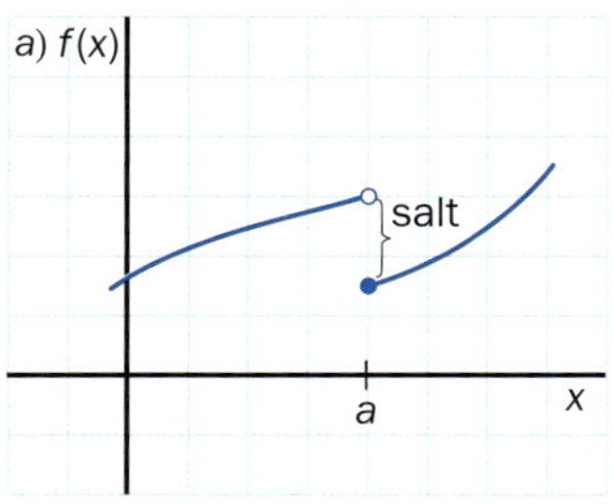

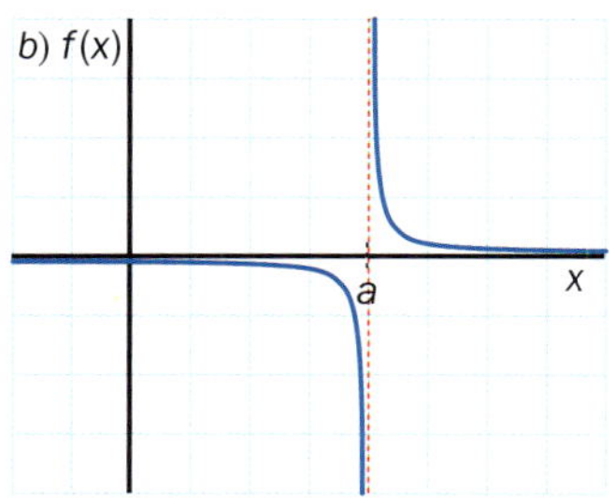

a) Una funció $f(x)$ presenta una **discontinuïtat inevitable de salt finit** en un punt $x = a$ si existeixen els seus límits laterals en aquest punt però són diferents, sent el salt la diferència entre ambdós resultats.

b) Una funció $f(x)$ presenta una **discontinuïtat inevitable de salt infinit** en un punt $x = a$ si **algun dels límits laterals és infinit.**

Exemple 35. La funció $f(x) = \dfrac{x^2 - 1}{x + 1}$ no està definida en $x = -1$. Quin valor hauríem d'assignar a $f(-1)$ perquè la funció ampliada amb aquest valor sigui contínua en $x = -1$?

$\text{Dom}(f) = \mathbb{R} - \{-1\}$. És a dir, $f(-1)$ no existeix. Vegem quin és el valor del límit en $x = -1$.

$$\lim_{x\to -1} \frac{x^2 - 1}{x + 1} = \frac{0}{0} \leftarrow \text{indeterminació}; \quad \lim_{x\to -1} \frac{x^2 - 1}{x + 1} = \lim_{x\to -1} \frac{(x+1)\cdot(x-1)}{x + 1} = \lim_{x\to -1}(x - 1) = -2$$

Aleshores, només caldria definir $f(-1) = -2$ perquè així la funció sigui contínua en $x = -1$.

Una funció $f(x)$ és **contínua en un interval obert** (a,b) si ho és en tots i cadascun dels seus punts.

Una funció $f(x)$ és **contínua en un interval tancat** $[a,b]$ si és contínua en l'interval obert (a,b) i, a més, $\lim_{x\to a} f(x) = f(a)$ i $\lim_{x\to b} f(x) = f(b)$.

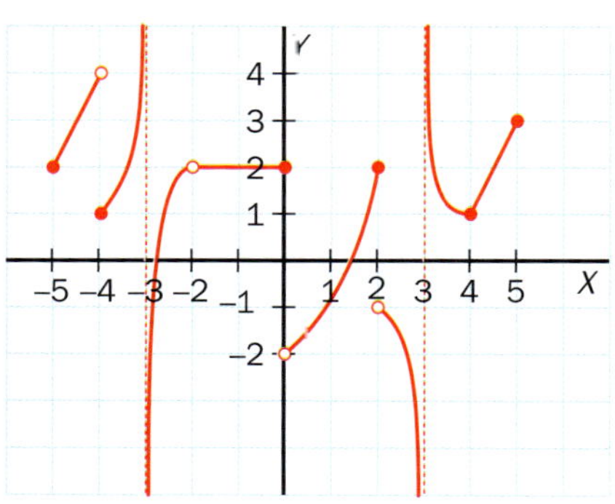

Exemple 36. A partir de la gràfica de la funció determina els següents límits, troba raonablement els intervals de continuïtat i, en els punts que presentin discontinuïtats, indica de quin tipus són:

$$\lim_{x\to -5^+} f(x) \quad \lim_{x\to -4^-} f(x) \quad \lim_{x\to -4^+} f(x) \quad \lim_{x\to -3^-} f(x) \quad \lim_{x\to -3^+} f(x) \quad \lim_{x\to -2} f(x)$$

$$\lim_{x\to 0^-} f(x) \quad \lim_{x\to 0^+} f(x) \quad \lim_{x\to 2^-} f(x) \quad \lim_{x\to 2^+} f(x) \quad \lim_{x\to 3^-} f(x) \quad \lim_{x\to 3^+} f(x) \quad \lim_{x\to 5^-} f(x)$$

$\lim_{x\to -5^+} f(x) = 2$; $\lim_{x\to -4^-} f(x) = 4$; $\lim_{x\to -4^+} f(x) = 1$; $\lim_{x\to -3^-} f(x) = +\infty$; $\lim_{x\to -3^+} f(x) = -\infty$; $\lim_{x\to -2} f(x) = 2$;

$\lim_{x\to 0^-} f(x) = 2$; $\lim_{x\to 0^+} f(x) = -2$; $\lim_{x\to 2^-} f(x) = 2$; $\lim_{x\to 2^+} f(x) = -1$; $\lim_{x\to 3^-} f(x) = -\infty$; $\lim_{x\to 3^+} f(x) = +\infty$; $\lim_{x\to 5^-} f(x) = 3$

La funció és contínua en $[-5,-4) \cup (-4,-3) \cup (-3,-2) \cup (-2,0) \cup (0,2) \cup (2,3) \cup (3,5]$.

En $x = -4$, $x = 0$ i $x = 2$ té discontinuïtats amb salt de valors 3,4 i 3, respectivament. En $x = -3$ i $x = 3$ presenta discontinuïtats amb salt infinit, mentre que en $x = -2$ té una discontinuïtat evitable.

Funcions contínues

Les funcions polinòmiques, racionals, amb radicals, exponencials, logarítmiques i trigonomètriques són contínues allà on estiguin definides.

D'altra banda, si $f(x)$ i $g(x)$ són dues funcions contínues, aleshores:

- La suma $f(x)+g(x)$ és una funció contínua.
- El producte $f(x)\cdot g(x)$ és una funció contínua.
- El quocient $\frac{f(x)}{g(x)}$ és una funció contínua en tots els valors de x per als quals $g(x)\neq 0$.
- La composició $(f\circ g)(x)=f(g(x))$ és també una funció contínua.

Exemple 37. Troba l'interval de continuïtat de les següents funcions:

a) $f(x)=x^2-4x+7$ **b)** $f(x)=\frac{x+2}{x-5}$ **c)** $f(x)=\sqrt{x-2}$ **d)** $f(x)=\frac{\ln x}{x}$ **e)** $f(x)=\frac{x}{\sin x}$

a) La funció $f(x)=x^2-4x+7$ és polinòmica i està definida i és contínua en tot $\mathbb{R}$.

b) $f(x)=\frac{x+2}{x-5}$ és una funció racional i està definida i és contínua en $\mathbb{R}-\{5\}$.

c) $f(x)=\sqrt{x-2}$ és una funció racional d'índex parell i està definida i és contínua en $[2,+\infty)$.

d) $f(x)=\frac{\ln x}{x}$ és el quocient de dues funcions contínues. La funció $y=\ln x$ és contínua en $(0,+\infty)$, i la funció $y=x$ és contínua en tot $\mathbb{R}$, però s'anul·la en $x=0$. Per tant, la funció $f(x)=\frac{\ln x}{x}$ és contínua en $(0,+\infty)$.

e) $f(x)=\frac{x}{\operatorname{sen} x}$ és el quocient de dues funcions contínues, x i $\sin x$, en tot $\mathbb{R}$. Tanmateix, cal treure els punts que anul·len el denominador, és a dir: $\sin x=0\Rightarrow x=k\pi$; $k\in\mathbb{Z}$. Per tant, $f(x)=\frac{x}{\sin x}$ és contínua en $\mathbb{R}-\{k\pi\}$.

Activitats

15. Estudia la continuïtat en els punts indicats i, si presenten alguna discontinuïtat, indica de quin tipus és:

a) $f(x)=\begin{cases}\frac{2}{x-1}, \text{ si } x\neq 1\\ 1, \text{ si } x=1\end{cases}$ *b)* $g(x)=\begin{cases}\frac{x^2-1}{x+1}, \text{ si } x\neq -1\\ 2, \text{ si } x=-1\end{cases}$

16. Quina de les següents funcions presenta una discontinuïtat evitable en els punts indicats?

a) $f(x)=\frac{x^3+8}{x+2}$, $x=-2$ *b)* $g(x)=\frac{x-9}{\sqrt{x}-3}$, $x=9$

c) $h(x)=\frac{x+1}{|x+1|}$, $x=-1$

17. Troba l'interval de continuïtat de les següents funcions:

a) $f(x)=xe^x$ *b)* $g(x)=\frac{x}{\ln x}$ *c)* $h(x)=\frac{x^2-5x+4}{x^2+2x-3}$

18. Per a quin valor de a la funció $f(x)$ és contínua en tots els nombres reals?

$$f(x)=\begin{cases}x^2-a, \text{ si } x<2\\ ax+5, \text{ si } x\geq 2\end{cases}$$

19. Troba el valor de a perquè $f(x)$ sigui contínua en $x=1$.

$$f(x)=\begin{cases}x+a, \text{ si } x<1\\ e^{x-1}, \text{ si } x\geq 1\end{cases}$$

20. Es defineix la funció $f(x)=E[x]$, o «part entera de x», com l'enter major, que sigui menor o igual que x. Per exemple, $E[2,1]=2$, $E[3,8]=3$, $E[-2,1]=-3$, $E[-3,8]=-4$. Dibuixa la funció i prova que en els valors enters no és contínua.

21. Dibuixa una funció que sigui discontínua amb salt 2 en $x=-1$, discontínua evitable en $x=2$ i contínua en la resta.

D'un cop d'ull!

Límit: $\lim\limits_{x\to a} f(x) = L$

Límits laterals: $\lim\limits_{x\to a^-} f(x) = L$ i $\lim\limits_{x\to a^+} f(x) = L$

Existència de límit

1. El límit d'una funció, si existeix, és únic.
2. El límit d'una funció existeix si, i només si, els límits laterals existeixen i són iguals.

$$\lim_{x\to a} f(x) = L \Rightarrow \lim_{x\to a^-} f(x) = L \text{ i } \lim_{x\to a^+} f(x) = L$$

Límits infinits:

$$\lim_{x\to a} f(x) = -\infty \text{ o } \lim_{x\to a} f(x) = +\infty$$

Límits en l'infinit:

$$\lim_{x\to +\infty} f(x) = L \text{ o } \lim_{x\to -\infty} f(x) = M$$

Expressions determinades de suma, producte i quocient:

$$a \pm \infty = \infty \qquad a \cdot \infty = \infty \qquad \infty \cdot \infty = \infty$$

$$\frac{a}{\infty} = 0 \qquad \frac{\infty}{a} = \infty \qquad \frac{\infty}{0} = \infty$$

Expressions determinades de les potències:

$$(+\infty)^{+\infty} = +\infty \qquad 0^{+\infty} = 0$$

$$a^{+\infty} = +\infty, \text{ si } a > 1 \qquad a^{-\infty} = 0, \text{ si } a > 1$$

$$a^{+\infty} = 0, \text{ si } 0 < a < 1 \qquad a^{-\infty} = +\infty, \text{ si } 0 < a < 1$$

Resum d'indeterminacions:

«$\infty - \infty$»; «$0 \cdot \infty$»; «$\frac{\infty}{\infty}$»; «$\frac{0}{0}$»; «0^0»; «∞^0»; «1^∞»

Indeterminació tipus «$\frac{0}{0}$» en funcions racionals: es descomponen en factors el numerador i el denominador. Si és una funció radical, s'ha de multiplicar i dividir pel conjugat de la part que contingui alguna arrel.

Indeterminació tipus «$\frac{\infty}{\infty}$»: dividim numerador i denominador per la potència de major grau de x del denominador.

$$\lim_{x\to\pm\infty} \frac{P(x)}{Q(x)} = \begin{cases} \pm\infty, \text{ si } n > m \\ \dfrac{a_n}{b_m}, \text{ si } n = m \\ 0, \text{ si } n < m \end{cases}$$

Indeterminació tipus «$\infty - \infty$» en funcions racionals: s'efectuen les operacions.

Indeterminació tipus «$\infty - \infty$» en funcions radicals: es multiplica i divideix pel conjugat de l'expressió amb radicals.

Asímptota vertical: una recta $x = a$ és una **asímptota vertical** de la corba $y = f(x)$ si es verifica que:

$$\lim_{x\to a^-} f(x) = -\infty (o +\infty) \quad \text{o} \quad \lim_{x\to a^+} f(x) = -\infty (o +\infty)$$

Una corba MAI talla una asímptota vertical.

Asímptota horitzontal: La recta $y = b$ és una **asímptota horitzontal** de la corba $f(x)$ si:

$$\lim_{x\to +\infty} f(x) = b \text{ o } \lim_{x\to -\infty} f(x) = b$$

Asímptota obliqua: una **asímptota obliqua** de la funció $f(x)$ és una recta d'equació $y = mx + n$, amb $m \neq 0$, on:

$$m = \lim_{x\to\infty} \frac{f(x)}{x} \qquad n = \lim_{x\to\infty} \left[f(x) - mx \right]$$

Funció contínua: una funció $f(x)$ és contínua en un punt $x = a$ si verifica:

1. $f(a)$ està definida.
2. $\lim\limits_{x\to a} f(x)$ existeix.
3. $\lim\limits_{x\to a} f(x) = f(a)$.

Si una funció $f(x)$ no és contínua en un punt $x = a$, es diu que és **discontínua.**

Una funció $f(x)$ és **contínua en un interval obert (a, b)** si ho és en tots i cadascun dels seus punts.

Tipus de discontinuïtat

Discontinuïtat evitable de $f(x)$ en $x = a$: la funció es pot fer contínua mitjançant alguna de les manipulacions següents:

a) si no estava definida en $x = a$, definint-la com a $f(a) = \lim\limits_{x\to a} f(x)$;

b) si estava definida i $f(a) \neq \lim\limits_{x\to a} f(x)$, canviant la seva definició i fent que $f(a) = \lim\limits_{x\to a} f(x)$.

Discontinuïtat inevitable: amb salt en $x = a$, si existeixen els límits laterals, però són diferents, i el salt és la diferència entre tots dos resultats. En el supòsit que un dels límits laterals fos infinit, el salt és infinit.

ACTIVITATS RESOLTES

Activitat resolta 5

Donada la funció $f(x)=\dfrac{x^2-4}{\sqrt{x}-\sqrt{2}}$, calcula:

a) $\lim\limits_{x\to 2} f(x)$

b) $\lim\limits_{x\to +\infty} f(x)$

a) $\lim\limits_{x\to 2} f(x)=\lim\limits_{x\to 2}\dfrac{x^2-4}{\sqrt{x}-\sqrt{2}}=\dfrac{0}{0}$ (indeterminació). Multipliquem i dividim pel conjugat del denominador.

$$\lim_{x\to 2}\frac{x^2-4}{\sqrt{x}-\sqrt{2}}=\lim_{x\to 2}\frac{(x^2-4)(\sqrt{x}+\sqrt{2})}{(\sqrt{x}-\sqrt{2})(\sqrt{x}+\sqrt{2})}=\lim_{x\to 2}\frac{(x-2)(x+2)(\sqrt{x}+\sqrt{2})}{(x-2)}=$$

$$=\lim_{x\to 2}(x+2)(\sqrt{x}+\sqrt{2})=8\sqrt{2}$$

b) $\lim\limits_{x\to +\infty} f(x)=\lim\limits_{x\to +\infty}\dfrac{x^2-4}{\sqrt{x}-\sqrt{2}}=\dfrac{\infty}{\infty}$ (indeterminació). Dividim numerador i denominador per la major potència del denominador, $\sqrt{x}$. Així: $\lim\limits_{x\to +\infty}\dfrac{\dfrac{x^2}{\sqrt{x}}-\dfrac{4}{\sqrt{x}}}{1-\sqrt{\dfrac{2}{x}}}=\dfrac{+\infty+0}{1-0}=+\infty$

Activitat resolta 6

Es considera la funció $f(x)=\dfrac{2x^2+1}{x^2-9}$. Calcula i interpreta geomètricament els límits següents:

a) $\lim\limits_{x\to -\infty} f(x)$ i $\lim\limits_{x\to +\infty} f(x)$

b) $\lim\limits_{x\to -3} f(x)$ *c)* $\lim\limits_{x\to 3} f(x)$

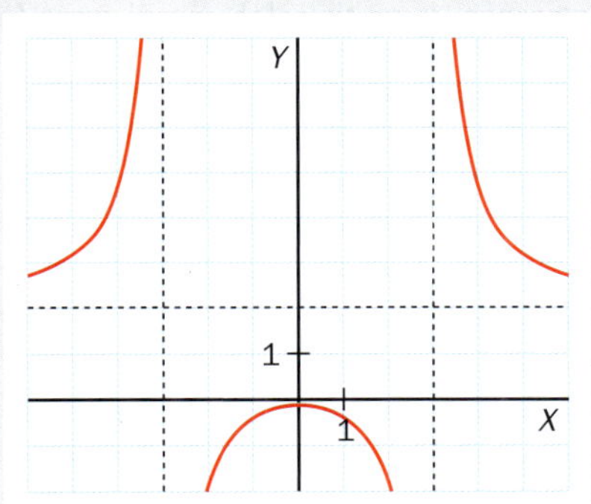

a) $\lim\limits_{x\to -\infty} f(x)=\lim\limits_{x\to -\infty}\dfrac{2x^2+1}{x^2-9}=\dfrac{\infty}{\infty}$ (indeterminació). Tant el grau del numerador com el del denominador és igual a dos. Per tant, $\lim\limits_{x\to -\infty}\dfrac{2x^2+1}{x^2-9}=2$.

De manera anàloga, $\lim\limits_{x\to +\infty}\dfrac{2x^2+1}{x^2-9}=2$. La recta $y=2$ és una asímptota horitzontal per l'esquerra i per la dreta.

b) $\lim\limits_{x\to -3}\dfrac{2x^2+1}{x^2-9}=\dfrac{19}{0}$ i, per tant, s'han de calcular els límits laterals en $x=-3$.

$$\left.\begin{cases}\lim\limits_{x\to -3^-}\dfrac{2x^2+1}{x^2-9}=+\infty\\[2mm] \lim\limits_{x\to -3^+}\dfrac{2x^2+1}{x^2-9}=-\infty\end{cases}\right.\Rightarrow \nexists \lim_{x\to -3}\frac{2x^2+1}{x^2-9}.$$ La recta $x=-3$ és una asímptota vertical.

c) $\lim\limits_{x\to 3}\dfrac{2x^2+1}{x^2-9}=\dfrac{19}{0}$ i, per tant, s'han de calcular els límits laterals a $x=3$.

$$\left.\begin{cases}\lim\limits_{x\to 3^-}\dfrac{2x^2+1}{x^2-9}=-\infty\\[2mm] \lim\limits_{x\to 3^+}\dfrac{2x^2+1}{x^2-9}=+\infty\end{cases}\right.\Rightarrow \nexists \lim_{x\to 3}\frac{2x^2+1}{x^2-9}.$$ La recta $x=3$ és una asímptota vertical.

Amb aquesta informació, n'esbossem la gràfica (vegeu figura del marge).

Activitat resolta 7

Donada la funció:

$$f(x)=\begin{cases}1, & x<-1\\ a, & x=-1\\ x^2, & -1<x\le 2\\ b-x, & x>2\end{cases}$$

determina els valors de a i b perquè $f(x)$ sigui contínua en tots els nombres reals. Per a aquests valors, dibuixa la gràfica de la funció.

Les quatre funcions són polinòmiques i, per tant, contínues en el seu domini, excepte, potser, en els punts on el domini canvia de criteri; és a dir, en $x=-1$ i $x=2$. Estudiem-ne, doncs, la continuïtat en aquests punts:

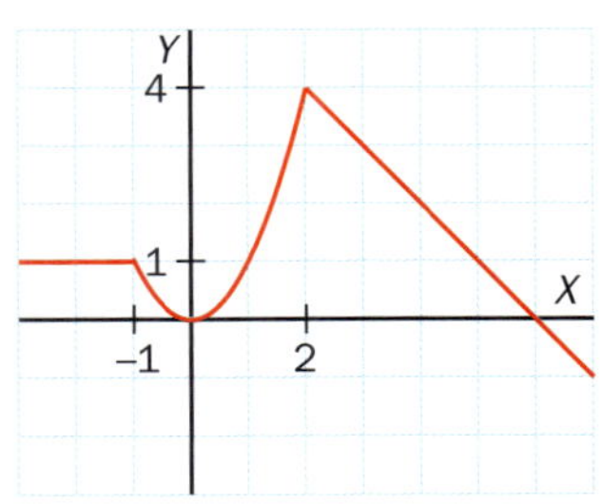

- $x=-1$

1. $f(-1)=a$

2. $\left.\begin{array}{l}\lim\limits_{x\to -1^-} f(x)=\lim\limits_{x\to -1^-} 1=1\\ \lim\limits_{x\to -1^+} f(x)=\lim\limits_{x\to -1^+} x^2=1\end{array}\right\}\Rightarrow \lim\limits_{x\to -1} f(x)=1$

3. $f(-1)=\lim\limits_{x\to -1} f(x)\Rightarrow a=1$

- $x=2$

1. $f(2)=2^2=4$

2. $\left.\begin{array}{l}\lim\limits_{x\to 2^-} f(x)=\lim\limits_{x\to 2^-} x^2=4\\ \lim\limits_{x\to 2^+} f(x)=\lim\limits_{x\to 2^+} (b-x)=b-2\end{array}\right\}\Rightarrow 4=b-2\Rightarrow b=6$

3. $f(2)=\lim\limits_{x\to 2} f(x)=4$

$f(x)$ és contínua en tot $\mathbb{R}$, si els valors de a i b són: $a=1$ i $b=6$.

ACTIVITATS RESOLTES

Activitat resolta 8

Calcula totes les asímptotes de la funció $f(x)=\dfrac{x^3-1}{1-x^2}$ i utilitza-les per esbossar-ne la gràfica.

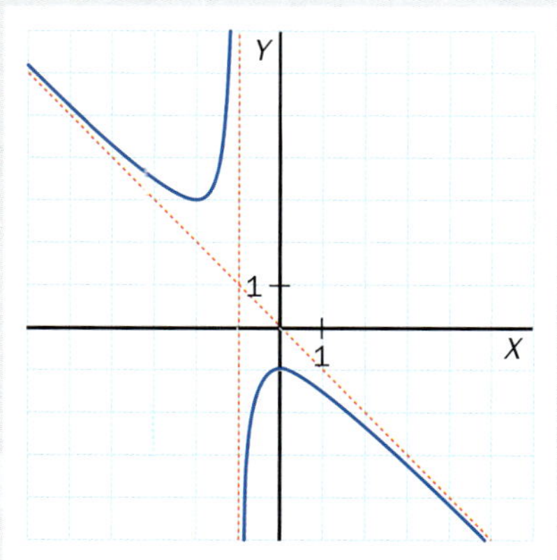

- Asímptotes verticals: com que $f(x)=\dfrac{x^3-1}{1-x^2}$ és una funció racional, les asímptotes verticals es troben en els valors que anul·len el denominador, però no el numerador. Així, els dos valors que anul·len el denominador són $x=-1$ i $x=1$, però $x=1$ també anul·la el numerador. Per tant, només $x=-1$ és una asímptota vertical. Això és:

$$\lim_{x\to -1^-}\frac{x^3-1}{1-x^2}=+\infty \qquad \lim_{x\to -1^+}\frac{x^3-1}{1-x^2}=-\infty$$

- Asímptotes horitzontals:

$$\lim_{x\to -\infty}\frac{x^3-1}{1-x^2}=\lim_{x\to -\infty}\frac{x-\frac{1}{x^2}}{\frac{1}{x^2}-1}=\frac{-\infty-0}{0-1}=+\infty,\qquad \lim_{x\to +\infty}\frac{x^3-1}{1-x^2}=\lim_{x\to +\infty}\frac{x-\frac{1}{x^2}}{\frac{1}{x^2}-1}=\frac{+\infty-0}{0-1}=-\infty$$

- Per tant, no té asímptotes horitzontals.

- Asímptotes obliqües: $m=\lim\limits_{x\to +\infty}\dfrac{f(x)}{x}=\lim\limits_{x\to +\infty}\dfrac{\frac{x^3-1}{1-x^2}}{x}=\lim\limits_{x\to +\infty}\dfrac{x^3-1}{x-x^3}=-1;$

$$n=\lim_{x\to +\infty}\left[f(x)-mx\right]=\lim_{x\to +\infty}\left[\frac{x^3-1}{1-x^2}+x\right]=\lim_{x\to +\infty}\frac{x-1}{1-x^2}=0$$

Així doncs, és l'asímptota obliqua. La gràfica figura sota l'enunciat.

Activitat resolta 9

S'estima que, si s'inverteixen x milers d'euros en publicitat a través d'Internet, els ingressos per vendes, en milions d'euros, es poden ajustar mitjançant el model:

$$V(x)=30-20e^{-0,2x},\quad x\geq 0$$

a) Quins ingressos per vendes s'estimen si es gasten 4 000 euros en publicitat a través d'aquest mitjà?

b) Quina és la previsió d'ingressos per vendes més optimista si s'incrementa «molt» la inversió en publicitat?

a) $V(4)=30-20e^{-0,2\cdot 4}\approx 21,013$

Si inverteixen 4000 euros en publicitat, s'espera obtenir per vendes uns ingressos de 21,013 milions d'euros.

b) Es tracta de calcular el límit de $V(x)$ quan $x\to +\infty$. Així:

$$\lim_{x\to +\infty}V(x)=\lim_{x\to +\infty}\left(30-20e^{-0,2x}\right)=30-20e^{-\infty}=30-20\cdot 0=30$$

Si creix «molt» la inversió en publicitat llavors la previsió més optimista seria ingressar per vendes aproximadament 30 milions d'euros.

Activitat resolta 10

S'estima que la població d'un país, en milions d'habitants, d'aquí t anys es pot modelar per la funció $N(t)=\dfrac{2}{1+0,25e^{-0,t}}$.

a) Quina població hi havia inicialment? Quina hi haurà d'aquí cinc anys?

b) A llarg termini, quina població s'espera que tingui, aquest país?

a) $N(0)=\dfrac{2}{1+0,25e^{0}}=1,6$

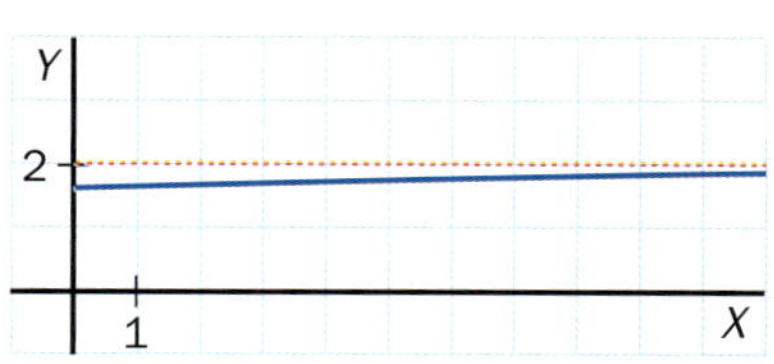

Inicialment hi havia 1,6 milions d'habitants.

$$N(5)=\frac{2}{1+0,25e^{-1}}=1,832$$

D'aquí cinc anys hi haurà 1,832 milions d'habitants.

b) $\lim\limits_{x\to +\infty}N(t)=\lim\limits_{x\to +\infty}\dfrac{2}{1+0,25e^{-0,2t}}=\dfrac{2}{1+0,25\cdot e^{-\infty}}=\dfrac{2}{1+0}=2$

A llarg termini hi haurà aproximadament 2 milions d'habitants en aquest país.

ACTIVITATS

Idea intuïtiva de límit

22. Utilitza una taula de valors per estimar el límit de les funcions següents en els punts indicats:

a) $\lim\limits_{x \to 2}(x^2 - 3x)$ *b)* $\lim\limits_{x \to 1}\dfrac{x-1}{x^2-1}$ *c)* $\lim\limits_{x \to 0}\dfrac{2^x}{x}$ *d)* $\lim\limits_{x \to 1}|x-1|$

23. Utilitza aquestes gràfiques per estimar els límits corresponents:

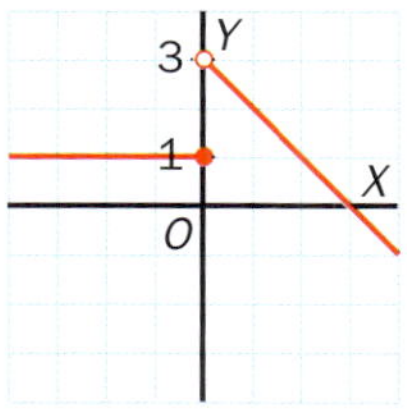

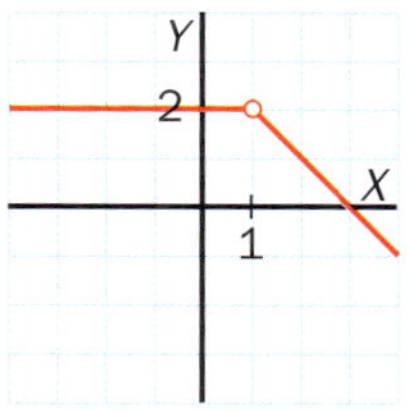

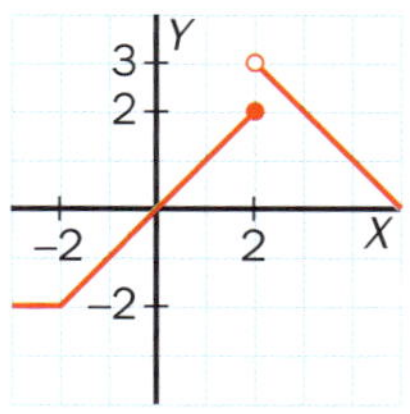

a) $\lim\limits_{x \to 0} f(x)$ *b)* $\lim\limits_{x \to 1} g(x)$ *c)* $\lim\limits_{x \to -2} h(x)$ i $\lim\limits_{x \to 2} h(x)$

Límits laterals

24. Donada la gràfica de la funció $f(x)$, calcula els valors que es proposen:

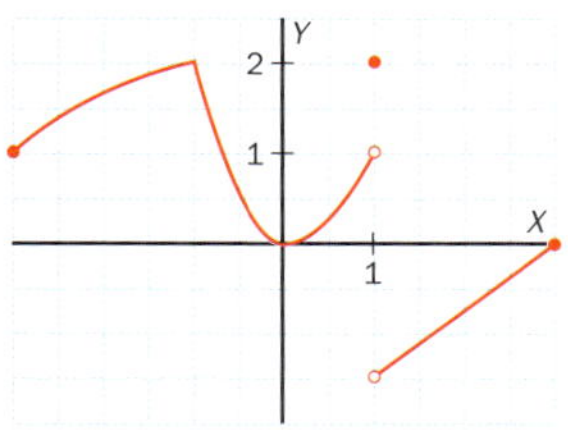

a) $\lim\limits_{x \to -1^-} f(x)$ *b)* $\lim\limits_{x \to -1^+} f(x)$

c) $f(-1)$ *d)* $\lim\limits_{x \to 1^-} f(x)$

e) $\lim\limits_{x \to 1^+} f(x)$ *f)* $f(1)$

25. Donada la gràfica de la funció $g(x)$, calcula els valors que es proposen:

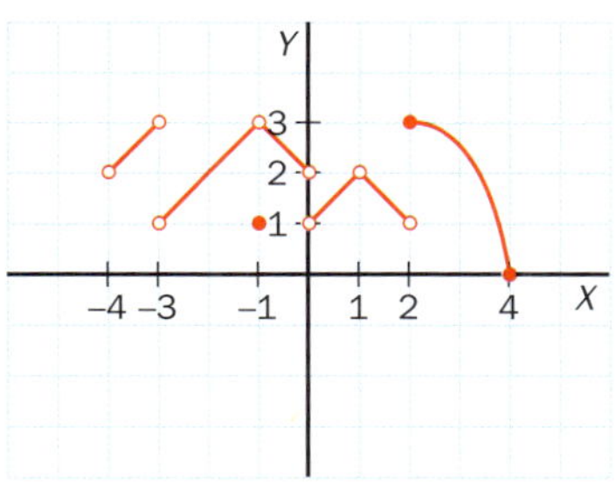

a) $\lim\limits_{x \to -3^-} g(x)$ *b)* $\lim\limits_{x \to -3^+} g(x)$

c) $g(-3)$ *d)* $\lim\limits_{x \to -1^-} g(x)$

e) $\lim\limits_{x \to -1^+} g(x)$ *f)* $g(-1)$

g) $\lim\limits_{x \to 0^-} g(x)$ *h)* $\lim\limits_{x \to 0^+} g(x)$

i) $g(0)$ *j)* $\lim\limits_{x \to 2^-} g(x)$

k) $\lim\limits_{x \to 2^+} g(x)$ *l)* $g(2)$

26. Donada la funció $f(x) = \begin{cases} 2x+1, & x<1 \\ x^2+2x, & x \geq 1 \end{cases}$, representa-la gràficament i estudia l'existència de $\lim\limits_{x \to 1} f(x)$.

27. Representa gràficament la funció $f(x)$ i estudia l'existència de límits laterals en $x = 1$.

$$f(x) = \begin{cases} 2x+1, \text{ si } x<1 \\ 1, \text{ si } x=1 \\ x^2+2, \text{ si } x>1 \end{cases}$$

28. Troba els límits laterals en els punts indicats:

a) $f(x) = \dfrac{5}{x^2}$, $x = 0$ *b)* $f(x) = \dfrac{-3}{x+1}$, $x = -1$

Càlcul de límits

29. Calcula els límits següents:

a) $\lim\limits_{x \to 2}(x^3 - 5x^2 + 4)$ *b)* $\lim\limits_{x \to +\infty}(1 - 3x + 5x^4)$ *c)* $\lim\limits_{x \to -1}\sqrt[3]{x^3 - 5x^2 + 4}$

30. Calcula els límits de funcions racionals següents:

a) $\lim\limits_{x \to 1}\dfrac{x^2-4x+1}{x^2+1}$ *b)* $\lim\limits_{x \to 2}\dfrac{x-2}{x^4-16}$ *c)* $\lim\limits_{x \to -1}\dfrac{x^2+3x+2}{x^2-1}$

d) $\lim\limits_{x \to 2}\dfrac{x^2-2x}{x^2-4x+4}$ *e)* $\lim\limits_{x \to 3}\dfrac{2x}{x-3}$ *f)* $\lim\limits_{x \to 1}\left(\dfrac{1}{x^2-1} - \dfrac{3}{x-1}\right)$

31. Calcula aquests límits de funcions amb radicals:

a) $\lim\limits_{x \to 0}\dfrac{\sqrt{x^2+9}-3}{x^2}$ *b)* $\lim\limits_{x \to 0}\dfrac{\sqrt{x+1}-1}{x}$ *c)* $\lim\limits_{x \to 1}\dfrac{\sqrt{x}-1}{x-1}$

d) $\lim\limits_{x \to 9}\dfrac{2\sqrt{x}-6}{x-9}$ *e)* $\lim\limits_{x \to 2}\dfrac{\sqrt{3-x}-1}{\sqrt{11-x}-3}$

32. Calcula els límits següents:

a) $\lim\limits_{x \to 1}\dfrac{x^2-2x}{x-1}$ *b)* $\lim\limits_{x \to 3}\dfrac{x}{x^2-9}$ *c)* $\lim\limits_{x \to 0^+}\dfrac{x}{\ln x}$

d) $\lim\limits_{x \to 0} e^{1/x}$ *e)* $\lim\limits_{x \to 2}\dfrac{x}{(2-x)^2}$ *f)* $\lim\limits_{x \to 2}\dfrac{x}{(2-x)^3}$

33. A partir de les gràfiques de les dues funcions següents, calcula'n els límits indicats:

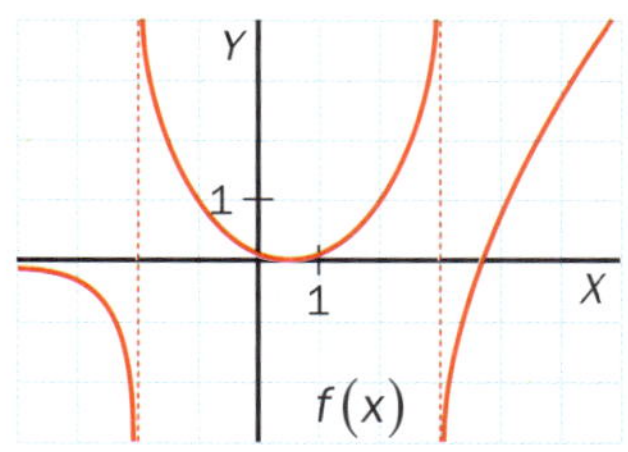

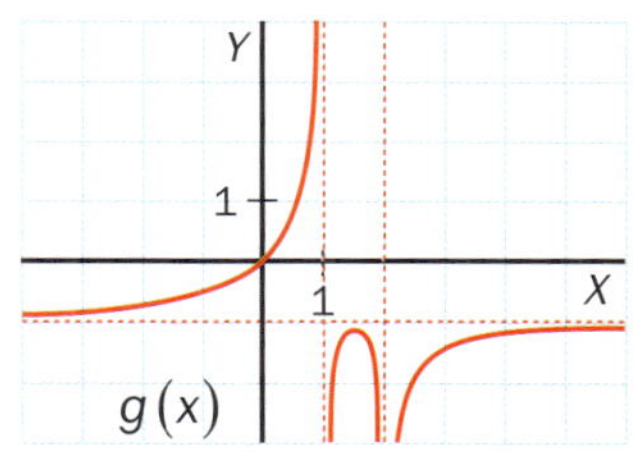

a) $\lim\limits_{x \to -2^-} f(x)$, $\lim\limits_{x \to -2^+} f(x)$, $\lim\limits_{x \to 3^-} f(x)$, $\lim\limits_{x \to 3^+} f(x)$, $\lim\limits_{x \to -\infty} f(x)$ y $\lim\limits_{x \to +\infty} f(x)$.

b) $\lim\limits_{x \to 1^-} g(x)$, $\lim\limits_{x \to 1^+} g(x)$, $\lim\limits_{x \to 2^-} g(x)$, $\lim\limits_{x \to 2^+} g(x)$, $\lim\limits_{x \to -\infty} g(x)$ y $\lim\limits_{x \to +\infty} g(x)$.

34. Calcula aquests límits, en què intervé el valor absolut:

a) $\lim\limits_{x \to 2}|x-2|$ *b)* $\lim\limits_{x \to 0}\left(\dfrac{1}{|x|} - \dfrac{1}{x}\right)$

35. Donades les funcions $f(x) = \dfrac{1}{x}$ i $g(x) = e^x$, estudia:

a) $\lim\limits_{x \to 0}[f(x) + g(x)]$ *b)* $\lim\limits_{x \to +\infty}[f(x) + g(x)]$

36. Calcula els límits en l'infinit següents:

a) $\lim\limits_{x \to +\infty}\dfrac{x^2-5x+2}{3x+2}$ *b)* $\lim\limits_{x \to +\infty}\dfrac{6x^2-5}{x^2+3}$ *c)* $\lim\limits_{x \to -\infty}\dfrac{x^2-3x}{6x-1}$

d) $\lim\limits_{x \to +\infty}\dfrac{x^2-3x}{6x-1}$ *e)* $\lim\limits_{x \to +\infty}\dfrac{x^2}{2x^3+3}$ *f)* $\lim\limits_{x \to +\infty}\left(5x^2 - \dfrac{1}{x}\right)$

37. Calcula els límits en l'infinit següents:

a) $\lim\limits_{x \to +\infty}\left(\sqrt{x^2+2} - x\right)$ *b)* $\lim\limits_{x \to +\infty}\dfrac{\sqrt{2x^2-1}}{x^2+4}$ *c)* $\lim\limits_{x \to +\infty}\dfrac{x+1}{\sqrt[3]{x+2}}$

d) $\lim\limits_{x \to +\infty}\dfrac{3x^2+3x-1}{\sqrt{x^4+2x}}$ *e)* $\lim\limits_{x \to +\infty}\dfrac{x^2}{1+\sqrt{x}}$ *f)* $\lim\limits_{x \to -\infty}\dfrac{\ln(1+e^x)}{x}$

ACTIVITATS

38. Esbossa la gràfica d'una funció $f(x)$ que compleixi les condicions següents:

$$\lim_{x\to 0^-} f(x)=+\infty,\ \lim_{x\to 0^+} f(x)=-\infty,\ \lim_{x\to -\infty} f(x)=0,\ \lim_{x\to +\infty} f(x)=+\infty,$$
$$\lim_{x\to 2^-} f(x)=+\infty,\ \lim_{x\to 2^+} f(x)=+\infty$$

39. Calcula els límits en l'infinit següents:

a) $\lim_{x\to+\infty}(1+e^x)$ *b)* $\lim_{x\to+\infty}\left(\frac{2}{1+e^x}\right)$ *c)* $\lim_{x\to-\infty}\left(\frac{2}{1+e^x}\right)$

d) $\lim_{x\to+\infty}(x\ln x)$ *e)* $\lim_{x\to+\infty}\frac{\ln x}{x}$ *f)* $\lim_{x\to-\infty}(x-1)e^{-x}$

40. Estudia, segons els valors de k, el límit següent:

$$\lim_{x\to+\infty}\frac{(1-k)x^3-kx^2+2}{3x^2+1}$$

41. Determina el valor de k que verifica:

$$\lim_{x\to 2}\left(\frac{x+3}{1+kx}\right)^{kx-2}=1$$

42. El nombre d'unitats d'un producte que ven una empresa depèn del preu, p, en euros, que ve donat per:

$$N(p)=\frac{40p+8}{p}$$

Si el preu augmenta indefinidament, què passa amb les vendes?

43. S'estima que el nombre d'habitants en una certa ciutat d'aquí a t anys ve donat per la funció:

$$N(t)=\frac{100\,000}{4+6e^{-0,03t}}$$

a) Quina és la població inicial?

b) Quina és la població esperada d'aquí a 20 anys? I d'aquí a 50?

c) A molt llarg termini, quina població s'espera que tingui aquesta ciutat?

44. La velocitat d'un paracaigudista en funció del temps t, mesurat en segons, ve donada per $v(t)=60\left(1-e^{-0,1t}\right)$, on $v(t)$ es mesura en metres per segon.

a) Quina és la velocitat al cap de 20 s? I al cap de 40 s?

La velocitat màxima d'un cos en caiguda lliure amb resistència del vent s'anomena velocitat terminal. Calcula la velocitat terminal, és a dir, la velocitat quan $t\to+\infty$.

45. El nombre de milers de persones d'una població contagiades per un tipus de virus, al cap de t setmanes, ve donat per:

$$N(t)=\frac{3}{1+5e^{-0,5t}}$$

a) Quantes persones estaven contagiades per aquest virus inicialment? I al cap de quatre setmanes?

b) Si la tendència continua, quantes persones s'acabaran contagiant?

46. El diàmetre d, en centímetres, d'un tipus d'arbre depèn de la seva edat, t, en anys, i segueix el model de creixement logístic:

$$d(t)=\frac{20}{1+1,8e^{-0,02t}}$$

a) Quin diàmetre s'espera que tingui aquest tipus d'arbre al cap d'un any? I al cap de 40 anys? I al cap de 100 anys?

b) Al llarg del temps, a quin diàmetre s'espera que arribi?

Asímptotes

47. Troba, si existeixen, les asímptotes verticals de les funcions següents:

a) $f(x)=\frac{1}{x^2}$ *b)* $f(x)=\frac{2}{x^2+x-2}$ *c)* $f(x)=\frac{2}{(x-1)^3}$

d) $f(x)=\frac{1}{x^2+2}$ *e)* $f(x)=\frac{x+1}{x^2+1}$ *f)* $f(x)=\frac{x}{\ln x}$

48. Troba, si existeixen, les asímptotes horitzontals de les funcions següents:

a) $f(x)=\frac{3x^2}{1-2x^2}$ *b)* $f(x)=e^x$ *c)* $f(x)=\ln x$ *d)* $f(x)=e^{-x}$

49. Determina totes les asímptotes de les funcions:

a) $f(x)=\frac{x^2+2}{x^2-4}$ *b)* $f(x)=\frac{x^3+1}{x^3+x}$ *c)* $f(x)=\frac{x^3}{x^2-5x+4}$

d) $f(x)=\frac{x+2}{(x+1)^2}$ *e)* $f(x)=\frac{x}{\sqrt{2x^2-3x+1}}$ *f)* $f(x)=\frac{1}{x}-\frac{1}{x-1}$

50. Troba una funció racional que tingui com a asímptotes verticals $x=-1$ y $x=3$, i com a asímptota horitzontal, $y=2$.

51. Troba una funció racional que tingui com a asímptota vertical $x=-2$, i com a asímptota obliqua, $y=x-2$.

52. Calcula totes les asímptotes i esbossa la gràfica de les funcions:

a) $f(x)=\frac{3x}{3x^2+1}$ *b)* $f(x)=\frac{3x^2}{x^2-1}$ *c)* $f(x)=\frac{x^2-x-2}{x-1}$

53. Determina els valors de a, b i c en la funció $f(x)=\frac{ax+b}{cx-3}$, sabent que la seva gràfica passa pel punt $(4,9)$ i que les rectes $y=2$ i $x=3$ són les seves asímptotes horitzontal i vertical, respectivament.

54. Troba els valors de a i b de tal manera que la gràfica de la funció $f(x)=\frac{ax+1}{bx-4}$ t tingui una asímptota vertical en $x=2$ i una asímptota horitzontal en $y=3$. Posteriorment, calcula $\lim_{x\to 2^-} f(x)$, $\lim_{x\to 2^+} f(x)$, $\lim_{x\to -\infty} f(x)$ i $\lim_{x\to +\infty} f(x)$ i esbossa la gràfica de $f(x)$.

55. Quantes asímptotes té la corba $f(x)=\frac{x^5+3x-1}{2x^4-1}$?

56. Té asímptotes la funció $f(x)=\sqrt{4x^2+8x+1}$? En cas afirmatiu, troba-les.

57. Troba, si existeixen, les asímptotes horitzontals de la funció

$$f(x)=\frac{|x|}{\sqrt{x^2+3}}.$$

Continuïtat

58. Estudia la continuïtat en $x = 2$ de la funció:

$$f(x)=\begin{cases}1-x, \text{ si } x\le 2\\ x^2-2x, \text{ si } x>2\end{cases}$$

59. En cada una de les gràfiques següents indica, si és possible, com evitar la discontinuïtat en $x = a$.

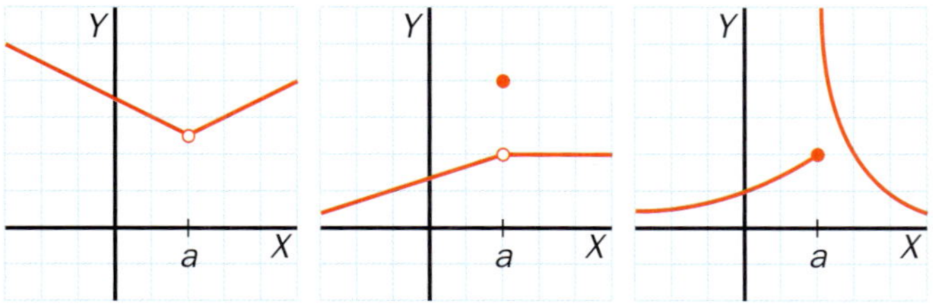

60. Representa gràficament i estudia la continuïtat de les funcions següents:

a) $f(x)=\sqrt{x-E[x]}$ *b)* $f(x)=E[x]+\sqrt{x-E[x]}$

61. Troba el valor de *a* perquè la funció:

$f(x)=\begin{cases}e^{x-1}+a, \text{ si } x<1\\ \ln x, \text{ si } x\ge 1\end{cases}$ sigui contínua en $x = 1$.

NOTA: Consulta l'activitat 20 on E[x] està definida.

62. Donada la funció: $f(x)=\begin{cases}\dfrac{2x^2+6}{x-1}, \text{ si } x<0\\ \dfrac{x^2-1}{x^2+1}, \text{ si } x\ge 0\end{cases}$

a) Estudia'n la continuïtat.

b) Calcula'n les asímptotes, si existeixen.

63. Troba el valor de a perquè la funció:

$f(x)=\begin{cases}ax+1, \text{ si } x\le 3\\ ax^2-1, \text{ si } x>3\end{cases}$ sigui contínua en $x = 3$.

64. Donada la funció $f(x)=\begin{cases}a+\ln(1-x), \text{ si } x<0\\ x^2e^{-x}, \text{ si } x\ge 0\end{cases}$

a) Calcula $\lim_{x\to-\infty} f(x)$ i $\lim_{x\to+\infty} f(x)$.

b) Troba el valor de a perquè $f(x)$ sigui contínua en tot $\mathbb{R}$.

65. Troba el valor de a perquè f (x) sigui contínua en tot $\mathbb{R}$.

$$f(x)=\begin{cases}x+a, \text{ si } x<-1\\ 3, \text{ si } x\ge -1\end{cases}$$

66. Troba el valor de a perquè $f(x)$ sigui contínua en tot $\mathbb{R}$.

$$f(x)=\begin{cases}x^2-x, \text{ si } x<a\\ x-1, \text{ si } x\ge a\end{cases}$$

67. Troba els punts de discontinuïtat de les funcions següents. En els punts que presentin discontinuïtat evitable, troba el valor de la funció perquè sigui contínua.

a) $f(x)=\dfrac{1-x}{x^2-4}$ *b)* $g(x)=\dfrac{x+2}{x^2-4}$ *c)* $h(x)=\dfrac{x^2-1}{x^3-1}$

68. Estudia la continuïtat de la funció:

$$f(x)=\begin{cases}\dfrac{x^2-2x-15}{x-5}, \text{ si } x\ne 5\\ 2, \text{ si } x=5\end{cases}$$

69. Estudia si són contínues en tot $\mathbb{R}$ les funcions:

a) $f(x)=\dfrac{x^3+1}{x+1}$ *b)* $f(x)=\dfrac{x}{|x|}$ *c)* $f(x)=e^{\frac{1}{x+1}}$

70. Troba els valors de *a* i *b* perquè la funció sigui contínua en tots els nombres reals.

$$f(x)=\begin{cases}2x+3, \text{ si } x\le -1\\ ax+b, \text{ si } -1<x<2\\ x^2, \text{ si } x\ge 2\end{cases}$$

71. Sigui la funció $f(x)=\begin{cases}a+|x+2|, \text{ si } x\le 0\\ (x-a)^2, \text{ si } x>0\end{cases}$

Per a quin valor de a és contínua en x = 0? Dibuixa la funció $f(x)$ per a $a = 2$.

72. Determina els valors de $a>0$ i $b>0$ perquè la funció $f(x)$ sigui contínua en tots els nombres reals.

$$f(x)=\begin{cases}ax, \text{ si } x\le 3\\ \dfrac{b}{x^2}, \text{ si } x>3\end{cases}$$

73. Estudia la continuïtat en $x = 0$ de la funció:

$$f(x)=\begin{cases}xe^{-x}, \text{ si } x<0\\ \dfrac{\ln(x+1)}{x+1}, \text{ si } x\ge 0\end{cases}$$

74. Troba el valor de *a* perquè $f(x)$ sigui contínua en tot $\mathbb{R}$.

$$f(x)=\begin{cases}\dfrac{x^2-a^2}{x-a}, \text{ si } x\ne a\\ 4, \text{ si } x=a\end{cases}$$

75. Troba el valor de *a* perquè $f(x)$ sigui contínua en tot $\mathbb{R}$.

$$f(x)=\begin{cases}x-a, \text{ si } x\le -1\\ \dfrac{x^2+4x+3}{x^2+6x+5}, \text{ si } x>-1\end{cases}$$

76. Es consideren les funcions $f(x)=|x-2|$ y $g(x)=|x+1|$.

a) Dibuixa $f(x)$ i estudia'n la continuïtat.

b) Dibuixa $g(x)$ i estudia'n la continuïtat.

c) Construeix la funció a trossos $h(x)=f(x)+g(x)$, dibuixa-la i estudia'n la continuïtat.

77. Donada la funció $f(x)=\begin{cases}2x+5, \text{ si } x\le 3\\ 4x-1, \text{ si } x>3\end{cases}$

a) Estudia'n la continuïtat.

b) Si $f(x)$ pot ser definida mitjançant una sola fórmula com $f(x)=a|x+b|+cx+d$, quins són els valors de *a*, *b*, *c* i *d*?

Un món matemàtic

78. El nombre de milers de seguidors influencer depèn del temps, t, en mesos, des que va començar a publicar comentaris i imatges, i ve donat per la funció:

$$N(t)=\begin{cases}3t, \text{ si } 0\le t\le 6\\ \dfrac{2}{2+3e^{-0{,}01t}}, \text{ si } t>6\end{cases}$$

Quants seguidors espera tenir al cap de cinc mesos? I al cap d'un any? I a llarg termini?

79. En una plataforma d'Internet s'ofereix un model de telèfon mòbil d'un preu, p, en euros, que depèn del nombre d'unitats en estoc, x, i que es pot modelar mitjançant la funció de demanda següent:

$$p(x)=300\left(1+\frac{2}{2+e^{-0{,}01x}}\right),\ x>0$$

a) Troba els preus, si es disposa d'un estoc de 100, 200 i 1 000 mòbils.

b) Si l'estoc és molt elevat, el preu del mòbil tendeix a estabilitzar-se al voltant d'un preu. Quin és? Quina interpretació en pots fer?

80. El cost, en euros, de mantenir un estoc de x unitats de la consola PlayStation PS4 ve donat per la funció:

$$C(x)=3x+\frac{5\,000}{x},\ x>0$$

a) Troba totes les asímptotes de la funció de costos.

b) Calcula $\lim\limits_{x\to+\infty} C(x)$.

c) Quina relació existeix entre la recta $y = 3x$ i la funció $C(x)$?

d) Utilitza la informació dels apartats anteriors per esbossar la gràfica d'una funció de costos.

81. El cost (en milers d'euros) de reciclar el percentatge x de residus d'una població ve donat per:

$$C(x)=\frac{500x}{100-x},\ 0\le x<100$$

a) Quin és el cost de reciclar el 50 % dels residus? I el 80 %?

b) A mesura que ens acostem al 100 % del reciclatge dels residus, què li passa al cost? Quina interpretació se'n pot fer?

c) Esbossa la gràfica de la funció de costos.

82. Els psicòlegs estimen que el nombre d'anècdotes personals que es recorden després de t anys es pot modelar per la funció:

$$Q(t)=400\left(1-e^{-0.1t}\right)$$

a) Quantes anècdotes personals s'espera que recordem després de tres anys? I després de deu anys?

b) A llarg termini, quantes anècdotes personals recordarà una persona?

Resol l'enigma

En general, l'habilitat o aptitud amb què una persona aprèn a fer una tasca determinada, després d'un temps t d'entrenament, es denomina «corba d'aprenentatge» i ve donada per la funció:

$$f(t) = A - Be^{-kt}$$

On A, B i k són constants positives i $t \geq 0$.

«A llarg termini», és a dir, quan el temps d'entrenament creix indefinidament, la corba s'aproxima a l'anomenada «capacitat de càrrega» o «capacitat d'aprenentatge». Un cop assolit aquest límit, el temps d'entrenament afegit comporta un aprenentatge insignificant respecte de la resta.

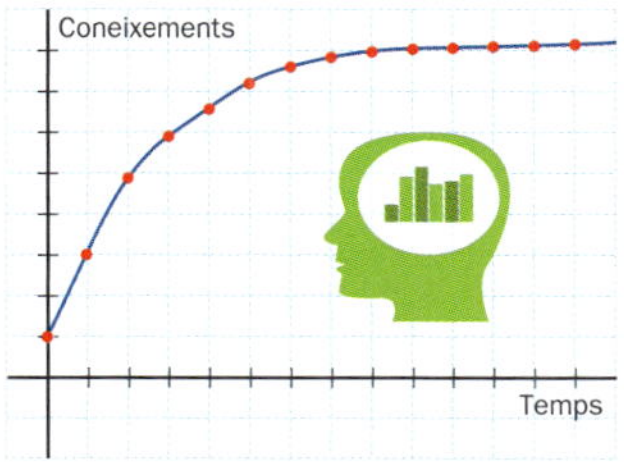

Basant-nos en l'experiència, s'estima que l'aprenentatge d'aquestes tècniques per aconseguir grans marques, mesurades en metres, en salt de longitud depèn dels dies d'entrenament, t, i es pot modelitzar mitjançant la funció:

$$f(t) = 6 - 3{,}5e^{-0{,}02t},\ t \geq 0$$

- Imagina que, en els seus primers entrenaments, és a dir, quan $t = 0$, els salts de la Tianna eren de 2,5 metres. Aleshores:

$$f(0) = 6 - 3{,}5e^{-0{,}02\cdot 0} = 2{,}5\ \text{m}$$

- Al cap de dos mesos d'entrenament, el seu progrés és:

$$f(60) = 6 - 3{,}5e^{-0{,}02\cdot 60} \approx 4{,}95\ \text{m}$$

  És a dir, als dos mesos de començar els seus entrenaments, ja arriba als 4,95 metres i ha millorat la seva marca inicial en 2,45 metres.

- Als sis mesos, és a dir, als 180 dies, saltarà:

$$f(180) = 6 - 3{,}5e^{-0{,}02\cdot 180} \approx 5{,}90\ \text{m}$$

- Per analitzar els progressos «a llarg termini» de la Tianna, hem d'estudiar com es comporta la funció quan t tendeix a a $+\infty$. Així:

$$\lim_{t\to+\infty} f(t) = \lim_{t\to+\infty}\left(6 - 3{,}5e^{-0{,}02t}\right) = 6 - 3{,}5e^{-\infty} = 6 - \frac{3{,}5}{e^{+\infty}} = 6$$

Després de «molts» dies d'entrenament, la Tianna aconseguirà una marca d'aproximadament 6 metres, que coincideix amb la seva capacitat d'aprenentatge. Segons aquest model, serà molt difícil que la Tianna aconsegueixi millorar la seva marca. Creus que és certa aquesta afirmació? Observa la gràfica de la corba d'aprenentatge que es mostra a continuació. Observa que es tracta d'una corba creixent que parteix de 2,5 m i té com a asímptota la recta $y = 6$ m, que representa la capacitat d'aprenentatge.

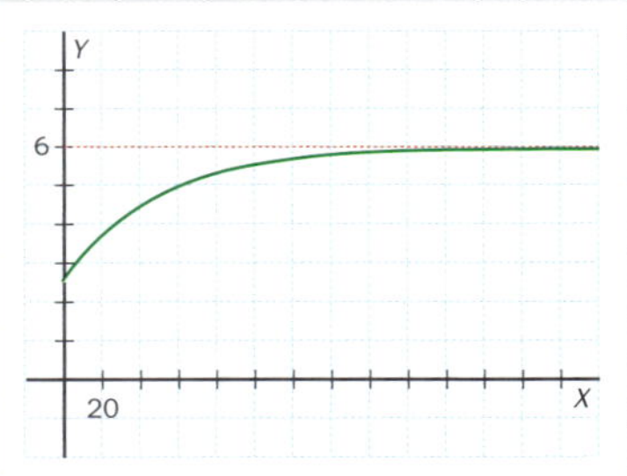

7. Derivades

Sabies que les llaunes de beguda es poden reciclar permanentment i sense pèrdua de qualitat? El reciclatge d'una llauna estalvia fins al 95 % de l'energia necessària per a la fabricació del seu material primari. A més, en els últims 40 anys, el pes d'una llauna s'ha reduït al voltant del 50 %, de manera que ara es necessita menys quantitat de material per fabricar-les.

Avui en dia existeixen bàsicament tres tipus de llaunes: clàssica, *sleek* i *slim*, i es diferencien pel diàmetre. Així, la llauna clàssica té un diàmetre de 66 mm i una alçària de 115 mm en la variant de 330 ml. La llauna *sleek*, per la seva banda, té un diàmetre de 58 mm, i la versió de 330 ml presenta una alçària de 145 mm. Finalment, les llaunes *slim* s'utilitzen especialment per a les begudes energètiques i tenen unes dimensions menors, ja que té un diàmetre de 53 mm.

Amb l'objectiu de reduir els costos de fabricació, s'està dissenyant un prototip de llauna cilíndrica d'alumini destinada a contenir volums de 33 cl. El cost del material de la base i la tapa és de 0,1 € per dm^2, mentre que el de la part circular és de 0,2 € per dm^2. Quant han de mesurar el diàmetre i l'alçària de la llauna per minimitzar aquests costos? Quant costaria, llavors?

En aquesta unitat aprendràs:

1. El problema de la recta tangent
2. Derivada d'una funció
3. Taxes de variació
4. Tècniques de derivació
5. Regla de la cadena o derivació composta
6. Derivada de les funcions exponencial i logarítmica
7. Funcions creixents i decreixents
8. Extrems relatius i absoluts
9. Concavitat i punts d'inflexió
10. Representació gràfica de funcions
11. Problemes d'optimització

1 El problema de la recta tangent

Un dels problemes clàssics del càlcul és el de la recta tangent a una corba, que mostra com els límits permeten estudiar les matemàtiques del canvi mitjançant un procés anomenat derivació. Els primers a donar una solució general a aquest problema van ser, de manera independent, Gottfried Leibniz i Isaac Newton en el segle XVII. Aquí en tenim un primer problema:

Partint d'una corba d'equació $y = f(x)$, se'n vol trobar la tangent en el punt $P(a, f(a))$ de la seva gràfica, tal com indica la primera figura de la dreta.

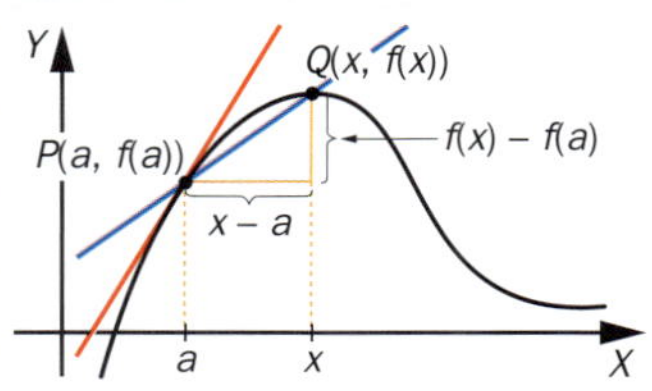

Si exceptuem els casos en què la recta tangent és vertical, el problema de trobar la recta tangent a una corba en el punt P consisteix a determinar el pendent de la recta tangent en el punt P. Per fer-ho, triem un punt proper $Q(x, f(x))$, amb $x \neq a$, i calculem el pendent de la recta secant PQ:

$$m_{PQ} = \frac{f(x) - f(a)}{x - a}$$

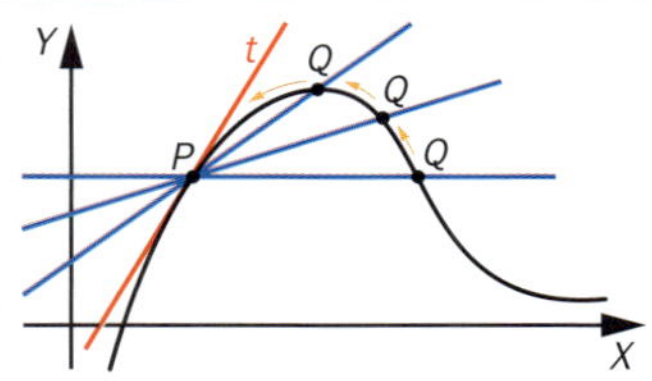

A mesura que el punt Q s'aproxima a P, i fa que x tendeixi a a, el pendent m_{PQ} de la recta secant s'aproxima al pendent m de la recta tangent t que passa per P. És a dir, la recta tangent és la posició límit de la recta secant quan Q tendeix a P i, per tant, x tendeix a a (veure la segona figura de la dreta).

La **recta tangent** a la corba $y = f(x)$ en el punt $P(a, f(a))$ és la recta que passa per P i el pendent de la qual ve donat pel límit següent, sempre que aquest límit existeixi:

$$m = \lim_{x \to a} \frac{f(x) - f(a)}{x - a}$$

L'**equació en forma punt-pendent** d'una recta que passa pel punt $P(x_0, y_0)$ i té com a pendent m és:

$$y - y_0 = m(x - x_0)$$

Exemple 1. **Determina l'equació de la recta tangent a la paràbola $f(x) = x^2 + 1$ en el punt $A(1, 2)$.**

Tenim que $f(x) = x^2 + 1$ i $a = 1$; per tant, $f(1) = 1^2 + 1 = 2$. El pendent és, doncs:

$$m = \lim_{x \to 1} \frac{(x^2 + 1) - 2}{x - 1} = \lim_{x \to 1} \frac{x^2 - 1}{x - 1} = \lim_{x \to 1} \frac{(x+1)(x-1)}{x - 1} = \lim_{x \to 1}(x + 1) = 2$$

L'equació de la recta tangent a la paràbola en el punt $A(1, 2)$ és:

$$y - 2 = 2(x - 1), \text{ o b } \quad y = 2x$$

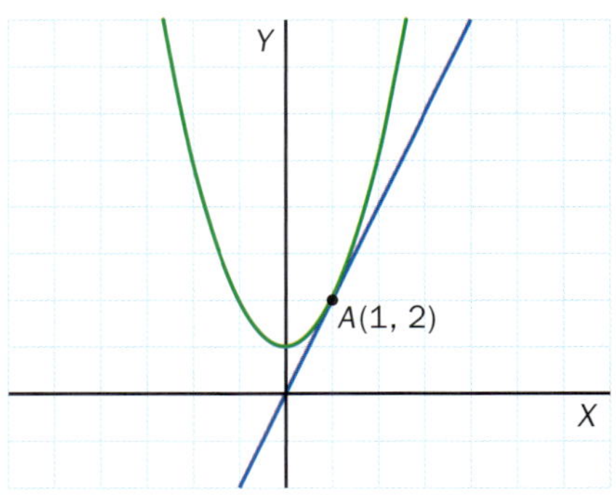

De vegades, resulta més senzill utilitzar una expressió per al pendent de la recta tangent diferent de l'anterior només utilitzant $h = x - a$ i, per tant, $x = a + h$. D'aquesta manera, quan x tendeix a a, h s'aproxima a 0, i l'expressió del pendent de la recta tangent a la corba $y = f(x)$ en el punt $P(a, f(a))$ resulta:

$$m = \lim_{h \to 0} \frac{f(a + h) - f(a)}{h}$$

Exemple 2. **Utilitza aquesta última expressió per trobar el pendent de l'exemple anterior**

$$m = \lim_{h \to 0} \frac{f(1 + h) - f(1)}{h} = \lim_{h \to 0} \frac{(h^2 + 2h + 2) - 2}{h} = \lim_{h \to 0} \frac{h(h + 2)}{h} = \lim_{h \to 0}(h + 2) = 2$$

Com és lògic, aquest valor coincideix amb al resultat obtingut anteriorment.

> **!! Atenció**
>
> Una funció és **derivable** en un interval (a,b) si és derivable en tots i cadascun dels punts d'aquest interval.

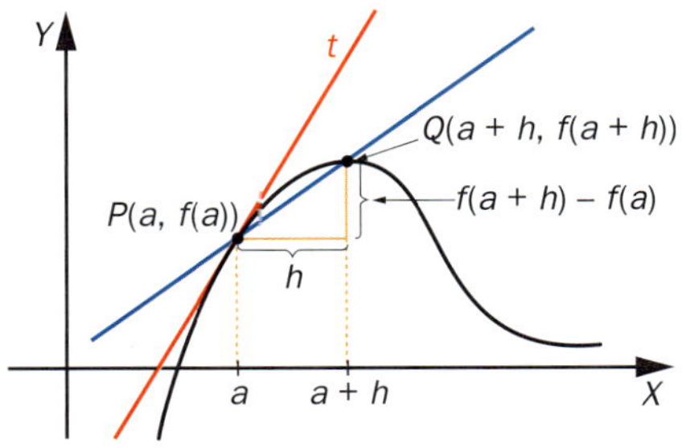

2 Derivada d'una funció

Quan es tracten contextos tan diferents com la velocitat, el creixement de les poblacions, la temperatura, el cost marginal, la depreciació d'un producte i la propagació d'un rumor, entre d'altres, es fa servir l'expressió $f'(a)$, que s'utilitza per definir el pendent de la recta tangent a la corba en el punt $(a, f(a))$. Aquesta expressió rep el nom propi de **derivada.** Així doncs:

> La **derivada** d'una funció $f(x)$ en un punt $x = a$ es designa $\mathbf{f'(a)}$, es llegeix «f prima en a» i ve donada pel límit següent, si existeix:
>
> $$f'(a) = \lim_{h \to 0} \frac{f(a+h) - f(a)}{h}$$

La funció que assigna a cada nombre x del domini de $f(x)$ la seva derivada $f'(x)$ s'anomena **funció derivada.** Farem servir indistintament y' o $f'(x)$. El procés de càlcul de la derivada d'una funció s'anomena **derivació.**

La **interpretació geomètrica de la derivada** en un punt és el pendent m de la recta tangent a la corba en aquest punt. Així:

$$m = f'(a) = \lim_{h \to 0} \frac{f(a+h) - f(a)}{h}$$

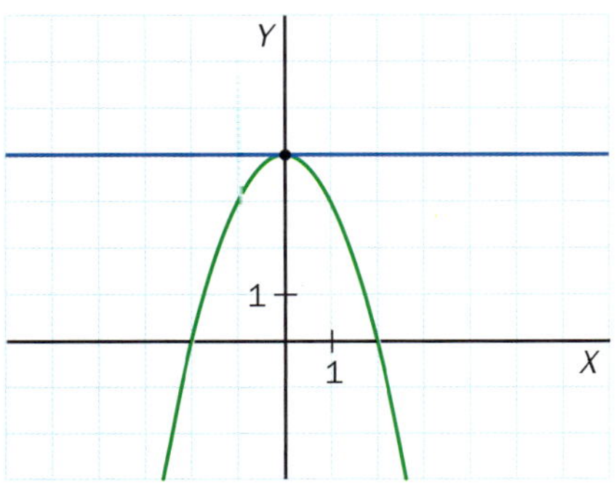

Exemple 3. Donada la corba $f(x) = -x^2 + 4$, calcula'n la derivada en $x = 0$ i interpreta'n geomètricament el resultat.

$$f'(0) = \lim_{h \to 0} \frac{f(0+h) - f(0)}{h} = \lim_{h \to 0} \frac{(-h^2+4) - (4)}{h} = \lim_{h \to 0} \frac{-h^2}{h} = \lim_{h \to 0}(-h) = 0$$

$m = f'(0) = 0$ és el pendent de la recta tangent a la corba $f(x) = -x^2 + 4$ en el punt $(0,4)$. Com que la corba és una paràbola, es tracta de la recta tangent en el seu vèrtex, l'equació de la qual és $y = 4$ (observa la figura del marge).

Derivada i continuïtat

La relació entre la continuïtat i la derivabilitat d'una funció va molt lligada a la seva gràfica, ja que, si una funció no és contínua en un punt, no existeix la recta tangent en aquest punt i, per tant, no pot ser derivable. Ara bé, hi ha funcions contínues en un punt que no siguin derivables en aquest punt? La resposta és afirmativa. Observa les gràfiques següents:

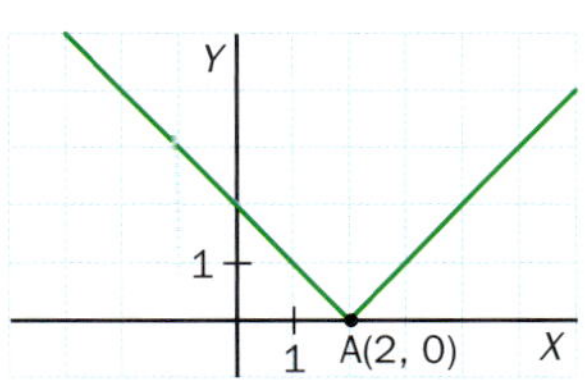

La funció $f(x) = |x - 2|$ té un «pic» en el punt $(2,0)$ i no és derivable perquè hi ha dues rectes tangents en aquest punt.

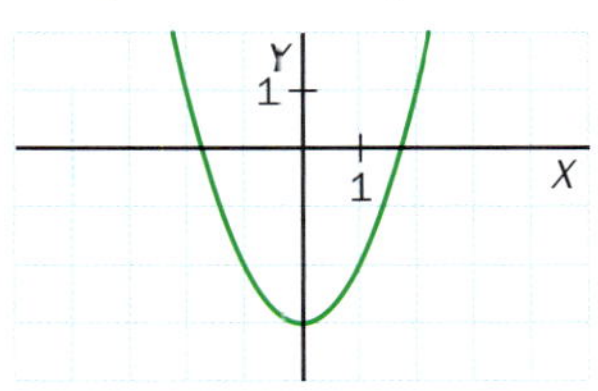

La funció $g(x) = x^2 - 3$ és derivable en tots els seus punts.

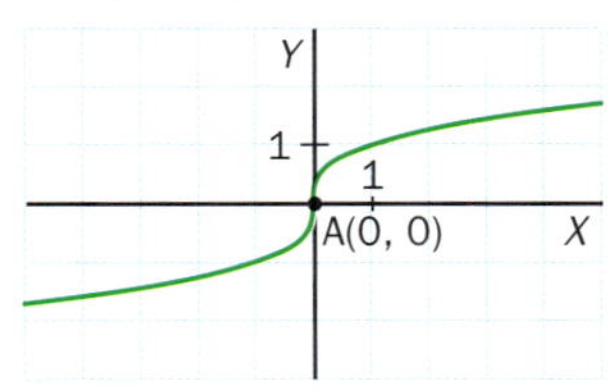

La funció $h(x) = \sqrt[3]{x}$ té tangent vertical en el punt (0,0) i, per tant, no és derivable en el punt en qüestió.

Si una funció no és contínua en un punt, no pot ser derivable en aquest punt; en canvi, si és contínua en un punt, pot ser derivable en aquest punt o no. El teorema següent aclareix aquesta situació:

> Si una funció $f(x)$ és derivable en un punt $x = x_0$, llavors $f(x)$ és contínua en $x = x_0$.

El recíproc d'aquest teorema és fals: una funció pot ser contínua en un punt i no ser derivable en el punt en qüestió. Això passa, per exemple, amb la funció de l'últim apartat, $h(x) = \sqrt[3]{x}$.

Activitats

1. Troba el pendent de la recta tangent a la gràfica de les funcions següents en els punts indicats:

a) $f(x) = 3 - x^2$, $P(-1,2)$ *b)* $f(x) = 2x + 5$, $P(1,7)$

2. Determina l'equació de la recta tangent a les corbes en els punts indicats:

a) $f(x) = 3x^2 + 4x$, $P(1,7)$ *b)* $f(x) = x^3 + 1$, $P(0,1)$

3 Taxes de variació

Quan estudiem la taxa d'atur en relació amb la població activa, o el ritme de creixement de la població mundial respecte al temps, en realitat estem considerant una taxa de variació que estima la rapidesa amb què creix o decreix una funció.

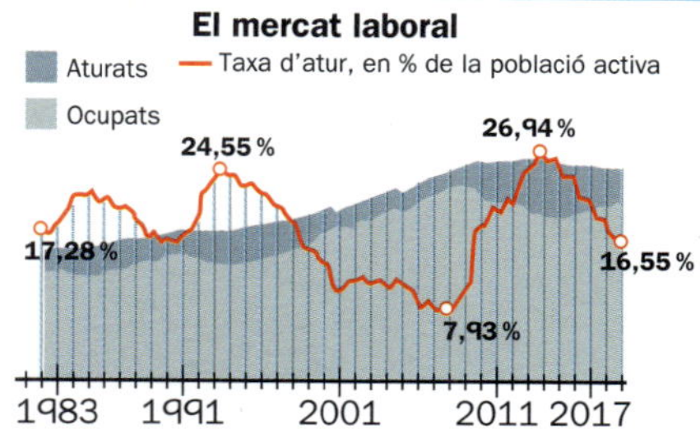

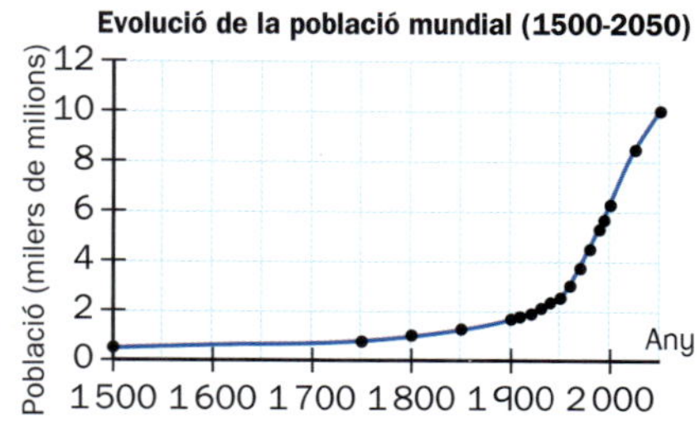

La **taxa de variació mitjana** de la funció $y = f(x)$ en l'interval $[a, x]$ ve definida pel quocient: $TVM = \dfrac{\text{variació de } y}{\text{variació de } x} = \dfrac{f(x) - f(a)}{x - a}$

El límit de la taxa de variació mitjana quan $x \to a$ es coneix amb el nom de **taxa de variació instantània** de la funció $y = f(x)$ respecte a x a $x = a$. S'expressa així:

$$TVI = \lim_{x \to a} \frac{f(x) - f(a)}{x - a} = f'(a)$$

La **taxa de variació instantània** és el pendent de la recta tangent a la corba $y = f(x)$ en el punt $P(a, f(a))$, i equival, per tant, a la derivada en aquest punt, $f'(a)$.

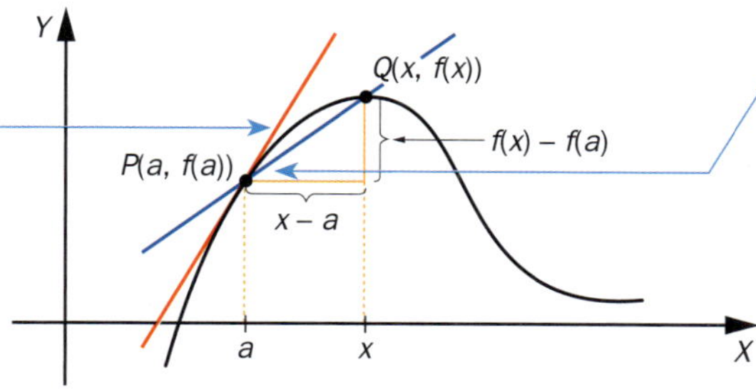

La **taxa de variació mitjana** es pot interpretar com el pendent de la recta secant PQ.

Activitat resolta 1

El Burj Khalifa (Torre Califa) és l'edifici més alt del món, amb una alçària de 828 m. A la planta 124, situada a una altura de 442 m, hi ha un mirador. Des d'allà, una persona deixa caure una pilota. Si la distància en metres recorreguda per aquesta pilota després de t segons ve donada per $f(t) = 4{,}9t^2$:

a) Quina és la velocitat mitjana de la pilota entre 9 i 10 segons més tard? I entre 9 i 9,5? I entre 9 i 9,1?

b) Troba la velocitat instantània al cap de 9 segons.

La **velocitat mitjana** expressa la relació entre la variació de l'espai i la variació del temps: $v_m = \dfrac{\text{espai recorregut}}{\text{temps transcorregut}} = \dfrac{f(t) - f(a)}{t - a}$

a) En l'interval $[9, 10]$ la velocitat mitjana és: $v_m = \dfrac{f(10) - f(9)}{10 - 9} = \dfrac{490 - 396{,}9}{1} = 93{,}1$ m/s.

En l'interval $[9, 9{,}5]$ la v_m és:

$$v_m = \frac{f(9{,}5) - f(9)}{9{,}5 - 9} = \frac{442{,}225 - 396{,}9}{0{,}5} = 90{,}65 \text{ m/s}$$

En l'interval $[9, 9{,}1]$, la v_m és:

$$v_m = \frac{f(9{,}1) - f(9)}{9{,}1 - 9} = \frac{405{,}769 - 396{,}9}{0{,}1} = 88{,}69 \text{ m/s}$$

b) Per la seva banda, la **velocitat instantània** representa el límit de la velocitat mitjana per a intervals de temps cada vegada més reduïts. Així: $v(a) = \lim\limits_{t \to a} \dfrac{f(t) - f(a)}{t - a}$

$$v(9) = \lim_{t \to 9} \frac{4{,}9t^2 - 396{,}9}{t - 9} = \lim_{t \to 9} \frac{4{,}9(t^2 - 81)}{t - 9} = \lim_{t \to 9} \frac{4{,}9(t - 9)(t + 9)}{t - 9} = \lim_{t \to 9} 4{,}9(t + 9) = 88{,}2 \text{ m/s}$$

Després de 9 segons, la pilota llançada des del mirador es mourà a una velocitat de 88,2 m/s.

Activitats

3. Els ingressos, en milions d'euros, d'una empresa després de t anys de funcionament s'estimen així:

$$I(t) = 0{,}2t^2 + 5t$$

a) Calcula la taxa de variació mitjana dels ingressos entre el primer any de funcionament i el segon.

b) A quin ritme de creixement s'estimen els ingressos a l'inici del segon any de funcionament?

4. Observa les dades de la taula següent, en la qual figura l'evolució de la població espanyola en milions d'habitants. Troba la taxa de variació mitjana del creixement entre:

a) 1930 i 1991 *b)* 1991 i 2018 *c)* 1930 i 2018

Any	1930	1960	1991	2012	2018
Població	23,7	30,6	39,4	46,8	46,7

4 Tècniques de derivació

Quan resulta complicat calcular una derivada aplicant la seva definició, es fan servir regles que permeten calcular-la amb certa facilitat. Per exemple:

$f(x)=k \qquad f'(x)=0$

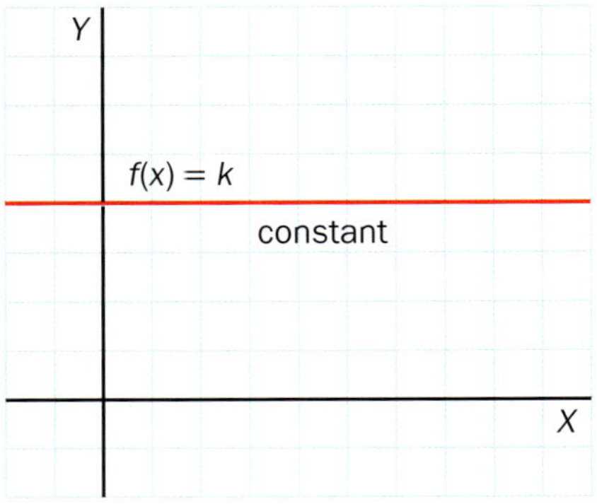

Derivada de la funció constant

La funció constant $f(x)=k$, la gràfica de la qual és una recta horitzontal, té com a pendent 0 en tots els seus punts, de manera que $f'(x)=0$.

Exemple 4. Calcula les derivades de les funcions constants següents:

a) $f(x)=7$ **b)** $g(x)=7\sqrt{3}$ **c)** $h(x)=2^6$ **d)** $j(x)=\log 7$

a) $f'(x)=0$ *b)* $g'(x)=0$ *c)* $h'(x)=0$ *d)* $j'(x)=0$

$f(x)=x \qquad f'(x)=1$

$f(x)=x^n \qquad f'(x)=n\cdot x^{n-1}$

Derivada de la funció potencial

Si $f(x)=x^n$ és valida per a qualsevol valor real, llavors: $f'(x)=n\cdot x^{n-1}$. Per trobar la derivada de x^n es resta 1 a l'exponent n de x i es multiplica la nova potència de x per l'exponent original, n. En el cas de $f(x)=x$, la pendent de la qual val 1 en tots els punts, la derivada és $f'(x)=1$.

Exemple 5. Troba les derivades de les funcions següents:

a) $f(x)=x^2$ **b)** $g(x)=x^5$ **c)** $h(x)=\sqrt{x}$ **d)** $j(x)=\sqrt[3]{x^2}$ **e)** $k(x)=\dfrac{1}{x}$

a) $f'(x)=2x$ *b)* $g'(x)=5x^4$ *c)* $h(x)=\sqrt{x}=x^{1/2},\ h'(x)=\dfrac{1}{2}x^{-1/2}=\dfrac{1}{2\sqrt{x}}$

d) $j(x)=\sqrt[3]{x^2}=x^{2/3},\ j'(x)=\dfrac{2}{3}x^{-1/3}=\dfrac{2}{3\sqrt[3]{x}}$ *e)* $k(x)=\dfrac{1}{x}=x^{-1},\ k'(x)=-1\cdot x^{-2}=\dfrac{-1}{x^2}$

$y=k\cdot f(x) \qquad y'=k\cdot f'(x)$

$y=k\cdot x^n \qquad y'=k\cdot n\cdot x^{n-1}$

Derivada d'una constant per una funció

Suposem que k és una constant, i $f(x)$ una funció derivable. La derivada d'una constant per una funció és igual a aquesta constant multiplicada per la derivada de la funció. Si $y=k\cdot f(x)$, llavors $f(x)$. En el cas particular que $f(x)$ sigui la funció potencial, resulta:

$$y=k\cdot x^n \qquad y'=k\cdot n\cdot x^{n-1}$$

Exemple 6. Calcula les derivades de les funcions següents:

a) $y=3x^5$ **b)** $y=-x$ **c)** $y=3\sqrt{x}$

a) $y'=15x^4$ *b)* $y'=-1$ *c)* $y'=3\cdot\dfrac{1}{2}x^{-1/2}=\dfrac{3}{2\sqrt{x}}$

$y=f(x)+g(x) \qquad y'=f'(x)+g'(x)$

Derivada de la suma

Si $f(x)$ i $g(x)$ són dues funcions derivables, llavors la derivada de la seva suma és la suma de les derivades. És a cir, si $y=f(x)+g(x)$, llavors $y'=f'(x)+g'(x)$.

Punt d'interès

- Si $y=f(x)-g(x)=f(x)+(-g(x))$, llavors $y'=f'(x)-g'(x)$.
- La derivada de la suma es pot estendre a la suma de més de dues funcions.

Exemple 7. Troba les derivades d'aquestes funcions:

a) $y=x^2+5x-1$ **b)** $y=3x^3-5x^2+4x+2$ **c)** $y=x^2-4x$ **d)** $y=\dfrac{5}{x^2}+3x$

a) $y'=2x+5$ *b)* $y'=9x^2-10x+4$ *c)* $y'=2x-4$

d) $y=\dfrac{5}{x^2}+3x=5x^{-2}+3x \qquad y'=-10x^{-3}+3=-\dfrac{10}{x^3}+3$

Derivada del producte

Si $f(x)$ i $g(x)$ són dues funcions derivables, llavors el seu producte $y = f(x)\cdot g(x)$ també és derivable, i la derivada resulta:

$$y' = f'(x)\cdot g(x) + f(x)\cdot g'(x)$$

La derivada d'un producte és igual a la derivada del primer factor pel segon més el primer factor per la derivada del segon. La derivada del producte també és vàlida per a més de dos factors.

$$y = f(x)\cdot g(x)$$
$$y' = f'(x)\cdot g(x) + f(x)\cdot g'(x)$$

Exemple 8. Aplica la tècnica de la derivada del producte per obtenir aquestes derivades:

a) $\mathbf{y = (2x-5)(x^2+7)}$ ***b)*** $\mathbf{y = (3-x^3)(1-x)}$ ***c)*** $\mathbf{y = 2x(x^2-1)(2+x)}$

a) $y' = 2(x^2+7)+(2x-5)2x = 2x^2+14+4x^2-10x = 6x^2-10x+14$

b) $y' = -3x^2(1-x)+(3-x^3)(-1) = -3x^2+3x^3-3+x^3 = 4x^3-3x^2-3$

c) $y' = 2(x^2-1)(2+x)+2x(2x)(2+x)+2x(x^2-1)(1) = 8x^3+12x^2-4x-4$

Punt d'interès

Si $y = f(x)\cdot g(x)\cdot h(x)$, llavors

$$y' = f'(x)g(x)h(x) + f(x)g'(x)h(x) + f(x)g(x)h'(x)$$

Derivada del quocient

Si $f(x)$ i $g(x)$ són dues funcions derivables, llavors el seu quocient $y = \dfrac{f(x)}{g(x)}$ també és derivable, i es troba així: $y' = \dfrac{f'(x)\cdot g(x) - f(x)\cdot g'(x)}{[g(x)]^2}$, si $g(x) \neq 0$.

La derivada d'un quocient és igual a la derivada del numerador multiplicada pel denominador, menys el numerador multiplicat per la derivada del denominador, tot dividit entre el quadrat del denominador. La tècnica de la derivada del quocient permet obtenir les derivades de les funcions racionals. La majoria de vegades no cal desenvolupar el denominador.

$$y = \frac{f(x)}{g(x)}$$
$$y' = \frac{f'(x)\cdot g(x) - f(x)\cdot g'(x)}{[g(x)]^2}$$

Exemple 9. Troba les derivades de les funcions: ***a)*** $\mathbf{y = \dfrac{x^2}{x-3}}$; ***b)*** $\mathbf{y = \dfrac{x}{x^2+1}}$.

a) $y' = \dfrac{2x(x-3)-x^2(1)}{(x-3)^2} = \dfrac{2x^2-6x-x^2}{(x-3)^2} = \dfrac{x^2-6x}{(x-3)^2}$

b) $y' = \dfrac{1(x^2+1)-x(2x)}{(x^2+1)^2} = \dfrac{x^2+1-2x^2}{(x^2+1)^2} = \dfrac{-x^2+1}{(x^2+1)^2}$

Derivades d'ordre superior

La derivada de la funció derivada es representa $f''(x)$ o y'' i s'anomena derivada segona.

Exemple 10. Calcula les derivades primera i segona de $\mathbf{y = 3x^3-5x^2+4x+2}$.

$y' = 9x^2-10x+4$ $\quad y'' = 18x-10$

Per evitar càlculs innecessaris, abans de calcular la derivada segona intenta simplificar al màxim la derivada primera i, sempre que sigui possible, els passos intermedis en el càlcul de la derivada segona.

Exemple 11. Estudia si la funció $\mathbf{y = x^3-3x^2+5}$ **verifica l'equació**

$$y''+y'+y = x^3-1$$

$y' = 3x^2-6x$ $\quad y'' = 6x-6$

$y''+y'+y = (6x-6)+(3x^2-6x)+(x^3-3x^2+5) = x^3-1$. Per tant, sí que verifica l'equació.

Activitat resolta 2

Calcula les derivades primera i segona de la funció $f(x)=\dfrac{x^2}{x-1}$.

$$f'(x)=\frac{2x(x-1)-x^2(1)}{(x-1)^2}=\frac{2x^2-2x-x^2}{(x-1)^2}=\frac{x^2-2x}{(x-1)^2}$$

$$f''(x)=\frac{(2x-2)(x-1)^2-(x^2-2x)2(x-1)}{(x-1)^4}=\frac{(x-1)\left[(2x-2)(x-1)-(x^2-2x)2\right]}{(x-1)^4}=$$

$$=\frac{2x^2-2x-2x+2-2x^2+4x}{(x-1)^3}=\frac{2}{(x-1)^3}$$

Activitat resolta 3

El nombre de milers de seguidors d'un nou *influencer* en una xarxa social es pot modelar, en funció del temps (en setmanes), per l'expressió:

$$N(t)=-t^3+3t^2+10t,\ t\geq 0$$

a) Calcula el nombre de seguidors que tindrà al cap de dues setmanes.

b) Quin és el ritme de creixement dels seguidors al cap de tres setmanes?

a) Com que $N(2)=24$, el nombre de seguidors d'aquest *influencer* al cap de dues setmanes és de 24 000 persones.

b) Per trobar el ritme de creixement hem de trobar la derivada d'aquesta funció. Així:

$$N'(t)=-3t^2+6t+10$$

Llavors, $N'(3)=-1$ i, per tant, al cap de tres setmanes, l'*influencer* perd seguidors a un ritme de 1 000 per setmana.

Activitat resolta 4

Els ingressos mensuals d'una companyia que fabrica un únic model de dron amb càmera venen donats per l'expressió $I(p)=-8p^2+6\,400p$, on p és el preu en euros.

a) Calcula $I'(p)$.

b) Quin preu verifica $I'(p)=0$? Quin significat té?

a) $I'(p)=-16p+6\,400$ *b)* $I'(p)=-16p+6\,400=0\Rightarrow p=400$ €

La derivada s'anul·la per a un preu de 400 €.

El preu $p=400$ està situat en el vèrtex de la paràbola, $I(p)=-8p^2+6\,400p$, i això significa que els ingressos mensuals són màxims per a un import de 1 280 000 €. Si $0<p<400$, els ingressos creixen quan augmenta el preu, mentre que si $p>400$, els ingressos decreixen en incrementar-se el preu.

Activitats

5. Calcula la derivada en els punts indicats.

a) $f(x)=x+3\sqrt{x},\ x=2$ *b)* $f(x)=2x-\dfrac{1}{x^3},\ x=-1$

6. Troba l'equació de la recta tangent a la corba $y=(x-1)(x^3-3x^2+1)$ en el punt d'abscissa $x=2$.

7. Troba les equacions de les rectes tangents a la corba $y=\dfrac{1}{4}x^2-2x-12$ en els punts d'intersecció amb els eixos.

8. Un fabricant artesanal estima que el cost total (en euros) de fabricar x parells de vambes és $C(x)=0{,}2x^3$.

a) Quin és el cost total de fabricar deu vambes?

b) Si el cost marginal és la derivada del cost total i representa el cost de fabricar un parell de vambes addicional, quin serà el cost marginal de fabricar dos parells de vambes?

c) Representa gràficament les funcions $C(x)$ i $C'(x)$ i analitza'n el comportament.

9. Troba les derivades de les funcions:

a) $f(x)=\dfrac{x}{x^2-1}$ *b)* $f(x)=\dfrac{x+2}{x-3}$ *c)* $f(x)=\dfrac{x^3}{x^2+2}$

d) $f(x)=\dfrac{2x-3}{3x-1}$ *e)* $f(x)=\dfrac{x+1}{x^2-x+1}$ *f)* $f(x)=\dfrac{2-x}{3-2x}$

10. Calcula la derivada de $g(x)=\dfrac{x^2-3x+6}{x}$:

a) Realitzant prèviament la divisió.

b) Utilitzant la derivada del quocient.

11. Troba les equacions de les rectes tangents a la corba $f(x)=\dfrac{x}{x-1}$ q que passen pel punt $(-1,5)$.

12. Troba els coeficients a, b i c de la paràbola $y=ax^2+bx+c$, sabent que passa pel punt $P(2,5)$, i que $f'(2)=3$ i $f''(2)=2$.

13. Determina si la funció $y=2x^3$ verifica $y''-y=0$.

5 Regla de la cadena o derivació composta

Si es vol derivar la funció $y=\left(x^2+3\right)^5$, les regles de derivació estudiades fins ara no ajuden gaire, ja que es tracta de la composició de dues funcions, $f(x)=x^5$ i $g(x)=x^2+3$. És a dir:

$$y=F(x)=(f\circ g)(x)=f\left[g(x)\right]=f\left[x^2+3\right]=\left(x^2+3\right)^5$$

Ja s'ha vist com derivar tant la funció $f(x)$ com $g(x)$, i ara caldria comptar amb una tècnica que permetés calcular la derivada de $F=f\circ g$, és a dir, de la composició de funcions.

$$y=F(x)=(f\circ g)(x)=f\left[g(x)\right]$$
$$F'(x)=f'\left[g(x)\right]\cdot g'(x)$$

Si f i g són funcions derivables i $F(x)=(f\circ g)(x)=f\left[g(x)\right]$, F és derivable i la seva derivada és: $F'(x)=f'\left[g(x)\right]\cdot g'(x)$. Aquest procediment es coneix amb el nom de **regla de la cadena** o **derivació composta.**

!! Atenció

La regla de la cadena es pot aplicar a més de dues funcions de manera recursiva.

Si es representa f la funció «exterior» i g la funció «interior», la regla de la cadena consisteix a derivar la funció exterior, avaluada en la funció interior, i multiplicar-la per la derivada de la funció interior.

$$F'(x)=f'\left[g(x)\right]\cdot g'(x)$$

- Derivada de la funció interior
- Avaluada en la funció interior
- Derivada de la funció exterior

Exemple 12. Troba la derivada de $y=\left(x^2+3\right)^5$.

$$y=f\left[g(x)\right]=\left(x^2+3\right)^5$$

Utilitzarem un «quadrat» $\boxdot$ per representar la funció interior: $y=(\boxdot)^5$, on $\boxdot=x^2+3$

Així, la seva derivada és $\boxdot'=2x$. Per tant, aplicant la regla de la cadena:

$$y'=f'\left[g(x)\right]\cdot g'(x)=5\cdot(\boxdot)^4\cdot\boxdot'=\underbrace{5\cdot\left(x^2+3\right)^4}_{f'(g(x))}\cdot\underbrace{2x}_{g'(x)}=10x\cdot\left(x^2+3\right)^4$$

Exemple 13. Calcula la derivada de $y=\sqrt{2x^2-1}$.

$$y=\sqrt{2x^2-1}=\left(2x^2-1\right)^{1/2}.\text{ Si }\boxdot=2x^2-1\text{, llavors: }y=(\boxdot)^{1/2}\text{ i }\boxdot'=4x.$$

Per tant, $y'=f'\left[g(x)\right]\cdot g'(x)=\dfrac{1}{2}\cdot(\boxdot)^{\frac{-1}{2}}\cdot\boxdot'=\underbrace{\dfrac{1}{2}\cdot\left(2x^2-1\right)^{-\frac{1}{2}}}_{f'(g(x))}\cdot\underbrace{4x}_{g'(x)}=\dfrac{2x}{\sqrt{2x^2-1}}$

Regla general de la derivada de la funció potencial

Un cas particular de la regla de la cadena consisteix a donar una expressió general per a la derivada de la funció potencial.

$$\text{Si } y=\left[f(x)\right]^n\text{, llavors } y'=n\cdot\left[f(x)\right]^{n-1}\cdot f'(x)$$

$$y=\left[f(x)\right]$$
$$'=n\cdot\left[f(x)\right]^{n-1}\cdot f'(x)$$

Exemple 14. Calcula la derivada de $y=\left(\dfrac{2x}{x^2-1}\right)^6$.

$$y'=6\cdot\left(\frac{2x}{x^2-1}\right)^5\cdot\left(\frac{2\left(x^2-1\right)-2x\cdot2x}{\left(x^2-1\right)^2}\right)=6\cdot\left(\frac{2x}{x^2-1}\right)^5\cdot\left(\frac{-2x^2-2}{\left(x^2-1\right)^2}\right)=\frac{-384x^7-384x^5}{\left(x^2-1\right)^7}$$

Activitats

14. Aplica la regla de la cadena per derivar les funcions:

a) $f(x)=\left(\dfrac{x+2}{x^2-1}\right)^3$ *b)* $f(x)=\sqrt{\dfrac{x}{2x+5}}$ *c)* $f(x)=\dfrac{2x}{(3x-1)^2}$

15. Calcula les derivades primera i segona d'aquestes funcions:

a) $f(x)=\left(x^3-3x\right)^5$ *b)* $f(x)=\dfrac{3}{x^2}$ *c)* $f(x)=\sqrt{1-x}$

6 Derivada de les funcions exponencial i logarítmica

Les derivades de les funcions exponencial i logarítmica tenen un paper fonamental en moltes aplicacions. En especial en l'àmbit econòmic, per exemple, on es fan servir per estudiar el creixement d'una empresa o el d'una població.

$y = a^x \quad y' = a^x \cdot \ln a$

$y = e^x \quad y' = e^x$

Derivada d'una funció exponencial

La derivada de la funció exponencial $y = a^x$ és $y' = a^x \cdot \ln a$. En el cas de la funció exponencial $y = e^x$, la seva derivada és ella mateixa, ja que $\ln e = 1$, és a dir, $y' = e^x$.

Exemple 15. Troba les derivades de les funcions següents:

a) $y = 2^x$ **b)** $y = x^2 \cdot 5^x$

a) $y' = 2^x \ln 2$.

b) Es tracta del producte de dues funcions, per tant $y' = 2x \cdot 5^x + x^2 \cdot 5^x \ln 5 = x5^x(2 + x\ln 5)$.

$y = a^{f(x)} \quad y' = f'(x)a^{f(x)} \cdot \ln a$

$y = e^{f(x)} \quad y' = f'(x) \cdot e^{f(x)}$

Què passa si el que es té és una funció $f(x)$ com a exponent en lloc d'una x? En aquest cas s'ha d'aplicar la regla de la cadena.

En fer-ho, la derivada de la funció exponencial $y = a^{f(x)}$ és $y' = f'(x)a^{f(x)} \cdot \ln a$.

Mentre que la derivada de $y = e^{f(x)}$ és $y' = f'(x) \cdot e^{f(x)}$.

Exemple 16. Calcula la derivada de les funcions següents:

a) $y = 2^{3x+2}$ **b)** $y = \left(\frac{1}{5}\right)^{4x}$ **c)** $y = e^{2x+3}$ **d)** $y = e^{-x}$

a) $y' = 3 \cdot 2^{3x+2} \ln 2$

b) $y' = 4\left(\frac{1}{5}\right)^{4x} \cdot \ln\left(\frac{1}{5}\right) = -4\left(\frac{1}{5}\right)^{4x} \cdot \ln 5$

c) $y' = 2e^{2x+3}$

d) $y' = (-1)e^{-x} = -e^{-x}$

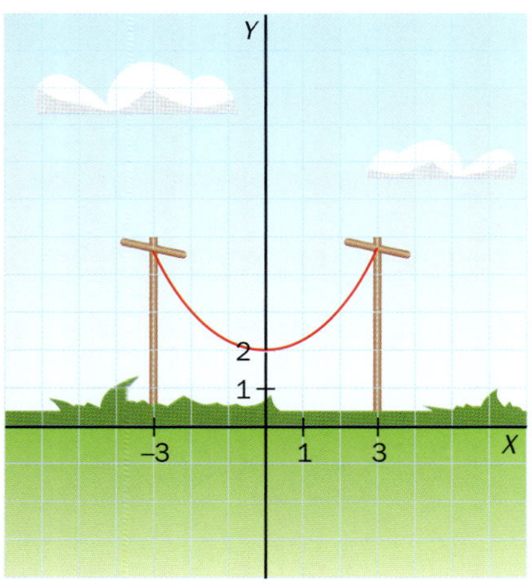

Exemple 17. En matemàtiques i arquitectura es defineix la catenària com aquella corba el traçat de la qual segueix la forma que adquireix una cadena, una corda o un cable amb els dos extrems fixos. Aquesta corba també es fa servir en els ferrocarrils. L'equació general d'una catenària és: $y = 0{,}5k\left(e^{x/k} + e^{-x/k}\right)$, on k és un paràmetre que regula l'obertura de la corba. Calcula la derivada y' per a $k = 2$, quan $-3 \le x \le 3$. En quin punt s'anul·la? Què representa? Calcula l'equació de la recta tangent en el punt en qüestió.

Sigui $y = e^{\frac{x}{2}} + e^{-\frac{x}{2}}$; llavors, $y' = \frac{1}{2}e^{\frac{x}{2}} - \frac{1}{2}e^{-\frac{x}{2}}$.

$$y' = 0 \Rightarrow \frac{1}{2}e^{\frac{x}{2}} - \frac{1}{2}e^{-\frac{x}{2}} = 0 \Rightarrow \frac{1}{2}\left(e^{\frac{x}{2}} - e^{-\frac{x}{2}}\right) = 0 \Rightarrow e^{\frac{x}{2}} = e^{-\frac{x}{2}} \Rightarrow \frac{x}{2} = -\frac{x}{2} \Rightarrow x = 0$$

La derivada s'anul·la en el punt $(0, 2)$, que és el mínim de la corba catenària. L'equació de la recta tangent a la catenària en el punt $(0, 2)$ és, per tant, $y = 2$. Fixa't que la corba catenària s'assembla molt a una paràbola.

Activitat resolta 5

S'estima que el creixement de la població en un país determinat d'aquí a *t* anys vindrà donat, en milions d'habitants, per l'expressió $p(t) = 30 \cdot e^{0{,}01t}$. A quin ritme canviarà la població respecte al temps d'aquí a cinc anys?

Calculem la derivada de $p(t)$.

$$p'(t) = 0{,}01 \cdot 30e^{0{,}01t} = 0{,}3e^{0{,}01t}$$

El ritme de canvi d'aquí a cinc anys serà $p'(5) = 0{,}3e^{0{,}01 \cdot 5} = 0{,}315$.

Per tant, la població en aquest país augmentarà a un ritme de 315 000 habitants per any d'aquí a cinc anys.

Derivada de la funció logarítmica

La derivada de la **funció logarítmica,** $y = \log_a x$ és $y' = \dfrac{1}{x \ln a}$.

Si el que es considera és la funció logaritme neperià, $y = f(x) = \ln x$, llavors $y' = \dfrac{1}{x}$.

$$y = \log_a x$$
$$y' = \frac{1}{x \ln a}$$

Exemple 18. Calcula les derivades d'aquestes funcions: ***a)*** $y = \log_3 x$ ***b)*** $y = x \cdot \ln x$.

a) $y' = \dfrac{1}{x \ln 3}$ *b)* $y' = 1 \cdot \ln x + x \cdot \dfrac{1}{x} = \ln x + 1$

Exemple 19. En quin punt té tangent horitzontal la corba $y = \dfrac{\ln x}{x}$**?**

En aquest cas tenim un quocient de dues funcions: $y' = \dfrac{\frac{1}{x} \cdot x - \ln x \cdot (1)}{x^2} = \dfrac{1 - \ln x}{x^2}$.

La corba tindrà tangent horitzontal si el seu pendent és 0; és a dir, si la derivada s'anul·la.

$$y' = \frac{1 - \ln x}{x^2} = 0 \Rightarrow 1 - \ln x = 0 \Rightarrow \ln x = 1 \Rightarrow x = e$$

Com que $f(e) = \dfrac{\ln e}{e} = \dfrac{1}{e}$, el punt de la corba amb tangent horitzontal és $P\left(e, \dfrac{1}{e}\right)$.

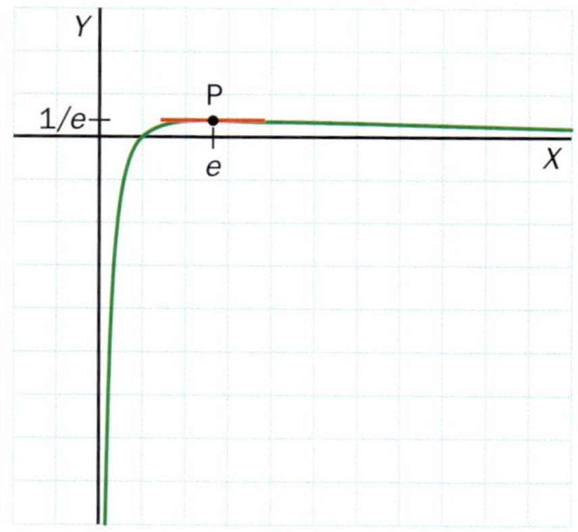

En el cas d'una funció logarítmica composta es fa servir la regla de la cadena. Per tant: si $y = \log_a f(x)$, llavors $y' = \dfrac{f'(x)}{f(x) \cdot \ln a}$.

De manera anàloga, la derivada de la funció logaritme neperià $y = \ln[f(x)]$ és $y' = \dfrac{f'(x)}{f(x)}$.

$$y = \log_a f(x) \qquad y' = \frac{f'(x)}{f(x) \cdot \ln a}$$
$$y = \ln f(x) \qquad y' = \frac{f'(x)}{f(x)}$$

Activitat resolta 6

Calcula les derivades de les funcions següents:

a) $y = \log_2(3x^2 - 1)$

b) $y = \ln\left(\dfrac{1}{x}\right)$ *c)* $y = \ln^2 x$

d) $y = \ln\sqrt{3 - x}$

a) Es tracta de la composició de dues funcions: $y' = \dfrac{6x}{(3x^2 - 1) \cdot \ln 2}$.

b) Es tracta de la composició de dues funcions:

$$y' = \frac{1}{\frac{1}{x}} \cdot \left(\frac{-1}{x^2}\right) = \frac{-1}{x}$$

c) Amb la finalitat de facilitar el càlcul de la derivada, escrivim: $y = \ln^2 x = (\ln x)^2$. Així:

$$y' = 2\ln x \cdot \left(\frac{1}{x}\right) = \frac{2\ln x}{x}$$

d) Com que $y = \ln\sqrt{3 - x} = \ln(3 - x)^{1/2} = \dfrac{1}{2}\ln(3 - x)$, llavors:

$$y' = \frac{1}{2} \cdot \frac{1}{3 - x} \cdot (-1) = \frac{-1}{6 - 2x} = \frac{1}{2x - 6}$$

Activitats

16. Troba l'equació de la recta tangent a la funció $f(x) = x \cdot e^{x-1}$ en el punt d'abscissa $x = 1$.

17. Calcula les derivades següents:

a) $y = x^2 \ln(1 - x)$ *b)* $y = \ln\left(\dfrac{2x - 1}{x + 2}\right)$

c) $y = e^{\sqrt{x}}$ *d)* $y = \dfrac{1}{2 - e^{-x}}$

e) $y = 3xe^{-2x}$

18. Segons fonts periodístiques, un rumor es propaga d'acord amb la funció $f(t) = \dfrac{1}{1 + ae^{-kt}}$, que representa la proporció de persones d'una població que se n'assabenta al cap de t dies, i tant k com a són dues constants positives.

a) Calcula $\lim\limits_{t \to \infty} f(t)$ i interpreta'n el resultat.

b) Determina la velocitat de propagació del rumor.

Per a $a = 10$ i $k = 0{,}5$, quin és el ritme de propagació del rumor al cap de dotze dies?

7 Funcions creixents i decreixents

Les derivades també es fan servir per determinar els intervals on una funció és creixent o decreixent. Així, per exemple, és creixent en la gràfica que reflecteix l'evolució de la població mundial, i decreixent, en la que mostra la depreciació del valor d'un automòbil.

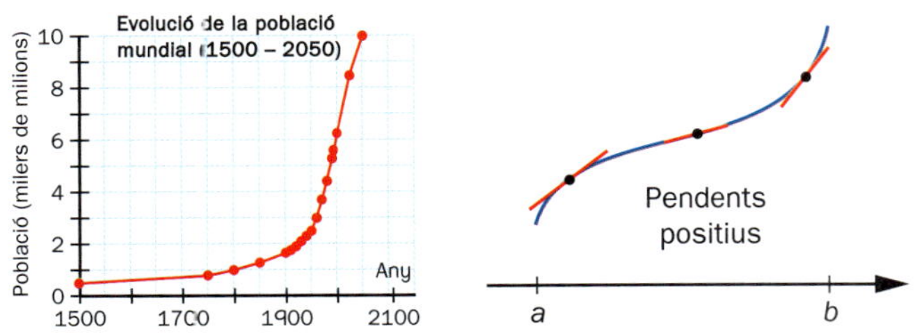

La funció és creixent i només té tangents amb pendents positius en l'interval (a,b), és a dir, $f'(x)>0$.

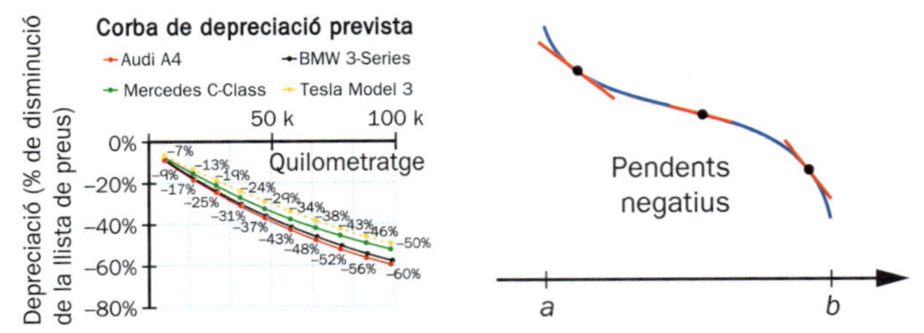

La funció és decreixent i té tangents amb pendents negatius en tots els punts de l'interval (a,b); és a dir, $f'(x)<0$.

Criteri de la derivada primera per a funcions creixents i decreixents.

Si $f(x)$ és una funció contínua i derivable en un interval obert (a,b), llavors:

- Si $f'(x)<0$, per a tot $x\in(a,b)$, la funció $f(x)$ és **decreixent** en (a,b).
- Si $f'(x)>0$, per a tot $x\in(a,b)$, la funció $f(x)$ és **creixent** en (a,b).

Es diu que un punt $(x_0, f(x_0))$ que pertany al domini d'una funció $f(x)$ és un **punt crític** si la derivada en aquest punt és nul·la o no existeix, és a dir, si $f'(x_0)=0$ o si $f'(x_0)$ **no existeix.**

Una funció contínua només canvia de signe en tallar l'eix OX. Per tant, si es marquen sobre la recta real els punts en els quals $f'(x)$ no és contínua o val 0, la recta real quedarà dividida en intervals en els quals $f'(x)$ no canvia de signe.

Estratègies per determinar els intervals de creixement i decreixement.

- Trobar els punts crítics i marcar-los sobre el domini de $f(x)$ en la recta real. D'aquesta manera, el domini de $f(x)$ queda dividit en intervals oberts.
- Determinar el signe de $f'(x)$ en cada un dels intervals obtinguts anteriorment mitjançant valors de prova. Tot seguit, aplicar el criteri de la derivada primera per localitzar on és creixent o decreixent $f(x)$.

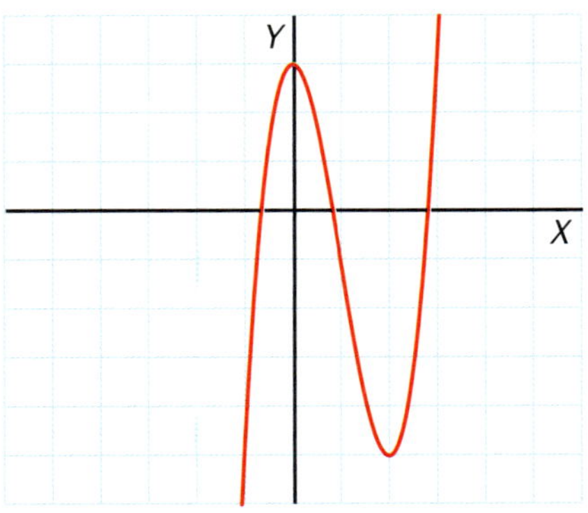

Exemple 20. **Troba els intervals de creixement i decreixement de la funció:**

$$f(x)=2x^3-6x^2+3$$

La funció $f(x)$ és polinòmica, i per tant està definida i és contínua en tot $\mathbb{R}$. La seva derivada és $f'(x)=6x^2-12x$, que també és polinòmica i, per tant, està definida en tot $\mathbb{R}$. Vegem, llavors, on s'anul·la: $f'(x)=6x^2-12x=6x(x-2)=0$; els punts crítics són $x=0$ i $x=2$. Per tant, la recta real queda dividida en tres intervals oberts: $(-\infty,0)$, $(0,2)$ i $(2,+\infty)$. Triem tres nombres de prova, un per a cada interval. Per exemple, –1, 1 i 3. Així: $f'(-1)=18>0$; $f'(1)=-6<0$; $f'(3)=18>0$.

Amb la finalitat d'obtenir informació visual de tot el procés, construïm la taula següent:

Interval	$(-\infty,0)$	$(0,2)$	$(2,+\infty)$
Valor de prova	–1	1	3
Signe de $f'(x)$	positiu	negatiu	positiu
Conclusió	creixent (↗)	decreixent (↘)	creixent (↗)

En resum, $f(x)$ és creixent en els intervals $(-\infty,0)$ i $(2,+\infty)$, i decreixent en $(0,2)$.

Exemple 21. Determina els intervals de creixement i decreixement de la funció:

$$\boldsymbol{f(x) = 2x^4 - 4x^2 + 3}$$

Com que és una funció polinòmica, està definida i és contínua en tot $\mathbb{R}$. La seva derivada és $f'(x) = 8x^3 - 8x$, i està definida i és contínua en tot $\mathbb{R}$.

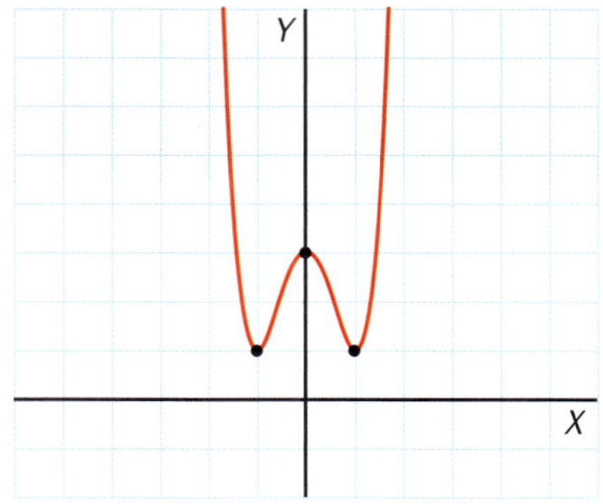

Vegem, en primer lloc, en quins punts s'anul·la la derivada:

$$f'(x) = 8x^3 - 8x = 8x(x^2 - 1) = 0, \text{ per a } x = -1,\ x = 0 \text{ i } x = 1$$

Els punts crítics són $x = -1$, $x = 0$ i $x = 1$. Per tant, la recta real queda dividida en quatre intervals oberts: $(-\infty, -1)$, $(-1, 0)$, $(0, 1)$ i $(1, +\infty)$. Triem quatre nombres de prova, un per cada interval. Per exemple, −2, −0,5, 0,5 i 3.

Així: $f'(-2) = -48 < 0$; $f'(-0{,}5) = 3 > 0$; $f'(0{,}5) = -3 < 0$; $f'(3) = 192 > 0$.

Amb l'objectiu d'obtenir informació visual de tot el procés, construïm la taula següent:

Interval	$(-\infty, -1)$	$(-1, 0)$	$(0, 1)$	$(1, +\infty)$
Valor de prova	−2	−0,5	0,5	3
Signe de $f'(x)$	negatiu	positiu	negatiu	positiu
Conclusió	decreixent (↘)	creixent (↗)	decreixent (↘)	creixent (↗)

En resum, $f(x)$ és creixent en els intervals $(-1, 0)$ i $(1, +\infty)$, i decreixent en $(-\infty, -1)$ i $(0, 1)$.

Activitat resolta 7

Determina els intervals de creixement i decreixement de la funció:

$$\boldsymbol{f(x) = \frac{x^2}{x+1}}$$

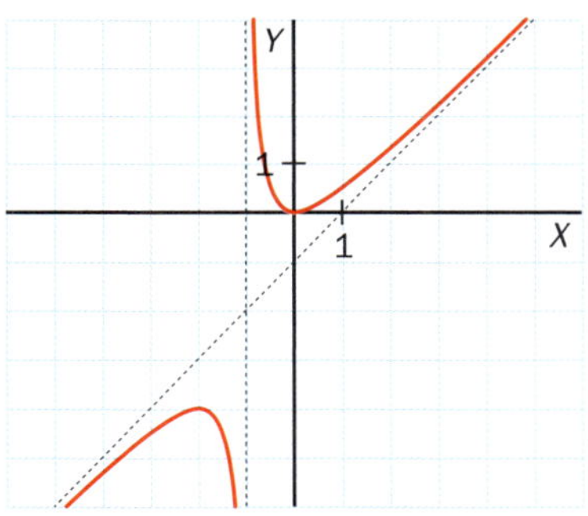

La funció $f(x)$ és racional i està definida si $x \neq -1$, és a dir, el seu domini és:

$$(f) = \mathbb{R} - \{-1\} = (-\infty, -1) \cup (-1, +\infty)$$

$$f'(x) = \frac{2x(x+1) - x^2}{(x+1)^2} = \frac{2x^2 + 2x - x^2}{(x+1)^2} = \frac{x^2 + 2x}{(x+1)^2}, \text{ que manté el mateix domini que } f(x)$$

$$f'(x) = \frac{x^2 + 2x}{(x+1)^2} = 0 \Leftrightarrow x^2 + 2x = 0 \Leftrightarrow x = 0, \quad x = -2$$

Els únics punts crítics són −2 i 0. Per tant, els quatre intervals en què queda dividida la recta real dins del domini de f són: $(-\infty, -2)$, $(-2, -1)$, $(-1, 0)$ i $(0, +\infty)$. Per exemple, triem els valors de prova: −3, −1,5, −0,5 i 1.

$$f'(-3) = 0{,}75 > 0; \quad f'(-1{,}5) = -3 < 0; \quad f'(-0{,}5) = -3 < 0; \quad f'(1) = 0{,}75 > 0$$

Així, podem construir la taula:

Interval	$(-\infty, -2)$	$(-2, -1)$	$(-1, 0)$	$(0, +\infty)$
Valor de prova	−3	−1,5	−0,5	1
Signe de $f'(x)$	+	−	−	+
Conclusió	↗	↘	↘	↗

En resum, $f(x)$ és creixent en els intervals $(-\infty, -2)$ i $(0, +\infty)$, i decreixent en $(-2, -1)$ i $(-1, 0)$.

Activitats

19. Troba els intervals de creixement i decreixement de les funcions següents:

a) $f(x) = x^3 - 3x^2 + 2$ *b)* $f(x) = 2x^4 - 4x^2 + 3$

c) $f(x) = xe^{-x}$ *d)* $f(x) = \dfrac{x^2}{x^2 - 4}$ *e)* $f(x) = \sqrt[3]{x}$

20. Es coneix la gràfica de la derivada d'una funció $f(x)$. En quins intervals és creixent o decreixent aquesta funció?

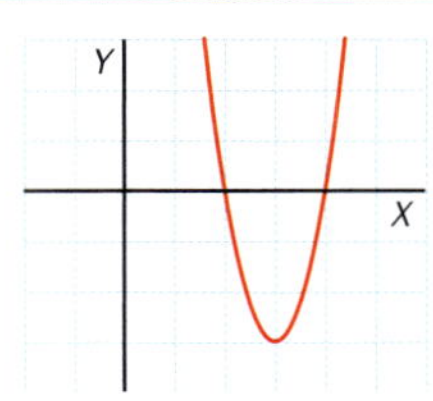

8 Extrems relatius

Un cop determinats els intervals de creixement i decreixement, ja és possible localitzar els extrems relatius d'una funció. De manera intuïtiva, es pot afirmar que una funció contínua tindrà un màxim relatiu allà on presenti un «cim», i un mínim relatiu, on mostri una «vall». Si el cim o la vall de la corba són suaus i arrodonits, la gràfica té una tangent horitzontal. Tanmateix, si són més punxeguts, la funció no serà derivable en aquell punt. A partir d'aquesta gràfica es dedueix:

Hi ha tangent horitzontal en els punts *B, C, D, E* i *G*.

En els punts *C* i *E* hi ha mínims relatius.

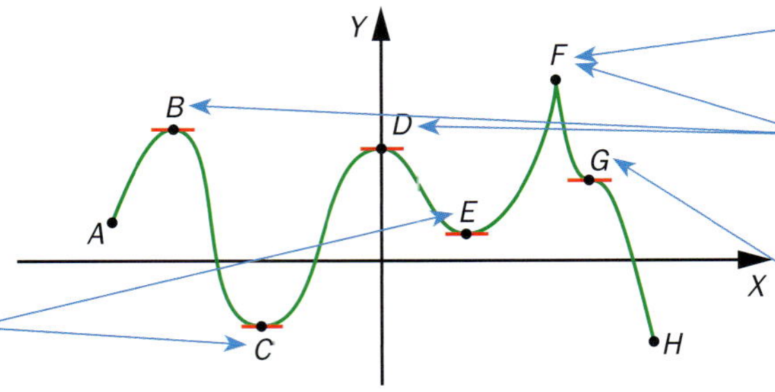

En el punt *F*, la funció no és derivable.

En els punts *B, D* i *F* hi ha màxims relatius.

En el punt *G* no hi ha ni màxim ni mínim relatius.

Les figures següents mostren tres gràfiques de funcions que contenen punts crítics amb derivada nul·la. Així, en *a)* hi ha un màxim relatiu; en *b)* un mínim relatiu, i en *c)* no hi ha ni màxim ni mínim relatius.

Punt d'interès

Els **màxims i mínims relatius** es coneixen amb el nom d'**extrems relatius o locals.**

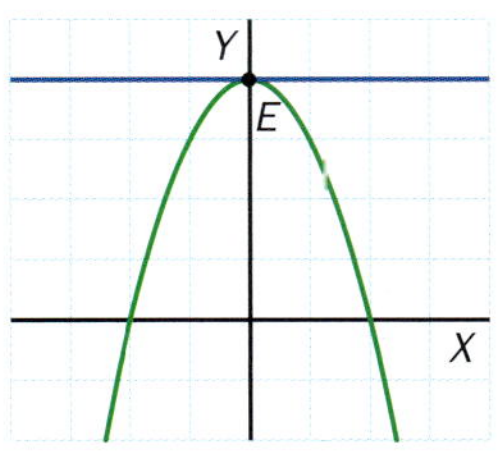

a) $f(x) = -x^2 + 4$

$f'(0) = 0$

Màxim relatiu

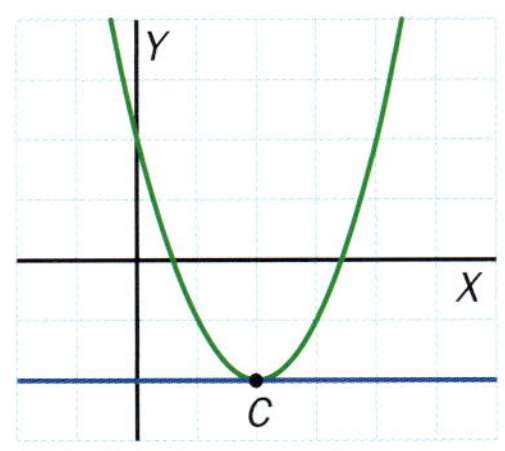

b) $f(x) = (x-2)^2 - 2$

$f'(2) = 0$

Mínim relatiu

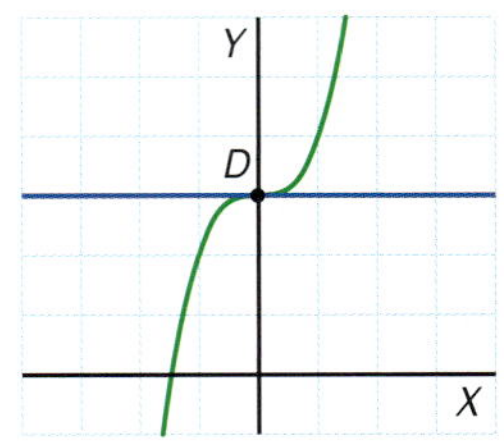

c) $f(x) = x^3 + 3$

$f'(0) = 0$

Ni màxim ni mínim relatius

A continuació es mostren les gràfiques de tres funcions que tenen punts crítics en $x = 0$ i no existeix la derivada.

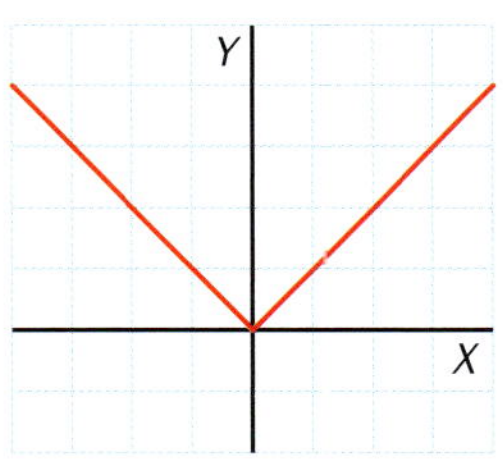

d) $f(x) = |x|$

Mínim relatiu

e) $f(x) = -\sqrt[3]{x^2} + 4$

Màxim relatiu

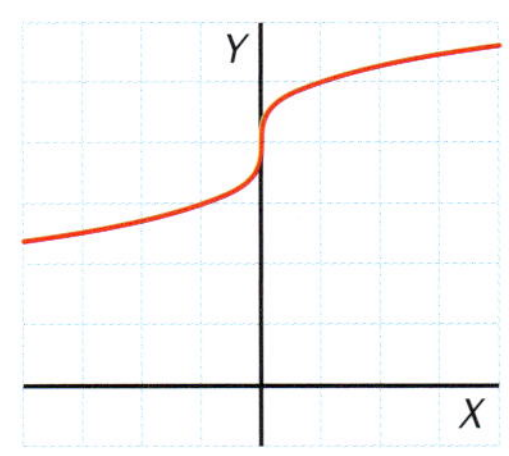

f) $f(x) = x^{1/3} + 4$

Ni màxim ni mínim relatius

Criteri de la derivada primera per a extrems relatius.

Si x_0 és un punt crític de la funció $f(x)$, llavors, $f'(x_0) = 0$ o no existeix. Per tant, el punt $(x_0, f(x_0))$ és:

- Un **mínim relatiu** si $f'(x) < 0$ a l'esquerra de x_0 i $f'(x) > 0$, a la dreta de x_0. És a dir, si en el punt en qüestió la gràfica passa de decréixer a créixer.
- Un **màxim relatiu** si $f'(x) > 0$ a l'esquerra de x_0 i $f'(x) < 0$, a la dreta de x_0. És a dir, si en el punt en qüestió passa de créixer a decréixer.
- No és un extrem relatiu si $f'(x)$ té el mateix signe a l'esquerra i a la dreta de x_0.

Exemple 22. Troba els extrems relatius de la funció $f(x)=x^3-3x+1$.

La funció $f(x)$ és polinòmica i, per tant, està definida i és contínua en tot $\mathbb{R}$. La seva derivada és $f'(x)=3x^2-3$, que també és polinòmica i, per tant, està definida en tot $\mathbb{R}$. Vegem, doncs, on s'anul·la: $f'(x)=3x^2-3=3(x^2-1)=0$ en els punts $x=-1$ i $x=1$.

En conseqüència, els punts crítics es troben en $x=-1$ i $x=1$, o el que és equivalent, en els punts$P(-1,3)$ i $Q(1,-1)$. La recta real queda així dividida en tres intervals oberts: $(-\infty,-1)$, $(-1,1)$ i $(1,+\infty)$. Triem tres nombres de prova; per exemple, -2, 0 i 2. Així:

$$f'(-2)=9>0; \quad f'(0)=-3<0; \quad f'(2)=9>0$$

Intervals i punts crítics	$(-\infty,-1)$	$x=-1$	$(-1,1)$	$x=1$	$(1,+\infty)$
Signe de $f'(x)$	+		−		+
Conclusió	↗	màxim relatiu	↘	mínim relatiu	↗

La funció $f(x)$ és creixent en l'interval $(-\infty,-1)\cup(1,+\infty)$ i decreixent en $(-1,1)$. Per tant, té un màxim relatiu en $x=-1$ i un mínim relatiu en $x=1$.

Amb la informació de la taula podem fer un esbós de la gràfica de $f(x)$ al marge.

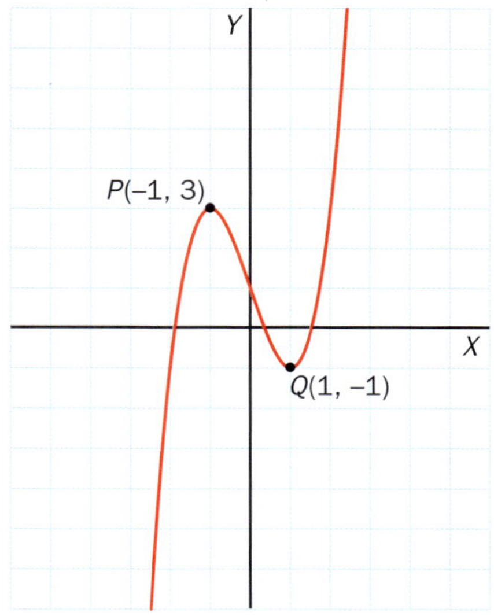

Exemple 23. Troba els intervals de creixement i decreixement, així com els extrems relatius de la funció $f(x)=x^3+1$.

La funció $f(x)$ és polinòmica i, per tant, està definida i és contínua en tot $\mathbb{R}$.

La seva derivada és $f'(x)=3x^2$, que també és polinòmica i, per tant, està definida en tot $\mathbb{R}$. $f'(x)=3x^2=0$ en $x=0$. Com que només té un punt crític en $x=0$, la recta real queda dividida en els intervals $(-\infty,0)$ i $(0,+\infty)$.

Intervals i punts crítics	$(-\infty,0)$	$x=0$	$(0,+\infty)$
Signe de $f'(x)$	+		+
Conclusió	↗	no hi ha màxim ni mínim relatiu	↗

La funció $f(x)$ és creixent en tot $\mathbb{R}$ i, per tant, no té extrems relatius. Observa la gràfica del marge.

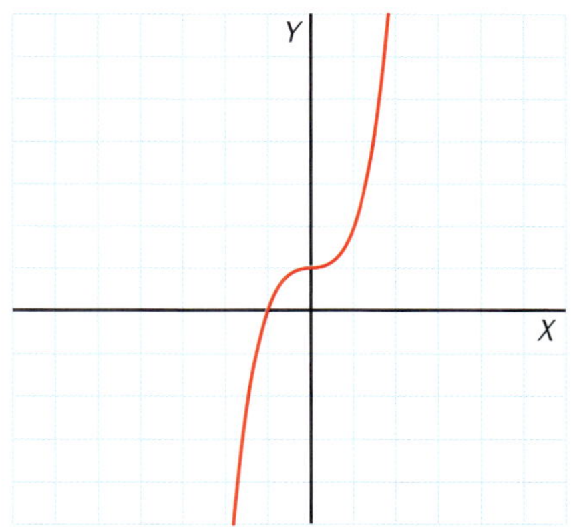

Teorema (condició necessària d'extrem relatiu)

Si x_0 és un màxim o mínim relatiu d'una funció $f(x)$, llavors $f'(x_0)=0$ o no existeix.

Observa que el recíproc és fals. Pot passar que $f'(x_0)=0$ o no existeixi i que, no obstant això, no hi hagi ni màxim ni mínim relatius en el punt en qüestió. Així, en l'Exemple 23, el punt $x=0$ té tangent horitzontal, però no hi ha ni màxim ni mínim relatius en el punt en qüestió.

Relació entre la gràfica d'una funció $f(x)$ i la seva funció derivada $f'(x)$.

Fixa't en el fet que conèixer el signe de la derivada $f'(x)$ per determinar els intervals de creixement i decreixement i localitzar els extrems relatius permet fer una gràfica aproximada de la funció derivada $f'(x)$. I a l'inrevés, donada la gràfica de la funció derivada, es poden esbossar les característiques de la funció original.

Exemple 24. Compara i extreu conclusions a partir de les gràfiques de $f(x)=x^3-3x^2+2$ i de la seva derivada, $f'(x)=3x^2-6x$ que figuren al marge.

$f(x)$ i $f'(x)$ són contínues en tot $\mathbb{R}$. $f(x)$ és creixent en ($(-\infty,0)\cup(2,+\infty)$ i $f'(x)>0$. Per la seva banda, $f(x)$ és decreixent en $(0,2)$, on $f'(x)<0$ és negativa. A més, en $x=0$ hi ha un màxim relatiu, i en $x=2$, un mínim relatiu; per tant $f'(0)=0$ i $f'(2)=0$.

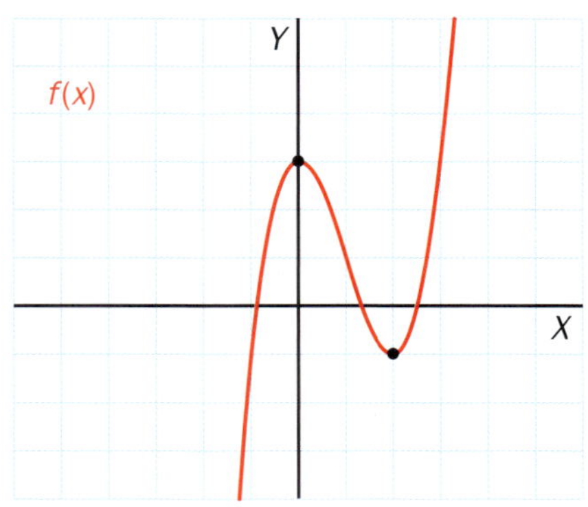

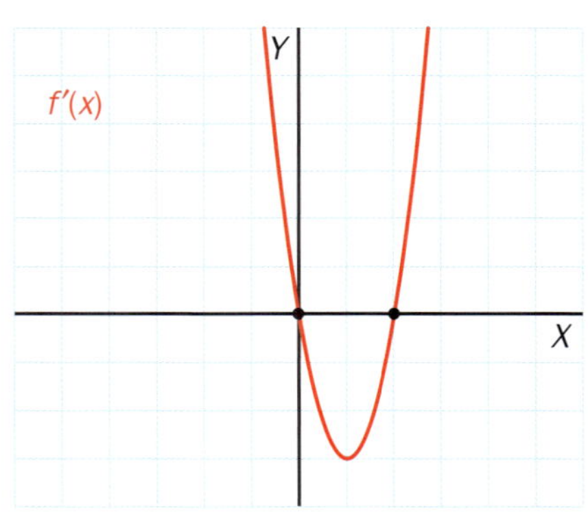

Criteri de la derivada segona per a extrems relatius

Tot seguit es farà servir la derivada segona per determinar l'existència d'extrems relatius en un punt determinat. El càlcul de la derivada segona d'algunes funcions és un procés llarg i complicat. Per tant, hem de valorar quin criteri cal fer servir.

Considerem que $f(x)$ és una funció amb derivada nul·la en un punt x_0, és a dir, $f'(x_0)=0$, i té derivada segona en un interval obert que conté x_0.

- Si $f''(x_0)<0$, $f(x)$ té un màxim relatiu en $x=x_0$.
- Si $f''(x_0)>0$, $f(x)$ té un mínim relatiu en $x=x_0$.

El criteri no permet treure conclusions quan $f''(x_0)=0$ o no existeix, ja que en $x=x_0$ la funció pot tenir un màxim relatiu o un mínim relatiu o bé no tenir cap extrem.

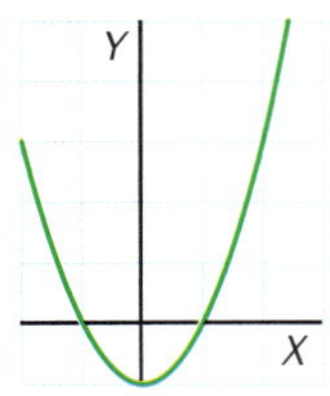

$f(x)=x^2-1$

$f'(x)=2x$

$f''(x)=2$

$f''(0)=2>0$

Mínim relatiu en $x=0$

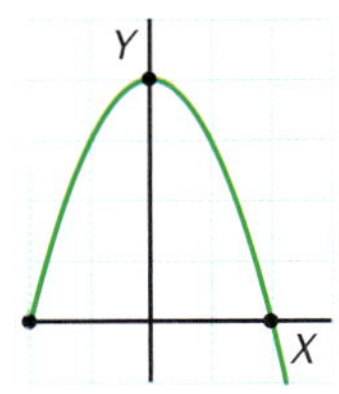

$g(x)=-x^2+4$

$g'(x)=-2x$

$g''(x)=-2$

$g''(0)=-2<0$

Màxim relatiu en $x=0$

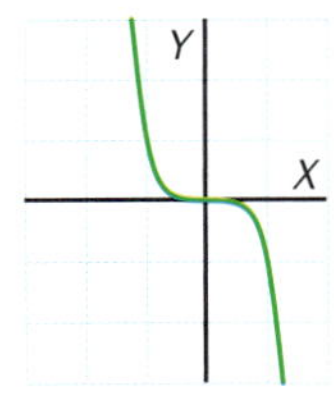

$h(x)=-x^5$

$h'(x)=-5x^4$

$h''(x)=-20x^3$

$h''(0)=0$

Ni màxim ni mínim en $x=0$

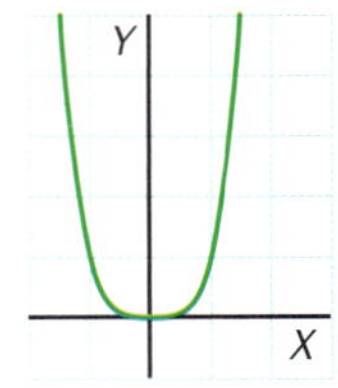

$k(x)=x^4$

$k'(x)=4x^3$

$k''(x)=12x^2$

$k''(0)=0$

Mínim relatiu en $x=0$

Màxims i mínims absoluts

Punt d'interès

Si una funció contínua $f(x)$ està definida en un interval (a, b) i només té un extrem relatiu, llavors aquest punt també és un extrem absolut.

El **màxim absolut** d'una funció en un interval és el valor més alt de la funció en aquell interval.

El **mínim absolut** d'una funció en un interval és el valor més baix de la funció en aquell interval.

Els **extrems absoluts** (màxim absolut i mínim absolut) d'una funció poden coincidir amb els **extrems relatius** o no. Vegeu els exemples següents:

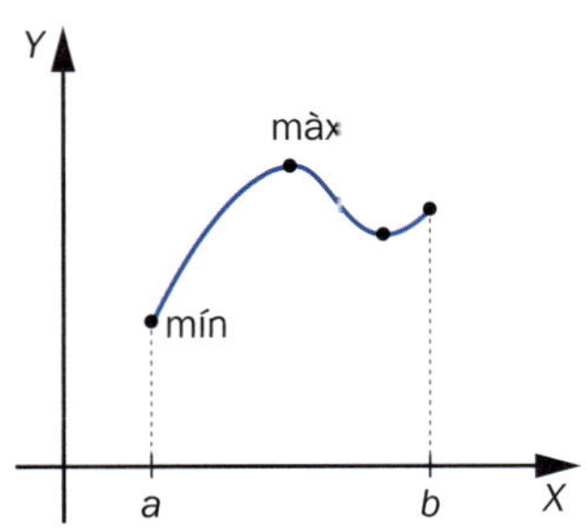

El màxim absolut coincideix amb un màxim relatiu.

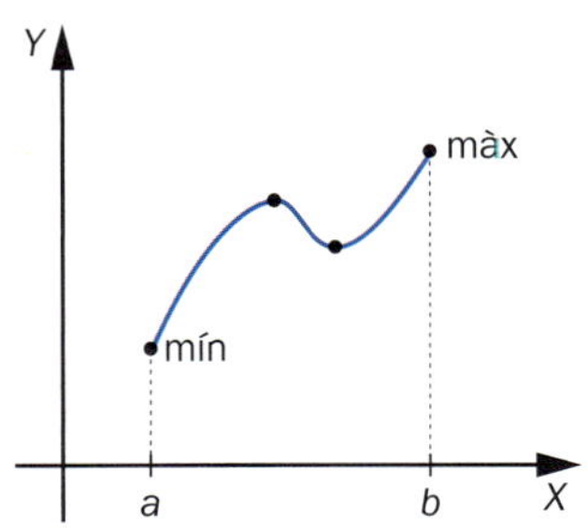

El màxim absolut és un punt extrem de l'interval.

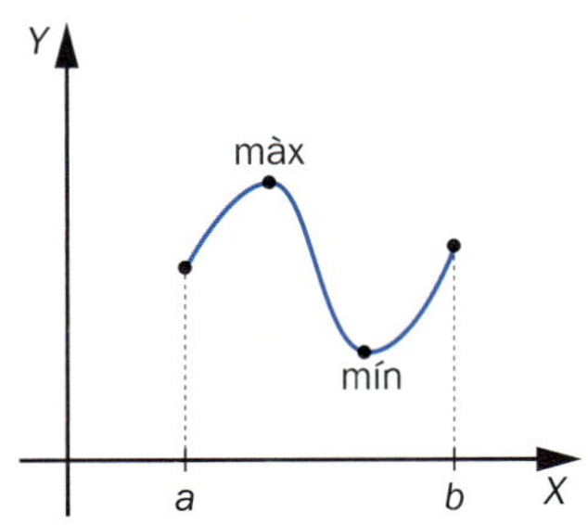

El mínim absolut és un mínim relatiu.

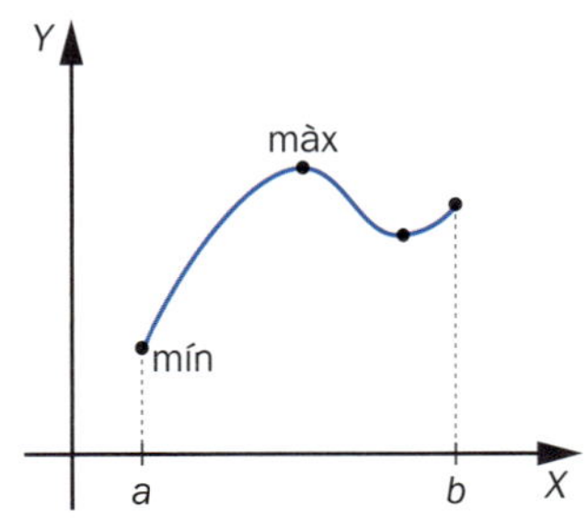

El mínim absolut es troba en un extrem de l'interval.

Estratègies per determinar els extrems absoluts d'una funció contínua $f(x)$ en un interval tancat $[a, b]$.

- Trobar els punts x_0 on $f'(x_0)=0$ o no existeix en l'interval obert (a, b).
- Avaluar $f(x)$ en els punts x_0 i en els extrems de l'interval, és a dir, trobar $f(a)$ i $f(b)$.
- Els valors menors i majors trobats en el pas anterior són, respectivament, el mínim absolut i el màxim absolut de $f(x)$ en l'interval tancat $[a, b]$.

Activitat resolta 8

Una empresa llança al mercat un producte nou. El benefici esperat durant la primera setmana depèn de la despesa en publicitat, en centenars d'euros, i es pot modelar mitjançant la funció:

$$\mathbf{f(x) = -x^2 + 40x + 500}$$

Quina despesa en publicitat produeix el major benefici?

La funció $f(x) = -x^2 + 40x + 500$ és una paràbola els punts de tall de la qual són $A(50, 0)$ i $B(0, 500)$, i per tant només estarà definida per a $0 \le x \le 50$, on el benefici és $f(x) \ge 0$. (No considerarem el cas que hi hagi pèrdues.) Ara es tracta de trobar el màxim absolut de $f(x)$ en l'interval $[0, 50]$.

$f'(x) = -2x + 40 = 0 \Rightarrow x = 20$ (comprova que és un màxim relatiu) $f(20) = 900$.

Els valors en els extrems de l'interval són $f(0) = 500$ i $f(50) = 0$.

En conseqüència, el màxim absolut s'aconsegueix en el màxim relatiu $C(20, 900)$ i, per tant, una despesa en publicitat de 2 000 euros produeix un benefici màxim de 90 000 euros.

Observa en la gràfica que l'empresa aconsegueix, inicialment sense publicitat, uns beneficis de 50 000 euros. Després, amb unes despeses en publicitat de 20 000 euros, aconsegueix uns beneficis màxims de 90 000 euros.

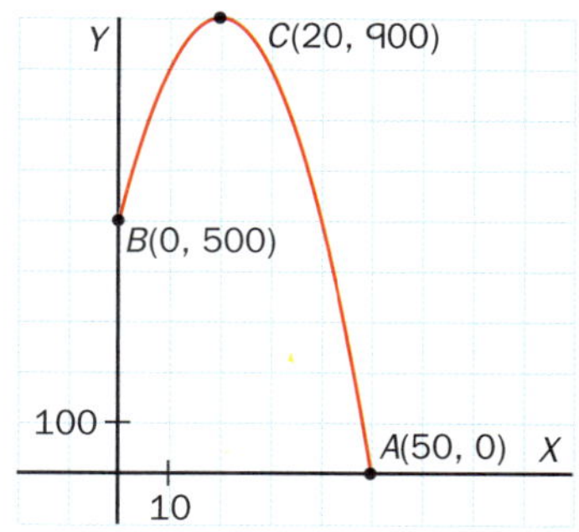

Activitat resolta 9

Una empresa de lloguer de patinets elèctrics té un contracte amb l'ajuntament d'una ciutat per un període de dotze setmanes. Els ingressos, en milions d'euros, que espera obtenir l'empresa en funció del nombre de setmanes, *t*, venen donats per la funció:

$$\mathbf{I(t) = \frac{12t - t^2}{t^2 + 12}}$$

En quina setmana espera obtenir els ingressos més alts? Quins són aquests ingressos màxims? Esbossa'n una gràfica.

Hem de trobar el màxim absolut en l'interval $[0, 12]$.

$$I'(t) = \frac{(12 - 2t)(t^2 + 12) - (12t - t^2)(2t)}{(t^2 + 12)^2} = \frac{-12t^2 - 24t + 144}{(t^2 + 12)^2}$$

$I'(t) = \dfrac{-12t^2 - 24t + 144}{(t^2 + 12)^2} = 0$ per als valors aproximats $t = -4{,}6$ i $t = 2{,}6$. Però només és vàlid $t = 2{,}6$, ja que l'altre valor està fora de l'interval de definició.

En aquest cas, el càlcul de la derivada segona és complicat i, per tant, l'evitem.

A l'esquerra de $t = 2{,}6$ la funció és creixent, i a la dreta, decreixent. Per tant, hi ha un màxim relatiu i absolut entre la segona i la tercera setmana, amb uns ingressos màxims de $I(2{,}6) \approx 1{,}3$ milions d'euros.

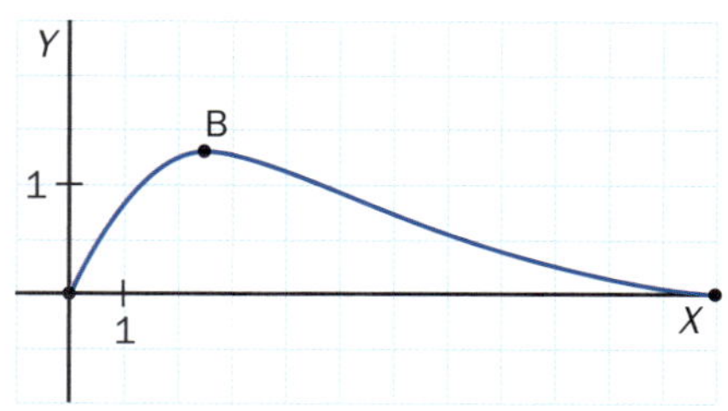

Activitats

21. Determina els intervals de creixement i decreixement, així com els extrems relatius de les funcions:

a) $f(x) = x^4 - 8x^3 + 18x^2 - 12$ *b)* $f(x) = 2x^3 + 6x^2 + 6x + 5$

c) $f(x) = \dfrac{x}{x-2}$ *d)* $f(x) = \dfrac{x}{x^2+3}$ *e)* $f(x) = x \ln x$ *f)* $f(x) = x^2 e^x$

22. Troba els coeficients de la paràbola $y = ax^2 + bx + c$, sabent que la seva gràfica té un mínim relatiu a $(2, 12)$ i que passa pel punt $(0, 2)$.

23. Esbossa la gràfica d'una funció que compleix:

$$f'(-1) = f'(2) = 0 \qquad f'(x) < 0, \text{ si } x \in (-\infty, -1)$$
$$f'(x) > 0, \text{ si } x \in (-1, 2) \cup (2, +\infty)$$

24. Troba els màxims i mínims absoluts per a les funcions i els intervals següents:

a) $f(x) = x^2 + 4x - 5$, $[-1, 4]$ *b)* $f(x) = -x^2 + 2x$, $[0, 1]$

25. Una consultoria estima que la rendibilitat d'una inversió depèn de la quantitat invertida, en milers d'euros, i ve donada per $R(x) = -0{,}01x^2 + 0{,}1x + 1$, $x > 0$. Determina la quantitat que s'ha d'invertir per maximitzar la rendibilitat.

26. Utilitza la derivada segona per determinar els extrems relatius de la corba $y = 2x^3 + 3x^2 - 12x + 15$.

9 Concavitat i punts d'inflexió

En aquest epígraf s'analitzarà com fer servir el signe de la derivada segona $f''(x)$ per obtenir informació sobre la curvatura de la gràfica d'una funció $f(x)$. Per començar, cal recordar que la gràfica d'una funció pot ser **oberta cap amunt, o còncava,** o **oberta cap avall, o convexa,** i que el **punt d'inflexió** és aquell en què la funció canvia de curvatura.

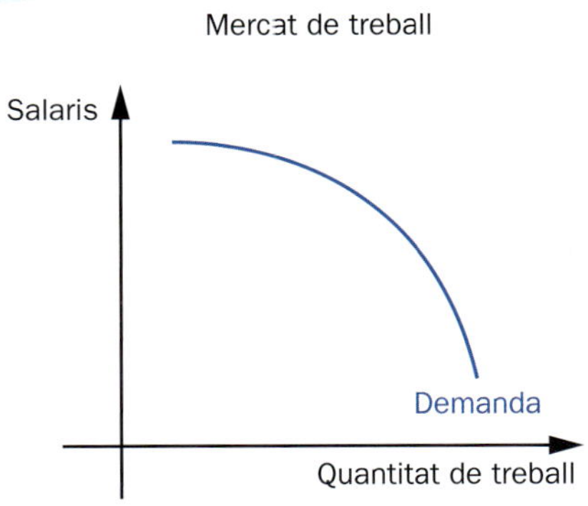

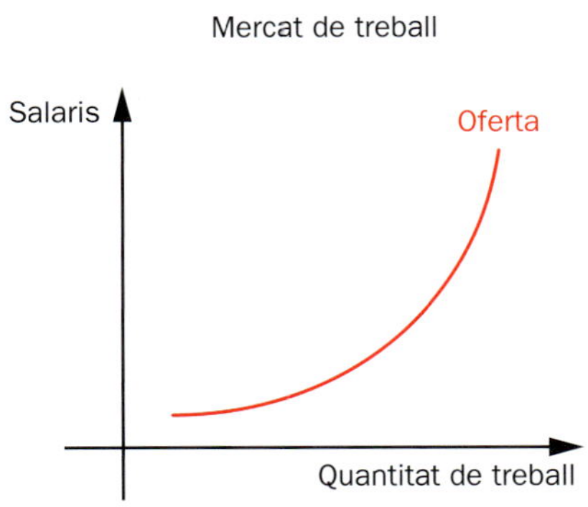

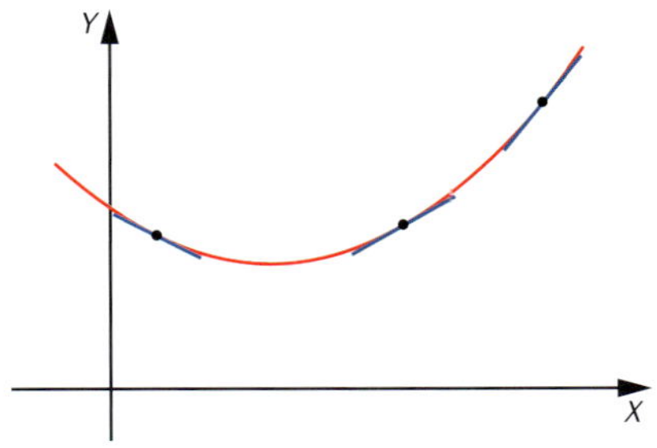

Una gràfica d'una funció és **oberta cap amunt o còncava** en un interval si es troba per sobre de totes les seves tangents en l'interval en qüestió. Un exemple és la corba d'oferta en el mercat de treball del marge.

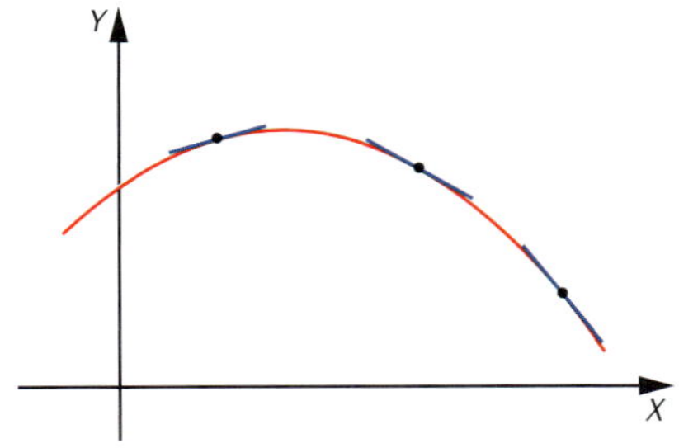

Una gràfica d'una funció és **oberta cap avall o convexa** en un interval si es troba per sota de totes les seves rectes tangents en l'interval en qüestió. Un exemple és la corba de demanda en el mercat de treball.

En les gràfiques anteriors es pot comprovar que la funció $f(x)$ és còncava (oberta amunt) si $f'(x)$ és creixent i, per tant, $f''(x) > 0$. De manera anàloga, la funció és convexa (oberta cap avall) si $f'(x)$ és decreixent i, per tant, $f''(x) < 0$.

Criteri de la derivada segona per determinar els intervals de concavitat i convexitat

Si $f(x)$ és una funció la derivada segona de la qual existeix en un interval obert (a, b), llavors:

- Si $f''(x) < 0$, per a tot $x \in (a,b)$, la funció és **convexa (oberta cap avall)** en (a, b).
- Si $f''(x) > 0$, per a tot $x \in (a,b)$, la funció és **còncava (oberta cap amunt)** en (a, b).

Estratègies per determinar els intervals de concavitat i convexitat

- Trobar els valors de x per als quals la derivada segona és nul·la o no existeix, és a dir, on $f''(x) = 0$ o no existeix. Marcar-los sobre el domini de $f(x)$ en la recta real, de tal manera que aquest domini quedi dividit en intervals oberts.
- Determinar el signe de $f''(x)$ en cadascun dels intervals obtinguts en el primer pas mitjançant valors de prova. A continuació, aplicar el criteri de la derivada segona per localitzar on $f(x)$ és còncava o convexa.

Exemple 25. Determina els intervals de concavitat i convexitat de la gràfica de la funció $f(x) = x^4 - 12x^2 - 2x + 25$.

Com que $f(x)$ és una funció polinòmica, està definida i és contínua en tot $\mathbb{R}$. N'existeixen, per tant, les derivades primera i segona en tot $\mathbb{R}$: $f'(x) = 4x^3 - 24x - 2$; $f''(x) = 12x^2 - 24$. Anul·lem la 2a derivada: $f''(x) = 0 \Rightarrow f''(x) = 12x^2 - 24 = 12(x^2 - 2) = 0$, per a $x = -\sqrt{2}$ i $x = \sqrt{2}$. La recta real queda dividida en tres intervals oberts: $(-\infty, -\sqrt{2})$, $(-\sqrt{2}, \sqrt{2})$ i $(\sqrt{2}, +\infty)$. Avaluem $f''(x)$, per exemple, en –2,0 i 2. Així, obtenim la taula següent:

Interval	$(-\infty, -\sqrt{2})$	$(-\sqrt{2}, \sqrt{2})$	$(\sqrt{2}, +\infty)$
Signe de $f''(x)$	$f''(-2) = 24 > 0$	$f''(0) = -24 < 0$	$f''(2) = 24 > 0$
Conclusió	còncava ($\cup$)	convexa ($\cap$)	còncava ($\cup$)

La funció és còncava en els intervals $(-\infty, -\sqrt{2})$ i $(\sqrt{2}, +\infty)$, i convexa en $(-\sqrt{2}, \sqrt{2})$. Observa la gràfica del marge.

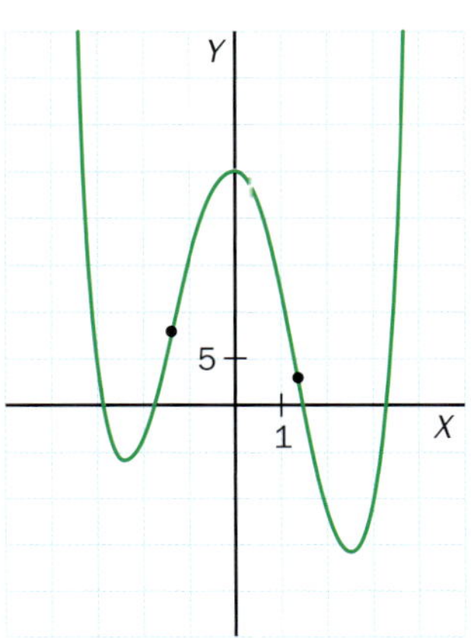

Punt d'inflexió

Una funció contínua $f(x)$ té un **punt d'inflexió** a $x = x_0$ si, en aquest punt, la corba passa de ser còncava a convexa, o viceversa.

Els punts *B, C, D* i *F* de la corba del marge són punts d'inflexió. En els punts *B, C, D* i *F* la funció és derivable, mentre que en *E* no ho és.

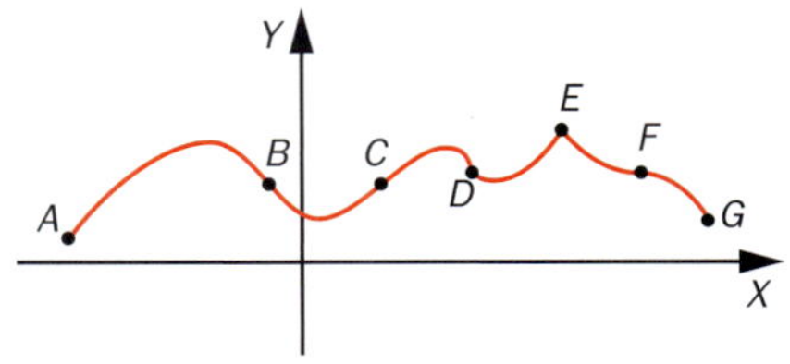

Criteri de la derivada segona per als punts d'inflexió: si x_0 és un punt de la funció $f(x)$ en què $f''(x_0)=0$ o $f''(x_0)$ no existeix, llavors el punt $(x_0, f(x_0))$ és un punt d'inflexió si $f''(x)$ canvia de signe a esquerra i dreta de x_0, és a dir, si passa de ser còncava a convexa, o viceversa.

Exemple 26. **Troba els punts d'inflexió de la corba $f(x) = x^4 - 12x^2 - 2x + 25$.**

Completem la taula de l'exemple anterior afegint-hi els punts en els quals la derivada segona s'anul·la, és a dir, els punts $x = -\sqrt{2}$ i $x = \sqrt{2}$.

Intervals i punts	$(-\infty, -\sqrt{2})$	$x = -\sqrt{2}$	$(-\sqrt{2}, \sqrt{2})$	$x = \sqrt{2}$	$(\sqrt{2}, +\infty)$
Signe de $f''(x)$	+		−		+
Conclusió	còncava (∪)	punt d'inflexió	convexa (∩)	punt d'inflexió	còncava (∪)

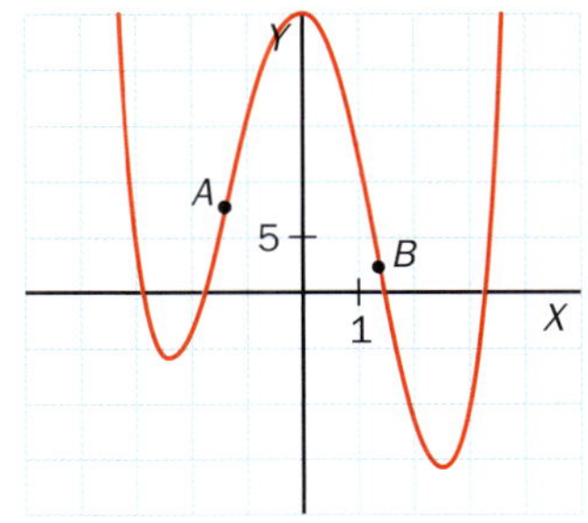

Així, en $x = -\sqrt{2}$ la funció canvia de còncava a convexa, mentre que en $x = \sqrt{2}$ passa de ser convexa a ser còncava. Per tant, $(-\sqrt{2}, 5 + 2\sqrt{2})$ i $(\sqrt{2}, 5 - 2\sqrt{2})$ són punts d'inflexió d'aquesta funció, segons s'observa en la figura del marge.

Si x_0 és un **punt d'inflexió** de la funció $f(x)$, $f''(x_0) = 0$ o no existeix.

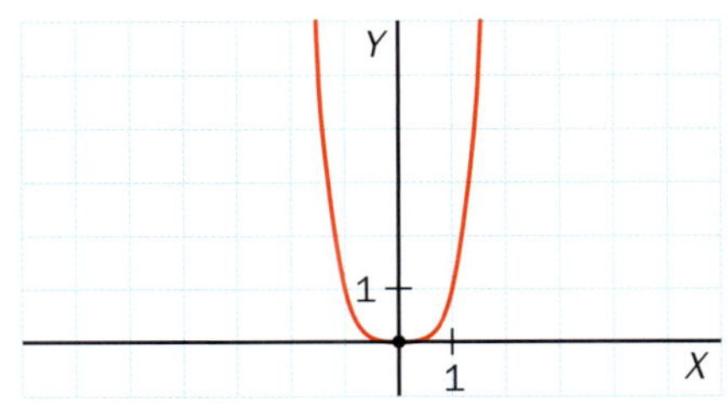

Però, alerta, el recíproc és fals. Així, per exemple, en la funció $f(x) = x^4$, la derivada primera és $f'(x) = 4x^3$, i la derivada segona, $f''(x) = 12x^2$. En $x = 0$, la derivada segona és nul·la, $f''(0) = 0$, però no hi ha punt d'inflexió. De fet, és un mínim relatiu, com s'observa en la figura del marge.

Activitats

27. Determina els intervals de concavitat i convexitat, així com els punts d'inflexió de les corbes:

a) $f(x) = x^3 - 12x + 4$ *b)* $f(x) = x^2 e^x$ *c)* $f(x) = \dfrac{x}{x+2}$

28. Aquesta és la gràfica de la derivada segona d'una funció. Troba'n els intervals de concavitat i convexitat, així com els seus punts d'inflexió.

29. Dibuixa la gràfica d'una funció que tingui les característiques següents:

$f(0) = f(2) = 0$ $f'(x) < 0$ si $x < 1$ $f'(1) = 0$

$f'(x) > 0$, si $x > 1$ $f''(x) > 0$

30. Determina els intervals de creixement i decreixement, els extrems relatius i els intervals de concavitat i convexitat, així com els punts d'inflexió de la funció $f(x) = 3x^4 + x^3 - 1$.

31. Donada la funció $f(x) = x^4 + ax^3 + x^2$, estudia quan té cap, un o dos punts d'inflexió, segons els valors de *a*.

32. Determina els valors de *a*, *b*, *c* i *d* en la corba $y = ax^3 + bx^2 + bx^2 + cx + d$ sabent que la corba en qüestió té un mínim relatiu en (2,4), un màxim relatiu en (4,2) i un punt d'inflexió en (3, 3).

33. La derivada d'una funció f(x) és $f(x)$ es $f'(x) = x^3 + 2x^2 + x$.

a) Quins són els intervals de creixement i decreixement?

b) En quins punts hi ha extrems relatius?

c) Quins són els intervals de concavitat i convexitat?

d) Hi ha punts d'inflexió?

e) Esbossa'n la gràfica.

10 Representació gràfica de funcions

En les dues unitats anteriors, i en el que hem vist fins ara en aquesta, s'han anat analitzant diverses eines que permeten tenir una visió global de les funcions. De manera complementària, és recomanable fer comprovacions amb la calculadora o amb un programari específic durant tot el procés. Tot seguit es mostra un procediment general per esbossar la gràfica d'una corba $f(x)$.

1r: Domini. És molt important conèixer on està definida la funció.

2n: Punts de tall amb els eixos. La intersecció amb l'eix y quan $x = 0$ sol ser senzilla, però les interseccions amb l'eix x quan $y = 0$, en alguns casos, presenta un càlcul complicat i es pot ometre. Marca aquests punts sobre els eixos.

3r: Simetries i periodicitat. En cas d'existir es poden utilitzar si simplifiquen el procediment.

4t: Asímptotes. Calcula les asímptotes i representa-les amb traçat discontinu. Encara que no existeixin les asímptotes horitzontals o verticals, és important interpretar-ne els límits, sobre la gràfica.

5è: Creixement, decreixement i extrems relatius. Calcula'n la derivada $f'(x)$, determina'n els intervals de creixement i decreixement i representa'n els extrems relatius.

6è: Concavitat, convexitat i punts d'inflexió. Calcula'n la derivada segona $f''(x)$, determina'n els intervals de concavitat i convexitat i representa'n els punts d'inflexió. (Si el càlcul de $f''(x)$ és complicat, omet aquest pas.)

7è: Traçat de la corba. Ara ja pots dibuixar la gràfica amb tota la informació dels punts anteriors. Recorda que no pot travessar les asímptotes verticals.

Exemple 27. Dibuixa la gràfica de la funció polinòmica $f(x) = x^4 - 4x^3 + 16x$.

- **Domini.** La funció $f(x)$ és polinòmica i el seu domini és: $\mathrm{Dom}(f) = \mathbb{R}$.
- **Punts de tall amb els eixos.** Si $x = 0$, $f(0) = 0$. I si $f(x) = 0$, també $x = 0$ i algun altre punt no senzill d'obtenir.
- **Simetries.** $f(-x) \neq \pm f(x)$, per tant no és simètrica.
- **Asímptotes.** Les funcions polinòmiques no tenen asímptotes. No obstant això, calcularem el comportament de la corba quan x tendeix a $-\infty$ i a $+\infty$.

$$\lim_{x\to-\infty} x^4 - 4x^3 + 16x = +\infty \quad y \quad \lim_{x\to-\infty} x^4 - 4x^3 + 16x = +\infty$$

- **Creixement, decreixement i extrems relatius.** Calculem la seva derivada $f'(x)$: $f'(x) = 4x^3 - 12x^2 + 16$.

$$f'(x) = 4x^3 - 12x^2 + 16 = 4(x^3 - 3x^2 + 4) = 4(x+1)(x-2)^2 = 0, \text{ per a } x = -1 \text{ i } x = 2$$

Els punts $(-1, -11)$ i $(2, 16)$ són crítics. Per tant, els intervals que considerem són $(-\infty, -1)$, $(-1, 2)$ i $(2, +\infty)$.

Intervals i punts crítics	$(-\infty,-1)$	$x=-1$	$(-1,2)$	$x=2$	$(2,+\infty)$
Signe de $f'(x)$	–		+		+
Conclusió	↘	Mínim relatiu	↗	Ni màxim ni mínim relatius	↗

La funció $f(x)$ és decreixent en $(-\infty, -1)$ i creixent en $(-1, +\infty)$. Té un mínim relatiu en el punt $(-1, -11)$.

- **Concavitat i punts d'inflexió.** Calculem la seva segona derivada $f''(x) = 12x^2 - 24x$. $f''(x) = 12x^2 - 24x = 12x(x-2) = 0$, per a $x = 0$ i $x = 2$. Distingim els intervals de la taula:

Intervals punts d'inflexió	$(-\infty,0)$	$x=0$	$(0,2)$	$x=2$	$(2,+\infty)$
Signe de $f''(x)$	+		–		+
Conclusió	∪	Punt d'inflexió	∩	Punt d'inflexió	∪

La funció és oberta cap amunt en $(-\infty, 0)$ i $(2, +\infty)$, oberta cap avall o convexa en $(0, 2)$ i té un punt d'inflexió en $(2, 16)$.

- Ara ja tens tots els ingredients per dibuixar la gràfica del marge.

@ www Actua

Analitza amb un programa de geometria dinàmica les funcions i les seves derivades.

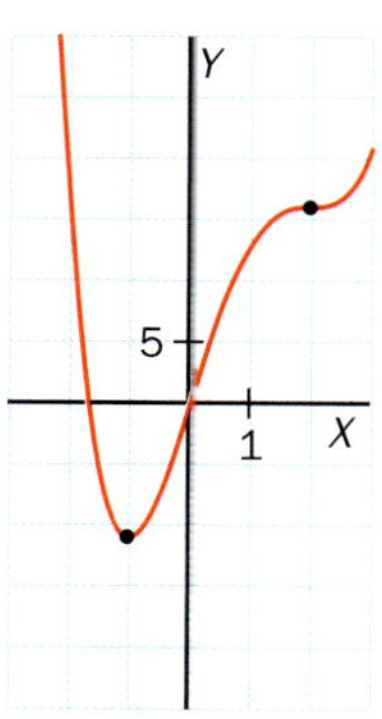

Exemple 28. Dibuixa la gràfica de la funció racional $f(x)=\dfrac{x^2}{x^2-4}$.

- **Domini.** La funció $f(x)$ és racional i està definida per a tots els nombres reals menys per a aquells que anul·len el denominador:

$$\text{Dom}(f)=\mathbb{R}-\{-2,2\}=(-\infty,-2)\cup(-2,2)\cup(2,+\infty)$$

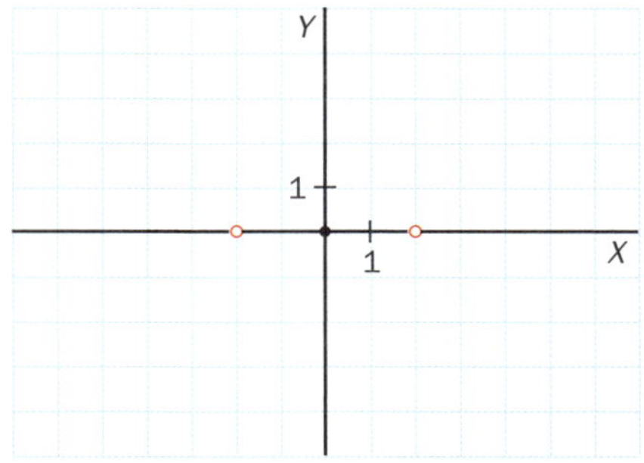

- **Punts de tall amb els eixos.** Si $x=0$, $f(0)=0$. I si $f(x)=0$, també $x=0$. Per tant, la funció només talla els eixos en l'origen de coordenades.

- **Simetries.** Com que $f(-x)=\dfrac{(-x)^2}{(-x)^2-4}=\dfrac{x^2}{x^2-4}=f(x)$, la funció és parella i, conseqüentment, és simètrica respecte a l'eix d'ordenades.

- **Asímptotes.** Asímptotes verticals:

$$\lim_{x\to -2^-}\frac{x^2}{x^2-4}=+\infty,\qquad \lim_{x\to -2^+}\frac{x^2}{x^2-4}=-\infty,\qquad \lim_{x\to 2^-}\frac{x^2}{x^2-4}=-\infty,\qquad \lim_{x\to 2^+}\frac{x^2}{x^2-4}=+\infty$$

Les asímptotes verticals són $x=-2$ i $x=2$.

A l'esquerra de l'asímptota $x=2$, la corba tendeix a $+\infty$, i a la dreta, a $-\infty$. Per la seva banda, a l'esquerra de l'asímptota $x=2$, la corba tendeix a $-\infty$, i a la dreta, a $+\infty$.

Asímptotes horitzontals: $\lim\limits_{x\to-\infty}\dfrac{x^2}{x^2-4}=1$ i $\lim\limits_{x\to+\infty}\dfrac{x^2}{x^2-4}=1$. Hi ha una asímptota horitzontal a $y=1$.

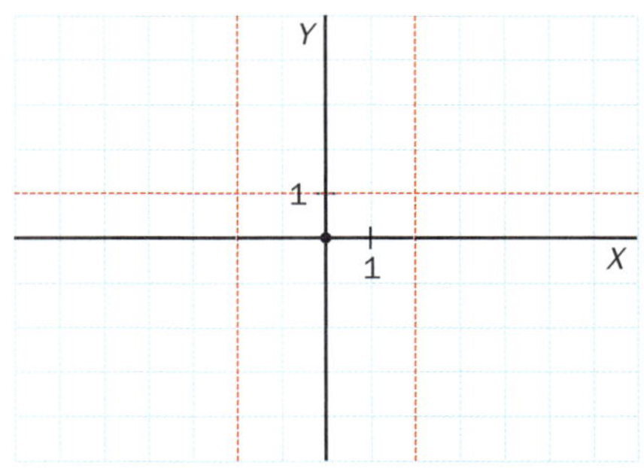

- **Creixement, decreixement i extrems relatius:** $f'(x)=\dfrac{2x(x^2-4)-x^2\cdot 2x}{(x^2-4)^2}=\dfrac{-8x}{(x^2-4)^2}$, que està definida en tot el domini de $f(x)$ per a $x=0$. El punt $(0,0)$ és l'únic punt crític.

Intervals i punts crítics	$(-\infty,-2)$	$(-2,0)$	$x=0$	$(0,2)$	$(2,+\infty)$
Signe de $f'(x)$	+	+		−	+
Conclusió	↗	↗	Màxim relatiu	↘	↘

La funció $f(x)$ és creixent cap amunt o còncava en $(-\infty,-2)\cup(-2,0)$, i decreixent en $(0,2)\cup(2,+\infty)$. Té un mínim relatiu en el punt $O(0,0)$.

- **Concavitat, convexitat i punts d'inflexió.**

$$f''(x)=\frac{-8(x^2-4)^2+8x\cdot 2(x^2-4)\cdot 2x}{(x^2-4)^4}=\frac{-8(x^2-4)+32x^2}{(x^2-4)^3}=\frac{24x^2+32}{(x^2-4)^3},$$ que està definida en el seu domini i, a més, no s'anul·la en cap punt perquè $24x^2+32>0$ per a tot nombre real.

Per determinar la curvatura, encara que el numerador sempre és positiu, com que el denominador pot ser negatiu o positiu, distingirem els intervals: $(-\infty,-2)$, $(-2,2)$ i $(2,+\infty)$.

Intervals	$(-\infty,-2)$	$(-2,2)$	$(2,+\infty)$
Signe de $f''(x)$	+	−	+
Conclusió	∪	∩	∪

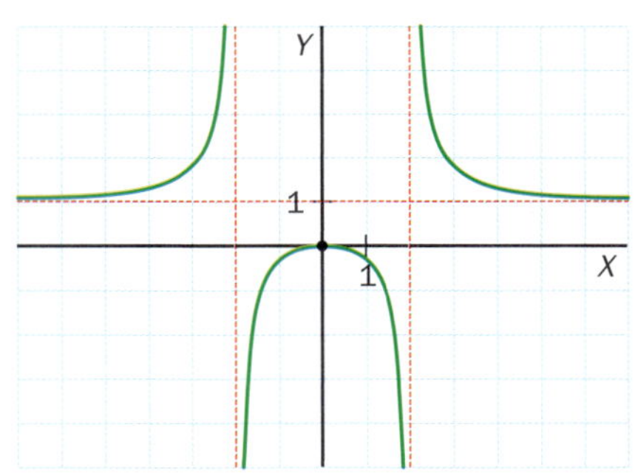

La funció és oberta cap amunt o còncava en $(-\infty,-2)\cup(2,+\infty)$, i oberta cap avall o convexa en $(-2,2)$. No hi ha punts d'inflexió, ja que la funció no està definida en els punts en què canvia la seva curvatura.

- Ara ja estem en disposició de traçar la corba de la imatge.

Exemple 29. **Dibuixa la gràfica de la funció $f(x)=\dfrac{x^3}{x^2-1}$.**

- **Domini.** La funció $f(x)$ és racional i està definida per a tots els nombres reals menys per als que anul·len el denominador.

$$D(f)=\mathbb{R}-\{-1,1\}=(-\infty,-1)\cup(-1,1)\cup(1,+\infty)$$

- **Punts de tall amb els eixos.** Si $x=0$, $f(0)=0$. I si $f(x)=0$, també $x=0$. Per tant, la funció només talla els eixos en l'origen de coordenades.

- **Simetries.** Com que $f(-x)=\dfrac{(-x)^3}{(-x)^2-1}=\dfrac{-x^3}{x^2-1}=-f(x)$ la funció és imparella i, en conseqüència, simètrica respecte de l'origen de coordenades.

- **Asímptotes.**

Asímptotes verticals: $\lim\limits_{x\to-1^-}\dfrac{x^3}{x^2-1}=-\infty$, $\lim\limits_{x\to-1^+}\dfrac{x^3}{x^2-1}=+\infty$, $\lim\limits_{x\to1^-}\dfrac{x^3}{x^2-1}=-\infty$, $\lim\limits_{x\to1^+}-=+\infty$.

Les asímptotes verticals són $x=-1$ i $x=1$.

A l'esquerra de l'asímptota $x=-1$, la corba tendeix a $-\infty$, i a la dreta, a $+\infty$. Per altra banda, a l'esquerra de l'asímptota $x=1$, la corba tendeix a $-\infty$, i a la dreta, a $+\infty$.

Asímptotes horitzontals: $\lim\limits_{x\to-\infty}\dfrac{x^3}{x^2-1}=-\infty$ i $\lim\limits_{x\to+\infty}\dfrac{x^3}{x^2-1}=+\infty$. No hi ha asímptota horitzontal.

Asímptotes obliqües: $m=\lim\limits_{x\to\infty}\dfrac{\frac{x^3}{x^2-1}}{x}=\lim\limits_{x\to\infty}\dfrac{x^3}{x^3-x}=1$, $n=\lim\limits_{x\to\infty}\left[\dfrac{x^3}{x^2-1}-x\right]=\lim\limits_{x\to\infty}\dfrac{x}{x^2-1}=0$.
Per tant, $y=x$ és una asímptota obliqua.

- **Creixement i decreixement i extrems relatius.**

$f'(x)=\dfrac{3x^2(x^2-1)-x^3(2x)}{(x^2-1)^2}=\dfrac{3x^4-3x^2-2x^4}{(x^2-1)^2}=\dfrac{x^4-3x^2}{(x^2-1)^2}$, que està definida en tot el domini de $f(x)$.

$f'(x)=\dfrac{x^4-3x^2}{(x^2-1)^2}=0$, si $x^4-3x^2=x^2(x^2-3)=0$. Les solucions d'aquesta equació són $x=-\sqrt{3}$, $x=0$ i $x=\sqrt{3}$. Així, els punts crítics són $A\left(-\sqrt{3},-\dfrac{3\sqrt{3}}{2}\right)$, $B(0,0)$ i $C\left(\sqrt{3},\dfrac{3\sqrt{3}}{2}\right)$.

Per tant, els intervals que estudiarem figuren en la taula següent:

Intervals	$(-\infty,-\sqrt{3})$	$x=-\sqrt{3}$	$(-\sqrt{3},-1)$	$x=-1$	$(-1,0)$	$x=0$	$(0,1)$	$x=1$	$(1,\sqrt{3})$	$x=\sqrt{3}$	$(\sqrt{3},+\infty)$
Signe de $f'(x)$	+		−		−		−		−		+
Conclusió	↗	Màxim relatiu	↘	Asímptota	↘	Ni màxim ni mínim	↘	Asímptota	↘	Mínim relatiu	↗

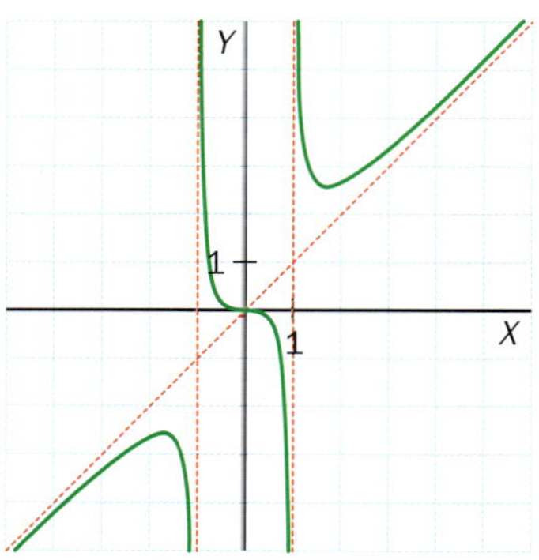

La funció és creixent en $(-\infty,-\sqrt{3})\cup(\sqrt{3},+\infty)$ i decreixent en $(-\sqrt{3},-1)\cup(-1,0)\cup(0,1)\cup$ $\cup(0,\sqrt{3})$. Té un màxim relatiu en el punt $A\left(-\sqrt{3},-\dfrac{3\sqrt{3}}{2}\right)$ i un mínim relatiu en el punt $C\left(\sqrt{3},\dfrac{3\sqrt{3}}{2}\right)$.

- Com que la derivada segona és una mica laboriosa, dibuixarem la corba sense conèixer-ne la concavitat ni els punts d'inflexió, que deduirem de tota la informació trobada. Observa la gràfica.

Exemple 30. Dibuixa la gràfica de la funció $f(x) = xe^x$.

- **Domini.** La funció $f(x) = xe^x$ està definida per a qualsevol nombre real. $\text{Dom}(f) = \mathbb{R}$.
- **Punts de tall amb els eixos.** Si $x = 0$, per tant $f(0) = 0$. I si $f(x) = 0$, i per tant $xe^x = 0$, la solució és $x = 0$, ja que $e^x \neq 0$. La funció passa per l'origen de coordenades.
- **No hi ha simetries.**
- **Asímptotes.** No hi ha asímptotes verticals.

  Asímptotes horitzontals: $\lim_{x\to-\infty} xe^x$ és de la forma $(+\infty)\cdot e^{-\infty}$. Però quan $x \to -\infty$, llavors $e^x \to 0$, i el conjunt és una indeterminació de la forma «$\infty \cdot 0$». De totes maneres, observa que e^x decreix més ràpid que x i, per tant, el conjunt tendirà a 0. És a dir, $\lim_{x\to-\infty} xe^x = 0$. Hi ha una asímptota horitzontal a $y = 0$ per l'esquerra.

  D'altra banda, $\lim_{x\to+\infty} xe^x = (+\infty)\cdot(+\infty) = +\infty$.

- **Creixement, decreixement i extrems relatius.** $f'(x) = xe^x + e^x = (x+1)e^x$, que està definida en tot $\mathbb{R}$.

$$f'(x) = e^x(x+1) = 0, \text{ per a } x = -1, \text{ ja que } e^x \neq 0 \text{ per a tot } x \in \mathbb{R}$$

Així doncs, considerem els intervals $(-\infty,-1)$ i $(-1,+\infty)$:

Intervals i punts crítics	$(-\infty,-1)$	$x = -1$	$(-1,+\infty)$
Signe de $f'(x)$	$-$		$+$
Conclusió	↘	mínim relatiu	↗

La funció $f(x)$ és creixent en $(-1,+\infty)$, decreixent en $(-\infty,-1)$ i té un mínim relatiu en el punt $A(-1,-e^{-1})$.

- **Concavitat, convexitat i punts d'inflexió:** $f''(x) = e^x + e^x(x+1) = (x+2)e^x$, $f(x)$ està definida en tot $\mathbb{R}$.

$$f''(x) = (x+2)e^x = 0, \text{ si } x = -2$$

Intervals	$(-\infty,-2)$	$x = -2$	$(-2,+\infty)$
Signe de $f''(x)$	$-$		$+$
Conclusió	$\cap$	punt d'inflexió	$\cup$

La funció és oberta cap amunt en $(-2,+\infty)$, oberta cap avall o convexa $(-\infty,-2)$ i té un punt d'inflexió en $T(-2,-2e^{-2})$.

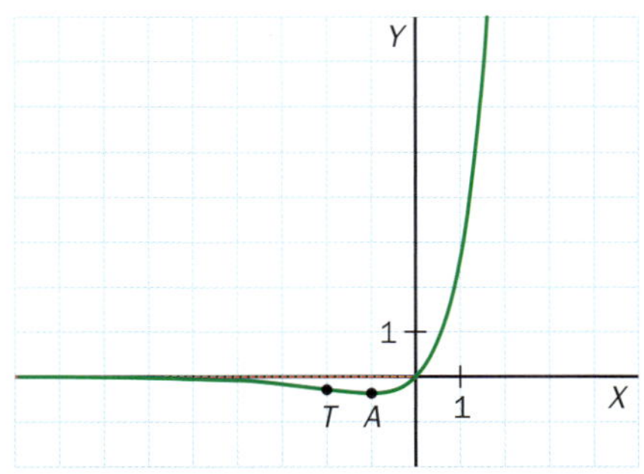

Activitats

34. Calcula els elements característics i representa gràficament les funcions següents:

a) $y = 2x^3 - 9x^2 + 15x - 4$ *b)* $y = x^4 - 2x^2$ *c)* $y = 1 - \dfrac{1}{x}$

d) $y = \dfrac{1}{x^2 - 5x + 6}$ *e)* $y = x^2 + \dfrac{2}{x}$ *f)* $y = \dfrac{9x}{x^2 + 2}$

35. Calcula el domini, els punts de tall, les asímptotes i els intervals de creixement i decreixement, així com els extrems relatius, i efectua un dibuix aproximat de les funcions:

a) $y = \dfrac{x^4 - 3}{x}$ *b)* $y = \dfrac{2x - 1}{(x-1)^2}$ *c)* $y = x^3e^{-x}$

36. Calcula el domini, els punts de tall, les asímptotes i els intervals de creixement i decreixement, així com els extrems relatius, i efectua un dibuix aproximat de les funcions:

a) $y = x^2 + \dfrac{1}{x^2}$ *b)* $y = 4x^2 + \dfrac{1}{x}$ *c)* $y = \dfrac{1}{e^x - 1}$

37. Calcula els elements necessaris per dibuixar la gràfica de les funcions següents:

a) $y = \sqrt{x^3 - 3x}$ *b)* $y = \dfrac{\ln x}{\sqrt{x}}$ *c)* $y = \cos x - \cos^2 x$

d) $y = \dfrac{4}{\sqrt{4 - x^2}}$ *e)* $y = x + \dfrac{\ln x}{x}$ *f)* $y = \sqrt{x} + \sqrt{4 - x}$

11 Problemes d'optimització

En moltes aplicacions cal extreure informació d'un problema per al qual es vol obtenir el valor màxim o mínim. En general, cal formular el problema matemàticament i, a continuació, analitzar la funció obtinguda. Vegem el procediment per resoldre-ho.

Procediment per resoldre problemes d'optimització

Pas 1. Identifica les variables del problema i, si és possible, efectua'n un dibuix aproximat.

Pas 2. Expressa, mitjançant una equació, la relació entre les variables. Aquesta equació s'anomena **relació auxiliar.**

Pas 3. Expressa la funció f que s'ha d'optimitzar en funció d'una sola variable independent, per exemple, x, i determina'n el domini. Per fer-ho hauràs d'utilitzar la relació auxiliar.

Pas 4. Localitza, segons convingui, el valor mínim i màxim absoluts de $f(x)$. Després, interpreta els resultats en els termes del problema.

Exemple 31. Divideix el nombre 5 en dos sumands positius tals que el quadrat del primer d'un d'ells més quatre vegades el cub de l'altre sigui el més petit possible.

Pas 1. x i y són el primer i el segon nombre, respectivament.

Pas 2. La suma de tots dos nombres ha de ser igual a 5, i per tant $x+y=5 \leftarrow$ relació auxiliar.

Pas 3. La funció que volem optimitzar (minimitzar) és: $S=x^2+4y^3$.

Com que hi ha dues variables, n'aïllem una de la relació auxiliar. Quina? Potser és millor aïllar la variable x de la relació auxiliar, perquè d'aquesta manera només hem d'elevar al quadrat, ja que si aïlléssim la y tindríem una potència al cub.

Si $x=5-y$, llavors: $S(y)=(5-y)^2+4y^3=4y^3+y^2-10y+25,\ y>0$.

Pas 4. Calculem, en primer lloc, els extrems relatius: $S'(y)=12y^2+2y-10$.

$S'(y)=0,\ 12y^2+2y-10=0$ per a $y=\dfrac{5}{6}$ i $i=-1$. Només serveix $y=\dfrac{5}{6}$ perquè $y=-1$ és negatiu. $S''(y)=24y+2,\ S''\left(\dfrac{5}{6}\right)>0$; per tant, hi ha un mínim relatiu en aquest punt i, com que és únic en un interval obert, es tracta d'un màxim absolut.

Els dos nombres són $\dfrac{5}{6}$ i $\dfrac{25}{6}$.

Exemple 32. Una impremta rep una comanda per fer un pòster publicitari rectangular de 25 m² de superfície. Els marges de la part superior i inferior han de ser de 4 m i els marges a esquerra i dreta, d'1 m. Quines dimensions ha de tenir el suport perquè es faci servir la menor quantitat de tela possible?

Pas 1. Suposem que x i y són l'ample i l'alt, respectivament, de la part impresa del pòster. Observa la imatge del marge.

Pas 2. L'àrea impresa rectangular és de 25 m²; per tant, $xy=25 \leftarrow$ Relació auxiliar.

Pas 3. La funció que volem optimitzar (minimitzar) és l'àrea A de tot el suport, incloent els marges. Així, $A=(x+2)(y+8)$. Aïllant, per exemple, la variable y de la relació auxiliar, $y=\dfrac{25}{x}$, i substituint-la en la funció que volem optimitzar, resulta:

$$A(x)=(x+2)(y+8)=(x+2)\left(\frac{25}{x}+8\right)=25+8x+\frac{50}{x}+16=8x+\frac{50}{x}+41,\quad x>0$$

Pas 4. En calculem els extrems absoluts.

$$A'(x)=8-\frac{50}{x^2};\quad A'=0\Rightarrow 8-\frac{50}{x^2}=0\Rightarrow\frac{8x^2-50}{x^2}=0\Rightarrow 8x^2-50=0\Rightarrow x=\pm 2{,}5$$

Tanmateix, com que es tracta d'una mesura només serveix la solució positiva $x=2{,}5$. A l'esquerra de $x=2{,}5$, la funció és decreixent, i a la dreta, creixent. Per tant, hi ha un mínim relatiu en aquest punt; com que és únic en un interval obert, també és mínim absolut. La part impresa del pòster ha de tenir una amplada de $x=2{,}5$ m i una altura de $y=10$ m. Per altra banda, la tela utilitzada per al pòster ha de tenir unes dimensions de $4{,}5\times 18$ metres per aconseguir una àrea mínima de $A=81$ m², és a dir, per emprar la menor quantitat de tela possible.

Exemple 33. Una estudiant de primer de batxillerat ha pensat a construir una caixa artesanal i creativa de cartró amb la finalitat d'embolicar un regal per al seu millor amic. Com que encara no sap el regal que hi ficarà, pensa que amb una caixa de base quadrada de 32 dm^3 de volum n'hi hauria prou. D'altra banda, decideix fer servir dos tipus de cartró: el dels costats li costa 0,1 euros el dm^2, mentre que el que fa servir per al fons i la tapa val 0,4 euros el dm^2. Quines dimensions tindrà la caixa més barata que pot construir?

El dia següent d'haver construït la caixa se li acudeix que una bona idea seria regalar-li un casc per a la moto que compleixi les normes reglamentàries. Per fer-ho, consulta diverses pàgines web i esbrina que les dimensions del model més adequat són 28 x 22 x 16 cm. Creus que podrà guardar-lo en la seva caixa de regal?

Pas 1. Designem x la llargada i l'amplada, i y l'alçària de la caixa de regal.

Pas 2. El volum és $V = 32 = x^2y \leftarrow$ relació auxiliar.

Pas 3. Per altra banda, el preu, P, vindrà donat en funció de la seva superfície total com a:

$$P = 4xy \cdot 0{,}1 + 2x^2 \cdot 0{,}4 = 0{,}4xy + 0{,}8x^2$$

Aquesta és la funció que volem optimitzar. Inicialment depèn de dues variables, de manera que hem d'expressar-la en funció d'una de sola. Aïllem, per tant, y de l'equació del volum: $y = \dfrac{32}{x^2}$.

Així, ens dona la funció $P(x)$ que volem optimitzar:

$$P(x) = 0{,}4x \cdot \frac{32}{x^2} + 0{,}8x^2 = \frac{12{,}8}{x} + 0{,}8x^2,\ x > 0$$

Paso 4. Calculem la derivada per localitzar els extrems relatius.

$$P'(x) = \frac{-12{,}8}{x^2} + 1{,}6x \qquad P'(x) = \frac{-12{,}8}{x^2} + 1{,}6x = \frac{-12{,}8 + 1{,}6x^3}{x^2} = 0 \Rightarrow x = 2$$

$$P''(x) = \frac{25{,}6}{x^3} + 1{,}6 \qquad P''(2) > 0$$

Per tant, hi ha un mínim relatiu en $x = 2$, que, com que és únic, també és absolut. Consegüentment, l'alçària és $y = \dfrac{32}{4} = 8$.

Així doncs, les dimensions de la caixa són 2 x 2 x 8 dm, i el preu, 9,6 euros. Com que les dimensions del casc són 28 x 22 x 16 cm, l'estudiant no podrà guardar-lo a la seva caixa de regal.

Activitats

38. Troba un nombre que, sumat al seu invers, doni un resultat mínim.

39. Es vol construir un vas reciclable amb forma cònica i generatriu $\sqrt{6}$ cm. Calcula el radi del vas cònic que tingui un volum màxim. Quin és el seu volum?

40. Un jardiner vol construir un parterre amb forma de sector circular i 100 m de perímetre. Quin ha de ser el radi del parterre perquè la superfície sigui màxima?

41. Troba el punt més proper a l'origen de la recta:

$$4x - y + 7 = 0$$

42. Troba un nombre que excedeixi el seu quadrat en el valor màxim possible.

43. Es vol dissenyar un envàs per a gelat amb forma de prisma regular de base quadrada i amb una capacitat de 80 cm^3. Per elaborar la tapa i la superfície lateral es farà servir un material determinat, el preu del qual és d'1 € / cm^2, però per a la base caldrà fer servir un altre material un 50 % més car. Calcula les mesures que ha de tenir l'envàs perquè el cost total sigui al més barat possible.

44. Donat un cercle de radi 4 cm, inscriu-hi el rectangle d'àrea màxima.

45. Es vol tancar una parcel·la rectangular amb 400 m de filferro. Quina és la superfície màxima que es pot tancar si un dels costats de la parcel·la limita amb una paret?

D'un cop d'ull!

Derivada

Derivada en un punt i pendent:

$$m = f'(a) = \lim_{h\to 0}\frac{f(a+h)-f(a)}{h}, \text{ si existeix i és finit}$$

Taxa de variació mitjana: $TVM = \dfrac{f(x)-f(a)}{x-a}$

Taxa de variació instantània: $TVI = \lim\limits_{x\to a}\dfrac{f(x)-f(a)}{x-a}$

Tècniques de derivació

Potència: $y = x^n, \quad y' = n\cdot x^{n-1}$

Suma: $y = f(x)+g(x), \quad y' = f'(x)+g'(x)$

Producte: $y = f(x)\cdot g(x), \quad y' = f'(x)\cdot g(x)+f(x)\cdot g'(x)$

Quocient: $y = \dfrac{f(x)}{g(x)}, \quad y' = \dfrac{f'(x)\cdot g(x)-f(x)\cdot g'(x)}{[g(x)]^2}, \quad g(x)\neq 0$

Regla de la cadena: Si $F(x) = (f\circ g)(x) = f[g(x)]$, llavors

$$F'(x) = f'[g(x)]\cdot g'(x)$$

Funció potencial: $y = [f(x)]^n, \quad y' = n\cdot[f(x)]^{n-1}\cdot f'(x)$

Funció logarítmica: $y = \ln[f(x)], \quad y' = \dfrac{f'(x)}{f(x)}$

$$y = \log_a f(x), \quad y' = \frac{f'(x)}{f(x)\ln a}$$

Funció exponencial: $y = e^{f(x)}, \quad y' = f'(x)\cdot e^{f(x)}$

$$y = a^{f(x)}, \quad y' = f'(x)\cdot a^{f(x)}\cdot \ln a$$

Creixement, decreixement i extrems

Criteri de la derivada primera per a creixement:

Si $f'(x) < 0\ \forall\, x\in(a,b)$, la funció $f(x)$ és **decreixent** en (a,b).

Si $f'(x) > 0\ \forall\, x\in(a,b)$, la funció $f(x)$ és **creixent** en (a,b).

Punt crític: Un punt $(x_0, f(x_0))$ que pertany al domini és crític si $f'(x_0) = 0$ o si $f'(x_0)$ no existeix.

Criteri de la derivada primera per a extrems relatius:

Si x_0 és un punt crític d'una funció $f(x)$, és a dir, $f'(x_0) = 0$ o $f'(x_0)$ no existeix, el punt $(x_0, f(x_0))$ és un:

- **Mínim relatiu:** si $f'(x) < 0$ a l'esquerra de x_0, i $f'(x) > 0$ a la dreta de x_0. És a dir, si la funció passa de decréixer a créixer en el punt en qüestió.
- **Màxim relatiu:** si $f'(x) > 0$ a l'esquerra de x_0, i $f'(x) < 0$ a la dreta de x_0. És a dir, si passa de créixer a decréixer en el punt en qüestió.
- No és un extrem relatiu si $f'(x)$ té el mateix signe a esquerra i dreta de x_0.

Teorema (condició necessària d'extrem relatiu)

Si x_0 és un màxim o mínim relatiu d'una funció $f(x)$, llavors $f'(x_0) = 0$ o $f'(x_0)$ no existeix.

Criteri de la derivada segona per als extrems relatius:

Suposem que $f(x)$ és una funció amb derivada nul·la en un punt x_0, és a dir, $f'(x_0) = 0$, i que té derivada segona en un interval obert que conté x_0.

Si $f''(x_0) < 0$, llavors $f(x)$ té un **màxim relatiu** a $x = x_0$.

Si $f''(x_0) > 0$, llavors $f(x)$ té un **mínim relatiu** a $x = x_0$.

Màxims i mínims absoluts

El **màxim absolut** d'una funció en un interval és el valor més alt de la funció en aquell interval.

El **mínim absolut** d'una funció en un interval és el valor més baix de la funció en aquell interval.

Concavitat, convexitat i punt d'inflexió

Criteri de la derivada segona per determinar els intervals de concavitat i convexitat

Si $f''(x) < 0$, per a tot $x\in(a,b)$, llavors $f(x)$ és **convexa (oberta cap avall)**.

Si $f''(x) > 0$, per a tot $x\in(a,b)$, llavors $f(x)$ és **còncava (oberta cap amunt)**.

Criteri de la derivada segona per als punts d'inflexió

Si $f''(x_0) = 0$ o no existeix, llavors el punt $(x_0, f(x_0))$ és un punt d'inflexió si $f''(x)$ canvia de signe a l'esquerra i la dreta de x_0, és a dir, si passa de ser còncava a convexa, o viceversa.

Procediment general per dibuixar una corba:

1. Domini.

2. Punts de tall amb els eixos.

3. Simetries i periodicitat.

4. Asímptotes.

5. Creixement, decreixement i extrems relatius.

6. Concavitat, convexitat i punts d'inflexió.

7. Traçat de la corba.

Estratègies per resoldre problemes d'optimització

Pas 1. Identifica les variables del problema i, si és possible, efectua'n un dibuix aproximat.

Pas 2. Expressa mitjançant una equació la relació entre les variables. Aquesta equació s'anomena **relació auxiliar**.

Pas 3. Expressa la funció que cal optimitzar en funció d'una sola variable independent i determina'n el domini. Per fer-ho, hauràs d'utilitzar la relació auxiliar.

Pas 4. Localitza, segons sigui procedent, el valor mínim i màxim absolut de $f(x)$. Després, interpreta els resultats en els termes del problema.

ACTIVITATS RESOLTES

Activitat resolta 10

La gràfica mostra la derivada *f'* d'una funció *f*. Calcula els intervals de creixement i decreixement, així com els extrems relatius de *f*.

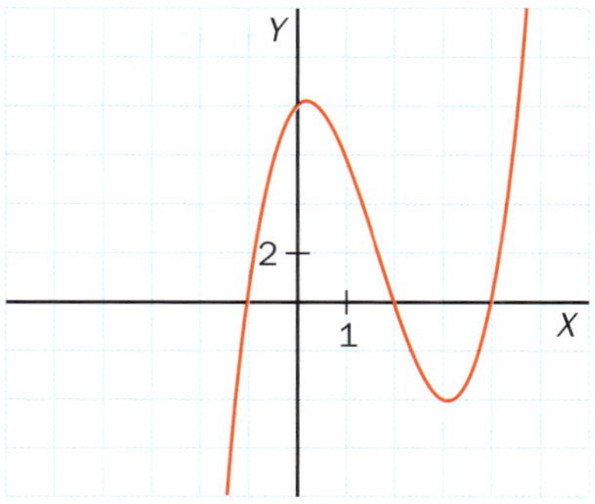

$f' < 0$ en $(-\infty,-1)\cup(2,4)$, Per tant, és decreixent.

$f' > 0$ en $(-1,2)\cup(4+\infty)$, Per tant, és creixent.

En $x = -1$ i $x = 4$ la funció passa de decréixer a créixer i, per tant, hi ha mínims relatius. Per altra banda, en $x = 2$ la funció passa de créixer a decréixer i, en conseqüència, presenta en aquell punt un màxim relatiu.

Activitat resolta 11

Determina els valors de *a* i *b* perquè la corba

$$f(x) = ax^3 + bx^2 - 5x + \frac{8}{3}$$

tingui un mínim relatiu en $(1,0)$. Quina és l'equació de la recta tangent en aquest mínim?

Si passa pel punt $(1,0)$, llavors: $f(1) = 0 \Rightarrow a + b - 5 + \frac{8}{3} = 0 \Rightarrow a + b = \frac{7}{3}$.

$$f'(x) = 3ax^2 + 2bx - 5$$

Si té un mínim relatiu en $x = 1$, llavors $f'(1) = 0 \Rightarrow 3a + 2b - 5 = 0 \Rightarrow 3a + 2b = 5$.

Resolent el sistema, obtenim: $a = \frac{1}{3}$ y $b = 2$.

L'equació de la recta tangent en el punt $(1,0)$ és: $y - 0 = 0(x-1)$, és a dir, $y = 0$.

Activitat resolta 12

Una finestra normanda té un perímetre de 20 metres. Determina quines dimensions ha de tenir perquè deixi entrar tanta llum com sigui possible, és a dir, perquè la seva superfície sigui màxima.

Pas 1. Si x i y són la base i l'alçària, respectivament, de la part rectangular de la finestra normanda (vegeu el dibuix), el radi de la part semicircular és $\frac{x}{2}$.

Pas 2. El perímetre de la finestra és 20 m. Així doncs, $P = x + 2y + \frac{\pi}{2}x = 20 \leftarrow$ relació auxiliar.

Pas 3. La funció que volem optimitzar (maximitzar) és la superfície de la finestra. Això és:

$$S = xy + \frac{1}{2}\pi\left(\frac{x}{2}\right)^2.$$ Aïllant la variable de la relació auxiliar:

$y = \dfrac{20 - x - \frac{\pi}{2}x}{2} = 10 - \frac{1}{2}x - \frac{\pi}{4}x = 10 - \left(\frac{2+\pi}{4}\right)x$; i substituint-la en la funció que volem optimitzar, resulta:

$$S = xy + \frac{1}{2}\pi\left(\frac{x}{2}\right)^2 = x\left[10 - \left(\frac{2+\pi}{4}\right)x\right] + \frac{1}{2}\pi\left(\frac{x}{2}\right)^2 = 10x - \left(\frac{4+\pi}{8}\right)x^2,\ x > 0$$

Paso 4. Calculem els extrems absoluts:

$$S'(x) = 10 - \left(\frac{4+\pi}{4}\right)x,\ S'(x) = 10 - \left(\frac{4+\pi}{4}\right)x = 0 \Rightarrow x = \frac{40}{4+\pi} \approx 5{,}6 \text{ m}$$

Com que $S''(x) = -\left(\frac{4+\pi}{4}\right) < 0$, hi ha un màxim relatiu i absolut a $x = 5{,}6$ m

La finestra normanda ha de fer, doncs, $x = 5{,}6$ m de longitud i $y = 2{,}8$ m d'alçària. La seva superfície màxima és $S \approx 28$ m^2.

ACTIVITATS RESOLTES

Activitat resolta 13

Calcula els intervals de creixement i decreixement i els extrems relatius, així com les asímptotes, i esbossa la gràfica de la funció $f(x)=\dfrac{x}{\ln x}$.

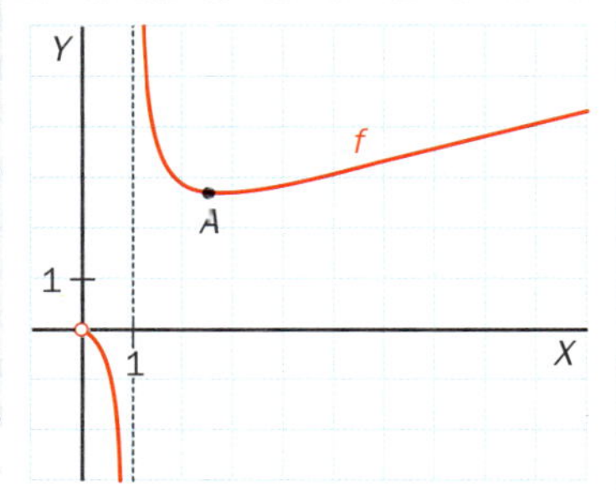

- La funció $f(x)=\dfrac{x}{\ln x}$ està definida allà on ho està la funció logarítmica $\ln x$, és a dir, en $x>0$; a més, com que és racional, el denominador ha de ser diferent de zero, $\ln x \neq 0$, la qual cosa equival a $x \neq e^0 = 1$. Per tant, $\text{Dom} f=(0,1)\cup(1,+\infty)$.
- No hi ha asímptotes horitzontals perquè $\lim\limits_{x\to+\infty}\dfrac{x}{\ln x}=+\infty$, ja que el numerador creix molt més ràpid que el denominador. El denominador de la funció s'anul·la quan $x=1$, que és una asímptota vertical. Vegem com es comporta el límit a l'esquerra i a la dreta d'aquest valor.

$$\lim_{x\to1^-}\frac{x}{\ln x}=-\infty \text{ y } \lim_{x\to1^+}\frac{x}{\ln x}=+\infty$$

- $f'(x)=\dfrac{1\cdot\ln x - x\cdot\dfrac{1}{x}}{(\ln x)^2}=\dfrac{\ln x-1}{(\ln x)^2}$ $\qquad f'(x)=\dfrac{\ln x-1}{(\ln x)^2}=0\Rightarrow \ln x=1\Rightarrow x=e$

Intervals i punts crítics	$(0,1)$	$x=1$	$(1,e)$	$x=e$	$(e,+\infty)$
Signe de $f'(x)$	–		–		+
Conclusió	↘	asímptota	↘	mínim relatiu	↗

La funció $f(x)$ és creixent en $(e,+\infty)$, decreixent en $(0,1)\cup(1,e)$ i té un mínim relatiu en el punt $A(e,e)$. Amb aquesta informació n'obtenim la gràfica.

Activitat resolta 14

Una empresa ofereix un model de mòbil per 400 € i n'aconsegueix vendre 300 en una setmana. Per cada 20 € de descompte, el nombre de mòbils venuts s'incrementa en 50 la setmana.

a) Dedueix la funció que determina els ingressos setmanals per la venda d'aquest model de mòbil en funció del nombre de telèfons venuts.

b) Determina el nombre de mòbils que s'han de vendre i el seu preu perquè els ingressos setmanals siguin màxims.

a) Si x és el nombre de mòbils venuts a la setmana, l'increment de vendes és $(x-300)$. Si el preu disminueix en 20 €, s'incrementen en 50 els telèfons venuts a la setmana. Per a cada telèfon venut, el preu en euros és $\dfrac{20}{50}$.

La funció de demanda, és a dir, el preu en funció del nombre de mòbils venuts, és: $p(x)=400-\dfrac{20}{50}(x-300)=520-0{,}4x$.

Per la seva banda, els ingressos setmanals són: $I(x)=x\cdot p(x)=520x-0{,}4x^2$, $x>0$.

b) Per determinar els ingressos màxims, busquem el màxim absolut:

$$I'(x)=520-0{,}8x,\qquad I'(x)=520-0{,}8x=0\Rightarrow x=650$$

Com que $I''(x)=-0{,}8<0$, hi ha un màxim relatiu i absolut en $x=650$.

Per tant, $p(650)=520-0{,}4(650)=260$ i $I(650)=520\cdot650-0{,}4\cdot650^2=169\,000$.

Conseqüentment, s'hauran de vendre 650 telèfons mòbils, a un preu de 260 € cadascun, per aconseguir uns ingressos màxims de 169 000 €.

Activitat resolta 15

Es vol construir un parc infantil de forma rectangular dins d'una parcel·la en forma de triangle rectangle els catets del qual fan 40 i 120 metres. A més, els costats del rectangle han d'estar sobre els catets. Determina les dimensions del parc infantil perquè la superfície sigui màxima.

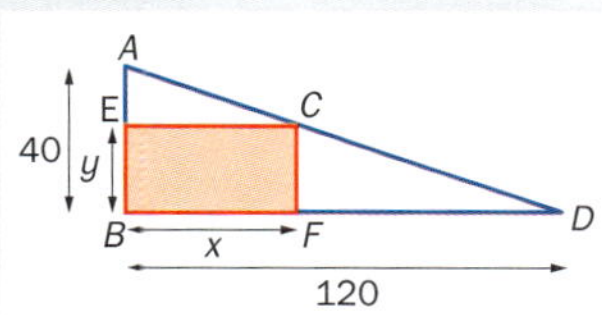

Els triangles *AEC* i *ABD* són semblants i, per tant, els seus costats són proporcionals. Això és:

$$\frac{40-y}{40}=\frac{x}{120};\ \text{aïllant } y, \text{ tenim que: } y=40-\frac{x}{3}$$

Com que les dimensions han de ser positives ($x>0$, $y>0$), llavors $0<x<120$.

La superfície del parc infantil en funció de la variable x és:

$$S(x)=xy=x\left(40-\frac{x}{3}\right)=40x-\frac{x^2}{3}$$

La funció $S(x)$ és una paràbola, i l'extrem relatiu serà absolut en un interval obert:

$$S'(x)=40-\frac{2}{3}x,\qquad S'(x)=40-\frac{2}{3}x=0\Rightarrow x=60$$

Com que $S''(x)=-\dfrac{2}{3}<0$, hi ha un màxim relatiu a $x=60$, que és, a més, un màxim absolut.

Per tant, les dimensions del parc són 60 m de longitud i 20 m d'amplada, mentre que la superfície màxima fa 1 200 m^2.

ACTIVITATS

Recta tangent, derivada i tècniques de derivació

46. Donada la funció $f(x)=3x^2-x$, calcula la taxa de variació mitjana en els intervals $[0,1]$, $[0,2]$ i $[0,5]$.

47. En la taula següent es mostra el valor en euros d'un mòbil al llarg dels seus cinc anys de vida útil.

Any	0	1	2	3	4	5
Preu	600	500	350	180	100	40

Calcula la taxa de variació mitjana entre els anys:

a) 0 i 2 *b)* 3 i 5

48. Calcula la derivada de les funcions següents:

a) $f(x)=x^2-3x+2$ *b)* $f(x)=x^3-7x^2-5x+2$

c) $f(x)=x^2-\dfrac{7}{x}$ *d)* $f(x)=x^2-2\sqrt{x}$

e) $f(x)=(2-5x)(2x^2+4x)$ *f)* $f(x)=\dfrac{2-5x}{x^2-2}$

g) $f(x)=\dfrac{2x^3}{x^2+2}$ *h)* $f(x)=\dfrac{\sqrt{x}}{x^2+2}$

i) $f(x)=\dfrac{5}{x}-\dfrac{2}{x^2}+1$ *j)* $f(x)=\left(\dfrac{2}{x-2}\right)^4$

k) $f(x)=\sqrt[3]{5x-2x^2}$ *l)* $f(x)=\sqrt{\dfrac{x}{2-x}}$

49. Calcula la derivada d'aquestes funcions exponencials o logarítmiques:

a) $f(x)=e^{-5x}+x$ *b)* $f(x)=3^{2x}$ *c)* $f(x)=x^2e^{2x}$

d) $f(x)=\dfrac{e^x}{1-x}$ *e)* $f(x)=x^2\ln x$ *f)* $f(x)=\ln\sqrt{x}$

g) $f(x)=x^2\ln x$ *h)* $f(x)=\ln\sqrt{x}$ *i)* $f(x)=\log_3(2x+1)$

j) $f(x)=(1-e^x)^4$ *k)* $f(x)=\dfrac{x^2}{\ln x}$ *l)* $f(x)=(x^2+1)e^{-x}$

50. El temps t (en hores) que una persona de pell sensible pot estar exposada al sol sense cremar-se depèn de l'índex ultraviolat, u, i es pot modelar així:

$$t(u)=\frac{0{,}25u+20}{2u+1},\quad u\geq 0$$

a) Quant de temps es pot exposar al sol sense cremar-se una persona amb aquestes característiques si hi ha un índex ultraviolat de 3? I si és de 6?

b) Si l'índex augmenta significativament, quant de temps es podrà exposar al sol aquesta persona?

51. El preu, en euros, d'una moto en funció de la seva antiguitat en anys, t, ve donat per: $p(t)=110(t-10)^2+4\,000$, on $0\leq t\leq 10$.

a) A quin preu es va comprar? Quin valor té al cap de vuit anys?

b) A quin ritme decreix el seu valor al cap de tres anys? I de cinc anys? I després de set anys?

52. Determina si la funció $y=4e^{-x}$ verifica l'equació $xy'-3y=0$.

53. Estudia si la funció $y=e^{2x}-3e^{-x}$ verifica l'equació $y''-y'-2y=0$.

54. Determina els punts de la corba $y=\dfrac{1}{2}x^2+4x+4$ per als quals la recta tangent passa per l'origen de coordenades.

55. Troba les equacions de la recta tangent a la corba $y=x^2+2e^x$ en el punt d'abscissa $x=0$.

56. Determina els coeficients de la corba $y=ax^2+bx$ si l'equació de la recta tangent en el punt $(1,1)$) és $3x-y-2=0$.

57. Troba l'equació de la recta tangent a la corba $y=\dfrac{e^x}{x^2+1}$ en el punt d'abscissa $x=1$.

58. Troba l'equació de la recta tangent a la corba $y=\dfrac{x^2-1}{x^2+x-2}$ en el punt d'abscissa $x=0$.

59. El pes en quilograms d'un toro es pot modelar per la funció $f(t)=1\,200-1\,140e^{-0{,}4t}$, on t és el temps en anys.

a) Quant temps ha de passar perquè el toro pesi 800 kg?

b) És veritat que el pes del toro augmenta molt ràpidament al principi de la seva vida, per després créixer més lentament? Comprova-ho calculant el ritme de creixement al cap d'un, dos i tres anys.

60. El Xinjie i la Noèlia són dos companys de la universitat aficionats a la cuina i prepararan el seu plat preferit: gall dindi al forn amb salsa bàrbara i fulles de xiprer. La temperatura, en graus Celsius, que manté el gall dindi t minuts després de treure'l del forn es pot modelar per la funció:

$$T=62e^{-0{,}13t}+23$$

a) A quina temperatura va sortir del forn el gall dindi?

b) A quin ritme disminueix la temperatura del gall dindi un minut després d'arribar a la taula? I després de tres minuts?

61. Troba el pendent de la corba $f(x)=\dfrac{x}{\sqrt{x^2+9}}$ en el punt d'abscissa $x=-1$.

62. Considera la corba $f(x)=\dfrac{x^2}{x-a}$, on a és un nombre real. Troba per a quins valors de a la recta tangent a la corba en el punt d'abscissa x = 1 és paral·lela a la recta $2x-y-3=0$.

63. Troba l'equació de la paràbola $y=ax^2+bx+c$ sabent que passa pel punt $(1,3)$ i que és tangent en l'origen de coordenades de la bisectriu del primer quadrant.

ACTIVITATS

Creixement, decreixement i extrems

64. A continuació es mostren les gràfiques de la funció f' derivada d'una funció f. Quins són els intervals de creixement i decreixement? Hi ha algun extrem relatiu? És màxim o mínim?

a)

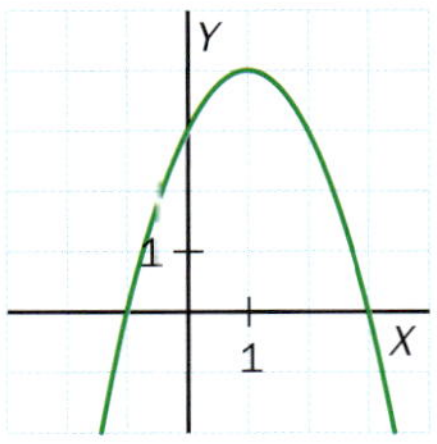

b)

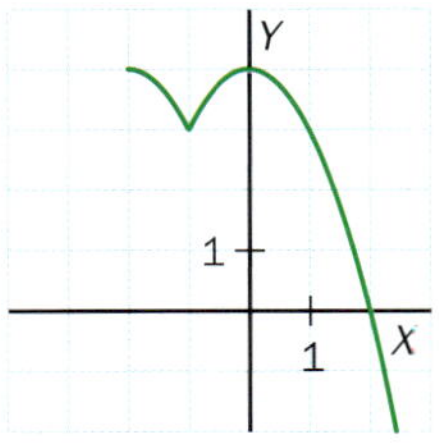

65. Dibuixa de manera aproximada, a partir de la gràfica de cada funció, la gràfica de la seva funció derivada corresponent:

a)

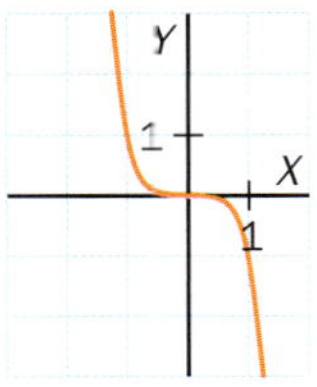

b)

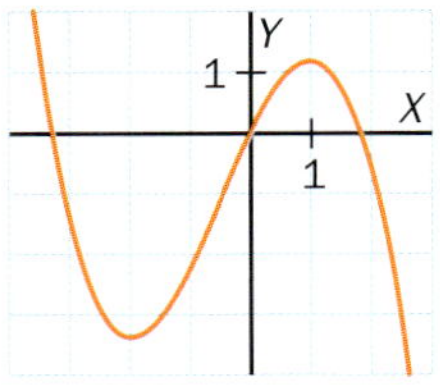

c)

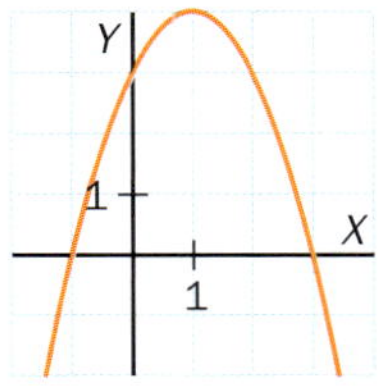

66. Troba els intervals de creixement i decreixement, així com els extrems relatius de les funcions:

a) $f(x) = x^3 - 3x^2 + 4$ *b)* $f(x) = x^4 - x^2 - 3$

c) $f(x) = x^2e^x$ *d)* $f(x) = \dfrac{x^3}{(x+1)^2}$

e) $f(x) = \dfrac{x^2+1}{x^2-1}$ *f)* $f(x) = \ln(1-x^2)$ *g)* $f(x) = x \cdot e^{x-1}$

67. Troba els màxims i mínims relatius d'aquestes funcions:

a) $f(x) = 2x^3 - 15x^2 + 36x - 1$ *b)* $f(x) = 2x^3 + 3x^2 - 3$

c) $f(x) = \dfrac{x^2}{x-1}$ *d)* $f(x) = \ln(x^2+1)$

68. Tenim la funció $f(x) = x - \dfrac{a}{x}$, amb $x \neq 0$. Determina el valor de a perquè $f(x)$ tingui un màxim relatiu en $x = 2$.

69. Dibuixa la gràfica d'una funció que tingui dos mínims relatius, un màxim relatiu i cap màxim absolut.

70. Esbossa la gràfica d'una funció que compleixi les condicions següents:

$$f'(x) < 0 \text{ en } (0,1)$$
$$f'(x) > 0 \text{ en } (-\infty,0) \cup (1,3) \cup (3,+\infty)$$
$$f'(0) = f'(1) = f'(3) = 0$$

71. Troba el valor dels coeficients de la paràbola $y = ax^2 + bx + c$, sabent que passa pel punt $P(2,5)$ i té un mínim relatiu en $M(5,8)$.

72. Per a quins valors de a i b la funció $f(x) = axe^{bx^2}$ té un màxim relatiu en el punt$2,1)$?

73. Calcula, en funció de k, els màxims i mínims relatius de la funció $f(x) = \dfrac{1}{x^2-k}$, amb $k \neq 0$.

74. Calcula els valors de a, b i c de la funció següent, si sabem que té un extrem relatiu a $x = 1$ i que la seva recta tangent en $x = 0$ és $y = x + 3$.

$$f(x) = ax^3 + bx^2 + cx + d$$

75. Analitza la gràfica de la derivada de les funcions següents per determinar els intervals de creixement i decreixement i els extrems relatius.

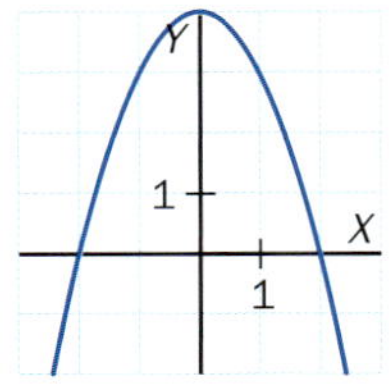

a) $f'(x)$

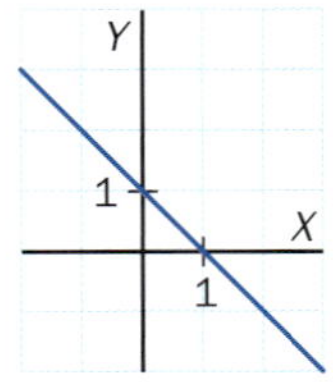

b) $g'(x)$

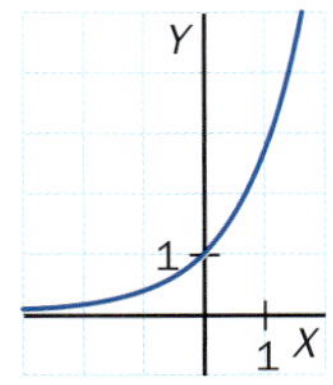

c) $h'(x)$

76. Troba els intervals de creixement i decreixement, així com els extrems relatius de les funcions:

a) $f(x) = (x+1)e^{-x}$ *b)* $f(x) = (x+3)^2 e^{-x}$

77. Es llança un coet i, al cap de t segons, arriba a una altura, en metres, que ve donada per la funció $f(t) = 500t - 5t^2$. Quina és l'altura màxima a la qual arriba? Al cap de quants segons ho fa?

78. Determina el valor de b perquè la funció $f(x) = x^3 - bx^2$ tingui un extrem relatiu en $x = 1$. Es tracta d'un màxim o d'un mínim?

Concavitat i punts d'inflexió

79. Troba els intervals de concavitat i convexitat, així com els punts d'inflexió de les corbes següents:

a) $f(x) = x^4 - 2x^3$ *b)* $g(x) = x^3 - 3x^2 - 9x$

c) $h(x) = 2x^3 - 9x^2 + 12x - 4$

80. Prova que, si bé la funció $f(x) = x^4$ verifica $f''(0) = 0$, el punt (0,0) no és un punt d'inflexió.

81. Prova que la funció $f(x) = (x-2)^4$ té un extrem relatiu en $x = 2$, si bé $f''(2) = 0$. Té punts d'inflexió, $f(x)$?

82. Comprova que la funció $f(x) = x \cdot |x|$ té un punt d'inflexió en (0,0) i, no obstant això, no és derivable en aquest punt.

83. Es considera la funció $f(x) = \dfrac{x}{x^2+a}$, amb $a \in \mathbb{R}$.

a) Troba el valor de a perquè $f(x)$ tingui un extrem relatiu en $x = \sqrt{3}$.

b) Per a $a = 4$, troba els extrems relatius i els punts d'inflexió de la corba.

Dibuix de corbes

84. Representa gràficament les funcions següents:

a) $y = x^3 - x^2 - 5x$ *b)* $y = \dfrac{1}{3}x(x-3)^2$ *c)* $y = x^3 - 3x^4$

d) $y = x^4 + 2x^3$ *e)* $y = \dfrac{x-1}{x+3}$ *f)* $y = (1-x) \cdot e^{-x}$

85. Dibuixa les corbes següents:

a) $f(x) = \ln\left(\dfrac{x-1}{x+1}\right)$ *b)* $f(x) = \dfrac{1}{x^2+3}$ *c)* $y = \dfrac{\ln x}{x^2}$

d) $f(x) = \dfrac{x^2}{\sqrt{2x+1}}$ *e)* $f(x) = \dfrac{2x^2}{\sqrt{9-x^2}}$ *f)* $f(x) = e^{-\frac{1}{x^2}}$

86. Dibuixa la gràfica d'una funció que verifiqui:

$$f(-1)=4 \qquad f(1)=0 \qquad f'(x)<0,\ \text{si } -1<x<1$$
$$f'(-1)=0 \qquad \nexists f'(1) \qquad f'(x)>0,\ \text{si } x<-1 \text{ o } x>1$$
$$f''(x)>0,\ \text{si } x>0 \qquad f''(x)<0,\ \text{si } x<0$$

87. Dibuixa la gràfica d'una funció que verifiqui:

$$f'(x)<0 \text{ en } (2,+\infty) \qquad f'(x)>0 \text{ en } (-\infty,2)$$
$$f''(x)<0 \text{ en } (-4,4) \qquad f''(x)>0 \text{ en } (-\infty,-4)\cup(4,+\infty)$$
$$\lim_{x\to-\infty} f(x)=-4 \qquad \lim_{x\to+\infty} f(x)=0$$

88. Dibuixa la gràfica d'una funció que sigui contínua en l'interval $[0, 2]$, tingui un màxim absolut en $x = 0$, un mínim absolut en $x = 2$, un mínim relatiu en $x = 1$ i un màxim relatiu en $x=\frac{3}{2}$.

Optimització

89. Troba els extrems absoluts de:

a) $f(x)=2x^2-5x+2$ en $[0,4]$ *b)* $f(x)=\frac{x}{x^2+1}$ en $[0,3]$

90. Determina el nombre d'unitats, x, d'un producte que s'han de fabricar per maximitzar el benefici, sabent que els costos venen donats per $C(x)=0{,}0004x^3-0{,}02x^2+2x+65$, i els ingressos, per $I(x)=-0{,}02x^2+2{,}3x$, tots dos en milers d'euros.

91. Una assessora de vendes d'un concessionari d'automòbils ven 50 cotxes al mes a un preu de 20 000 euros cadascun. De cada cotxe que vengui al mes, podrà abaixar-ne el preu en 300 euros. Quants cotxes ha de vendre al mes per obtenir el màxim ingrés per vendes?

92. Un grup de 40 estudiants lloga un autobús de 60 places a una empresa per fer un viatge, per un preu de 70 € cadascun. És probable que al cap d'uns dies s'hi incorpori algun estudiant més, per la qual cosa l'empresa els proposa reduir el preu inicial en 3 € per cada persona que superi els 40. Determina la mida que ha de tenir el grup perquè els ingressos de l'empresa siguin màxims.

93. L'efectivitat d'un anunci publicitari a Internet depèn del nombre de vegades que una persona el veu. Una empresa publicitària ha trobat un model que li permet analitzar-ne l'efectivitat, i que ve donat per $E(x)=0{,}9x-0{,}15x^2$, on x és el nombre de vegades que algú el veu. Quantes vegades ha de veure l'anunci una persona perquè tingui la màxima efectivitat?

94. Un operari inicia la jornada laboral cada dia a les 8 h. Al cap de t hores de feina, el seu rendiment diari és: $R(t)=-\frac{1}{3}t^3+2t^2+12t$. A quina hora de la seva jornada laboral aconseguirà rendir al màxim? Esbossa'n la gràfica.

95. Determina el punt de la corba $y=\sqrt{2x}$ més pròxim al punt $(1, 4)$.

96. Un filferro enrotllat de 100 m de longitud es divideix en dues parts. Amb una d'elles es construeix una circumferència, i amb l'altra, un quadrat. Com s'ha de tallar el filferro perquè la suma de les àrees sigui mínima?

97. Un fabricant ven en línia 1 000 ordinadors portàtils per setmana a 450 euros cadascun. Per cada 10 euros de descompte que ofereixi, el nombre de portàtils venuts s'incrementarà en 100 per setmana.

a) Calcula la funció de demanda.

b) Quants portàtils ha de vendre i a quin preu per maximitzar els ingressos? Quins són aquests ingressos màxims?

98. De tots els rectangles de 20 cm de perímetre, determina el que té diagonal mínima.

99. Mentre el Gabriel es banya al mar, es desencadena una tempesta. El Gabriel pensa com arribar fins a la platja per recollir la seva roba, i dubta entre dues opcions: anar nedant directament cap a la roba o sortir de l'aigua en un altre punt i anar corrent per la vora de l'aigua fins a arribar-hi. La seva velocitat per terra és de 6 m/s, i nedant, de 2 m/s. Si es troba, en línia recta, a 500 m de la roba i a 300 m de la platja, quin és el millor camí que pot seguir?

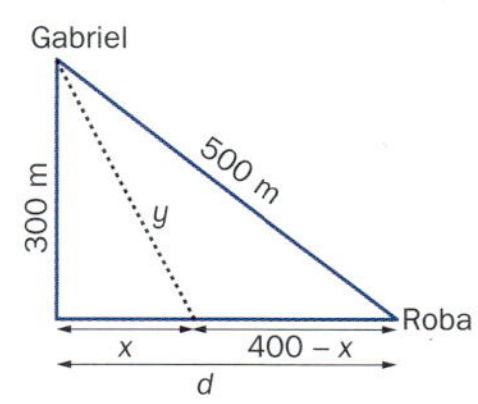

100. Es vol construir un armari rectangular al forat d'una escala d'un xalet tal com mostra la figura.

a) Expressa l'àrea del rectangle en funció de la longitud x.

b) Determina les dimensions del rectangle que tingui superfície màxima.

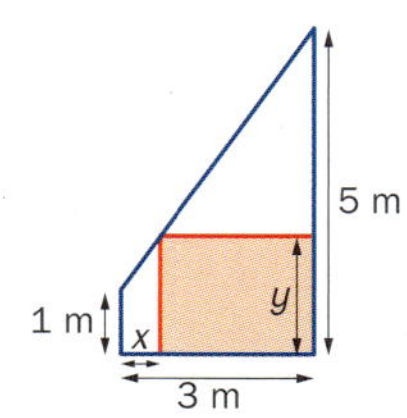

101. Es vol fabricar un buidabutxaques amb una peça quadrada de pell sintètica de 18 cm de costat, tallant quadrats iguals a partir dels vèrtexs i doblant-los. Calcula el costat del quadrat que s'ha de tallar perquè el volum del buidabutxaques sigui el màxim possible.

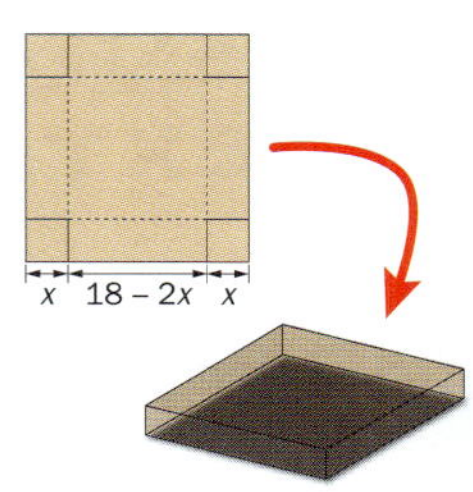

102. Troba un punt de la corba $y=4-x^2$ en el qual la tangent determina, en el primer quadrant, un triangle d'àrea màxima amb els eixos de coordenades.

103. Un tros de formatge està situat en el punt $(12, 10)$, i un ratolí es mou al llarg de la recta $y=18-5x$. Quan està convençut que es troba al més a prop possible del formatge, l'animal s'atura. En quin punt s'aturarà?

Un món matemàtic

104. Segons les normes de Correus per a l'enviament de paquets postals Paq Premium, les dimensions màximes han de ser tals que llargada + alçària + amplada = 210 cm, sense que la major superi els 120 cm. Coneixent aquestes normes, esbrina si podem enviar un paquet amb alçària i amplada iguals, les tres dimensions del qual sumin 200 cm i la llargada del qual no superi els 100 cm. La premissa és que el paquet tingui el màxim volum possible amb aquestes mesures.

105. Imagina que ens trobem a l'any 2030 i que el preu d'un litre de carburant és, en aquell moment, de 3 €. A més, les normes de circulació no són les actuals, ja que, amb la finalitat de combinar bicicletes, patinets, motos i automòbils elèctrics, si fas servir un cotxe que necessiti carburant és obligatori circular per un carril independent a una velocitat compresa entre 35 i 55 km/h. Per un carril net, sense altres cotxes, i a una velocitat constant de x km/h, hi circula una conductora d'una companyia de lloguer que guanya 40 euros per hora treballada. Si el consum del vehicle es regeix per la fórmula $10+\frac{x^2}{120}$ litres per hora, troba la velocitat més econòmica i el cost del viatge.

Daily The News

EXTRA! EXTRA!

106. En un centre escolar de 200 estudiants, la propagació d'una notícia és directament proporcional al nombre d'estudiants que la saben i al nombre d'estudiants que no la saben, encara. Demostra que la notícia es propaga més ràpidament si la meitat dels estudiants la saben.

107. Dibuixa la gràfica de la funció $y=\frac{3x}{\sqrt{x^2-4}}$..

108. Es considera un con de 120 cm^3 de volum amb altura h, radi de la base x i generatriu a.

a) Prova que $a^2=\frac{360}{\pi h}+h^2$.

b) Troba l'altura del con l'aresta de la qual té longitud mínima.

109. Demostra que la quantitat de tela necessària per fer una tenda de campanya de forma cònica i d'una determinada capacitat és la menor possible quan l'alçària és $\sqrt{2}$ vegades més gran que el radi de la base.

110. Dibuixa i troba els extrems relatius i absoluts de la funció $f(x)=|4-x^2|$ en l'interval $[-3,3]$. En quins punts no existeix la derivada?

111. La corba $f(x)=\frac{|x|}{\sqrt{2-x^2}}$ es coneix amb el nom de nas de bala. Dibuixa-la de manera aproximada.

112. Quin és el valor mínim de la funció

$$f(x)=(x-5)^3(x-1)?$$

113. La recta tangent a la corba $y=x^3-2x^2+1$ en el punt $(1,0)$ talla la corba en un altre punt. Troba'l.

Resol l'enigma

Quines mesures ha de tenir la llauna per minimitzar al màxim els costos i perjudicar tan poc com sigui possible el medi ambient?

Pas 1. Designem r i h el radi i l'alçària, respectivament.

Pas 2. El volum del cilindre és $V = 0{,}33 = \pi r^2 h \leftarrow$ Relació auxiliar.

Pas 3. Per altra banda, el cost C vindrà donat en funció de la superfície total mitjançant la fórmula:

$$C = 2\pi rh \cdot 0{,}1 + 2\pi r^2 \cdot 0{,}2 = 0{,}2\pi rh + 0{,}4\pi r^2$$

Aquesta és la funció que volem optimitzar. Com que inicialment depèn de dues variables, l'hem d'expressar en funció d'una de sola. Així, aïllem h de l'equació del volum: $0{,}33 = \pi r^2 h \Rightarrow h = \dfrac{0{,}33}{\pi r^2}$. Substituint aquest valor en l'expressió del cost, i queda la funció $C(r)$ que volem optimitzar:

$$C(r) = 0{,}2\pi r \cdot \frac{0{,}33}{\pi r^2} + 0{,}4\pi r^2 = \frac{0{,}066}{r} + 0{,}4\pi r^2,\ r > 0$$

Pas 4. En calculem la derivada per localitzar-ne els extrems relatius:

$$C'(r) = \frac{-0{,}066}{r^2} + 0{,}8\pi r,\ C'(r) = \frac{-0{,}066}{r^2} + 0{,}8\pi r = \frac{-0{,}066 + 0{,}8\pi r^3}{r^2} = 0 \Rightarrow r = \sqrt[3]{\frac{0{,}066}{0{,}8\pi}} \approx 0{,}297 \text{ dm.}$$

$C''(r) = \dfrac{0{,}132}{r^3} + 0{,}8\pi$ i $C''(0{,}297) > 0$. Per tant, hi ha un mínim relatiu en $x = 2$, que, atès que és únic, també és mínim absolut. Així, l'alçària resulta $h = \dfrac{0{,}33}{\pi r^2} = \dfrac{0{,}33}{\pi \cdot 0{,}297^2} \approx 1{,}19$ dm.

Conseqüentment, la llauna fa 59,4 mm de diàmetre i 119 mm d'alçària, mentre que el seu cost de fabricació és de $C(0{,}297) = 0{,}33$ €. Aquestes dimensions s'assemblen més a les de la llauna *sleek*, si bé amb un diàmetre una mica superior i una mica menys d'alçària.

8. Estadística

El Ministeri per a la Transició Ecològica d'Espanya prepara la futura llei de canvi climàtic, i entre les mesures que proposa hi ha la de vetar els cotxes dièsel a partir de 2040. D'aquesta manera, el Govern preveu que l'any 2050 ja no haurien de circular turismes que emetin CO_2 a l'atmosfera. Després de conèixer les intencions del Ministeri, observa en aquests gràfics realitzats per l'Associació Espanyola de Fabricants d'Automòbils i Camions (ANFAC) la quota de mercat, en percentatge, de les matriculacions de cotxes segons el tipus de combustible: dièsel, gasolina i alternatius (híbrids, elèctrics, gas natural, hidrogen), entre els anys 2012 i 2018.

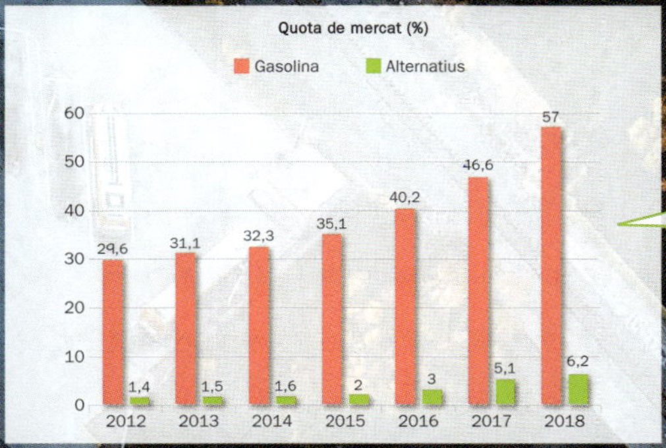

En aquest gràfic apareix representada la quota de mercat, en percentatge, dels cotxes de gasolina i alternatius. Podem dir que durant aquests anys, a mesura que ha augmentat la venda de cotxes de gasolina, també ha augmentat la dels alternatius? Consideres que aquesta relació és lineal? No et sembla estrany?

En aquest gràfic apareix la quota de mercat, en percentatge, dels cotxes dièsel i gasolina. Creus que la disminució de les vendes de cotxes dièsel ha fet incrementar la venda dels de gasolina? Creus que la relació és lineal? Et sembla adequada aquesta relació?

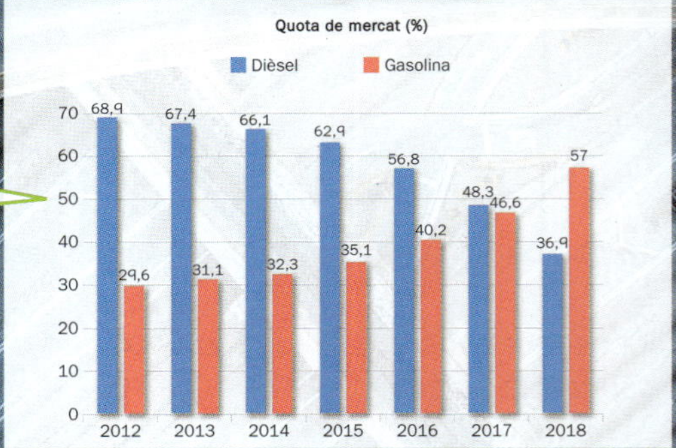

En aquesta unitat aprendràs:

1. Variables unidimensionals
2. Mostratge
3. Gràfics estadístics
4. Mesures de centralització
5. Mesures de dispersió
6. Variables bidimensionals
7. Distribucions marginals
8. Distribució condicionada
9. Diagrama de dispersió. Correlació
10. Recta de regressió. Estimacions
11. L'estadística en la pràctica diària

1 Variables unidimensionals

L'Estadística és una eina imprescindible per comprendre el món que ens envolta. Actualment, pràcticament en totes les àrees professionals es duu a terme una recollida permanent de dades, i l'Estadística proporciona mètodes per organitzar-les, resumir-les, extreure'n informació i treure conclusions.

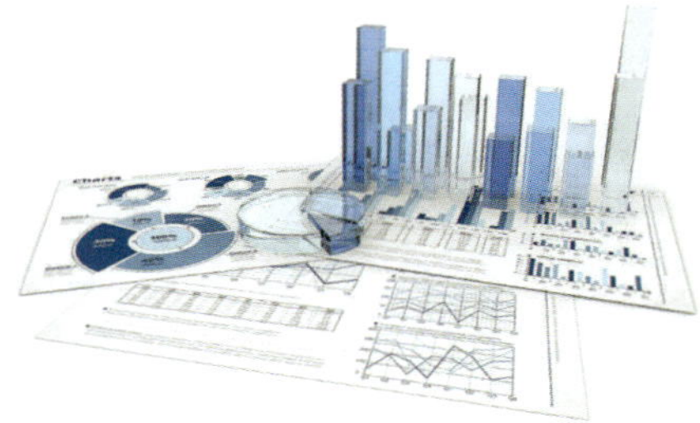

Població

Els estudis estadístics es fan sobre poblacions; per exemple, es poden fer estudis estadístics sobre les persones que s'han graduat en enginyeria matemàtica, o sobre el nombre d'unitats d'automòbils fabricats a Catalunya l'any 2018.

S'anomena **població** un conjunt d'elements homogenis sobre els quals es vol obtenir informació. La població objecte d'un estudi ha d'estar definida sense cap ambigüitat, de manera que sempre es pugui saber si un element hi pertany o no.

Si la informació que es busca en un estudi estadístic està a disposició de tots els elements de la població, es parla d'un **cens.**

En un estudi estadístic és molt freqüent que no es pugui observar tota la població perquè és inviable econòmicament, per la quantitat de temps necessari per aconseguir-ho o bé perquè es tracta d'un experiment de caràcter destructiu. En aquests casos, normalment, se selecciona un subconjunt de la població, anomenat **mostra,** per obtenir informació sobre el total de la població. Així, per exemple, podríem seleccionar com a mostra els graduats en enginyeria matemàtica de Barcelona o els automòbils fabricats a Girona. El nombre d'elements de la mostra s'anomena **mida mostral.**

El risc més gran que correm quan extraiem una mostra en un estudi és que no sigui representativa de la població. Direm, en aquest cas, que la mostra està **esbiaixada** o que té biaixos. Per exemple, si volem saber el nombre de parelles amb fills i fem l'enquesta en una zona amb una població majoritària de jubilats, objectivament no serà una mostra representativa, estarà esbiaixada.

Variables estadístiques

Les dades estadístiques procedeixen de l'observació i la mesura dels atributs i les magnituds propis d'una mostra o població. Aquests atributs s'anomenen variables estadístiques o, simplement, variables. Així, el sexe, l'edat i el color dels ulls d'una persona o la marca, el model i la potència d'un automòbil són exemples de variables. Les variables estadístiques poder ser de dos tipus:

- **Variables qualitatives.** Es refereixen a qualitats o modalitats que no es poden expressar de forma numèrica, com ara el lloc de naixement o la marca d'un telèfon mòbil.
- **Variables quantitatives.** Són les que es poden expressar de forma numèrica, com el pes, el temps d'ús d'una pàgina web o els punts anotats en un partit de bàsquet. Segons el valor que poden prendre, les variables quantitatives es classifiquen en variables i contínues.
  - Les **variables discretes** només poden prendre un número finit o infinit numerable de valors. És el cas de l'edat, el nombre de fills o el nombre de visites diàries a una pàgina web.
  - Les **variables contínues** poden adoptar qualsevol valor dins d'un interval donat. Així ocorre, per exemple, amb la temperatura, el pes, el diàmetre d'una peça o el temps d'ús d'una pàgina web.

Taxonomia de generacions	
Nom de la generació	**Població**
z 1994-2010	7 800 000
y ***(Millennials)*** 1981-1993	7 200 000
x 1969-1980	9 300 000
Baby Boom 1949-1968	12 200 000
Silent Generation 1930-1948	6 300 000
Total	**42 800 000**

Taula 8.1. La taula indica el nom i la població de la taxonomia de les generacions fins l'any 2010. La població generacional és una variable quantitativa o qualitativa?

2 Mostratge

El més important d'un estudi estadístic és que la mostra sigui tan representativa de la població com sigui possible. Per tant, analitzarem algunes tècniques de mostratge o recollida de dades.

Mostratge aleatori simple

És el mètode més senzill per a garantir una selecció de la mostra tan representativa com sigui possible. Amb aquest tipus de mostratge, cada element de la població té la mateixa probabilitat de ser escollit. Per exemple, si es desitja dur a terme un estudi sobre l'opinió que tenen 500 estudiants d'un centre de secundària sobre el menjar, per a això es tria una mostra de 60 estudiants, el procediment és el següent: es numera a cada estudiant de l'1 al 500 i es genera una llista de 60 nombres aleatoris a través d'un programa informàtic o una calculadora. Els estudiants que tenen assignats aquests nombres formen la mostra per a l'estudi. Com la població és de 500 estudiants i la mostra de 60, la fracció del mostreig serà: 60/500 = 0,12. Això indica que l'estudi es farà sobre el 12 % de la població; és a dir, com 500/60 = 8,3, llavors cada estudiant de la mostra representarà aproximadament 8 estudiants de la població.

Mostratge sistemàtic

Aquest tipus de mostratge s'utilitza quan els elements de la població estan ordenats en llistes. Així, si d'una població de *N* elements se'n vol extreure una mostra de mida *n*, llavors el mostratge sistemàtic consisteix a trobar la part sencera *k* de $\frac{N}{n}$ i escollir aleatòriament un valor entre 1 i *k*. Així, els elements seleccionats seran: $m, m+k, m+2k, \ldots, m+(n-1)$ Per exemple, si tenim una llista dels 500 estudiants del centre, llavors la part sencera de $\frac{500}{60} = 8{,}3$ és 8. Per tant, escollim de manera aleatòria un nombre de l'1 al 8, per exemple el 6, i hi anem sumant 8 fins a arribar a 60 elements, és a dir, 6, 14, 22, 30, ..., 478. Els estudiants amb aquests nombres assignats seran els que formin part de la mostra.

Mostratge estratificat

Aquest tipus de mostratge s'utilitza quan hi ha subpoblacions o quan tenim una població no homogènia. Per dur-lo a terme, dividim els elements de la població en classes o estrats homogenis i, posteriorment, fem un mostratge aleatori simple dins de cada estrat. Així, en l'exemple anterior, si volguéssim saber l'opinió dels alumnes per curs, tant d'ESO com de Batxillerat, consideraríem cada curs com un estrat. Si el nombre d'estudiants a cada curs és el mateix seleccionem 10 estudiants de cadascun, però si el nombre d'estudiants de cada curs fos diferent, caldria fer la selecció de forma proporcional. Per exemple, si a cada curs d'ESO hi hagués un 20 % d'estudiants i a Batxillerat un 10 % del total, llavors el repartiment proporcional seria de 12 estudiants a cada curs de secundària i 6 a Batxillerat.

Mostratge per conglomerat

S'utilitza quan no se saben amb exactitud tots els elements de la població. Aquest tipus de mostratge pressuposa que la població es pot dividir en grups o conglomerats heterogenis que presenten característiques similars a tota la població, i per tant, en lloc d'escollir elements a l'atzar en la mostra, escollim conglomerats. Aquest tipus de mostratge s'aplica quan no es coneix la població per estratificar-la. Per exemple, per analitzar el nivell d'audiència dels programes de televisió s'utilitza a l'inici un mostratge per conglomerats (famílies) escollides aleatòriament, i que inclouen persones de totes les edats que representen la totalitat de la població.

Altres tipus de mostratge

A vegades es fan servir tècniques de mostratge en les quals tots els elements de la població no tenen la mateixa probabilitat de ser escollits. Tot i que aquestes tècniques poden presentar resultats esbiaixats, s'utilitzen en estudis d'opinió com a millor opció en determinades etapes d'investigació per la seva rapidesa i el seu menor cost. N'estudiarem aquests quatre:

- **Mostratge per conveniència.** Consisteix a utilitzar persones a les quals es pot accedir fàcilment, per exemple, coneguts o el primer que passi pel carrer. Òbviament, la mostra no és gaire representativa de la població, però es fa servir si el temps i els recursos són limitats.
- El **mostratge intencional** o **discrecional** consisteix a seleccionar una mostra d'una població amb una intenció determinada. Per exemple, si es volen investigar els efectes d'un medicament contra el càncer, la mostra només constarà de persones afectades.
- El **mostratge de bola de neu** s'utilitza quan els membres d'una població són difícils de localitzar, com, per exemple, persones sense llar o immigrants il·legals.
- El **mostratge per quotes** consisteix a seleccionar o fixar quotes per sexe, edat o qualsevol altra característica, amb la finalitat d'intentar representar la població objecte d'estudi.

En la pràctica, moltes enquestes sociològiques combinen diferents mètodes; per exemple, utilitzen un mostratge estratificat al principi i, després, un per quotes. Quan ja s'han recollit les dades, cal resumir-les en una taula i descriure'n de manera gràfica i numèrica les característiques més importants. L'**estadística descriptiva** s'ocupa d'aquesta tasca.

Organització de dades

Quan ja s'han recollit les dades, es construeix la **distribució de freqüències** d'una variable estadística, que consisteix en una taula anomenada **taula de freqüències** en la qual hi ha els valors o modalitats, x_i, i les freqüències absolutes, f_i, o relatives, n_i, o totes dues. La taula també pot incloure les freqüències absolutes acumulades, F_i, i les freqüències relatives acumulades, N_i.

Taula de freqüències				
Modalitats o valors x_i	**Freqüències absolutes f_i**	**Freqüències relatives n_i**	**Freqüències absolutes acumulades F_i**	**Freqüències relatives acumulades N_i**
x_1	f_1	$n_1 = \frac{f_1}{N}$	f_1	n_1
x_2	f_2	$n_2 = \frac{f_2}{N}$	$f_1 + f_2$	$n_1 + n_2$
⋮	⋮	⋮	⋮	⋮
x_k	f_k	$n_k = \frac{f_k}{N}$	$f_1 + f_2 + \ldots + f_k$	$n_1 + n_2 + \ldots + n_k$
Total	**N**	**1**		

Quan el nombre de valors que pren una variable discreta és gran, o quan una variable és contínua, convé agrupar les dades en classes o intervals d'igual amplitud, el nombre de les quals sol oscil·lar entre 5 i 10. La regla més usual per determinar el nombre de classes és trobar el nombre més proper a $\sqrt{n}$, excepte quan s'especifiqui qualsevol altra cosa. Anomenarem **marca de classe** el centre o punt mitjà de cada classe o interval.

Exemple 1. Observa la taula que recull la durada, en anys, de les bateries de 40 telèfons mòbils d'una marca determinada i construeix la taula de freqüències absolutes i relatives agrupant les dades en 7 intervals d'amplitud 0,5 i començant en 1,5.

4,7	2,6	3,2	4,1	4,1
3,2	4,2	1,6	4,5	3,8
3,8	1,6	4,2	4,1	4,0
3,2	3,1	4,6	3,9	2,6
4,3	3,2	3,2	4,4	2,2
3,4	4,7	2,7	3,2	2,7
4,2	4,1	3,9	3,5	4,8
3,2	2,4	3,4	2,8	2,3

Interval	Marca de classe	Fr. absoluta	Fr. relativa
[1,5 , 2)	1,75	2	0,050
[2 , 2,5)	2,25	3	0,075
[2,5 , 3)	2,75	5	0,125
[3 , 3,5)	3,25	10	0,250
[3,5 , 4)	3,75	5	0,125
[4 , 4,5)	4,25	10	0,250
[4,5 , 5)	4,75	5	0,125
Total		**40**	**1**

3 Gràfics estadístics

Els gràfics estadístics constitueixen una eina molt útil per presentar la informació de forma senzilla, clara i precisa, de la mateixa manera que faciliten comparar dades, mostrar tendències i marcar diferències. Alguns dels més utilitzats són els seguents:

- El **gràfic de punts** és un resum de dades numèriques. Cada observació o dada es representa amb un punt sobre un eix horitzontal. Quan un valor està repetit, es col·loquen diferents punts apilonats.

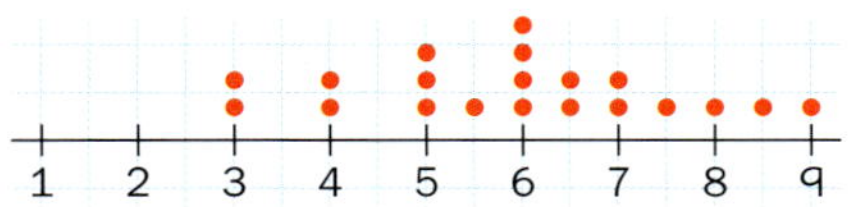

Fig. 8.1. Gràfic de punts en el qual apareixen representades les següents qualificacions de 20 estudiants en un examen de Matemàtiques: 3, 3, 5, 5, 7, 7, 7.5, 8, 8.5, 6, 6.5, 4, 4, 6, 5, 5.5, 6, 6.5, 9 i 6.

- El **diagrama de sectors** és una representació de les freqüències relatives de les variables qualitatives o quantitatives discretes. Aquest gràfic consisteix en un cercle dividit en sectors, un per cada modalitat i valor de la variable. Els angles dels sectors són proporcionals a les freqüències i, com que el cercle complet mesura 360°, llavors cada angle α_i és igual a:

$$\alpha_i = \frac{f_i}{n} \cdot 360° = n_i \cdot 360°$$

Color d'ulls	f_i	n_i
Negres	10	0,20
Marrons	22	0,44
Blaus	5	0,10
Verds	13	0,26
Total	50	1

Exemple 2. **Observa les dades que apareixen en la taula del marge i calcula els angles dels sectors corresponents als diferents colors d'ulls.**

$\alpha_{negres} = 0{,}20 \cdot 360° = 72°$ $\alpha_{marrons} = 0{,}44 \cdot 360° = 158{,}4°$

$\alpha_{blaus} = 0{,}10 \cdot 360° = 36°$ $\alpha_{verds} = 0{,}26 \cdot 360° = 93{,}6°$

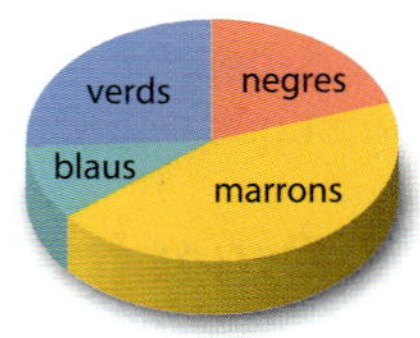

- El **diagrama de barres** és vàlid per a variables qualitatives i quantitatives discretes, i es construeix dibuixant en un eix cartesià barres o rectangles d'altura igual a cada freqüència absoluta o relativa. Les barres poden tenir orientació horitzontal o vertical. Aquest tipus de diagrames se sol utilitzar per comparar magnituds de diferents categories o per observar l'evolució en el temps d'una magnitud.

- Els **histogrames** s'utilitzen per representar variables quantitatives contínues. En un dels eixos es col·loquen les classes i en l'altre es col·loquen, de manera contigua, un rectangle per a cada classe, amb àrea proporcional a cada freqüència representada.

- Els **polígons de freqüències** s'obtenen quan s'uneixen consecutivament els punts mitjans de les bases superiors de cada rectangle en els diagrames de barres o histogrames.

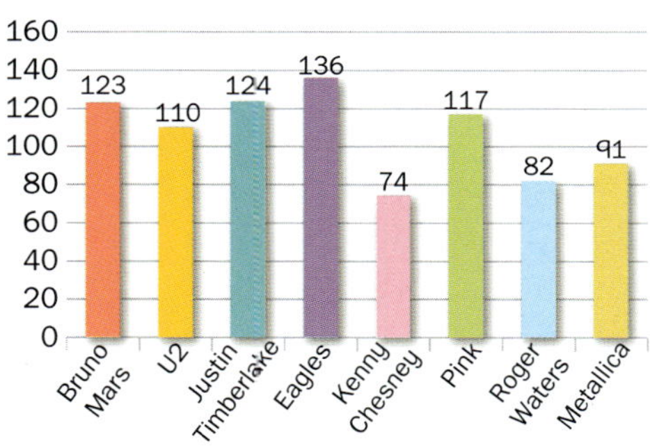

Fig. 8.2. Diagrama de barres amb els preus mitjans de les entrades per als concerts dels vuit artistes més cotitzats durant l'any 2018 segons Forbes.

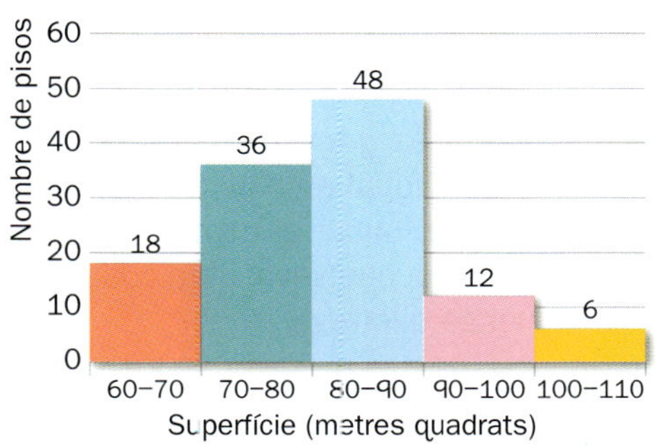

Fig. 8.3. Histograma que recull una mostra de 120 pisos de dos dormitoris classificats, segons la seva superfície en m², en cinc intervals de la mateixa amplitud.

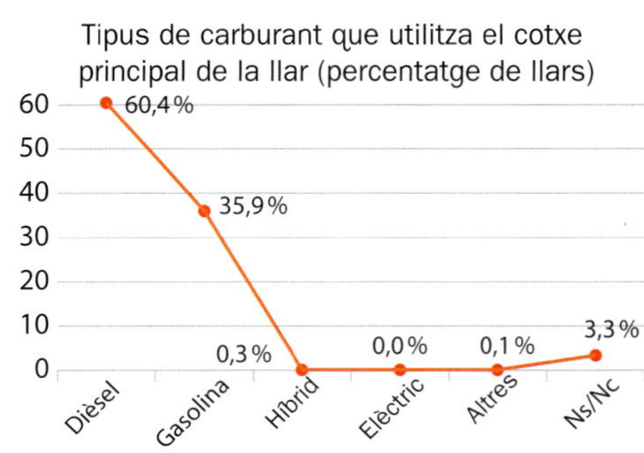

Fig. 8.4. Polígon de freqüències que reflecteix (en tant per cent) el tipus de carburant utilitzat per cotxe principal d'una llar espanyola, segons dades del segon semestre de 2015. (Font: CNMV).

Activitats

1. Construeix la taula de freqüències absolutes i relatives de les dades recollides en el gràfic de punts de la Fig. 11.1.

2. Troba la taula de freqüències relatives de les dades de la Taula 11.3.

4 Mesures de centralització

En molts casos, la taula de la distribució de freqüències i la informació visual dels gràfics no són suficients per tenir una informació completa de les dades. Per tant, són necessàries unes mesures numèriques que permetin resumir aquestes dades de forma senzilla i eficaç, com les **mesures de centralització,** que donen una idea de la ubicació del centre de la distribució.

Mitjana aritmètica

La mitjana aritmètica és molt útil i senzilla; per exemple, per calcular l'edat mitjana de set pacients que es troben a la sala d'espera d'una consulta de traumatologia, n'hi ha prou amb sumar l'edat de tots ells i dividir el resultat entre el nombre total de pacients.

La **mitjana aritmètica** es representa $\bar{x}$ i es calcula sumant totes les dades, $x_1, x_2, \ldots, x_n$, i dividint pel nombre total d'aquestes, n. Així:

$$\bar{x} = \frac{x_1 + x_2 + \ldots + x_n}{n} = \frac{\sum_{i=1}^{n} x_i}{n} \qquad [1]$$

1 Pensa

Si a tots els valors, $x_1, x_2, \ldots, x_n$ d'una variable els sumes la mateixa quantitat, com es veurà afectada la seva mitjana? I si els multipliques per la mateixa quantitat k?

Exemple 3. En una aula de 1r de Batxillerat amb 30 estudiants, la professora els ha preguntat quants germans són a la família. Els resultats han estat 1, 2, 2, 1, 2, 3, 4, 2, 3, 4, 1, 2, 2, 5, 2, 3, 1, 2, 2, 2, 2, 3, 4, 6, 5, 3, 2, 3, 1 i 4. Quin és el nombre mitjà de germans d'aquest alumnat?

Una opció per trobar la mitjana seria sumar les 30 dades i dividir per 30. Però aquest mètode no és gaire operatiu si el nombre de dades amb el qual treballem és molt gran. Si observem les dades, veiem que hi ha sis valors que es repeteixen. Per tant, convertim las dades aïllades en dades agrupades mitjançant una taula de freqüències absolutes. D'aquesta manera observem que, per exemple, hi ha cinc estudiants que tenen un germà i dotze que en tenen dos. Però, en lloc d'escriure la suma de l'1 cinc vegades, escriurem $1 \cdot 5$; en lloc de sumar 2 dotze vegades, escriurem $2 \cdot 12$, i així successivament. Per trobar la mitjana procedirem de la següent manera:

$$\bar{x} = \frac{1 \cdot 5 + 2 \cdot 12 + 3 \cdot 6 + 4 \cdot 4 + 5 \cdot 2 + 6 \cdot 1}{30} = \frac{79}{30} = 2{,}6 \text{ germans}$$

Nre. de germans x_i	Freqüències absolutes f_i	$x_i \cdot f_i$
1	5	5
2	12	24
3	6	18
4	4	16
5	2	10
6	1	6
Total	**30**	**79**

En general, si les dades estan agrupades i $N = f_1 + f_2 + \ldots + f_k = \sum_{i=1}^{k} f_i$, llavors l'expressió [1] es transforma en:

$$\bar{x} = \frac{x_1 \cdot f_1 + x_2 \cdot f_2 + \ldots + x_k \cdot f_k}{N} = \frac{\sum_{i=1}^{k} x_i \cdot f_i}{N} = \sum_{i=1}^{k} x_i \cdot n_i \qquad [2]$$

Si les dades estan agrupades en intervals, el valor de x_i es correspon amb el punt mitjà de l'interval, anomenat marca de classe.

Exemple 4. Una empresa assegura que el salari mitjà brut mensual de la seva plantilla és superior als 2 000 €. Calcula aquest salari mitjà i estudia si el seu valor és representatiu, si els salaris dels seus cinc treballadors són els següents: 800 €, 1 000 €, 950 €, 1 200 € i 6 200 €.

El salari mitjà és: $\bar{x} = \dfrac{800 + 1\,000 + 950 + 1\,200 + 6\,200}{5} = 2\,030$ €.

L'afirmació de l'empresa és veritat, però és obvi que la mitjana, en aquest cas, és una mesura inapropiada, ja que el salari de 6 200 € distorsiona el seu valor. En el càlcul de mitjanes hi intervenen tots els valors; per tant, si hi ha valors molt extrems la mitjana es veurà molt afectada i, en conseqüència, no serà una bona mesura de la seva distribució.

Mediana

La mediana és una altra mesura de centralització i té l'avantatge que no es veu afectada per valors extrems. Per calcular-la, s'ordenen totes les dades de la variable de més petita a més gran, $x_1, x_2, \ldots, x_n$, i es defineix així:

La **mediana M_e** és el valor que ocupa la posició central, és a dir, que separa en dues meitats el conjunt ordenat de dades. Si el nombre de dades és imparell, n'hi haurà un que sigui el central i, per tant, serà la mediana. Si el nombre de dades és parell, hi haurà dos valors centrals, i la mediana serà la seva mitjana aritmètica.

Exemple 5. En una consulta mèdica de traumatologia, les edats dels set pacients que es troben a la sala d'espera són 16, 26, 55, 62, 43, 20 i 35 anys. Calcula'n la mediana.

En primer lloc, ordenem les dades dels pacients de més petita a més gran. Com que hi ha set dades, la que ocupi la posició central serà la mediana.

16 20 26 35 43 55 62

↑ M_e

Per tant, l'edat mediana és de 35 anys. Tingues en compte, a més, que la mediana deixa el 50 % de les dades per sota d'ella (més petites) i el 50 % per sobre (més grans). Es pot dir que el 50 % dels pacients té una edat inferior o igual a 35 anys.

Exemple 6. Calcula l'edat mediana si s'incorpora un nou pacient de 46 anys a la consulta.

16 20 26 35 43 46 55 62

$M_e = \dfrac{35 + 43}{2} = 39$ ► En aquest cas, l'edat mediana és de 39 anys. El 50 % dels pacients té com a molt 39 anys.

L'inconvenient de la mediana és que només té en compte l'ordre de les dades, però no la seva magnitud. Tot i això, no es veu alterada pels valors extrems. En general, la mediana:

$$M_e = x_{\left(\frac{n+1}{2}\right)}, \text{ si } n \text{ és imparell;} \quad M_e = \frac{x_{\left(\frac{n}{2}\right)} + x_{\left(\frac{n}{2}+1\right)}}{2} \text{ si } n \text{ és parell}$$

► Activitat resolta 1

Calcula el nombre mitjà de germans de l'alumnat de Batxillerat de l'Exemple 3.

Nre. de germans x_i	Freq. absolutes f_i	Freq. absolutes acumulades F_i
1	5	5
2	12	17
3	6	23
4	4	27
5	2	29
6	1	30
Total	30	

Per trobar la mediana de dades agrupades, calculem una tercera columna amb les freqüències absolutes acumulades.

Com que el nombre de dades és parell, la mediana és la mitjana de les dades x_{15} i x_{16}. Per trobar les dades que ocupen aquestes dues posicions, n'hi ha prou amb buscar en la columna de freqüències acumulades els valors que portin incorporats el 15 i el 16, que es corresponen amb la freqüència acumulada de valor 17, ja que el valor anterior és 5.

Per tant, $x_{15} = 2$ i $x_{16} = 2$. Així,

$$M_e = \frac{x_{\left(\frac{n}{2}\right)} + x_{\left(\frac{n}{2}+1\right)}}{2} = \frac{x_{15} + x_{16}}{2} = \frac{2+2}{2} = 2$$

Quantils

Els quantils permeten determinar la posició d'una dada en relació amb les altres quan els valors estan ordenats de més petit a més gran. Tot seguit definim els quartils i els percentils.

- Els **quartils** són els tres valors que divideixen la sèrie de dades en quatre parts iguals. Es representen Q_1, Q_2 i Q_3 i s'anomenen primer, segon i tercer quartil, respectivament. El segon quartil, Q_2, coincideix amb la mediana, és a dir, $Q_2 = M_e$.

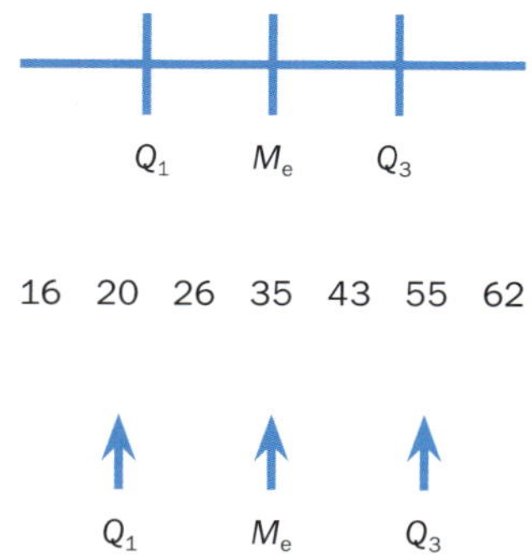

Exemple 7. En una consulta mèdica de traumatologia, les edats dels set pacients que es troben a la sala d'espera són 16, 26, 55, 62, 43, 20 i 35. Calcula els quartils de les set edats dels pacients.

Igual que vam fer quan es va calcular la mediana, mostrem les edats ordenades de més petita a més gran. Per tant, el primer quartil és $Q_1 = 20$, la mediana és $M_e = 35$ i el tercer quartil és $Q_3 = 55$. Així, el 25 % dels més joves té com a molt 20 anys, mentre que el 25 % dels més grans té com a mínim 55 anys.

- Els **percentils** són els noranta-nou valors que divideixen la sèrie de dades en cent parts iguals. Els representem P_1, P_2, ..., P_{99} i s'anomenen primer, segon, tercer percentil, i així successivament fins a arribar al noranta-novè percentil, respectivament.

2 Pensa

Comprova que $P_{50} = Q_2 = M_e$, o que $P_{25} = Q_1$ i $P_{75} = Q_3$.

Moda

Quina generació està més de moda segons les dades registrades en la Taula 8.1? En la taula s'observa que la generació *Baby boom* és la de població més gran. Llavors, es defineix moda així:

La **moda, M_o,** és el valor o dada amb una freqüència més gran. La seva utilitat és important en variables qualitatives, ja que és l'únic paràmetre estadístic de tendència central que es pot calcular.

Encara que la moda s'utilitza com a mesura de centralització, el seu valor pot no ocupar el lloc central en la distribució de les dades. Segons la seva definició, pot haver-hi més d'una moda. Així, una distribució amb dues modes s'anomena **bimodal.**

Activitats

3. Construeix la taula de freqüències relatives corresponents a l'histograma i al polígon de freqüències de les Figures 8.3 i 8.4.

4. Utilitza les dades dels 30 estudiants de l'Exemple 3 i troba la taula de freqüències absolutes i relatives acumulades. Després, dibuixa el diagrama de barres de freqüències absolutes i el polígon de freqüències.

5. En un estudi sobre l'edat de les persones que practiquen esport setmanalment, es van obtenir les dades següents entre 2015 i 2018. Podem afirmar que s'ha modificat la mitjana d'edat? Suggeriment: recorda que has d'utilitzar la marca de classe de cada interval.

	Edat					Total
	[15,25)	[25,35)	[35,45)	[45,55)	[55,65)	
2015	30 %	22 %	20 %	15 %	13 %	100
2018	26 %	23 %	19 %	18 %	14 %	100

6. Per avaluar l'efecte d'una dieta i de l'exercici sobre la reducció de pes, es van escollir dos grups de deu persones, l'un amb tractament i l'altre sense, durant sis mesos. Els resultats de l'augment o disminució de pes van ser aquests:

Control	−7	−3	−4	−1	−2	5	−1	8	5	9
Tractament	−6	−3	5	4	−4	6	−7	3	3	−5

a) Calcula'n la mitjana i la mediana. Què suggereixen aquestes dues mesures pel que fa a l'efecte del tractament?

b) Quants quilos va reduir el 25 % de les persones que van perdre més pes en el grup de tractament? I en el grup de control?

7. Calcula i interpreta la mediana i els quartils del nombre de vegades que ha consultat el mòbil durant l'última hora una mostra de 100 estudiants.

Nre. de consultes	1	2	3	4
Nre. d'estudiants	25	45	20	10

Proves	A	B	C
Prova 1	7	4	2
Prova 2	8	4,5	4
Prova 3	6	5	6
Prova 4	5	5,5	7
Prova 5	9	6	10
Prova 6	4	5,5	4,5
Prova 7	3	7	5
Prova 8	2	6,5	5,5

5 Mesures de dispersió

En la taula del marge hi ha les qualificacions de tres estudiants en vuit proves. Quan calculem la classificació mitjana de cadascun obtenim la mateixa dada per a tots, és a dir, $\bar{x}_A = \bar{x}_B = \bar{x}_C = 5{,}5$. Quan representem les qualificacions en gràfics de punts, observem que:

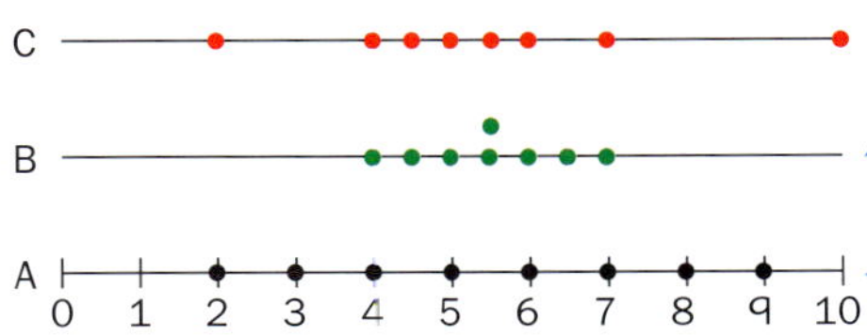

Les dades de l'estudiant ***B*** apareixen agrupades al voltant del valor de la mitjana.

Les dades de l'estudiant ***A*** apareixen molt disperses al voltant del valor de la mitjana.

Les **mesures de dispersió** o **variabilitat** mesuren com d'agrupades o disperses estan les dades. Dues d'elles són la desviació típica i el coeficient de variació.

Variància i desviació típica

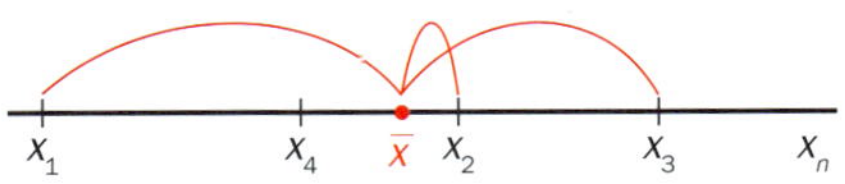

Les mesures principals de dispersió o variabilitat impliquen desviacions respecte a la mitjana. Per conèixer les desviacions, restem a cada dada la mitjana $(x_1 - \bar{x}), (x_2 - \bar{x}), (x_3 - \bar{x}), (x_4 - \bar{x}), \ldots, (x_n - \bar{x})$. Si totes les desviacions són petites en magnitud, s'aproximaran a zero i hi haurà poca dispersió de les dades. Però aquestes desviacions poden ser positives o negatives, segons si el valor de cada dada és superior o inferior a la mitjana. Per solucionar aquest problema de signes, elevem al quadrat les diferències: $(x_1 - \bar{x})^2, (x_2 - \bar{x})^2, (x_3 - \bar{x})^2, (x_4 - \bar{x})^2, \ldots, (x_n - \bar{x})^2$. Per acabar, com que uns resultats poden ser molt grans i d'altres molt petits, calculem la mitjana d'aquestes diferències al quadrat. Així, la variància es defineix d'aquesta manera:

La **variància** d'un conjunt de valors $x_1, x_2, \ldots, x_n$, és la mitjana aritmètica dels quadrats de les seves desviacions respecte a la mitjana, i es representa s^2:

$$s^2 = \frac{(x_1 - \bar{x})^2 + (x_2 - \bar{x})^2 + \ldots + (x_n - \bar{x})^2}{n} = \frac{\sum_{i=1}^{n} (x_i - \bar{x})^2}{n} \quad [3]$$

3 *Pensa*

Dedueix l'expressió [4] a partir de la definició de la variància [3].

Una expressió alternativa per a la variància quan es fan càlculs manualment o amb calculadora és la següent:

$$s^2 = \frac{\sum_{i=1}^{n} x_i^2}{n} - \bar{x}^2 \quad [4]$$

La variància presenta un problema d'interpretació, ja que es mesura en les unitats de les dades elevades al quadrat. Per tant, per obtenir les mateixes unitats que les dades s'extreu l'arrel quadrada, anomenada desviació típica. Així:

La **desviació típica** és l'arrel quadrada de la variància, és a dir:

$$s = \sqrt{\frac{(x_1 - \bar{x})^2 + (x_2 - \bar{x})^2 + \ldots + (x_n - \bar{x})^2}{n}} = \sqrt{\frac{\sum_{i=1}^{n} (x_i - \bar{x})^2}{n}} = \sqrt{\frac{\sum_{i=1}^{n} x_i^2}{n} - \bar{x}^2} \quad [5]$$

!! *Atenció*

Recorda que $N = f_1 + f_2 + \ldots f_k$.

Si les dades estan agrupades, s'hauran de multiplicar per les freqüències. Llavors, les expressions [5] es converteixen en les següents:

$$s = \sqrt{\frac{\sum_{i=1}^{k} (x_i - \bar{x})^2 \cdot f_i}{N}} = \sqrt{\frac{\sum_{i=1}^{k} x_i^2 \cdot f_i}{N} - \bar{x}^2} \quad [6]$$

Amb aquestes dades, si es calculen les desviacions típiques dels estudiants *A*, *B* i *C*, s'obtenen els resultats: $s_A = 2{,}29$, $s_B = 0{,}94$ i $s_C = 2{,}19$. D'aquests càlculs deduïm que, com menys desviació típica hi ha, menys dispersió de dades, és a dir que, quan la desviació típica és petita, les dades estan més agrupades al voltant de la seva mitjana.

Exemple 8. Un entrevistador ha preguntat a deu persones la seva edat i els ingressos nets mensuals (veure taula). Troba les variàncies i les desviacions típiques d'ambdues variables. Quina variable presenta més variabilitat o dispersió?

Edat (anys)	Ingressos (€)
40	4 000
35	1 250
67	800
35	–
25	2 000
25	–
32	1 750
40	1 000
67	2 000
25	3 000

L'edat mitjana és: $\bar{x} = \dfrac{\sum_{i=1}^{10} x_i}{10} = \dfrac{391}{10} = 39{,}1$ anys

I el salari mitjà és: $\bar{y} = \dfrac{\sum_{i=1}^{8} y_i}{8} = \dfrac{15\,800}{8} = 1\,975$ €

La variància i la desviació típica de l'edat són:

$$s_x^2 = \frac{\sum_{i=1}^{10} x_i^2}{10} - \bar{x}^2 = \frac{17\,527}{10} - (39{,}1)^2 = 223{,}89 \text{ anys}^2 \text{ i } s_x = \sqrt{223{,}89} = 14{,}96 \text{ anys}$$

Mentre que la variància i la desviació típica dels ingressos són:

$$s_y^2 = \frac{\sum_{i=1}^{8} y_i^2}{8} - \bar{y}^2 = \frac{39\,265\,000}{8} - (1\,975)^2 = 1\,007\,500 \text{ €}^2 \text{ i } s_y = \sqrt{1\,007\,500} = 1\,003{,}74 \text{ €}$$

Les dues desviacions típiques, mesurades en anys i euros, no són comparables. Per tant, amb aquesta informació no podem decidir quines dades estan més disperses.

Coeficient de variació

A vegades cal comparar la dispersió de dues variables en distintes unitats, com l'edat i el salari, exposada en l'Exemple 8. Per solucionar aquest problema, hem d'utilitzar una mesura adimensional, que no depèn de les unitats. La mesura que s'utilitza és el **coeficient de variació.**

El **coeficient** de variació s'escriu *CV* i es defineix com el quocient entre la desviació típica i la mitjana:

$$CV = \frac{s}{|\bar{x}|}$$

El coeficient de variació se sol expressar en percentatge, és a dir, $CV = \dfrac{s}{|\bar{x}|} \cdot 100$. Com més petit sigui el seu valor, menys variabilitat hi haurà en les dades.

!! Atenció

La majoria de programes informàtics utilitzen una altra fórmula per calcular la desviació típica. En el denominador es divideix per $(n-1)$ en lloc de per n.

Així, $s^* = \sqrt{\dfrac{\sum_{i=1}^{n}(x_i - \bar{x})^2}{n-1}}$

Quan es treballa amb moltes dades gairebé no hi ha diferència. El problema sorgeix quan hi ha poques dades.

Exemple 9. Resol l'Exemple 8 ara que ja coneixes el coeficient de variació.

Com les unitats de mesura, anys i euros, que no són comparables, utilitzarem el coeficient de variació per analitzar la dispersió. Així,

$$CV_x = \frac{s_x}{|\bar{x}|} \cdot 100 = \frac{14{,}96}{39{,}1} \cdot 100 = 38{,}26\,\% \qquad CV_y = \frac{s_y}{|\bar{y}|} \cdot 100 = \frac{1\,003{,}74}{1\,975} \cdot 100 = 50{,}82\,\%$$

La variabilitat dels ingressos és aproximadament un 51 % de la seva mitjana, essent el 38 % la de l'edat. Per tant, les persones entrevistades són més homogènies i estan menys disperses en l'edat que en els ingressos.

Activitats

8. Quines dades estan més disperses, els pesos o les alçades?

Pes (kg)	63	68	60	60	65	78
Alçada (cm)	170	180	150	170	168	175

9. La mitjana i la variància d'una sèrie de dades són $\bar{x} = 12{,}3$ i $s^2 = 2{,}5$. Explica quines modificacions pateixen aquests paràmetres si es multipliquen totes les dades per cinc.

10. Les edats, en anys, de dotze participants en un curs de vela l'estiu passat van ser 16, 15, 17, 17, 17, 18, 16, 15, 17, 18, 16 i 16.

a) Calcula la mitjana d'edat i la desviació típica dels participants.

b) Aquests participants assistiran d'aquí a dos anys a un segon curs. Raona, sense fer càlculs, com variaran la mitjana d'edat i la desviació típica.

6 Variables bidimensionals

Fins ara hem treballat amb una variable, però en l'anàlisi estadístic és molt freqüent analitzar o investigar les relacions entre diferents variables. Si es limita l'estudi al cas de dues variables, llavors es parla de **variables bidimensionals.** Heus aquí alguns exemples:

Exemple 10. El temps, en minuts, fins que som atesos en una oficina depèn del nombre de clients que hi hagi a la sala d'espera. Durant un dia es van enregistrar nou valors, obtenint les següents dades:

Nombre de clients (x)								
2	3	5	3	6	5	7	3	5
Temps d'espera (y)								
4	5	10	4	14	10	13	6	14

En aquest cas, una variable és x: «nombre de clients», i l'altra és y: «temps d'espera».

En general, si $x_1, x_2, \dots, x_n$ són els valors de la variable x i $y_1, y_2, \dots, y_n$ són els valors de la variable y, llavors els n parells $(x_1,y_1), (x_2,y_2), \dots, (x_n,y_n)$ de la **variable bidimensional** (x,y) es representen en una taula com aquesta:

x	x_1	x_2	x_3	...	x_n
y	y_1	y_2	y_3	...	y_n

Exemple 11. Una mostra realitzada a 1 000 joves d'entre 15 i 29 anys sobre la seva preferència diària en oci digital ha donat els següents resultats, separats per sexes. Quines conclusions extreus de la taula?

	Nre. d'articles	
Oci digital \ Sexe	Home	Dona
Vídeos	90	99
Jocs	72	33
Xarxes socials	216	297
Música	27	55
Cap	45	66

Observem que l'activitat preferent per ambdós sexes és participar en xarxes socials, amb 216 homes i 297 dones, mentre que la menys preferida pels homes és escoltar música, 27, i per les noies són els jocs, 33.

Es tracta de dues variables qualitatives, una, x: «oci digital», i l'altra, y: «sexe». La variable x presenta cinc modalitats (vídeos, jocs, xarxes socials, música i cap), mentre que la variable y té dues modalitats (home i dona)

Exemple 12. D'una petita empresa de comerç electrònic en coneixem el nombre d'articles per cada comanda diària que rep, així com el temps (en hores) que es triga en lliurar-los als domicilis particulars. Observa les dades recollides en la taula. Quina informació n'obtens?

	Temps d'espera (min)			
Nre. d'articles	**[0, 30)**	**[30, 60)**	**[60, 90)**	**[90, 120)**
1	2	6	10	12
2	4	8	15	8
3	2	9	8	6
4	3	7	5	7
5	1	1	4	4

En aquest cas, la variable x: «nombre d'articles per comanda» és discreta i la variable y: «temps de lliurament (en hores)» és contínua. La primera té cinc valors i la segona, quatre intervals.

Podem comprovar que la mostra està formada per 122 persones. També, que 15 d'aquestes fan una comanda de dos articles i triguen entre 60 i 90 minuts a rebre'ls, Per altra banda, només hi ha 12 persones que facin una comanda d'un article i triguin entre 90 i 120 minuts a rebre'l. A més, l'empresa lliura totes les seves comandes en menys de dues hores.

En els Exemples 11 i 12 hi ha els valors o modalitats de cadascuna de les dues variables, i en la part central, les freqüències absolutes. Aquesta taula s'anomena **taula de doble entrada** de freqüències absolutes conjuntes per a ambdues variables.

Distribució conjunta

En general, una taula de doble entrada en la qual hi ha les freqüències absolutes conjuntes de dues variables s'anomena **distribució conjunta de freqüències absolutes.** Així, la variable x presenta les modalitats o valors $x_1, x_2, \ldots, x_k$ i la variable y presenta les modalitats o valors $y_1, y_2, \ldots, y_r$; per tant, la taula mostra la distribució bidimensional de freqüències absolutes f_{ij}.

x \ y	y_1	y_2	...	y_r
x_1	f_{11}	f_{12}	...	f_{1r}
x_2	f_{21}	f_{22}	...	f_{2r}
⋮	...	...	...	...
x_k	f_{k1}	f_{k2}	...	f_{kr}

Taula 8.2. Distribució conjunta de freqüències absolutes.

Les **freqüències relatives,** que es designen n_{ij}, s'obtenen quan es divideixen les freqüències absolutes, f_{ij}, pel nombre total de dades, N:

$$n_{ij} = \frac{f_{ij}}{N}$$

La taula de doble entrada en la qual hi ha les freqüències relatives conjuntes de dues variables s'anomena **distribució conjunta de freqüències relatives.**

Exemple 13. Calcula la distribució conjunta de freqüències relatives de la taula de doble entrada de l'Exemple 11.

En primer lloc, hem d'obtenir la suma de totes les freqüències absolutes, és a dir, el total d'elements de la mostra, que és $N = 1\,000$. Tot seguit, dividim cada casella de freqüències absolutes entre 1000. Per tant, la taula indica les freqüències relatives de la distribució conjunta.

Oci digital \ Sexe	Home	Dona
Vídeos	0,090	0,099
Jocs	0,072	0,033
Xarxes socials	0,216	0,297
Música	0,027	0,055
Cap	0,045	0,066

En general, la suma total de les freqüències absolutes conjuntes, f_{ij}, és igual al nombre de dades, N; per altra banda, la suma total de les freqüències relatives conjuntes, n_{ij}, és la unitat. Per tant:

$$\sum_{i=1}^{k}\sum_{j=1}^{r} f_{ij} = N \qquad \sum_{i=1}^{k}\sum_{j=1}^{r} n_{ij} = 1$$

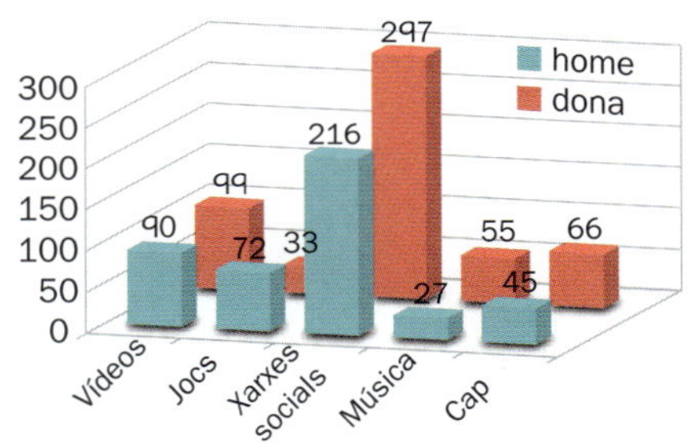

Els gràfics apropiats per distribucions bidimensionals donades en forma de taula de doble entrada són els diagrames de barres o histogrames tridimensionals. Un exemple n'és el gràfic del marge, obtingut a partir de la mostra de joves sobre oci digital.

Activitats

11. Un concessionari d'automòbils ven tres models A, B i C. El nombre d'avaries de cada model durant el primer any de garantia està reflectit en la següent taula. Calcula la distribució de freqüències relatives de la distribució conjunta:

Models \ Avaries	0	1	2	3
A	30	14	8	4
B	12	4	1	0
C	16	8	1	0

12. Dues inspectores, A i B, expertes en el control de qualitat de pneumàtics, han valorat, d'1 a 3, una mostra de 60 pneumàtics. La X és la valoració donada per la inspectora A, i la y, la valoració oferta per B. Donada la següent distribució conjunta de freqüències relatives, elabora la distribució conjunta de freqüències absolutes.

x \ y	1	2	3
1	0,05	0,10	0,05
2	0,10	0,15	0,20
3	0,10	0,05	0,20

7 Distribucions marginals

Donada una distribució conjunta, es pot obtenir per separat la distribució de cadascuna de les variables. Per fer això, n'hi ha prou amb sumar les files i les columnes. Per exemple, a partir de la taula sobre les preferències diàries d'oci digital d'un grup de joves de l'Exemple 11 podem sumar les files i columnes.

		Sexe		
		Home	**Dona**	**Total**
Oci digital	**Vídeos**	90	99	189
	Jocs	72	33	105
	Xarxes socials	216	297	513
	Música	27	55	82
	Cap	45	66	111
	Total	**450**	**550**	**1000**

D'aquesta manera observem que més de la meitat de les persones (enquestades), 513, indiquen que la seva activitat preferida són las xarxes socials, o que en la mostra hi ha 100 dones més que homes.

Per l'altra banda, podem comprovar que les sumes dels totals, tant per files com per columnes, donen com a resultat el total d'elements de la mostra, 1000.

Oci digital	f_i
Vídeos	189
Jocs	105
Xarxes socials	513
Música	82
Cap	111
Total	**1000**

Sexe	f_i
Home	450
Dona	550
Total	**1000**

A vegades és interessant escriure ambdues distribucions de freqüències absolutes per separat, amb l'objectiu d'analitzar-les com a variables unidimensionals.

Les distribucions de cadascuna de les variables obtingudes quan sumem, en els «marges» de la taula de la distribució conjunta, les freqüències de les files i les columnes s'anomenen **distribucions marginals.**

De forma anàloga, poden trobar-se les distribucions marginals de les freqüències relatives.

En general, la distribució marginal de la variable x sol representar-se amb $f_{i.}$, on el punt indica que se sumen tots els valors de la variable y, mantenint fix el valor de la x. De forma similar, $f_{.j}$ representa la distribució marginal de la variable y i el punt, en aquest cas, indica que s'han sumat tots els valors de la variable x, mantenint fix el valor de j de la y.

$x \backslash y$	y_1	y_2	…	y_r	
x_1	f_{11}	f_{12}	…	f_{1r}	f_1
x_2	f_{21}	f_{22}	…	f_{2r}	f_2
	…	…	…	…	
x_k	f_{k1}	f_{k2}	…	f_{kr}	f_k
	$f_{.1}$	$f_{.2}$	…	$f_{.r}$	N

$$f_{i.} = \sum_{j=1}^{r} f_{ij};$$

$$f_{.j} = \sum_{i=1}^{k} f_{ij};$$

$$\sum_{i=1}^{k}\sum_{j=1}^{r} f_{ij} = N$$

Observa que les distribucions marginals s'obtenen de forma senzilla a partir de la distribució conjunta; però si es coneixen les distribucions marginals no sempre és possible obtenir la distribució conjunta, si no disposem d'informació addicional sobre la relació existent entre ambdues variables.

Activitat resolta 2

Agafa les dades de l'empresa de comerç electrònic de l'Exemple 12 i respon les següents preguntes:

a) Calcula'n les distribucions marginals.

b) Quants articles, de mitjana, demana la clientela?

c) La majoria de la clientela, quants articles demana?

d) Quin es el temps mitjà per lliurament?

a) En primer lloc, sumem les files i les columnes.

Nre. d'articles \ Temps de lliurament	[0,30)	[30,60)	[60,90)	[90,120)	Total
1	2	6	10	12	30
2	4	8	15	8	35
3	2	9	8	6	25
4	3	7	5	7	22
5	1	1	4	4	10
Total	**12**	**31**	**42**	**37**	**122**

Nre. d'articles	Freqüència absoluta
1	30
2	35
3	25
4	22
5	10
Total	**122**

Temps de lliurament	[0,30)	[30,60)	[60,90)	[90,120)	Total
Freqüència absoluta	12	31	42	37	**122**

b) Tenint en compte que la variable x: «nre. de comandes» és discreta, el nombre mitjà de comandes és:

$$\bar{x} = \frac{\sum_{i=1}^{5} x_i f_i}{122} = \frac{1 \cdot 30 + 2 \cdot 35 + 3 \cdot 25 + 4 \cdot 22 + 5 \cdot 10}{122} = 2{,}57 \text{ articles}$$

c) La majoria demana 2 articles, ja que és la dada amb més freqüència absoluta, 35.

d) La variable y: «temps de lliurament» és una variable continua agrupada en intervals. Per tant, utilitzem la marca de classe de cada interval per trobar la mitajana de temps per lliurament, que val:

$$\bar{y} = \frac{\sum_{j=1}^{5} x_j f_j}{122} = \frac{15 \cdot 12 + 45 \cdot 31 + 75 \cdot 42 + 105 \cdot 37}{122} = 70{,}57 \text{ minuts}$$

Activitats

13. Sigui x el nombre de vegades que s'avaria en un dia una màquina, i y el nombre de vegades que es truca un tècnic per arreglar-la. La distribució conjunta de freqüències relatives ve donada per:

x \ y	1	2	3
1	0,05	0,05	0
2	0,05	0,10	0,20
3	0,10	0,35	0,10

a) Calcula la distribució marginal de la variable x. Quina és la mitjana d'avaries d'aquesta màquina?

b) Troba la distribució marginal de la variable y. De mitjana, quantes vegades s'avisa el tècnic?

c) Construeix un diagrama de barres comparatiu d'ambdues variables.

d) On es produeix més variabilitat, en el nombre d'avaries de la màquina o en el nombre de vegades que s'avisa el tècnic?

14. Les variables x i y tenen la següent distribució conjunta de freqüències relatives:

x \ y	1	3	5
2	0,10	0,20	0,10
4	0,15	0,30	0,15

Sabent que $N = 60$, troba la distribució conjunta i les distribucions marginals de freqüències absolutes.

15. Amb les dades de l'Activitat 12 sobre les inspectores expertes en control de qualitat de pneumàtics:

a) Troba les distribucions marginals de freqüències relatives.

b) Quines són les valoracions mitjanes d'ambdues inspectores de control de qualitat?

c) Quina inspectora és més dispersa en les seves puntuacions?

8 Distribució condicionada

Oci digital \ Sexe	Dona
Vídeos	99
Jocs	33
Xarxes socials	297
Música	55
Cap	66
Total	550

A vegades, a partir d'una distribució bidimensional, resulta interessant analitzar com es comporta una de les variables per certs valors o característiques de l'altra. Per exemple, en les activitats sobre preferències en oci digital entre la joventut de l'Exemple 11, pot ser que només ens interessin les dades sobre el comportament de les dones. Així, resulta que les xarxes socials són l'activitat preferida de les dones, i els jocs l'activitat per la qual manifesten menys interès. També ens podria interessar només el comportament per sexes en relació amb les xarxes socials, i llavors veuríem que, en termes absoluts, les dones estan més interessades en aquesta activitat activitat.

Oci digital \ Sexe	Home	Dona	Total
Xarxes socials	216	297	513

En el primer cas, podem dir que s'ha analitzat el comportament sobre oci digital condicionat pel fet de ser dona; mentre que, en el segon, s'ha estudiat el sexe condicionat per la preferència de les xarxes socials.

$(x/i=y_j)$	f_{ij}	$n_{i/j}$
x_1	f_{1j}	$n_{1/j}$
x_2	f_{2j}	$n_{2/j}$
⋮	...	...
x_k	f_{kj}	$n_{k/j}$
	$f_{.j}$	1

Parlem en general de **distribucions condicionades** si, quan estudiem el comportament d'una variable, l'altra presenta un valor (o modalitat) fix. Així, la distribució de la variable x condicionada al fet que la variable y prengui un valor concret y_j s'escriu $(x/i=y_j)$, i les freqüències condicionades es calculen considerant únicament la columna corresponent.

Si treballem amb freqüències relatives condicionades, llavors s'ha de dividir la freqüència absoluta de cada casella entre la freqüència absoluta marginal relativa. Així, $n_{i/j}=\dfrac{f_{ij}}{f_{.j}}$

Exemple 14. Calcula la distribució de freqüències relatives de la variable x: «oci digital», condicionada al fet que la variable y: «sexe» sigui dona, amb les dades de les activitats d'oci digital.

Les freqüències acumulades es calculen, per exemple, així: $n_{i/2}=99/550=0{,}18$.

$(x/i=2)$	f_{i2}	$n_{i/2}$
Vídeos	99	0,18
Jocs	33	0,06
Xarxes socials	297	0,54
Música	55	0,10
Cap	66	0,12
Total	550	1

De la mateixa manera, la distribució de la variable y quan la variable x pren un valor concret x_i s'escriurà $(y/x=x_i)$, i les freqüències absolutes condicionades es trobaran considerant únicament la fila corresponent.

4 Pensa

Prova que x i y són independents si, i només si, $f_{ij}=\dfrac{f_{i.}\cdot f_{.j}}{N}$, p, per tot i, j.

Dues variables, ***x*** i ***y***, són **independents** si la informació que proporciona una no influeix en el valor de l'altra. Una manera senzilla de comprovar-ho és assegurar-se que les freqüències relatives conjuntes siguin iguals al producte de les marginals. Per tant:

x i y són independents $\Leftrightarrow$ $n_{ij}=n_i\cdot n_j$, per tot i, j.

Exemple 15. Calcula la taula de les distribucions marginals de freqüències relatives amb les dades de l'Activitat 9. Les variables són dependents o independents?

Podem comprovar, per exemple, que $0{,}05\neq$ $\neq 0{,}10\cdot 0{,}20$. Per tant, les dues variables no són independents, és a dir, són dependents.

x \ y	1	2	3	
1	0,05	0,05	0	0,10
2	0,05	0,10	0,20	0,35
3	0,10	0,35	0,10	0,55
	0,20	0,50	0,30	1

Activitat resolta 3

Un sondeig realitzat a 400 joves sobre el nombre de vegades que han assistit a algun esdeveniment esportiu (*x*) i a algun concert (*y*), durant els últims sis mesos, ha donat els següents resultats:

(x) \ (y)	0	1	2	3	Total
0	40	75	5	5	125
1	7	52	11	10	80
2	8	20	45	82	155
3	5	3	29	3	40
Total	**60**	**150**	**90**	**100**	**400**

a) Calcula la distribució del nombre de concerts a què han assistit, sabent que no han anat a cap esdeveniment esportiu. A quants concerts va assistir de mitjana aquest grup?

b) Troba la distribució del nombre d'esdeveniments esportius a què han assistit, sabent que han anat a tres concerts. A quants esdeveniments esportius va anar la majoria?

a) Hem de fixar-nos en la distribució de la variable y quan la variable x pren el valor concret $x = 0$, ho escriurem com $(y/x = 0)$. Així, hi haurà 40 joves que no han anat a cap concert, 75 a un, i 5 a dos i a tres.

La mitjana d'assistències als concerts pels que no van anar a cap esdeveniment esportiu és:

$(y/x=0)$	0	1	2	3	**Total**
f_{0j}	40	75	5	5	**125**

$$(\bar{y}/x = 0) = \frac{0 \cdot 40 + 1 \cdot 75 + 2 \cdot 5 + 3 \cdot 5}{125} = 0{,}8 \text{ concerts}$$

b) Ara ens hem de fixar en la columna amb 3 concerts, és a dir, quan la variable y pren el valor $y = 3$. Per tant, hi haurà 5 joves que no van assistir a cap esdeveniment esportiu, 10 que van assistir a un, 82 a dos i 3 a tres. Per altra banda, la majoria dels joves van assistir a dos concerts, ja que és el valor amb més freqüència absoluta, 82.

$(x/i=3)$	f_{i3}
0	5
1	10
2	82
3	3
Total	**100**

Activitats

16. Un servidor que allotja una determinada pàgina web ha facilitat informació sobre el temps (en segons) d'accés (x) i el nombre d'usuaris que accedeixen simultàniament (y) a aquesta pàgina web.

x \ y	5	10	15	20
[0, 5)	6	8	21	14
[5, 10)	27	36	45	18
[10, 15)	19	17	33	6

a) Calcula el temps mitjà d'accés i la mitjana d'usuaris que hi accedeixen simultàniament.

b) Si el temps d'accés és inferior a 5 s, calcula la distribució del nombre d'usuaris simultàniament.

c) Quin és la temps mitjà d'accés, quan hi ha 15 persones accedint simultàniament?

d) Troba la distribució de freqüències relatives del nombre d'usuaris que hi accedeixen simultàniament, quan el temps d'accés és de 5 min com a mínim.

17. Seguint amb la valoració de les expertes en control de qualitat de pneumàtics, troba la distribució de la valoració de la segona experta (y), suposant que l'experta *a* va fer una valoració igual a 2. Quina és la valoració mitjana en aquest cas?

18. S'ha fet un estudi sobre el tipus de targeta utilitzada habitualment i la despesa mensual en € en un grup de 302 persones. Els resultats han estat els següents:

Tipus targeta \ Despesa	[0, 50)	[50, 100)	[100, 150)	[150, 200)
Dèbit	20	42	56	32
Crèdit	30	16	28	16
Comerç	4	10	18	30

a) Quina és la despesa mitjana amb aquestes targetes? Quin tipus de targeta utilitza la majoria?

b) Calcula la distribució de la despesa mensual de les persones que utilitzen targeta de crèdit. Quina és la despesa mitjana en aquest cas? Troba la distribució del tipus de targeta condicionada a aquelles persones que gasten com a mínim 100 € al mes.

9 Diagrama de dispersió. Correlació

Una manera senzilla i habitual de representar gràficament una distribució de dues variables quantitatives sense agrupar és el diagrama de dispersió o núvol de punts, que proporciona una bona descripció de la relació entre dues variables. Aquest diagrama es construeix representant en el pla cada parell (x, y) dels valors observats d'ambdues variables.

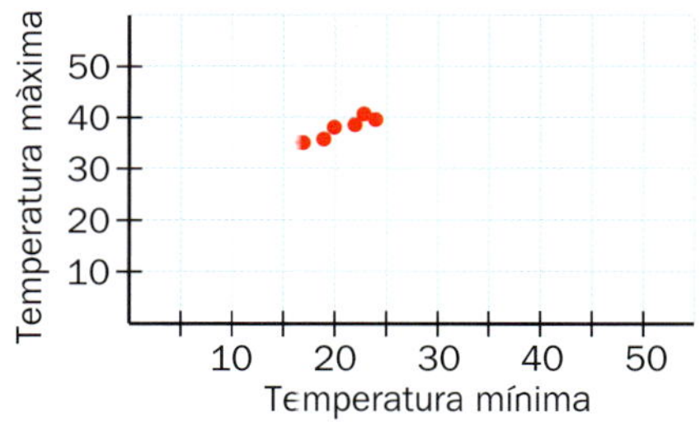

Exemple 16. S'han registrat les temperatures mínima i màxima de la primera onada de calor de l'estiu 2018 en una població espanyola. Observa els resultats i representa el diagrama de dispersió. Què hi podem observar?

	Dilluns	Dimarts	Dimecres	Dijous	Divendres	Dissabte	Diumenge
Temperatura mínima (x) (°C)	17	19	20	22	23	23	24
Temperatura màxima (y) (°C)	35	36	38	39	40	41	40

En el diagrama de dispersió podem observar que, quan augmenta la temperatura mínima, sembla que també augmenta la temperatura màxima. Direm, en aquest cas, que hi ha una relació positiva entre ambdues variables.

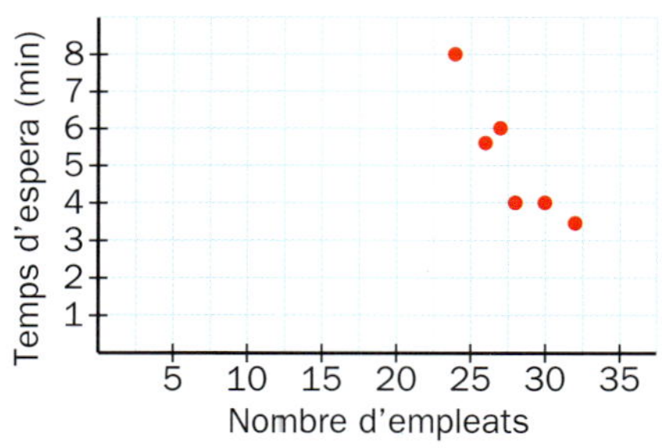

Exemple 17. En un *call center* d'una empresa de telefonia s'ha registrat el temps mitjà d'espera (en minuts) per ser atès per un operador i el nombre d'empleats que treballen en horari de tardes durant sis dies consecutius de la setmana. Aquestes dades estan reflectides en la taula següent. Quina relació hi ha entre les variables?

	Dia 1	Dia 2	Dia 3	Dia 4	Dia 5	Dia 6
Nombre d'empleats (x)	28	27	26	30	24	32
Temps d'espera (y)	4	6	5,6	4	8	3,5

Veiem que, quan augmenta el nombre d'empleats, sembla que disminueix el temps d'espera per ser atesos per un operador. En aquest cas direm que hi ha una relació negativa entre ambdues variables.

En tots dos exemples, els diagrames de dispersió mostren com els punts tendeixen a situar-se seguint una línia recta, de manera que la **relació** entre ambdues variables sigui **lineal.**

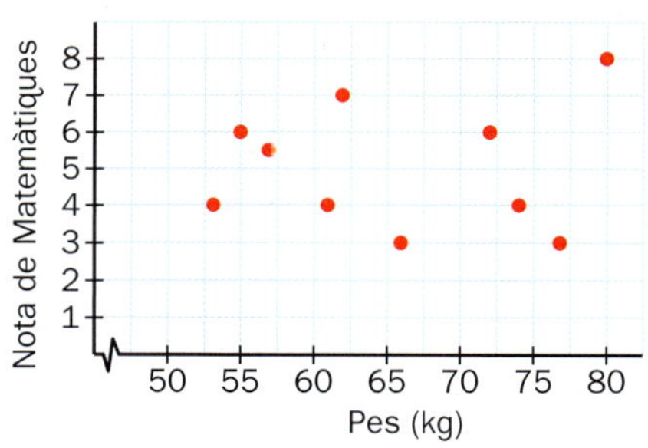

Exemple 18. Quina relació hi ha entre el pes (kg) d'un estudiant i la nota de Matemàtiques de 1r de Batxillerat? Raona la teva resposta.

Pes en kg (x)	72	57	61	80	55	62	74	77	66	53
Nota de Matemàtiques (y)	6	5,5	4	8	6	7	4	3	3	4

El diagrama de dispersió mostra que no hi ha cap relació entre ambdues variables i que, per tant, són independents. És a dir, saber el pes d'un estudiant no ens proporciona cap informació sobre la nota mitjana de Matemàtiques.

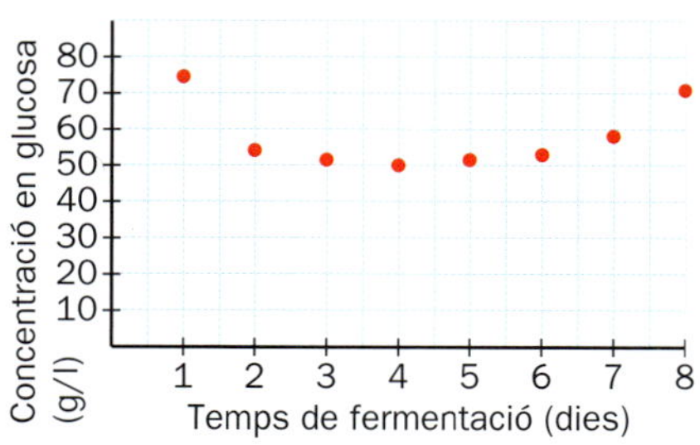

Exemple 19. Les dades de la taula següent reflecteixen la concentració en glucosa (g/l) i el temps de fermentació (dies) en una barreja de licor de malta. Quina relació hi ha entre ambdues variables?

Temps de fermentació (x)	1	2	3	4	5	6	7	8
Concentració de glucosa (y)	74	54	52	51	52	53	58	71

Podem veure en la figura que hi ha una relació entre ambdues variables, però que aquesta no és lineal, sinó més aviat quadràtica (paràbola).

En general, si $x_1, x_2, \ldots, x_n$ són els valors de la variable x i $y_1, y_2, \ldots, y_n$ són els valors de la variable y, llavors els n parells $(x_1,y_1), (x_2,y_2), \ldots, (x_n,y_n)$ representats en un sistema d'eixos coordinats donen lloc al que anomenem **diagrama de dispersió** o també rep el nom de **núvol de punts.**

Covariància

En moltes situacions, inclosos els exemples exposats en la pàgina 310, l'objectiu quan estudiem el comportament conjunt de dues variables és analitzar si estan relacionades o no. Encara que el diagrama de dispersió ofereixi, com hem vist, una primera aproximació sobre l'existència d'aquesta relació i el seu tipus, a vegades cal quantificar-la. Doncs bé, la covariància ofereix una mesura del grau de relació lineal entre dues variables que resumeix la informació facilitada pel diagrama de dispersió.

Donats n parells d'observacions (x_1,y_1), (x_2,y_2), ..., (x_n,y_n), la **covariància** es designa $\text{cov}(x,y)$, i es defineix com la mitjana aritmètica del producte entre, per una banda, la diferència de cada valor de la variable i la seva mitjana $\bar{x}$, i, per l'altra, la diferència del corresponent valor de la variable y i la seva mitjana $\bar{y}$. Per tant:

$$s_{xy} = \text{cov}(x,y) = \frac{\sum_{i=1}^{n}(x_i - \bar{x})(y_i - \bar{y})}{n} \qquad [7]$$

Les unitats de la covariància són el producte de les unitats de les dades, i el seu signe indica si la relació entre les variables és positiva o negativa. Si la covariància s'aproxima a zero, no hi ha cap relació entre ambdues variables o, si hi és, la relació no és lineal. Quan desenvolupem la fórmula anterior [7], obtenim una altra fórmula [8] molt més manejable a l'hora de fer els càlculs a mà:

$$s_{xy} = \text{cov}(x,y) = \frac{\sum_{i=1}^{n}x_i y_i}{n} - \bar{x}\cdot\bar{y} \qquad [8]$$

La covariància depèn de les unitats de les dades i, per tant, un canvi d'unitat comporta un valor diferent. Per exemple, si analitzem la relació lineal entre el pes d'un animal en quilos i la seva longitud en metres i en resulta una covariància $s_{xl} = 20$ kg · m, quan canviem les unitats del pes de kg a grams i les de longitud a centímetres, la covariància queda $s_{xl} = 2\,000\,000$ g · cm.

Punt d'interès

La covariància va ser introduïda per Karl Pearson per mesurar la relació lineal entre dues variables.

5 Pensa

Demostra la fórmula [8] a partir de la fórmula [7] de la covariància.

!! Atenció

Si les dades estan agrupades en una taula de doble entrada, llavors:

$$s_{xy} = \frac{\sum_{i=1}^{k}\sum_{j=1}^{r}x_i y_j f_{ij}}{N} - \bar{x}\cdot\bar{y} \qquad [9]$$

Activitat resolta 4

Calcula la covariància en els següents casos:

a) Amb les dades de temperatura mínima i màxima de l'Exemple 16.

b) Amb el nombre d'empleats i el temps d'espera per parlar amb un operador de l'Exemple 17.

a) En primer lloc, calculem les temperatures mitjanes mínima i màxima. Així:

$$\bar{x} = \frac{\sum_{i=1}^{7}x_i}{7} = \frac{17+19+20+22+23+23+24}{7} = \frac{148}{7} \simeq 21{,}1\,°\text{C}$$

$$\bar{y} = \frac{\sum_{i=1}^{7}y_i}{7} = \frac{35+36+38+39+40+41+40}{7} = \frac{269}{7} \simeq 38{,}4\,°\text{C}$$

Tot seguit, per trobar la covariància utilitzarem la fórmula [8], és a dir,

$$s_{xy} = \frac{\sum_{i=1}^{7}x_i y_i}{7} - \bar{x}\cdot\bar{y} = \frac{17\cdot 35+19\cdot 36+20\cdot 38+22\cdot 39+23\cdot 40+23\cdot 41+24\cdot 40}{7} -$$

$$-(21{,}1)\cdot(38{,}4) = 4{,}73\,(°\text{C})^2$$

La covariància és positiva i, per tant, hi ha una relació positiva: quan augmenta la temperatura mínima, n'augmenta la màxima.

b) Podem comprovar que el nombre mitjà d'empleats és de 27,8 i que el temps mitjà d'espera és de 5,18 min. Així, la covariància és:

$$s_{xy} = \frac{28\cdot 4+27\cdot 6+26\cdot 5{,}6+30\cdot 4+24\cdot 8+32\cdot 3{,}5}{6} - (27{,}8)\cdot(5{,}18) =$$

$$= -3{,}4 \text{ empleats}\cdot\text{minut}$$

En aquest cas, la covariància és negativa. Hi ha, per tant, una relació negativa, ja que quan augmenta el nombre d'empleats en l'empresa disminueix el temps d'espera per parlar amb l'operador.

Correlació

Per tal d'evitar la dependència de les unitats i aconseguir una mesura de la relació lineal entre dues variables que no depengui de les unitats, els científics Galton i Pearson van proposar una solució: dividir la covariància per les desviacions típiques d'ambdues variables, cosa que van anomenar **coeficient de correlació.** És a dir:

El **coeficient de correlació** mesura la tendència de les dades a quedar situades al llarg d'una línia recta.

$$r = \frac{s_{xy}}{s_x s_y}$$

Punt d'interès

Francis Galton cavaller i científic victorià, va introduir el terme *correlació* en la dècada de 1880. El britànic, que ho mesurava tot, va aplicar la correlació als seus parells de variables, com, per exemple, la longitud de les ales i les cues dels ocells que estudiava.

Les propietats més importants del coeficient de correlació són les següents:

1. Té el mateix signe que la covariància, ja que les desviacions típiques són sempre positives.
2. El seu valor és independent de les unitats de mesura de les variables x i y.
3. Es mesura en una escala entre -1 i $+1$, és a dir, $-1 \le r \le +1$.
4. Si $r = -1$ o $r = +1$, llavors tots els valors de les variables estan sobre una línia recta.
5. La proximitat a $+1$ o -1 indicarà un grau de relació lineal entre les variables molt forta. En canvi, la proximitat a **0** expressa una relació molt dèbil, o bé una absència de relació lineal entre las variables.

Per decidir si hi ha una correlació forta o dèbil entre dues variables s'utilitza la següent regla:

- Si $0 \le |r| \le 0{,}5$, llavors la correlació és dèbil.
- Si $0{,}5 < |r| < 0{,}8$, llavors la correlació és moderada.
- Si $0{,}8 \le |r| \le 1$, llavors la correlació és forta.

Activitat resolta 5

Troba els coeficients de correlació dels Exemples 16, 17, 18 i 19 i interpreta el resultat de forma conjunta amb els diagrames de dispersió corresponents.

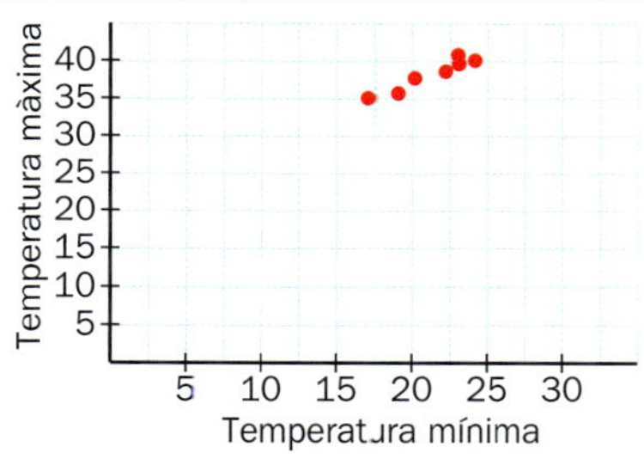

$$r = \frac{4{,}73}{2{,}36 \cdot 2{,}06} = 0{,}97$$

Relació lineal positiva forta

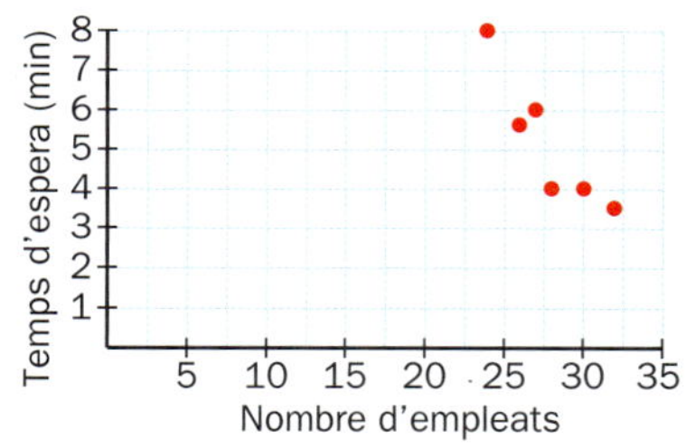

$$r = \frac{-3{,}4}{2{,}61 \cdot 1{,}55} = -0{,}84$$

Relació lineal negativa forta

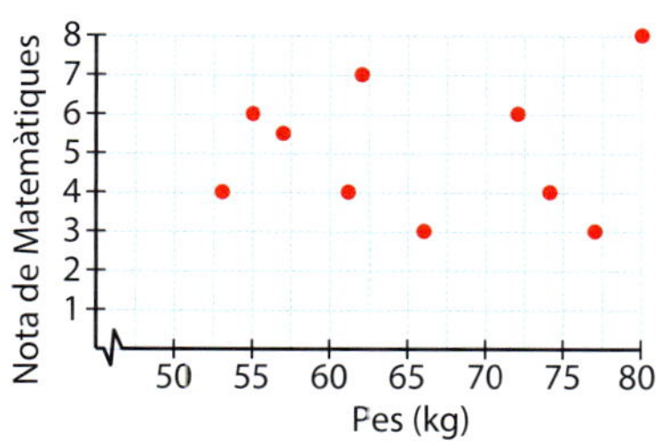

$$r = \frac{1{,}265}{9{,}1 \cdot 1{,}62} = 0{,}09$$

Relació lineal positiva molt dèbil

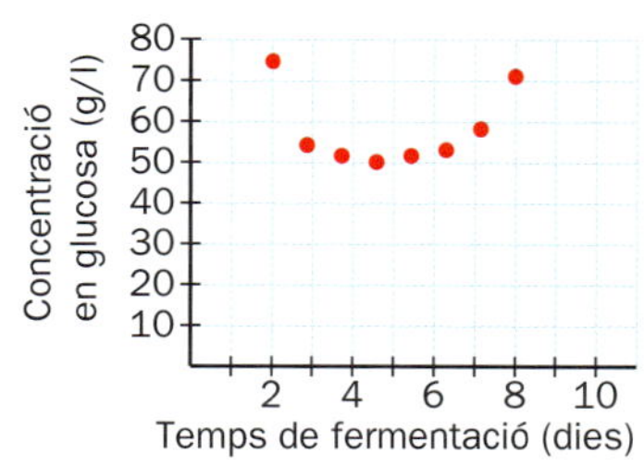

$$r = \frac{0{,}1875}{2{,}29 \cdot 8{,}57} = 0{,}0096$$

Absència de relació lineal

Correlació i causalitat

S'ha d'anar amb compte a l'hora d'interpretar el coeficient de correlació i el diagrama de dispersió en termes de causa i efecte entre ambdues variables. Vegeu el següent exemple:

Exemple 20. Les vendes d'ulleres de sol (x) i les vendes de gelats (y) durant dotze dies del mes de juliol en una òptica i una gelateria d'una zona comercial var ser, en milers d'euros, les següents:

Venda d'ulleres de sol (x)	0,5	1,5	2	2	3	3	4	4	5	5	6	6
Venda de gelats (y)	1	2	3	4	2,5	4	4	5	5	6	5	6

A partir d'aquestes dades, dibuixa el diagrama de dispersió, troba el coeficient de correlació i intrepreta'l.

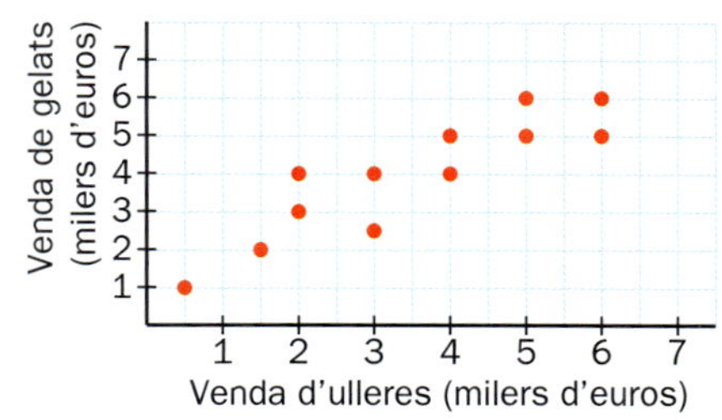

Construïm, en primer lloc, el diagrama de dispersió i intuïm que hi ha una relació lineal forta entre ambdues variables, de manera que, quan augmenta la venda d'ulleres, augmenta també la venda de gelats.

Comprova que $\bar{x} = 3{,}50$, $s_x = 1{,}72$, $\bar{y} = 3{,}96$, $s_y = 1{,}51$ i $s_{xy} = 2{,}31$.

Llavors, el coeficient de correlació és:

$$r = \frac{s_{xy}}{s_x s_y} = \frac{2{,}31}{1{,}72 \cdot 1{,}51} = 0{,}89$$

Per tant, la correlació és positiva i forta, és a dir, ratifica que quan augmenta la venda d'ulleres augmenta la venda de gelats. A més, observa que les dades tendeixen a seguir una línia recta.

Ara bé, com hauràs pogut intuir, una forta correlació entre ambdues variables no és suficient per afirmar que hi hagi una relació de causa i efecte entre elles, és a dir, que l'una sigui causa de l'altra. No seria encertat afirmar que la despesa en ulleres de sol és la «causa» que es venguessin més gelats. Per tant, hem d'anar en compte amb la correlació, ja que pot ser una altra variable la causant d'ambdós efectes. En aquest cas, la variable causant és el mes de juliol.

!! Atenció

Si x i y són independents, llavors $r = 0$. Tanmateix, $r = 0$ no implica necessàriament independència: únicament indica que no hi ha una relació lineal entre les variables, és a dir, que no estan correlacionades.

En resum, pot ser que, entre dues variables sense cap connexió lògica o científica, apareguin, tanmateix, elevades correlacions, i que aquestes siguin coincidents amb els seus diagrames de dispersió.

Activitats

19. En un estudi sociològic destinat a valorar la situació econòmica s'indica que aquesta ve determinada fonamentalment pels ingressos bruts mensuals (en €) de cada persona. Per contrastar aquesta informació, es van obtenir dades relatives a una mostra de deu persones, els ingressos i la valoració dels quals (en una escala de 0 a 100) sobre la situació econòmica apareixen reflectits en la taula inferior.

a) Construeix el diagrama de dispersió. Es dedueix que, com més grans siguin els ingressos, més gran és la valoració de la situació econòmica?

b) Troba la covariància i el coeficient de correlació i interpreta'ls.

Ingressos mitjans (x)	750	500	1 300	2 320	3 300	2 100	1 800	3 000	2 700	1 500
Valoració econòmica (y)	22	15	29	37,1	50	35	32	40	30,3	38

20. Donats els següents parells de dades:

x	0	1	2	3	4	5	6
y	1	4	5	2	2	4	5

a) Dibuixa el seu diagrama de dispersió i analitza si observes una relació lineal entre ells.

b) Calcula les mitjanes, les desviacions típiques i la covariància.

c) Troba el coeficient de correlació.

d) Consideres acceptable la hipòtesis de relació lineal entre ambdós parells de dades?

10 Recta de regressió. Estimacions

Tens una alçada superior o inferior a la de la teva mare? I respecte al teu pare? La teva alçada està entremig de tots dos?

Si cada persona fos més alta que els seus pares, i això passés generació rere generació, arribaria un dia en el que els habitants del nostre planeta farien més de tres metres. T'ho imagines? En canvi, si cada persona sempre fos més baixa que els seus pares, llavors l'alçada disminuiria considerablement, i això tampoc no és possible.

Galton va dur a terme un experiment en el qual va comparar les alçades dels seus fills amb les alçades mitjanes dels seus pares, i va comprovar que els fills de pares molt alts també eren alts, però no tant com els seus progenitors; i, per altra banda, que els fills de pares molt baixos, tot i ser també baixos, eren més alts que els seus progenitors. És a dir, les alçades semblaven «tornar» cap a la mitjana, i d'aquí el terme *regressió* que s'utilitza en aquesta unitat.

L'objectiu de l'anàlisi de regressió és explorar la relació entre dues variables, de manera que es pugui obtenir informació sobre una mitjançant el coneixement dels valors de l'altra. La variable ***x***, els valors de la qual fixem, rep el nom de **variable independent** o **explicativa,** i l'altra variable, ***y,*** els valors de la qual obtenim a partir de la primera, s'anomena **variable dependent** o **resposta.**

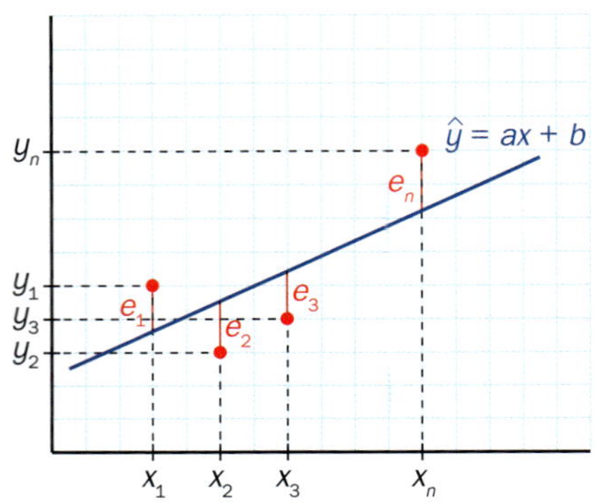

En general, donar un diagrama de dispersió obtingut per a dues variables, x i y, consisteix a trobar la recta que millor s'ajusta a aquest núvol de punts. Així, si (x_1,y_1), (x_2,y_2), ..., (x_n,y_n) són els n parells de punts de dades, llavors es busca una recta de la forma $\hat{y} = ax + b$, on a i b són desconeguts i se n'ha de trobar el valor.

En el gràfic del marge pretenem que les diferències verticals entre els valors reals y_1, y_2, ..., y_n i els valors estimats, obtinguts mitjançant la recta $\widehat{y_1}$, $\widehat{y_2}$, ..., $\widehat{y_n}$, siguin les menors possibles, és a dir, mínimes. Aquestes diferències s'anomenen residus, i es designen e_i. Així,

$$e_1 = y_1 - \widehat{y_1},\ e_2 = y_2 - \widehat{y_2},\ \dots,\ e_n = y_n - \widehat{y_n}$$

Es tracta, doncs, de minimitzar aquestes diferències. Tanmateix, com que algunes tindran signe positiu i d'altres signe negatiu, primer les elevem al quadrat. Per tant, el que s'ha de minimitzar és:

$$\text{Minimitzar } \sum_{i=1}^{n}(e_i)^2 = \sum_{i=1}^{n}\left(y_i - \widehat{y_i}\right)^2$$

Aquest mètode, anomenat de mínims quadrats, supera amb escreix els objectius d'aquest curs, però permet obtenir els valors de a i b buscats. Així,

$$a = \frac{s_{xy}}{s_x^2} \qquad b = \overline{y} - \frac{s_{xy}}{s_x^2}\,\overline{x}$$

Per tant, la recta de **regressió de la variable *y* sobre la variable *x*** és:

$$y = \frac{s_{xy}}{s_x^2}\,x + \overline{y} - \frac{s_{xy}}{s_x^2}\,\overline{x} \quad \Rightarrow \quad y = \frac{s_{xy}}{s_x^2}\left(x - \overline{x}\right) + \overline{y}$$

De forma anàloga es troba la **recta de regressió de la variable *x* sobre la variable *y*,** que resulta ser:

$$x = \frac{s_{xy}}{s_y^2}\,y + \overline{x} - \frac{s_{xy}}{s_y^2}\,\overline{y} \quad \Rightarrow \quad x = \frac{s_{xy}}{s_y^2}\left(y - \overline{y}\right) + \overline{x}$$

6 ***Pensa***

Podries descobrir per quin punt passen totes les rectes de regressió?

Coeficient de determinació

Un cop calculada la recta de regressió per intentar ajustar la relació entre les variables x i y, basada en el diagrama de dispersió i el coeficient de correlació, cal saber quin grau d'ajustament s'ha aconseguit. És a dir, comprovar si la funció obtinguda proporciona una informació adequada de la relació entre ambdues variables i, per tant, es pot utilitzar per realitzar prediccions o estimacions raonablement vàlides de y en funció de x.

Una mesura de la bondat d'ajustament, és a dir, de com s'ajusta la recta de regressió al núvol de punts, es pot trobar mitjançant la **variància residual** o **explicada.** Aquesta representa la mitjana dels errors residuals al quadrat i indica la part de la variació de y que no és explicada per la recta de regressió.

$$s_R^2 = \frac{\sum_{i=1}^{n} e_i^2}{n}$$

Com que s_R^2 depèn de les unitats de mesura, en la pràctica, per mesurar la bondat d'ajustament se sol utilitzar el **coeficient de determinació,** R^2, que per a un cas de regressió simple com aquest es defineix com el coeficient de correlació al quadrat, i sol expressar-se en tant per cent:

$$R^2 = r^2$$

Punt d'interès

El coeficient de determinació representa la proporció de la variació total dels valors de la variable que són explicats per una relació lineal amb els valors de la variable.

És evident que $0 \leq R^2 \leq 1$, i el límit superior s'aconsegueix quan l'ajustament de les dades és perfecte, és a dir, quan tots els residus són zero. Però, quin és un valor acceptable per a R^2? Aquest valor no es pot precisar, ja que depèn del valor de l'estudi realitzat. Per exemple, suposem que hem ajustat un model lineal (recta de regressió) per trobar el preu dels pisos (y) en funció de la superfície construïda (x), i ens ha donat un valor del coeficient de determinació $R^2 = 0{,}56$ o 56 %. Aleshores, significa que el 56 % del preu dels pisos és explicat per la seva superfície mitjançant la recta de regressió ajustada i, per tant, que el 44 % restant es deu a altres factors com poden ser la població, la zona, l'antiguitat, la conservació...

Exemple 21. Una professora analitza la relació que hi ha entre el nombre d'hores dedicades a l'estudi durant una avaluació (x) i les qualificacions obtingudes en la seva assignatura (y). Per fer-ho, selecciona a l'atzar una mostra de sis estudiants i obté les dades registrades en la taula. Troba la recta de regressió que explica les qualificacions a partir de les hores estudiades, dibuixant prèviament el diagrama de dispersió i trobant el coeficient de correlació i el coeficient de determinació.

Hores d'estudi (x)	Qualificacions (y)
90	4
120	9
100	5
85	7
150	10
140	8

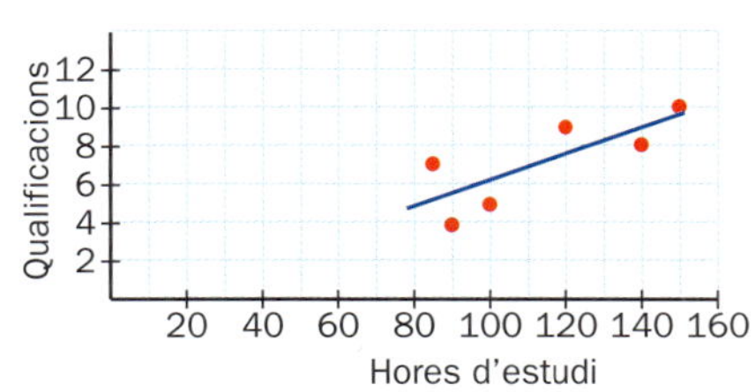

A partir del diagrama de dispersió intuïm que hi ha una relació positiva lineal forta. Llavors comprovem que les mitjanes, les desviacions típiques i la covariància són:

$$\bar{x} = 114{,}17 \text{ hores; } s_x = 24{,}57 \text{ hores; } \bar{y} = 7{,}17 \text{ punts; } s_y = 2{,}11 \text{ punts;}$$

$$s_{xy} = 40{,}57 \text{ hores} \cdot \text{punts}$$

El coeficient de correlació és $r = \dfrac{40{,}57}{24{,}57 \cdot 2{,}11} = 0{,}78$, i el coeficient de determinació es $R^2 = 0{,}78^2 = 0{,}6084$.

Per tant, la correlació és positiva i bastant forta, i indica que com més hores es dediquin a l'estudi, millors qualificacions s'obtindran. De fet, el 60,84 % de les qualificacions depenen del nombre d'hores d'estudi.

En aquest moment disposem de totes les dades per trobar la recta de regressió de y sobre x:

$$y = \frac{s_{xy}}{s_x^2}(x - \bar{x}) + \bar{y} \quad \Rightarrow \quad y = \frac{40{,}57}{603{,}47}(x - 114{,}17) + 7{,}17 \quad \Rightarrow \quad y = 0{,}067x - 0{,}505$$

Estimacions

L'objectiu fonamental de la recta de regressió és fer estimacions o prediccions. Ara bé, per saber si l'estimació que s'ha fet és fiable o no, hem de disposar prèviament de tota la informació relativa al diagrama de dispersió, la recta de regressió i els coeficients de dispersió i determinació. Per altra banda, també ens hem d'assegurar que el valor estimat es trobi dins del rang de valors de la variable x, o al seu voltant.

Activitat resolta 6

En la taula es reflecteixen els punts obtinguts (y) i els minuts de joc (x) del jugador de bàsquet de l'NBA Pau Gasol en els primers vint partits d'una temporada.

Minuts (x)	Punts (y)
35	24
29	15
28	11
32	22
37	20
29	14
42	22
33	14
33	19
38	17
43	16
39	10
49	23
37	14
35	13
38	15
39	11
51	24
35	13
45	27

a) Dibuixa el diagrama de dispersió i calcula el coeficient de correlació.

b) Troba la recta de regressió i, posteriorment, estima els punts que aconseguiria si jugués 30 minuts en un partit. És fiable aquesta estimació?

a) Dibuixem el diagrama i comprovem que els resultats de les mitjanes, les variàncies i la covariància són els següents:

$\bar{x} = 37{,}35$ minuts; $s_x^2 = 37{,}53$ minuts^2; $\bar{y}$:

$\bar{y} = 17{,}2$ punts; $s_y^2 = 24{,}26$ punts^2

$s_{xy} = 658{,}15 - 17{,}2 \cdot 37 = 15{,}73$ minuts · punts

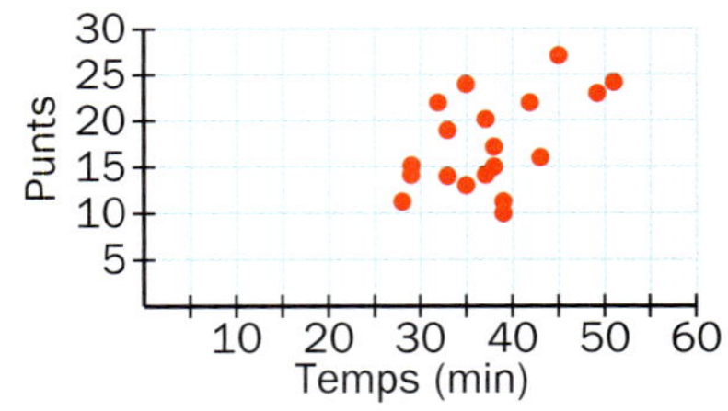

Per tant, el coeficient de correlació és

$$r = \frac{s_{xy}}{s_x \cdot s_y} = \frac{15{,}73}{6{,}13 \cdot 4{,}93} = 0{,}52$$

A partir de la informació conjunta del diagrama de dispersió i del coeficient de correlació podem indicar que hi ha una relació lineal positiva moderada, és a dir, que quan augmenten els minuts de joc, Gasol aconsegueix més punts.

b) La recta de regressió de y sobre x és:

$$y = \frac{s_{xy}}{s_x^2}(x - \bar{x}) + \bar{y} \quad \Rightarrow \quad y = \frac{15{,}73}{37{,}53}(x - 37{,}35) + 17{,}2 \quad \Rightarrow \quad y = 0{,}419x + 1{,}544$$

L'estimació de punts per a un partit en el qual Pau juga 30 minuts (valor que es troba dins del rang de minuts jugats habitualment) és:

$$y(30) = 0{,}419 \cdot 30 + 1{,}544 \simeq 14 \text{ punts}$$

Amb el diagrama de dispersió i el coeficient de correlació tenim una informació bastant aproximada sobre la bondat d'ajustament. Tot i això, calculem també el coeficient de determinació, que val:

$$R^2 = 0{,}52^2 = 0{,}272$$

Així, només el 27,2 % dels punts s'expliquen pels minuts que juga, mentre que el 72,8 % restant es deu a altres causes, com rebots, assistències... Així, podem afirmar que l'ajustament de la recta de regressió no és gaire bo i que, per tant, l'estimació no és gaire fiable.

Activitats

21. S'ha dut a terme un experiment per descobrir si hi ha una relació lineal entre el capital inicial (x) i el capital final (y) en euros de sis petits inversors després d'invertir en un fons immobiliari durant sis mesos. Si és així, estima el capital final per una persona que inverteix inicialment 3 000 €. És fiable aquesta estimació? Raona-ho.

Capital inicial I (x)	Capital final (y)
1 000	1 350
2 000	2 600
2 500	3 450
3 200	4 750
4 100	6 300
5 600	8 400

22. Un test avalua la capacitat de càlcul matemàtic (x) i l'expressió oral (y) d'una persona. Els resultats de vuit persones que s'han sotmès a aquest test han estat aquests:

Càlcul matemàtic (x)	36	80	50	58	60	56	72	68
Expressió oral ((y)	35	65	60	39	44	48	48	61

a) Dibuixa un diagrama de dispersió. Calcula les mitjanes i representa-les en el diagrama anterior.

b) Determina la recta de regressió de y sobre x.

c) Si una persona ha obtingut una valoració de 60 en capacitat de càlcul matemàtic, quin valor podem esperar que obtingui en expressió oral?

11 L'estadística en la pràctica diària

Nombrosos organismes nacionals i internacionals duen a terme estudis estadístics en diferents àmbits. Així, per exemple, l'òrgan més representatiu a nivell nacional és l'Institut Nacional d'Estadística (INE), que fa estudis sobre agricultura i medi ambient, ciència i tecnologia, economia, indústria i energia, mercat laboral, demografia i població, serveis i societat. En aquest apartat tractarem d'interpretar exemples senzills agafats d'estudis estadístics reals.

Exemple 22. Segons l'Institut Nacional d'Estadística (INE), les dades dels Jutjats de Violència sobre la Dona en el període 2013-2017 són les que es representen en la taula.

	2013	2014	2015	2016	2017
Processats	18 318	19 095	19 096	19 388	20 059
Condemnat espanyol	10 187	10 648	10 929	11 857	12 293
Condemnat estranger	3 242	3 668	3 681	4 014	4 502
Absolt espanyol	4 123	4 029	3 813	2 980	2 746
Absolt estranger	766	750	673	537	518

a) **Calcula la taula de distribucions marginals.**

b) **Construeix una taula amb el nombre d'enjudiciats (x) i el nombre de condemnats (y) durant els cinc anys estudiats. Després, construeix un diagrama de dispersió.**

c) **Troba el coeficient de correlació i troba la recta de regressió que et permeti estimar el nombre de condemnats en funció del nombre d'enjudiciats. Després, estima el nombre de condemnats de 2018 si aquest any hi hagués 21 000 processats.**

a) Sumem les files i les columnes i obtenim les distribucions marginals:

	2013	2014	2015	2016	2017	Total
$f_{\cdot j}$	36 636	38 190	38 192	38 776	40 118	**191 912**

	$f_{i\cdot}$
Processats	95 956
Condemnat espanyol	55 914
Condemnat estranger	19 107
Absolt espanyol	17 691
AAbsolt estranger	3 244
Total	**191 912**

b) A partir de la taula anual amb el nombre d'enjudiciats (x) i de condemnats (y), i del diagrama de dispersió, intuïm una relació positiva molt forta.

	Processats (x)	Condemnats (y)
2013	18 318	13 429
2014	19 095	14 316
2015	19 096	14 610
2016	19 388	15 871
2017	20 059	16 795

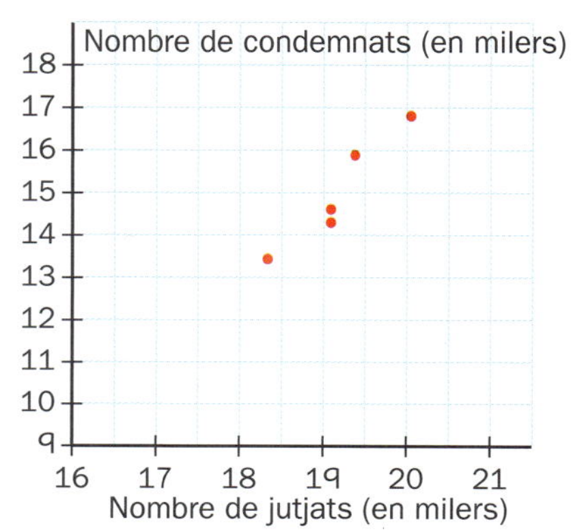

c) Comprovem els següents resultats:

$$\bar{x} = 19\,191{,}2;\ s_x = 560{,}82;\ \bar{y} = 15\,004{,}2;\ s_y = 1\,189;\ s_{xy} = 640\,767{,}96$$

Així, el coeficient de correlació és: $r = \dfrac{640\,767{,}96}{(560{,}82)\cdot(1\,189)} = 0{,}96$

Com que aquest valor és molt proper a la unitat, podem afirmar que hi ha una correlació lineal positiva molt forta entre el nombre d'enjudiciats i el de condemnats. Per altra banda, la recta de regressió de y sobre x és:

$$y = \frac{640\,767{,}96}{(560{,}82)^2}(x - 19\,191{,}2) + 15\,004{,}2 \quad \Rightarrow \quad y = 2{,}0373x - 24\,094$$

Com que el coeficient de determinació és $R^2 = r^2 = 0{,}9234$, la bondat d'ajustament de la recta de regressió al núvol de punts és molt bona. El nombre de condemnats està explicat en el 92,34 % dels casos pel nombre d'enjudiciats, i només un 7,66 % és degut a altres causes. Per estimar el nombre de condemnats l'any 2018 corresponents a 21 000 processats, n'hi ha prou amb substituir aquest valor en la recta de regressió:

$$y(21\,000) = 2{,}0373 \cdot 21\,000 - 24\,094 = 18\,689$$

Per tant, preveiem que, dels 21 000 processats, 18 689 van ser condemnats. Com que el coeficient de determinació és molt bo, la fiabilitat de les estimacions és molt alta. Tot i això, l'estimació relativa al període considerat (l'any 2018) s'ha de fer amb molt de compte.

D'un cop d'ull!

Estadística descriptiva unidimensional

Mitjana aritmètica:

- Si les dades estan aïllades, es calcula així:

$$\bar{x} = \frac{x_1 + x_2 + \ldots + x_n}{n} = \frac{\sum_{i=1}^{n} x_i}{n}$$

- Si les dades estan agrupades i $N = f_1 + f_2 + \ldots + f_k = \sum_{i=1}^{k} f_i$, llavors, la mitjana aritmètica és:

$$\bar{x} = \frac{x_1 \cdot f_1 + x_2 \cdot f_2 + \ldots + x_k \cdot f_k}{N} = \frac{\sum_{i=1}^{k} x_i \cdot f_i}{N} = \sum_{i=1}^{k} x_i \cdot n_i$$

Mediana: ordenades totes les dades de més gran a més petita, $x_1, x_2, \ldots, x_n$, la mediana M_e ocupa la posició central.

$$M_e = x_{\left(\frac{n+1}{2}\right)}, \text{ si } n \text{ és imparell; } \quad M_e = \frac{x_{\left(\frac{n}{2}\right)} + x_{\left(\frac{n}{2}+1\right)}}{2}, \text{ si } n \text{ és parell}$$

Quartils: són tres valors que divideixen la sèrie de dades en quatre parts iguals. Es representen Q_1, Q_2 i Q_3, i s'anomenen primer, segon i tercer quartil, respectivament.

Percentils: són els noranta-nou valors que divideixen la sèrie de dades en cent parts iguals. Es representen $P_1, P_2, \ldots, P_{99}$, i s'anomenen, respectivament, primer, segon, etc. fins al noranta-novè percentil.

Moda: és la dada o valor amb més freqüència (M_o).

Variància: és la mitjana aritmètica dels quadrats de les desviacions respecte a la mitjana, i es representa s^2.

$$s^2 = \frac{\sum_{i=1}^{n} (x_i - \bar{x})^2}{n} = \frac{\sum_{i=1}^{n} x_i^2}{n} - \bar{x}^2$$

Desviació típica: és l'arrel quadrada de la variància.

- Si les dades estan aïllades

$$s = \sqrt{\frac{\sum_{i=1}^{n} (x_i - \bar{x})^2}{n}} = \sqrt{\frac{\sum_{i=1}^{n} x_i^2}{n} - \bar{x}^2} \qquad [5]$$

- Si les dades estan agrupades:

$$s = \sqrt{\frac{\sum_{i=1}^{n} (x_i - \bar{x})^2 \cdot f_i}{N}} = \sqrt{\frac{\sum_{i=1}^{n} x_i^2 \cdot f_i}{N} - \bar{x}^2} \qquad [6]$$

Coeficient de variació: és el coeficient entre la desviació típica i la mitjana

$$CV = \frac{s}{|\bar{x}|}$$

Recta de regressió i coeficient de determinació

Recta de regressió:

- De la variable y sobre la x, és: $y = \frac{s_{xy}}{s_x^2}(x - \bar{x}) + \bar{y}$
- De la variable x sobre la y, és: $x = \frac{s_{xy}}{s_y^2}(y - \bar{y}) + \bar{x}$

Coeficient de determinació, R^2: és el coeficient de correlació al quadrat (en el cas de la regressió simple). Representa la proporció dels valors de la variable y, la variació total de la qual s'explica mitjançant una relació lineal amb els valors de la variable x.

Distribucions conjunta, marginal i condicionada

Distribució conjunta de freqüències absolutes: taula de doble entrada en la qual figuren les freqüències absolutes conjuntes de dues variables. Així la variable x presenta les modalitats o valors $x_1, x_2, \ldots, x_k$, i la variable y, les modalitats o valors $y_1, y_2, \ldots, y_r$; llavors, la taula mostra la distribució bidimensional de freqüències absolutes, f_{ij}.

Distribucions marginals: distribucions de cadascuna de les variables obtingudes quan se sumen les freqüències de les files i les columnes en els «marges» de la taula de distribució conjunta.

x \ y	y_1	y_2	...	y_r	
x_1	f_{11}	f_{12}	...	f_{1r}	f_1
x_2	f_{21}	f_{22}	...	f_{2r}	f_2
	...	...	...	...	
x_k	f_{k1}	f_{k2}	...	f_{kr}	f_k
	$f_{.1}$	$f_{.2}$	...	$f_{.r}$	N

$(y / x = x_i)$	f_{ij}
y_1	f_{i1}
y_2	f_{i2}
⋮	⋮
y_r	f_{ir}
	$f_{i.}$

$$\sum_{i=1}^{k}\sum_{j=1}^{r} f_{ij} = N \quad ; \quad \sum_{i=1}^{k}\sum_{j=1}^{r} n_{ij} = 1$$

Distribucions condicionades: la distribució de la variable x condicionada al fet que la variable y prengui un valor concret y_j s'escriu $(x / i = y_j)$ i es calcula considerant únicament la columna corresponent a y_j.

Diagrama de dispersió, covariància i correlació

Diagrama de dispersió o núvol de punts: els n parells (x_1, y_1), (x_2, y_2), ..., (x_n, y_n) de les variables x i y, representats en un sistema d'eixos coordinats.

Covariància: s_{xi} o $\text{cov}(x, y)$, és la mitjana aritmètica dels productes entre les diferències dels valors de la variable x i la seva mitjana $\bar{x}$, i les diferències dels valors de la variable y i la seva mitjana $\bar{y}$.

$$s_{xy} = \text{cov}(x, y) = \frac{\sum_{i=1}^{n} (x_i - \bar{x})(y_i - \bar{y})}{n} \qquad [7]$$

Una altra fórmula més manejable quan es fan càlculs a mà és:

$$s_{xy} = \text{cov}(x, y) = \frac{\sum_{i=1}^{n} x_i y_i}{n} - \bar{x} \cdot \bar{y} \qquad [8]$$

Si les dades estan agrupades en una taula de doble entrada, llavors:

$$s_{xy} = \text{cov}(x, y) = \frac{\sum_{i=1}^{k} \sum_{j=1}^{r} x_i y_j f_{ij}}{n} - \bar{x} \cdot \bar{y}$$

Coeficient de correlació (r): mesura la tendència de les dades a quedar situades al llarg d'una línia recta.

$$r = \frac{s_{xy}}{s_x s_y}$$

ACTIVITATS RESOLTES

Activitat resolta 7

Les dades obtingudes per 50 trens AVE sobre el nombre de parades intermèdies (*x*) i la distància recorreguda per trajecte (*y*) en quilòmetres són les següents:

Nre. de parades	Distància (km) [0,300)	[300,600)	[600,900)
1	0	0,12	0,08
2	0,04	0,12	0,12
3	0,04	0,06	0,14
4	0,02	0,10	0,16

a) Construeix la taula de freqüències absolutes.

b) Troba les distribucions marginals de freqüències absolutes i construeix uns gràfics adients per a cada variable.

c) Calcula el nombre mitjà de parades que tenen aquests trens.

d) Troba la distribució de freqüències de distància recorreguda pels trens que tenen tres parades.

e) Per terme mitjà, quina distància recorren els trens que realitzen com a mínim tres parades?

a) Sabem que el nombre de trens és 50, i després calculem les freqüències absolutes mitjançant l'expressió: $f_{ij} = n_{ij} \cdot 50$. Així, la taula conjunta de freqüències absolutes és:

Nre. de parades	Distància (km) [0,300)	[300,600)	[600,900)
1	0	6	4
2	2	6	6
3	2	3	7
4	1	5	8

b) Sumem files i columnes, i obtenim, respectivament, les distribucions marginals del nombre de parades i de l'autonomia. Per altra banda, com que la variable *x*: «nombre de parades» és discreta, podem representar-la mitjançant un diagrama de barres; per a la variable *y*: «distància recorreguda», que és contínua, utilitzem un histograma.

Nre. de parades	$f_{i\cdot}$
1	10
2	14
3	12
4	14
Total	**50**

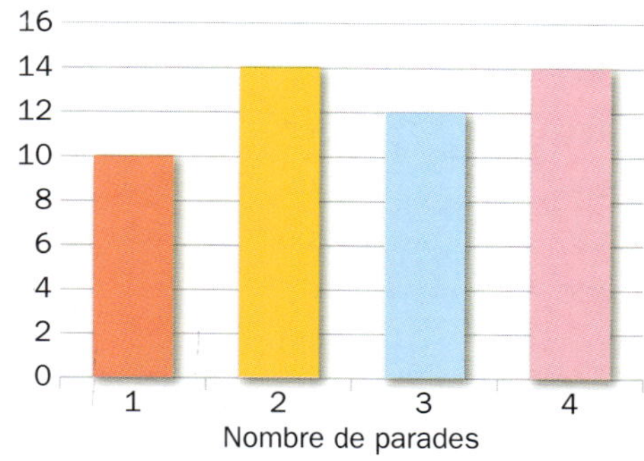

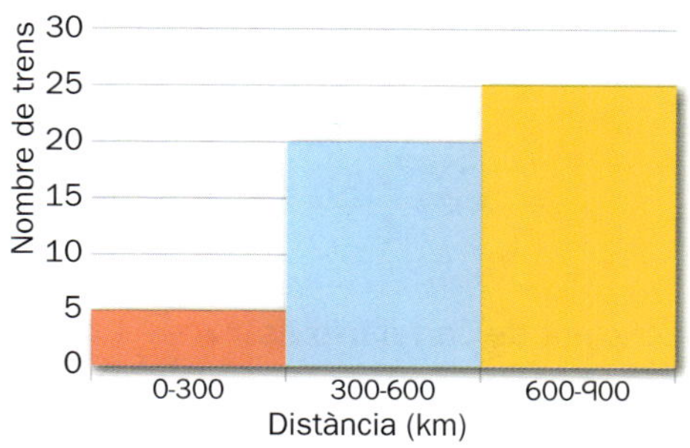

Distància	$f_{\cdot j}$
[0,300)	5
[300,600)	20
[600,900)	25
Total	**50**

c) El nombre mitjà de parades que tenen aquests trens és:

$$\overline{x} = \frac{1 \cdot 10 + 2 \cdot 14 + 3 \cdot 12 + 4 \cdot 14}{50} = 2{,}6 \text{ parades}$$

d) Per trobar la distribució de freqüències de la distància recorreguda pels trens que tenen tres parades, n'hi ha prou amb utilitzar només la fila corresponent. Els resultats es mostren en la taula:

$(y/x = 3)$	f_{3j}
[0,300)	2
[300,600)	3
[600,900)	7
Total	12

e) Veiem quina és la distància recorreguda pels trens de, com a mínim, tres parades. Per tant, es tracta d'una distribució condicionada $(y/x \geq 3)$. Després:

$(y/x \geq 3)$	[0,300)	[300,600)	[600,900)	Total
3	2	3	7	**12**
4	1	5	8	**14**
$f_{\cdot j}$	3	8	15	**26**

Llavors:

$(\overline{y}/x \geq 3) = \dfrac{150 \cdot 3 + 450 \cdot 8 + 750 \cdot 15}{26} = \dfrac{15\,300}{26} = 588{,}46$ km és la distància mitjana recorreguda pels trens que fan com a mínim tres parades.

ACTIVITATS RESOLTES

Activitat resolta 8

En un portal immobiliari, s'ha seleccionat una mostra de deu pisos de tres dormitoris en una determinada zona de la capital valenciana, amb l'objectiu d'estudiar si hi ha una relació lineal entre la superfície (x) i el preu de lloguer (y) de d'aquests. Els resultats obtinguts han estat els següents:

Superfície (m^2) x	Preu de lloguer (€) y
90	1 000
95	1 100
160	1 500
130	1 300
125	1 200
100	950
160	1 500
105	900
90	850
120	1 050

a) Quin és el preu mitjà de superfície mitjana?

b) Construeix el diagrama de dispersió i troba i interpreta el coeficient de correlació.

c) Troba la recta de regressió que permet trobar el preu de lloguer d'un pis en aquesta zona en funció de la seva superfície.

d) Calcula el coeficient de determinació i interpreta'l.

e) Estima el preu de lloguer d'un pis d'aquestes característiques amb una superfície de 110 m^2. És fiable aquesta estimació?

a) El preu mitjà de lloguer en aquesta zona és $\overline{y} = \dfrac{11\,350}{10} = 1\,135$ €, mentre que la superfície mitjana és $\overline{x} = \dfrac{1\,175}{10} = 117{,}5\ m^2$.

b) Construirem el diagrama de dispersió marcant els parells de punts (x, y) de superfície i preu dels pisos.

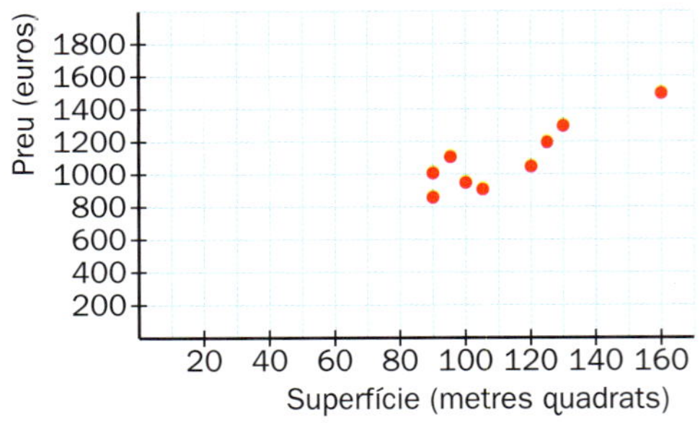

Calculem prèviament les desviacions típiques i la covariància per trobar el coeficient de correlació. Així,

$$s_x = \sqrt{\frac{\sum_{i=1}^{10} x_i^2}{10} - (\overline{x})^2} = \sqrt{\frac{144\,375}{10} - (117{,}5)^2} = 25{,}12\ m^2$$

$$s_y = \sqrt{\frac{\sum_{i=1}^{10} y_i^2}{10} - (\overline{y})^2} = \sqrt{\frac{13\,377\,500}{10} - (1\,135)^2} = 222{,}54\ €$$

$$s_{xy} = \frac{\sum_{i=1}^{10} x_i y_i}{10} - \overline{xy} = \frac{1\,385\,500}{10} - (117{,}5)\cdot(1\,135) = 5\,187{,}5\ m^2 \cdot €$$

El coeficient de correlació és $r = \dfrac{s_{xy}}{s_x s_y} = \dfrac{5\,187{,}5}{(25{,}12)\cdot(222{,}54)} = 0{,}93$, que està pròxim a 1 i, per tant, indica que hi ha una relació lineal positiva forta entre ambdues variables, és a dir que, quan augmenta la superfície dels pisos, també ho fa el preu del lloguer.

c) La recta de regressió que permet trobar el preu de lloguer d'un pis (y) d'aquesta zona en funció de la seva superfície (x) ve donada per:

$$y = \frac{s_{xy}}{s_x^2}(x - \overline{x}) + \overline{y} \quad \Rightarrow \quad y = \frac{5\,187{,}5}{631{,}01}(x - 117{,}5) + 1\,135 \quad \Rightarrow \quad y = 8{,}22x + 169$$

d) El coeficient de determinació és $R^2 = r^2 = 0{,}8649$ i, per tant, el 86,49 % del preu del lloguer troba la seva explicació, a través de la recta de regressió, en la superfície, mentre que la resta es deu a altres causes. Per tant, l'ajustament de la recta de regressió al núvol de punts és bastant satisfactori.

e) Per estimar el preu de lloguer d'un pis d'aquestes característiques amb una superfície de 110 m^2 n'hi ha prou amb substituir aquest valor en la recta de regressió. Per tant:

$$y(110) = 8{,}22 \cdot 110 + 169 = 1\,073\ €$$

i estimem un preu de lloguer de 1 073 € per un pis de 110 m^2.

L'estimació és bastant fiable per dos motius: primer, perquè el valor 110 es troba dins del rang de valors de les superfícies donades, i segon, perquè el coeficient de determinació és alt.

ACTIVITATS

Variables unidimensionals, mesures de centralització i dispersió

23. La despesa setmanal de deu joves és 14, 18, 18, 20, 35, 40, 40, 40, 40 i 500 €. Quina mesura de tendència central representa millor aquestes dades? Quina descartaries?

24. Disposem de deu dades d'una variable estadística. Si sabem que la seva suma és 50 i que la suma dels seus quadrats és 1 025, quin és el valor de la desviació típica?

25. La duració en hores (h) de 100 bateries de telèfons mòbils dona com a resultat una variància de 0,85 h^2. Si mesuréssim la duració en minuts, quin seria el valor de la variància?

26. Una mostra sobre la despesa en rebaixes d'una població va donar com a resultat que el 60 % gastava menys de 100 € mentre que el 25 % gastava com a mínim 200 €. Indica en termes de quartils i percentils què sabem.

27. Calcula i interpreta la mediana del nombre de clients que entren en un supermercat, de les deu a les dotze del matí, durant el període de 60 dies recollit en la taula.

Nre. de clients x_i	0	1	2	3	4	5	6	7	8	Total
Fr. absolutes f_i	5	7	3	12	10	7	8	6	2	60

28. Una pediatra ha seleccionat una mostra de 50 nens amb l'objectiu de fer un estudi estadístic sobre el mes de vida en el qual van començar a caminar. Les dades són les següents:

Mesos	9	10	11	12	13	14	15
Nre. de nens	1	4	9	16	11	8	1

a) Construeix un diagrama de barres.

b) Calcula la mitjana, la mediana i la moda i interpreta-les.

c) Troba la desviació típica.

d) Quin mes van començar a caminar el 25 % dels nens més precoços?

29. Un jove va comprar 1 000 accions de Picaresca SA a 5 € l'acció. Ara, la cotització ha baixat i el seu preu és de 4 €. Quantes accions ha de comprar perquè el preu mitjà de les seves accions sigui de 4,2 €?

30. Si de 20 dades numèriques en coneixem la mitjana i la desviació típica. Per tant, les afirmacions següents són vertaderes o falses?

a) Quan multipliquem totes les dades per 5 la seva mitjana queda inalterada.

b) Quan sumem a totes les dades 5 unitats, la seva desviació típica augmenta en 5 unitats.

c) Quan multipliquem totes les dades per 5, la seva desviació típica queda multiplicada per 5.

31. En un examen, tres estudiants han obtingut una nota mitjana de 8 i una mediana de 9, i dos d'ells la mateixa nota. Quines han estat les seves notes?

32. Una empresa emergent (*startup*) de gran èxit té 19 treballadors, incloent la seva propietària, que té assignat un salari brut anual de 650 000 €. Els salaris de la resta d'empleats són:

80 000	85 000	123 000	143 000	83 000	147 000
84 000	184 000	163 000	195 000	142 000	81 000
92 000	157 000	153 000	285 000	315 000	99 000

a) Quin és el salari mitjà de tota la plantilla, incloent la propietària? És representatiu?

b) Calcula la desviació típica.

c) Troba la mediana i els quartils i interpreta'ls. Quin és el recorregut interquartílic?

d) Gràcies als bons resultats del primer any de funcionament de l'empresa, la propietària decideix donar una prima de 30 000 € a tot el personal, inclosa ella mateixa. Com es modifica la mitjana i la desviació típica amb aquest increment?

33. En un procés de selecció per a un lloc de treball en una empresa, una de les proves consta de sis blocs de sis preguntes cadascun, tipus test. En la taula hi ha el nombre d'errades dels aspirants Carme i Pau. Qui dels dos seleccionaries? Per què?

Blocs	1	2	3	4	5	6
Pau	5	6	2	1	2	0
Carme	3	4	5	3	4	5

34. Dos portals especialitzats en ofertes de treball, *A* i *B*, han publicat una mitjana de 10 i 20 ofertes de treball, respectivament, amb variàncies 4 i 9. Quin portal de treball presenta més dispersió absoluta? I relativa?

35. En una població, la mitjana d'aules per escola és de 12, i la mitjana d'estudiants per aula és de 30. Quin és la mitjana d'avaries d'estudiants per escola?

36. Les notes mitjanes i les desviacions típiques de dos grups *A* i *B* venen donades en la taula següent:

Si l'Oriol va obtenir un 7,3 en el grup *A*, i la Marta un 7 en el grup *B*, qui dels dos podem considerar que va obtenir millor nota dins del seu grup?

Grup	Mitjana	D. típica
A	6,4	0,8
B	5,9	0,9

Tingues en compte: s'anomena puntuació típica la següent mesura adimensional : $z = \dfrac{x - \overline{x}}{s}$, que mesura quant se separa la desviació típica de la mitjana.

ACTIVITATS

Variables bidimensionals. Distribució conjunta, marginal i condicional

37. En una investigació sobre la relació entre la hipertensió i el costum de fumar es van recollir aquestes dades de 187 persones:

	Amb hipertensió	Sense hipertensió
No fumador	20	49
Fumador moderat	36	24
Fumador empedreït	42	16

a) Calcula la distribució conjunta de freqüències relatives i analitza-la en termes de percentatge.

b) Troba les distribucions marginals de freqüències relatives.

38. En un estudi sobre una fàbrica de producció reunim una sèrie de dades per determinar si els articles defectuosos produïts pels treballadors depenen del torn de matí, tarda o nit. Les dades obtingudes són aquestes:

		Articles defectuosos	Articles no defectuosos
Torn	**Matí**	40	910
	Tarda	60	890
	Nit	85	850

a) Calcula les distribucions marginals.

b) Troba la distribució d'articles defectuosos per torns i analitza els resultats en termes de percentatges.

39. El nombre d'hores treballades setmanalment (x) i el salari brut setmanal (y) d'un grup de 40 persones que treballen en el sector hoteler es recullen en aquesta taula:

Salari (y) (€) / Hores (x)	[700, 1100)	[1100, 1500)	[1500, 1900)	[1900, 2300)
[31, 35)	5	4	2	1
[35, 37)	1	2	4	6
[37, 41)	0	3	4	8

a) Troba el nombre mitjà d'hores treballades setmanalment. Quant cobra la majoria de les persones més ben pagades?

b) Calcula el nombre d'hores treballades per les persones que tenen un salari almenys de 1500 euros.

40. Calcula les distribucions marginals i troba la distància mitjana recorreguda i el temps mitjà utilitzat en anar i venir a l'escola d'un grup de 50 estudiants recollits en aquesta taula. La taula presenta la distància que recorren diàriament (x), en quilòmetres, i el temps utilitzat (y), en minuts.

t (min) (y) / d (km) (x)	[0,10)	[10,20)	[20,30)	[30,40)
[0,2)	3	5	4	2
[2,4)	2	3	7	2
[4,6)	0	1	2	6
[6,8)	0	0	8	5

41. Segons la Comissió Nacional dels Mercats i la Competència (CNMC), els ingressos totals de telefonia mòbil per operador, en milions d'euros, durant el període 2012-2016, venen donats en aquesta taula:

Ingressos totals de telefonia mòbil per operador (milions d'euros)	2012	2013	2014	2015	2016
Movistar	3790,40	2656,28	2006,93	1654,34	1466,19
Vodafone	2596,17	2095,75	1673,35	1606,12	1571,11
Orange	2014,95	1694,93	1222,12	951,20	1031,07
Yoigo	432,32	361,89	303,55	248,57	213,31
Altres	651,83	768,03	956,66	734,65	513,24
Total	**9485,67**	**7576,88**	**6162,61**	**5203,88**	**4794,92**

a) Quins van ser els ingressos marginals de cadascuna de les companyies durant el període 2012-2016?

b) Quin percentatge del total representa cadascuna?

c) Quins van ser els ingressos de cadascuna de les tres primeres companyies el 2016? En quins termes de distribució condicionada ho expressaries?

d) A què creus que es deu la reducció d'ingressos de les companyies durant aquest període?

42. La pregunta núm. 20 del baròmetre del CIS de gener de 2017, «En quina mesura l'han pogut influir les resultats de les enquestes en matèria de...?», es va realitzar amb una mostra de 2489 persones i es van obtenir respostes (en percentatge):

	Molt	Bastant	Poc	Gens	Ns/Nc
Opinions polítiques	1,9	8,5	26	62,6	1
Hàbits de consum	3,1	15,2	30	50,5	1,2
Hàbits de salut	4,6	21,5	26,7	46	1,2
Opinió sobre immigració	2,2	11,5	27,2	57,4	1,7

a) Aquesta no és una taula de doble entrada bidimensional, sinó de quatre variables (primera columna) qualitatives. Comenta els resultats i calcula les freqüències absolutes d'aquestes quatre variables.

b) Construeix un diagrama de barres comparatiu.

Diagrama de dispersió, covariància, correlació i regressió

43. El nombre de clients que treuen diner de dos caixers automàtics, *A* i *B*, en un centre comercial, de 19 a 20 hores, durant deu dies laborables consecutius, ha estat:

Caixer *A*	2	3	1	6	5	2	5	3	7	5
Caixer *B*	7	1	4	9	6	3	7	2	8	8

a) Dibuixa el diagrama de dispersió i analitza si creus que hi ha algun tipus de relació entre aquestes dades.

b) Calcula i interpreta el coeficient de correlació.

44. De dues variables x i y en coneixem les següents dades. Calcula'n la covariància i el coeficient de correlació.

$$n = 30; \quad \sum x_i = 41{,}2; \quad \sum y_i = 63{,}8$$

$$\sum x_i y_i = 118{,}7; \quad \sum x_i^2 = 188{,}2; \quad \sum y_i^2 = 296{,}4$$

45. Sigui $y = 3x - 10$ la recta de regressió de Y sobre X. Sabent que $\bar{x} = 4$, $s_y^2 = 9$ y $r = 1$, troba la mitjana de y, la variància de x, la covariància i la recta de regressió de x sobre y.

46. De dues variables x i y en coneixem les següents dades:

$$\bar{x} = 12; \quad \bar{y} = 36; \quad s_x = 4; \quad s_y = 6; \quad r = 0{,}8$$

Calcula les rectes de regressió de y sobre x i de x sobre y.

47. Els salaris bruts mensuals (y), en euros, i l'antiguitat (x), en anys, de quatre empleats d'una empresa són:

Antiguitat (x)	0	1	3	4
Salari (y)	1 000	1 200	1 500	1 300

a) Determina la recta de regressió que permet trobar el salari en funció de l'antiguitat.

b) Quan es van recollir les dades, hi havia un empleat malalt que tenia una antiguitat de dos anys. Quin salari pots estimar que té?

48. En analitzar la relació entre el nombre de punts de llum en diferents zones d'un edifici (x) i la seva intensitat lluminosa (y), mesurada en lux, les mesures de cinc llocs han estat:

Punts de llum (x)	1	2	3	4	5
Intensitat lluminosa (y)	100	120	110	150	130

a) Compara la variabilitat d'ambdues variables.

b) Fes una regressió lineal per explicar la intensitat lluminosa a partir dels punts de llum. Quina intensitat s'esperaria en un lloc amb set punts de llum?

c) Calcula el coeficient de correlació lineal i determina'n la bondat d'ajustament. Interpreta els resultats.

49. Una empresa d'instal·lacions renovables està analitzant la rendibilitat i, per fer-ho, mesura la generació solar (x) i eòlica (y) produïdes durant vuit dies en una instal·lació, obtenint els següents resultats (en kWh):

x	54,6	28,4	45,3	49,8	34,2	41,6	64,1	33,8
y	16,2	52,3	45,3	18	39,1	29,9	13,5	43,1

a) Estudia la correlació lineal de la generació eòlica respecte a la generació solar.

b) Estima el valor previst de generació eòlica per una generació solar de 40 kWh. És fiable aquesta estimació?

50. En una mostra de deu llars, tenim dades del nombre de telèfons mòbils (x) operatius i del cost mensual (y), en euros, d'aquests.

Mòbils (x)	1	3	2	5	4	6	3	8	3	1
Cost (y)	80	100	90	120	90	130	90	170	90	70

a) Dibuixa el diagrama de dispersió, calcula el coeficient de correlació i interpreta'l.

b) Determina la recta de regressió que permet obtenir el cost mensual en funció del nombre de mòbils que hi ha a la llar. Utilitza-la per estimar el cost mensual d'una llar amb set mòbils. És fiable aquesta estimació?

c) Troba la recta de regressió de x sobre y que permet estimar el nombre de mòbils segons el preu pagat.

51. S'ha fet un estudi a vuit empleats d'una multinacional sobre el nivell d'estrès i el grau de satisfacció laboral. Per fer-lo, l'estrès s'ha mesurat en una escala de 0 a 40 mitjançant el test EEP-10; i la satisfacció laboral s'ha valorat en una escala de 0 a 10.

Estrès (x)	28	25	16	12	8	31	20	21
Satisfacció laboral (y)	6	7	8	9	8	4	6	5

a) Podem afirmar que, com més nivell d'estrès hi ha, menys satisfacció laboral? Raona-ho.

b) Estima el grau de satisfacció laboral que correspondria a un empleat amb un nivell d'estrès de 14. És fiable aquesta estimació?

52. Una empresa té vuit botigues, i cadascuna realitza la seva pròpia campanya publicitària. Les despeses de cada botiga en publicitat (x) i les seves vendes anuals (y), en milers d'euros, venen donades en la taula següent:

Publicitat x	Vendes y
23	1 600
34	1 700
21	1 800
19	1 200
18	1 300
27	1 700
35	1 900
11	1 450

a) Analitza si la publicitat influeix favorablement en les vendes de forma lineal dibuixant un diagrama de dispersió.

b) L'empresa està pensant a obrir una altra botiga i vol invertir 15 000 € en despeses de publicitat. Quins ingressos per vendes es preveuen? És raonable aquesta estimació?

c) Troba la recta de regressió de la publicitat, x, sobre les vendes, y, i utilitza-la per estimar les despeses publicitàries necessàries per aconseguir unes vendes de 1,5 milions d'euros. És fiable aquesta estimació?

Un món matemàtic

Si les dades estan agrupades en intervals, pot identificar-se l'interval mitjà a través de les freqüències absolutes acumulades, només buscant el valor $\frac{1}{2} \cdot N$. Si volem més precisió, podem utilitzar com a valor de la mediana el valor donat per la següent expressió:

$$M_e = L_1 + c \cdot \frac{\frac{1}{2} \cdot N - F_{i-1}}{f_i}, \text{ on:}$$

- L_1: extrem inferior de la classe mediana.
- c: amplitud de l'interval mitjà.
- F_{i-1}: freqüència absoluta acumulada de la classe anterior a la mediana.
- f_i: freqüència absoluta de la classe mediana.

De la mateixa manera, buscant $\left(\frac{p}{100} \cdot N\right)$ obtenim el percentil p. Recorda que els quartils Q_1 i Q_3 coincideixen amb els percentils P_{25} i P_{75}.

53. En una prova per seleccionar jugadores de bàsquet s'ha mesurat l'alçada de 110 joves, obtenint els següents resultats:

Alçada (cm)	Nre. de jugadores
[175, 180)	10
[180, 185)	22
[185, 190)	32
[190, 195)	25
[195, 200)	12
[200, 205)	9
Total	**110**

Creiem que la millor distribució és, de menor a major alçada: un 20 % de les jugadores en la posició de base, un 50 % d'aleres i un 30 % de pivots.

a) Quina és l'alçada màxima per jugar de base? I l'alçada mínima per jugar de pivot?

b) Una jugadora que tingui l'alçada en l'interval més freqüent, en quina posició jugarà?

54. Per determinar les característiques geotècniques d'un terreny en què es construirà un habitatge unifamiliar, s'ha fet un assaig dinàmic amb l'objectiu de descobrir el nombre de cops necessaris perquè el penetròmetre s'introdueixi en una determinada profunditat. Els resultats han estat els que es mostren en la taula del marge:

a) Dibuixa el diagrama de dispersió i comenta'l.

b) Calcula els coeficients de correlació i determinació i interpreta'ls.

c) Determina la recta de regressió que permet estimar el nombre de cops en funció de la profunditat.

d) Explica si creus que és fiable estimar el nombre de cops a tres metres de profunditat en aquest terreny.

Acta d'assaig de penetració dinàmica contínua

Profunditat (m)	Nre. de cops
0,2	9
0,4	7
0,6	10
0,8	12
1,0	16
1,2	54
1,4	85
1,6	89
1,8	37
2,0	23
2,2	45
2,4	43
2,6	92

55. En una llista de cinc nombres enters, la mitjana és 9, la mediana 10 i la moda 11. Quin és el nombre enter més petit que podem escriure?

56. La mitjana de les edats de tots els membres d'una família composta per pare, mare i diversos fills és de 20 anys. Si el pare té 48 anys i la mitjana de les edats de la mare i de tots els fills és 16, quants fills té?

57. En una prova esportiva del meu institut, estudiants de tercer i quart d'ESO i primer de Batxillerat han obtingut una puntuació mitjana de 12, 15 i 10, respectivament. Si hi van participar el doble d'estudiants de tercer que de quart, i el doble de quart que de primer de Batxillerat, quina és la puntuació mitjana de les persones participants?

Resol l'enigma

Després de completar la unitat d'estadística..., seguiries mantenint les teves respostes als dilemes plantejats en l'entrada de la unitat sobre les quotes de mercat de la venda dels diferents tipus de cotxes? Abans de contestar, observa aquests gràfics:

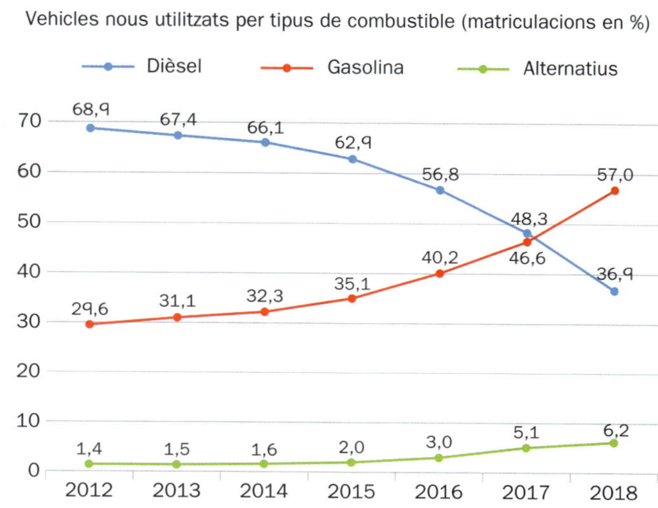

Tenint en compte aquestes dades, si anomenem *d*, *g* i *a* les variables que representen la quota de mercat de les vendes de cotxes dièsel, gasolina i alternatius durant aquests set anys, respectivament, i construïm els diagrames de dispersió, llavors observem...

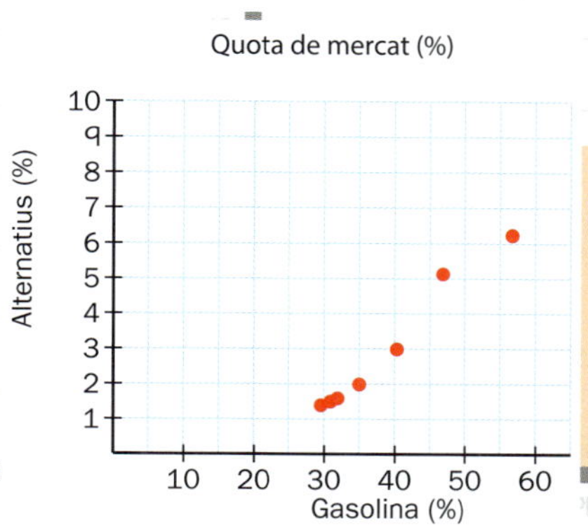

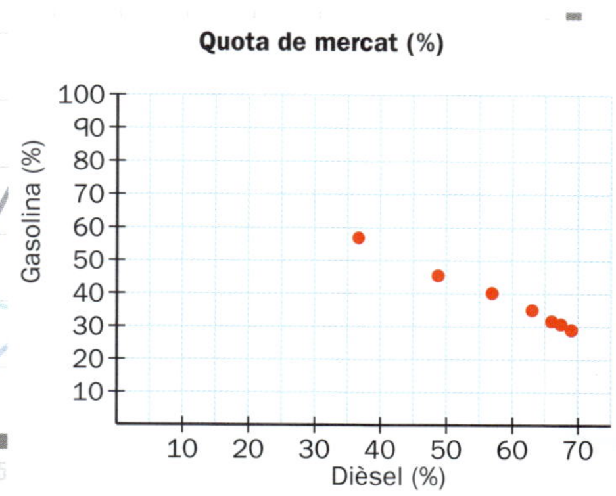

Aquest diagrama de dispersió mostra que, quan augmenta el percentatge de vehicles alternatius, també augmenta el percentatge de cotxes de gasolina, cosa que és paradoxal.

Aquest diagrama de dispersió indica que, a mesura que disminueix la quota de mercat dels cotxes dièsel, augmenta la quota de mercat dels cotxes de gasolina matriculats

I, a més, en tots dos casos sembla que hi ha una relació lineal entre cada parell de variables.

Per tant, analitzem, en primer lloc, el percentatge mitjà i la desviació típica de cotxes dièsel, gasolina i alternatius venuts durant aquests anys.

	Dièsel	Gasolina	Alternatius
Mitjana	58,19	38,84	2,97
Desviació típica	10,94	9,21	1,79

Les covariàncies entre cada parell de variables són:

$$s_{ag} = \frac{921{,}63}{7} - (2{,}97)\cdot(38{,}84) = 16{,}31(\%)^2$$

$$s_{gd} = \frac{15\,115{,}84}{7} - (38{,}84)\cdot(58{,}19) = -100{,}69(\%)^2$$

Mentre que els coeficients de correlació i de determinació són:

$$r = \frac{s_{ag}}{s_a s_g} = \frac{16{,}31}{(1{,}79)\cdot(9{,}21)} = 0{,}989$$

r està pròxim a 1 i, per tant, indica que hi ha una relació lineal positiva forta entre ambdues variables; és a dir, quan s'incrementa la venda de cotxes de gasolina, també ho fa la de cotxes alternatius.

$$R^2 = 0{,}989^2 = 0{,}9781$$

El 97,81 % de l'augment de cotxes de gasolina s'explica per la venda de cotxes alternatius, i la resta es deu a altres factors.

Aquestes conclusions són errònies, perquè no es té en compte la variable principal, que és el descens de vehicles dièsel, que òbviament és la raó de l'increment de la venda de cotxes de gasolina i alternatius. Per tant, aneu amb compte amb les interpretacions, no hi ha causalitat! Una variable no és la causa de l'altra.

$$r = \frac{s_{gd}}{s_g s_d} = \frac{-100{,}69}{(9{,}21)\cdot(10{,}94)} = -0{,}9996$$

Com que el resultat està molt pròxim a –1, hi ha una relació lineal negativa molt forta i podem dir que, quan disminueix la venda de cotxes dièsel, augmenta la de cotxes de gasolina.

$$R^2 = (-0{,}9996)^2 = 0{,}9991$$

El 99,91 % de l'augment de les vendes de cotxes de gasolina es deu a la disminució de les vendes de cotxes dièsel, i la resta, a altres factors.

En aquest cas, la disminució de les vendes de cotxes dièsel sí que és la causa principal de l'augment de les vendes de cotxes de gasolina.

9. Probabilitat i combinatòria

Ets en un concurs de televisió. Davant teu hi ha tres portes tancades. Darrere d'una d'elles t'espera un automòbil fantàstic; darrere de les altres dues, un parell de cabres. Tria una de les tres portes. Ja la tens? El presentador, que sap què hi ha darrere de cada porta, n'obre, de les dues que no has triat, una que amaga una cabra. Ara només queden dues portes tancades, i el presentador et dona l'opció de canviar, si vols, la porta que has triat abans. Mantindries l'opció original o triaries l'altra porta? Hi ha cap diferència entre les dues opcions? Espera! No responguis encara... Abans posa't al dia amb la probabilitat.

En aquesta unitat aprendràs:

1. Espai mostral: successos
2. Operacions amb successos
3. Probabilitat
4. Probabilitat condicionada
5. Successos dependents i independents
6. Tècniques de recompte
7. Aplicacions
8. La distribució normal

1 Espai mostral: successos

En moltes experiències de la vida quotidiana apareix el terme *probabilitat*. Per exemple, quan es planteja la possibilitat de pluja per a un dia en concret o la probabilitat de guanyar en un joc. Tant en situacions quotidianes com en el joc, la presa de decisions davant de situacions d'incertesa millora sensiblement si es coneixen les probabilitats d'aquests successos. Per abordar l'estudi de la probabilitat, es defineixen els termes següents:

S'anomena **experiment** tot procediment sotmès a cert control que permet obtenir uns resultats. Un experiment pot ser de dos tipus:

- **Determinista:** és aquell que, en repetir-lo en condicions anàlogues, sempre dona el mateix resultat, és a dir, aquell amb un resultat que es coneix amb certesa. Per exemple, se sap que la suma dels angles d'un triangle sempre serà 180°.
- **Aleatori:** és aquell que, encara que es repeteixi en condicions idèntiques, té un resultat que no es pot predir mai; està, per tant, subjecte a incertesa. Llançar una moneda a l'aire, treure una bola d'un bombo, anotar l'energia consumida en un dia en una població i mesurar la resistència a la compressió del formigó són exemples d'experiments aleatoris.

En resum, els experiments deterministes estan associats a la noció de certesa o seguretat, mentre que els experiments aleatoris van lligats a la incertesa i a les lleis de l'atzar. Aquests darrers són els que interessen en el càlcul de probabilitats.

Espai mostral

Quan llancem un dau, els resultats poden ser: un u, un dos, un tres, un quatre, un cinc o un sis. De manera idèntica, si se seleccionen dos *routers* i s'analitza si compleixen les especificacions de fabricació o no, pot passar: que les compleixin tots dos, que les compleixi només el primer, que les compleixi només el segon o que no les compleixi cap dels dos. Així doncs, es defineix l'espai mostral d'aquesta manera:

L'**espai mostral** d'un experiment aleatori, que es representa *E*, és el conjunt de tots els seus possibles resultats.

Exemple 1. En l'experiment de llançar un dau, quin és l'espai mostral?

L'espai mostral és: $E = \{1,2,3,4,5,6\}$.

Exemple 2. En l'experiment de seleccionar dos *routers* i analitzar si compleixen les especificacions de fabricació o no, quin és l'espai mostral?

Si indiquem amb *S* el cas en què el *router* compleix les especificacions i amb *N* el que no, l'espai mostral és: $E = \{SS, SN, NS, NN\}$.

Exemple 3. Una caixa conté quatre peces, dues de les quals són defectuoses. Es proven les peces una a una fins que n'apareix la primera defectuosa. Quin és l'espai mostral d'aquest experiment?

Si representem amb *D* i *B* els casos en què la peça és defectuosa i bona, respectivament, l'espai mostral és: $E = \{D, BD, BBD\}$.

Exemple 4. Quatre equips de futbol volen organitzar un campionat a doble partit. Troba els diferents partits que jugaran; quants són, en total?

Si *A*, *B*, *C* i *D* són els equips que participen en aquest campionat, com que cadascun ha de jugar amb tots els altres, l'espai mostral és:

$$E = \{AB, AC, AD, BA, BC, BD, CA, CB, CD, DA, DB, DC\}$$

En total, són 12 partits.

Diagrama d'arbre

Per trobar l'espai mostral de molts experiments aleatoris, és convenient utilitzar una representació gràfica, anomenada **diagrama d'arbre,** que permet descriure tots els resultats possibles sempre que els experiments es desenvolupin en etapes successives.

Així, el diagrama d'arbre es construeix partint d'un vèrtex (punt) situat a l'esquerra del diagrama, seguit de diferents branques (línies rectes) en la primera etapa, que acaben en uns vèrtexs nous. De cadascun d'aquests vèrtexs en sorgeixen més branques, que descriuen la segona etapa. El procés es repeteix successivament fins que l'experiment s'acaba.

Exemple 5. Construeix un diagrama d'arbre per representar els possibles resultats de llançar una moneda a l'aire tres vegades. Quin és l'espai mostral?

Designem amb *C* l'esdeveniment en què en la moneda surt una cara (anvers) i amb + l'esdeveniment en què hi surt una creu (revers). L'experiment consta, així, de tres etapes successives, una per llançament. El diagrama d'arbre és, per tant:

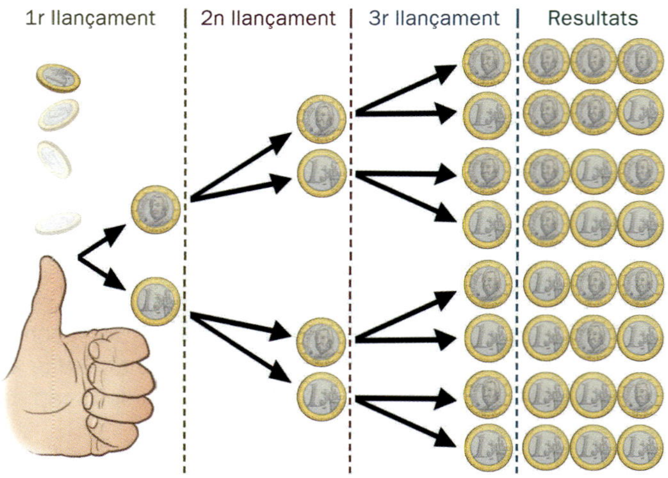

Observa que els resultats (última columna) s'obtenen llegint l'arbre d'esquerra a dreta. L'espai mostral resulta:

$$E = \{CCC, CC+, C+C, C++, +CC, +C+, ++C, +++\}$$

Activitat resolta 1

L'Alexandra i el Xavier són molt aficionats al tennis i decideixen fixar les seves pròpies normes; així, determinen que el primer que guanyi dos jocs seguits o tres d'alterns es proclamarà campió. Construeix el diagrama d'arbre d'aquest experiment i, després, descriu-ne l'espai mostral.

Designem amb *A* i *X* els casos en què l'Alexandra i el Xavier guanyen el joc, respectivament. El diagrama d'arbre d'aquest experiment és:

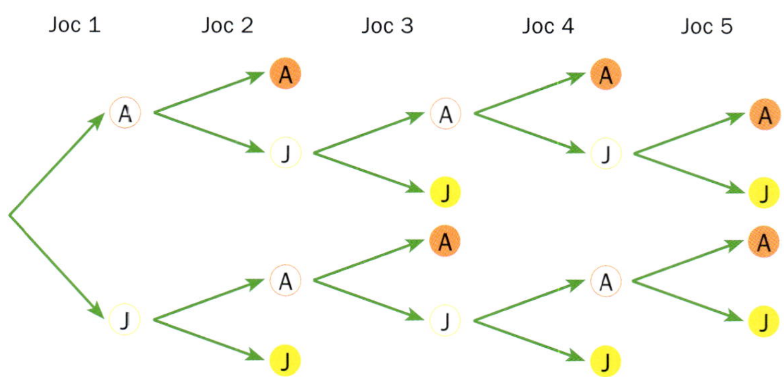

Ens fixem en els esdeveniments en què el partit s'ha acabat perquè algun dels jugadors ha guanyat dos jocs seguits o tres d'alterns. D'aquesta manera, llegint l'arbre d'esquerra a dreta, l'espai mostral resulta:

$$E = \{AA, AJAA, AJAJA, AJAJJ, AJJ, JAA, JAJAA, JAJAJ, JAJJ, JJ\}$$

Successos

Un cop trobat l'espai mostral d'un experiment aleatori, resulta interessant analitzar les característiques dels seus elements i els possibles subconjunts que es poden formar.

S'anomena **succés** qualsevol subconjunt de l'espai mostral d'un experiment aleatori.

Els successos amb un únic element es denominen **successos simples o elementals.** En canvi, els que tenen diversos elements reben el nom de **successos compostos.**

Exemple 6. En l'Activitat resolta 1, es consideren els successos:

A = «L'Alexandra guanya en el segon joc»; B = «L'Alexandra guanya abans del quart joc»; C = «El Xavier acaba guanyant el segon o el tercer joc».

Són successos simples o compostos?

El succés $A=\{AA\}$ és simple; en canvi, els successos $B=\{AA, JAA\}$ i $C=\{AJJ, JJ\}$ són successos compostos.

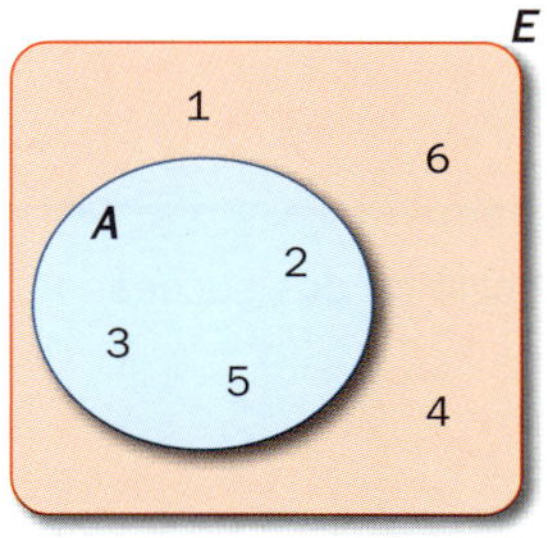

Els successos se solen representar gràficament en forma de conjunts mitjançant **diagrames de Venn,** en els quals l'espai mostral es representa amb un rectangle, i cada succés, mitjançant regions corbes tancades dins del rectangle. Per exemple, en l'experiment de llançar un dau, es considera el succés A = «obtenir un nombre primer». Al marge s'ha representat el diagrama de Venn corresponent.

El succés **complementari o contrari** d'un succés A es representa $\bar{A}$, es llegeix «no A», i està format per tots els elements de l'espai mostral que no pertanyen a A:

$$\bar{A}=\{x \in E / x \notin A\}$$

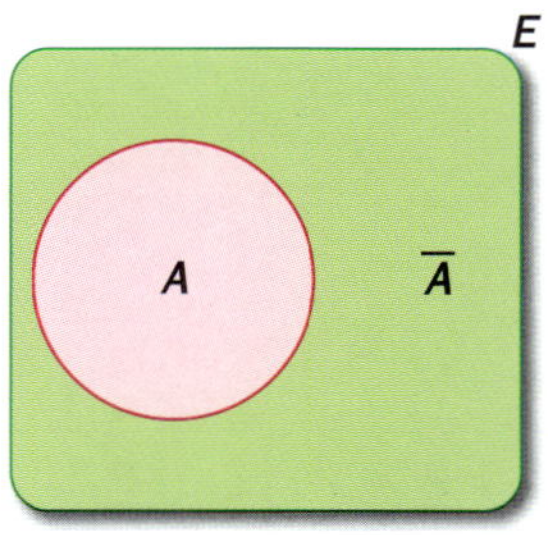

Exemple 7. Considerem l'experiment de llançar una moneda i un dau simultàniament.

a) **Calcula l'espai mostral *E*.**

b) **Si els successos de l'espai mostral són: A = «obtenir cara en llançar la moneda» i B = «treure un dos en llançar el dau», calcula els successos contraris $\bar{A}$ i $\bar{B}$.**

L'espai mostral és: $E=\{C1, C2, C3, C4, C5, C6, +1, +2, +3, +4, +5, +6\}$.

Els successos A i B són: $A=\{C1, C2, C3, C4, C5, C6\}$ i $B=\{C2, +2\}$.

Per tant, $\bar{A}=\{+1, +2, +3, +4, +5, +6\}$ i $\bar{B}=\{C1, C3, C4, C5, C6, +1, +3, +4, +5, +6\}$.

Hi ha dos subconjunts especials de l'espai mostral: el subconjunt total (o mateix espai mostral), E, i el subconjunt buit, $\varnothing$. L'espai mostral E té lloc sempre i, per tant, s'anomena **succés segur.** En canvi, el subconjunt $\varnothing$ no té lloc mai i s'anomena **succés impossible.**

Activitats

1. Els missatges de WhatsApp es classifiquen en dos tipus: normal (*N*), si es reben en menys d'un minut, i amb retard (*R*), si tarden més temps a rebre's. Si s'envien tres missatges de WhatsApp:

a) Descriu-ne l'espai mostral mitjançant un diagrama d'arbre.

b) Donat el succés A = «almenys un dels tres missatges és normal», escriu-ne els elements i calcula'n el succés contrari, $\bar{A}$.

c) Escriu els elements del succés B = «exactament dos missatges arriben amb retard».

2. Un partit de tennis entre Garbiñe Muguruza i Sara Sorribes s'ha acabat amb el resultat de tres sets a dos a favor de Muguruza. De quantes maneres diferents es pot haver aconseguit aquest resultat?

3. Es disposa d'una bossa amb un joc de boles que conté tres blanques i una de verdes.

a) Si s'extreuen a l'atzar i d'una en una totes, quin és l'espai mostral d'aquest experiment?

b) Si només se n'extreuen tres:

- Calcula els elements dels successos C = «treure boles de tots dos colors» i D = «treure boles d'un sol color».
- Com es diu el succés V = «treure tres boles de color verd»?

4. Una representació estudiantil està formada per tres membres, entre els quals s'ha de triar un delegat, un subdelegat i un vocal. Descriu mitjançant un diagrama d'arbre l'espai mostral d'aquest experiment.

2 Operacions amb successos

Un succés és un conjunt; per tant, totes les propietats dels conjunts es poden traslladar als successos. Moltes vegades, interessa descriure successos nous a partir d'operacions bàsiques. Tot seguit se'n descriuen algunes:

Unió i intersecció de successos

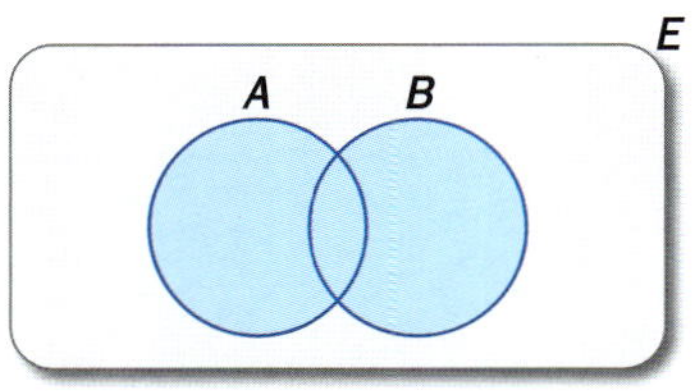

Unió de dos successos $A \cup B$.

La **unió** de dos successos A i B es representa $A \cup B$ i es llegeix «A i B». És el succés que consta de tots els elements que pertanyen tant a A com a B.

$$A \cup B = \{x \in E / x \in A \text{ o } x \in B\}$$

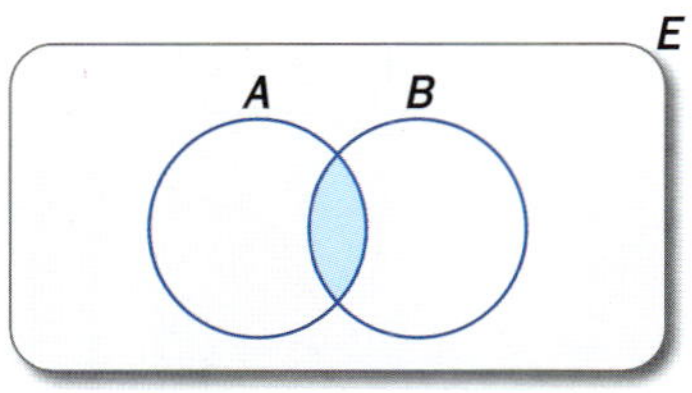

Intersecció de dos successos $A \cap B$.

La **intersecció** de dos successos A i B es representa $A \cap B$ i es llegeix «A i B». És el succés que consta de tots els elements que pertanyen tant a A com a B.

$$A \cap B = \{x \in E / x \in A \text{ y } x \in B\}$$

Exemple 8. Un experiment consisteix a triar a l'atzar un nombre de l'1 al 9. Així, l'espai mostral és $E = \{1,2,3,4,5,6,7,8,9\}$. Si $A = \{2,4,6,8\}$ és el succés «obtenir un nombre parell» i $B = \{2,3,5,7\}$ el succés «obtenir un nombre primer»:

***a)* Quin és el succés «obtenir un nombre parell o un nombre primer»?**

***b)* Quin és el succés «obtenir un nombre parell i primer»?**

a) El succés «obtenir un nombre parell o un nombre primer» està format pels elements de A, de B o de tots dos, i l'escrivim així: $A \cup B = \{2,3,4,5,6,7,8\}$.

b) El succés «obtenir un nombre parell i primer» està format pels elements comuns de A i B, i l'escrivim així: $A \cap B = \{2\}$.

Exemple 9. Considerem l'experiment de llançar una moneda i un dau simultàniament de l'Exemple 7. Calcula $A \cup B$, $A \cap B$ y $\bar{A} \cap B$.

$A \cup B = \{C1, C2, C3, C4, C5, C6, +2\}$ $\quad A \cap B = \{C2\}$ $\quad \bar{A} \cap B = \{+2\}$

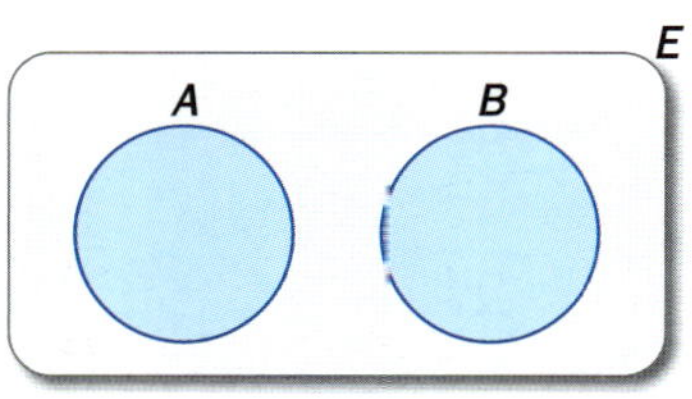

Successos incompatibles.

Es diu que dos successos A i B són **mútuament excloents o incompatibles** si no tenen resultats comuns i, per tant, la seva intersecció és el conjunt buit, $A \cap B = \varnothing$.

Exemple 10. En agafar una carta de la baralla espanyola es consideren els successos següents: A = «treure un as», B = «treure un cavall» i C = «treure una carta d'oros». Són incompatibles A i B? I A i C?

Els successos A i B són mútuament excloents o incompatibles perquè no és possible treure un as i un cavall simultàniament, és a dir, $A \cap B = \varnothing$. Per altra banda, els successos A i C són compatibles, ja que existeix l'as d'oros i, per tant, $A \cap C \neq \varnothing$.

Diferència de successos

La **diferència** entre el succés A i el succés B es representa $A - B$, i és el succés que està format per tots els elements que són en A però no en B.

$$A - B = \{x \in E / x \in A \text{ i } x \notin B\}$$

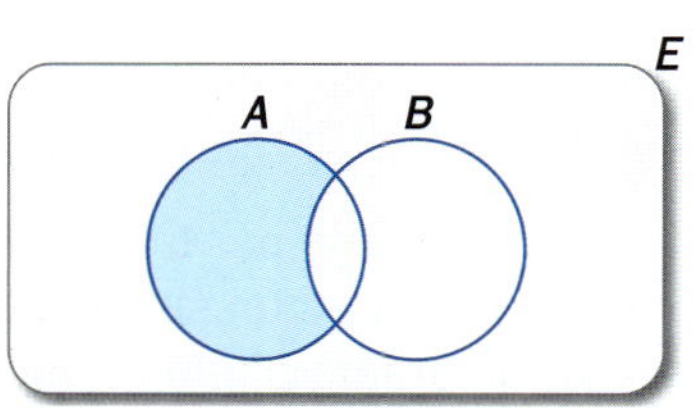

Diferència de successos: $A - B$.

Exemple 11. Si l'espai mostral d'un experiment és $E = \{1,2,3,4,5,6,7,8,9\}$ i tenim els successos $A = \{2,4,6,8,9\}$ i $B = \{2,3,4,5,7\}$, calcula el succés $A - B$.

Si traiem del succés A els elements que són en B, resulta el succés $A - B = \{6,8,9\}$.

Observa el diagrama de Venn del marge i comprova que la **diferència** entre els successos A i B és igual a la intersecció de A amb el complementari de B. És a dir: $\boldsymbol{A - B = A \cap \bar{B}}$.

Propietats

Les propietats de la unió, la intersecció i el complementari de successos són les següents:

- Commutativa: $A \cup B = B \cup A$ $\quad$ $A \cap B = B \cap A$
- Associativa: $A \cup (B \cup C) = (A \cup B) \cup C$ $\quad$ $A \cap (B \cap C) = (A \cap B) \cap C$
- Element neutre: $A \cup \varnothing = A$ $\quad$ $A \cap E = A$
- Complementari: $A \cup \overline{A} = E$ $\quad$ $A \cap \overline{A} = \varnothing$
- Distributiva: $A \cup (B \cap C) = (A \cup B) \cap (A \cup C)$ $\quad$ $A \cap (B \cup C) = (A \cap B) \cup (A \cap C)$

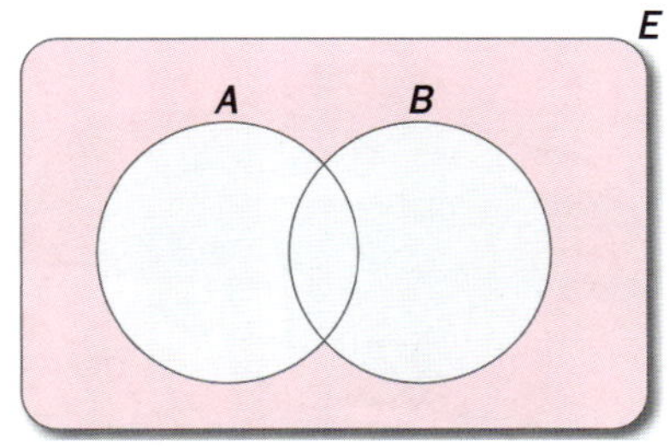

$(\overline{A \cup B}) = \overline{A} \cap \overline{B}$

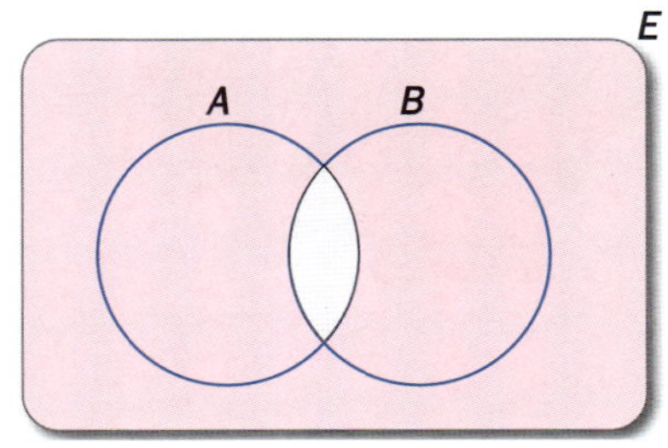

$(\overline{A \cap B}) = \overline{A} \cup \overline{B}$

Lleis de Morgan

- El complementari de la unió de successos és igual a la intersecció dels complementaris.

$$(\overline{A \cup B}) = \overline{A} \cap \overline{B}$$

- El complementari de la intersecció de successos és igual a la unió dels complementaris.

$$(\overline{A \cap B}) = \overline{A} \cup \overline{B}$$

Les operacions d'unió i intersecció es poden ampliar a més de dos successos. Per exemple, donats tres successos, $A \cup B \cup C$ és el succés d'«almenys un dels tres», mentre que $A \cap B \cap C$ és el succés «es compleixen tots tres».

En general, es diu que els successos $A_1, A_2, \ldots, A_n$ són **mútuament excloents o incompatibles** si les interseccions dues a dues no tenen cap element en comú.

Activitat resolta 2

Al control de duanes d'un aeroport s'han triat tres passatgers a l'atzar. Si el succés A_i = «el passatger i-èsim supera el control» amb $i = 1, 2, 3$:

a) Descriu en termes de l'enunciat cadascun dels successos següents:

A_1, $A_1 \cap A_2$, $A_1 \cup A_3$, $A_1 \cup A_2 \cup A_3$, $A_1 \cap \overline{A}_2 \cap \overline{A}_3$, $\overline{A}_1 \cap \overline{A}_2 \cap \overline{A}_3$

b) Considerem només els dos primers passatgers. Explica amb els termes del problema la primera llei de Morgan, és a dir:

$$(\overline{A_1 \cup A_2}) = \overline{A}_1 \cap \overline{A}_2$$

a) A_1: el primer passatger supera el control de duanes.

$A_1 \cap A_2$: els dos primers passatgers superen el control de duanes.

$A_1 \cup A_3$: el primer o el tercer passatger supera el control.

$A_1 \cup A_2 \cup A_3$: almenys un dels tres passatgers supera el control de duanes.

$A_1 \cap \overline{A}_2 \cap \overline{A}_3$: el primer passatger supera el control, però els altres dos, no.

$\overline{A}_1 \cap \overline{A}_2 \cap \overline{A}_3$: cap dels tres passatgers supera el control de duanes.

b) El succés $A_1 \cup A_2$ indica que almenys un dels dos primers passatgers supera el control de duanes. Per tant, el succés contrari $(\overline{A_1 \cup A_2})$ indicarà que cap dels dos no supera el control, és a dir, $\overline{A}_1 \cap \overline{A}_2$; llavors, ni el primer ni el segon no superen el control.

Activitats

5. Un jove efectua tres tirs a una cistella de bàsquet. Si A_1, A_2 i A_3 són els successos «encistella el primer, el segon i el tercer intent», respectivament, expressa, mitjançant operacions amb successos, els casos següents:

a) Només encistella el primer tir.

b) Encistella almenys un dels tres tirs.

c) No encistella cap dels tres tirs.

d) Encistella el primer i el segon tir, però no el tercer.

e) Encistella exactament dos dels tres tirs.

6. Donat el diagrama de Venn següent, expressa mitjançant operacions amb successos les regions següents:

a) 1 $\quad$ *b)* 6

c) 3 i 4 $\quad$ *d)* 2 i 4

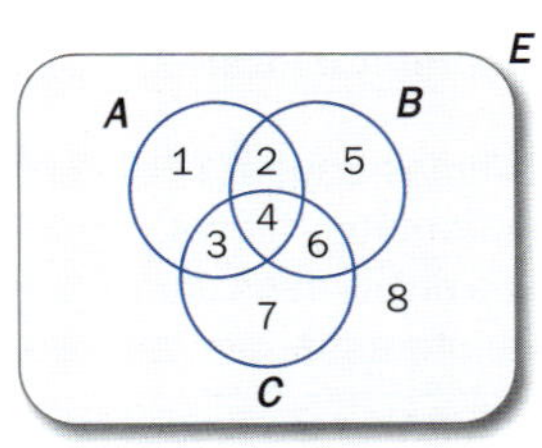

7. Si A és el succés «parlar alemany» i F el succés «parlar francès», descriu i pinta en un diagrama de Venn els successos següents: $\overline{F}$, $A \cup F$, $A - F$, $A \cap \overline{F}$, $\overline{A \cup F}$ i $\overline{A} \cup \overline{F}$.

3 Probabilitat

El **càlcul de probabilitats** té les arrels en el segle XVII, en la correspondència entre els matemàtics francesos Blaise Pascal i Pierre Fermat. El cavaller De Meré, que era un cortesà molt aficionat al joc, va cridar l'atenció d'aquests dos matemàtics perquè, entre altres qüestions, volia saber com s'havien de repartir els diners de les apostes que es posaven sobre la taula si els jugadors es veien obligats a acabar la partida sense que hi hagués cap guanyador.

També van sorgir preguntes com la següent: si es llança quatre vegades un dau, què és més probable, que surti almenys un sis o que no en surti cap? En aquesta unitat s'intentarà donar resposta a aquesta i a moltes altres preguntes.

En el vocabulari de la probabilitat apareixen paraules i expressions com *possible, probable, amb tota seguretat, almenys, impossible,...* Ara bé, el que una persona entén per «molt probable» pot diferir del que entén una altra, o fins i tot pot variar en funció del moment. Per tant, la probabilitat pot exigir utilitzar nombres per quantificar-la.

La probabilitat es mesura en una escala del zero a l'u. Les paraules *impossible* i *probabilitat nul·la* signifiquen el mateix. Assignem «probabilitat nul·la», per exemple, a trobar-nos amb Napoleó Bonaparte al bar de la cantonada. En canvi, «probabilitat u» és sinònim de certesa i seguretat. Així, és segur, per exemple, que J. S. Bach és mort, encara que les seves obres continuïn presents en moltes llars del món.

La probabilitat com a freqüència relativa

Suposem que un experiment es pot repetir independentment i en condicions anàlogues tantes vegades com es vulgui. En aquest cas, s'anota la proporció de casos en què es produeix un succés determinat. La proporció pot oscil·lar, al principi, però el que interessa és observar-ne el comportament a llarg termini. Doncs bé, aquesta proporció es pot considerar una estimació de la probabilitat.

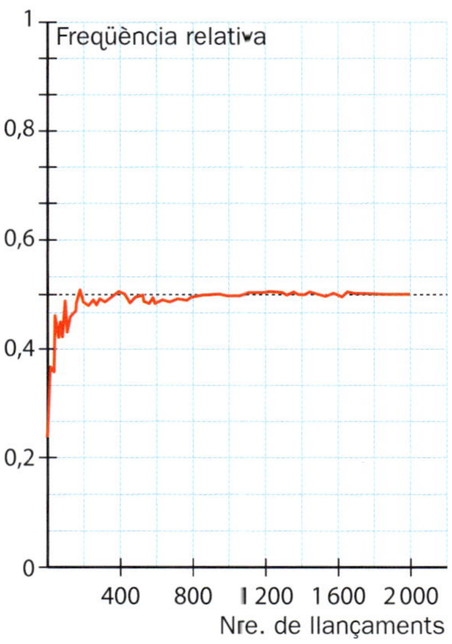

La **probabilitat** d'un succés s'interpreta com el valor límit de la proporció de vegades (freqüència relativa) que apareix un resultat després de dur a terme n vegades l'experiment aleatori, quan n augmenta. És a dir,

$$P(S) = \lim_{n \to \infty} f_r(S)$$

Per exemple, en l'experiment de llançar una moneda, s'afirma que la probabilitat de treure cara és 1/2. Per tal de comprovar-ne la validesa, podem llançar la moneda tantes vegades com vulguem. Ara bé, que la probabilitat sigui 1/2 vol dir que, per terme mitjà, una de cada dues vegades sortirà cara. Això, però, no vol dir que aquest resultat hagi de sortir exactament en un de cada dos llançaments, ja que pot sortir diverses vegades seguides en una desena de llançaments.

El problema d'aquest enfocament sorgeix quan es considera què s'entén per «terme mitjà» i «quantes vegades» s'ha de repetir l'experiment. N'hi ha prou amb 100 vegades, o en calen 100 000?

Probabilitat subjectiva

Punt d'interès

Thomas Bayes (1702-1761) va ser un matemàtic, filòsof i sacerdot britànic que en els seus últims anys de vida es va interessar per la probabilitat.

Per alguns autors, com Bayes, la **probabilitat d'un succés** és una característica fonamentalment **subjectiva,** perquè expressa el grau de certesa que una persona pot tenir sobre l'aparició d'un succés. Malgrat que cal recopilar tanta informació objectiva com es pugui sobre un succés determinat per assignar-li una probabilitat, en determinades circumstàncies, diverses persones prou informades poden assignar-li diferents probabilitats si el grau de creença que tenen elles és diferent. Per exemple, suposem que dos equips de bàsquet s'enfronten per primera vegada; en aquest cas, la probabilitat de guanyar que assignem a cadascun dels equips és subjectiva, ja que depèn de la quantitat d'informació que es té dels dos equips. O, si llancem una moneda i una persona sap que està trucada, la persona en qüestió assignarà a l'experiment una probabilitat diferent de 0,5, que seria la que hi assignaria una que desconeix el fet.

Regla de Laplace

En molts successos constituïts per N resultats, és raonable assignar probabilitats iguals a tots N successos simples. Per exemple, quan es llança una moneda a l'aire dues vegades, hi ha quatre resultats possibles; per tant:

$$P(CC)=\frac{1}{4},\ P(C+)=\frac{1}{4},\ P(+C)=\frac{1}{4}\ \text{i}\ P(++)=\frac{1}{4}$$

En el cas de llançar dos daus a l'aire, hi ha 36 resultats possibles, cadascun dels quals amb una probabilitat de $\frac{1}{36}$. En general, si hi ha N resultats igualment probables, la probabilitat de cadascun és de $\frac{1}{N}$.

Si un succés S apareix k vegades de les N possibles:

$$P(S)=\frac{k}{N}=\frac{\text{Nombre de resultats favorables a S}}{\text{Nombre de resultats possibles}}$$

Aquesta expressió, coneguda amb el nom de **regla de Laplace,** va ser proposada pel matemàtic francès Pierre-Simon de Laplace a principis del segle XIX per a experiments amb N resultats possibles, tots incompatibles entre ells. Es basa en el fet que tots els resultats tenen la mateixa probabilitat de produir-se, és a dir, són equiprobables.

La probabilitat es pot escriure en forma de fracció, nombre decimal o percentatge.

!! *Atenció*

La regla de Laplace només es pot aplicar quan els successos són equiprobables.

@ *www Actua*

Utilitzem un programa de Geometria dinàmica per a simular el llançament de daus (utilitzem la tecla random[x] o similar) i sumem els resultats. Realitzem un diagrama de barres amb els resultats de les freqüències relatives quan fem una simulació de 200 llançaments i els comparem amb la probabilitat teòrica de cada resultat.

Exemple 12. Es llancen dos daus i se sumen els resultats obtinguts.

a) Quina és la probabilitat que la suma sigui nou?

b) Quina suma és més probable?

a) Al marge hem construït una taula de doble entrada en la qual figuren els resultats de cadascun dels daus i, a la part central, la suma. Observem que hi ha 36 resultats possibles. Si A és el succés «suma de resultats igual a nou»:

$$A=\{36,45,54,63\} \qquad P(A)=\frac{4}{36}=\frac{1}{9}=0{,}11 \text{ o } 11\,\%$$

b) En la diagonal de la taula es troba el resultat que apareix més vegades, que és 7. En concret, si anomenem C el succés «suma de resultats igual a 7»:

$$C=\{16,25,34,43,52,61\} \qquad P(C)=\frac{6}{36}=\frac{1}{6}=0{,}17 \text{ o } 17\,\%$$

Dau 1 \ Dau 2	1	2	3	4	5	6
1	2	3	4	5	6	7
2	3	4	5	6	7	8
3	4	5	6	7	8	9
4	5	6	7	8	9	10
5	6	7	8	9	10	11
6	7	8	9	10	11	12

Exemple 13. En un centre escolar s'ha recollit el preu aproximat, en euros, dels telèfons mòbils de 105 estudiants. Els resultats es mostren en la taula següent. Si es tria un estudiant a l'atzar:

a) Quina és la probabilitat que el seu mòbil valgui menys de 300 €?

b) Quina és la probabilitat que sigui dona i tingui un mòbil de menys de 200 €?

a) En total, hi ha 105 estudiants, dels quals 30 + 12 + 28 = 70 tenen un mòbil d'un valor inferior a 300 €. Si designem amb A el succés «l'estudiant té un mòbil d'un preu inferior a 300 €»:

$$P(A)=\frac{70}{105}=\frac{2}{3}=0{,}67$$

b) El total de dones amb un mòbil de preu inferior a 200 € és de 14. Si anomenem B el succés «dona amb un mòbil de preu inferior a 200 €»:

$$P(B)=\frac{14}{105}=0{,}13$$

Preu	Home	Dona
[0,100)	12	18
[100,200)	2	10
[200,300)	18	10
[300,400)	6	10
[400,500)	5	6
[500,600)	2	3
[600,700)	1	2

Definició axiomàtica de la probabilitat

El matemàtic rus Kolmogorov es pot considerar el fundador del càlcul de probabilitats modern, que es va desenvolupar durant el segle XX, ja que va tenir un paper decisiu a l'hora de definir la probabilitat basada en axiomes.

Si tenim un experiment aleatori i un espai mostral E, l'objectiu de la probabilitat és assignar a cada succés S un nombre $P(S)$, anomenat probabilitat del succés S, que verifica els tres axiomes següents:

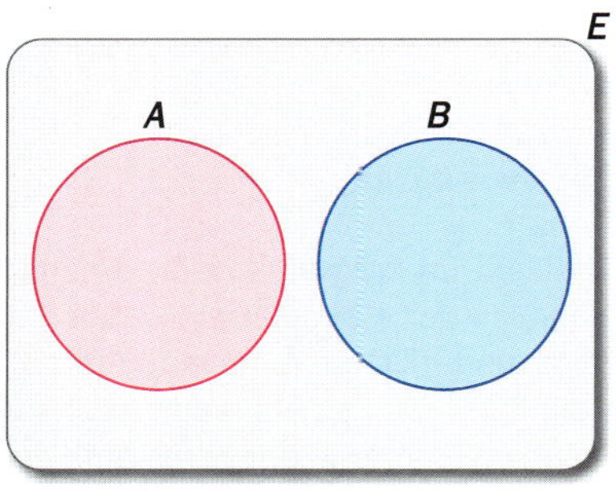

- **Axioma 1:** la probabilitat de l'espai mostral o succés segur és la unitat.

$$P(E)=1$$

- **Axioma 2:** la probabilitat de qualsevol succés és un nombre comprès entre 0 i 1.

$$0 \leq P(S) \leq 1$$

- **Axioma 3:** si A i B són dos successos incompatibles, llavors la probabilitat de la unió és la suma de les probabilitats.

$$\text{Si } A \cap B = \varnothing, \text{ llavors } P(A \cup B) = P(A) + P(B)$$

Propietats de la probabilitat

Dels axiomes anteriors se'n dedueixen fàcilment les propietats següents:

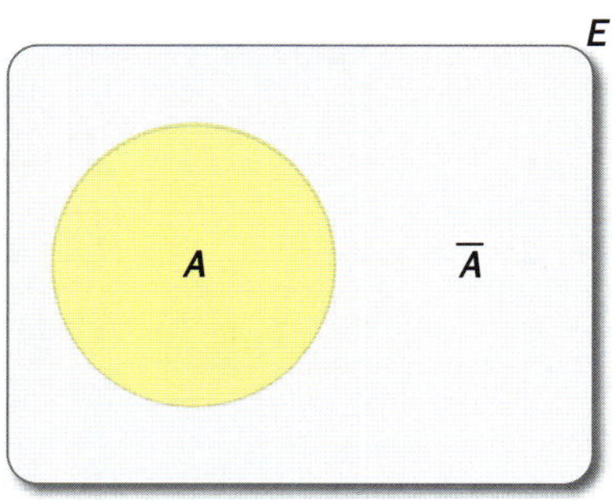

Propietat 1: la probabilitat del succés impossible és zero.

$$P(\varnothing)=0$$

Propietat 2: la suma de les probabilitats d'un succés i del seu contrari és la unitat.

$$P(A)+P(\overline{A})=1$$

A partir d'això es dedueix que $P(A)=1-P(\overline{A})$. Aquesta propietat és molt útil sempre, ja que $P(\overline{A})$ resulta més fàcil d'obtenir mitjançant mètodes directes que $P(A)$.

Exemple 14. Si es llança un dau tres vegades, què és més probable, que surti com a mínim un sis o que no en surti cap?

És més senzill trobar els casos en què no surt cap sis que trobar aquells en què sí que en surt algun. Per tant, considerem el succés A = «no surt cap sis en tres llançaments». Si considerem el primer llançament, no sortirà un sis en cinc ocasions. Per a cadascuna, n'hi haurà cinc més després de les quals no sortirà un sis en el segon llançament i, alhora, per a cadascuna, cinc més després de les quals no sortirà un sis en el tercer llançament. Per tant, hi ha $5 \cdot 5 \cdot 5 = 125$ casos favorables en els quals no surt cap sis.

Ara bé, com que hi ha $6 \cdot 6 \cdot 6 = 216$ casos possibles quan es llança un dau tres vegades, tenim, mitjançant la regla de Laplace, que $P(A)=\frac{125}{216}=0{,}5787$.

És a dir, hi ha un 57,87 % de probabilitats que no surti cap sis.

Com que $\overline{A}$ = «surt almenys un sis en tres llançaments», llavors:

$$P(\overline{A})=1-P(A)=1-\frac{125}{216}=\frac{91}{216}=0{,}4213$$

Hi ha un 42,13 % de probabilitats que surti almenys un sis. En resum, és més probable que no surti cap sis que no que en surti almenys un.

1 Pensa

Demostra la propietat 2 a partir dels axiomes 1 i 3.

Propietat 3: si A i B són dos successos qualssevol, llavors la probabilitat de la unió és la suma de les probabilitats menys la probabilitat de la intersecció.

$$P(A\cup B)=P(A)+P(B)-P(A\cap B)$$

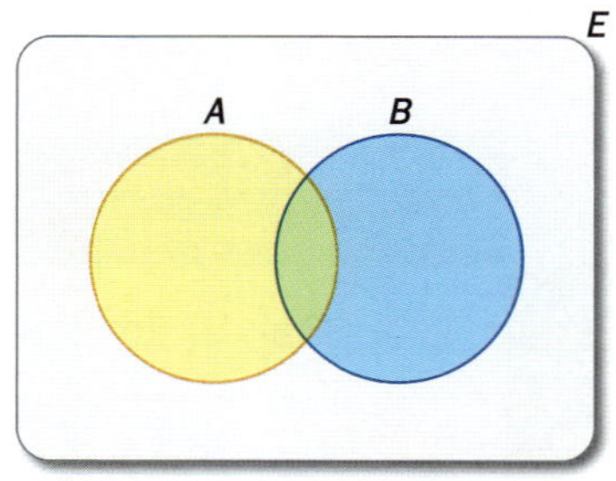

Propietat 4: per a tres successos qualssevol A, B i C, es verifica:

$$P(A\cup B\cup C)=P(A)+P(B)+P(C)-P(A\cap B)-P(A\cap C)-P(B\cap C)+P(A\cap B\cap C)$$

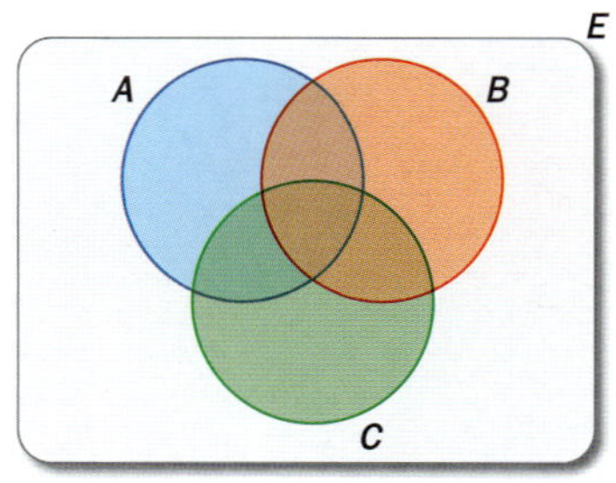

Exemple 15. Un jove pot consultar diàriament amb el mòbil les aplicacions YouTube (Y), WhatsApp (W) i Instagram (T). Sabem que:

$P(Y)=0{,}12$; $P(W)=0{,}56$; $P(T)=0{,}36$; $P(Y\cap W)=0{,}07$; $P(Y\cap T)=0{,}09$; $P(W\cap T)=0{,}22$ i $P(Y\cap W\cap T)=0{,}03$. Quina probabilitat hi ha que un dia no consulti cap d'aquestes tres aplicacions?

No consultar cap aplicació equival al succés $\overline{Y}\cap\overline{W}\cap\overline{T}$. Per tant:

$$P(\overline{Y}\cap\overline{W}\cap\overline{T})\overset{(1)}{=}P(\overline{Y\cup W\cup T})\overset{(2)}{=}1-P(Y\cup W\cup T)$$

(1) llei de Morgan; (2) succés contrari.

Calcularem, en primer lloc, la probabilitat de la unió dels tres successos.

$$P(Y\cup W\cup T)=P(Y)+P(W)+P(T)-P(Y\cap W)-P(Y\cap T)-P(W\cap T)+P(Y\cap W\cap T)=$$

$=0{,}12+0{,}56+0{,}36-0{,}07-0{,}09-0{,}22+0{,}03=0{,}69$. Per tant, la probabilitat que un dia no consulti cap d'aquestes tres aplicacions és del 31 %.

Activitat resolta 3

Si $P(A)=0{,}4$, $P(B)=0{,}3$ i $P(A\cap B)=0{,}1$, calcula les probabilitats següents:

a) $P(\overline{A})$ *b)* $P(A\cup B)$

c) $P(\overline{A}\cap B)$ *d)* $P(A\cap\overline{B})$

e) $P(\overline{A\cup B})$ *f)* $P(\overline{A}\cup B)$

Amb les dades de l'enunciat podem elaborar el gràfic següent, on hem marcat amb vermell les probabilitats que deduïm d'aquesta informació simplement restant.

a) $P(\overline{A})=1-P(A)=1-0{,}4=0{,}6$

b) Utilitzant la propietat 3,

$P(A\cup B)=P(A)+P(B)-P(A\cap B)=0{,}4+0{,}3-0{,}1=0{,}6$

També hauríem pogut fer servir la informació del diagrama de Venn, i llavors:

$$P(A\cup B)=0{,}3+0{,}1+0{,}2=0{,}6$$

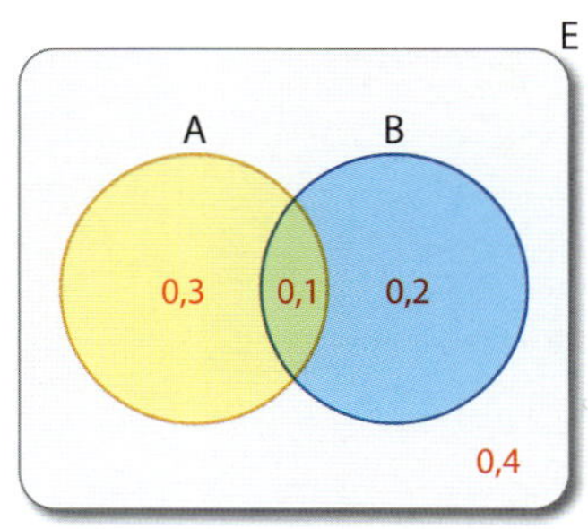

c) Observant el diagrama, deduïm que $P(\overline{A}\cap B)=0{,}2$. O bé, podem trobar-lo d'aquesta altra manera:

$$P(\overline{A}\cap B)=P(B)-P(A\cap B)=0{,}3-0{,}1=0{,}2$$

d) De manera anàloga, segons el diagrama: $P(A\cap\overline{B})=0{,}3$. A més:

$$P(A\cap\overline{B})=P(A)-P(A\cap B)=0{,}4-0{,}1=0{,}3$$

e) $P(\overline{A\cup B})=1-P(A\cup B)=1-0{,}6=0{,}4$

f) Com que $\overline{A}\cap B\neq\varnothing$, $\overline{A}$ i B són compatibles, i per tant:

$$P(\overline{A}\cup B)=P(\overline{A})+P(B)-P(\overline{A}\cap B)=0{,}6+0{,}3-0{,}2=0{,}7$$

Activitats

8. En un grup d'estudiants, el 70 % parlen anglès, el 60 % parlen francès i el 40 % parlen tots dos idiomes. Si es tria un estudiant a l'atzar:

a) Quina és la probabilitat que parli almenys un dels dos idiomes?

b) Quina és la probabilitat que parli només un idioma?

9. Si $P(A)=0{,}7$; $P(B)=0{,}5$ i $P(A\cap B)=0{,}3$, determina les probabilitats següents:

a) $P(\overline{A})$ i $P(\overline{B})$

b) $P(A\cup B)$

c) $P(\overline{A}\cap B)$ i $P(A\cap\overline{B})$

d) $P(\overline{A}\cup B)$ i $P(A\cup\overline{B})$

4 Probabilitat condicionada

La probabilitat assignada a un succés depèn del coneixement sobre l'experiment aleatori dut a terme. Ara bé, aquesta probabilitat assignada inicialment es pot modificar si es disposa d'informació afegida. Tot seguit se n'exposa un exemple:

	Cabells negres	Cabells castanys	Cabells rossos	Total
Ulls foscos	30	15	10	55
Ulls clars	10	20	15	45
Total	40	35	25	100

Exemple 16. **D'una mostra de 100 persones, se n'han obtingut dades del color d'ulls i de cabells, dades representades en la taula del marge.**

a) **Quina és la probabilitat de triar una persona a l'atzar?**

b) **Quina probabilitat hi ha de triar una persona que tingui els ulls foscos?**

c) **Si se'ns facilita la informació que la persona seleccionada té els cabells rossos, quina és, ara, la probabilitat que tingui els ulls foscos?**

a) Mitjançant la regla de Laplace, la probabilitat és $\frac{1}{100}=0{,}01$.

b) Considerem el succés A = «té els ulls foscos». Llavors, $P(A)=\frac{55}{100}=0{,}55$.

c) La probabilitat inicial es veurà modificada per la informació afegida que la persona seleccionada té els cabells rossos, ja que canvia el nombre de casos possibles de 100 a 25. Si designem amb B el succés «té els cabells rossos», la probabilitat de triar una persona amb els ulls foscos, sabent que té els cabells rossos, s'escriu $P(A|B)$ i es llegeix «probabilitat de A condicionada per B».

$$P(A|B)=\frac{10}{25}=\frac{2}{5}=0{,}40$$

En aquest últim apartat de l'exemple, el numerador es correspon amb el nombre de persones que tenen els ulls foscos i els cabells rossos, és a dir, $A\cap B$; al seu torn, en el denominador hi apareix el nombre de persones amb els cabells rossos, B. Per tant, una altra manera d'escriure i fer els càlculs anteriors és la següent:

$$P(A|B)=\frac{P(A\cap B)}{P(B)}=\frac{\frac{10}{100}}{\frac{25}{100}}=\frac{10}{25}=\frac{2}{5}=0{,}40$$

Quan els resultats són equiprobables, el càlcul de la probabilitat condicionada es pot deduir fàcilment, però si els experiments són més complexos necessitem una definició més general.

La probabilitat condicionada d'un succés A, donat un succés B, ve donada per:

$$P(A|B)=\frac{P(A\cap B)}{P(B)}$$

De manera anàloga:

La probabilitat d'un succés B condicionat per un altre succés A és:

$$P(B|A)=\frac{P(A\cap B)}{P(A)}$$

Exemple 17. **Si A i B són dos successos tals que $P(A)=0{,}4$, $P(\bar{B})=0{,}3$ i $P(\bar{A}\cup\bar{B})=0{,}7$, calcula $P(A\cap B)$, $P(B|A)$ i $P(\bar{A}|B)$.**

- $P(A\cap B)\overset{(1)}{=}1-P(\overline{A\cap B})\overset{(2)}{=}1-P(\bar{A}\cup\bar{B})=1-0{,}7=0{,}3$
- $P(B|A)=\frac{P(A\cap B)}{P(A)}=\frac{0{,}3}{0{,}4}=0{,}75$
- $P(\bar{A}|B)=\frac{P(\bar{A}\cap B)}{P(B)}\overset{(3)}{=}\frac{P(B)-P(A\cap B)}{P(B)}=\frac{0{,}7-0{,}3}{0{,}7}=0{,}57$

(1) Succés contrari

(2) Llei de Morgan

(3) $\bar{A}\cap B=B-(A\cap B)$

Activitat resolta 4

Una companyia aèria assegura que els seus vols surten a l'hora prevista en el 85 % dels casos, arriben a la destinació també a l'hora prevista el 74 % de les vegades i compleixen totes dues coses el 68 % de cops.

a) Quina és la probabilitat que una passatgera que vola amb aquesta companyia surti de l'origen o arribi a la destinació puntualment?

b) Quina és la probabilitat que una passatgera que surt a l'hora prevista també arribi a la seva destinació a l'hora fixada?

c) Sabent que una passatgera va arribar a la seva destinació a l'hora prevista, quina és la probabilitat que sortís de l'origen a l'hora fixada?

Considerem els successos A = «la passatgera surt a l'hora prevista» i B = «la passatgera arriba a l'hora prevista».

a) Ens demanen la probabilitat de $A \cup B$. Com que són compatibles, $A \cap B \neq \varnothing$, ja que es pot sortir i arribar a l'hora prevista:

$$P(A \cup B) = P(A) + P(B) - P(A \cap B) = 0{,}85 + 0{,}74 - 0{,}68 = 0{,}91$$

Hi ha, per tant, un 91 % de probabilitats que una passatgera d'aquesta companyia surti o arribi puntualment.

b) En aquest cas es facilita la informació que la passatgera ha sortit a l'hora prevista i, consegüentment, es tracta d'una probabilitat condicionada.

$$P(B|A) = \frac{P(A \cap B)}{P(A)} = \frac{0{,}68}{0{,}85} = 0{,}80$$

Quan una passatgera surti de l'origen a l'hora prevista, tindrà una probabilitat del 80 % d'arribar a la seva destinació també a l'hora fixada.

c) Es torna a tractar d'una probabilitat condicionada, ja que es facilita la informació que la passatgera va arribar a l'hora prevista.

$$P(A|B) = \frac{P(A \cap B)}{P(B)} = \frac{0{,}68}{0{,}74} = 0{,}92$$

Si una passatgera ha arribat a la seva destinació a l'hora prevista, té un 92 % de probabilitat d'haver sortit puntual del lloc d'origen.

Activitats

10. Si A i B són dos successos qualssevol, prova que:

$$P(A|B) + P(\bar{A}|B) = 1$$

11. Una botiga *outlet* ven vestits i samarretes procedents de dos proveïdors A i B. Les dades de la taula mostren les vendes durant una setmana:

	A	B
Vestits	17	43
Samarretes	25	65

Es tria una noia que ha comprat una peça aquesta setmana.

a) Quina és la probabilitat que hagi comprat una samarreta?

b) Si se sap que l'article procedeix del proveïdor B, quina és la probabilitat que sigui una samarreta?

c) Si se sap que ha comprat un vestit, quina és la probabilitat que sigui del proveïdor A?

12. Una empresa de comerç electrònic té identificades les tres causes principals de devolució dels seus articles:

A: Incompliment del termini d'entrega.

B: L'article és defectuós.

C: L'article no es correspon amb la comanda que s'havia fet.

Per experiència, es coneixen les probabilitats següents:

$$P(A) = 0{,}1 \qquad P(B) = 0{,}3 \qquad P(C) = 0{,}2$$

$$P(A \cap B) = 0{,}02 \qquad P(A \cap C) = 0{,}03 \qquad P(B \cap C) = 0{,}07$$

a) Si se sap que un article enviat té defectes, quina és la probabilitat que no es correspongui amb la comanda feta?

b) Si un article supera uns quants dies el termini d'entrega, quina probabilitat hi ha que no sigui l'article demanat?

c) Si l'article és defectuós, quina és la probabilitat que sigui l'article comprat?

13. Si $P(A|B) = 0{,}3$, $P(\bar{A}) = 0{,}6$ i $P(B) = 0{,}25$. Calcula $P(\bar{A}|B)$ i $P(B|\bar{A})$.

5 Successos dependents i independents

La definició de probabilitat condicionada permet revisar la probabilitat $P(A)$ inicialment assignada quan se sap si s'ha produït o no un altre succés B. Així, la nova probabilitat és $P(A|B)$. De vegades, la probabilitat de A no es veu afectada pel coneixement de B, i per tant es considera que els **successos són independents;** llavors, $P(A|B) = P(A)$. En canvi, si l'aparició del succés B afecta la probabilitat del succés A, llavors $P(A|B) \neq P(A)$ i es diu que els **successos són dependents.**

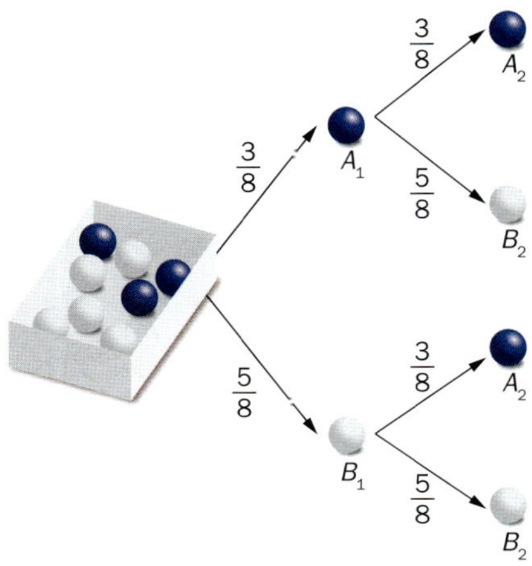

Exemple 18. Una caixa conté cinc boles blanques i tres de blaves. En traiem una i, després de tornar-la a la caixa (amb reemplaçament), en traiem una altra.

a) **Si la primera bola ha estat blava, quina és la probabilitat que la segona sigui blanca?**

b) **Quina és la probabilitat que la primera bola sigui blava i la segona, blanca?**

Considerem els successos A_1 = «la primera bola que traiem és blava», B_1 = «la primera bola que traiem és blanca», A_2 = «la segona bola que traiem és blava» i B_2 = «la segona bola que traiem és blanca». En el marge hi figura el diagrama d'arbre d'aquest experiment, en les branques del qual hem col·locat, a més, els valors de les probabilitats.

a) La probabilitat que la segona bola sigui blanca, sabent que la primera ha estat blava, és la probabilitat condicionada $P(B_2|A_1)$. Però, quan traiem la segona bola, ens trobem en les mateixes condicions inicials i, per tant, $P(B_2|A_1) = P(B_2) = \frac{5}{8}$. Direm, doncs, que els successos A_1 i B_2 són independents.

b) Per trobar la probabilitat que la primera bola sigui blava i la segona blanca, n'hi ha prou amb seguir les branques corresponents del diagrama d'arbre i multiplicar les probabilitats respectives. Així:

$$P(A_1 \cap B_2) = P(A_1) \cdot P(B_2) = \frac{3}{8} \cdot \frac{5}{8} = \frac{15}{64} = 0{,}2344$$

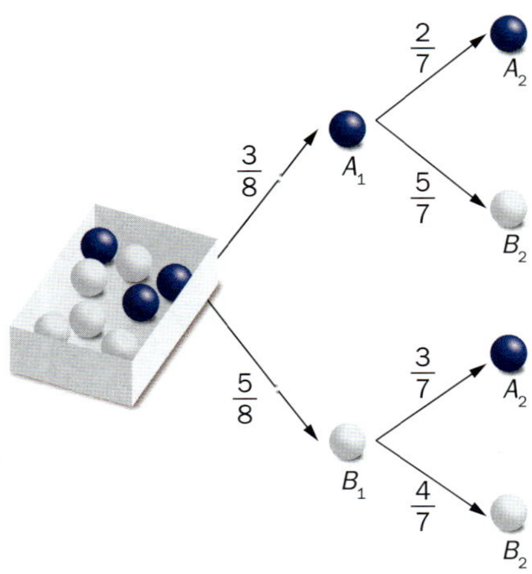

Exemple 19. Reconsidera l'Exemple 18, però aquest cop sense reemplaçament.

a) La informació que la primera bola ha estat blava sí que afecta en el càlcul de la probabilitat que la segona bola sigui blanca perquè, tot i que quan es fa l'extracció sense reemplaçament hi continua havent cinc boles blanques, ara només n'hi ha set, a la bossa. Per tant:

$P(B_2|A_1) = \frac{5}{7}$, i direm que els successos A_1 i B_2 són dependents.

b) Seguint les branques corresponents del diagrama d'arbre, resulta:

$$P(A_1 \cap B_2) = P(A_1) \cdot P(B_2|A_1) = \frac{3}{8} \cdot \frac{5}{7} = \frac{15}{56} = 0{,}2679$$

Com $P(B|A) = \dfrac{P(A \cap B)}{P(A)}$, si els successos A i B són independents, deduïm que:

$$P(A \cap B) = P(A) \cdot P(B|A) = P(A) \cdot P(B)$$

Dos successos A i B són **independents** si i només si $P(A \cap B) = P(A) \cdot P(B)$.

Dos successos A i B són **dependents** si i només si $P(A \cap B) \neq P(A) \cdot P(B)$.

Convé no confondre successos independents amb successos incompatibles. Dos successos incompatibles no es poden donar mai conjuntament i, per tant, sempre seran dependents. Malgrat tot, dos successos compatibles poden ser dependents o independents.

La definició de successos independents es pot estendre a més de dos successos.

Si $A_1, A_2, \ldots, A_n$ són **successos independents,** llavors:

$$P(A_1 \cap A_2 \cap \ldots \cap A_n) = P(A_1) \cdot P(A_2) \cdot \ldots \cdot P(A_n)$$

2 Pensa

- Troba dos successos compatibles i dependents.
- Troba dos successos compatibles i independents.

Exemple 20. Se sap que el 93 % dels ordinadors personals del model *Dura* funcionen correctament com a mínim durant un any, abans de tenir una avaria. Si una empresa compra cinc ordinadors d'aquest model, quina és la probabilitat que tots els ordinadors funcionin correctament al final del primer any?

Suposem que A_i = «l'ordinador *i*-èsim funciona correctament el primer any», $i = 1, 2, 3, 4, 5$.

Com que el funcionament dels ordinadors és independent en un cas que en un altre, tenim que:

$$P(A_1 \cap A_2 \cap A_3 \cap A_4 \cap A_5) = P(A_1) \cdot P(A_2) \cdot P(A_3) \cdot P(A_4) \cdot P(A_5) = (0{,}93)^5 = 0{,}6957$$

La probabilitat que tots cinc ordinadors funcionin un any sense avaries és del 69,57 %.

Activitat resolta 5

Un fabricant de patinets elèctrics sap que l'1 % d'aquests vehicles té certs defectes visibles. Una empresa que els vol comercialitzar els sotmet a un control de qualitat en el qual detecta que, dels patinets que el fabricant afirma que tenen defectes visibles, el 22 % no superen el control, però que el 5 % dels que no presenten defectes tampoc no el superen. Si es tria un patinet a l'atzar:

a) Quina és la probabilitat que presenti defectes visibles i superi el control de qualitat?

b) Quina és la probabilitat que superi el control de qualitat?

c) Si el patinet ha superat el control de qualitat, quina és la probabilitat que no presenti defectes visibles?

Si establim que D = «té defectes visibles» i S = «supera el control de qualitat», en les branques del diagrama d'arbre que descriu aquesta experiència hi podem col·locar les probabilitats corresponents.

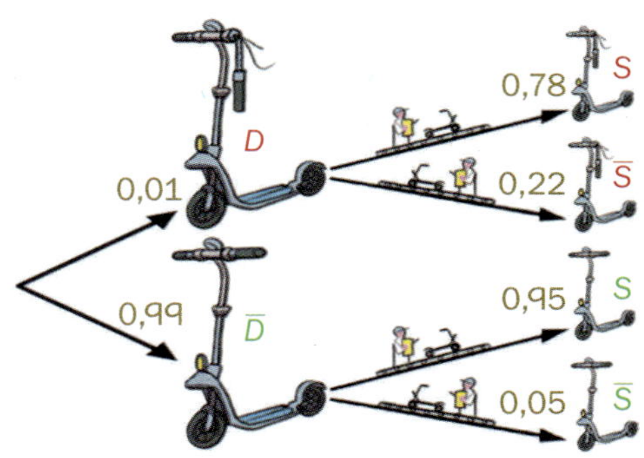

a) Per trobar la probabilitat que presenti defectes visibles i superi el control de qualitat, n'hi ha prou amb seguir la branca superior del diagrama d'arbre i multiplicar les probabilitats.

$$P(D \cap S) = 0{,}01 \cdot 0{,}78 = 0{,}0078$$

De manera més precisa:

$$P(D \cap S) = P(D) \cdot P(S|D) = 0{,}01 \cdot 0{,}78 = 0{,}0078$$

b) Per trobar la probabilitat que superi el control de qualitat, hem de seguir les dues branques de l'arbre que acaben en S i sumar les probabilitats.

$$P(S) = 0{,}01 \cdot 0{,}78 + 0{,}99 \cdot 0{,}95 = 0{,}9483$$

Més formalment, $P(S) = P\left[(D \cap S) \cup (\bar{D} \cap S)\right] = P(D \cap S) + P(\bar{D} \cap S) =$

$$= P(D) \cdot P(S|D) + P(\bar{D}) \cdot P(S|\bar{D}) = 0{,}01 \cdot 0{,}78 + 0{,}99 \cdot 0{,}95 = 0{,}9483$$

c) Es tracta d'una probabilitat condicionada: $P(\bar{D}|S) = \dfrac{P(\bar{D} \cap S)}{P(S)} = \dfrac{0{,}9405}{0{,}9483} = 0{,}9918$

Activitats

14. Es llancen dos daus, un de verd i un de blau. Si A és el succés «el resultat del dau verd és 4», B el succés «el resultat del dau blau és 2» i C el succés «la suma de resultats és 6», analitza si A i B, A i C, B y C i A, B i C són independents.

15. Una urna conté cinc boles blanques i tres de blaves. Se'n treuen dues boles sense reemplaçament; quina és la probabilitat que totes dues siguin blanques?

- I si es treuen amb reemplaçament, com es modifica la probabilitat anterior?

6 Tècniques de recompte

En molts experiments aleatoris, descriure tots els elements de l'espai mostral és una tasca innecessària i, de vegades, molt laboriosa. No obstant això, sí que és possible i necessari saber de quins elements es compon. Així doncs, cal diferenciar entre quants i quins són aquests elements.

Exemple 21. Una marca de telèfons mòbils disposa de dotze models i per a cadascun es poden triar quatre capacitats d'emmagatzematge diferents: 32, 64, 128 i 256 GB. Quantes tries diferents es poden fer?

Podem triar dotze models i per a cadascun hi ha quatre capacitats. Per tant, hi ha $12 \cdot 4 = 48$ opcions possibles.

L'espai mostral té 48 elements, però és innecessari escriure'ls tots per comptar-los.

Regla del producte

Si un succés es pot descompondre en dues etapes successives i independents entre elles, hi ha n_1 resultats possibles en la primera etapa i, per a cadascun d'aquests resultats, hi ha n_2 resultats possibles de dur a terme en la segona etapa, el succés es pot fer de $n_1 \cdot n_2$ maneres.

Aquest resultat es pot generalitzar a més de dues etapes.

Exemple 22. La Carme només té temps lliure per anar al gimnàs i estudiar alemany. Al gimnàs hi fa dues activitats: zumba i jukari. Els horaris de zumba són dilluns a les 17 h, les 19 h o les 21 h, mentre que els de jukari són dimecres a les 17 h, les 18 h, les 20 h o les 21 h. Les classes d'alemany, per altra banda, són els dimarts i els dijous a les 18 h o a les 20 h. Quin repartiment d'horaris pot establir?

Es tracta de tres activitats en dies diferents. La Carme disposa de tres opcions per a zumba, quatre per a jukari i dues per a les classes d'alemany. Aplicant la regla del producte, en total disposa de $3 \cdot 4 \cdot 2 = 24$ horaris possibles.

Permutacions

Una aplicació de la regla del producte consisteix a trobar totes les ordenacions possibles de n elements, operació que s'anomena permutació d'aquests elements.

Una **permutació** de n elements diferents és una ordenació d'aquests elements en què un ocupa el primer lloc, un altre el segon, i així successivament.

Exemple 23. De quantes maneres es poden situar en una cua sis amics?

En la primera posició es podria situar qualsevol dels sis amics. Fixat un d'ells, en la segona posició es podria col·locar qualsevol dels altres cinc. Fixades les dues primeres posicions, en la tercera posició es col·locaria qualsevol de les quatre persones restants, i així fins a la sisena posició. En conseqüència, segons la regla del producte, el nombre total de maneres en què es poden situar aquests amics en una cua és:

$$6 \cdot 5 \cdot 4 \cdot 3 \cdot 2 \cdot 1 = 720$$

El nombre de **permutacions** de n elements s'escriu P_n i és:

$$P_n = n \cdot (n-1) \cdot (n-2) \cdot \ldots \cdot 3 \cdot 2 \cdot 1 = n!$$

És a dir, hi ha $n!$ maneres diferents d'ordenar els n elements.

Les permutacions possibles en ordenar n elements en un cercle s'anomenen **permutacions circulars.** En aquest cas només interessa saber qui es troba als dos costats d'un element i, per tant, una permutació serà diferent de l'altra si varien aquests dos elements.

3 Pensa

Per què el nombre de permutacions circulars de n elements és $P_{n-1} = (n-1)!$?

Variacions

De vegades és interessant ordenar r elements agafats d'un conjunt amb n elements disponibles.

S'anomena **variació** el fet de triar r elements d'un conjunt amb n elements i ordenar-los.

Exemple 24. Una contrasenya consta de quatre dígits diferents. Quantes contrasenyes diferents es poden generar?

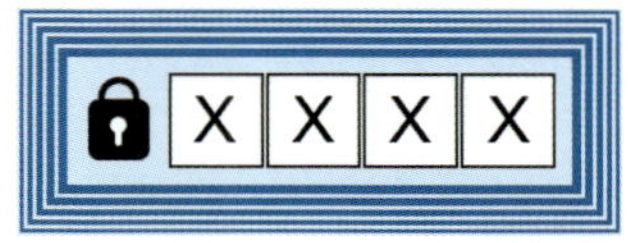

Disposem dels deu dígits 0, 1, 2, 3, 4, 5, 6 ,7, 8 i 9. Es tracta de triar quatre dígits diferents (no repetits) i ordenar-los. Així, el primer dígit de la contrasenya pot ser qualsevol dels deu dígits. Un cop triat el primer, la segona posició la pot ocupar qualsevol dels nou restants. Per a la tercera, per tant, queden vuit dígits possibles i, per a la quarta, els set restants. En total hi ha $10 \cdot 9 \cdot 8 \cdot 7 = 5\,040$ contrasenyes de quatre dígits diferents.

El nombre de **variacions** de r elements triats d'un conjunt amb n elements disponibles es designa $V_{n,r}$ i ve donat per:

$$V_{n,r} = n \cdot (n-1) \cdot (n-2) \cdot \ldots \cdot (n-r+1)$$

Exemple 25. Un grup de vuit corredores han participat en una cursa d'atletisme de 100 metres llisos. De quantes maneres poden quedar classificades les tres primeres, que reben medalles d'or, plata i bronze?

Es tracta d'ordenar les tres primeres classificades d'entre les vuit participants. Per fer-ho, l'ordre influeix, ja que no és el mateix rebre una medalla d'or que de plata o de bronze. Conseqüentment: $V_{8,3} = 8 \cdot 7 \cdot 6 = 336$ classificacions possibles en les tres primeres posicions.

Activitat resolta 6

Tres nois i tres noies han comprat entrades per a un concert.

a) De quantes maneres diferents poden seure?

b) Si les tres noies seuen juntes, de quantes maneres diferents poden seure tots sis?

a) S'han d'acomodar sis persones en sis butaques; per tant, parlem de permutacions de sis elements.

$P_6 = 6! = 720$ maneres diferents de seure les tres parelles.

b) Hi ha quatre posicions en què les tres noies se seuen juntes. I en cadascuna d'elles tenen $P_3 = 3! = 6$ formes de fer-ho. És a dir $4 \cdot 6 = 24$. Una vegada les noies estan assegudes, els 3 nois hauran de seure en les 3 butaques restants, després tenen $P_3 = 3! = 6$ formes de fer-ho.

Aplicant la regla del producte hi ha $24 \cdot 6 = 144$ formes diferents de seure cumplint la condició establerta.

Activitats

16. Entre la casa del Xavier i la de la Maria hi ha set camins possibles. Entre la casa de la Maria i la de la Paula n'hi ha vuit. I entre la casa de la Paula i la de l'Oriol n'hi ha dotze. Quants camins diferents pot recórrer el Xavier des de casa seva fins a la de l'Oriol, si recull primer la Maria i després la Paula?

17. Els disset membres d'un departament han de triar entre ells un director, un subdirector i un secretari. Quants resultats diferents es poden donar?

18. Sis amics han quedat en un restaurant per sopar. Si hi arriben de manera aleatòria, calcula la probabilitat que l'Alícia (*A*), la Beatriu (*B*) i el Carles (*C*) arribin:

a) En l'ordre *A-B-C* i sent ells els tres primers.

b) En qualsevol ordre, però sent ells els tres primers.

c) En qualsevol ordre, però no seguits.

19. De quantes maneres poden seure quatre amigues en una taula circular d'un restaurant?

Variacions amb repetició

Es parla de **variacions amb repetició** si, a més d'ordenar r elements presos d'un conjunt amb n elements disponibles, s'admeten repeticions.

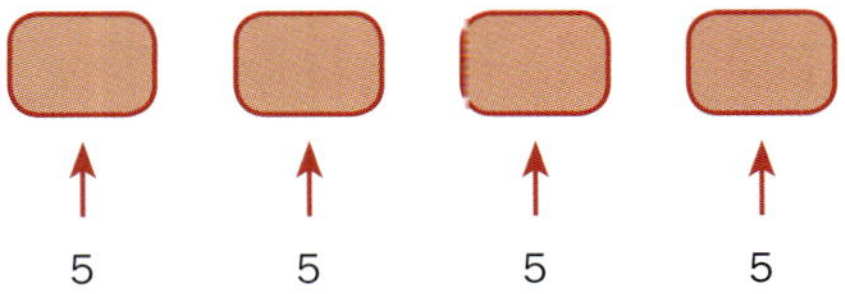

Exemple 26. Amb els dígits 3, 4, 5, 6 i 7, quants nombres de quatre xifres es poden formar? Quants d'ells són parells?

- Volem formar nombres de quatre xifres amb els cinc dígits i sense cap restricció, és a dir que es poden repetir i el seu ordre influeix. Així, per a cadascuna de les xifres disposem de tots cinc dígits; per tant, es poden formar:

$$5 \cdot 5 \cdot 5 \cdot 5 = 625 \text{ nombres de quatre xifres}$$

- Seran nombres parells tots els que acabin en 4 o en 6, de tal manera que en l'última posició només podem col·locar aquests dos nombres. Així doncs, hi ha:

$$5 \cdot 5 \cdot 5 \cdot 2 = 250 \text{ nombres parells de quatre xifres}$$

El nombre de **variacions amb repetició** de n elements triats de r maneres es designa $RV_{n,r}$, i ve donat per:

$$RV_{n,r} = \overbrace{n \cdot n \cdot \ldots \cdot n}^{r} = n^r$$

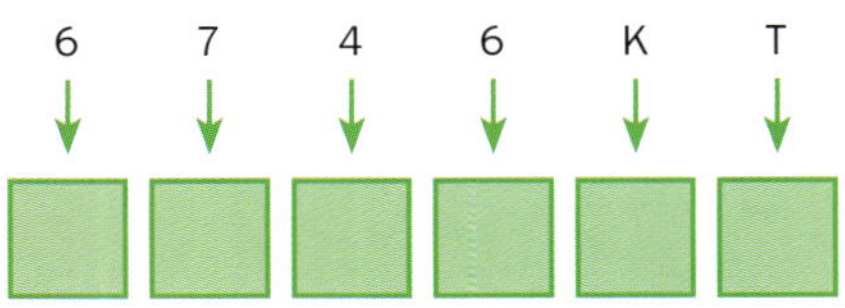

Exemple 27. La contrasenya d'accés a una aplicació consta de quatre nombres seguits de dues lletres majúscules. Quantes contrasenyes diferents es poden utilitzar?

En aquest cas, com que es poden repetir els nombres, hi haurà $RV_{10,4} = 10^4 = 10\,000$ nombres possibles i, com que també es poden repetir les lletres, hi haurà $RV_{27,2} = 27^2 = 729$ lletres possibles. Aplicant la regla del producte, tenim $10\,000 \cdot 729 = 7\,290\,000$ contrasenyes diferents per accedir a aquesta aplicació.

Permutació amb repetició

Suposa que es tracta de trobar les permutacions possibles de les lletres de la paraula CALA. Com que hi ha quatre lletres, el resultat és $P_4 = 4! = 24$. Tot i això, com que la lletra *A* està repetida, no totes les permutacions són distingibles. De fet, només hi ha dotze permutacions possibles: CALA, CLAA, CAAL, LAAC, LACA, LCAA, AALC, AACL, ALCA, ALAC, ACAL, ACLA.

Suposem n elements, dels quals n_1 són iguals i d'un tipus, n_2 també iguals però d'un altre tipus i així successivament fins a n_k elements iguals entre ells però d'un altre tipus diferents als anteriors, tals que $n_1 + n_2 + \ldots + n_k = n$.

Llavors, el nombre de **permutacions amb repetició** dels n elements és igual a:

$$RP_n^{n_1, n_2, \ldots, n_k} = \frac{n!}{n_1! \cdot n_2! \cdot \ldots \cdot n_k!}$$

Exemple 28. El Pau practica futbol, tennis i pàdel. Ha decidit anar-hi sis dies a la setmana a la tarda i descansar el diumenge. Vol jugar dos dies a futbol, tres a tennis i un a pàdel. De quantes maneres pot programar les activitats durant la setmana?

Observa que l'ordre influeix i que els esports es repeteixen: dos dies va a futbol, tres a tennis i un a pàdel. Una distribució possible podria ser:

Dilluns	Dimarts	Dimecres	Dijous	Divendres	Dissabte
Futbol	Tennis	Pàdel	Tennis	Futbol	Tennis

Així doncs, es tracta de permutacions amb repetició de sis dies, dels quals dos són dies de futbol, tres de tennis i un de pàdel. Així: $RP_6^{2,3,1} = \frac{6!}{2! \cdot 3! \cdot 1!} = 60$. El Pau té 60 maneres diferents de planificar la setmana esportiva.

Combinacions

Fins ara s'ha suposat que l'ordre era fonamental; tanmateix, en moltes situacions només interessa conèixer la composició dels elements.

S'anomena **combinació** el procediment d'extreure un subconjunt de *r* elements a partir d'un conjunt amb *n* elements.

Exemple 29. Cinc vigilants de seguretat tenen assignat el torn de matí d'un centre comercial. Si només es necessiten dos vigilants en aquell torn, quants dies es poden cobrir sense repetir la mateixa parella?

Designem amb *A*, *B*, *C*, *D* i *E* els cinc vigilants de seguretat. Per exemple, el torn cobert per la parella *A* i *B* és el mateix que el format per la parella *B* i *A*, és a dir, l'ordre no hi influeix, només la composició de la parella. Les parelles que es poden formar són les següents: *AB*, *AC*, *AD*, *AE*, *BC*, *BD*, *BE*, *CD*, *CE* i *DE*. Així doncs, tenim deu parelles diferents per a aquell torn, i per tant es podrien cobrir deu dies.

El nombre de **combinacions** de *r* elements triats d'un conjunt amb n elements és:

$$C_{n,r} = \binom{n}{r} = \frac{n!}{(n-r)! \cdot r!}$$

4 Pensa

Prova que $C_{n,r} = \binom{n}{r}$ és equivalent a $C_{n,r} = \frac{V_{n,r}}{P_r}$.

Activitat resolta 7

En una consultoria hi treballen vuit enginyers matemàtics, cinc dones (l'Anna, la Carme, la Teresa, la Iris i la Laia) i tres homes (l'Ignasi, el Xavier i el Pau). S'ha d'escollir un comitè de cinc persones per elaborar un projecte. Esbrina de quantes maneres es pot fer l'elecció si:

a) L'Ignasi i el Pau no poden estar junts perquè hi ha una mica de tensió entre ells.

b) Hi participen dos homes i tres dones.

a) A l'hora d'escollir el comitè de cinc membres, considerem tres situacions: una, que hi sigui l'Ignasi però no el Pau; dues, que hi sigui el Pau però no l'Ignasi, i tres, que cap dels dos no hi sigui. Tant en la primera com en la segona situació s'han d'escollir quatre persones de les sis restants, és a dir:

$C_{6,4} = \binom{6}{4} = \frac{6!}{2! \cdot 4!} = 15$ comitès en els quals hi figura l'Ignasi però no el Pau, o a l'inrevés.

Ara bé, en la tercera situació, on no participa cap dels dos, s'han d'escollir cinc persones de les sis restants, és a dir:

$C_{6,5} = \binom{6}{5} = \frac{6!}{1! \cdot 5!} = 6$ comitès en els quals no hi ha ni l'Ignasi ni el Pau.

En total hi ha 15 + 15 + 6 = 36 comitès possibles en què no hi ha simultàniament ni l'Ignasi ni el Pau.

b) S'han d'escollir dos homes d'un total de tres i tres dones de les cinc existents. Per tant tenim:

$C_{3,2} = \binom{3}{2} = \frac{3!}{1! \cdot 2!} = 3$ maneres d'escollir per als homes i $C_{5,3} = \binom{5}{3} = \frac{5!}{2! \cdot 3!} = 10$ maneres per a les dones.

En total hi ha $3 \cdot 10 = 30$ maneres d'escollir comitès en als quals participin dos homes i tres dones sense condicionants.

Activitats

20. Un examen consta de deu preguntes del tipus vertader o fals. Si un estudiant respon a l'atzar, sense mirar-se els enunciats, i en marca sis com a vertaderes i la resta com a falses, de quantes maneres pot haver fet l'elecció?

21. D'una baralla de pòquer que té 52 cartes se'n treuen cinc. Quina és la probabilitat d'obtenir tres asos i dos reis? I un pòquer d'asos?

22. Es considera la quadrícula de la figura. Si només es permeten desplaçaments cap a la dreta o cap amunt, determina el nombre de trajectòries possibles des del punt *A* fins al punt *B*.

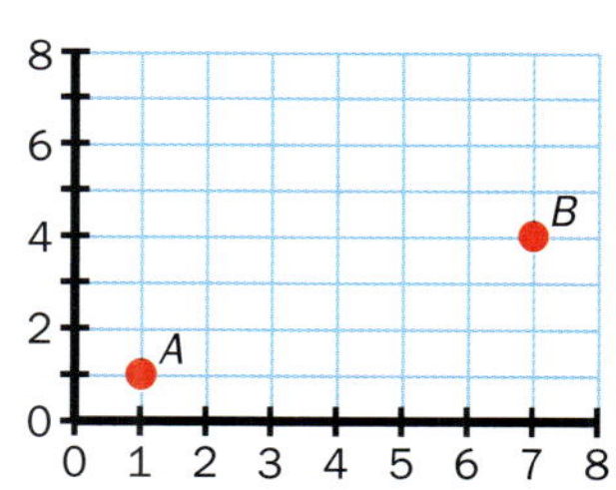

7 Aplicacions

Actualment, el càlcul de probabilitats és present en àrees tan diverses com la sociologia, l'economia, la psicologia, la medicina o l'enginyeria. Vegem-ne alguns exemples:

Economia

Exemple 30. Una empresa d'autobusos té 40 conductors, 20 treballen al torn de matí, 15 al torn de tarda i 5 al torn de nit. La gerent de l'empresa vol estudiar algunes millores econòmiques i, per fer-ho, decideix formar un comitè de 5 conductors, escollits aleatòriament entre el total de la plantilla.

***a)* Quants comitès diferents es poden formar?**

***b)* Quina és la probabilitat que els 5 conductors pertanyin al torn de matí?**

***c)* Quina és la probabilitat que els 5 conductors pertanyin al mateix torn?**

a) Es tracta d'escollir un subconjunt de 5 conductors entre un total de 40, és a dir, combinacions de 5 elements triats d'un conjunt de 40.

$C_{40,5} = \binom{40}{5} = \frac{40!}{5! \cdot 35!} = 658\,008$. Es podran formar un total de 658 008 comitès diferents.

b) Indiquem amb una M el succés «els 5 conductors treballen al torn de matí». Com que hi ha 20 conductors en aquest torn, n'hem d'escollir 5 com a casos favorables. Per la seva banda, el nombre de casos possibles és el resultat de l'apartat anterior. Així:

$P(M) = \frac{C_{20,5}}{C_{40,5}} = \frac{\binom{20}{5}}{\binom{40}{5}} = \frac{15\,504}{658\,008} = 0{,}0236.$ És la probabilitat que els 5 conductors pertanyin al torn de matí.

c) Siguin T i N, respectivament, els successos «els 5 conductors treballen en el torn de tarda» i «els 5 conductors treballen en el torn de nit». Llavors els 5 treballadors pertanyeran al mateix torn si estan en el torn de matí o de tarda o de nit, això és, $M \cup T \cup N$. Com els tres successos són incompatibles dos a dos, la probabilitat de la unió d'ells és la suma de les probabilitats individuals:

$$P(M \cup T \cup N) = P(M) + P(T) + P(N) = \frac{\binom{20}{5}}{\binom{40}{5}} + \frac{\binom{15}{5}}{\binom{40}{5}} + \frac{\binom{5}{5}}{\binom{40}{5}} = \frac{15\,504 + 3\,003 + 1}{658\,008} = 0{,}0281$$

És la probabilitat que els 5 conductors treballin en el mateix torn.

Sociologia

Exemple 31. La taula conté les dades de l'INE (1 de juliol de 2018) sobre la població resident a Espanya per edat i sexe. D'aquesta població, s'escull una persona a l'atzar:

***a)* Quina és la probabilitat que aquesta persona tingui menys de 30 anys?**

***b)* Quina és la probabilitat que sigui dona i tingui entre 40 i 60 anys?**

***c)* Si és una dona, quina és la probabilitat que tingui entre 20 i 30 anys?**

***d)* Si són dues persones escollides a l'atzar, quina probabilitat hi ha que, com a mínim, una d'elles sigui menor de 20 anys?**

Edat	Homes	Dones	Total
[0, 10)	2 302 484	2 165 401	4 467 885
[10, 20)	2 458 623	2 310 652	4 769 275
[20, 30)	2 424 410	2 356 632	4 781 042
[30, 40)	3 158 861	3 165 949	6 324 810
[40, 50)	3 925 524	3 836 606	7 762 130
[50, 60)	3 396 774	3 454 628	6 851 402
[60, 70)	2 485 391	2 678 367	5 163 758
[70, 80)	1 696 295	2 041 895	3 738 190
[80, 90)	912 576	1 439 341	2 351 917
90 o més	153 148	369 481	522 629
Total	**22 914 086**	**23 818 952**	**46 733 038**

a) $P(\text{menor de } 30) = \frac{14\,018\,202}{46\,733\,038} = 0{,}3000$ *b)* $P(\text{dona entre } 40 \text{ i } 60) = \frac{7\,291\,234}{46\,733\,038} = 0{,}1560$

b) $P(\text{entre } 20 \text{ i } 30 \mid \text{dona}) = \frac{2\,356\,632}{23\,818\,952} = 0{,}0989$

c) A i B són els successos «la primera persona és menor de 20 anys» i «la segona persona és menor de 20 anys», respectivament. Com que $P(A) = P(B) = \frac{9\,237\,160}{46\,733\,038} = 0{,}1977$, i com que A i B són compatibles i independents, llavors la probabilitat demanada és:

$$P(A \cup B) = P(A) + P(B) - P(A) \cdot P(B) = 0{,}1977 + 0{,}1977 - 01977 \cdot 01977 = 0{,}356$$

8 La distribució normal

Sens dubte, la distribució contínua més utilitzada i important és la **distribució normal o gaussiana,** que va ser introduïda per Gauss a principis del segle XIX durant l'estudi dels errors comesos en medicions repetides d'una mateixa quantitat.

Hi ha un gran nombre de processos que es poden modelar mitjançant aquesta distribució: mesures físiques del cos humà com l'alçada o el pes, característiques psicològiques com el coeficient intel·lectual, dades meteorològiques com la temperatura o les precipitacions, mesures i indicadors econòmics, característiques socials de la població, el nivell de soroll en les telecomunicacions o les mesures de qualitat dels processos industrials, entre moltes altres.

Una distribució normal presenta dos paràmetres, la mitjana μ i la desviació típica σ, i s'escriu $N(\mu,\sigma)$. La seva gràfica és una corba simètrica amb forma de campana i amb un màxim en $x = \mu$, punts d'inflexió en $x = \mu \pm \sigma$ i pocs valors extrems. A més, l'àrea tancada entre la corba i l'eix horitzontal és igual a la unitat.

Punt d'interès

L'any 1733, el matemàtic francès De Moivre va introduir la distribució normal en el marc del de la seva anàlisi probabilística. Durant un temps, el seu treball va quedar oblidat, fins que Gauss va desenvolupar aquest concepte de manera independent uns cent anys més tard. Per això, la distribució normal també s'anomena gaussiana.

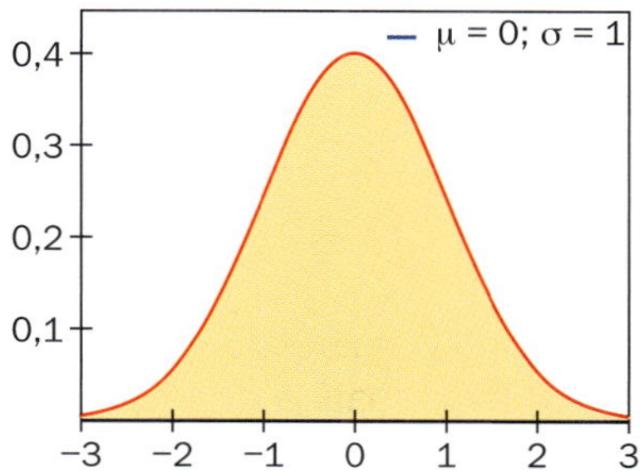

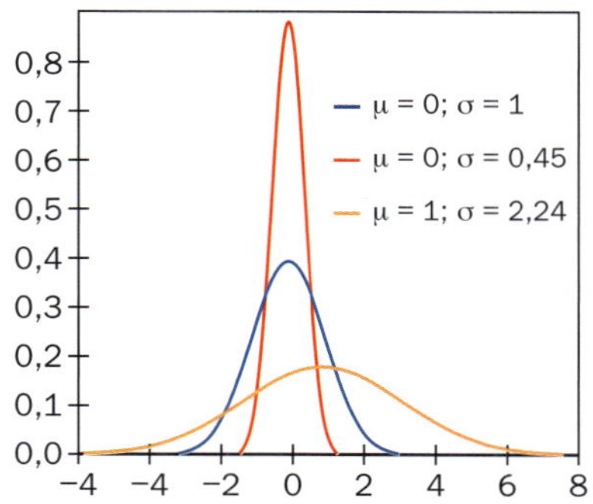

Un cop fixada la mitjana, els valors grans de la desviació típica generen corbes més aixafades, i els valors petits corbes més punxegudes. Per altra banda, si es fixa la desviació típica, les variacions en la mitjana només produeixen translacions de la corba.

En qualsevol distribució normal es verifica que:

- $P(\mu - \sigma < x < \mu + \sigma) = 0{,}6827$
- $P(\mu - 2\sigma < x < \mu + 2\sigma) = 0{,}9545$
- $P(\mu - 3\sigma < x < \mu + 3\sigma) = 0{,}9973$

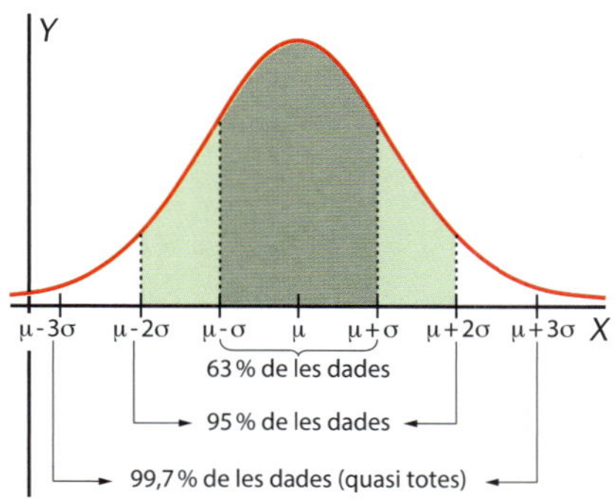

Generalment, si una variable és el resultat de moltes causes independents sumades, aquesta situació sol donar lloc a una distribució completament normal. Així, per exemple, en el pes d'una persona hi influeixen múltiples causes independents, com l'herència genètica, l'edat, el sexe, l'alimentació, l'exercici, etc.

Galton va construir un aparell que consistia en una taula vertical composta per una sèrie de claus intercalats entre ells com en el triangle de Pascal. Quan es deixen caure unes boletes des de la part superior, aquestes passen entre els claus i es desplacen a l'atzar, cap a esquerra i dreta. Les desviacions que es produeixen en la trajectòria de les boletes es deuen a diversos motius. Si es fa aquesta prova amb un nombre considerable de boletes, el resultat tendeix a aproximar-se a una distribució normal.

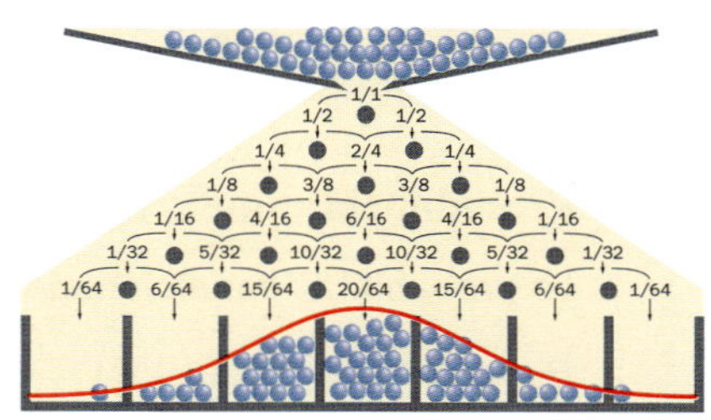

D'un cop d'ull!

Espai mostral. Successos

Espai mostral: en un experiment aleatori, s'anomena **espai mostral,** representat E, el conjunt de tots els resultats possibles.

Successos: s'anomena **succés** qualsevol subconjunt de l'espai mostral d'un experiment aleatori.

Els successos que tenen un únic element s'anomenen **successos simples o elementals,** mentre que si tenen diversos elements reben el nom de **successos compostos.**

L'espai mostral E té lloc sempre i, per tant, s'anomena **succés segur.** No obstant això, el conjunt $\varnothing$ no té lloc mai, i s'anomena **succés impossible.**

El succés **complementari o contrari** d'un succés A es representa $\bar{A}$, es llegeix «no A» i consta de tots els elements de l'espai mostral que no pertanyen a A.

$$\bar{A} = \{x \in E / x \notin A\}$$

Successos dependents i independents

Dos successos A i B són **independents** si i només si:

$$P(A \cap B) = P(A) \cdot P(B)$$

Dos successos A i B són **dependents** si i només si:

$$P(A \cap B) \neq P(A) \cdot P(B|A)$$

Probabilitat

Regla de Laplace:

$$P(S) = \frac{k}{N} = \frac{\text{Nombre de resultats favorables a } S}{\text{Nombre de resultats possibles}}$$

Definició axiomàtica de probabilitat:

Axioma 1: $P(E) = 1$

Axioma 2: $0 \leq P(S) \leq 1$

Axioma 3: Si $A \cap B = \varnothing$, llavors $P(A \cup B) = P(A) + P(B)$.

Propietats de la probabilitat:

Propiedad 1: $P(\varnothing) = 0$

Propiedad 2: $P(A) + P(\bar{A}) = 1$

Propiedad 3: $P(A \cup B) = P(A) + P(B) - P(A \cap B)$

Propiedad 4: $P(A \cup B \cup C) = P(A) + P(B) + P(C) - P(A \cap B) - P(A \cap C) - P(B \cap C) + P(A \cap B \cap C)$

Probabilitat condicionada

La **probabilitat condicionada** d'un succés A, donat un succés B, ve donada per: $P(A|B) = \dfrac{P(A \cap B)}{P(B)}$

Operacions amb successos

Unió: la **unió** de dos successos A i B es representa $A \cup B$ i es llegeix «A o B». És el succés que consta de tots els elements que són en A, en B o en tots dos.

$$A \cup B = \{x \in E / x \in A \text{ o } x \in B\}$$

Intersecció: la **intersecció** de dos successos A i B es representa $A \cap B$ i es llegeix «A i B». És el succés que consta de tots els elements que pertanyen tant a A com a B.

$$A \cap B = \{x \in E / x \in A \text{ i } x \in B\}$$

Dos successos són **mútuament excloents o incompatibles** si $A \cap B = \varnothing$.

Diferència de successos: la **diferència** entre el succés A i el succés B es representa $A - B$, i és el succés que està format per tots els elements que són en A però no en B:

$$A - B = \{x \in E / x \in A \text{ i } x \notin B\} \qquad A - B = A \cap \bar{B}$$

Lleis de Morgan:

$$(\overline{A \cup B}) = \bar{A} \cap \bar{B} \qquad (\overline{A \cap B}) = \bar{A} \cup \bar{B}$$

Tècniques de recompte

Regla del producte: si un succés es pot descompondre en dues etapes successives i independents entre elles, hi ha n_1 resultats possibles en la primera etapa, i per a cadascun d'aquests resultats hi ha n_2 resultats possibles de dur a terme la segona etapa. Per tant, el succés es pot fer de $n_1 \cdot n_2$ maneres.

Permutacions: el nombre de **permutacions** de n elements s'escriu P_n i és:

$$P_n = n \cdot (n-1) \cdot (n-2) \cdot \ldots \cdot 3 \cdot 2 \cdot 1 = n!$$

És a dir, hi ha $n!$ maneres diferents d'ordenar els n elements.

Variacions: el nombre de **variacions** de r elements triats d'un conjunt amb n elements disponibles es designa $V_{n,r}$ i ve donat per:

$$V_{n,r} = n \cdot (n-1) \cdot (n-2) \cdot \ldots \cdot (n-r+1)$$

Variacions amb repetició: el nombre de **variacions amb repetició** de n elements triats de r maneres es designa $RV_{n,r}$ i ve donat per:

$$RV_{n,r} = \overbrace{n \cdot n \cdot \ldots \cdot n}^{r} = n^r$$

Permutacions amb repetició: el nombre de **permutacions amb repetició** de n elements és igual a:

$$RP_n^{n_1, n_2, \ldots, n_k} = \frac{n!}{n_1! \cdot n_2! \cdot \ldots \cdot n_k!}$$

Combinacions: el nombre de **combinacions** de r elements triats d'un conjunt amb n elements és:

$$C_{n,r} = \binom{n}{r} = \frac{n!}{(n-r)! \cdot r!}$$

ACTIVITATS RESOLTES

Activitat resolta 8

Tres vehicles han de passar la ITV. Es consideren els successos A_1, A_2 i A_3 per indicar que el primer, el segon i el tercer vehicle, respectivament, superen la inspecció. Descriu, mitjançant operacions amb aquests successos i els seus contraris, els successos següents:

a) Almenys un dels vehicles supera la inspecció.

b) Cap supera la inspecció.

c) Els dos primers superen la inspecció, però el tercer no.

d) Dos superen la inspecció.

a) $A_1 \cup A_2 \cup A_3$

b) $\bar{A}_1 \cap \bar{A}_2 \cap \bar{A}_3$

c) $A_1 \cap A_2 \cap \bar{A}_3$

d) Poden superar-la els dos primers, o el primer i el tercer, o el segon i el tercer. Per tant:

$$\left(A_1 \cap A_2 \cap \bar{A}_3\right) \cup \left(A_1 \cap \bar{A}_2 \cap A_3\right) \cup \left(\bar{A}_1 \cap A_2 \cap A_3\right)$$

Activitat resolta 9

A tres estudiants que s'acaben de graduar, l'Antoni, la Blanca i la Carla, se'ls ha citat per a una entrevista de feina a la mateixa hora amb tres entrevistadores. Tot i que cadascuna de les entrevistadores ja té assignat un dels graduats, en rebre'ls els distribueixen aleatòriament en tres sales.

a) Quina és la probabilitat que cada entrevistadora rebi el graduat que tenia assignat?

b) Quina és la probabilitat que es produeixi només una coincidència?

c) Què és més probable, que cap de les entrevistadores coincideixi amb el graduat assignat o que tots tres siguin assignats correctament?

Representarem en una taula les diferents situacions que es poden donar. Hem designat amb *A*, *B* i *C* les entrevistadores assignades a l'Antoni, la Blanca i la Carla, respectivament.

	Entrevistadores			Nombre de coincidències
	A	**B**	**C**	
Graduats	Antoni	Blanca	Carla	3
	Antoni	Carla	Blanca	1
	Blanca	Antoni	Carla	1
	Blanca	Carla	Antoni	0
	Carla	Antoni	Blanca	0
	Carla	Blanca	Antoni	1

Observa que es produeixen només dues coincidències, ja que, si n'hi ha dues, necessàriament n'hi ha tres. Ara, comptant els casos favorables dels sis possibles, podem respondre totes les preguntes.

a) $P(\text{tres coincidències}) = \dfrac{1}{6} = 0{,}1667$ *b)* $P(\text{una coincidència}) = \dfrac{3}{6} = \dfrac{1}{2} = 0{,}5$

c) $P(\text{ninguna coincidència}) = \dfrac{2}{6} = \dfrac{1}{3} = 0{,}3333$

Per tant, és més probable que no hi hagi cap coincidència.

Observa que les coincidències no són equiprobables, és a dir, no hi ha la mateixa probabilitat que se'n produeixin cap, una, dues o tres.

Activitat resolta 10

En un grup de primer de batxillerat han aprovat Matemàtiques el 70 % dels estudiants; Llengua, el 65 %, i totes dues assignatures, el 60 %. Es tria un estudiant a l'atzar:

a) Quina és la probabilitat que hagi aprovat Matemàtiques o Llengua?

b) Quina és la probabilitat que no hagi aprovat cap de les dues assignatures?

c) Si se sap que no ha aprovat Matemàtiques, quina probabilitat té d'haver superat Llengua?

Considerem els successos *M* = «l'estudiant ha aprovat Matemàtiques» i *L* = «l'estudiant ha aprovat Llengua».

a) Els successos *M* i *L* són compatibles, ja que l'estudiant pot haver aprovat totes dues assignatures. Per tant, la probabilitat d'aprovar l'una o l'altra és:

$$P(M \cup L) = P(M) + P(L) - P(M \cap L) = 0{,}7 + 0{,}65 - 0{,}6 = 0{,}75$$

b) La probabilitat de no aprovar-ne cap és:

$$P\left(\bar{M} \cap \bar{L}\right) \overset{(1)}{=} P\left(\overline{M \cup L}\right) \overset{(2)}{=} 1 - P(M \cup L) = 1 - 0{,}75 = 0{,}25$$

(1): Llei de Morgan
(2): Succés contrari

c) Hem de trobar la probabilitat d'aprovar Llengua, *L*, condicionada per no haver aprovat Matemàtiques, és a dir:

$$P\left(L|\bar{M}\right) = \frac{P\left(L \cap \bar{M}\right)}{P\left(\bar{M}\right)} = \frac{P(L) - P(L \cap M)}{P\left(\bar{M}\right)} = \frac{0{,}65 - 0{,}60}{0{,}30} = 0{,}167$$

ACTIVITATS RESOLTES

Activitat resolta 11

Una botiga de telefonia mòbil ven un 35 % dels seus telèfons mòbils amb el sistema operatiu iOS, i la resta, amb el sistema Android. Per experiència, se sap que la probabilitat que la vida útil d'un telèfon superi els tres anys amb el sistema operatiu iOS és del 80 %, i amb Android, del 75 %. Si una persona compra un mòbil:

a) Quina és la probabilitat que sigui un mòbil amb sistema Android i no superi els tres anys de vida útil?

b) Quina és la probabilitat que el mòbil superi els tres anys de vida útil?

Considerem els successos *A* = «el mòbil té el sistema operatiu Android» i *B* = «el mòbil ha superat els tres anys de vida útil». El diagrama d'arbre següent descriu l'experiment de comprar un mòbil, amb sistema Android o no, i després analitza si supera els tres anys de vida útil:

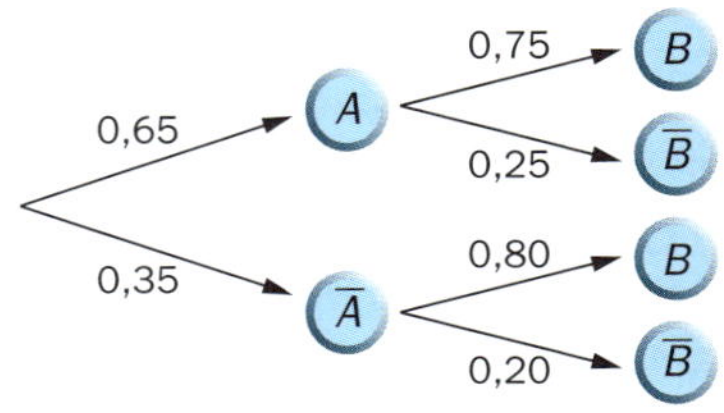

a) Els successos «el mòbil té el sistema operatiu Android» i «el mòbil no supera els tres anys de vida útil», és a dir, *A* i $\bar{B}$, són dependents. Seguint les branques successives de l'arbre que els conté, la probabilitat és:

$$P(A \cap \bar{B}) = P(A) \cdot P(\bar{B}|A) = 0{,}65 \cdot 0{,}25 = 0{,}1625$$

b) N'hi ha prou amb seguir les branques de l'arbre que acaben a *B*. Per tant:

$$P(B) = P\left[(A \cap B) \cup (\bar{A} \cap B)\right] = P(A) \cdot P(B|A) + P(\bar{A}) \cdot P(B|\bar{A}) =$$
$$= 0{,}65 \cdot 0{,}75 + 0{,}35 \cdot 0{,}80 = 0{,}7675$$

Activitat resolta 12

L'empresa Logopen fabrica memòries USB amb un percentatge d'unitats defectuoses del 3 % i les posa a la venda en paquets de tres. Una empresa il·legal en ven imitacions amb un percentatge d'unitats defectuoses del 60 % i també les comercialitza en paquets de tres.

a) Sabent que les memòries van ser fabricades per Logopen, quina és la probabilitat que en un paquet n'hi hagi una de defectuosa?

b) Sabent que les memòries procedeixen de l'empresa il·legal, quina és la probabilitat que en un paquet n'hi hagi dues de defectuoses?

El paquet pot provenir d'una de les dues empreses i contenir memòries defectuoses (*D*) o no (*B*). El diagrama d'arbre que representa les possibilitats que les memòries siguin bones o defectuoses en un paquet de tres unitats és el següent:

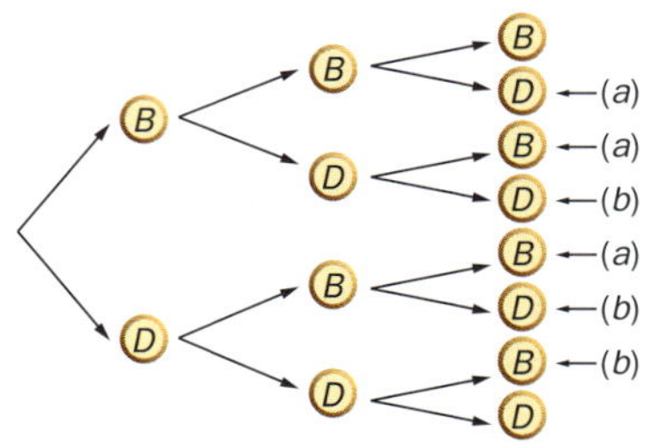

a) Les memòries són fabricades per Logopen. Llavors: $P(D) = 0{,}03$ i $P(B) = 0{,}97$.

Observem en el diagrama d'arbre que hi ha tres branques en què apareix una memòria defectuosa. Per tant:

$$P(\text{una memòria defectuosa}) = 3 \cdot (0{,}97)^2 \cdot (0{,}03) = 0{,}0847$$

b) Ara les memòries són il·legals; per tant: $P(D) = 0{,}60$ i $P(B) = 0{,}40$.

També hi ha tres branques més en què apareixen dues memòries defectuoses. Per tant, $P(\text{dues memòries defectuoses}) = 3 \cdot (0{,}60)^2 \cdot (0{,}40) = 0{,}432$.

Activitat resolta 13

Una xarxa de plaques fotovoltaiques solars està connectada com indica la figura.

Totes les plaques són independents pel que fa al funcionament.

a) Si la probabilitat de funcionament de cadascuna és 0,9, quina és la fiabilitat del sistema?

b) Quina hauria de ser la probabilitat de funcionament de cada placa solar perquè la fiabilitat del sistema fos com a mínim del 98 %?

a) Per trobar la fiabilitat del sistema hem de calcular la probabilitat que funcioni. El sistema funcionarà si ho fan, simultàniament, les plaques *A* i *B* o les plaques *C* i *D*. Per tant, hem de trobar la probabilitat següent:

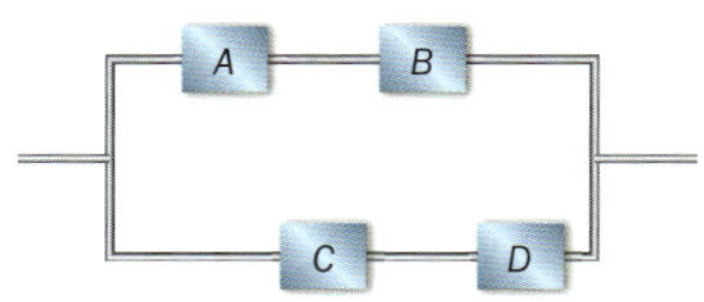

$$P\left[(A \cap B) \cup (C \cap D)\right] \overset{(1)}{=} P(A \cap B) + P(C \cap D) - P(A \cap B \cap C \cap D) \overset{(2)}{=}$$
$$= (0{,}9)^2 + (0{,}9)^2 - (0{,}9)^4 = 0{,}9639$$

(1) $(A \cap B)$ y $(C \cap D)$ són compatibles (2) *A*, *B*, *C* i *D* són independents

La fiabilitat del sistema és del 96,39 %.

b) Si *p* és la probabilitat de funcionament de cadascuna de les plaques fotovoltaiques, llavors:

$$P\left[(A \cap B) \cup (C \cap D)\right] \overset{(1)}{=} P(A \cap B) + P(C \cap D) - P(A \cap B \cap C \cap D) \overset{(2)}{=}$$
$$= p^2 + p^2 - p^4 = p^2(2 - p^2) = 0{,}98 \Rightarrow p^4 - 2p^2 + 0{,}98 = 0 \Rightarrow p = 0{,}93$$

Per tant, la probabilitat de funcionament de la placa solar ha de ser, com a mínim, el 93 %.

ACTIVITATS

Espai mostral. Successos

23. Una amiga va a comprar un vehicle a un concessionari i li ofereixen quatre models: Advance, Sport, GTE i E. Els dos primers són dièsel i benzina, el tercer és híbrid i el quart, elèctric. Els models dièsel tenen dos motors: 1.6 TDI i 2.0 TDI, mentre que els de benzina ofereixen tres motors: 1.4 TSI, 1.6 TSI i 2.0 TSI. Descriu mitjançant un diagrama d'arbre l'espai de possibilitats d'elecció de què disposa la nostra amiga.

24. Una empresa es dedica a fabricar bateries de telèfons mòbils que han de complir una sèrie de requisits per sortir a la venda. Designem amb *B* que la bateria compleixi tots els paràmetres i amb *D* que presenti algun defecte. L'experiment consisteix a revisar cada bateria quan surt de la cadena de muntatge fins que aparegui la primera bateria defectuosa, i aturar el procés a la sisena comprovació. Construeix el diagrama d'arbre d'aquest experiment i troba'n l'espai mostral.

25. Tres vehicles seguits entren en una rotonda com la de la figura inferior. Poden girar a la dreta (*D*), seguir recte (*F*) o girar a l'esquerra (*I*). Descriu els successos següents:

A = «tots tres vehicles segueixen la mateixa direcció»

B = «com a mínim un gira a la dreta»

C = «tots tres vehicles segueixen direccions diferents»

Operacions amb successos

26. Una persona està planificant el viatge que farà durant les vacances a tres ciutats centreeuropees: Budapest (*B*), Praga (*P*) i Viena (*V*). Expressa amb paraules els successos següents:

a) $B \cup P$ *b)* $B \cup P \cup V$

c) $B \cap (P \cup V)$ *d)* $B \cup (P \cap V)$

e) $\bar{B} \cap \bar{V}$ *f)* $\bar{B} \cap P$

g) $\bar{B} \cap \bar{P} \cap \bar{V}$ *h)* $B \cup V$

27. En el diagrama de Venn de la figura es mostren tres successos, *A*, *B* i *C*. Copia'l al teu quadern i marca la regió de cadascun dels successos següents:

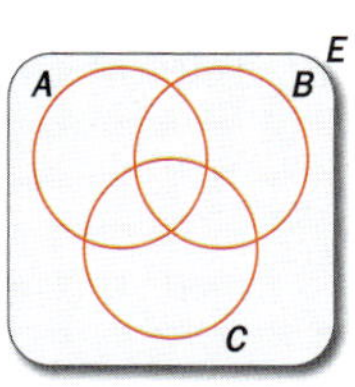

a) $\bar{A}$ *b)* $A \cap B$

c) $A \cup C$ *d)* $(A \cup B) \cap C$

e) $(A \cap B) \cup C$ *f)* $\overline{A \cup B}$

g) $\bar{A} \cup \bar{B}$ *h)* $(A \cap \bar{B}) \cup C$

28. Una bàscula digital arrodoneix els pesos a grams. Es consideren els successos següents:

A = «el pes és inferior o igual a 12»

B = «el pes és superior a 10 g»

C = «el pes és superior o igual que 7 i menor que 11 g»

A partir d'això, descriu els successos següents:

a) $A \cup B$ *b)* $A \cap C$

c) $\bar{A}$ *d)* $A \cap B \cap C$

e) $\bar{A} \cap B$ *f)* $A \cup (B \cap C)$

29. Un infermer fa el control de febre a tres pacients. Es designa amb *A*, *B* i *C* el cas en què cadascun dels tres pacients, respectivament, tingui febre.

a) Calcula mitjançant un diagrama d'arbre l'espai mostral d'aquest experiment.

b) Descriu en els termes de l'enunciat els successos següents: $A \cap B$, $B \cup C$, $A \cap \bar{B} \cap \bar{C}$ i $A \cup B \cup C$.

Probabilitat

30. Si *A*, *B* i *C* són tres successos tals que $P(A) = 0{,}5$, $P(B) = 0{,}4$, $P(C) = 0{,}2$, $P(A \cap B) = 0{,}02$, $P(A \cap C) = 0{,}10$, $P(B \cap C) = 0{,}07$ i $P(A \cap B \cap C) = 0{,}01$, troba les següents probabilitats:

a) $P(A \cup B)$ *b)* $P(A \cup C)$

c) $P(A \cup B \cup C)$ *d)* $P(B \cap \bar{C})$

31. Els aerogeneradors poden patir tres tipus d'avaries petites: fallades en els instruments de mesura (*A*), fallades elèctriques (*B*) i fallades mecàniques (*C*). Es coneixen les probabilitats següents:

$$P(A) = 0{,}02 \qquad P(B) = 0{,}05 \qquad P(C) = 0{,}04$$

$$P(A \cup B) = 0{,}06 \qquad P(A \cup C) = 0{,}05 \qquad P(B \cup C) = 0{,}08$$

$$P(A \cap B \cap C) = 0{,}002$$

a) Quina és la probabilitat que no es produeixi cap tipus d'avaria?

b) Quina és la probabilitat que no es produeixi una fallada en els instruments de mesura?

c) Quina és la probabilitat que l'aerogenerador presenti fallades en els instruments de mesura i elèctrics?

32. En una bossa hi ha tres boles vermelles i una de blava. Se'n treuen dues sense mirar. Quina és la probabilitat que siguin de diferent color?

33. Es tira un dau quatre vegades. Quina és la probabilitat que surtin quatre nombres diferents?

ACTIVITATS

34. Els valors a i b de la recta $y=(a-b)x+b$ s'han obtingut en llançar un dau dues vegades, i s'ha pres com a valor de a el resultat del primer dau, i com a valor de b el del segon. Calcula la probabilitat que la recta:

a) Talli el semieix positiu d'abscisses.

b) Talli l'eix d'abscisses en $x=1$.

c) Tingui pendent positiva.

d) Sigui horitzontal.

Probabilitat condicionada. Successos dependents i independents

35. Una botiga de venda de dessuadores té tres talles, S, M i L, i tres dissenys, caputxa (C), cremallera (R) i coll rodó (T). En la taula següent hi figura el nombre de dessuadores venudes en l'últim mes de cada talla i disseny:

		Disseny			
		C	R	T	Total
Talla	S	8	4	10	22
	M	16	14	24	54
	L	6	14	16	36
	Total	30	32	50	112

Si una persona tria primer la talla i després el disseny:

a) Descriu mitjançant un diagrama d'arbre aquest experiment i anota a les branques les probabilitats respectives. La talla i el disseny són variables dependents o independents?

b) Calcula la probabilitat que la persona hagi triat una dessuadora de la talla M amb caputxa.

c) Calcula la probabilitat que hagi triat una dessuadora de la talla L amb cremallera.

36. En un procés de fabricació de bateries per a mòbils s'ha comprovat que el 5 % de les bateries presenten defectes superficials, i un 20 % són realment defectuoses. Tot i això, només el 4 % de les bateries sense defectes superficials són realment defectuoses.

Es consideren els successos:

D = «una bateria és realment defectuosa»

S = «una bateria presenta defectes superficials»

Calcula i interpreta les probabilitats següents:

a) $P(D|S)$ *b)* $P(D|\bar{S})$

c) $P(\bar{D}|S)$ *d)* $P(\bar{D}|\bar{S})$

e) $P(S\cap D)$ *f)* $P(\bar{S}\cup\bar{D})$

37. En una enquesta feta a 110 persones a Alacant i a 110 més a Girona sobre el canvi d'hora i el manteniment dels horaris actuals per a estiu o hivern, s'han obtingut els resultats següents:

	Prefereixen l'horari d'estiu	Prefereixen l'horari d'hivern
Alacant	74	36
Girona	21	89

Se selecciona una persona a l'atzar d'aquestes dues poblacions.

a) Quina és la probabilitat que sigui d'Alacant?

b) Quina és la probabilitat que prefereixi l'horari d'estiu?

c) Quina és la probabilitat que sigui d'Alacant i prefereixi l'horari d'hivern?

d) Quina és la probabilitat que sigui de Girona i prefereixi l'horari d'hivern?

e) Sabent que prefereix l'horari d'estiu, quina és la probabilitat que sigui de la ciutat catalana?

38. Si A i B són dos successos que verifiquen $P(A)=0{,}5$ i $P(B)=0{,}7$:

a) A i B són successos compatibles?

b) Si A i B són independents, quant val $P(A\cup B)$?

39. Es consideren els successos A i B, tals que $P(A)=0{,}32$, $P(B)=0{,}78$ i $P(A\cup B)=0{,}85$. Analitza si A i B són compatibles i independents.

40. La probabilitat que un cultiu d'orina estigui contaminat en un laboratori determinat és del 3 %. S'observen tres mostres independents del laboratori.

a) Quina és la probabilitat que cap no estigui contaminada?

b) Quina és la probabilitat que exactament una estigui contaminada?

c) Quina és la probabilitat que com a mínim una estigui contaminada?

41. La Sara i el Miquel tindran un examen de Matemàtiques d'aquí a poc. Sabent que la Sara té una probabilitat d'aprovar de 0,6 i el Miquel de 0,4, quina és la probabilitat que com a mínim un dels dos aprovi l'examen si se suposa que hi ha independència?

42. Demostra que, si els successos A i B són independents, també ho són:

a) $\bar{A}$ i B *b)* A i $\bar{B}$ *c)* $\bar{A}$ i $\bar{B}$

43. Un lot de catorze televisors en conté dos de defectuosos. Si se seleccionen a l'atzar quatre aparells d'aquest lot, calcula la probabilitat que estiguin bé:

a) Tots els televisors.

b) Dos televisors.

c) Com a mínim un.

44. Segons un estudi, el 45 % de la població espanyola consulta les notícies diàriament a través d'internet. En una enquesta feta a sis persones triades a l'atzar, quina és la probabilitat que cap no s'informi per internet?

45. Un sistema electrònic consta de tres components que funcionen independentment, amb una probabilitat de fallada de 0,05 per a cadascun.

a) Calcula la probabilitat que el sistema funcioni correctament.

b) Quina és la probabilitat que com a mínim un dels components falli?

46. En una enquesta a la plantilla d'una empresa sobre la conveniència d'adoptar l'horari flexible es van obtenir els resultats que mostra el diagrama de sectors següent. Si es trien a l'atzar tres persones que van participar en l'enquesta:

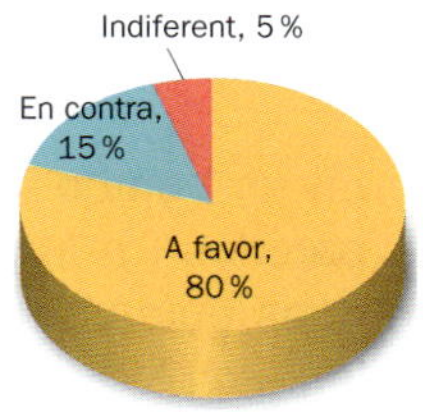

a) Quina és la probabilitat que totes tres hi hagin votat a favor?

b) Quina és la probabilitat que com a mínim dues hi hagin votat en contra?

47. En una empresa de riscos financers, sempre que es produeix un impagament de poca quantia es recorre a trucar per telèfon als clients en un 52 % dels casos, a enviar un SMS en un 36 % i a totes dues opcions en un 12 %. S'acaba de produir un impagament:

a) Quina és la probabilitat que es rebi una notificació per algun mitjà dels indicats?

b) Quina és la probabilitat que es rebi un SMS però no una trucada telefònica?

c) Quina és la probabilitat que no es rebi ni un SMS ni una trucada telefònica?

d) Si es produeixen tres impagaments independents del mateix client, quina probabilitat hi ha que contactin amb ell per qualsevol mitjà totes tres vegades?

48. Una empresa hortofructícola té dues màquines calibradores electròniques, *A* i *B*, per classificar les taronges segons unes mesures establertes i, posteriorment, envasar-les. Segons dades de l'empresa, la calibradora *A* rebutja el 20 % de les taronges calibrades, mentre que la calibradora *B* en rebutja el 15 %.

a) Si una taronja segueix la cadena d'envasament i és calibrada aleatòriament per una de les màquines, quina és la probabilitat que sigui envasada pel fet de tenir el calibre adequat?

b) Si tres taronges són calibrades per la màquina *B*, quina és la probabilitat que cap no s'envasi perquè no tenen el calibre desitjat? I la probabilitat que com a mínim una s'envasi?

49. Una persona ha fet tres compres per internet en tres empreses diferents, *A*, *B* i *C*, i independents entre elles. La probabilitat que es produeixi un frau en cadascuna és $P(A) = 0{,}02$, $P(B) = 0{,}01$ i $P(C) = 0{,}15$. Quina probabilitat hi ha que hi hagi com a mínim un frau? I que no n'hi hagi cap?

Tècniques de recompte

50. En una taula hi ha tres vasos idèntics que contenen refresc de taronja, de llimona i de cola. Una persona els tasta d'un en un.

a) Quantes seleccions possibles es poden donar?

b) Quina és la probabilitat que el vas que conté refresc de taronja s'hagi triat en primer lloc?

51. Una família es vol fer una fotografia en què els nens s'asseguin a la fila de terra i els adults al darrere, asseguts en fila. De quantes maneres diferents es poden situar els cinc adults i els vuit nens d'aquesta família?

52. Set noies han llogat un pis per passar el cap de setmana en el qual hi ha tres habitacions: una amb tres llits i la resta amb dos llits cadascuna. De quantes maneres es poden distribuir, les noies?

53. Un infermer treballa dotze dies al mes, a raó de deu hores al dia. Si pot triar els dies del mes en què treballa, quantes eleccions possibles té?

54. La Laia i el Nil són dos germans que discuteixen sobre qui té més opcions de contrasenyes diferents al seu correu electrònic. La Laia té una contrasenya del tipus ABCD12, és a dir, quatre majúscules diferents seguides de dos dígits també diferents; el Nil, per altra banda, té una contrasenya del tipus AAB223, és a dir, tres lletres majúscules (repetides o no) seguides de tres dígits (repetits o no). Si la Laia diu al seu germà que té gairebé el doble d'opcions de contrasenyes diferents que ell, és correcta la seva afirmació?

55. De quantes maneres diferents es poden plantar vuit arbres al voltant d'una rotonda?

56. Una entrenadora de bàsquet disposa de dotze jugadores, de les quals cinc juguen de pivot, quatre són aleres i tres són bases. Quants quintets inicials diferents pot alinear?

57. D'una baralla espanyola se n'agafen cinc cartes consecutives. Digues quina és la probabilitat d'obtenir:

a) Els quatre asos.

b) Quatre asos i una sota.

c) Tres cartes d'un pal i dos d'un altre.

Un món matemàtic

58. Calcula la probabilitat que en tirar dos daus n vegades s'obtingui com a mínim un sis doble. Quin ha de ser el valor de n perquè aquesta probabilitat sigui superior a 0,5?

59. Tirem un parell de daus i apostem per un sis doble. Quants llançaments hem de fer perquè la sort acompanyi al que fa l'aposta, és a dir, perquè superi el 50 % de probabilitats?

60. Es reparteixen pilotes de colors en tres caixes idèntiques. La primera caixa conté vuit pilotes blanques i tres de negres, la segona cinc de blanques i set de negres, i la tercera sis de blanques i nou de negres. S'escullen dues caixes a l'atzar i es treu una pilota de cadascuna. Quina és l'opció més favorable si volem treure dues pilotes del mateix color?

61. Quantes diagonals es poden dibuixar en un pentàgon? I en un hexàgon? I en un polígon de n costats?

62. Tres amics juguen a aquest joc: alternativament treuen una bala d una bossa que conté quatre bales negres i tres de colors. Guanya el primer que aconsegueixi treure una bala negra. Quina és la probabilitat que l'amic que comença a jugar guanyi?

63. D'un grup de n matrimonis amb un fill, en volem triar un home, una dona i un fill que no tinguin cap tipus de relació entre ells. De quantes maneres podem fer aquesta selecció?

64. En un grup de tres persones, quina és la probabilitat que com a mínim dues facin anys el mateix dia? I si el grup és de cinc persones?

65. Quantes persones hauria de tenir el grup perquè sigui més probable que improbable que com a mínim dues facin anys el mateix dia?

66. Quants nombres de quatre xifres tenen com a mínim una xifra repetida?

67. La Marta té vuit sobres numerats de l'1 al 8 i vuit targetes, també numerades de l'1 al 8. De quantes maneres es poden distribuir les targetes, una a cada sobre, perquè cap de les targetes 1, 2 i 3 estigui al sobre amb la mateixa numeració?

68. L'Alícia, la Beatriu i la Cèlia trien, cadascuna, un nombre a l'atzar entre els deu primers enters positius, essent diferents tots els nombres triats. Quina és la probabilitat que el nombre de l'Alícia sigui múltiple del de la Beatriu, i que, a més, el de la Beatriu sigui múltiple del de la Cèlia?

69. En un bombo de loteria hi queden $2n + 1$ boles, $n + 1$ parelles i n imparelles. Si fem girar el bombo i traiem dues boles, quina és la probabilitat que la suma sigui imparell?

70. Nadal i Federer juguen un partit a terra batuda a tres sets, és a dir, el vencedor ha de guanyar dos sets. Si la probabilitat que té Nadal de guanyar cada set és d'un 60 %, quina probabilitat té Nadal de guanyar el partit?

71. Sis estudiants de diferents països d'Europa comparteixen pis durant un curs del projecte «Erasmus». Tots parlen només dos idiomes: l'Angela parla alemany i anglès; l'Ulrike, alemany i espanyol; la Karin, francès i espanyol; en Dieter, alemany i francès; en Pierre, francès i anglès, la Rocío, anglès i espanyol. Si en triem dos a l'atzar, quina és la probabilitat que puguin parlar una llengua que tots dos entenguin bé?

72. En una moneda trucada, la probabilitat d'obtenir cara quan la llancem és $\frac{1}{4}$. Si la llancem n vegades, resulta que presenta la mateixa probabilitat d'obtenir dues cares que d'obtenir-ne tres. Quin és el valor de n?

Resol l'enigma

El dilema plantejat en la portada d'aquesta unitat apareixia en el concurs televisiu dels Estats Units *Let's Make a Deal*. És l'anomenat problema de Monty Hall, nom que deu al presentador del concurs, tot i que en realitat el va proposar i resoldre per primer cop Steve Selvin en la revista *American Statistician*, el 1975. A Espanya, els concursants del mític concurs *Un, dos, tres* també es trobaven en tràngols així.

Et recordes de què havies triat?
Canviaries l'elecció inicial ara que només te'n queden dues?

El primer que ens passa pel cap és que, quan només queden dues portes, totes dues tenen la mateixa probabilitat d'amagar el cotxe i, per tant, canviem o no de porta, la probabilitat de guanyar-lo és 1/2, és a dir, el 50 %. Però és certa, aquesta afirmació? Tingues en compte que el presentador obre la porta després de la teva elecció, és a dir que la teva elecció condiciona la del presentador. **Com és possible?**

Suposem que tries en primer lloc la porta d'una de les cabres, la qual cosa passa amb una probabilitat de 2/3. Ara el presentador només pot obrir una de les altres dues portes, que és l'única que té l'altra cabra al darrere. La porta restant amaga, per tant, el cotxe, que guanyaràs, si canvies l'elecció inicial, amb una probabilitat de 2/3.

Ara suposem que al principi haguessis triat la porta que a darrere té el cotxe, cosa que passa amb una probabilitat d'1/3. El presentador, doncs, pot obrir qualsevol de les altres dues, ja que totes dues tenen una cabra al darrere. Així doncs, perdràs el cotxe si canvies de porta, amb la mateixa probabilitat d'1/3.

Darrere de la porta 1 hi ha...	Darrere de la porta 2 hi ha...	Darrere de la porta 3 hi ha...	Resultat si et quedes amb la porta 1	Resultat si canvies de porta
... una cabra	... una cabra	**... un cotxe**	Guanyes la cabra	**Guanyes el cotxe**
... una cabra	**... un cotxe**	... una cabra	Guanyes la cabra	**Guanyes el cotxe**
... un cotxe	... una cabra	... una cabra	**Guanyes el cotxe**	Guanyes la cabra

Segur que se t'acudeixen més maneres d'arribar a aquestes mateixes conclusions...

10. Distribucions de probabilitat

Per demostrar sobre el terreny qui té raó, en Nicolàs i la Carme s'han trobat al parc dels Olivers. Com a punt de partida per comprovar-ho han agafat un dels avets del parc i a continuació han obert en el seu *smartphone* l'aplicació *Google Maps* per trobar la seva geolocalització. En Nicolàs llança una moneda enlaire. Si surt cara, caminaran 100 metres cap al nord, però si surt creu recorreran 100 metres cap al sud. Ambdós repetiran el procés fins que la distància total recorreguda sigui d'1 km.

La Carme afirma que el més probable és que el passeig acabi al punt de partida, mentre que l'Antoni considera que el més probable és que acabin el passeig exactament a 200 metres del punt de partida. Qui té raó?

En aquesta unitat aprendràs:

1. Variable aleatòria
2. Funció de probabilitat
3. Mitjana i desviació típica
4. Distribució binomial
5. Funció de densitat
6. Distribució normal
7. Aproximació normal de la distribució
8. Aplicacions de la probabilitat

1 Variable aleatòria

La majoria dels exemples d'experiments aleatoris considerats en la unitat anterior es limitaven a descriure els seus resultats possibles utilitzant l'espai mostral.

En alguns casos, aquesta descripció dels resultats es suficient, ja que es pot assignar a cada resultat de l'espai mostral aquest mateix valor.

Exemple 1. En l'experiment de llançar un dau enlaire, l'espai mostral és $E = \{1, 2, 3, 4, 5, 6\}$. Quin valor podem assignar a cada resultat d'aquest espai?

Espai mostral	Nombre real assignat
1	1
2	2
3	3
4	4
5	5
6	6

Tanmateix, en altres casos els resultats no són numèrics i cal assignar un nombre real a cada resultat de l'espai mostral.

Exemple 2. Una màquina classificadora de préssecs identifica les peces que presenten defectes de qualitat exterior, interior o de calibre. Si en una mostra de tres peces designem D = «peça defectuosa» i B = «peça bona», tenim que l'espai mostral és $E = \{BBB, BBD, BDB, BDD, DBB, DBD, DDB, DDD\}$. Quin valor podem assignar a cada resultat d'aquest espai mostral?

Si volem analitzar el nombre de peces de préssec defectuoses de la mostra, podem seguir el criteri següent: atribuir als resultats un nombre real igual al nombre de peces defectuoses, de manera que els valors serien 0, 1, 2 o 3.

Espai mostral	Nombre real assignat
BBB	0
BBD	1
BDB	1
BDD	2
DBB	1
DBD	2
DDB	2
DDD	3

El procediment d'assignar un nombre real a cada resultat de l'espai mostral s'anomena **variable aleatòria.** Es tracta d'una «variable» perquè hi ha diferents valors numèrics, i és «aleatòria» perquè el valor observat depèn del resultat de l'experiment.

> Una **variable aleatòria** és una funció que assigna un nombre real a cada resultat de l'espai mostral d'un experiment aleatori.

Tipus de variables aleatòries

Les variables aleatòries poden designar-se amb lletres majúscules o minúscules. En aquesta unitat adoptarem la segona opció, és a dir, designarem aquestes variables x, y i z..., de manera que, per exemple, els valors que pren la variable aleatòria x seran x_1, x_2, ..., x_n.

En l'exemple 2, la variable aleatòria és x = «nombre de peces de préssec defectuoses», i pren els valors enters 0, 1, 2 o 3, és a dir, $x_1 = 0$, $x_2 = 1$, $x_3 = 2$ o $x_4 = 3$. Tanmateix, si es considera la variable aleatòria y = «duració en minuts d'un partit de futbol» per a cinc partits d'una determinada jornada de la lliga, els resultats poden no ser enters: $y_1 = 92{,}6$ min, $y_2 = 92{,}5$ min, $y_3 = 94{,}1$ min, $y_4 = 97{,}4$ min o $y_5 = 93{,}5$ min.

Així doncs, existeixen dos tipus de variables aleatòries: **discretes** i **contínues.**

- Una **variable aleatòria discreta** és aquella que només pot prendre un nombre infinit de valors o un nombre infinit numerable. Per exemple: el nombre de peces de préssec defectuoses d'un lot en una línia d'elaboració, el nombre de clients que arriben a un caixer automàtic en una hora o el nombre de missatges de WhatsApp rebuts en un dia.
- Una **variable aleatòria contínua** pot prendre tots els valors d'un interval de nombres reals. Per exemple: la duració d'un partit de futbol, el temps d'accés a Internet en un dia, el pes d'una peça de fruita o la distància entre dues poblacions.

A la pràctica, les variables aleatòries discretes representen dades obtingudes per recompte, mentre que les variables aleatòries contínues representen dades de mesures com el pes, l'altura, la temperatura, el temps o la distància.

En alguns casos, a una variable aleatòria discreta amb un rang de valors molt extens podria ser convenient tractar-la com a una variable contínua.

Activitat resolta 1

Considerem la variable aleatòria que compta el nombre de cares menys el nombre de creus en llançar tres cops una moneda. Descriu els resultats i assigna un valor a cada element de l'espai mostral.

Sigui la variable aleatòria x = «nombre de cares menys nombre de creus en llançar una moneda tres cops». Representem en una taula els resultats de l'espai mostral i els valors assignats, és a dir, els valors de la variable aleatòria.

Resultats	Valors x_i
CCC	3
CC+	1
C+C	1
C++	–1
+CC	1
+C+	–1
++C	–1
+++	–3

Activitats

1. En cadascun dels següents casos, indica si es tracta d'una variable aleatòria discreta o contínua.

a) El nombre de passatgers d'un autobús urbà en un moment donat.

b) El pes d'un nadó.

c) La superfície d'un habitatge.

d) La duració de la bateria d'un mòbil.

e) El nombre d'ous que pon una gallina al mes.

f) El nombre de seguidors d'una persona en una xarxa social concreta.

2. Una estació de servei té quatre sortidors. Descriu l'espai mostral que analitza si un sortidor està ocupat o no en un moment del dia. Posteriorment, assigna un nombre real a la variable aleatòria que compta el nombre de sortidors ocupats.

3. Es llancen daus enlaire. Descriu els resultats de l'espai mostral i els valors assignats per a cadascuna de les variables aleatòries següents:

a) El resultat més gran dels donats.

b) La suma dels resultats.

c) La diferència dels resultats.

2 Funció de probabilitat

Un cop definides les variables aleatòries o discretes, és el moment d'analitzar les probabilitats associades als valors assignats a aquestes variables.

La **distribució de probabilitat** d'una variable aleatòria discreta x consisteix en la descripció dels seus possibles valors, x_i, i de les seves corresponents probabilitats associades, $P(x_i)$.

Exemple 3. En la màquina classificadora de préssecs de l'Exemple 2, l'espai mostral és $E = \{BBB, BBD, BDB, BDD, DBB, DBD, DDB, DDD\}$. Quina és la distribució de probabilitat de la variable aleatòria discreta x = «nombre de préssecs defectuosos en una mostra de tres peces»?

Resultats	BBB	BBD, BDB, DBB	BDD, DBD, DDB	DDD
Nombre de préssecs defectuosos x_i	0	1	2	3
Probabilitats $P(x_i)$	$\frac{1}{8}$	$\frac{3}{8}$	$\frac{3}{8}$	$\frac{1}{8}$

Exemple 4. El tutor d'un grup de batxillerat ha fet un seguiment del nombre d'estudiants que han assistit a classe durant les últimes quatre setmanes, obtenint la següent informació: en 6 dies no hi va haver cap absència, en 4 dies hi va haver una absència, en 5 dies hi va haver dues absències, en 3 dies hi va haver tres absències i en 2 dies hi va haver quatre absències. Construeix la distribució de probabilitat de la variable aleatòria x = «nombre d'absències en els últims 20 dies».

Els valors de la variable aleatòria x són 0, 1, 2, 3 i 4. Vegem com assignar probabilitats:

- en 6 dies dels 20 totals no hi va haver cap absència, per tant $P(x=0) = \frac{6}{20} = \frac{3}{10}$

De manera anàloga, obtenim la resta de probabilitats associades. Per tant, la seva distribució de probabilitat és:

x_i	0	1	2	3	4
$P(x_i)$	$\frac{3}{10}$	$\frac{1}{5}$	$\frac{1}{4}$	$\frac{3}{20}$	$\frac{1}{10}$

En alguns casos resulta convenient expressar la probabilitat mitjançant una fórmula o llei.

Exemple 5. La distribució de probabilitat d'una variable aleatòria x ve donada per $P(x) = \frac{x+1}{6}$, per x = 0, 1, 2. Calcula les probabilitats associades.

Substituint els valors de x, resulta:

$$P(x=0) = \frac{1}{6} \qquad P(x=1) = \frac{2}{6} = \frac{1}{3} \qquad P(x=2) = \frac{3}{6} = \frac{1}{2}$$

La **funció de probabilitat** o **funció de massa de probabilitat** d'una variable aleatòria discreta x amb valors $x_1, x_2, \ldots, x_n$ és una funció $P(x_i) = P(x = x_i)$ que verifica:

1. $P(x_i) \geq 0, \quad \forall i = 1, 2, \ldots, n$ **2.** $\sum_{i=1}^{n} P(x_i) = 1$

És a dir, totes les probabilitats individuals són majors o iguals que zero i, a més, la seva suma ha de ser la unitat.

La funció de massa de probabilitat descriu com està distribuït el total de la massa de probabilitat (equivalent a 1) en diversos punts situats al llarg de l'eix de valors possibles de la variable aleatòria. És a dir, on hi ha massa i quanta n'hi ha per a cada valor de x.

Punt d'interès

La funció de massa de probabilitat va sorgir dintre d'un model utilitzat en física per estudiar un sistema de masses puntuals.

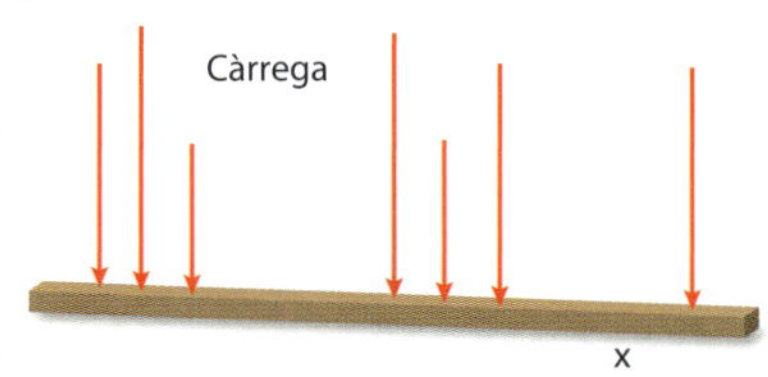

Exemple 6. Verifica que la següent funció és una funció de probabilitat, i troba les probabilitats que es demanen:

$$P(x) = \frac{2x+1}{25} \qquad x = 0, 1, 2, 3, 4$$

a) $P(x \le 2)$ ***b)*** $P(1 \le x < 3)$ ***c)*** $P(x > 3)$

Calculem en primer lloc les probabilitats dels valors de la variable aleatòria:

$P(0) = 1/25 \quad P(1) = 3/25 \quad P(2) = 5/25 = 1/5 \quad P(3) = 7/25 \quad P(4) = 9/25$

Cadascuna de les probabilitats és major o igual que zero i, a més, $\sum_{i=0}^{4} P(x_i) = 1$. Per tant, es tracta efectivament d'una funció de probabilitat d'una variable aleatòria discreta.

a) $P(x \le 2) = P(0) + P(1) + P(2) = \frac{1}{25} + \frac{3}{25} + \frac{1}{5} = \frac{9}{25}$

b) $P(1 \le x < 3) = P(1) + P(2) = \frac{3}{25} + \frac{1}{5} = \frac{8}{25}$

c) $P(x > 3) = P(4) = \frac{9}{25}$

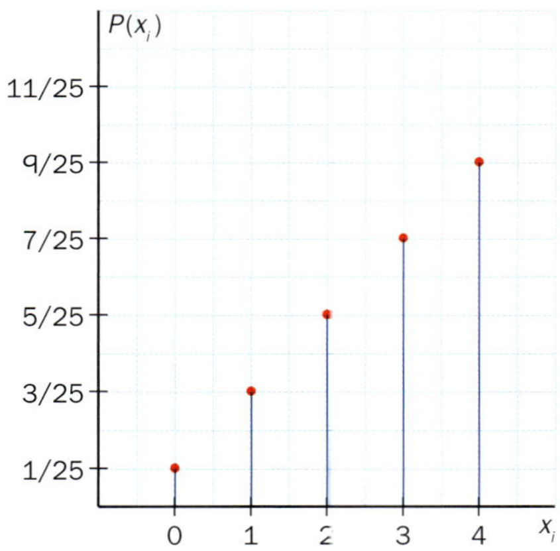

És molt interessant visualitzar la funció de probabilitat de les variables aleatòries discretes. Per fer-ho, el gràfic més habitual és el diagrama de barres, on es representen els valors de les variables en l'eix horitzontal i s'indiquen les corresponents probabilitats senyalant les altures en l'eix vertical. Així, la figura del marge esquerre recull la gràfica per a la funció de probabilitat de la variable aleatòria de l'Exemple 6.

Activitat resolta 2

La variable aleatòria *x* representa el nombre de clients que fan comandes en una empresa de comerç electrònic durant una hora determinada.

x_i	0	1	2	3	4	5	6
$P(x_i)$	0,05	0,2	0,15	0 25	0,25	*a*	0,05

a) Troba el valor de *a*.

b) Representa gràficament la funció de probabilitat.

c) Calcula la probabilitat que el nombre de clients que fan comandes no sigui més gran que quatre.

d) Quina és la probabilitat que oscil·li entre tres cinc, ambdós inclosos?

e) Què és més probable, que el nombre de clients que fan comandes sigui inferior a tres, o que sigui superior?

a) Per tal que $P(x)$ sigui una funció de probabilitat, la suma de probabilitats dels seus diferents valors ha de ser la unitat. Per tant:

$$P(0) + P(1) + P(2) + P(3) + P(4) + P(5) + P(6) = 1 \Rightarrow a = 0,05$$

b) El gràfic de la funció de probabilitat és:

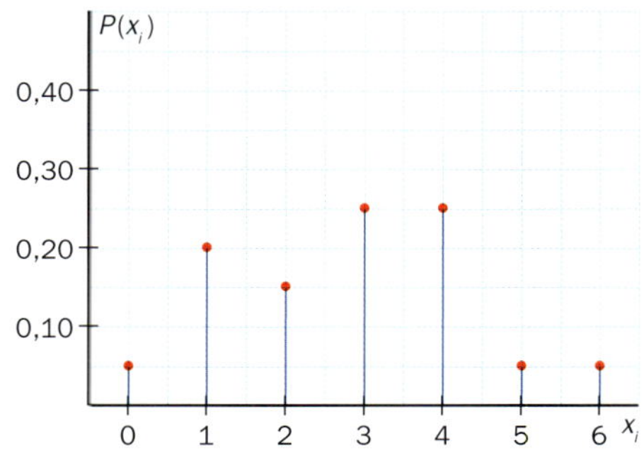

c) $P(x \le 4) = P(0) + P(1) + P(2) + P(3) + P(4) = 0,05 + 0,2 + 0,15 + 0,25 + 0,25 = 0,90$

d) $P(3 \le x \le 5) = P(3) + P(4) + P(5) = 0,25 + 0,25 + 0,05 = 0,55$

e) $P(x < 3) = P(0) + P(1) + P(2) = 0,05 + 0,2 + 0,15 = 0,4$

$P(x > 3) = P(4) + P(5) + P(6) = 0,25 + 0,05 + 0,05 = 0,35$

Per tant, és més probable que hi hagi menys de 3 clients que més de 3.

Activitats

4. La funció de probabilitat d'una variable aleatòria discreta és la següent:

x_i	0	1	2	3
$P(x_i)$	0,22	0,31	0,11	0,36

Representa-la gràficament i calcula $P(x < 2)$ i $P(1 \le x < 2)$.

5. Considera la variable aleatòria x que selecciona el resultat més gran en llançar els dos daus.

a) Representa-la gràficament.

b) Calcula $P(x < 1)$, $P(1 \le x < 2)$ i $P(0 < x \le 2)$.

3 Mitjana i desviació típica

Els mateixos conceptes de mitjana, variància i desviació típica estudiats en una distribució de freqüències resulten ara útils per descriure de forma numèrica la distribució de probabilitat d'una variable aleatòria discreta.

Mitjana o esperança matemàtica

La **mitjana, valor esperat o esperança matemàtica** d'una variable aleatòria té els seus orígens en els jocs d'atzar, a causa del fet que els jugadors volien saber quina era l'esperança que tenien de guanyar repetidament en un joc. Així, l'esperança matemàtica o guany esperat representa la quantitat de diners de mitjana que el jugador està disposat a guanyar o perdre després d'un nombre gran d'apostes.

Exemple 7. Imagina't que ens traslladem al segle XVI, en què la moneda més utilitzada era el maravedí. A un jugador li donen tres oportunitats per llançar-ne una fins que aparegui cara o creu, moment en què finalitza el joc. Si s'aconsegueix cara en el primer llançament, el jugador obté 16 maravedís; si ho fa en el segon, en guanya 8, i si ho fa en el tercer, 4. En cas de no obtenir cara en cap dels tres llançaments, perd 28 maravedís. Creus que repetint aquest joc un nombre considerable de cops acabaria guanyant?

L'esquema del joc el representarem mitjançant un diagrama d'arbre on hem col·locat en les branques les probabilitats respectives. Tot seguit, construïm la funció de probabilitat.

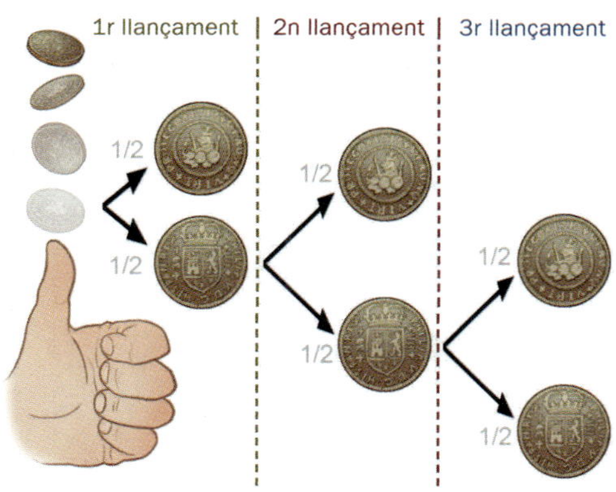

Successos	x_i	$P(x_i)$
C	16	$\frac{1}{2}$
+C	8	$\frac{1}{4}$
++C	4	$\frac{1}{8}$
+++	–28	$\frac{1}{8}$

Per trobar la mitjana d'una sèrie de dades, multipliquem els valors per les seves freqüències relatives. Així doncs, multipliquem aquests valors per les seves probabilitats respectives:

$$16 \cdot \frac{1}{2} + 8 \cdot \frac{1}{4} + 4 \cdot \frac{1}{8} - 28 \cdot \frac{1}{8} = 7$$

El valor mitjà o esperat d'aquest joc és un guany de set maravedís i, per tant, si repetim el joc un nombre considerable de cops, acabarem guanyant.

Punt d'interès

Si $P(x)$ és la funció de probabilitat d'una càrrega sobre una biga llarga i prima, aleshores μ és el punt en què la biga està en equilibri.

La **mitjana, valor esperat o esperança matemàtica** d'una variable aleatòria discreta, x, amb valors $x_1, x_2, \ldots, x_n$ i probabilitats $P(x_1), P(x_2), \ldots, P(x_n)$, es designa μ o $E[x]$ i és la suma dels productes dels valors de la variable per les seves probabilitats respectives:

$$\mu = E[x] = x \cdot P(x_1) + x_2 \cdot P(x_2) + \ldots + x_n \cdot P(x_n) = \sum_{i=1}^{n} x_i \cdot P(x_i)$$

Un joc es considera equitatiu si ni es guanya ni es perd, és a dir, si el guany mitjà o esperat és zero.

Variància i desviació típica

Un cop calculada la mitjana o el valor esperat d'una variable aleatòria, que descriu on es troba el centre de la distribució de probabilitat, cal analitzar quina forma té aquesta distribució, és a dir, quina és la variabilitat o dispersió de les dades al voltant de la mitjana. Per fer-ho, utilitzem la variància i la desviació típica.

Sigui x una variable aleatòria discreta amb valors x_1, x_2, ..., x_n i probabilitats $P(x_1), P(x_2), \ldots, P(x_n)$. Aleshores la **variància** de x es designa per σ^2 o $V[x]$ i és la suma de les probabilitats ponderades per les desviacions al quadrat respecte de la seva mitjana, és a dir:

$$\sigma^2 = V[x] = (x_1-\mu)^2 \cdot P(x_1) + (x_2-\mu)^2 \cdot P(x_2) + \ldots + (x_n-\mu)^2 \cdot P(x_n) = \sum_{i=1}^{n} (x_i-\mu)^2 \cdot P(x_i)$$

La **desviació típica** és l'arrel quadrada de la variància:

$$\sigma = \sqrt{V[x]} = \sqrt{\sum_{i=1}^{n} (x_i-\mu)^2 \cdot P(x_i)}$$

a)

x_i	0	1	2	3	4
$P(x_i)$	0,20	0,10	0,30	0,30	0,10

b)

x_i	1	2	3
$P(x_i)$	0,30	0,40	0,30

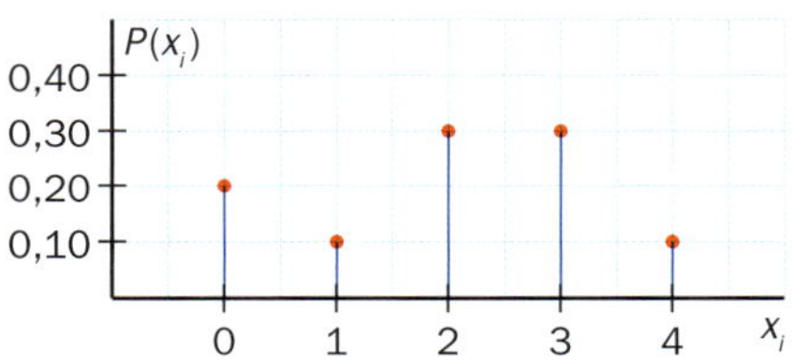

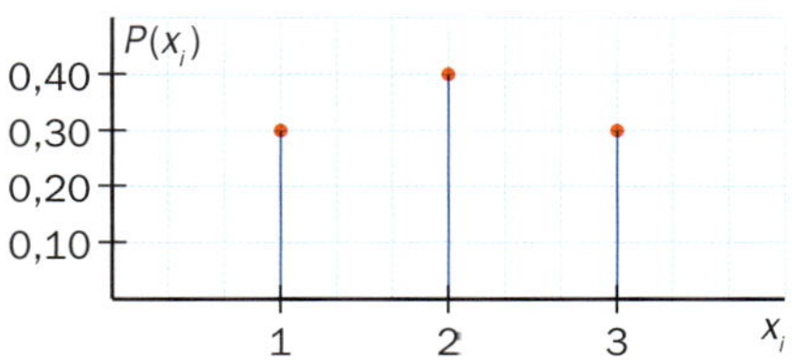

Exemple 8. Donades les següents distribucions de probabilitat, representa gràficament les funcions de probabilitat. Després comprova que les dues distribucions tenen la mateixa mitjana $\mu = 2$, però que *a)* té més dispersió que *b)*.

Les representacions gràfiques de les funcions de probabilitat podem observar-les en les figures del marge esquerre.

- En la distribució *a)* tenim que:

  Mitjana: $\mu = E[x] = 0 \cdot 0{,}20 + 1 \cdot 0{,}10 + 2 \cdot 0{,}30 + 3 \cdot 0{,}30 + 4 \cdot 0{,}10 = 2$

  Variància: $\sigma^2 = (0-2)^2 \cdot 0{,}20 + (1-2)^2 \cdot 0{,}10 + (2-2)^2 \cdot 0{,}30 + (3-2)^2 \cdot 0{,}30 + {}$
  $+ (4-2)^2 \cdot 0{,}10 = 1{,}6$

  Desviació típica $= \sigma = \sqrt{1{,}6} = 1{,}26$

- En la distribució *b)*, per altra banda, tenim que:

  Mitjana: $\mu = E[x] = 1 \cdot 0{,}30 + 2 \cdot 0{,}40 + 3 \cdot 0{,}30 = 2$

  Variància: $\sigma^2 = (1-2)^2 \cdot 0{,}30 + (2-2)^2 \cdot 0{,}40 + (3-2)^2 \cdot 0{,}30 = 0{,}6$

  Desviació típica: $\sigma = \sqrt{0{,}6} = 0{,}77$

Efectivament, ambdues distribucions de probabilitat tenen la mateixa mitjana, $\mu = 2$. Tanmateix, la desviació típica és més gran en *a)*, $\sigma = 1{,}26$, que en *b)*, $\sigma = 0{,}77$.

Si es desenvolupa l'expressió que defineix la variància d'una variable aleatòria x, s'arriba a una altra expressió que a vegades resulta més manejable:

$$\sigma^2 = V[x] = \sum_{i=1}^{n} (x_i-\mu)^2 \cdot P(x_i) = \sum_{i=1}^{n} x_i^2 \cdot P(x_i) + \sum_{i=1}^{n} \mu^2 \cdot P(x_i) - \sum_{i=1}^{n} 2x_i \cdot \mu \cdot P(x_i) =$$

$$= \sum_{i=1}^{n} x_i^2 \cdot P(x_i) + \mu^2 \sum_{i=1}^{n} P(x_i) - 2\mu \sum_{i=1}^{n} x_i \cdot P(x_i) = \sum_{i=1}^{n} x_i^2 \cdot P(x_i) + \mu^2 - 2\mu^2 = \sum_{i=1}^{n} x_i^2 \cdot P(x_i) - \mu^2$$

Anomenant ara $E[x^2] = \sum_{i=1}^{n} x_i^2 \cdot P(x_i)$, la variància i la desviació típica resulten, aleshores:

$$\sigma^2 = E[x^2] - \mu^2 \qquad \sigma = \sqrt{E[x^2] - \mu^2}$$

Amb freqüència s'utilitzen funcions lineals $y = ax + b$ per a les quals convé conèixer la manera de calcular la seva esperança matemàtica i la seva variància. Així:

Propietat 1: $E[ax+b] = a \cdot E[x] + b$

Propietat 2: $V[ax+b] = a^2 \cdot V[x]$

1 Pensa

Demostra les dues propietats de la mitjana i la variància.

Exemple 9. El nombre de clients que visiten una pàgina web durant un minut és una variable aleatòria *x* amb la següent distribució de probabilitat:

x_i	5	6	7	8	9	10
$P(x_i)$	0,06	0,12	0,21	0,26	0,25	0,10

a) **Calcula el nombre mitjà de clients que visiten aquesta pàgina web, així com la desviació típica.**

b) **El creador de la web rep per publicitat una part variable de 0,02 € per visita, més una part fixa de 3 €. Quin és el guany esperat per minut? I la desviació típica?**

a) El nombre mitjà de clients per minut que visiten aquesta pàgina web és:

$$\mu = E[x] = 5 \cdot 0{,}06 + 6 \cdot 0{,}12 + 7 \cdot 0{,}21 + 8 \cdot 0{,}26 + 9 \cdot 0{,}25 + 10 \cdot 0{,}10 = 7{,}82$$

Per trobar la desviació típica, prèviament calculem: $E\left[x^2\right] = \sum_{i=5}^{10} x_i^2 \cdot P(x_i)$

$$E\left[x^2\right] = 25 \cdot 0{,}06 + 36 \cdot 0{,}12 + 49 \cdot 0{,}21 + 64 \cdot 0{,}26 + 81 \cdot 0{,}25 + 100 \cdot 0{,}10 = 63$$

Per tant, la desviació típica és: $\sigma = \sqrt{E\left[x^2\right] - \mu^2} = \sqrt{63 - (7{,}82)^2} = \sqrt{1{,}8476} = 1{,}359$

b) El guany en euros per publicitat ve donat per la funció $y = 0{,}02x + 3$. Per tant, el guany esperat per minut és:

$$\mu_y = E[y] = E[0{,}02x + 3] = 0{,}02 \cdot E[x] + 3 = 0{,}02 \cdot 7{,}82 + 3 = 3{,}1564 \text{ €}$$

I la desviació típica: $\sigma_y = \sqrt{V[0{,}02x + 3]} = \sqrt{(0{,}02)^2 \cdot V[x]} = \sqrt{0{,}0004 \cdot 1{,}8476} = 0{,}027 \text{ €}$

Activitat resolta 3

Una empresa de productes de bellesa traurà al mercat dos nous productes: Arrugatis i Rinoni. Amb el primer producte, s'estima un guany anual d'un milió d'euros amb una probabilitat de 0,7, i un guany de dos milions d'euros amb una probabilitat de 0,3. Per la seva banda, amb el segon producte hi ha una probabilitat de 0,6 de guanyar un milió d'euros, i de 0,4 de guanyar dos milions d'euros. Per qüestions d'estratègia comercial, la directora de vendes decideix treure al mercat només un dels dos productes. Quina hauria de ser la seva elecció?

Siguin *a* i *r* les variables aleatòries que representen els guanys d'Arrugatis i Rinoni, respectivament. Calculem, en primer lloc, el guany esperat per a ambdós productes:

$$E[a] = 1 \cdot 0{,}7 + 2 \cdot 0{,}3 = 1{,}3 \text{ milions d'euros}$$

$$E[a] = 1 \cdot 0{,}6 + 2 \cdot 0{,}4 = 1{,}4 \text{ milions d'euros}$$

El guany esperat amb el producte Rinoni és 100 000 euros més gran. Tanmateix, com que és una diferència tan petita, hem d'analitzar la variabilitat de cadascun dels productes:

$$E\left[a^2\right] = 1 \cdot 0{,}7 + 4 \cdot 0{,}3 = 1{,}9 \qquad E\left[r^2\right] = 1 \cdot 0{,}6 + 4 \cdot 0{,}4 = 2{,}2$$

$$\sigma_a = \sqrt{1{,}9 - (1{,}3)^2} = 0{,}458 \qquad \sigma_r = \sqrt{2{,}2 - (1{,}4)^2} = 0{,}490$$

La variabilitat de Rinoni és superior a la d'Arrugati. Per tant, es corre menys risc si es treu al mercat el producte Arrugati malgrat que el guany esperat sigui una mica inferior.

Activitats

6. El nombre de missatges enviats per correu electrònic durant una hora per ordinador presenta la següent funció de probabilitat:

x_i	0	1	2	3	4
$P(x_i)$	0,05	0,10	0,15	k	0,30

a) Determina el valor de k.

b) Calcula el nombre mitjà de missatges enviats per hora i la seva desviació típica.

7. Segons la informació facilitada per l'ajuntament d'un municipi, el nombre d'infraccions comeses durant l'últim any pels motoristes d'entre 16 i 25 anys ve donat per la següent funció de probabilitat:

x_i	0	1	2	3
$P(x_i)$	0,55	0,25	0,15	0,05

Determina el nombre mitjà d'infraccions anuals per aquest grup de motoristes. Presenta gaire variabilitat?

4 Distribució binomial

Hi ha moltes situacions en què diversos experiments aleatoris presenten un mateix comportament general: només admeten dos resultats possibles. Així, per exemple:

- En llançar una moneda enlaire, pot sortir cara o creu.
- En llançar un dau, pot sortir un 5 o no.
- En un hospital, un nadó acabat de néixer pot ser nen o nena.
- Una persona adulta pot tenir treball o no.
- En unes eleccions municipals, un partit polític pot guanyar o no fer-ho.
- En una pregunta d'un examen de tipus test amb tres opcions possibles, algú pot marcar la resposta correcta o no.
- En seleccionar una taronja d'una caixa, la peça pot estar defectuosa o en bon estat.

Assaig de Bernoulli

Un experiment aleatori que ofereixi dos resultats possibles, designats sovint com a «èxit» i «fracàs», respectivament, es denomina **assaig o procés de Bernoulli.**

Si p és la probabilitat d'èxit i $q = 1 - p$ la probabilitat de fracàs d'un experiment, aleshores la variable aleatòria discreta x, que pren el valor 1 en cas d'èxit i el valor 0 en cas de fracàs, s'anomena **distribució de Bernoulli** i té per funció de probabilitat:

Resultat	Èxit	Fracàs
Valors de la variable x_i	1	0
Probabilitats $P(x_i)$	p	$q = 1 - p$

Tots els exemples esmentats anteriorment són assajos de Bernoulli.

Observa que els termes èxit i fracàs són etiquetes que poden resultar enganyoses. Així, quan s'analitza, per exemple, si un article està o no defectuós, pot ser interessant considerar com a èxit que estigui defectuós; tanmateix, en altres ocasions això pot considerar-se com a fracàs. Tot depèn de la definició de la variable objecte d'estudi.

D'altra banda, el fet que per a cada assaig es pugui definir un èxit i un fracàs no significa que l'assaig ofereixi només dos resultats possibles, sinó que aquests es poden dividir en resultats dicotòmics. Per exemple, en llançar un dau existeixen sis possibles resultats, però si només ens interessa analitzar si apareix un 5 (resultat que es considerarà com un èxit), els altres cinc possibles resultats seran considerats un fracàs.

- La mitjana o esperança matemàtica de la distribució de Bernoulli és:

$$\mu = E[x] = 0 \cdot (1-p) + 1 \cdot p = p$$

I com que $E[x^2] = 0^2 \cdot (1-p) + 1^2 \cdot p = p$, aleshores la variància resulta:

$$\sigma^2 = V[x] = E[x^2] - \mu^2 = p - p^2 = p(1-p) = pq$$

Exemple 10. Respondre una pregunta d'un examen de tipus test amb tres opcions possibles constitueix un assaig de Bernoulli. Quines són les probabilitats d'èxit i de fracàs? Quina és la mitjana i la desviació típica de la distribució de Bernoulli?

A l'hora de respondre la pregunta, poden donar-se dos resultats possibles: marcar la resposta correcta, fet que anomenarem èxit, o marcar alguna de les respostes incorrectes, fet que anomenarem fracàs. Així: $P(\text{èxit}) = \frac{1}{3}$; $P(\text{fracàs}) = \frac{2}{3}$

La mitjana és: $\mu = p = \frac{1}{3}$, i la desviació típica: $\sigma = \sqrt{pq} = \sqrt{\frac{1}{3} \cdot \frac{2}{3}} = \frac{\sqrt{2}}{3} = 0{,}47$.

Distribució binomial

La distribució binomial és una de les distribucions directes més útils i amb més aplicacions en el camp de les ciències socials. Així, un economista pot estar interessat en l'estudi de diferents índexs i taxes econòmiques, o en el control de qualitat de qualsevol línia de producció; un sociòleg, en els estudis d'opinió; un psicòleg, en l'elaboració i l'anàlisi de test sobre el comportament humà; o un politòleg, en els sondeigs electorals.

Exemple 11. Una bossa conté dues boles blanques i tres negres. Traiem a l'atzar una bola, i després d'haver observat el seu color, la introduïm de nou a la bossa per tornar a treure una bola. Quina és la probabilitat que cap de les dues boles que hem tret sigui blanca? I la probabilitat que una d'elles ho sigui? Quina és la probabilitat que totes dues siguin blanques?

En el marge dret figura el diagrama d'arbre associat a aquest experiment aleatori, amb els successos i les probabilitats respectius. Es tracta de comptar el nombre de boles blanques extretes de la bossa en les dues extraccions amb reemplaçament, és a dir, en dos assaigs de Bernoulli independents.

Considerem la variable aleatòria x = «nombre de boles blanques extretes de la bossa», en què x pren els valors 0, 1 i 2. L'èxit consisteix aleshores a extreure una bola blanca, mentre que el fracàs seria no extreure una bola blanca, és a dir, extreure una bola negra. Així, la probabilitat d'extreure una bola blanca (èxit) és $p=\frac{2}{5}$, i per tant la probabilitat de no obtenir una bola blanca (fracàs) és $q=1-p=1-\frac{2}{5}=\frac{3}{5}$.

De la funció de probabilitat de la variable aleatòria x que figura al marge en podem saber les probabilitats d'obtenir cap, una o dues boles blanques en extreure de la bossa dues boles amb reemplaçament: $P(x=0)=\frac{9}{25}$, $P(x=1)=\frac{12}{25}$, $P(x=2)=\frac{4}{25}$.

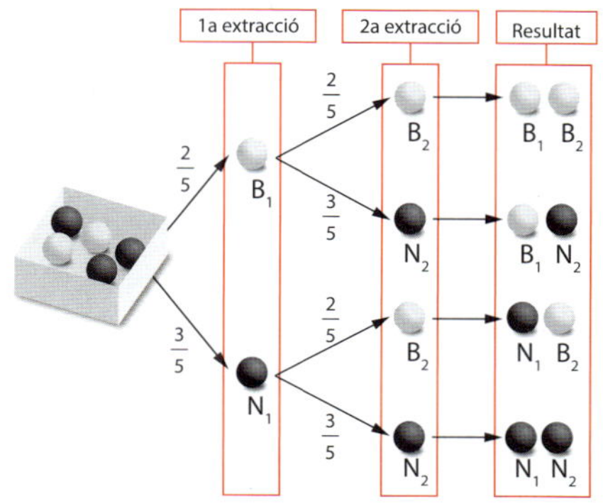

Successos	x_i	$P(x_i)$
N_1N_2	0	$\frac{9}{25}$
B_1N_2 N_1B_2	1	$\frac{12}{25}$
B_1B_2	2	$\frac{4}{25}$

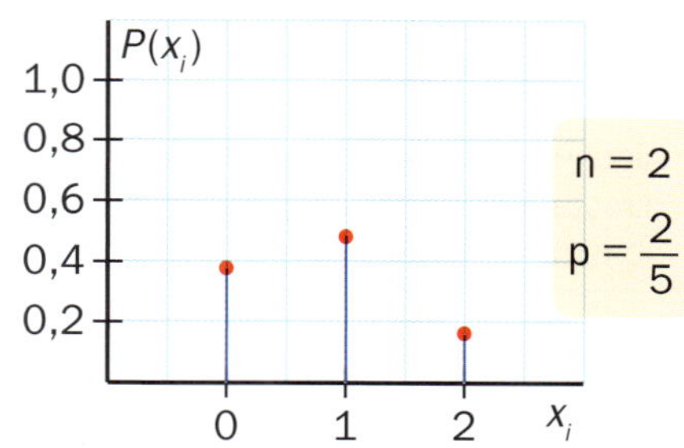

Si s'ampliés el nombre de boles en la bossa i es fes un nombre més elevat d'extraccions, el procediment utilitzat en l'exemple anterior resultaria complex i inadequat; per fer-ho, seria necessari conèixer en el seu lloc la distribució binomial que facilita la resolució de problemes com aquest.

Un **experiment binomial** és un experiment aleatori que consta de (...) assaigs repetits de Bernoulli tals que:

- Els assaigs són independents, és a dir, el resultat d'un assaig particular no influeix en el resultat de la resta.
- Cada assaig pot classificar-se en dos resultats possibles, anomenats «èxit» i «fracàs».
- La probabilitat d'èxit associada a cada assaig continua constant i es designa p. Per tant, la probabilitat de fracàs és $q=1-p$.

La variable aleatòria discreta x que compta el nombre d'èxits obtinguts en n assaigs repetits de Bernoulli té per funció de probabilitat:

$$P(x)=\binom{n}{x}\cdot p^x\cdot q^{n-x} \qquad x=0,1,2,\ldots,n$$

I es denomina **distribució binomial** de paràmetres n i p. En forma abreujada, s'escriu $B(n,p)$.

Punt d'interès

L'adjectiu «binomial» es refereix al desenvolupament dels termes del binomi:

$$(p+q)^n=\sum_{x=0}^{n}\binom{n}{x}p^x q^{n-x}$$

Per indicar que una variable aleatòria x segueix una distribució binomial $B(n,p)$ s'utilitza l'expressió: $x\sim B(n,p)$. La funció de probabilitat binomial de l'Exemple 9 és $P(x)=\binom{2}{x}\cdot\left(\frac{2}{5}\right)^x\cdot\left(\frac{3}{5}\right)^{2-x}$, $x=0,1,2$. Per tant:

$$P(0)=\binom{2}{0}\cdot\left(\frac{2}{5}\right)^0\cdot\left(\frac{3}{5}\right)^2=\frac{9}{25};\ P(1)=\binom{2}{1}\cdot\left(\frac{2}{5}\right)^1\cdot\left(\frac{3}{5}\right)^1=\frac{12}{25};\ P(2)=\binom{2}{2}\cdot\left(\frac{2}{5}\right)^2\cdot\left(\frac{3}{5}\right)^0=\frac{4}{25}$$

Exemple 12. **La Laura i la Maria jugaran cinc partits de tenis el proper mes. Per experiències anteriors, la Laura té el doble de probabilitats que la Maria de guanyar cadascun dels partits. Troba la probabilitat que la Laura guanyi *a)* un partit; *b)* almenys dos partits; *c)* més de tres partits.**

En aquesta ocasió es tracta també d'un experiment binomial. Sigui la variable aleatòria x = «nombre de partits que guanya la Laura», i sigui p = «probabilitat que la Laura guanyi un partit». Com que $p + q = 1$ i $p = 2q$, aleshores $p = 2/3$; per tant, $q = 1/3$. En total es jugaran cinc partits, és a dir, $n = 5$. Per tant, x segueix una distribució binomial de paràmetres $n = 5$ i $p = 2/3$, és a dir, $x \sim B\left(5, \frac{2}{3}\right)$. La funció de probabilitat és: $P(x) = \binom{5}{x}\left(\frac{2}{3}\right)^x\left(\frac{1}{3}\right)^{5-x}$, $x = 0, 1, 2, \ldots, 5$.

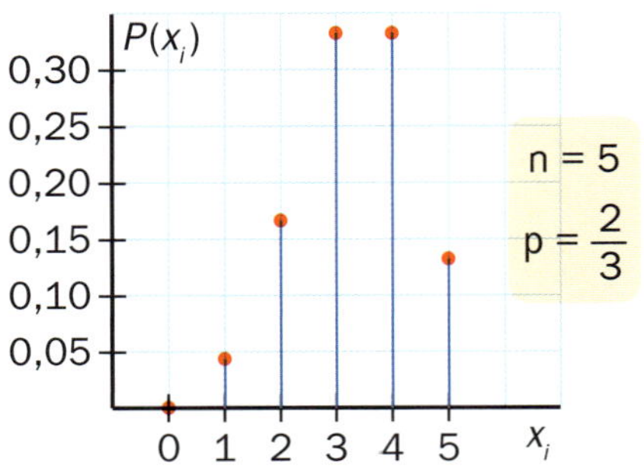

a) $P(x = 1) = P(1) = \binom{5}{1}\left(\frac{2}{3}\right)^1\left(\frac{1}{3}\right)^4 = 0{,}0412$ és la probabilitat que té la Laura de guanyar un partit.

b) $P(x \geq 2) = 1 - P(x < 2) = 1 - [P(0) + P(1)] = 1 - \left[\binom{5}{0}\left(\frac{2}{3}\right)^0\left(\frac{1}{3}\right)^5 + \binom{5}{1}\left(\frac{2}{3}\right)^1\left(\frac{1}{3}\right)^4\right] =$
$= 0{,}9547$ és la probabilitat que la Laura guanyi dos partits.

c) $P(x > 3) = P(4) + P(5) = \binom{5}{4}\left(\frac{2}{3}\right)^4\left(\frac{1}{3}\right)^1 + \binom{5}{5}\left(\frac{2}{3}\right)^5\left(\frac{1}{3}\right)^0 = 0{,}4609$ és la probabilitat que la Laura guanyi més de tres partits.

- Vegem com es comporta gràficament la funció de probabilitat d'una distribució binomial. La forma de la distribució depèn fonamentalment del valor de p. Així, un cop fixat el valor de n, la distribució és asimètrica cap a la dreta per a valors de p inferiors a 0,5, perfectament simètrica si $p = 0{,}5$, i asimètrica cap a l'esquerra per a valors de p superiors a 0,5.

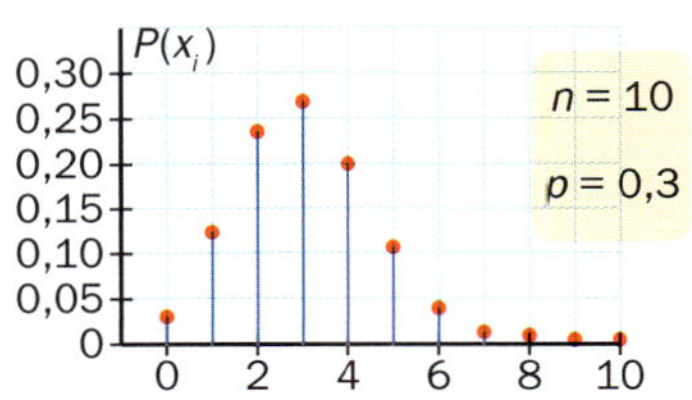

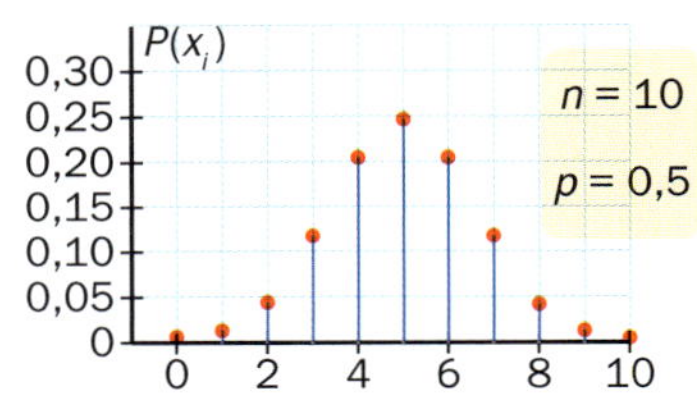

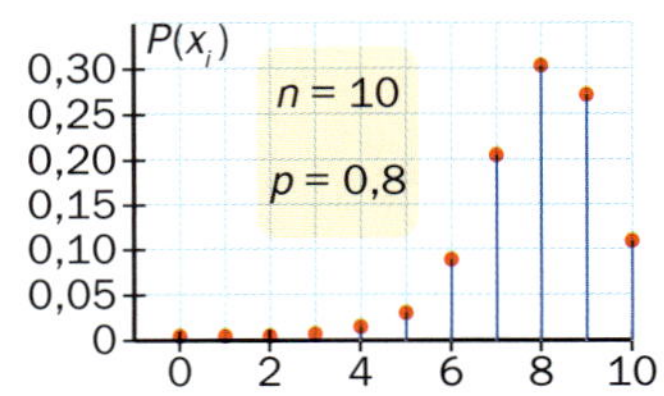

Punt d'interès

Algunes calculadores permeten trobar directament valors de la distribució binomial.

Per altra banda, per a un valor fix de p, la distribució binomial es fa més simètrica segons augmenta el valor de n.

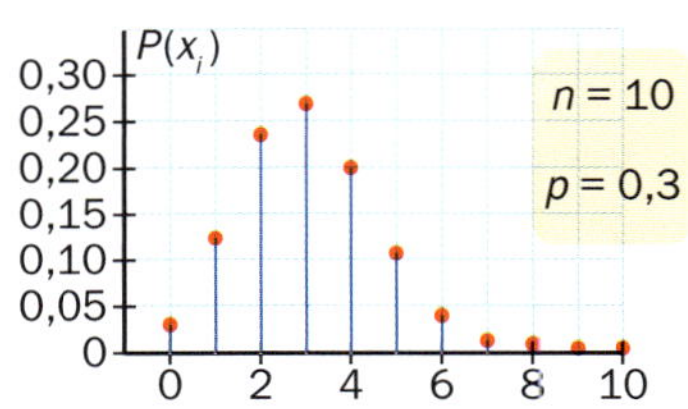

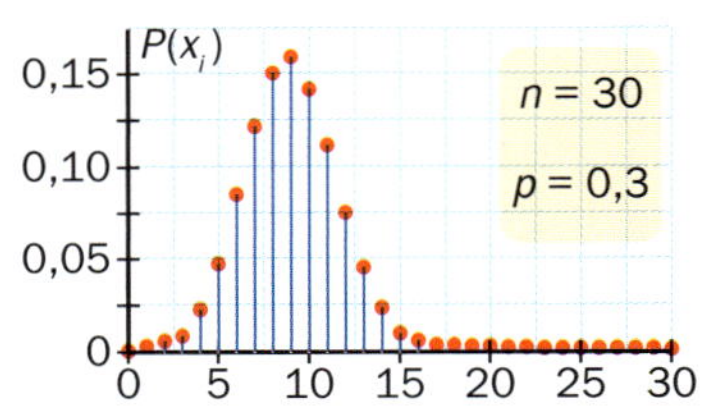

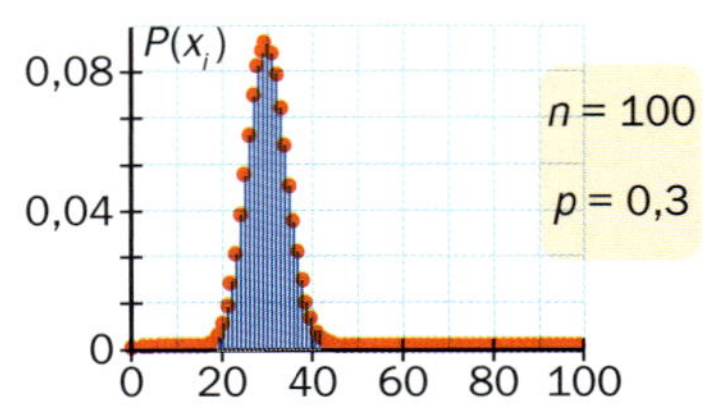

Mitjana i variància de la distribució binomial

Una distribució binomial consisteix en n assajos independents de Bernoulli i, per tant, és poden considerar les n variables $x_1, x_2, \ldots, x_n$.

Així, la mitjana de la distribució binomial és:

$$\mu = E[x] = E[x_1 + x_2 + \ldots + x_n] = E[x_1] + E[x_2] + \ldots + E[x_n] = \overbrace{p + p + \ldots + p}^{n} = np$$

$$\mu = np$$

La variància i la desviació típica són:

$$\sigma^2 = V[x] = V[x_1 + x_2 + \ldots + x_n] = V[x_1] + V[x_2] + \ldots + V[x_n] = \overbrace{pq + pq + \ldots + pq}^{n} = npq$$

$$\sigma = \sqrt{npq}$$

Exemple 13. **En un restaurant situat en un centre tecnològic, el 70 % de la clientela fa els pagaments a través del mòbil. Si seleccionem a l'atzar vint clients, quin és el nombre mitjà d'ells que paguen amb el mòbil? I la desviació típica?**

Si la variable aleatòria x representa «el nombre de clients que paguen amb el mòbil», i p la probabilitat que un client faci el pagament a través del mòbil, aleshores x segueix una distribució binomial de paràmetres $n = 20$ i $p = 0{,}70$, és a dir, $B(20,\ 0{,}70)$. Per tant, el nombre mitjà de clients que fan el pagament amb mòbil és: $\mu = np = 20 \cdot 0{,}70 = 14$.

I la desviació típica val:

$$\sigma = \sqrt{npq} = \sqrt{20 \cdot 0{,}7 \cdot 0{,}3} = 2{,}05$$

Activitat resolta 4

En nombroses ocasions, en intentar contactar amb una companyia telefònica podem tenir converses absurdes amb màquines. Si aconseguim superar la primera fase i ens passen amb un operador, en el 40 % de les ocasions tots estan ocupats i no poden atendre'ns. Si es reben 10 trucades de forma independent en aquesta companyia.

a) Quina és la probabilitat que tots els operadors estiguin ocupats en dues de les deu trucades?

b) Quina és la probabilitat que tots els operadors estiguin ocupats en almenys dues de les trucades?

c) Calcula el nombre esperat de trucades en què tots els operadors estiguin ocupats.

L'experiment aleatori consisteix a fer 10 assaigs independents de Bernoulli.

Si considerem la variable aleatòria x = «nombre de trucades fetes en què tots els operadors estiguin ocupats» i p la probabilitat que això passi, aleshores x segueix una distribució binomial de paràmetres $n = 10$ i $p = 0{,}4$. És a dir, $x \sim B(10{,}0{,}4)$, amb una funció de probabilitat que és:

$$P(x) = \binom{10}{x}(0{,}4)^x(0{,}6)^{10-x} \qquad x = 0,\ 1,\ 2,\ \ldots,\ 10$$

a) La probabilitat que tots els operadors estiguin ocupats en dues de les deu trucades és:

$$P(x = 2) = \binom{10}{2}(0{,}4)^2(0{,}6)^8 = 0{,}1209$$

b) La probabilitat que tots els operadors estiguin ocupats en almenys dues de les trucades és:

$$P(x \geq 2) = 1 - P(x < 2) = 1 - [P(0) + P(1)] =$$

$$= 1 - \left[\binom{10}{0}(0{,}4)^0(0{,}6)^{10} + \binom{10}{1}(0{,}4)^1(0{,}6)^9\right] = 0{,}9536$$

c) Ens demanen la mitjana o esperança matemàtica. Així:

$$\mu = np = 10 \cdot 0{,}4 = 4$$

El nombre esperat de trucades en què tots els operadors estiguin ocupats és de 4.

Activitats

8. Una empresa fabrica components per a ordinador i té un percentatge d'unitats defectuoses en la seva fabricació del 5 %. El seu principal client li encarrega una comanda de 200 components. Aquest client sempre fa un control de qualitat seleccionant una mostra aleatòria de 10 components i, si conté dues o més unitats defectuoses, retorna la comanda. Quina probabilitat hi ha que el client retorni la comanda?

9. La taxa d'atur en una determinada comunitat autònoma és del 12 %. Es fa una enquesta a 20 persones d'aquesta comunitat.

a) Quina és la probabilitat que cap d'elles estigui a l'atur?

b) Quina és la probabilitat que almenys dues estiguin a l'atur?

c) Quin és el nombre esperat d'aturats i la desviació típica de la mostra?

10. Una parella decideix tenir tres fills. Admetent que la probabilitat de tenir una nena és la mateixa que la de tenir un nen, quina és la probabilitat que tinguin més nenes que nens?

11. En un país de la UE el 7 % dels vehicles en circulació són elèctrics. S'escull una mostra aleatòria de 8 vehicles. Quina és la probabilitat que…

a) … cap so sigui elèctric?

b) … exactament dos siguin elèctrics?

c) … almenys dos siguin elèctrics?

d) … més de la meitat siguin elèctrics?

5 Funció de densitat

Segons el que hem estudiat fins ara, si el rang de valors d'una variable aleatòria és un interval de nombres reals, es tracta d'una variable aleatòria contínua, com per exemple la duració d'una pel·lícula o l'alçada d'una persona.

L'equivalent per a una variable aleatòria contínua, en la funció de probabilitat d'una variable aleatòria discreta, és l'anomenada funció de densitat.

S'anomena **funció de densitat,** i es designa $f(x)$, la funció que associa a cada valor de la variable aleatòria x la seva probabilitat i verifica les següents condicions:

1. $f(x) \geq 0$ per a tot x de l'interval en què està definida la variable.

2. L'àrea tancada per la corba de la funció de densitat és igual a la unitat.

Podem interpretar la funció de densitat com la corba límit que s'obté en l'histograma d'una distribució disminuint indefinidament l'amplitud de cada interval.

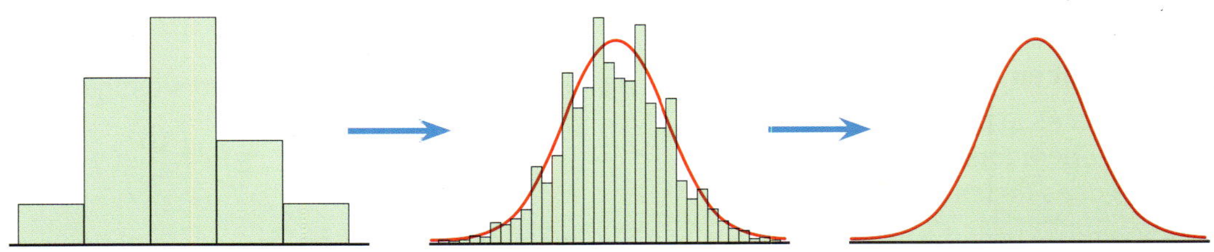

Exemple 14. Comprova que $f(x) = 1 - \frac{x}{2}$, per a $0 < x < 2$, és una funció de densitat d'una variable aleatòria contínua x.

En primer lloc, representem la gràfica de la funció de densitat en l'interval de definició, ja que se sobreentén que per a la resta de valors la funció s'anul·la.

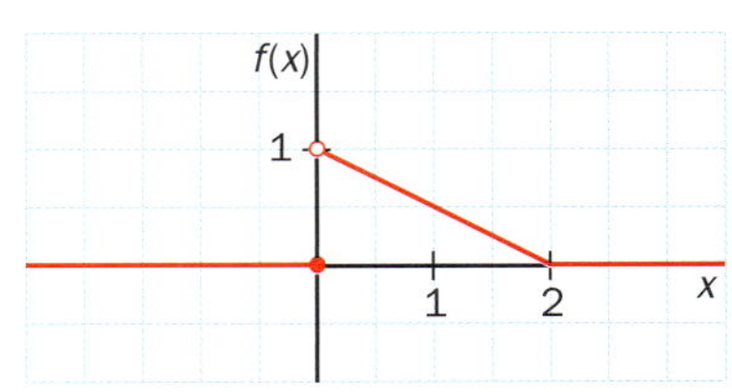

$f(x) \geq 0$ en l'interval (0,2) i, a més, l'àrea del triangle dibuixat per la gràfica és 1. Per tant, es tracta, efectivament, d'una funció de densitat.

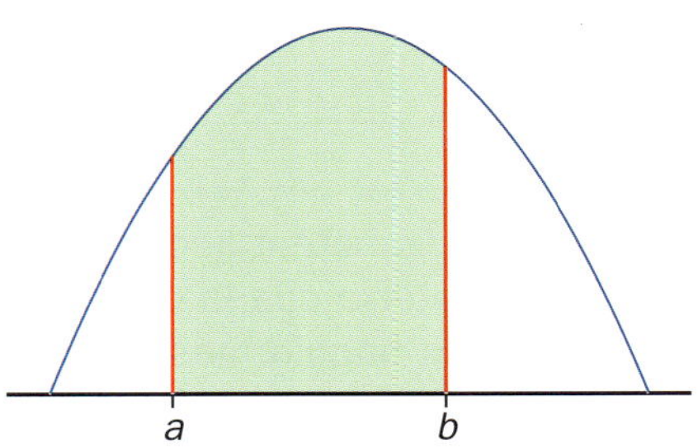

$P(a \leq x \leq b)$

La funció de densitat $f(x)$ permet calcular àrees que representen probabilitats. Així, la probabilitat que la variable aleatòria x prengui un valor comprès entre a i b representa l'àrea tancada per la funció de densitat entre les rectes $x = a$, $x = b$ i l'eix horitzontal.

$$P(a \leq x \leq b) = \text{àrea de la figura.}$$

De manera anàloga, la probabilitat que x prengui un valor menor que a representa l'àrea tancada sota la corba a l'esquerra de $x = a$.

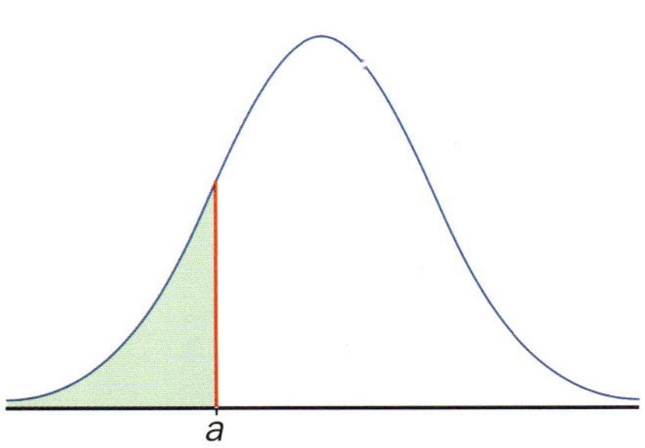

$P(x < a)$

El fet que la funció de densitat permeti calcular probabilitats d'un interval mitjançant àrees permet deduir que la probabilitat en qualsevol punt concret d'una variable aleatòria contínua és zero, ja que un sol punt no defineix cap àrea.

$$P(x = a) = 0$$

Per tant, és indiferent si l'interval inclou o no un extrem, és a dir, si és tancat o obert, a efectes del càlcul de probabilitats. Recorda que això no és així quan una variable es discreta.

$$P(a < x < b) = P(a \leq x < b) = P(a < x \leq b) = P(a \leq x \leq b)$$

Exemple 15. Una professora té per costum acabar les seves classes entre un i cinc minuts més tard de l'horari establert, cosa que inquieta els seus estudiants. La variable aleatòria *x*, que representa «el temps en minuts que es retarda aquesta profesora», té com a funció de densitat:

$$f(x)=\begin{cases}\dfrac{x}{12}, & 1\le x\le 5\\ 0, & \text{resta}\end{cases}$$

a) **Representa la funció $f(x)$.**

b) **Quina és la probabilitat que es retardi menys de quatre minuts?**

c) **Quina és la probabilitat que es retardi entre dos i quatre minuts?**

d) **Quina és la probabilitat que es retardi més de cinc minuts?**

a) La gràfica de la funció de probabilitat és:

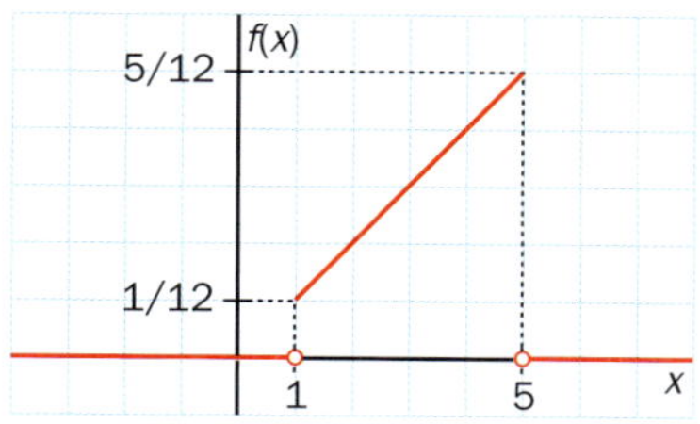

b) Per trobar la probabilitat que es retardi menys de quatre minuts podem restar les àrees dels dos triangles de la figura:

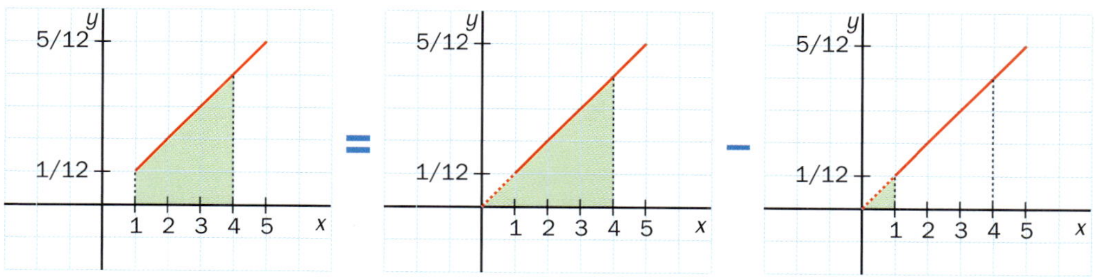

$$P(x<4)=\frac{4\cdot\frac{4}{12}}{2}-\frac{1\cdot\frac{1}{12}}{2}=\frac{15}{24}=\frac{5}{8}=0{,}625$$

c) De forma anàloga:

$$P(2\le x\le 4)=\frac{4\cdot\frac{4}{12}}{2}-\frac{2\cdot\frac{2}{12}}{2}=\frac{1}{2}=0{,}5$$

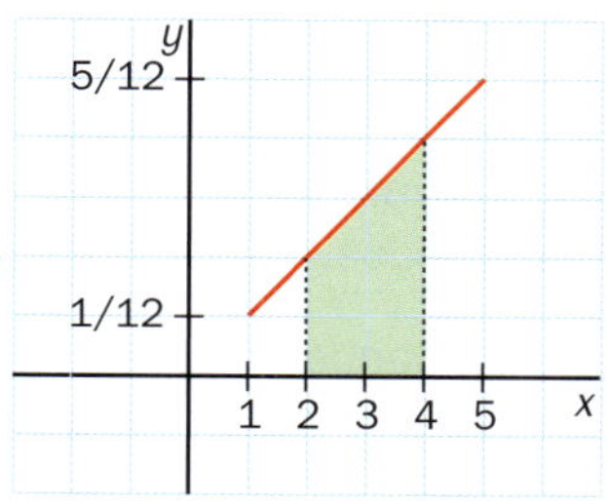

d) La probabilitat que es retardi més de cinc minuts està representada fora del recinte i, per tant, val zero:

$$P(x>5)=0$$

Activitats

12. És $f(x)=\frac{2}{5}x+\frac{4}{5}$, per a $0\le x\le 1$, una funció de densitat de la variable aleatòria contínua x? En cas afirmatiu, calcula $P(x<0{,}25)$, $P(0{,}25<x<0{,}60)$ i $P(x>0{,}75)$.

13. Troba el valor de k necessari per tal que

$$f(x)=k+x,\ 0\le x\le 1$$

sigui una funció de densitat de la variable aleatòria contínua x.

14. El semàfor d'un pas de vianants està en vermell durant 30 segons. Una persona hi arriba a l'atzar i el troba en vermell. Sigui x la variable aleatòria que mesura el temps en segons que una persona ha d'esperar fins que el semàfor es posa verd, amb una funció de densitat que és:

$$f(x)=\frac{1}{30},\ 0\le x\le 30$$

Quina és la probabilitat d'esperar més de deu segons fins a poder travessar? I menys de cinc segons?

6 Distribució normal

Sens dubte, la distribució contínua més utilitzada i important és la **distribució normal o gaussiana,** que va ser introduïda per Gauss a principis del segle XIX quan estudiava els errors comesos en mesuraments repetits d'una mateixa quantitat. Un gran nombre de processos es poden modelar mitjançant aquesta distribució, com per exemple mesures físiques del cos humà com l'alçada o el pes, característiques psicològiques tals com el quocient d'intel·ligència, dades meteorològiques com la temperatura o les precipitacions, els salaris en l'àmbit de l'economia, els controls de qualitat en els processos industrials...

Encara que la distribució sigui discreta, la corba normal sovint és una excel·lent aproximació d'aquesta. A més, malgrat que les variables individuals no segueixin una distribució normal, les noves variables definides en condicions adequades, com les sumes i les mitjanes d'aquestes variables, tendeixen a adoptar una distribució normal.

Una variable aleatòria contínua x segueix una **distribució normal** de mitjana μ i desviació típica σ, s'expressa com $N(\mu, \sigma)$ i té per funció de densitat:

$$f(x) = \frac{1}{\sigma\sqrt{2\pi}} e^{-\frac{(x-\mu)^2}{2\sigma^2}} \qquad -\infty < x < +\infty$$

Punt d'interès

El 1733, el matemàtic francès De Moivre va introduir la distribució normal per estudiar els resultats de certs jocs d'atzar.

Durant un cert temps, el treball de De Moivre es va perdre, i Gauss va desenvolupar aquesta distribució de manera independent gairebé cent anys després. Per aquest motiu, la distribució normal també es coneix amb el nom de gaussiana o de Gauss.

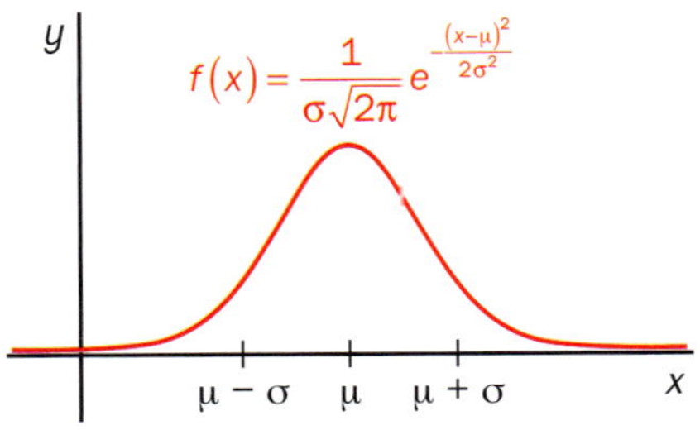

Per indicar que una variable aleatòria x segueix una distribució normal $N(\mu, \sigma)$ es fa servir l'expressió $x \sim N(\mu, \sigma)$.

Aquesta funció de densitat té les següents característiques:

- És una corba simètrica amb forma de campana, un màxim en $x = \mu$ i dos punts d'inflexió en $x = \mu \pm \sigma$.
- S'aproxima a l'eix horitzontal de manera asimptòtica segons s'allunya de la mitjana en ambdós sentits de l'eix horitzontal.
- L'àrea tancada entre la corba i l'eix horitzontal és igual a 1, com en tota funció de densitat.

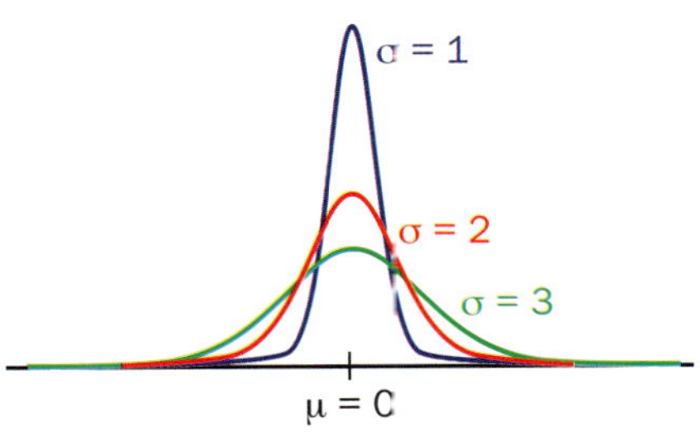

Un cop fixada la mitjana, per a valors grans de les desviacions típiques les gràfiques estan força aixafades i són més amples, mentre que per a valors petits es donen gràfiques més punxegudes.

D'altra banda, si es fixa la desviació típica, en augmentar la mitjana es produeix una translació cap a la dreta amb valor l'esmentat augment de la mitjana; per altra banda, en disminuir la mitjana es produeix una translació cap a l'esquerra.

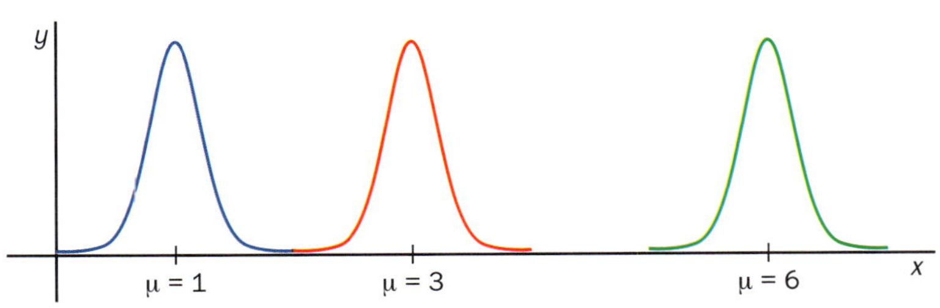

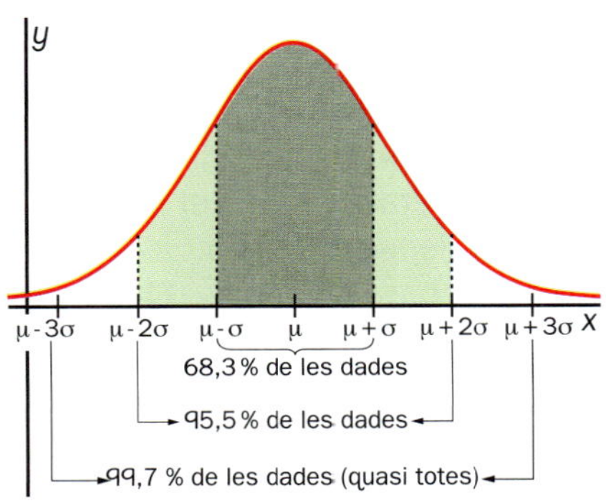

La major part de l'àrea sota una corba normal es troba molt propera a la mitjana μ, i hi ha molt pocs valors extrems. De fet, per a qualsevol corba normal es compleixen aquestes regles:

- El 68,27 % de l'àrea sota la corba normal es troba entre $\mu - \sigma$ i $\mu + \sigma$.
- El 95,45 % de l'àrea sota la corba normal es troba entre $\mu - 2\sigma$ i $\mu + 2\sigma$.
- El 99,73 % de l'àrea sota la corba normal es troba entre $\mu - 3\sigma$ i $\mu + 3\sigma$.

Observa que l'àrea sota la funció de densitat normal allunyada de $\pm 3\sigma$ és molt petita, propera a zero.

Exemple 16. Segons un estudi de la indústria tèxtil, l'alçada mitjana dels joves espanyols entre 18 i 34 anys segueix una llei normal de mitjana 175,3 cm i desviació típica 6,2 cm. Utilitza la regla anterior per classificar les alçades d'aquests joves.

- El 68,27 % dels joves té una alçada compresa entre 169,1 i 181,5 cm.
- El 95,45 %, entre 162,9 i 187 cm.
- El 99,73 %, entre 156,7 i 193,9 cm.

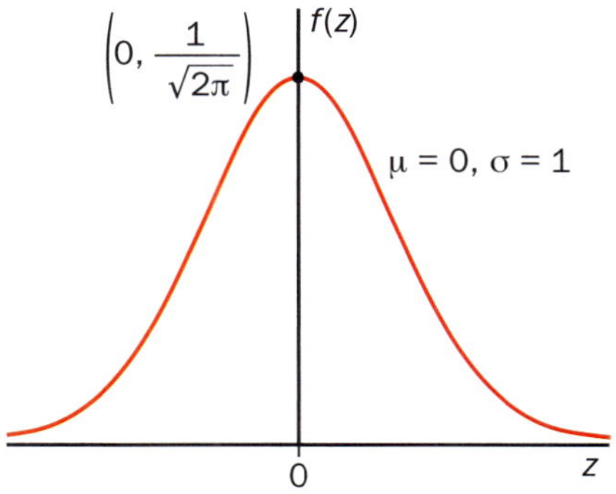

La variable normal amb mitjana $\mu = 0$ i desviació típica $\sigma = 1$, és a dir, $N(0,1)$, s'anomena variable aleatòria **normal estàndard,** es designa z i té com a funció de densitat:

$$f(z) = \frac{1}{\sqrt{2\pi}} e^{-\frac{z^2}{2}} \qquad -\infty < z < +\infty$$

Això pot expressar-se així: $z \sim N(0,1)$.

La distribució normal estàndard, $N(0,1)$, tabulada, és per tant una distribució de referència per obtenir informació de qualsevol altra distribució normal. En la pàgina 287 hi figura la taula de la distribució $N(0,1)$, que permet trobar probabilitats de la forma $P(z \leq k)$, és a dir, trobar l'àrea sota la corba a l'esquerra d'un valor positiu k.

Els següents exemples mostren com utilitzar la taula de distribució normal $N(0,1)$:

Exemple 17. Determina les següents probabilitats en la distribució $N(0,1)$:

a) $P(z \leq 1{,}26)$ ***b)*** $P(z > 1{,}26)$ ***c)*** $P(z < -0{,}24)$

d) $P(0{,}21 \leq z \leq 1{,}35)$ ***e)*** $P(-1{,}23 < z < 2{,}16)$

z	0,00 ··· **0,06** ...
0,0	⋮
⋮	⋮
1,2	... ... **0,8962**
⋮	

a) Llegim la primera columna (z) de la taula fins a la fila en què figura el valor **1,2.** A continuació, busquem la columna corresponent al dígit de les centèsimes, en el nostre cas **0,06.** La intersecció de la fila i la columna anteriors dona com a resultat **0,8962,** que és la probabilitat buscada: $P(z \leq 1{,}26) = 0{,}8962$.

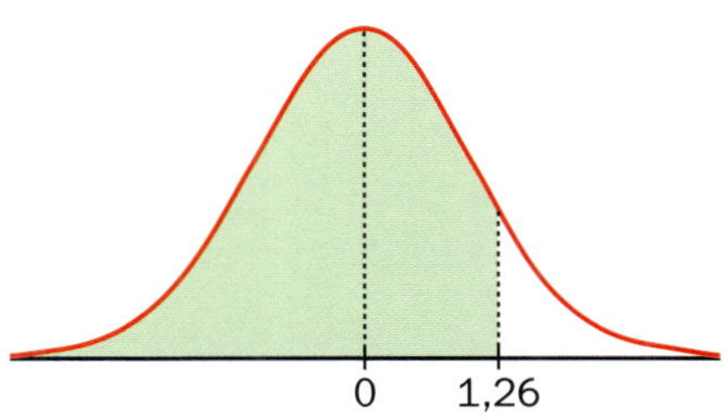

b) $P(z > 1{,}26) = 1 - P(z \leq 1{,}26) = 1 - 0{,}8962 = 0{,}1038$.

c) Per calcular $P(z < -0{,}24)$, com que la taula només ens dona les probabilitats de nombres compresos entre 0 i 3,5, però no de nombres negatius, podem comprovar, per simetria, que l'àrea inferior a –0,24 és igual a l'àrea superior a 0,24. Per tant:

$$P(z < -0{,}24) = P(z > 0{,}24) = 1 - P(z \leq 0{,}24) = 1 - 0{,}5948 = 0{,}4052$$

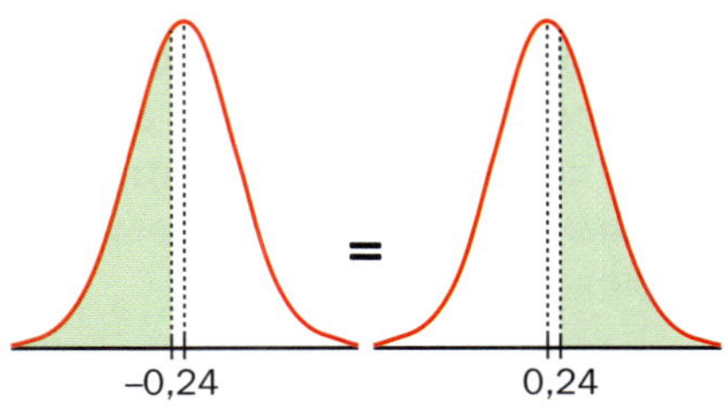

d) $P(0{,}21 \leq z \leq 1{,}35)$ és l'àrea sota la corba normal compresa entre 0,21 i 1,35. Només cal, doncs, fer una diferència de probabilitats o el que és equivalent, una resta d'àrees.

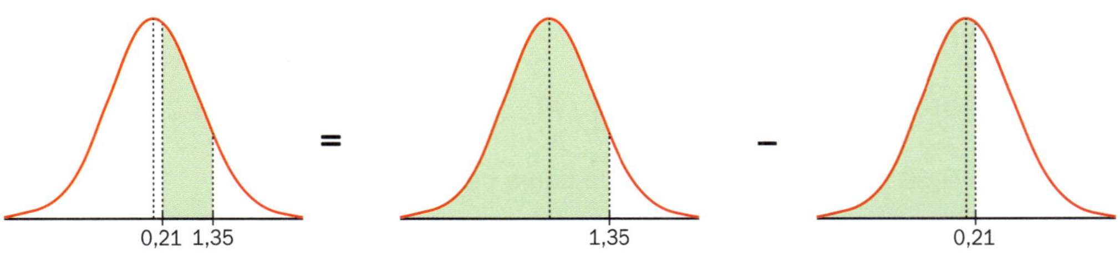

$$P(0{,}21 \leq z \leq 1{,}35) = P(z \leq 1{,}35) - P(z \leq 0{,}21) = 0{,}9115 - 0{,}5832 = 0{,}3283$$

e) De manera anàloga $P(-1{,}23 < z < 2{,}16) = P(z < 2{,}16) - P(z < -1{,}23) = P(z < 1{,}26) - P(z > 1{,}23) =$
$= P(z < 1{,}26) - [1 - P(z < 1{,}23)] = 0{,}9846 - (1 - 0{,}8907) = 0{,}8753$

z	0,00 ··· **0,03** ...
0,0	↑
⋮	↑
2,3 ←	← **0,9901**
⋮	

Exemple 18. Troba el valor de k tal que $P(z \le k) = 0{,}99$.

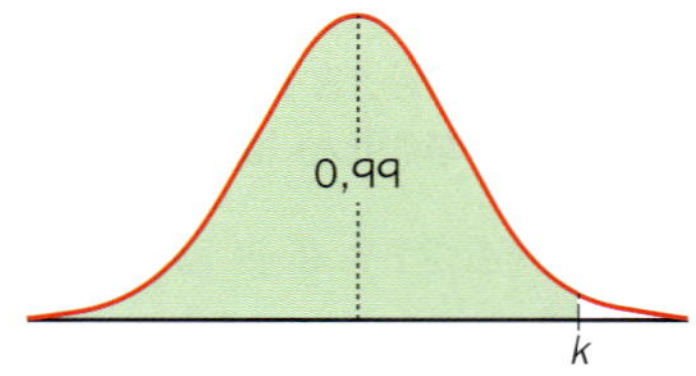

Busquem en la part central de la taula el valor 0,99. Com que allà no es troba el valor exacte, localitzem el més proper, que és 0,9901. Ara tracem una línia horitzontal, que ens dona el valor 2,3, i una altra **vertical,** que resulta 0,03. Per tant, $k = 2{,}33$.

Per al càlcul de probabilitats d'una distribució normal qualsevol, $N(\mu,\sigma)$, cal transformar aquesta distribució en una normal estàndard de mitjana 0 i desviació típica 1, $N(0,1)$, que està tabulada. Per fer-ho, utilitzem la transformació lineal més important, que consisteix a tipificar la variable, és a dir, a restar-li la mitjana, i tot seguit dividir el resultat per la desviació típica. Així, la **variable tipificada** resulta:

$$z = \frac{x-\mu}{\sigma} \text{ segueix una distribució } N(0,1)$$

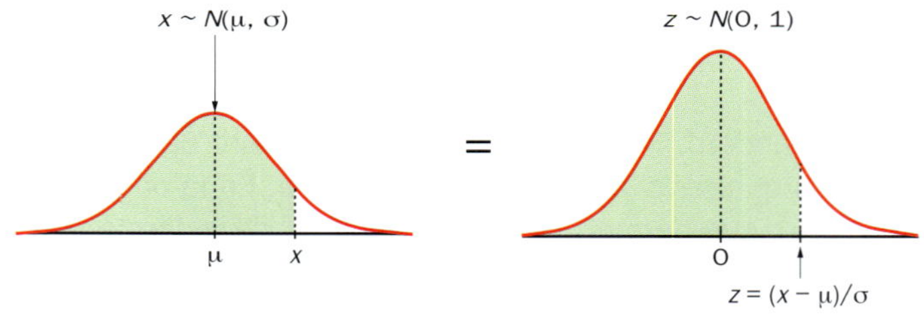

Punt d'interès

Algunes calculadores permeten trobar directament valors de la distribució binomial.

Exemple 19. Una variable aleatòria x segueix una distribució normal de mitjana $\mu = 25$ i una desviació típica $\sigma = 3$. Calcula les següents probabilitats:

***a)* $P(x < 28)$ *b)* $P(x \ge 20)$ *c)* $P(22 \le x \le 31)$**

En cadascun dels apartats tipificarem la variable mitjançant l'expressió $z = \dfrac{x-\mu}{\sigma}$, per tal de treballar amb la distribució estàndard $N(0,1)$.

a) $P(x<28) = P\left(\dfrac{x-25}{3} < \dfrac{28-25}{3}\right) = P(z<1) = 0{,}8413$

b) $P(x \ge 20) = P\left(\dfrac{x-25}{3} \ge \dfrac{20-25}{3}\right) = P(z \ge -1{,}67) = P(z \le 1{,}67) = 0{,}9525$

c) $P(22 \le x \le 31) = P\left(\dfrac{22-25}{3} \le \dfrac{x-25}{3} \le \dfrac{31-25}{3}\right) = P(-1 \le z \le 2) = P(z \le 2) - P(z \le -1) =$
$= P(z \le 2) - P(z \ge 1) = P(z \le 2) - [1 - P(z<1)] = 0{,}9772 - (1 - 0{,}8413) = 0{,}8185$

Activitat resolta 5

Un hort de pomers produeix peces de la varietat golden amb un pes que segueix una distribució normal de mitjana 154 i desviació típica 20 g.

a) Quina és la probabilitat que el pes d'una poma d'aquest hort sigui major de 180 g?

b) Una poma que pesi menys de 90 g és rebutjada abans del procés d'envasat i distribució. Quin percentatge de pomes seran rebutjades?

Considerem la variable aleatòria x = «pes en grams d'una poma». Aleshores, x segueix una distribució normal $N(154,20)$, i la variable tipificada $z = \dfrac{x-154}{20}$ segueix una distribució estàndard $N(0,1)$. Per tant:

a) $P(x>180) = P\left(\dfrac{x-154}{20} > \dfrac{180-154}{20}\right) = P(z>1{,}3) = 1 - P(z \le 3) = 1 - 0{,}9032 = 0{,}0968$

Hi ha un 9,68 % de probabilitats que la poma pesi més de 180 g.

b) $P(x<90) = P\left(\dfrac{x-154}{20} < \dfrac{90-154}{20}\right) = P(z < -3{,}2) = P(z > 3{,}2) =$
$= 1 - P(z \le 3{,}2) = 1 - 0{,}9993 = 0{,}0007$

El 0,07 % de les pomes seran rebutjades, o el que és equivalent, 7 de cada 10 000.

Exemple 20. **En un centre d'ensenyament s'està seleccionant els estudiants perquè facin una feina com a becaris a l'aula d'informàtica. A causa de la gran demanda de sol·licituds, s'ha decidit admetre només el 10 % dels candidats amb la millor nota al seu expedient en el curs anterior. S'estima que les seves qualificacions es distribueixen normalment, amb mitjana 7,1 i desviació típica 1,2. Quina serà la qualificació mínima per ser escollit com a becari?**

Designem per x la variable aleatòria que representa «les qualificacions dels expedients dels candidats a becaris», que està normalment distribuïda amb mitjana $\mu = 7{,}1$ i desviació típica $\sigma = 1{,}2$.

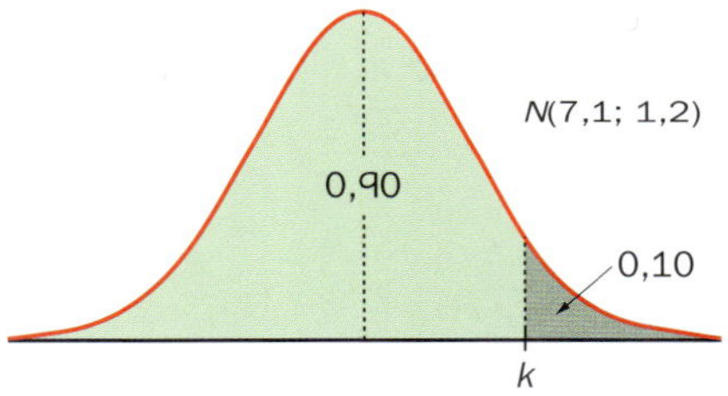

$$x \sim N(7{,}1,\ 1{,}2)$$

Tipificant la variable, resulta: $z = \dfrac{x - 7{,}1}{1{,}2} \sim N(0{,}1)$.

Hem de trobar la qualificació mínima k tal que $P(x \geq k) = 0{,}10$, o el que és equivalent: $P(x \leq k) = 0{,}90$.

$$P\left(\frac{x-7{,}1}{1{,}2} \leq \frac{k-7{,}1}{1{,}2}\right) = 0{,}90 \Rightarrow P\left(z \leq \frac{k-7{,}1}{1{,}2}\right) = 0{,}90$$

Buscant en la part central de la taula el valor 0,90, trobem el valor més proper, que és 0,8997, i que es correspon amb $z = 1{,}28$. Per tant:

$$\frac{k-7{,}1}{1{,}2} = 1{,}28 \Rightarrow k = 1{,}28 \cdot 1{,}2 + 7{,}1 = 8{,}6$$

La qualificació mínima per ser seleccionat com a becari és, per tant, de 8,6.

Activitats

15. La cotització diària al tancament de les accions de Matemáticas SA segueix una distribució normal de mitjana 25 € i desviació típica 3 €.

a) Calcula la probabilitat que un dia triat a l'atzar la cotització sigui superior a 24 €.

b) Quin percentatge de dies es produeix una cotització compresa entre 22 i 25 €?

16. Els ingressos anuals de la plantilla d'una empresa segueixen una distribució normal de mitjana 19 800 € i desviació típica 6 120 €.

a) Si vols tenir una probabilitat del 30 % de guanyar més de 24 000 €, acceptaries treballar en aquesta empresa?

b) Quins són els ingressos mínims anuals per estar situat en el 20 % de les persones que més guanyen?

17. Les ampolles de vidre d'un refresc molt conegut tenen una capacitat mitjana de 0,5 l. Una màquina d'ompliment presenta certes oscil·lacions en el volum de les ampolles, de manera que es fan controls de qualitat i no es posen a la venda les ampolles que continguin un volum inferior a 0,47 l o superior a 0,54 l.

Sabent que el volum d'ompliment es distribueix normalment amb una desviació típica de 0,02 l, quin percentatge d'ampolles no es posaran a la venda?

18. Les edats de la plantilla d'una empresa que compta amb 400 treballadors segueixen una distribució normal de mitjana 44 anys i desviació típica 6 anys. Quines de les següents afirmacions són certes?

a) 10 treballadors tenen una edat superior a 55 anys.

b) 27 tenen una edat inferior a 35 anys.

c) 180 tenen una edat superior a 44 anys.

19. La Sara es mou diàriament en tren des de casa seva fins a la feina. La duració del trajecte segueix una distribució normal de mitjana 20 minuts i desviació típica 3 minuts.

a) Quina és la probabilitat que la durada del viatge sigui superior a mitja hora?

b) Si surt diàriament de casa seva a les 7:35 hores i ha de fitxar a l'oficina a les 8:00 hores, quin percentatge de vegades arribarà tard?

c) El seu xicot, en Pau, que és tremendament puntual, queda amb ella tots els dies a la porta de l'oficina entre 7:45 i les 7:55 hores, però no l'espera si la Sara arriba més tard. Quants dies coincidirà la parella durant el proper mes?

20. Si una variable aleatòria x té una distribució $N(\mu, \sigma)$ i verifica $P(x < 3) = 0{,}1587$ i $P(x > 9) = 0{,}0228$, determina els valors de μ i σ.

7 Aproximació normal de la distribució binomial

En molts problemes en què resulta apropiat el model binomial, quan n és gran resulta complicat calcular probabilitats. Per exemple, si una variable aleatòria x segueix una distribució binomial de paràmetres $\mu = 40$ i $p = 0{,}5$, és a dir, $x \sim B(40,\ 0{,}5)$, el càlcul de $P(x \leq 25)$ requereix avaluar la funció de probabilitat per a 26 valors des de 0 fins a 25. En aquests casos se sol utilitzar la distribució normal com una aproximació de les distribucions binomials. A continuació, es presenten els gràfics de les funcions de probabilitat per a tres distribucions binomials:

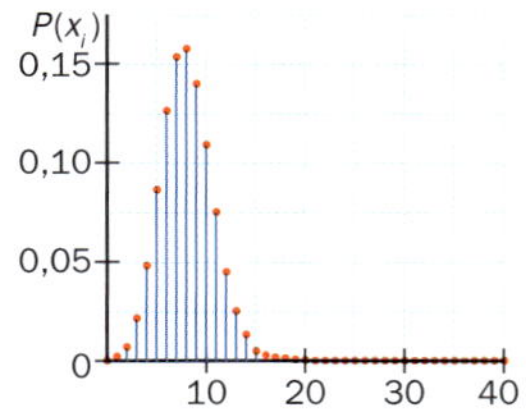

a) $B(40,\ 0{,}2)$

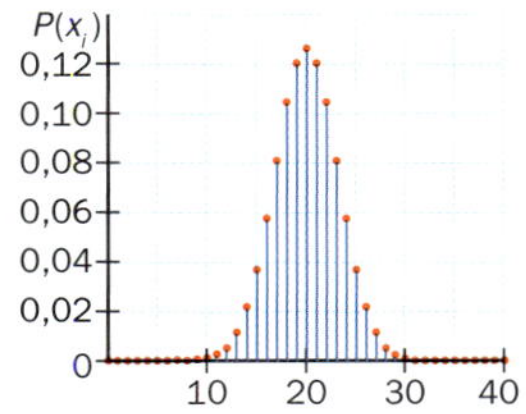

b) $B(40,\ 0{,}5)$

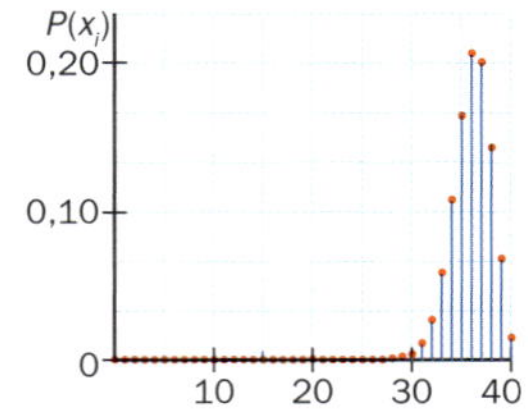

c) $B(40,\ 0{,}9)$

En els casos *a)* i *b)*, amb $n = 40$ i $p = 0{,}2$ i 0,5, respectivament, l'aproximació normal és raonablement bona, ja que, a més que el valor de n és gran, els valors de p no són gaire propers 0 ni a 1. Això no passa a *c)*, ja que, malgrat que n és gran, aquí p està molt proper a 1.

En general, sempre que els diagrames de barres de la funció de probabilitat no siguin gaire asimètrics, les probabilitats binomials poden aproximar-se molt bé per les probabilitats normals.

Si una variable aleatòria x segueix una distribució binomial $B(n, p)$, la seva mitjana és $\mu = np$ i la seva desviació típica $\sigma = \sqrt{npq}$, aleshores la variable tipificada

$$z = \frac{x - np}{\sqrt{npq}}$$

segueix aproximadament una distribució normal estàndard $N(0,1)$.

Aquesta aproximació és bona si es compleix que $n \geq 30$, $np \geq 5$ i $nq \geq 5$.

Quan n no és gaire gran, s'acostuma a establir el que s'anomena **correcció de continuïtat,** ja que es parteix d'una distribució discreta com la binomial i es fa el càlcul de probabilitats en una distribució contínua com la normal. És a dir, es considera que la variable aleatòria binomial x pren valors enters i que la variable aleatòria normal, anomenada w, pren valors reals dintre d'un interval. Així, tenint en compte que l'enter n equival a l'interval continu o $(n - 0{,}5,\ n + 0{,}5)$, s'obtenen les correccions de continuïtat que figuren més avall. Per tant, el procés d'aproximació implica les tres variables esmentades:

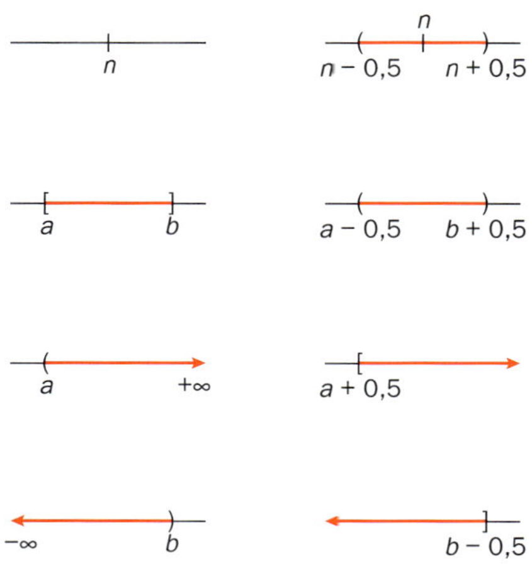

Binomial	Normal	Normal estàndard
$x \sim B(n, p)$	$w \sim N\left(\mu = np,\ \sigma = \sqrt{npq}\right)$	$z = \dfrac{w - \mu}{\sigma} \sim N(0,1)$

$$P(x = n) = P(n - 0{,}5 < w < n + 0{,}5)$$

$$P(a \leq x \leq b) = P(a - 0{,}5 < w < a + 0{,}5)$$

$$P(x > a) = P(w \geq a + 0{,}5)$$

$$P(x < b) = P(w \leq b - 0{,}5)$$

Exemple 21. Segons les dades de la policia municipal d'una ciutat, en dos de cada deu controls fets als conductors, aquests donen positiu en alcohol o drogues. Per a una mostra de 30 controls, calcula la probabilitat que cap conductor doni positiu i la probabilitat que almenys un sí que ho faci:

***a)* Utilitzant la distribució binomial.**

***b)* Utilitzant l'aproximació normal.**

a) Sigui x la variable aleatòria discreta que compta «el nombre de conductors que donen positiu en el control d'alcohol i drogues» per a una mostra de $n = 30$ i $p = \frac{2}{10} = 0{,}2$. Per tant, $x \sim B(30,\ 0{,}2)$, i la funció de probabilitat resulta:

$$P(x) = \binom{30}{x}(0{,}2)^x(0{,}8)^{30-x}, \quad x = 0, 1, 2, \ldots, 30$$

Així doncs, la probabilitat que cap conductor doni positiu en el control val:

$$P(x = 0) = \binom{30}{0}(0{,}2)^0(0{,}8)^{30} = 0{,}0012, \text{ es decir, un } 0{,}12\,\%$$

Per altra banda, la probabilitat que almenys un conductor doni positiu en el control d'alcoholèmia i drogues seria:

$$P(x \geq 1) = 1 - P(0) = 0{,}9908, \text{ és a dir, un } 99{,}08\,\%$$

b) Amb les dades de l'apartat anterior calculem la mitjana i la desviació típica de la distribució binomial:

$$\mu = np = 30 \cdot 0{,}2 = 6 \qquad \sigma = \sqrt{npq} = \sqrt{30 \cdot 0{,}2 \cdot 0{,}8} = 2{,}19$$

Com que $n = 30 \geq 30$, $np = 6 \geq 5$ i $nq = 24 \geq 5$, l'aproximació de la binomial per la normal és bona. És a dir, la variable aleatòria $x \sim B(30,\ 0{,}2)$ es pot aproximar per la variable aleatòria $w \sim N(6,\ 2{,}19)$. per tant:

$$z = \frac{w - 6}{2{,}19} \sim N(0{,}1)$$

Per tant, la probabilitat que cap conductor doni positiu en el control resulta, un cop feta la correcció de continuïtat:

$$P(x = 0) = P(-0{,}5 < w < 0{,}5) = P\left(\frac{-0{,}5 - 6}{2{,}19} < \frac{w - 6}{2{,}19} < \frac{0{,}5 - 6}{2{,}19}\right) =$$

$$= P(-2{,}97 < z < -2{,}51) = 0{,}9985 - 0{,}9940 = 0{,}0045, \text{ és a dir, el } 0{,}45\,\%$$

I la probabilitat que almenys un conductor doni positiu en el control d'alcoholèmia i drogues, també fent la correcció de continuïtat, és:

$$P(x \geq 1) = P(w > 0{,}5) = P\left(\frac{w - 6}{2{,}19} > \frac{0{,}5 - 6}{2{,}19}\right) = P(z > -2{,}51) = P(z < 2{,}51) = 0{,}9940 \text{ o } 99{,}40\,\%$$

Observa que les aproximacions donades per la distribució normal són força bones en comparació amb les obtingudes directament mitjançant la distribució binomial.

Galton va construir un aparell conegut amb el nom de **màquina de Galton,** que consisteix en una taula vertical dotada d'una sèrie de claus intercalats entre ells a mode de triangle Pascal. En deixar caure unes boletes des de la part superior, aquestes passen entre els claus desplaçant-se a l'atzar a dreta i esquerra. Les desviacions que es produeixen en la trajectòria de les boletes es deuen a diverses causes. Tanmateix, si es du a terme aquest experiment amb un nombre considerable de boletes, la forma que van adoptant tendeix a aproximar-se a una distribució normal.

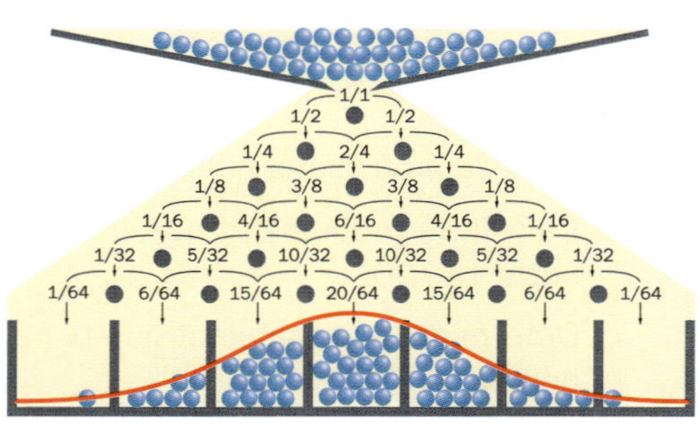

En general, quan una variable és el resultat de moltes causes independents que se sumen entre elles, el resultat acostuma a tendir aproximadament a una distribució normal. Així, per exemple, en el pes d'una persona influeixen múltiples causes independents, com l'herència genètica, l'edat, el sexe, l'alimentació, l'exercici, etc.

Activitat resolta 6

En una població, el 70 % de les llars té accés a Internet. Si s'escull una mostra aleatòria de 80 llars d'aquesta població, quina és la probabilitat que tinguin Internet...

a) Exactament 50 llars?

b) Almenys 52 llars?

c) Com a màxim 62 llars?

Siguin x la variable aleatòria «nombre de llars amb accés a Internet» i p la probabilitat que una llar d'aquesta població tingui accés a Internet. Aleshores, x segueix una distribució binomial de paràmetres $n = 80$ i $p = 0{,}70$, és a dir, $x \sim B(80, 0{,}70)$.

Com que $n = 80 \geq 30$, $np = 80 \cdot 0{,}70 = 56 \geq 5$ i $nq = 80 \cdot 0{,}30 = 24 \geq 5$, l'aproximació mitjançant la distribució normal és bona: $w \sim N(56, 4{,}1)$. Així: $z = \dfrac{w-56}{4{,}1} \sim N(0{,}1)$.

$$\mu = np = 80 \cdot 0{,}70 = 56 \qquad \sigma = \sqrt{npq} = \sqrt{80 \cdot 0{,}70 \cdot 0{,}30} = 4{,}1$$

I, per tant, la variable aleatòria w segueix, com a variable equivalent contínua de x en fer la correcció de continuïtat, una distribució normal de mitjana $\mu = 56$ i desviació típica $\sigma = 4{,}1$, és a dir, $w \sim N(56, 4{,}1)$.

a) $P(x = 50) = P(49{,}5 < w < 50{,}5) = P\left(\dfrac{49{,}5-56}{4{,}1} < z < \dfrac{50{,}5-56}{4{,}1}\right) =$

$= P(-1{,}58 < z < -1{,}34) = P(1{,}34 < z < 1{,}58) = 0{,}9429 - 0{,}9099 = 0{,}0330$

Per tant, la probabilitat que hi hagi exactament 50 llars amb accés a Internet és del 3,3 %.

b) $P(x \geq 52) = P(w > 51.5) = P\left(z > \dfrac{51{,}5-56}{4{,}1}\right) = P(z > -1{,}1) = P(z \leq 1{,}1) = 0{,}8643$

La probabilitat que almenys 52 llars tinguin Internet és del 86,43 %.

c) $P(x \leq 62) = P(w < 62{,}5) = P\left(z < \dfrac{62{,}5-56}{4{,}1}\right) = P(z < 1{,}58) = 0{,}9429$

Que 62 llars, com a màxim, tinguin Internet presenta una probabilitat del 94,29 %.

Activitats

21. El 30 % de tots els telèfons mòbils que es venen diàriament en un centre comercial tenen el sistema operatiu iOS. Dels 100 mòbils venuts un dia determinat en tal centre comercial, quina és la probabilitat que més de 40 tinguin aquest sistema operatiu?

22. En un determinat país es fa un sondeig per determinar la probabilitat que una persona concedeixi el seu vot al partit Alternativa Ibèrica. Si es tria a l'atzar una mostra de 100 electors, quina és la probabilitat que...

a) Més de la meitat siguin votants d'Alternativa Ibèrica?

b) Almenys 30 siguin votants d'Alternativa Ibèrica?

23. En un centre escolar hi ha 85 docents, dels quals 60 són dones. Es fa una enquesta a un total de 40 docents triats a l'atzar.

a) Troba la probabilitat que almenys la meitat siguin dones.

b) Calcula la probabilitat que el nombre de dones oscil·li entre 15 i 20.

c) Determina la probabilitat que hi hagi, com a màxim, 10 homes.

24. Un estudi fet en un grau universitari revela que només el 58 % dels estudiants que comencen els estudis aconsegueixen graduar-se. Calcula la probabilitat que, en una mostra feta a 200 estudiants de primer curs d'aquest grau, es trobin:

a) 110 persones que aconseguiran graduar-se.

b) Menys de 110 que ho aconseguirien.

25. L'Elsa s'ha comprat un mòbil i ha activat el sistema de reconeixement mitjançant l'empremta digital. Durant el primer mes ha comprovat que aquest falla en el 5 % de les ocasions, cosa que l'obliga a introduir la contrasenya. Fes 40 intents independents durant uns quants dies.

a) Quina és la probabilitat que el reconeixement mitjançant l'empremta digital falli exactament cinc vegades?

b) Quants cops per terme mitjà fallarà l'empremta?

c) Quina probabilitat hi ha que falli l'empremta digital en més del 25 % de les ocasions? (Utilitza la distribució normal i analitza raonadament si tal aproximació normal és bona.)

8 Aplicacions de la probabilitat

Els models de les distribucions binomial i normal estudiats en aquesta unitat s'apliquen de manera destacada en les ciències socials, una branca de la ciència que s'ocupa de la societat i el comportament humà. Vegeu tot seguit dos exemples trets de l'economia i de les ciències polítiques:

Exemple 22. **Els ingressos bruts anuals de la plantilla d'una empresa segueixen una distribució normal de mitjana $\mu = 30\,200$ euros i desviació típica $\sigma = 2\,750$ euros.**

a) **Troba la probabilitat que un treballador triat a l'atzar tingui uns ingressos compresos entre 29 000 i 32 000 euros.**

b) **A partir de quins ingressos se situa el 10 % de les persones que més guanyen? I el 10 % de les que guanyen menys?**

$$x \sim N(30\,200,\ 2\,750)$$

a) $P(29\,000 < x < 32\,000) = P(-0{,}44 < z < 0{,}65) = P(z < 0{,}65) - [1 - P(z \leq 0{,}44)] = 0{,}4142$

La probabilitat que un treballador obtingui uns ingressos compresos entre 29 000 i 32 000 euros és de 0,4122, és a dir, del 41,22 %.

b) Hem d'obtenir el valor de k que deixa a la seva dreta una àrea igual al 10 % del total; aleshores: $P(x \geq k) = 0{,}10 \Rightarrow P(x < k) = 0{,}90 \Rightarrow P\left(z < \dfrac{k - 30\,200}{2\,750}\right) = 0{,}90$

Buscant en les taules, obtenim: $\dfrac{k - 30\,200}{2\,750} = 1{,}28 \Rightarrow k = 33\,720$ €

El 10 % de les persones que més guanyen reben uns ingressos bruts anuals per sobre de 33 720 €.

- De manera anàloga, hem d'obtenir el valor de m que deixa una àrea a la seva esquerra igual al 10 % del total:

$P(x \leq m) = 0{,}10 \Rightarrow P\left(z < \dfrac{m - 30\,200}{2\,750}\right) = 0{,}10$, i buscant en les taules localitzem:

$$\frac{m - 30\,200}{2\,750} = -1{,}28 \Rightarrow m = 26\,680$$

El 10 % de les persones que menys guanyen reben uns ingressos inferiors a 26 680 euros.

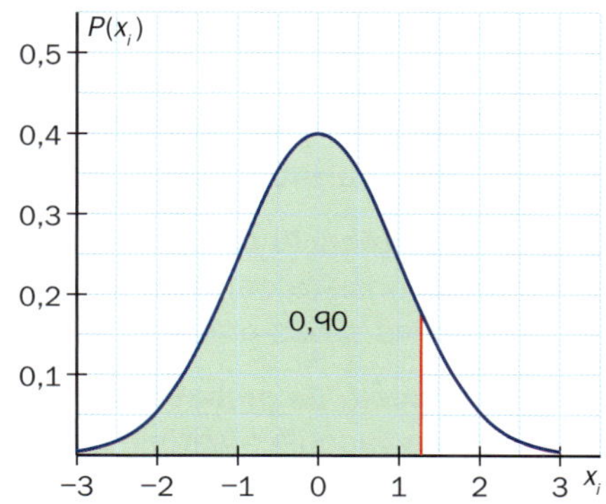

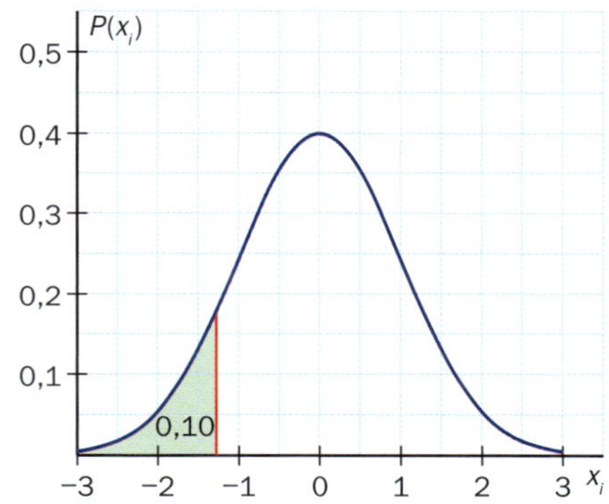

Exemple 23. **Un estudi del CIS ofereix una probabilitat del 23,1 % de votar un partit A. Si seleccionem aleatòriament una mostra de 1 000 votants espanyols:**

a) **Quina és la probabilitat que hi hagi entre 200 i 300 electors del partit A?**

b) **Quina és la probabilitat que més del 25% de la mostra siguin votants del partit A?**

Siguin la variable aleatòria x = «nombre de votants del partit A», $p = 0{,}231$ la probabilitat de votar el partit A i, per tant, $q = 0{,}769$. La variable x segueix aleshores una distribució binomial $B(1\,000,\ 0{,}231)$.

Com que $n = 1\,000 \geq 30$, $np = 231 \geq 5$ i $nq = 769 \geq 5$, l'aproximació mitjançant la distribució normal és bona. La variable aleatòria w, com a equivalent contínua de x en fer la correcció de continuïtat, segueix una distribució normal de mitjana $\mu = 231$ i desviació típica $\sigma = 13{,}33$, és a dir, $w \sim N(231,\ 13{,}33)$.

a) $P(200 \leq x \leq 300) = P(199{,}5 < w < 300{,}5) = P\left(\dfrac{199{,}5 - 231}{13{,}33} < \dfrac{w - 231}{13{,}33} < \dfrac{300{,}5 - 231}{13{,}33}\right) =$

$= P(-2{,}36 < z < 5{,}21) = 1 - (1 - 0{,}9909) = 0{,}9909$

La probabilitat que la mostra contingui entre 200 i 300 votants del partit A és de 0,9909, o el que és igual, del 99,09 %.

b) $P(x > 250) = P(w \geq 250{,}5) = P\left(z \geq \dfrac{250{,}5 - 231}{13{,}3}\right) = P(z \geq 1{,}46) = 1 - 0{,}9279 = 0{,}0721$

La probabilitat que més de la quarta part de la mostra voti el partit A és del 0,0721, o 7,21 %.

D'un cop d'ull!

Variable aleatòria

Variable aleatòria: funció que assigna un nombre real a cada resultat de l'espai mostral d'un experiment aleatori.

Variable aleatòria discreta: variable que només pot prendre un nombre finit de valors o un nombre infinit numerable d'aquests.

Variable aleatòria contínua: pot adoptar tots els valors dintre d'un interval de nombres reals.

Distribució de probabilitat d'una variable aleatòria discreta

La distribució de probabilitat d'una variable aleatòria discreta x consisteix en la descripció dels seus possibles valors, x_i, i de les seves probabilitats associades, $P(x_i)$.

La funció de probabilitat o funció de massa de probabilitat d'una variable aleatòria discreta x amb valors $x_1, x_2, \ldots, x_n$ és una funció $P(x_i) = P(x = x_i)$ que verifica:

$$P(x_i) \geq 0 \qquad \forall i = 1, 2, \ldots, n \qquad \sum_{i=1}^{n} P(x_i) = 1$$

És a dir, totes les probabilitats són més grans o iguals que zero i, a més, la seva suma ha de ser la unitat.

Mitjana i desviació típica d'una variable aleatòria discreta

La mitjana, valor esperat o esperança matemàtica d'una variable aleatòria discreta és:

$$\mu = E[x] = \sum_{i=1}^{n} x_i \cdot P(x_i)$$

La variància d'una variable aleatòria discreta és:

$$\sigma^2 = V[x] = \sum_{i=1}^{n} (x_i - \mu)^2 \cdot P(x_i) \qquad \sigma^2 = E[x^2] - \mu^2$$

La desviació típica és l'arrel quadrada de la variància:

$$\sigma = \sqrt{V[x]} \qquad \sigma = \sqrt{E[x^2] - \mu^2}$$

Propietats de la mitjana i la variància:

Propietat 1: $E[ax + b] = a \cdot E[x] + b$

Propietat 2: $V[ax + b] = a^2 \cdot V[x]$

Assaig de Bernoulli

Un assaig de Bernoulli és un experiment aleatori amb uns resultats que poden classificar-se en dos tipus: «èxit» i «fracàs». Si p és la probabilitat d'èxit i $q = 1 - p$ la probabilitat de fracàs, la funció de probabilitat resulta:

$$P(x = 0) = q = 1 - p \qquad P(x = 1) = p$$

La mitjana i la desviació típica són:

$$\mu = p \qquad \sigma = \sqrt{pq}$$

Distribució binomial

La distribució binomial de paràmetres n i p, $B(n, p)$, és la variable aleatòria discreta x que compta el nombre d'èxits obtinguts en assaigs repetits de Bernoulli, i té per funció de probabilitat:

$$P(x) = \binom{n}{x} \cdot p^x \cdot q^{n-x} \qquad x = 0, 1, 2, \ldots, n$$

La mitjana i la desviació típica són:

$$\mu = np \qquad \sigma = \sqrt{npq}$$

Distribució de probabilitat d'una variable aleatòria contínua

La funció de densitat $f(x)$ és la funció que associa a cada valor de la variable aleatòria x la seva probabilitat i verifica les següents condicions:

1. $f(x) \geq 0, \qquad \forall x$
2. L'àrea tancada sota la corba d'aquesta funció és igual a la unitat.

Distribució normal

La distribució normal d'una variable aleatòria contínua x, amb paràmetres la mitjana μ i la desviació típica σ, $N(\mu, \sigma)$, té per funció de densitat:

$$f(x) = \frac{1}{\sigma\sqrt{2\pi}} e^{-\frac{(x-\mu)^2}{2\sigma^2}} \qquad -\infty < x < +\infty$$

La distribució normal estàndard té com a mitjana $\mu = 0$ i com a desviació típica $\sigma = 1$, i per tant s'expressa com a $N(0,1)$. Es designa z, i la seva funció de densitat és:

$$f(z) = \frac{1}{\sqrt{2\pi}} e^{-\frac{z^2}{2}} \qquad -\infty < z < +\infty$$

Aproximació normal de la distribució binomial

Binomial	Normal	Normal estàndard
$x \sim B(n, p)$	$w \sim N(\mu = np, \sigma = \sqrt{npq})$	$z = \frac{w - \mu}{\sigma} \sim N(0,1)$

L'aproximació és bona si es compleix que $n \geq 30$, $np \geq 5$ i $nq \geq 5$.

Correcció de continuïtat

$$P(x = n) = P(n - 0{,}5 < w < n + 0{,}5)$$

$$P(a \leq x \leq b) = P(a - 0{,}5 < w < a + 0{,}5)$$

$$P(x > a) = P(w \geq a + 0{,}5)$$

$$P(x < b) = P(w \leq b - 0{,}5)$$

ACTIVITATS RESOLTES

Activitat resolta 7

Un estudiant treballa com a venedor a l'estiu en una botiga d'articles electrònics. El nombre d'articles venuts diàriament durant la seva jornada laboral de quatre hores ve donat per la següent funció de probabilitat:

x_i	0	1	2	3	4	5
$P(x_i)$	0,02	0,12	0,25	0,32	0,16	0,13

a) Quina és la probabilitat que vengui més de dos articles al dia?

b) Si en va vendre algun, quina és la probabilitat que en vengués més de tres?

c) Si el salari de l'estudiant depèn del nombre d'articles venuts a raó de 12 € per article, quin és el guany diari esperat?

a) La probabilitat que vengui més de dos articles és:

$$P(x>2)=P(3)+P(4)+P(5)=0{,}32+0{,}16+0{,}13=0{,}61$$

b) Es tracta de la probabilitat condicionada:

$$P\left(x>3\big/_{x\geq 1}\right)=\frac{P(x>3 \text{ y } x\geq 1)}{P(x\geq 1)}=\frac{P(x>3)}{P(x\geq 1)}=\frac{P(4)+P(5)}{1-P(0)}=\frac{0{,}16+0{,}13}{1-(0{,}02)}=0{,}30$$

Hi ha un 30 % de probabilitats que vengui més de tres articles si sabem que almenys en va vendre un.

c) Hem de trobar el guany esperat:

$$\mu=E[x]=12\cdot 0\cdot 0{,}02+12\cdot 1\cdot 0{,}12+12\cdot 2\cdot 0{,}25+12\cdot 3\cdot 0{,}32+$$
$$+12\cdot 4\cdot 0{,}16+12\cdot 5\cdot 0{,}13=34{,}44\text{ €}$$

Per tant, espera guanyar 34,44 € diàriament com a salari variable.

Activitat resolta 8

Un concurs consisteix a extreure una bola d'una caixa que conté 99 boles negres i una blanca. Si una concursant aconsegueix extreure la bola blanca, guanyarà un viatge valorat en 1 000 €. En canvi, si treu una bola negra, perdrà i haurà de donar 100 € a una ONG. Quin és el guany esperat per a aquesta concursant?

Tenint en compte les probabilitats d'extreure una bola blanca, $\frac{1}{100}$, i una bola negra, $\frac{99}{100}$, així com els valors dels guanys en cada cas, resulta un guany esperat per al concursant: $\mu=E[x]=-100\cdot\frac{99}{100}+1\,000\cdot\frac{1}{100}=-89$ €.

En concret, s'esperen unes pèrdues de 89 € a llarg termini. Per tant, no sembla un concurs gaire rendible per al concursant, tot i que sí que ho és per a l'ONG.

Activitat resolta 9

Una estudiant respon a l'atzar un examen que consta de deu preguntes amb tres respostes possibles cadascuna, de les quals només una és correcta.

a) Calcula la funció de probabilitat d'aquest experiment.

a) Quina és la probabilitat que, com a màxim, en respongui correctament dues?

a) Què és més probable, respondre correctament totes les preguntes o cap?

Aquest experiment consisteix a fer deu assaigs repetits de Bernoulli independents entre ells, ja que l'estudiant respon a l'atzar totes les preguntes i, a més, a cadascun dels assaigs té dues alternatives: respondre correctament (èxit), amb probabilitat $p=1/3$, o equivocar-se (fracàs), amb probabilitat $q=2/3$. En resum, es tracta d'un experiment binomial. Considerem la variable aleatòria x = «nombre de respostes correctes», que segueix una distribució binomial de paràmetres $n=10$ i $p=1/3$, és a dir, $x\sim B(10,1/3)$.

a) La funció de probabilitat és: $P(x)=\binom{10}{x}\left(\frac{1}{3}\right)^{x}\left(\frac{2}{3}\right)^{10-x}$, $x=0,1,2,\ldots,10$.

b) $P(x\leq 2)=P(0)+P(1)+P(2)=\binom{10}{0}\left(\frac{1}{3}\right)^{0}\left(\frac{2}{3}\right)^{10}+\binom{10}{1}\left(\frac{1}{3}\right)^{1}\left(\frac{2}{3}\right)^{9}+\binom{10}{2}\left(\frac{1}{3}\right)^{2}\left(\frac{2}{3}\right)^{8}=$
$=0{,}2991$. La probabilitat que respongui correctament com a màxim dues preguntes és del 29,91 %.

c) $P(x=0)=\binom{10}{0}\left(\frac{1}{3}\right)^{0}\left(\frac{2}{3}\right)^{10}=0{,}0173$; $P(x=10)=\binom{10}{10}\left(\frac{1}{3}\right)^{10}\left(\frac{2}{3}\right)^{0}=0{,}0000169\simeq 0$

És més probable no respondre cap pregunta correctament (1,73 %) que respondre les deu (amb una probabilitat pràcticament del 0 %).

ACTIVITATS RESOLTES

Activitat resolta 10

El nombre d'ampolles d'aigua consumides setmanalment en un restaurant segueix una llei normal $N(1\,300,\ 200)$.

a) Quina és la probabilitat que es consumeixin entre 1 100 i 1 500 ampolles?

b) Si totes les setmanes es comença amb un estoc fix de *n* ampolles, quant ha de valer *n* perquè la probabilitat que la demanda superi *n* sigui del 2 %?

c) Quina és la probabilitat que el consum setmanal sigui superior al 90 % de l'estoc?

a) Sigui *x* el nombre d'ampolles que es consumeixen setmanalment: $x \sim N(1\,300,\ 200)$

$$P(1\,100 \le x \le 1\,500) = P\left(\frac{1\,100 - 1\,300}{200} \le \frac{x - 1\,300}{200} \le \frac{1\,500 - 1\,300}{200}\right) =$$

$$= P(-1 \le z \le 1) = 0{,}8413 - 0{,}1587 = 0{,}6826, \text{ o } 68{,}26\ \%$$

La probabilitat que es consumeixin entre 1 100 i 1 500 ampolles és del 68,26 %.

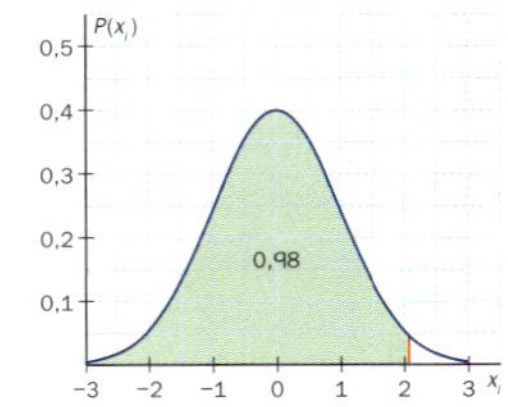

b) Hem de trobar el valor de *n* que deixa a la dreta una àrea del 2 % del total.

$$P(x > n) = 0{,}02 \Rightarrow P(x \le n) = 0{,}98 \Rightarrow P\left(\frac{x - 1\,300}{200} \le \frac{n - 1\,300}{200}\right) = 0{,}98$$

Per tant, $\dfrac{n - 1\,300}{200} = 2{,}05 \Rightarrow n = 1\,710$ ampolles és l'estoc setmanal demanat.

c) $0{,}90 \cdot 1\,710 = 1\,539$ ampolles és el 90 % de l'estoc.

$$P(x > 1\,539) = P\left(\frac{x - 1\,300}{200} > \frac{1\,539 - 1\,300}{200}\right) = P(z > 1{,}20) = 1 - P(z \le 1{,}20) = 0{,}1151$$

La probabilitat que el consum setmanal superi el 90 % de l'estoc és de 0,1151, és a dir, de l'11,51 %.

Activitat resolta 11

Una companyia aèria sap que, aproximadament, el 3 % dels passatgers que reserven plaça en un vol no es presenten a la porta d'embarcament en la data i l'hora establertes. Per això decideix acceptar un nombre de reserves superior en un 2 % a les places disponibles en els seus avions, amb capacitat per a 365 passatgers. Troba la proporció de vols en què algun passatger amb reserva es quedarà sense plaça.

Sigui *x* = «nombre de seients reservats i ocupats» i *p* la probabilitat que una plaça reservada s'ocupi. Així:

$$p = 0{,}97 \qquad q = 0{,}03 \qquad n = 365 + 0{,}02 \cdot 365 \approx 372 \text{ places}$$

Es tracta d'una distribució binomial $B(372;\ 0{,}97)$ amb mitjana i desviació típica:

$$\mu = np = 372 \cdot 0{,}97 = 360{,}84 \qquad \sigma = \sqrt{npq} = \sqrt{372 \cdot 0{,}97 \cdot 0{,}03} = 3{,}29$$

Amb $n = 372 \ge 30$, $np = 372 \cdot 0{,}97 = 360{,}84 \ge 5$ i $nq = 372 \cdot 0{,}03 = 11{,}16 \ge 5$, l'aproximació normal és bona i, per tant, $w \sim N(360{,}84,\ 3{,}29)$.

Que un passatger tingui reservada una plaça i aquesta finalment no estigui disponible, només passarà si ja estan embarcats 365 passatgers. Per tant:

$$P(x > 365) = P(w \ge 365{,}5) = P\left(z \ge \frac{365{,}5 - 360{,}84}{3{,}29}\right) = P(z \ge 1{,}42) = 0{,}0778$$

Aproximadament, en un 8 % dels vols algun passatger amb reserva es quedarà sense plaça.

Activitat resolta 12

La duració dels films que s'ofereixen en una plataforma digital segueix una distribució normal de mitjana 92 minuts i desviació típica 10 minuts. Triats 100 films a l'atzar, i independents els uns dels altres, quina és la probabilitat que més de la meitat tinguin una durada inferior a 93 minuts?

Considerem la variable aleatòria *x* = «durada en minuts d'un film». Aleshores, $x \sim N(92{,}10)$.

$P(x < 93) = P\left(\dfrac{z - 92}{10} < \dfrac{93 - 92}{10}\right) = P(z < 0{,}1) = 0{,}5398$ és la probabilitat que un film tingui una durada inferior a 93 minuts.

Sigui *y* = «nombre de films amb una durada inferior a 93 minuts», i *p* la probabilitat que la durada d'un film sigui inferior a 93 minuts. Aleshores: $y \sim B(100,\ 0{,}5398)$.

Com que hem de trobar $P(y > 50)$, hem d'aproximar mitjançant la distribució normal amb mitjana i desviació típica:

$$\mu = np = 100 \cdot 0{,}5398 = 53{,}98 \qquad \sigma = \sqrt{npq} = \sqrt{100 \cdot 0{,}5398 \cdot 0{,}4602} = 4{,}98$$

Com que $n = 100 \ge 30$, $np = 53{,}98 \ge 5$ i $nq = 46{,}02 \ge 5$, l'aproximació normal és bona: $w \sim N(53{,}98;\ 4{,}98)$. Per tant,

$P(y > 50) = P(w \ge 50{,}5) = P\left(z \ge \dfrac{50{,}5 - 53{,}98}{4{,}98}\right) = P(z \ge -0{,}70) = 0{,}7580$ és la probabilitat que més de la meitat dels films tinguin una durada inferior a 93 minuts.

ACTIVITATS

Variable aleatòria

26. En cadascun dels següents casos, determina si la variable aleatòria donada és discreta o contínua.

a) Nombre d'accidents automobilístics a l'any en una província.

b) Durada d'un trajecte en autobús.

c) Temps d'accés a una web determinada.

d) Nombre de jugadores lesionades en un equip de futbol al llarg d'una temporada.

e) Nombre d'usuaris d'una línia de metro en un moment donat.

f) Quantitat de llet que produeix una vaca en un mes.

27. Es considera la variable aleatòria obtinguda en llançar dos dards i comptar els nombres primers obtinguts a cada llançament. Descriu els resultats de l'experiment aleatori i els valors assignats.

Variables aleatòries discretes

28. Una moneda està carregada de tal manera que la probabilitat que surti creu és quatre vegades major que no pas que surti cara. Troba la funció de probabilitat i el nombre esperat de cares en llançar dos cops aquesta moneda.

29. El nombre de passatgers que perden un tren triat a l'atzar d'una estació determinada té per funció de probabilitat:

x_i	0	1	2	3	4	5
$P(x_i)$	0,950	0,022	0,015	0,009	0,003	0,001

Per terme mitjà, quants passatgers perdran el tren en aquesta estació?

30. Determina el valor k per tal que $P(x) = k(x^2 + 4)$, $x = 0, 1, 2, 3$ sigui una funció de probabilitat d'una variable aleatòria discreta.

31. S'extreuen dues cartes sense reemplaçament de la baralla espanyola de 40 cartes. Sigui la variable aleatòria x = «nombre de cartes del mateix pal». Calcula la funció de probabilitat de la variable x.

32. Una treballadora de transports porta deu paquets, dos dels quals presenten desperfectes. El primer destinatari rep tres d'aquests tres paquets, sent x el nombre de paquets amb desperfectes que rep. Calcula la distribució de probabilitats de x.

33. En Pau vol comprar un mòbil i l'ha trobat a un bon preu per Internet. Espera fer servir el telèfon sis mesos, i vendre'l a continuació. Després de fer diversos estudis, en Pau considera que, amb la venda, podrà aconseguir uns guanys de 100 € amb una probabilitat de 0,32, uns guanys de 50 € amb probabilitat de 0,56, i perdre 50 € amb una probabilitat de 0,12. Quins guanys espera obtenir en Pau? Consideres interessants els seus càlculs?

34. La distribució de probabilitat d'una variable aleatòria discreta x verifica:

x_i	0	1	2	3	4
$P(x_i)$	a	0,1	b	0,2	c

Si $P(x \leq 2) = 0{,}7$ i $P(x \geq 2) = 0{,}75$, troba la mitjana i la desviació típica de la variable x.

35. Una variable aleatòria pren els valors 0,1 i 2. Quins valors hem d'assignar a aquests valors perquè la mitjana sigui 1 i la variància 0,5?

36. El nombre de paquets lliurats durant una hora per un treballador d'una empresa de distribució ve donat per la següent distribució de probabilitats:

x_i	1	2	3	4	5
$P(x_i)$	0,01	0,25	0,32	0,38	0,04

a) Quin és el nombre mitjà de paquets lliurats per hora?

b) Si l'empleat cobra 5 € fixos més 3 € per paquet lliurat, quin guany per hora espera obtenir?

37. Un joc consisteix a girar una ruleta dues vegades. Si les dues vegades surt el resultat A, s'obté com a premi una entrada VIP per a un concert valorada en 250 punts. Si les dues vegades surt B, aleshores es guanya una entrada per a la llotja d'un estadi de futbol valorada en 200 punts. Si s'aconsegueix A i B, o B i A, s'obté un val per a un sopar valorat en 100 punts. Finalment, si surt una o dues vegades C, no s'aconsegueix cap premi. Calcula la funció de probabilitat d'aquest joc. Quin és el nombre esperat de punts que aconseguirà un participant en aquest joc? Resulta interessant participar-hi?

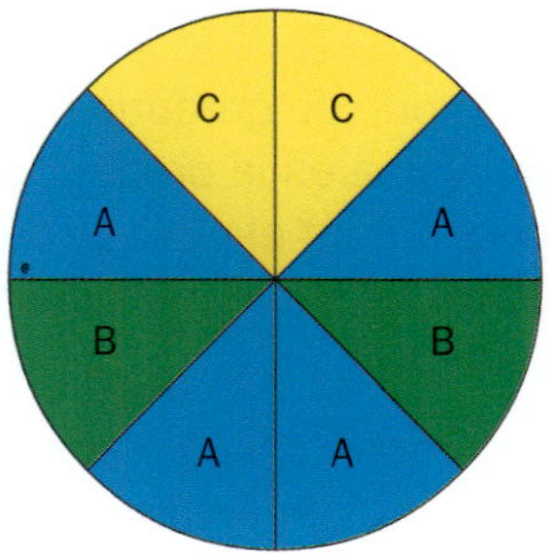

38. D'una baralla s'extreuen tres cartes sense reemplaçament. Prova que la funció de probabilitat de la variable aleatòria x = «nombre de cartes d'ors extretes» ve donada per:

ACTIVITATS

Distribució binomial

39. En unes eleccions a delegat de curs, la candidata A té una probabilitat de vot estimada del 23,1 %. Si triem a l'atzar cinc estudiants d'aquest curs, quina és la probabilitat que...

a) ... Tots siguin votants de la candidata A?

b) ... Almenys un sigui votant de A?

c) ... Exactament dos siguin votants de A?

40. Considerem les distribucions binomials $B_1(20, 0{,}1)$, $B_2(20, 0{,}5)$ i $B_3(20, 0{,}8)$. Raona quin tipus de asimetria o simetria presenten.

41. Sigui x una variable binomial $B(10, 0{,}6)$. Quina és la mitjana de la variable $y = 2x + 100$? I la seva variància?

42. La probabilitat que un membre d'un jurat popular sigui rebutjat per alguna causa és d'un 20 %. Troba la probabilitat que, en una selecció aleatòria de 25 membres, almenys dues persones siguin rebutjades.

43. Llancem enlaire un dau deu cops seguits. Quina és la probabilitat que el nombre 5...

a) ... No surti cap cop?

b) ... Surti un cop?

c) ... Surti almenys tres cops?

44. Una bossa conté 7 boles vermelles, 4 verdes i 3 grogues. Extraiem quatre boles amb reemplaçament i n'anotem el color. Calcula la probabilitat d'extreure una bola vermella...

a) ... En tres ocasions.

b) ... En dues o més extraccions.

c) ... Tots els cops.

45. La taxa d'atur en un poble petit és del 25 % de la població activa. En una enquesta feta a deu persones en edat de treballar, quina es la probabilitat que més de dues estiguin a l'atur?

46. Una agent d'assegurances sap per experiència que només el 4 % de les persones contactades acaben contractant una assegurança. Si ella fa quaranta contactes, quin és el nombre mitjà d'assegurances que espera contractar? I la variància?

47. En una oferta de llançament, una marca d'ordinadors econòmica i poc fiable ofereix una garantia de tres anys, de manera que si un dels seus ordinadors falla durant aquest temps es compromet a substituir-lo per un altre nou. S'estima que en aquest període de garantia un ordinador falla el 51 % de les ocasions. Quina és la probabilitat que s'espatllin més de dos ordinadors durant el període de garantia, si es fa una compra de deu ordinadors per a l'aula d'informàtica d'un centre d'ensenyament?

48. Segons un estudi recent, el 65 % dels espanyols fa habitualment els seus pagaments amb targeta quan l'import supera els 50 €. Tanmateix, entre els menors de 35 anys, aquest percentatge s'eleva fins al 80 %. Si es fa una enquesta entre deu joves menors de 35 anys, quina és la probabilitat que tots facin els pagaments habitualment amb targeta?

49. El percentatge de llars amb connexió a Internet als països en vies de desenvolupament és del 15 %. En una enquesta que s'ha portat a terme a 30 llars d'un país amb aquestes característiques, quina probabilitat hi ha que només una tingui connexió a Internet?

50. En un centre comercial s'ha observat, durant un mes, que el 60 % dels clients ha renovat un mòbil amb menys de dos anys d'ús. Escollida una mostra a l'atzar de 30 compradors, quin és el nombre esperat de clients que hagin renovat un mòbil amb menys de dos anys? Quina és la desviació típica?

51. La probabilitat que un assessor comercial d'un concessionari d'automòbils vengui un cotxe s'estima en l'1 % dels clients que sol·liciten informació. Quants clients haurien de sol·licitar informació per tal que la probabilitat de vendre dos cotxes fos de 0,1488?

52. Un pare proposa als seus fills el següent joc: llançar una moneda enlaire diversos cops i, sempre que el nombre de cares coincideixi amb el de creus, regalar-los una entrada per a un partit de futbol. Què és més favorable per als seus fills, fer 10 o 20 llançaments?

53. Segons un estudi, el 45 % de la població espanyola coneix les notícies diàriament a través d'Internet. En una enquesta de 60 persones triades a l'atzar, quina és la probabilitat que la meitat s'informi a la xarxa?

54. Un sistema electrònic consta de deu components que funcionen independentment amb una probabilitat d'error de 0,05 cadascuna.

a) Calcula la probabilitat que el sistema funcioni correctament.

b) Quina és la probabilitat que, almenys, un dels components falli?

55. Una enquesta feta a la plantilla d'una empresa sobre la conveniència d'adoptar un horari flexible va donar els resultats que mostra el diagrama de sectors. Si es trien a l'atzar 20 persones entre les que van participar en l'enquesta:

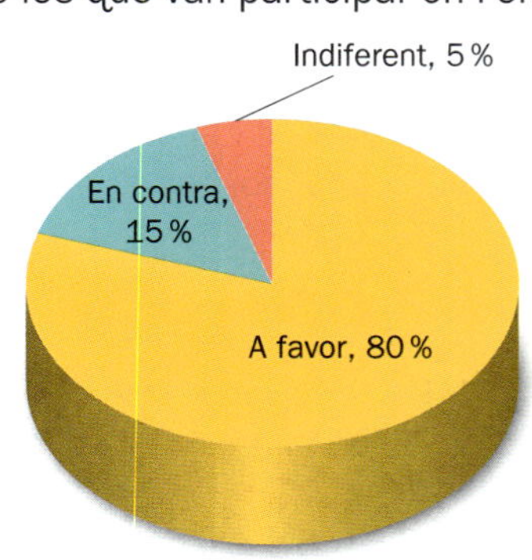

a) Quina és la probabilitat que tres hagin votat a favor?

b) Quina és la probabilitat que almenys dues hagin votat en contra?

56. Un examen de tipus test consta de cinc preguntes, cadascuna amb tres opcions de resposta. Cada resposta correcta val 2 punts. Si un estudiant respon a l'atzar, determina la funció de probabilitat que expressa la qualificació obtinguda. Quina qualificació és més probable obtenir?

57. Es forma a l'atzar un codi de vuit bits. Troba la probabilitat que inclogui almenys dos uns.

Variables aleatòries contínues

58. Una variable aleatòria contínua té per funció de densitat:

$$f(x) = 2(x-1), \quad 1 \leq x \leq 2$$

a) Representa-la gràficament.

b) Calcula $P\left(1 < x < \dfrac{3}{2}\right)$ i $P\left(x > \dfrac{5}{4}\right)$.

59. Determina el valor de b per tal que sigui la funció de densitat d'una variable aleatòria contínua:

$$f(x) = \begin{cases} 2-2x, \; 0 \leq x \leq b \\ 0, \text{ resta} \end{cases}$$

60. El temps, en minuts, que tarda l'equip de manteniment a reparar una escala mecànica d'un centre comercial és una variable aleatòria x que té per funció de densitat:

$$f(x) = \frac{1}{25}, \quad 5 \leq x \leq 30$$

Quina és la probabilitat que l'escala mecànica estigui en funcionament abans de 20 minuts?

61. És $f(x) = x + \dfrac{1}{2}$, per a $1 \leq x \leq 3$, una funció de densitat d'alguna variable aleatòria contínua x?

Distribució normal

62. En una reunió familiar hi ha 60 persones. Per problemes logístics d'última hora, només es disposa de 20 cadires. Per majoria, es decideix que disposin de seient els 20 familiars de més edat. Un aficionat a l'estadística assegura que les edats dels membres de la família es distribueixen normalment, amb mitjana de 40 anys i desviació típica de 13 anys. A partir de quina edat es tindrà un seient?

63. En una distribució normal $N(7,3)$, quin valor deixa a la seva esquerra una àrea igual al triple del que deixa a la seva dreta?

64. Les alçades d'un grup de 1 200 noies entre 14 i 18 anys es distribueix normalment amb mitjana 165 cm i desviació típica 8 cm. Utilitza les característiques teòriques de tota distribució normal per descobrir el nombre de noies que tenen una alçada entre 157 i 173 cm. I entre 149 i 181 cm? El 99,73 % de les noies, quina alçada tindran?

65. En un centre universitari, el pes de les noies i els nois es distribueix normalment amb mitjanes $\mu_1 = 63$ kg i $\mu_2 = 72$ kg, i desviacions típiques $\sigma_1 = 5$ kg i $\sigma_2 = 7$ kg, respectivament. Si es trien una noia i un noi a l'atzar, què és més probable, que una noia pesi més de 61 kg o que un noi pesi menys de 75 kg?

66. El nombre de barres de pa que es venen diàriament en una fleca segueix una distribució normal de mitjana $\mu = 800$ i desviació típica $\sigma = 90$ barres. Si en començar un dia determinat es disposa de 1 000 barres, quina probabilitat hi ha que s'esgotin les existències en acabar el dia?

67. El pes d'un paquet d'arròs és una variable aleatòria normal de mitjana 1,04 kg i desviació típica 20 grams.

a) Quina és la probabilitat que un paquet triat a l'atzar pesi menys d'1 kg?

b) Si es manté la mateixa desviació típica i es vol que la probabilitat que un paquet pesi menys d'1 kg sigui del 3 %, quin hauria de ser el valor del pes mitjà dels paquets d'arròs?

68. Si x és una variable aleatòria de $N(5,2)$, troba el valor de k que deixa a l'esquerra el doble d'àrea que a la seva dreta.

69. En un qüestionari fet a 100 estudiants de batxillerat sobre el temps que utilitzen diàriament el mòbil, es va observar que els valors es distribuïen normalment amb una mitjana de 2,3 hores i una desviació típica de 0,72 hores.

a) Quina proporció d'estudiants utilitzen el mòbil diàriament més de 3 hores?

b) Quina és la probabilitat que un estudiant triat a l'atzar utilitzi el mòbil diàriament entre 1,5 i 2 hores?

c) Quant de temps utilitza diàriament el mòbil el 10 % dels estudiants que menys ho fan?

70. Una empresa líder en el comerç *online* de gots de cartró biodegradables ofereix, entre altres productes, gots per a cafè i te de 175 ml de volum i de 72 mm de diàmetre. El diàmetre dels gots d'una màquina de fabricació segueix una llei normal de mitjana 72 mm i desviació típica 0,002 mm. Qualsevol got fabricat que tingui un diàmetre fora de l'interval $\mu \pm \sigma$ és rebutjat i no es posa a la venda. Quina és la probabilitat que un got sigui rebutjat?

71. El preu del menjar servit en un restaurant durant una setmana es distribueix normalment amb una desviació típica de 4 €. Sabent que només el 8,08 % dels comensals paga més de 20 €, i que en una setmana 250 clients han pagat 12 € o menys, quantes persones van menjar al restaurant durant aquesta setmana?

72. Un estudi sobre el temps que es connecten diàriament a Internet els joves entre 16 i 18 anys segueix una distribució normal de mitjana 2,4 hores. S'observa, a més, que un 33 % d'ells passen més de 2,84 hores diàries connectats a Internet. Calcula la probabilitat que un jove d'aquest estudi passi més de 3 hores al dia connectat a Internet.

Un món matemàtic

73. El volum de líquid servit per una màquina automàtica utilitzada per omplir llaunes d'un refresc segueix una llei normal amb una desviació típica de 0,05 cl. Quin hauria de ser el valor mitjà a què la màquina s'hauria d'ajustar per tal que el 95 % de les llaunes superin els 33,01 cl?

74. Una màquina embotelladora aboca, per terme mitjà, 250 cm^3 d'aigua dins de cada ampolla. Suposem que la variable aleatòria x = «quantitat de cm^3 abocats a l'ampolla» sigui una llei normal. Calcula la seva desviació típica sabent que, de 20 000 ampolles triades a l'atzar durant una setmana, 456 reben 260 cm^3 o més.

75. Una variable aleatòria x segueix una distribució normal amb mitjana igual a 5 i verifica que $P(x > 8) = 0{,}0668$. Quins valors tenen la mitjana i la desviació típica?

76. La cotització diària en borsa de les accions de l'empresa PINOSA segueix una distribució normal. Si se sap que existeix un 2,5 % de probabilitats que la seva cotització superi els 4 €, i un 50 % que no arribi a 3,80 €, quina és la probabilitat que en cert moment del dia la cotització es trobi entre 3,90 i 4,10 €?

77. L'Adriana ha obtingut com a qualificacions finals un 7,2 en Llengua i un 6,5 en Matemàtiques. Les qualificacions finals d'ambdues assignatures poden considerar-se normals $N(6, 2{,}1)$ en Llengua i $N(5{,}8, 3{,}4)$ en Matemàtiques. Des d'un punt de vista estadístic, quina de les dues qualificacions pot considerar l'Adriana que és millor en el context de la seva classe?

78. Una empresa de productes ecològics disposa d'una màquina que identifica els defectes de qualitat (interna, externa o de calibre) de les diferents peces de fruita. En particular, el 15 % dels préssecs són rebutjats en la línia completa d'elaboració. En una mostra aleatòria de 10 peces de préssec, quina probabilitat hi ha que més del 25 % siguin rebutjats pel fet de presentar algun defecte?

79. La probabilitat que un caixer automàtic estigui avariat és de 0,05. En una ciutat amb 120 caixers, quina és la probabilitat que hi hagi més de 20 caixers avariats?

80. Un sondeig electoral en un determinat país ofereix una probabilitat de vot al partit J del 28 %. Triem a l'atzar una mostra de 500 electors. Quina és la probabilitat que...

a) ... Més de 200 siguin votants del partit J?

b) ... Més del 25 % no siguin votants de J?

c) ... Almenys 300 siguin votants de J?

81. Una inspectora de benzineres pren mostres d'un sortidor fent servir un mesurador de 10 litres. S'estima que, a causa d'errors de mesura aleatoris, la quantitat real servida segueix una distribució normal de mitjana 10 litres i desviació típica 0,1 litres.

a) Si es tria una mostra a l'atzar, quina és la probabilitat que la quantitat real servida sigui inferior a 9,9 litres?

b) En cinc mostres independents triades a l'atzar, quina és la probabilitat que hi hagi almenys quatre sortidors que serveixin realment menys de 9,9 litres?

82. La quantitat mitjana de combustible servit en una benzinera segueix aproximadament una distribució normal de mitjana 30 litres i desviació típica 8 litres.

a) Troba la probabilitat que un conductor triat a l'atzar se serveixi entre 22 i 38 litres. I entre 14 i 46 litres?

b) Es trien quatre conductors a l'atzar. Calcula les probabilitats que tres d'ells omplin més de 36 litres.

83. De tots els avions que aterren cada dia a l'aeroport de Girona-Costa Brava, el 30 % procedeix de països de la Unió Europea:

a) Dels 10 avions que han aterrat els últims vint minuts, quina és la probabilitat que més de 4 procedeixin de la UE?

b) Dels 100 avions que han aterrat en les últimes 8 hores, quina probabilitat hi ha que més de 40 procedeixin de la UE?

Resol l'enigma

Com que el recorregut finalitza quan cobreixen la distància total d'1 km, en aquell moment en Nicolàs i la Carme hauran llançat deu cops la moneda. Així, l'experiment aleatori consisteix a llançar deu cops una moneda, és a dir, a fer deu assaigs independents de Bernoulli.

Si considerem la variable aleatòria x, que compta el nombre de cares, i p, la probabilitat d'obtenir cara, aleshores x segueix una distribució binomial de paràmetres: $n = 10$ i $p = \frac{1}{2} = 0{,}5$.

$$x \sim B(10;0{,}5)$$

La funció de probabilitat és:

$$P(x) = \binom{10}{x}(0{,}5)^x(0{,}5)^{10-x},\ x = 0, 1, 2, \dots, 10.$$

Si en acabar la passejada es troben al mateix punt de partida, hauran obtingut el mateix nombre de cares que de creus, és a dir, cinc cares i cinc creus. Es tracta, per tant, de trobar la probabilitat d'obtenir cinc cares.

$$P(x=5) = \binom{10}{5}(0{,}5)^5(0{,}5)^5 = 0{,}246$$

Aquesta és la probabilitat que acabin la passejada al punt de partida.

Perquè acabin a 200 metres del punt de partida, hauran d'haver obtingut sis cares i quatre creus, o bé quatre cares i sis creus. Per tant,

$$P(x=6)+P(x=4) = \binom{10}{6}(0{,}5)^6(0{,}5)^4 + \binom{10}{4}(0{,}5)^4(0{,}5)^6 = 0{,}410$$

Aquesta és la probabilitat que acabin la passejada a 200 metres del punt de partida.

Llavors, Nicolàs té més probabilitats d'encertar.

ANNEX

Notació

$\in$	→ Pertany	$\Leftrightarrow$	→ Si i només si
$\notin$	→ No pertany	$\forall$	→ Per a tot
$\{\ \}$	→ Conjunt	$\exists$	→ Existeix
$\cup$	→ Unió	$\nexists$	→ No existeix
$\cap$	→ Intersecció	$\approx$	→ Aproximadament igual
$\varnothing$	→ Conjunt buit	∞	→ Infinit
$\subset$	→ Contingut en	$\lvert\ \rvert$	→ Valor absolut
$\supset$	→ Conté	$\log_a x$	→ Logaritme en base a de x
$\Rightarrow$	→ Implica	ln	→ Logaritme neperià

Límits

Expressions determinades de suma, producte i quocient:

$a \pm \infty = \infty$ $\quad a \cdot \infty = \infty$ $\quad \infty \cdot \infty = \infty$

$\frac{a}{\infty} = 0$ $\quad \frac{\infty}{a} = \infty$ $\quad \frac{\infty}{0} = \infty$

Expressions determinades de les potències:

$a^{+\infty} = +\infty$, si $a > 1$ $\quad a^{-\infty} = 0$, si $a > 1$

$a^{+\infty} = 0$, si $0 < a < 1$ $\quad a^{-\infty} = +\infty$, si $0 < a < 1$

$(+\infty)^{+\infty} = +\infty$ $\quad (0)^{+\infty} = 0$

Indeterminacions

«$\infty - \infty$» «$0 \cdot \infty$» «$\frac{\infty}{\infty}$» «$\frac{0}{0}$»

«0^0» «∞^0» «1^∞»

Taula de derivades

Funció constant	$y = k$	$y' = 0$
Derivada de la funció potencial	$y = x^n$	$y' = n \cdot x^{n-1}$
Derivada d'una constant per una funció	$y = k \cdot f(x)$	$y' = k \cdot f'(x)$
	$y = k \cdot x^n$	$y' = k \cdot n \cdot x^{n-1}$
Derivada de la suma	$y = f(x) + g(x)$	$y' = f'(x) + g'(x)$
Derivada de la resta	$y = f(x) - g(x)$	$y' = f'(x) - g'(x)$
Derivada del producte	$y = f(x) \cdot g(x)$	$y' = f'(x) \cdot g(x) + f(x) \cdot g'(x)$
Derivada del quocient	$y = \frac{f(x)}{g(x)}$	$y' = \frac{f'(x) \cdot g(x) - f(x) \cdot g'(x)}{[g(x)]^2}$
Regla de la cadena	$F(x) = (f \circ g)(x) = f[g(x)]$	$F'(x) = f'[g(x)] \cdot g'(x)$
Regla general de la derivada de la funció potencial	$y = [f(x)]^n$	$y' = n \cdot [f(x)]^{n-1} \cdot f'(x)$
Derivades de les funcions logarítmiques	$y = \ln x$	$y' = \frac{1}{x}$
	$y = \log_a x$	$y' = \frac{1}{x \ln a}$
	$y = \ln f(x)$	$y' = \frac{1}{f(x)} \cdot f'(x) = \frac{f'(x)}{f(x)}$
	$y = \log_a f(x)$	$y' = \frac{f'(x)}{f(x) \cdot \ln a}$
Derivades de les funcions exponencials	$y = e^x$	$y' = e^x$
	$y = a^x$	$y' = a^x \cdot \ln a$
	$y = e^{f(x)}$	$y' = f'(x) \cdot e^{f(x)}$
	$y = a^{f(x)}$	$y' = f'(x) \cdot a^{f(x)} \cdot \ln a$

Distribució Normal Estàndard $N(0, 1)$

$z \sim N(0, 1)$

La taula de la distribució $N(0, 1)$ permet trobar probabilitats de la forma $P(z \leq k)$, és a dir, trobar l'àrea sota la corba a l'esquerra d'un valor positiu k.

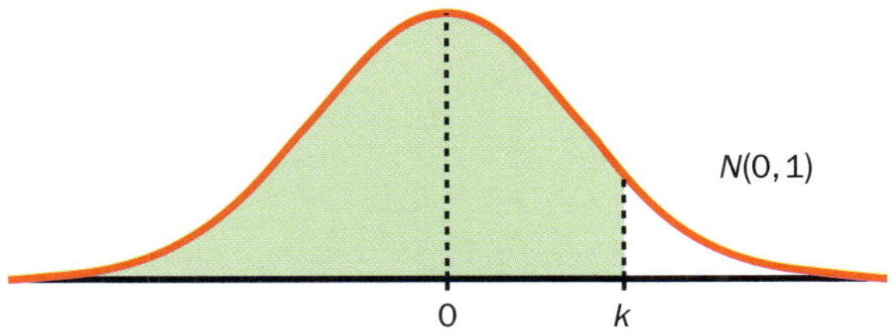

k	0,00	0,01	0,02	0,03	0,04	0,05	0,06	0,07	0,08	0,09
0,0	0,5000	0,5040	0,5080	0,5120	0,5160	0,5199	0,5239	0,5279	0,5319	0,5359
0,1	0,5398	0,5438	0,5478	0,5517	0,5557	0,5596	0,5636	0,5675	0,5714	0,5753
0,2	0,5793	0,5832	0,5871	0,5910	0,5948	0,5987	0,6026	0,6064	0,6103	0,6141
0,3	0,6179	0,6217	0,6255	0,6293	0,6331	0,6368	0,6406	0,6443	0,6480	0,6517
0,4	0,6554	0,6591	0,6628	0,6664	0,6700	0,6736	0,6772	0,6808	0,6844	0,6879
0,5	0,6915	0,6950	0,6985	0,7019	0,7054	0,7088	0,7123	0,7157	0,7190	0,7224
0,6	0,7257	0,7291	0,7324	0,7357	0,7389	0,7422	0,7454	0,7486	0,7517	0,7549
0,7	0,7580	0,7611	0,7642	0,7673	0,7704	0,7734	0,7764	0,7794	0,7823	0,7852
0,8	0,7881	0,7910	0,7939	0,7967	0,7995	0,8023	0,8051	0,8078	0,8106	0,8133
0,9	0,8159	0,8186	0,8212	0,8238	0,8264	0,8289	0,8315	0,8340	0,8365	0,8389
1,0	0,8413	0,8438	0,8461	0,8485	0,8508	0,8531	0,8554	0,8577	0,8599	0,8621
1,1	0,8643	0,8665	0,8686	0,8708	0,8729	0,8749	0,8770	0,8790	0,8810	0,8830
1,2	0,8849	0,8869	0,8888	0,8907	0,8925	0,8944	0,8962	0,8980	0,8997	0,9015
1,3	0,9032	0,9049	0,9066	0,9082	0,9099	0,9115	0,9131	0,9147	0,9162	0,9177
1,4	0,9192	0,9207	0,9222	0,9236	0,9251	0,9265	0,9279	0,9292	0,9306	0,9319
1,5	0,9332	0,9345	0,9357	0,9370	0,9382	0,9394	0,9406	0,9418	0,9429	0,9441
1,6	0,9452	0,9463	0,9474	0,9484	0,9495	0,9505	0,9515	0,9525	0,9535	0,9545
1,7	0,9554	0,9564	0,9573	0,9582	0,9591	0,9599	0,9608	0,9616	0,9625	0,9633
1,8	0,9641	0,9649	0,9656	0,9664	0,9671	0,9678	0,9686	0,9693	0,9699	0,9706
1,9	0,9713	0,9719	0,9726	0,9732	0,9738	0,9744	0,9750	0,9756	0,9761	0,9767
2,0	0,9772	0,9778	0,9783	0,9788	0,9793	0,9798	0,9803	0,9808	0,9812	0,9817
2,1	0,9821	0,9826	0,9830	0,9834	0,9838	0,9842	0,9846	0,9850	0,9854	0,9857
2,2	0,9861	0,9864	0,9868	0,9871	0,9875	0,9878	0,9881	0,9884	0,9887	0,9890
2,3	0,9893	0,9896	0,9898	0,9901	0,9904	0,9906	0,9909	0,9911	0,9913	0,9916
2,4	0,9918	0,9920	0,9922	0,9925	0,9927	0,9929	0,9931	0,9932	0,9934	0,9936
2,5	0,9938	0,9940	0,9941	0,9943	0,9945	0,9946	0,9948	0,9949	0,9951	0,9952
2,6	0,9953	0,9955	0,9956	0,9957	0,9959	0,9960	0,9961	0,9962	0,9963	0,9964
2,7	0,9965	0,9966	0,9967	0,9968	0,9969	0,9970	0,9971	0,9972	0,9973	0,9974
2,8	0,9974	0,9975	0,9976	0,9977	0,9977	0,9978	0,9979	0,9979	0,9980	0,9981
2,9	0,9981	0,9982	0,9982	0,9983	0,9984	0,9984	0,9985	0,9985	0,9986	0,9986
3,0	0,9987	0,9987	0,9987	0,9988	0,9988	0,9989	0,9989	0,9989	0,9990	0,9990